国外名校最新教材精选

# Wind Energy Explained: Theory, Design and Application
## (Second Edition)

# 风 能 利 用
## ——理论、设计和应用
## (第2版)

詹姆斯·F·曼韦尔
〔美〕 乔恩·G·麦高恩 著
安东尼·L·罗杰斯

**J. F. Manwell and J. G. McGowan**
*Department of Mechanical and Industrial Engineering,
University of Massachusetts, USA*

**A. L. Rogers**
*DNV-Global Energy Concepts, Washington, USA*

袁 奇 何家兴 刘新正 译
俞茂铮 审校

**西安交通大学出版社**
Xi'an Jiaotong University Press

Wind energy explained : theory, design and application/James Manwell, Jon McGowan, Anthony Rogers. 2nd ed.
ISBN:978 - 0 - 470 - 01500 - 1
This edition first published 2009 © 2009 John Wiley & Sons Limited. Reprinted February 2010.

**本书封面贴有 wiley 公司防伪标签,无标签者不得销售。**

陕西省版权局著作权合同登记号:图字 25 - 2010 - 088 号

---

**图书在版编目(CIP)数据**

风能利用:理论、设计和应用:第 2 版/〔美〕曼韦尔
(Manwell,J. F.)等著;袁奇等译. —西安
交通大学出版社,2013.11
  书名原文:Wind energy explained:theory,design
and application,second edition
  ISBN 978 - 7 - 5605 - 5811 - 0

  Ⅰ.①风… Ⅱ.①曼… ②袁… Ⅲ.①风力能源-
能源利用 Ⅳ.①TK81

  中国版本图书馆 CIP 数据核字(2013)第 265956 号

---

| | | |
|---|---|---|
| 书　　名 | 风能利用——理论、设计和应用(第 2 版) | |
| 著　　者 | 〔美〕詹姆斯・F・曼韦尔,乔恩・G・麦高恩,安东尼・L・罗杰斯 | |
| 译　　者 | 袁 奇　何家兴　刘新正 | |
| 审　　校 | 俞茂铮 | |

| | |
|---|---|
| 出版发行 | 西安交通大学出版社 |
| | (西安市兴庆南路 10 号　邮政编码 710049) |
| 网　　址 | http://www.xjtupress.com |
| 电　　话 | (029)82668357　82667874(发行部) |
| | (029)82668315　82669096(总编办) |
| 传　　真 | (029)82668280 |
| 印　　刷 | 陕西宝石兰印务有限责任公司 |

| | | | | |
|---|---|---|---|---|
| 开　　本 | 787mm×1092mm　1/16 | 印张 36.5 | 字数 883 千字 | |
| 版次印次 | 2015 年 4 月第 1 版　　2015 年 4 月第 1 次印刷 | | | |
| 书　　号 | ISBN 978 - 7 - 5605 - 5811 - 0/TK・112 | | | |
| 定　　价 | 93.00 元 | | | |

---

读者购书、书店添货如发现印装质量问题,请与本社发行中心联系、调换。
订购热线:(029)82665248　(029)82665249
投稿热线:(029)82665397
读者信箱:banquan1809@126.com

# 译者序

此书的翻译工作历时近 5 年。从 2004 年 12 月获得此书,我们就被此书内容的全面与详细所吸引,下决心翻译此书,以期为中国的风电事业做点贡献。最初的翻译工作始于 2007 年元月,接近完成时,得知 James Manwell 教授将对此书进行修订,故翻译工作暂停。2009 年 9 月获得此书的第 2 版,翻译工作重新开始,并于 2012 年 8 月完成翻译初稿,李颖编辑进行了仔细的校对,2014 年 2 月完成校对稿,进入排版阶段。

此书的出版得到西安交通大学出版社的全力支持,他们为此书申请了第 1 版和第 2 版的版权,感谢出版社赵丽萍编审和李颖编辑的辛勤努力和不断帮助。西安交通大学俞茂铮教授认真仔细地审阅了翻译稿,在此表示衷心感谢。同时还要感谢研究生,汤炜梁、祁乃斌、高锐、杨大昱、刘洋、刘昕、张骏、潘阳、朱光宇、欧文豪、陈谦、王梦瑶、周祎、罗晶、雷鸣、徐琳峰、赵柄锡、史庆册等对此书翻译做出的贡献。此外还要感谢西安理工大学智能电力系统研究室的杨杉、王飞、唐冠军、樊华等人参与了本书的编校工作。

译者简介:

袁奇,男,教授,工学博士,博士生导师,1985 年西安交通大学热力叶轮机械专业本科毕业,1989 年硕士研究生毕业后留校任教,1998 年在西安交通大学获博士学位,1999 年 4 月—2004 年 4 月在新加坡南洋理工大学任 Research Fellow。20 年多年来一直从事叶轮机械流动与强度振动方面的研究,获机电部科技进步二等奖与三等奖各一项,中国电力科学技术三等奖一项,国家发明专利三项。现为全国转子动力学学会理事,中国医学工程学会高级会员。负责翻译此书的第 1 章、第 3 章、第 4 章、第 6 章、第 7 章、第 12 章及本书所有附录,并负责全书统稿。

何家兴,男,高级工程师,1985 年西安交通大学热力叶轮机械专业本科毕业。1989 年热力叶轮机械专业在职硕士研究生班结业。1985 年—2002 年主要从事汽轮机设计研究工作。2002 年调至龙源电力集团公司工作至今,现任研发中心副主任,从事包括风力发电在内的可再生能源发电研发工作。发表风电及新能源发电论文及专题报告十余篇,出版译著一本。现为湖北省风力项目专家,中国国电集团可再生能源发电专家,中国电力建设委员会可再生能源发电技术专家,国家综合评标专家库电力领域专家。负责翻译此书的第 2 章、第 9 章、第 10 章、第 11 章。

刘新正,男,副教授,工学硕士。1982 年西安交通大学电机系电机专业本科毕业,任职于西安交通大学电气工程学院电机教研室。1988 年西安交通大学电机专业硕士研究生毕业。多年来一直从事电机分析和控制的教学及研究工作。为中国电工技术学会小功率电机专业委员会常务委员。负责翻译此书的第5章、第8章及相应习题等。

　　本书翻译力求忠实、准确反映原著内容，保持原著语言特色。翻译中错误与不妥之处，敬请广大读者指正，译者联系方式：qyuan@mail. xjtu. edu. cn。

译　者

2015 年 2 月于西安

# 作者简介

James Manwell 是美国马萨诸塞州大学（University of Massachusetts）机械工程系教授，该校风能研究中心主任，电气及计算机硕士和机械工程博士。20 世纪 70 年代中期开始从事风能研究领域的多项研究，研究范围涉及风力机动力学和风能混合动力系统，最近的研究集中在海上风力机设计外部条件评估。Manwell 教授还参与国际能源协会（International Energy Agency，IEA）、国际电工委员会（International Electrotechnical Commission，IEC）和国际可再生能源科学委员会的各项工作。目前居住在马萨诸塞州的康威（Conway）。

Jon McGowan 是马萨诸塞州大学机械工程系教授，该校风能研究中心副主任，机械工程硕士和博士。在高校工作 40 多年，为许多本科生和研究生开设和讲授了可再生能源和能源转换方面的工程课程，发表了近 200 篇各种能源转换应用方面的论文，近期风能工程的研究集中在风场选址、混合动力系统模型、经济学和海上风能工程。McGowan 教授是美国 ASME 高级会员和 *Wind Engineering* 期刊的编辑。目前居住在马萨诸塞州的诺斯菲尔德（Northfield）。

Anthony Rogers 拥有马萨诸塞州大学的机械工程硕士和博士学位，该校风能研究中心（以前是可再生能源研究实验室）高级研究员，目前是 DNV Global Energy Concepts 的高级工程师，长期工作在风能领域，参加了多个风能项目研究，其中包括风力机监测、控制和遥测传感器应用。目前居住在马萨诸塞州的阿默斯特（Amherst）。

# 序　言

在过去的几十年间,风能利用技术发展非常迅速。然而,直到现在,尚未有一本阐述这种技术的教科书。教材的缺乏和实际的需要,是写这本书的动力。

本书的素材来自于风能工程课程的讲义,该课程在马萨诸塞州大学始于 20 世纪 70年代中期。此后,在美国能源部的国家可再生能源实验室(NREL)的支持下,对课程讲义作了相当大的修改和扩展。在此书的第二版中,增加了有关 21 世纪全球快速发展的风能工程的新资料。

本书阐述了有关风能转换为电能及其社会应用等多个专题的基本知识,这些专题覆盖面广泛,涉及气象学、工程学、经济学和环境影响等众多领域。本书绪论综述风能利用技术,阐述现代风力机的演变历史;第 2 章描述风能资源及其与能源生产的关系;第 3 章讨论空气动力学的原理,说明风能如何使风力机旋转;第 4 章较详细地研究风力机的动力学和机械方面问题,以及风轮与风力机其它部件的关系;第 5 章概述风能转换的电气方面知识,尤其是关于电能的产生和转化的实际问题;第 6 章概述风力机材料和部件;第 7 章讨论风力机的设计和测试;第 8 章研究风力机及其系统的控制;第 9 章讨论风力机的选址以及风力机和大、小型电力系统的连接问题;第 10 章详细介绍风力机的应用;第 11 章分析风能的经济性,阐述经济性分析方法,介绍如何使风能发电与传统形式发电相竞争;第 12 章描述风能发电的环境问题;最后,所增加的附录 C 综述经常用于风力机设计和应用的一些数据分析技术。

本书主要是为工科大学生和刚进入风能领域的专业人员编写的教科书,也可供那些想要熟悉这个主题,且有良好数学与物理学基础的人员使用,对于对风力机设计感兴趣的人员亦会有帮助。对其他人员,本书提供了关于风力机运行和设计基本原理的足够知识,可使他们更全面地理解他们所感兴趣方面的问题,包括风力机选址、电网连接、环境影响、经济和公共政策等问题。

风能的研究涉及众多知识领域,由于许多读者可能不具备各个方面的知识,因此大部分的章节含有一些基础知识内容,如需更深入的了解,读者可以参看其它文献。

# 致 谢

我们衷心感谢 William Heronemus 教授,马萨诸塞州大学可再生风能研究项目的奠基人,没有他的前瞻性和坚韧不拔的精神,这个项目不会持续下去,本书也不会面世。我们也衷心感谢那些对此项目做出贡献的教职员工、已毕业的和在读的研究生。

我们同时还要感谢在国家可再生能源(NREL)的国家风能研究中心(National Wind Technology Center)工作的 Bob Thresher 和 Darrell Dodge,是他们审阅并充实了此书的基础讲义。

此外,我们还要感谢 Rolf Niemeyer 的贡献,他为本书收集了最早期的风车素材,感谢 Tulsi Vembu 的精心编辑。

最后,我们还要感谢我们家庭对我们的支持,我们的妻子(Joanne,Suzanne 和 Anne)和我们的儿子(Nate,Gerry,Ned,Josh 和 Brain),是他们激励我们完成此书。

# 目　录

# 第 **1** 章

## 绪论:现代风能及其起源

风能再次成为世界能源的重要资源是 20 世纪末期能源工业的显著进展之一。蒸汽机的发明以及将化石燃料转换成有用能源的其它工业技术的出现,似乎会使风能在能源生产中永远降级为不重要的角色。而事实上,在 20 世纪 50 年代中期,已经有形势变化的迹象,在 60 年代后期,可以看到一些转变的标志,90 年代早期,这个转变正日益明显。自 90 年代全球风能工业强劲发展,其装机容量翻了 5 倍。90 年代是一个转折点,风力机制造业向大型兆瓦级机组发展,并进行裁减与合并,近海风电机组也得到有效发展(参见 McGowan and Connors,2000)。在 21 世纪初,这一趋势还在持续,尤其是欧洲国家(和制造商)借助于政府发展国内可再生能源的供给和降低污染排放的政策,领先开展了风力机的研发。

要了解当时发生的进程,必需考虑以下五个因素。首先是需求,人们重新认识到地球化石燃料资源是有限的,并且燃烧这些燃料会带来环境污染,因而促使大家开始寻找替代能源;其次是风能资源的开发潜力,风能在地球上无处不在,许多地方有相当可观的能量密度,风能过去曾被广泛应用于机械动力和运输,这无疑使人们重新想利用它;第三是科技能力,尤其是当其它领域快速发展的科技应用于风力机时,可以带来革命性的进步。这三个因素促进了利用风能的想法,但这还不够,还需要另外二个因素,首先需要有风能利用新方法的创想,其次需要有实现这个创想的政治意愿。早在 60 年代前,就有几个人提出了创想,如 Poul la Cour,Albert Betz,Palmer Putnam 和 Percy Thomas,后得到 Johannes Juul, E. W. Golding,Ulrich Hütter 和 William Heronemus 的认同,不久得到更多的人参与。在风能利用复兴的初期,风力机产生能量的成本远高于利用化石燃料的产能成本,需要政府支持实行研究、发展和试验,提出管理上的改革使风力机与电网相连,采取激励措施促进新技术发展。这一政治意愿的支持力度在不同时期和不同程度出现,先是在美国、丹麦和德国这些国家中出现,至今,许多其它国家也重视起来。

本章将介绍当今的风能技术概况及本书内容,重点介绍现代风能技术是怎样的? 它用来干什么? 怎样实现这个目标? 它将如何发展?

## 1.1 现代风力机

本书所介绍的风力机,是将风能转化成电能的机器,有别于将风能转化为机械能的"风车"。作为发电机,风力机与电网相连,这些网络包括蓄电池充电回路、居住区的供电系统、孤立或区域电网和大区域公用电网。就风力机总数而言,绝大多数的功率很小,10 kW 等级或更小;就总发电容量来看,风力发电机的容量是相当大的,范围在 1.5 MW 到 5 MW 之间,这些大的风力机大多用在公用电网,且多数在欧洲和美国,近期也出现在中国和印度。图 1.1 为 GE 公司的连接到公用电网的 1.5MW 现代风力机。至今 GE 已生产了 1 万台这类风力机。

图 1.1　现代风力机。获 GE 允许转载

要想知道如何使用风力机,现简要介绍风力机运行的一些基本知识,在现代风力机中,实际的能量转化过程是利用气动升力在转轴上产生一个正的转矩,它首先产生机械能,然后在发电机中转化成电能。风力发电机不同于其它发电机,它只能将当时获得的风能转化为可用能,但它不能储存以供随后使用,故风力机的风能输出是波动的,不可调度的(大多数风力机能够做的是限制产能,使其低于风力产生的能量)。任何接入风力机的系统都要以一定方法考虑其功率的不稳定性。在较大的电网中,风力机的使用,可增加发电量,减少其它传统发电机的数目或它们运行中的燃料使用量;在较小的电网中,有储能设备、备用发电机和一些专门的控制系统来调度负荷。另一个事实是风能不可运输:它只可在有风处转化成能源。历史上,小麦可在风车处磨成面粉,然后运输到它的使用地;现今,电力可经输电线传输,一定程度上弥补了风能不能传输的不足;未来,以氢能为基础的能源系统更增加了这种可能性。

### 1.1.1 现代风力机设计

本书重点讨论现今最常用的水平轴风力机(HAWT),它的旋转轴与地面平行,HAWT 通常依照风轮相对于塔架的方位分为:塔架的上风向或下风向,按轮毂设计分为:刚性或摇摆型,按风轮桨叶控制方式分为:变攻角或失速型,按桨叶数目一般分为双叶片或三叶片,按风力机对风方式分为:自动偏航或主动偏航。图1.2是上风向和下风向风力机的布置。

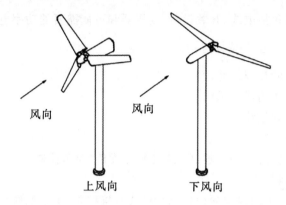

图1.2 水平轴风力机风轮布置

典型陆用水平轴风力机的主要子系统见图1.3,它们包括:

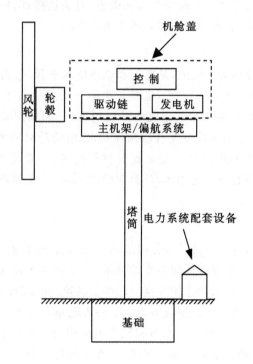

图1.3 水平轴风力机的主要组件

- 风轮,由桨叶和支撑轮毂组成。
- 驱动链,它包括风力机的转动部件(不含风轮),通常由转轴、齿轮箱、连轴器、机械刹车装置和发电机组成。
- 机舱和主机架,它包括风力机舱盖、底板和偏航系统。

- 塔架和基础。
- 风力机控制系统。
- 电力系统配套设备,包括电缆、开关设备、变压器和可能需要的功率电子变流器。

　　风力机的设计和结构主要选择包括:

- 桨叶数目(通常为双叶片或三叶片)。
- 风轮方位:塔架的下风向或上风向。
- 叶片材料、构造方法和型线。
- 轮毂设计:刚性、摇摆型或铰接型。
- 功率控制是采用气动控制(失速控制)或变桨叶攻角(攻角控制)。
- 恒定转速或变转速风轮。
- 风轮定向(对准风向)采用自定向(自由偏航)或直接控制(主动偏航)。
- 同步的发电机或感应发电机(鼠笼式或双馈式)。
- 齿轮增速或直驱发电机。

　　下面对一些最重要的部件作一简要介绍和概述,有关这些部件和风力机系统其它重要部件总体设计的更详细讨论,请看本书的第 3 章～第 9 章。

### 1.1.1.1　风轮

　　风力机的风轮由轮毂和桨叶组成,从性能和总体成本来看,它们是风力机的最重要部件。

　　当今主要的风力机是上风向三叶片,也有一些是下风向和双叶片,过去曾有过单叶片,但现已不再生产。大多数中等容量的风力机由丹麦制造,它们是定桨叶攻角和失速控制(见第 3、6、7 和 8 章),大多数制造商采用变桨叶攻角控制,目前的趋势是采用变攻角控制,尤其在大功率风力机上。大多数风力机的叶片是由复合材料制成,主要是玻璃纤维(GRP)或碳纤维(CFRP)加强聚酯材料,也有一些是由木/环氧树脂层压板,这些将在第 3 章空气动力学部分,第 6 章和第 7 章中详细讨论。

### 1.1.1.2　驱动链

　　驱动链由风轮下侧的风力机转动部分组成,它一般包括低速轴(在风轮侧)、齿轮箱和高速轴(发电机侧),其它驱动链上部件还包括支承轴承、一个或多个连轴器、一个刹车装置和发电机转子(下节单独讨论);齿轮箱的作用是将风轮的低转速(几十转/分)提高至标准发电机的合适转速(几百转/分或几千转/分)。用在风力机上的齿轮箱有两类:平行轴齿轮和行星齿轮,对较大型风力发电机(超过 500 kW),在重量和尺寸上采用行星齿轮更有优势;有一些风力机采用多个发电机,并与齿轮箱多个输出轴相连接,另外一些特殊设计的风力机,采用不要齿轮箱的低速发电机。

　　当风力机驱动链部件的设计通常遵循常规机械工程机器设计准则,风力机驱动链上的独特载荷需特殊考虑,变动的风速和大型转动风轮的动态特性施加在驱动链部件上产生显著的变化载荷。

### 1.1.1.3　发电机

　　几乎所有的风力机都采用感应或同步发电机(参见第 5 章),当发电机直接连接到一个公用电网时,这两种发电机都需在恒定的或接近恒定的转速下运行。如果发电机配备了功率电子变流器,风力机可以变转速运行。

许多与电网连接的风力机都采用鼠笼式感应发电机(SQIG),鼠笼式感应发电机运行在一个狭小转速区间,且略高于它的同步转速(在 60 Hz 电网中的四极发电机,同步转速是 1800转/分),这类发电机的主要优点是坚固、廉价和便于接入电网。目前广泛采用的是双馈感应发电机(DFIG),双馈感应发电机常用于变转速运行,其详细介绍见第 5 章。

对于大型公用发电系统日益喜欢选择变转速风力机,这种风力机具有许多优点,它包括能减少风力机的磨损和破裂,并能在一个宽泛的风速范围内保持最大效率运行以捕获更多风能;尽管有很多电器设备可供变转速风力机选用,在大多数目前设计的变转速风力机上都采用功率电子元件,当使用合适的功率电子变流器时,不论是同步发电机还是感应发电机都可变转速运行。

### 1.1.1.4 机舱和偏航系统

这一部分包括风力机舱盖、机器台板或主机架和偏航对风系统。主机架保证驱动链部件固定和很好对中,机舱盖保护机舱内部件免于因气候损坏。

偏航对风系统的作用是使风轮轴适当地对准风向,最基本的部件是连接主机架与塔筒的偏航轴承,主动偏航驱动通常用在上风向风力机,有时也用在下风向风力机,它含有一个或多个偏航电机,每个电机驱动一个与大齿轮啮合的小齿轮,该大齿轮连接在偏航轴承上。这个机构由主动偏航系统控制,该系统有一个装在风力机机舱上的风向传感器。这类设计有时带有偏航刹车装置,在不需要偏航时可将机舱固定不动。自动偏航系统(即能自动对准风向)常用在下风向风力机。

### 1.1.1.5 塔架和基础

这一部分包括塔架结构和支撑基础。现在使用的塔架主要有钢管制独立式塔筒、桁架式塔架和混凝土塔筒,小风力机也采用张线支撑式塔架;塔架高度通常为 1～1.5 倍的风轮直径,但至少是 20 m 高。塔架的选择很大程度受地基特性的影响。由于可能发生风轮和塔架的耦合振动,塔架刚性是影响风力机系统动力特性的主要因素。对于下风向风轮,必需考虑塔筒阴影(即气流绕流塔筒产生的尾迹区)对风力机动力特性、功率波动、噪音的影响。例如,因为塔筒阴影,下风向风力机产生的噪音比同样的上风向风力机要高。

### 1.1.1.6 控制

风力机的控制系统对机器运行和发电都很重要,控制系统部件包括:

- 传感器——速度、位置、流动、温度、电流、电压等;
- 控制器——机械机构、电路;
- 功率放大器——开关、电力放大器、液力泵和阀门;
- 执行器——电机、活塞、磁铁和电磁线圈;
- 智能系统——计算机和微处理器。

风力机控制系统设计遵循着传统的控制工程准则,然而,其控制系统在许多方面又相当特殊,它将在第 8 章中讨论。风力机控制涉及以下三个主要方面,要审慎平衡其需求:

- 设定驱动链所承受的转矩和功率的上限,并限制它;
- 使驱动链转子和其它结构部件的疲劳寿命最大,它需考虑部件在风向变化、风速变化(包括阵风)、湍流度变化以及风力机启停时承受的交变应力;
- 使发电量最大。

### 1.1.1.7　电气系统的辅助设备

除了发电机,风力机系统还用了许多电器元件,如电缆、开关设备、变压器、功率电子变流器、功率因数补偿电容、偏航和变桨角电机。第 5 章将详细讨论风力机的电气知识,第 9 章将讨论风力机如何与电网相连。

## 1.1.2　输出功率预测

风力机的功率输出随风速而变,而且每个风力机都有其特有的功率曲线。利用这个曲线可不考虑其它部件的技术细节而预测出发电量。功率曲线给出了功率输出与轮毂高度处风速的函数。图 1.4 给出了一台假设的风力机功率曲线。

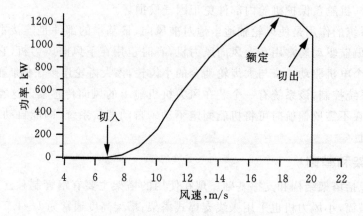

图 1.4　风力机的典型功率曲线

给定的风力发电机的性能与速度坐标上的三个要点有关:

- 切入风速——风力机发出功率的最小风速;
- 额定风速——达到额定功率的风速(通常为发电机的最大输出功率);
- 切出风速——风力机允许发出功率的最大风速(通常受工程设计和安全条件限定)。

现有风力机的功率曲线通常从制造商处获得,该功率曲线也可利用标准的测试方法从现场测得。在第 7 章讨论到,可以估算给定风力机功率曲线的近似形状。这一过程还包括确定风力机风轮和发电机的功率特性、齿轮箱传动比和部件效率。

## 1.1.3　其它型式风力机

以上概述了水平轴升力型风力机的基本结构,值得注意的是,人们也提出了许多其它结构型式的风力机,有的还被制造出来,但是没有一个像水平轴升力型风轮那样的成功。然而,有必要简单概述一下其它风力机的概念,最接近水平轴风力机的是 Darrieus 垂直轴风力机

（VAWT），这一概念在 20 世纪 70 年代和 80 年代在美国和加拿大被广泛研究,图 1.5 是一个采用该概念的垂直轴风力机示例(Sandia 17m 设计(SNL,2009))。

图 1.5　Sandia 17 m Darrieus 垂直轴风力机(Sandia 国家实验室,2009)

　　尽管它有一些引人之处,Darrieus 风力机有一些重大的可靠性问题,并且不能和水平轴风力机的能量成本相媲美。然而,这一概念可能对有些应用提供借鉴。读者要了解过去这种垂直轴风力机和其它垂直轴风力机的设计,可以参看文献 Paraschivoiu (2002), Price (2006),以及美国 Sandia 国家实验室工作总结报告(SNL)(2009)。

　　另一种不时出现的概念是利用集流器或扩压器增强风力机(参看 van Bussel,2007),这两种设计都是采用一个风通道以增加风轮的产能,其问题是一个效果好,且能承受极端风况的集流器或扩压器的造价比它带来的效益更高。

　　人们还提出了一些利用阻力的风轮,其中之一就是曾被用在小型提水泵上的 Savonius 风轮,这种风轮存在两个基本问题:(1)本身固有的低效率(将在第 3 章中讨论);(2)难以保证风轮在极端风况下的安全。这类风轮在风力机上是否能广泛应用是有疑问的。

　　读者若对其它型式的风力机感兴趣,可参看 Nelson 的书(1996),该书介绍诸多创新性的风力系统;Eldridge(1980) 和 Le Gourieres (1982)的书中也综述了各种型式的风力机,美国能源部(US Department of Energy 1979,1980)的报告也提供了一些创新性设计的风力机。图 1.6 和图 1.7 列出了部分众多有趣的风力机概念。

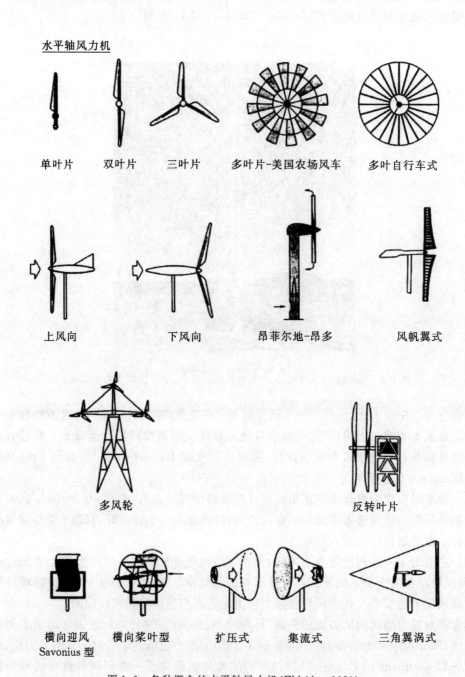

图 1.6  各种概念的水平轴风力机(Eldridge,1980)

阻力型

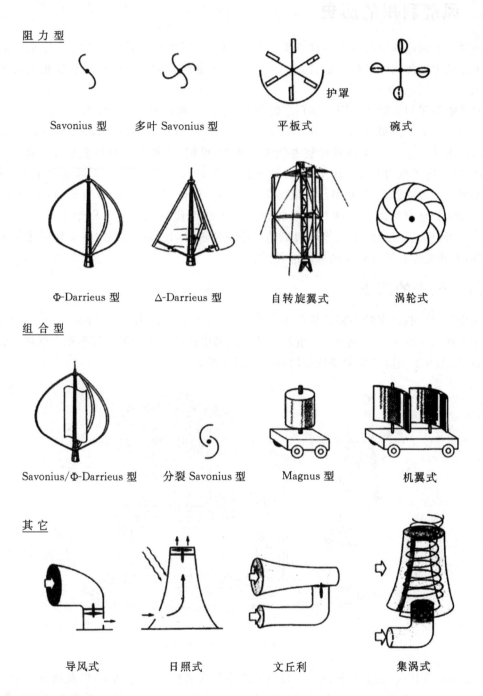

Savonius 型　　多叶 Savonius 型　　平板式　　碗式

Φ-Darrieus 型　　Δ-Darrieus 型　　自转旋翼式　　涡轮式

组合型

Savonius/Φ-Darrieus 型　　分裂 Savonius 型　　Magnus 型　　机翼式

其它

导风式　　日照式　　文丘利　　集涡式

图 1.7　各种概念的垂直轴风力机(Eldridge,1980)

## 1.2　风能利用的历史

回顾一些风能利用的历史很有必要，因为可以了解风能利用系统当今仍面临的许多问题，而且可以说明目前风力机型式的依据。下面的综述重点关注与当今应用特别相关的风力机概念。

对风能利用的全面发展历史感兴趣的读者，可看文献 Park(1981)，Eldridge(1980)，Inglis(1978)，Freris(1990)，Shepherd (1990)，Dodge(2009)以及 Ackermann 和 Soder(2002)；Golding(1977)综述了风力机设计从古代波斯到 20 世纪 50 年代中期的发展史。此外，Johnson(1985)综述了风力发电的历史，并介绍了美国在 1970 年～1985 年期间在水平轴、垂直轴和新型风力机方面的研究工作。文献 Spera(1994)，Gipe(1995)，Harrison(2000)，Gasch 和 Twele (2002)全面回顾了风能利用系统和风力机的近代发展进程。Eggleston 和 Stoddard (1987)从历史的观点介绍了现代风力机的一些主要部件，Berger(1997)生动地描述了风能复兴早期，尤其是加利福利亚风电场的情景。

### 1.2.1　风车的历史

历史最早记载风车的书籍是亚历山大希罗(Hero)的《气动力学》(Woodcroft，1851)，希罗大概生活在公元前 1 世纪或公元 1 世纪。他在该书中描述了一个通过风车把空气注入管风琴的装置，图 1.8 为当时希罗的描述同时存在的风车图。

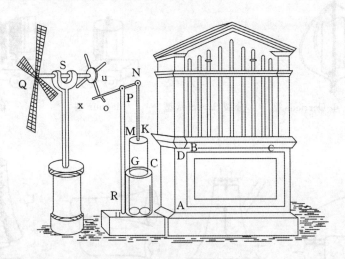

图 1.8　希罗的风车(Woodcroft，1851)

Shepherd(1990)和 Drachman (1961)争论是否真实存在这种风车，以及该风车是否有原始资料。有一个这方面的主要学者，H. P. Vowles(Vowles，1932)，认为希罗的描述似乎合理，另一个论点认为古希腊人不熟悉风车，因为他们缺乏此先进技术。然而在希罗那个时期，已经存在机械驱动的磨盘和齿轮，一般认为它们是与风轮相连接的。例如，Reynolds(1983)描述了那时的水力驱动磨盘。此外，根据对 Antikythera 机械结构(Marchant，2006)的分析，可以确认古希腊人具有加工和使用齿轮的高超技能。

除了希罗风车,根据一份出自公元 9 世纪的相关资料可以确认,风车曾用于锡斯坦(Seistan)地区(现在的东伊朗)的波斯(Persian)(Al Masudi 在 Vowles,1932 文献中介绍)。与 Al Masudi 相关的一个故事表明在公元 644 年前已经利用风车了。Seistan 风车一直沿用到现在,该风车是垂直轴,见图 1.9。

图 1.9 Seistan 风车(Vowles,1932)

首次有记录的风车出现在 12 世纪的北欧(英国),但也许在 10 世纪或 11 世纪进入欧洲(Vowles,1930)。那些风车明显不同于 Seistan 风车,关于 Seistan 风车如何影响了后来出现在欧洲的风车,有许多推测,目前没有确切答案,但 Vowles(1930)认为维京人(Vikings)常从北欧到中东旅行,他们可能在某次旅行中带回了 Seistan 风车的概念。

关于风车早期演变的一个有趣注解是关于 Seistan 风车如何演变为北欧风车的,Seistan 风车是垂直轴阻力型,它们的效率低且易于在大风时损坏。北欧风力机设计是水平轴升力型。目前不清楚这个变化是如何发生的,但它确实具有重大意义。然而,可以推测,在公元 1 世纪风车风轮设计的革新与船上风帆的革新同时发生,并且是渐进地将矩形风帆(基本为阻力型)演变为其它类型的风帆,这种风帆利用升力,因而便于操控逆风时的航向(参看 Casson (1991))。

早期北欧风车都是水平轴,它们提供各种机械的动力,如泵提水、磨谷物、锯木和动力工具。早期的风车是建造在多个木柱上,这样当风向改变时,整个风车可以面对风的方向(偏航);它们通常有四个桨叶,桨叶的数目和尺寸大概以易于建造和经验决定的有效实度为基础(叶片面积与扫掠面积的比)。图 1.10 是一个支柱式风车。

在工业革命前,风能一直是欧洲的主要能源,但自此其重要性开始下降,缘于风能不易调度和传输;煤具有许多风能所没有的优点,它可以运输致任何使用场所,而且在需要时就可使用,当煤做为蒸汽机的燃料时,发动机的功率输出可与负荷匹配;水能与风能有某些相似,但它们没完全失宠,因为水能在某些程度上是可以运输的(经由运河)和可调度的(采用水库蓄能)。

在风能消失之前,欧洲风车的设计技巧已经达到很高水平,在后期的风车(或 Smock 风车)主体是固定的,仅有顶部风轮部分可转动,以面对来风,如图 1.11。偏航机构包括手动操作杆和独立的偏航风轮,桨叶已经有一些翼型形状和扭曲。一些机器的功率输出可由一个自控系统调节,它是瓦特用在蒸汽机上的控制系统雏形。在风车上,一个飞锤调节器来感知风轮转速的变化。一个连杆驱动机构可使上磨盘接近或离开下磨盘,以控制进入上、下磨盘间隙的

图1.10　支柱式风车(http://en.wikipedia.org/wiki/File:Oldland_Mill.jpg)

谷物数量,从而改变所碾谷物的数量及风轮的负荷,使得风轮转快或减慢。Stokhuyzen (1962)详细介绍了这种调节器和荷兰风车其它的特点。

图 1.11　欧洲 Smock 风车(Hills,1994)。获英国剑桥大学出版社允许转载

　　18 世纪的一个显著发展就是对风车的科学试验和计算,英国人 John Smeaton 使用图 1.12的装置,发现了目前仍适用的三个基本准则:

- 叶尖速度理论上正比于风速;
- 最大转矩正比于风速平方;
- 最大功率正比于风速立方。

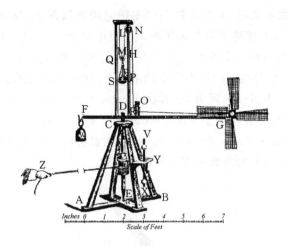

图 1.12　Smeaton 实验室的风车实验台

　　18 世纪欧洲的风车代表了将风能用作机械动力的技术顶点,它的一些特点后来也被融入某些早期的风力发电机中。

　　当欧洲风车进入其后期时,另一种型式的风车在美国被广泛使用。图 1.13 所示的这类风车最重要的用途是泵提水,尤其在美国西部,它们为大牧场牲畜、铁路沿线的蒸汽机供水,这些风车的特色是多桨叶,也称之为"风扇风车",它们最显著的特点之一就是简单和有效的调节系统,它允许风车长期运行且无人值守,这样的调节系统是现代风力机不可或缺的自控系统前身。

图 1.13　美国的提水风车(美国农业部)

## 1.2.2　早期风力发电

　　相对于用风产生机械动力,早期利用风能发电,归功于小型风力发电机的成功商业开发,随后通过研究、实验应用到大型风力发电机上。

在 19 世纪末出现发电机时,人们有理由试图把它用到风车上;1888 年,在美国的俄亥俄州克里夫兰,Charles Brush 建造了值得关注的风力发电机,Brush 风力机虽未流行,但其后小的风力发电机被广泛使用;对这些小风力发电机,最值得一提的是 Marcellus Jacobs(雅各布斯)风力机(见图 1.14),他是当然的提水风车的继承者,他的杰出贡献就是提出风轮采用三叶片且具有真实翼型,接近于当今的风力机,其次 Jacobs 风力机的另一特性就是它确实接入一个完全、住宅电力系统中,且有蓄电池蓄能,Jacobs 风力机也如伯吉(Bergey)和西南风力机械一样是现代小风力机的真正先驱。20 世纪 30 年代,在农村电气化管理部门资助下,中央电网向外膨胀,小型风力发电机大力发展的市场开始受遏制。

图 1.14  Jacobs(雅各布斯)型风力机(Jacobs,1961)

20 世纪上半叶还可看到大型风力机的建造和概念,它们仍强烈地影响着今天的技术。丹麦在风力机的发展上处于前列,在 1891 年到 1918 年之间 Poul La Cour 建造出了 100 台 20~35 kW 的风力发电机,他的设计是以丹麦最新的 Smock 风车为基础,其显著特点之一就是用电产生氢,然后用氢气点灯。在第二次世界大战之前,拉库尔(La Cour)风力机由 Lykkegaard 和 F. L. Smidth 有限公司生产,其范围是 30~60 kW。仅在二战后,在丹麦的东南方,Johannes Juul 建起了 200 kW 盖瑟(Gedser)风力机,如图 1.15,这个三叶片风力机的独特创新是采用气动失速进行功率控制和感应发电机(鼠笼式),而不是那时人们常用的同步发电机,感应发电机比同步发电机更易于接入电网,失速也是一种简单的控制功率方法。这两个概念在 20 世纪 80 年代风能研究中形成了丹麦的核心(关于丹麦风能的详细情况请看 http://www.risoe.dk/ 和 http://www.windpower.dk)。20 世纪 50 年代风能研究的先驱之一是德国的

Ulrich Hütter (Dörner,2002)。他致力于将现代空气动力学原理应用到风力机设计,他研究出的很多概念仍然应用在当今的风力机中。

在美国,早期最杰出的大型风力机是 Smith-Putnam 型风力机,在 20 世纪 30 年代后期,它建造于佛蒙特州的外公山丘陵(Grandpa's Knob)(Putnam,1948),其直径是 53.3 m、额定功率 1.25 MW,它也是其后多年来最大的风力机。图 1.16 是该风力机,其特点是第一个采用双叶片的大型风力机,它是美国能源部在 70 年代后期和 80 年代早期建造的双叶片风力机鼻祖,还值得一提的是该风力机由 S. Morgan Smith 公司制造,该公司在水力发电领域有丰富的经验,并有意于进入商用风力机生产领域。不幸的是,Smith-Putnam 型风力机太大、太早,当时人们难以对风能工程有足够的了解,它的一个叶片在 1945 年遭受了毁坏,故该计划遭抛弃。

图 1.15  Danish Gedser 型风力机,获
Danish 制造商允许转载

图 1.16  Smith-Putnam 型风力机
(Eldridge,1980)

## 1.2.3  风能的再现

在 20 世纪 60 年代后期风能再次受到重视。《寂静的春天》(Carson,1962)这本书使人们了解到工业发展对环境的影响。《生长的限制》(Meadows et al.,1972)一书以相同心情表明无限制的发展会不可避免地导致灾难或变化,人们认识到化石燃料是罪魁祸首,此时核能的潜在危险也为公众所认识,这些话题的讨论形成一个环境运动的背景,它开始倡导洁净能源。

在美国,尽管人们持续关注环境问题,但在 20 世纪 70 年代的石油危机之前,并未见在新能源上有所发展;在卡特政府,一个新的努力是开发替代能源,其中之一就是风能。美国能源部(DOE)启动了一系列的项目促进这方面技术的发展。大部份经费投入到大型风力机的研制,并获得了多方面的成果,这些风力机包括美国国家航空和空间管理局(NASA)MOD-0 型

100 kW(38 m 直径),美国波音公司 MOD-5B 型 3.2MW(98 m 直径),其间取得了许多鼓舞人心的成果,但尚未获得一个商业项目。MOE 也支持一些小的风力机发展而且在科罗拉多州的落基平原(Rocky Flats)建立了试验设备。一些小的风力机制造厂出现,但直到 20 世纪 70 年代后期还无建树。

因电力公司管理结构和供给的刺激,重大的机遇出现了,美国联邦政府,1978 年通过了公共电力公司管理政策法案,它要求电力公司:(1)允许风力发电机接入电网;(2)为风力发电支付每度电(kWh)的"避免成本"和接入电网成本。

实际的避免成本是有争议的,但在许多州的电力公司支付足够的经费使风力发电变得有意义;除此之外,联邦政府和一些州提供投资减税给安装风力机的人,如在加州具有最好的风场,并提供了最好的奖励政策。现在可以成组安装一些小的风力机形成风场,并把它们接入电网,赚取利润。

过去几年,加州风电需求大增,成千上万的风力发电机安装在加州尤其在埃尔塔蒙特山口、圣乔诺山口和蒂哈查皮地区。典型的风场见图 1.17,总的装机容量达到 1500MW;然而,在加州早期的风电需求却充满困难,许多风力机仍是原型,尚难以满足要求;尤其当无法证明风力机实际性能如制造厂承诺的时候,投资减税(与生产减税相反)被论证不是最好的鼓励发展和实施生产的方法;当 20 世纪 80 年代里根政府取消联邦减税时,风力机需求锐减。

图1.17　加州风电场(National Renewable Energy Laboratory)

安装在加州的风力机并未限定在美国制造。事实上,不久丹麦的风力机就大量出现在加州风场,其风力机也萌生了一些问题,但总体上,它们的产品质量比美国造的要好。阵风过后,尘埃落定,多数美国厂商退场,丹麦制造商在进行改组与兼并,谋求生路。

20 世纪 90 年代,十年间看到最大的美国制造商 Kennetech Windpower 的死亡(1996 年),风力机的制造中心移至欧洲,特别是丹麦和德国;全球变暖和一直对核电的忧虑,在美国和其它国家对风电需求强烈;21 世纪一些欧洲主要供应商也在其它国家设制造厂,如中国、印度和美国等。

近期,最大的商业化风力机容量从 25 kW 增加到 6 MW,计划达到 10 MW 的容量正在设计中,如图 1.18。2009 年全球总的装机容量达 115 000 MW,且主要安装在欧洲;离岸型风力机也在欧洲积极发展,至 2008 年共安装了 2000 MW。设计标准和认证程序已经建立,所以可靠性和性能都远超 20 世纪 70 年代和 80 年代的风力机;即使没有奖励政策,风能成本在某些方面已经可与常规能源竞争,在那些有奖励政策的国家,风能发展势头非常强劲。

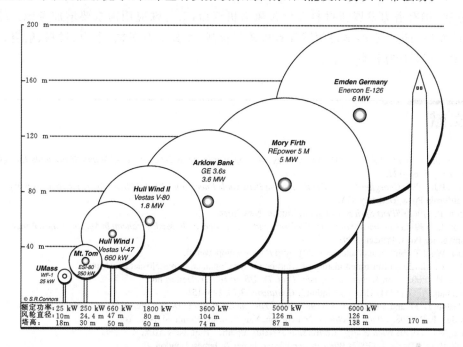

图 1.18　典型风力机容量、高度和风轮直径(Steve Connors,MIT)

## 1.2.4　现代风力机的技术支持

风力机科技在沉寂多年后,在 20 世纪末获得新机遇。许多其它领域的技术积极发展应用到风力机上,并催其再生;其它领域的技术积极应用到新一代的风力机上,如材料科学、计算机技术、空气动力学、分析设计和方法、测试和监测、电力电子等。材料科学带来了新的复合材料叶片,金属部件合金;计算机科学促进了设计、分析、测量和控制技术的发展;原本为航空工业发展的空气动力学设计方法,现在已经应用到风力机上。分析设计和方法现在已经发展到一个新的设计阶段,它比以前更清晰地知道该怎样设计新的风力机。测试和监测方法是利用大量的商用传感器、数据采集和分析设备让设计师更了解新风力机的实际性能。功率电子学广泛应用到风力机上,功率电子设备可以使风力发电机更加顺利地连接到电网中,保证风力机能够变转速运行、产生较多的能源、减少疲劳损坏,而且利于电力公司操作,促进风力机在小的孤立电网中运行,它能够在储能设备中转换能源。

## 1.2.5　发展趋势

风力机在过去的 35 年得以长足发展,它们变得更加可靠、经济,安静,但还不能说革新期已经结束,它仍有可能以较低的风速运行,以降低能源成本。风力机使用在偏僻的社区,在商业上是可行的。海上风能的利用还刚起步,海上风能有着巨大的潜力,但仍有很多困难待克服。当风能占有全球电力供给更多份额时,必将会再次遇到其间歇性、传输和蓄能的问题。

　　设计者有着持续的压力来改进所有应用风力机的成本,提高分析、设计和大批量制造所需的工程方法,仍有潜力发展新材料以延长风力机寿命,对特殊应用需求要增加考虑。综上所述,风能的发展与进步在多学科领域都有机遇与挑战,尤其是在机械、电力、材料、航空、控制、海洋、土木工程和计算机科学上。

# 参考文献

Ackermann, T. and Soder, L. (2002) An overview of wind energy-status 2002. *Renewable and Sustainable Energy Reviews*, **6**, 67–127.

Berger, J. J. (1997) *Charging Ahead: The Business of Renewable Energy and What it Means for America*. University of California Press, Berkeley, CA.

Carson, R. (1962) *Silent Spring*. Houghton Mifflin, New York.

Casson, L. (1991) *The Ancient Mariners: Seafarers and Sea Fighters of the Mediterranean in Ancient Times*. Princeton University Press, Princeton, NJ.

Danish Wind Turbine Manufacturers (2001) http://www.windpower.dk.

Dodge, D. M. (2009) Illustrated history of wind power development, http://telosnet.com/wind.

Dörner, H. (2002) *Drei Welten- ein Leben: Prof. Dr Ulrich Hütter*. Heilbronn.

Drachman, A. G. (1961) Heron's windmill. *Centaurus*, **7**(2), 145–151.

Eggleston, D. M. and Stoddard, F. S. (1987) *Wind Turbine Engineering Design*. Van Nostrand Reinhold, New York.

Eldridge, F. R. (1980) *Wind Machines*, 2nd edition. Van Nostrand Reinhold, New York.

Freris, L. L. (1990) *Wind Energy Conversion Systems*. Prentice Hall, New York.

Gasch, R. and Twele, J. (2002) *Wind Power Plants*. James & James, London.

Gipe, P. (1995) *Wind Energy Comes of Age*. John Wiley & Sons, Inc., New York.

Golding, E. W. (1977) *The Generation of Electricity by Wind Power*. E. & F. N. Spon, London.

Harrison, R., Hau, E. and Snel, H. (2000) *Large Wind Turbines: Design and Economics*. John Wiley & Sons, Ltd, Chichester.

Hills, R. L. (1994) *Power from Wind*. Cambridge University Press, Cambridge, UK.

Inglis, D. R. (1978) *Windpower and Other Energy Options*. University of Michigan Press, Ann Arbor.

Jacobs, M. L. (1961) Experience with Jacobs wind-driven electric generating plant, 1931–1957. *Proc. of the United Nations Conference on New Sources of Energy*, **7**, 337–339.

Johnson, G. L. (1985) *Wind Energy Systems*. Prentice Hall, Englewood Cliffs, NJ.

Le Gourieres, D. (1982) *Wind Power Plants*. Pergamon Press, Oxford.

Marchant, J. (2006) In Search of Lost Time. *Nature*, **444**, 534–538.

McGowan, J. G. and Connors, S. R. (2000) Windpower: a turn of the century review. *Annual Review of Energy and the Environment*, **25**, 147–197.

Meadows, D. H., Meadows, D. L., Randers, J. and Behrens III, W. W. (1972) *The Limits to Growth*. Universe Books, New York.

Nelson, V. (1996) *Wind Energy and Wind Turbines*. Alternative Energy Institute, Canyon, TX.

Paraschivoiu, I. (2002) *Wind Turbine Design: With Emphasis on Darrieus Concept*. Polytechnic International Press, Montreal.

Park, J. (1981) *The Wind Power Book*. Cheshire Books, Palo Alto, CA.

Price, T. J. (2006) UK Large-scale wind power programme from 1970 to 1990: The Carmarthen Bay experiments and the Musgrove vertical-axis turbines. *Wind Engineering*, **30**(3), 225–242.

Putnam, P. C. (1948) *Power From the Wind*. Van Nostrand Reinhold, New York.

Reynolds, T. S. (1983) *Stronger than a Hundred Men: A History of the Vertical Water Wheel*. Johns Hopkins University Press, Baltimore.

Shepherd, D. G. (1990) *The Historical Development of the Windmill*, NASA Contractor Report 4337, DOE/NASA 52662.

SNL (2009) *VAWT Technology*, Sandia National Laboratories, http://sandia.gov/wind/topical.htm# VAWTARCHIVE.

Spera, D. A. (Ed.) (1994) *Wind Turbine Technology: Fundamental Concepts of Wind Turbine Engineering.* ASME Press, New York.

Stokhuyzen, F. (1962) *The Dutch Windmill*, available at http://www.nt.ntnu.no/users/haugwarb/DropBox/The Dutch Windmill Stokhuyzen 1962.htm.

US Department of Energy (1979) *Wind Energy Innovative Systems Conference Proceedings.* Solar Energy Research Institute (SERI).

US Department of Energy (1980), *SERI Second Wind Energy Innovative Systems Conference Proceedings*, Solar Energy Research Institute (SERI).

van Bussel, G. J. W. (2007) The science of making more torque from wind: diffuser experiments and theory revisited. *Journal of Physics: Conference Series*, **75**, 1–11.

Vowles, H. P. (1930) An inquiry into the origins of the windmill. *Journal of the Newcomen Society*, **11**, 1–14.

Vowles, H. P. (1932) Early evolution of power engineering. *Isis*, **17**(2), 412–420.

Woodcroft, B. (1851) Translation from the Greek of The Pneumatics of Hero of Alexandria. Taylor Walton and Maberly, London. Available at: http://www.history.rochester.edu/steam/hero/.

# 第 2 章
# 风特性及风资源

## 2.1　引言

本章将介绍风能的重要专题：风资源及风特性。本章所包含的内容可以直接用于在本书其它章节讨论的风能其它方面的专题。比如，特定场址的风特性知识就与下列专题有关：

- **系统设计**——系统设计需要知道风表示的平均特性参数以及风的湍流特性和极端风况信息。这些信息用于设计与选择装在特定场址的风力机。
- **性能评估**——性能评估要求根据风能资源确定特定风能系统预计的能量输出及成本效益。
- **选址**——选址时需要对安装一台或多台风力机的备选场址的相对适应性进行评估或预测。
- **运行**——运行时需要求用于负荷管理、运行计划（如启动和停机）以及在维护或系统寿命预测方面的风资源信息。

本章以风资源特性的一般讨论作为开始，第二节介绍接大气边界层的特性，它们可以直接应用于风能工程；接下来的两节讲述若干风特性的知识，它们可以用来进行风数据分析、资源评估、极端风速预测，以及根据风资源数据或有限的测风数据（如平均风速）确定风力机功率产出；然后概述现有的世界风能资源评估数据；随后一节讲述风资源测量技术及仪器。最后一节简要介绍风资源特性领域的几个前沿性研究课题。

书中与风能相关的风特性信息也有一些其它的来源，包括 Putnam(1948) 的经典参考文献，以及 Eldridge(1980)，Johnson(1985)，Freris(1990)，和 Spera(1994) 以及 Burton et al.(2001) 编写的书。此外，本书也参考了以下基本专著中有关风资源的材料。包括 Justus(1978)，Hiester 和 Pennell(1981) 的著作，以及 Rohatgi 和 Nelson(1994) 的教材。

## 2.2　风资源的一般特性

在讨论风资源的一般特性时，重要的是考虑这样一些内容，风资源的全球起源，风的一般特性，以及风资源潜能的估计。

## 2.2.1　风资源:全球起源

### 2.2.1.1　风的全球生成模式

　　包括风资源在内的地球上的可再生能源都来自于太阳。全球风是由于太阳辐射对地球加热的不均匀性所引起的地球表面的压差造成的。例如,赤道地区地球表面吸收的太阳辐射远大于极地地区。这种输入能量的变化建立了大气近地层(对流层)的对流区。用一个简单的流动模型来描述,空气在赤道上升,在极地下降。由于不均匀受热导致的大气循环受地球旋转效应的影响很大(在赤道速度大约是每小时 1670 千米,在极地逐渐减小到零)。此外,太阳能分布的季节性变化增大了循环的变化。

　　传递到地球大气层的热量在空间上的变化产生了大气压力场的变化,它促使空气从高压区流向低压区。垂直方向上的压力梯度力通常被向下的重力抵消。因此,风主要是在水平面上吹并与水平的压力梯度相关。同时,存在各种力,它试图使分布于地球表面的不同温度与压力的空气混合。除了压力梯度与重力外,空气的惯性、地球的旋转、与地球表面的摩擦(导致湍流)都会影响大气风。每一种力对大气风系统的影响根据所考虑的运动尺度大小而有所不同。

　　如图 2.1 所示,世界范围的风循环包含多个大尺度的风模式,它们覆盖整个地球,并对近地盛行风产生影响。应该注意到这个模型过于简单,因为它没有反映大地质量对风分布的影响。

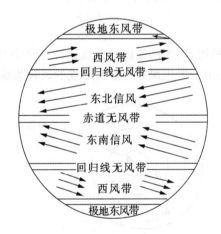

图 2.1　世界范围循环模式的表面风 (Hiester and Pennell, 1981)

### 2.2.1.2　风运动的机理

　　描述大气中风运动最简单的模型,考虑四种大气力,包括压力、由于地球旋转所造成的柯里奥利力、由于大尺度循环运动产生的惯性力以及地球表面的摩擦力。

　　作用于单位质量空气的压力 $F_p$ 由下式给出:

$$F_p = \frac{-1}{\rho} \frac{\partial p}{\partial n} \tag{2.1}$$

式中,$\rho$ 是空气密度,而 $n$ 是等压线的法线方向。因此 $\partial p/\partial n$ 被定义成等压线法线方向的压力梯度。柯里奥利力(单位质量) $F_c$ 是一个相对于旋转参考坐标系(地球)计量的虚拟力,可以表

示成:

$$F_c = f U \tag{2.2}$$

式中,$U$ 是风速,$f$ 是柯氏参数($f = 2\omega\sin(\phi)$)。$\phi$ 代表纬度,而 $\omega$ 是地球的旋转角速度。因此,柯里奥利力的幅值取决于风速和纬度。柯里奥利力的方向垂直于空气运动的方向。这两个力产生的风称为地转风,其方向趋于与等压线平行(见图2.2)。

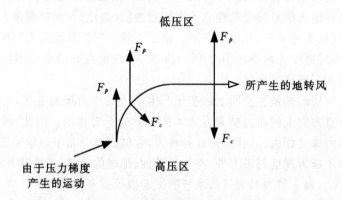

图 2.2　地转风图示:$F_p$ 作用于空气的压力;$F_c$ 柯氏力

地转风的幅值 $U_g$ 是作用力合力的函数,由下式给出:

$$U_g = \frac{-1}{f\rho} \frac{\partial p}{\partial n} \tag{2.3}$$

地转风是一种理想化的情况,因为高压区和低压区的存在会造成等压线的弧形弯曲。这给风施加了另外一个力,离心力。考虑离心力后所形成的风称为梯度风 $U_{gr}$,如图2.3所示。

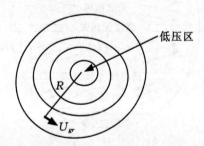

图 2.3　梯度风 $U_{gr}$ 的图示;$R$ 曲率半径

梯度风也平行于等压线,它是作用力合力产生的结果:

$$\frac{U_{gr}^2}{R} = -fU_{gr} - \frac{1}{\rho} \frac{\partial p}{\partial n} \tag{2.4}$$

式中,$R$ 是空气微元路径的曲率半径,对公式(2.3)进行替换得到 $U_g$:

$$U_g = U_{gr} + \frac{U_{gr}^2}{fR} \tag{2.5}$$

作用于风的最后一个力是地面的摩擦力。地面对运动空气施加一个水平力,结果减缓了流动。这个力随着距地面高度的增加而减小,并且在边界层(定义成大气近地区域,这里粘性力是很重要的）以上可以忽略。在边界层以上区域，风不承受摩擦力，风以梯度风的速度沿等压线流动。地面摩擦导致风更趋向于流向低压区。关于地面边界层及其特性的详细内容将在以后各节中讨论。

### 2.2.1.3　其它大气环流模式

前述总的大气环流模式是一个针对光滑球面的很好模型。但是实际上，地球表面变化很大，存在大面积的海洋和陆地。这些不同的表面，由于压力场、太阳辐射吸收及湿气含量的不同，都会影响空气流动。

海洋就像一个很大的能量源。因此，空气的运动常常受海洋循环的影响。所有这些效应导致不同的地面压力，它会影响全球风和许多长期性的区域风，如像季风的出现。此外局部区域的受热或冷却也可能产生持久的地方性风，这些风可以是季节性的或当天的，包括海风和山风。

较小尺度的大气环流可以分成二级和三级环流（参见 Rohatgi and Nelson，1994）。如果高压或低压的中心区是由低层大气的受热或冷却形成的，就会产生第二级环流。第二级环流包括：

- 飓风；
- 季风；
- 温带气旋。

第三级环流是小尺度、局部的环流，具有地方性风的表征。它们包括：

- 陆地和海洋的微风；
- 谷风和山风；
- 类似于气旋的流动（例如通过加州隘口的气流）；
- 焚风（在山脉下风侧的干燥高温的风）；
- 雷暴；
- 龙卷风。

第三级环流的例子，谷风和山风示于图 2.4。在白天山坡上较热的空气上升，替换上部较重的冷空气。晚上流动方向相反，冷空气沿斜坡流下，沉滞在谷底。

对这些风模式和其它局部效应的理解，对于评估潜在的风能场址是很重要的。

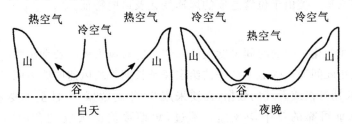

图 2.4　每天的谷风和山风（Rohatgi and Nelson，1994），
获 Alternative Energy Institute 允许转载

## 2.2.2 风的时间和空间特征

大气运动在时间(从数秒到数月)上和空间(从几厘米到几千千米)上都是变化的。图 2.5 总结了风能应用中大气运动在时间和空间上的变化。以后各节将要讨论到,空间变化一般取决于距地面的高度、整体和局部的地理条件。

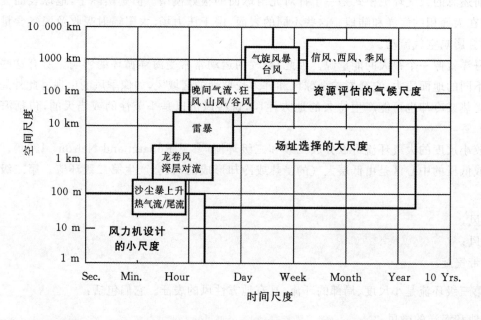

图 2.5  大气运动的时间和空间尺度(Spera,1994),获 ASME 允许转载

### 2.2.2.1  时间变化

根据通常的实践,风速随时间的变化可以分成下列几类:

- 年度之间的变化;
- 年度内的变化;
- 日变化;
- 短期变化(阵风和湍流)。

下面依次讨论每一类由于位置造成的风速变化及风向特征。

**年度之间的变化**

风速的年度间变化发生的时间尺度大于一年。它对风力机的长期出力有很大的影响。评估给定场址风速年度间变化的能力与评估给定场址长期平均风速的能力同样重要。气象学家一般认为,决定长期气候或天气的数据,需要采用 30 年的数据,并且至少要采用 5 年的数据,才能得到给定场址可靠的年平均风速。不过,短期数据记录也是有用的。Aspliden 等人(1986)提出根据统计学的经验方法,一年的记录数据一般足以用于预测长期的季节平均风速,预测精确度要求在 10% 以内时,可靠度为 90%。

研究人员仍然在寻找更为可靠的模型来预测长期平均风速。影响风速变化的气象因素与地理因素之间相互作用的复杂性使得这项任务非常困难。

### 年度内的变化

各地区的月平均风速或季节平均风速的差别是很大的,这在世界上绝大多数地区都有同样的情况。例如,美国东部 1/3 的地区,最大风速都是在冬季或初春出现。在大平原地区,中北部各州,德克萨斯海岸,西部的盆地与谷地,以及加利福尼亚中、南部海岸地区,是在春季出现最大值。在美国的山地地区冬季出现最大风速,而较低的西南部一些地区除外,在这些地区最大值出现在春季。在俄勒冈、华盛顿及加利福尼亚的风走廊地区最大风速出现在春季和夏季。

图 2.6 示出了蒙大纳州比林斯的月平均风速季节性变化。有趣的是,图形清楚地显示月变化典型特征并不是由单独一年的数据来确定的。

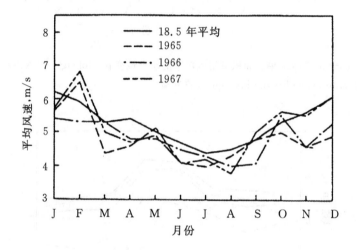

图 2.6　月平均风速的季节性变化(Hiester and Pennell, 1981)

类似地,图 2.7 也显示了年度风速变化的重要性,以及它对可用风能的影响(误差线条表示标准偏差)。

### 日变化(一天时间)

在热带和温带地区,风的大幅变化也可能出现在一天内或者日时间尺度内。这种形式的风速变化是由于地球表面在日辐射循环中受热不同造成的。典型的日变化是风速在白天升高,在午夜到太阳升起这段时间最低。对于温带地区相对较为平坦的地域,太阳辐射的日变化是风速日变化的原因。一般来讲,最大的日变化发生在春季和夏季,最小的日变化在冬季。此外,风速日变化随地点和海拔高度变化。例如,地面以上一定高度,山和山脊的日变化模式可能就大不相同。这种变化可以用上层空气和下层空气之间动量的传递或混合来解释。

如图 2.8 所示,即使是在强风地区,日变化模式年与年之间的差别也可能很大。虽然可以根据单独一年的数据建立日循环的总体特征,但更详细的特征,如日波动的幅值和最大风速出现的时间不能准确地确定。

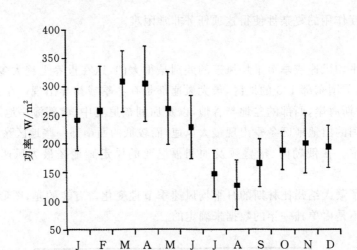

图 2.7　Amarillo，Texas 单位面积可用风功率的季节性变化(Rohatgi and Nelson，1994)，
　　　　获 Alternative Energy Institute 允许转载

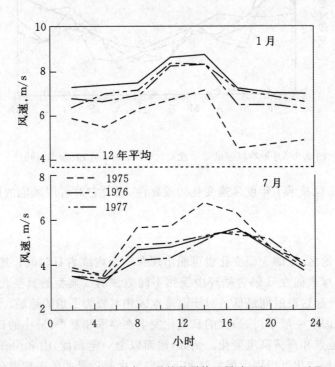

图 2.8　Casper 和 Wyoming 的 1 月与 7 月的月平均日风速(Hiester and Pennell，1981)

### 短期变化

对风速短期变化所关注的包括湍流和阵风。图 2.9 是风速仪(以后要介绍)的输出记录，显示了正常情况下存在的短期风速变化形式。

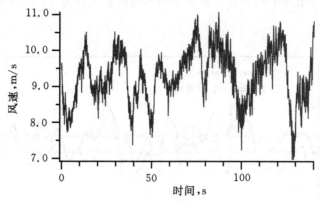

图 2.9 典型的短期风速-时间关系图

短期变化通常是指 10 分钟或少于 10 分钟时间间隔的变化。10 分钟平均值一般是采用频率大约每秒一次的采样值来决定的。从小于 1 秒到 10 分钟时间内的风速变化一般是可以接受的。只是在表示湍流时,需要考虑随机特性。在风能应用中,流动的湍流脉动需要量化,例如在风力机设计中,需根据最大载荷、疲劳预测、结构激励、控制、系统运行、电能品质来进行量化。有关风力机设计的这些因素的详细内容在本书第 6 章、第 7 章讨论。

湍流可以被认为是在平均风速上施加的随机风速脉动。这些脉动发生在所有三个方向上:纵向(沿着风的方向)、横向(垂直于平均风速方向)、垂直方向。湍流和它的效应在本章的后几节中讨论。

阵风是湍流风场中发生的独立现象。如图 2.10 所示,描述阵风特征的一种方法是确定它的(a)幅值,(b)升速时间,(c)最大阵风变化,及(d)降速时间。由阵风产生的风力机结构载荷受上述四个因素的影响。

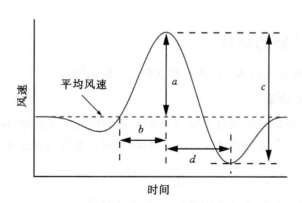

图 2.10 一次独立的阵风图示;a,幅值;b,升速时间;c,最大阵风变化;d,降速时间

### 2.2.2.2 位置造成的变化及风向

**位置造成的变化**

风速很大程度上取决于局部地形和地面覆盖的变化。如图 2.11 所示(Hiester and Pennell,1981)两个彼此邻近场址的风速,差异可以是很大的。图形给出了两个相距 21 千米(13

英里)场址的月平均和五年平均风速。五年平均风速相差大约为 12%(年平均值为 4.75 m/s
和 4.25m/s)。

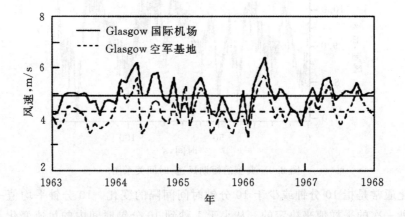

图 2.11 Glasgow,Montana 国际机场和空军基地的月风速变化(Hiester
and Pennell,1981)

### 风向变化

风向在风速变化的时间尺度上也有变化。季节性变化可能要小些,其数量级约为 30 度,
而平均月度风向变化在一年中可以达 180 度。短期的方向变化是风的湍流特性引起的。风向
的短期变化需要在风力机设计和选址中考虑。水平轴风力机必须随风向旋转(偏航)。偏航导
致整个风力机结构产生回转载荷,考验所有参与偏航运动的机构。风向变化产生的横向风将
影响叶片载荷,这在以后还要介绍。风向的短期变化及相关的运动会影响叶片及偏航驱动机
构等部件的疲劳寿命。

## 2.2.3　潜在风资源的估计

本节讲述风力机可利用的风资源能量和它的功率输出能力。

### 2.2.3.1　可用的风功率

根据图 2.12 所示可以确定通过面积为 $A$ 的风轮的空气质量流量 $dm/dt$。根据流体力学
的连续性方程,质量流量是空气密度 $\rho$ 与空气速度(假定速度均匀分布)$U$ 的函数,因而有:

$$\frac{dm}{dt} = \rho A U \qquad (2.6)$$

流经气流的单位时间的动能(或者说功率)由下式给出:

$$P = \frac{1}{2}\frac{dm}{dt}U^2 = \frac{1}{2}\rho A U^3 \qquad (2.7)$$

单位面积的风功率 $P/A$ 或风功率密度:

$$\frac{P}{A} = \frac{1}{2}\rho U^3 \qquad (2.8)$$

应该注意到:

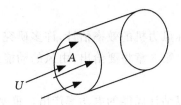

图 2.12　通过风轮的空气流；$A$ 面积，$U$ 风速

- 风功率密度与空气密度成正比。标准条件下（海平面，15℃）空气密度为 1.225 kg/m³。
- 风功率与风轮扫掠面积（对常用的水平轴风力机，也就是风轮直径的平方）成正比。
- 风功率密度与风速的三次方成正比。

　　实际的风力机功率产出必须考虑流过作功风轮气流的流体力学，以及风轮/发电机组合的空气动力学效率。事实上，最好的现代水平轴风力机的实际风功率最大可以达到可用风功率的 45％左右（将在第 3 章中讨论）。

　　表 2.1 表明，风速是一个重要参数，对单位面积可用风功率有重大影响。

表 2.1　稳定风单位面积可用风功率（空气密度＝1.225 kg/m³）

| 风速（m/s） | 功率/面积（W/m²） |
| --- | --- |
| 0 | 0 |
| 5 | 80 |
| 10 | 610 |
| 15 | 2 070 |
| 20 | 4 900 |
| 25 | 9 560 |
| 30 | 16 550 |

　　如果一定区域的年平均风速是已知的，可以作出表示这些区域平均风功率密度的图象来。如果知道一年中的小时平均风速 $U_i$，就可以作出更为准确的评估。此时，可以确定每小时的平均功率。基于小时平均的平均风功率密度为：

$$\overline{P}/A = \frac{1}{2}\rho \overline{U}^3 K_e \tag{2.9}$$

式中，$\overline{U}$ 是年平均风速，$K_e$ 称为能量模式因子。能量模式因子的计算公式如下：

$$K_e = \frac{1}{N\overline{U}^3}\sum_{i=1}^{N} U_i^3 \tag{2.10}$$

式中，$N$ 是一年的小时数 8760。

　　风资源的几个定量评估等级为：

$\overline{P}/A < 100$ W/m² ——贫乏

$\overline{P}/A \approx 400$ W/m² ——良好

$\overline{P}/A > 700$ W/m² ——丰富

### 2.2.3.2 世界风资源估计

根据风资源数据以及对实际风力机的效率估计,许多研究人员对全球若干地区以及整个地球的潜在风功率进行过估计。第 3 章将要给出,由风的动能理论上可得到的功率产出的最大值是可用功率的 60%。

利用区域性风资源估计可以估计风能的电功率产出。重要的是区分各种类型能够被估计的风能潜能。这种估计方法(World Energy Council,1993)将风能潜能划分成如下五类:

**(1) 气象学潜能**。这等效于可用的风资源。

**(2) 场址潜能**。这也是基于气象学潜能,但是限制在地理上可实现功率产出的那些场址。

**(3) 技术潜能**。技术潜能根据场址潜能和可以使用的技术计算得出。

**(4) 经济潜能**。经济潜能可以认为是经济上可以实现的技术潜能。

**(5) 实施潜能**。实施潜能是指考虑各种限制和鼓励政策后确定的并能够在一定时段实施的风力机作功能力。

在世界范围的风能资源评估中,至少前三类已经考虑了。比如,最早的全球风能资源评估是由 Gustavson(1979)进行的。在这项研究中,Gustavson 是将到达地球的太阳能作为输入,考虑其中有多少太阳能被转换成有用风能来进行资源估计的。在全球范围,他估计的全球资源大约是 $1000 \times 10^{12}$ kWh/yr。当时全球的电力消耗大约是 $55 \times 10^{12}$ kWh/yr。

世界能源委员会(1993)采用风能气象学潜能的世界平均估计值,并考虑机器效率和可利用率(在线时间的百分数),对全球风资源作出了估计。他们估计陆上风能资源大约是 $20 \times 10^{12}$ kWh/yr,这仍然是一可观的资源。关于世界陆上风能技术潜能最新的工作在 Hoogwijk 等人(2004)的论文中进行了总结,他们得出的结论是,采用现在的技术陆上风能的技术潜能大约是世界电力消耗(2001 年)的 6~7 倍。

对美国的风能潜能,已经进行了多次风资源估计。发表于 20 世纪 90 年代的估计比此前的估计更为真实,因为它们考虑了机器的特性以及地面条件的限制(技术上与场址条件的限制),并且它们也使用了扩展的数据收集方法和改进的分析技术。Elliot 等人(1991)使用这种改进的分析方法并利用美国风资源数据(Elliot et al.,1987)得出结论,风能至少可以满足美国电力需求的 20%,假如 30 米高处平均风速不低于 7.3m/s(16 mile/h)地区的风能得到开发的话。为了提供这一部分美国电力需求(大约每年 6 千亿度电),较低的 48 个州 0.6% 的土地(约 18 000 平方英里)需要开发。这部分土地的大部分在西部,远离居民中心。因此实际使用这些土地时需要考虑像输电线路布置这样的选址问题。

正如《风能》杂志第一卷 *The Facts*(EWEA,2004)指出的,对于欧洲陆上风潜能的估计较少,而已有的估计所作的假设对于现在的风电系统技术而言都过于保守。例如,EWEA 估计(根据 1993 年的研究)欧洲(EU-15 和挪威)的技术潜能大约是 $0.65 \times 10^{12}$ kWh/yr。对于近海风场,总结预测的结果是 $0.5 \sim 3 \times 10^{12}$ kWh/yr。更进一步,该文献指出,对于风资源潜能的估计并不是一个定数,而是随时间变化的,因为技术在发展,而且所考虑的影响风力机装机密度与位置的环境和社会问题也更多。支持这个观点的例子是(主要是由于风力机尺寸的增大)1997 年估计的欧洲实际资源潜能几乎是 1994 年估计的两倍。

## 2.3 大气边界层的特征

大气边界层,也就是所谓的地球边界层,是大气的最低层部分,它的特性直接受地球表面的影响。此处,像速度、温度、相对湿度这样的物理量可以在时间和空间上剧烈变化。例如,风资源特性的一个重要参数是水平风速沿地面以上高度的变化。可以预计,在地球表面水平风速为零,在大气边界层中随高度增加,风速随高度的变化称为风速的垂直风廓线或者垂直风剪切。在风能工程中,垂直风剪切是一个重要的设计参数,因为:(1)它直接决定了一定高度塔架上的风力机的出力;(2)它会强烈影响风力机风轮叶片的寿命。风轮叶片的疲劳寿命受循环载荷的影响,而循环载荷是由于叶片旋转通过在垂直方向上变化的风场产生的。

在风能应用中,确定垂直风廓线至少有两个感兴趣的基本问题:

- 作为高度函数的风速的瞬时变化(时间尺度为几秒量级);
- 作为高度函数的平均风速的季节性变化(月度或者年度平均值)。

应该注意,这是独立而有区别的问题,经常错误地认为可以采用一种方法处理这两种问题。"瞬时"风廓线的变化与边界层相似理论有关(Schlichting,1968)。而另一方面,作为高度函数的长期平均值的变化,与像大气稳定性(随后讨论)这样的各种影响因素的统计发生率有关,必须依靠更为经验性的方法(Justus,1978)。

除了由于大气稳定性产生的变化之外,风速随高度的变化还与地面粗糙度和地形有关。这些因素将在下面各节中讨论。

### 2.3.1 大气密度和压力

如公式(2.8)所示,风功率是空气密度的函数。空气密度 $\rho$ 是温度 $T$ 和压力 $p$ 的函数,二者都随高度变化。干空气的密度可以利用理想气体定律确定,可以表示成:

$$\rho = \frac{p}{RT} = 3.4837 \frac{p}{T} \tag{2.11}$$

式中,密度单位为 $kg/m^3$,压力单位为 $kPa(kN/m^2)$,温度单位为 Kelvin。湿空气的密度比干空气稍小,但是很少对空气湿度进行修正。空气密度与湿度的函数关系可以在许多热力学教科书中找到,如 Balmer(1990)。

国际标准大气假定海平面的温度和压力分别为 288.5K 和 101.325kPa,因此,标准海平面的空气密度为 $1.225kg/m^3$(见 Avallone and Baumeister,1978)。空气压力随海拔升高而下降。海拔 5000m 以下国际标准大气的压力可以很精确地近似表示为:

$$p = 101.29 - (0.011837)z + (4.793 \times 10^{-7})z^2 \tag{2.12}$$

式中,$z$ 是高度,单位为 m,压力的单位为 kPa。当然,实际压力可能随天气的变化而在标准压力附近变化。实际上,在任何位置,日温度波动和季节性温度波动对空气密度的影响要远大于压力与空气湿度的日变化和季节变化对空气密度的影响。

### 2.3.2 大气边界层的稳定性

大气的一个特别重要的特性是它的稳定性——即阻止垂直运动或者抑制现有湍流的趋

势。大气边界层的稳定性是影响近地面几百米高度区域风速梯度(如风剪切)的决定性因素。大气稳定性一般分类为稳定、中性稳定或者不稳定。地球大气的稳定性受垂直方向温度分布的控制,而温度分布是由辐射加热或表面冷却以及同时伴随的靠近地表空气的对流混合造成的。以下综述大气温度是如何随高度变化的(假定是绝热膨胀)。

### 2.3.2.1 直减率

大气的直减率通常定义为温度随高度的变化率。如下面分析所示,利用常规的热力学关系,通过计算压力随高度的变化很容易决定直减率。如果大气可以近似看作干的理想气体(混合物中没有水汽),流体微元在引力场中的压力随高度变化的关系由下式给出:

$$\mathrm{d}p = -\rho g \,\mathrm{d}z \tag{2.13}$$

式中,$p$ 为大气压力,$\rho$ 为大气密度,$z$ 为海拔高度,$g$ 为当地引力加速度(假定为常数)。

负号是由于高度通常是以向上为正向度量的,因而压力 $p$ 沿 $z$ 的正方向下降。

对于单位质量的理想气体封闭系统,在准静态的状态变化过程中理想气体热力学第一定律可写成:

$$\mathrm{d}q = \mathrm{d}u + p\,\mathrm{d}v = \mathrm{d}h - v\,\mathrm{d}p = c_p\mathrm{d}T - \frac{1}{\rho}\mathrm{d}p \tag{2.14}$$

式中,$T$ 为温度,$q$ 为传递的热量,$u$ 为内能,$h$ 为焓,$v$ 为比容,$c_p$ 为定压比热。

对于绝热过程(无热传递) $\mathrm{d}q = 0$,公式(2.12)变成:

$$c_p\mathrm{d}T = \frac{1}{\rho}\mathrm{d}p \tag{2.15}$$

用上式替换公式(2.13)中的 $\mathrm{d}p$,并写成:

$$\left(\frac{\mathrm{d}T}{\mathrm{d}z}\right)_{Adiabatic} = g\frac{1}{c_p} \tag{2.16}$$

如果假定忽略 $g$ 和 $c_p$ 随高度的变化,那么在绝热条件下,温度变化就是一个常量。代入 $g = 9.81 \text{ m/s}^2$ 及 $c_p = 1.005 \text{ kJ/kgK}$ 则得:

$$\left(\frac{\mathrm{d}T}{\mathrm{d}z}\right)_{Adiabatic} = -\frac{0.0098℃}{m} \tag{2.17}$$

这样,对于一个没有热传递的系统,随高度增加温度的直减率大约是每 100 米 1℃。这就是所谓的干绝热直减率。采用传统的符号,$\Gamma$ 定义为大气温度梯度的负值。因此,干绝热直减率可写成:

$$\Gamma = -\left(\frac{\mathrm{d}T}{\mathrm{d}z}\right)_{Adiabatic} \approx \frac{1℃}{100m} \tag{2.18}$$

干绝热直减率在气象研究中是非常重要的,因为用它与低层大气的实际直减率比较是衡量大气稳定性的一种手段。基于气象数据的国际标准大气直减率已经有了定义并用于这种比较。具体地,对中纬度地区来说,平均意义上温度随海拔升高线性降低,直到约 10 000 米(定义目标为 10.8 千米)。海平面的温度平均值是 288 ℃,并一直减小到 10.8 千米高度处的 216.7 ℃,由此给出的标准温度梯度为:

$$\left(\frac{\mathrm{d}T}{\mathrm{d}z}\right)_{standard} = \frac{(216.7 - 288)℃}{10\ 800m} = -\frac{0.0066℃}{m} \tag{2.19}$$

这样,根据国际习惯的标准直减率是 0.66℃/100m。

不同的温度梯度产生不同的大气稳定状态。图 2.13 示出了由于地球表面受热不同,从白天至夜晚的温度廓线的变化。在地面附近,太阳升起之前温度廓线(实线)随高度增加而下降,而在太阳升起以后则相反(虚线)。接近地面的空气被加热,靠近地面的温度梯度随高度增加而增加,一直到所谓的逆转高度 $z_i$。$z_i$ 以下的空气表层称为对流层或混合层。$z_i$ 之上温度廓线变化相反。

大气稳定性的概念可以这样来说明。考虑一空气微元向压力较低的高处上移,假定标准直减率是 $0.66℃/100m$,而所考虑的上升空气微元以干绝热直减率(每 100 米 1℃)变冷,如果所考虑空气微元在开始时与周围的空气具有同样的温度,那么它升高 100 米后,就比周围的空气冷得快,温度比它们低 $0.34℃$。这个微元就会变得更密实,倾向于回到它的初始高度位置。这种大气状态称为稳定的。

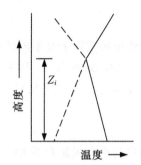

图 2.13 日出前(实线)与日出后(虚线)的地表以上的温度廓线

一般地,$dT/dz$ 大于 $(dT/dz)_{adiabatic}$ 的大气都是稳定的。应该注意到国际标准直减率在自然界中很少出现。这就解释了在世界各主要机场需要每天进行气球探测以决定实际的直减率。当然,为了使大气稳定并不是必须存在逆转状态(温度随高度增加)。如果它确实存在,则大气更为稳定。

## 2.3.3 湍流

风中的湍流是由于小的漩涡(或阵风)不断产生和消亡,从而把风的动能耗散转换成热能而产生的。湍流风在一个小时或更长的时间跨度上可能具有相对稳定的平均值,但是在较短期间(几分钟或更短)它可以是经常变化的。风的变化表面上看起来是随机的,但实际上它有若干不同的特点。这些特点由几个统计特性来反映:

- 湍流强度;
- 风速的概率密度函数;
- 自相关性;
- 积分时间尺度/长度尺度;
- 功率谱密度函数。

下面综述这些特性并给出例子。有关的更为详细的内容见附录 C 和 Rohatgi 与 Nelson(1994)以及 Bendat 与 Piersol(1993)的文献。

湍流风由纵向、横向及垂直方向的分量组成。纵向分量(在主风向)用 $u(z,t)$ 表示。横向分量(垂直于 $U$)为 $v(z,t)$,垂直分量为 $w(z,t)$。每一个分量都常常被设想成由短期平均风速,例如 $U$,加上平均值为零的波动风速 $\tilde{u}$ 构成:

$$u = U + \tilde{u} \tag{2.20}$$

式中,$u$ 为瞬时纵向风速,$z$ 为地面以上的高度,$t$ 为时间。横向和垂直方向分量也可以类似地被分解成平均值和波动分量。为了表述清晰起见,在以后的公式中对于高度和时间的相关性就不再说明。

注意这里短期平均风速 $U$ 是指一定时间周期 $\Delta t$(较短)上的平均风速,而这个时间周期要大于湍流波动的特征时间。这个时间周期通常取为 10 分钟,但也可以长至一小时。其计算式为:

$$U = \frac{1}{\Delta t}\int_0^{\Delta t} u\,\mathrm{d}t \tag{2.21}$$

瞬时湍流风实际上是不连续观测的;它实际上是以相对较高的速度进行采样。假设采样间隔为 $\delta t$,这样 $\Delta t = N_s\delta t$,其中 $N_s$ 为在每个短期间隔中的采样数量,于是湍流风就可以用一个序列 $u_i$ 来表示。短期平均风速可以用采样方式表示成:

$$U = \frac{1}{N_s}\sum_{i=1}^{N_s} u_i \tag{2.22}$$

短期平均纵向风速 $U$ 常用于时间系列观测中,本书今后也沿用这种方式。

### 2.3.3.1 湍流强度

湍流最基本的度量是湍流强度。被定义为风速的标准偏差与平均值之比。在平均风速和标准偏差的计算中,时间跨度要长于湍流波动时间,要比其它风速变化类型(比如日变化)的时间长度要短。这个时间长度一般不长于一个小时,风能工程中习惯上取为 10 分钟。采样速度一般是每秒钟至少一次(1 Hz)。湍流强度(turbulence intensity),$TI$ 定义成:

$$TI = \frac{\sigma_u}{U} \tag{2.23}$$

式中,$\sigma_u$ 是标准偏差,按采样方式由下式给出:

$$\sigma_u = \sqrt{\frac{1}{N_s-1}\sum_{i=1}^{N_s}(u_i-U)^2} \tag{2.24}$$

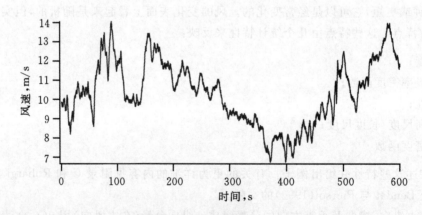

图 2.14 风速数据样本

湍流强度通常在 0.1 到 0.4 区间。湍流强度最高值一般出现在风速最低时,而给定区域低极限的值取决于场址的特定地形特点及地面条件。图 2.14 给出了以 8Hz 采样的风速数据的典型图形。数据的平均风速是 10.4m/s,而标准偏差是 1.63m/s。因此,10 分钟时间段的湍流强度是 0.16。

### 2.3.3.2 风速概率密度函数

风速具有某一特定值的可能性用概率密度函数（probability density function,pdf）来描述。经验显示风速更倾向于是靠近平均值而不是远离平均值,并且处于平均值以下和平均值以上的可能性大致相当。描述湍流这种特性最好的概率密度函数是高斯分布或正态分布。用变量表示的连续数据正态分布概率密度函数由下式给出:

$$p(u) = \frac{1}{\sigma_u \sqrt{2\pi}} \exp\left[-\frac{(u-U)^2}{2\sigma_u^2}\right] \tag{2.25}$$

图 2.15 给出了图 2.14 平均风速数据样本的风速直方图。图中也给出了反映风速数据的高斯概率密度函数曲线(注意,参见第 2.5 节关于风速数据直方图及统计分析的一般讨论)。

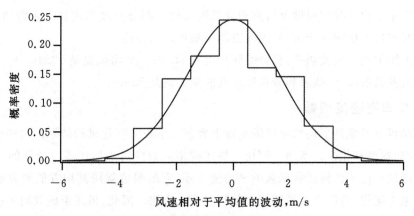

图 2.15 高斯概率密度函数与风速数据直方图

### 2.3.3.3 自相关性

风速的概率密度函数提供了风速为各种特定值的可能性的度量。如附录 C 所述,湍流风速采样数据的正则化自相关函数由下式给出:

$$R(r\delta t) = \frac{1}{\sigma_u^2 (N_s - r)} \sum_{i=1}^{N_s - r} u_i u_{i+r} \tag{2.26}$$

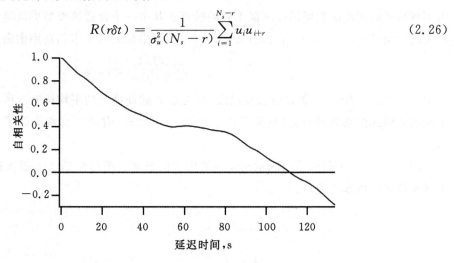

图 2.16 采样风数据的自相关函数

式中，$r$ 为延迟数。图 2.16 示出了在图 2.14 中给出数据的自相关函数的图形。

自相关函数可以用于决定如下描述的湍流积分时间尺度。

### 2.3.3.4 积分时间尺度/长度尺度

如果在采样过程开始以前去掉任何趋势，自相关函数将从初次采样时(零延迟)的 1.0 值衰减到零值，然后随着采样延迟时间的增加趋向于小的正值或负值。风速波动彼此相关的平均时间段的度量可以通过自相关函数从零延迟到第一个零值出现时间的积分得到。这一积分值称为湍流积分时间尺度。通常这个值小于 10 秒，积分时间尺度是场址、大气稳定性以及其它因素的函数，也可能远大于 10 秒。阵风的风速比较连贯地(密切相关)上升和下降，它具有与积分时间尺度同样量级的特征时间。

平均风速乘上积分时间尺度就得到积分长度尺度。积分长度尺度在一定的风速范围内，较之于积分时间尺度更倾向于常数，因此更能反映场址的特性。

根据以上图示的自相关函数，积分时间尺度是 50.6s。平均风速是 10.4m/s。因此，在平均气流中湍流漩涡的尺寸，或者积分长度尺度的量级就是 526m。

### 2.3.3.5 功率谱密度函数

风的波动可以看成是平均稳定风的基础上叠加一组正弦变化风的结果。这些正弦变化风有各种的频率、幅值和相位。术语"谱"用来描述频率函数。用来描述湍流特征的频率函数称为"谱密度"函数。由于任何正弦函数的平均值为零，它的幅值就用其均方值来表示。这种分析形式源于电力应用，电压或电流的均方值与功率成正比。因此，描述组成波动风速的正弦变化波频率与幅值之间关系的函数的完整名称就是"功率谱密度"。

关于功率谱密度(power spectral densities,psds)的特性有两点特别重要。首先，一定频率范围湍流的平均功率可以通过两个频率之间的功率谱密度积分得到。其次，对全部频率的功率谱密度积分等于总的变化。

功率谱密度常用于动力学分析。如果对于给定的场址其代表性湍流功率谱密度不存在，由多种功率谱密度函数可用作风能工程的模型。其中一个合适的模型类似冯·卡门开发的风洞湍流模型(Freris,1990)，由公式(2.27)给出，本书中称为冯·卡门功率谱密度。

$$S(f) = \frac{\sigma_u^2 4(L/U)}{[1 + 70.8\,(fL/U)^2]^{5/6}} \tag{2.27}$$

式中，$f$ 是频率(Hz)，$L$ 是积分长度尺度，$U$ 是感兴趣高度上的平均风速。风工程应用中也会采用其它形式的功率谱密度(见第 7 章中的讨论)。此外，附录 C 详细介绍了如何确定功率谱密度。

图 2.17 示出了前面给出的示例风速的功率谱密度。图形包括了上面描述的冯·卡门功率谱密度函数以作为比较。

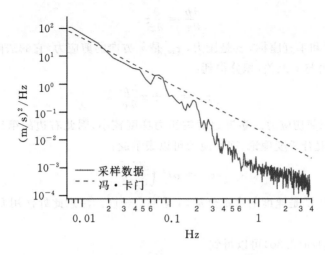

图 2.17　风速数据的功率谱密度函数

## 2.3.4　定常风：风速随高度的变化

如图 2.18(van der Tempel,2006)所示,实际的风速随空间与时间变化。由于湍流效应,任何位置的实际风速总是随时间与方向在其平均值附近变化。其中最为重要的是,图形清楚地显示平均风速随高度增加,这种现象称之为风剪切。

风剪切对风资源评估和风力机设计均有影响。首先,对一个广阔地理区域的风资源评估可能要求将各种不同来源的测风数据修正到一个统一的高度。其次,在设计方面,风轮叶片的疲劳寿命受循环载荷的影响,而循环载荷是由于风轮旋转通过垂直方向变化的风场产生的。因此,在风能应用中需要风速随高度变化的模型。下面介绍现在用于预测风速随地面上高度变化的几个通行的模型。

在风能研究中,有两个数学模型或者"规律"一般被用来模拟同质、平坦地形(田野、沙漠、草原)地域风速的垂直廓线。第一种方法是对数律,它起源于流体力学和大气边界层流动研究,它是根据理论和实验研

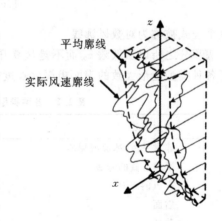

图 2.18　试验风廓线(van der Tempel, 2006)

究结果建立的。第二种方法是幂指数律,为许多风能研究者所用。两种方法都具有一定的不确定性,这种不确定性是由于湍流流动的复杂性与变化性所导致(Hiester and Pennell,1981)。下面对每个定律及其一般应用进行介绍。

### 2.3.4.1　对数风廓线(对数律)

有几种预测对数风廓线的方法(比如,混合长度理论、漩涡粘度理论以及相似理论),这里只介绍由 Wortman(1982)给出的混合长度分析方法。

接近地球表面区域的动量方程简化成:

$$\frac{\partial p}{\partial x} = \frac{\partial}{\partial z}\tau_{xx} \tag{2.28}$$

式中，$x$ 和 $z$ 是水平和垂直坐标，$p$ 是压力，$\tau_{xx}$ 是 $x$ 方向的剪应力，它的法向与 $z$ 一致。

在这一区域压力与 $z$ 无关，积分得到：

$$\tau_{xx} = \tau_0 + z\frac{\partial p}{\partial x} \tag{2.29}$$

式中，$\tau_0$ 是表面上的剪切应力。靠近地面的压力梯度较小，因此右边的第二项可以忽略。应用普朗特(Prandtl)混合长度理论，剪切应力可以表示成：

$$\tau_{xx} = \rho l^2 \left(\frac{\partial U}{\partial z}\right)^2 \tag{2.30}$$

式中，$\rho$ 是空气密度，$U$ 是速度的水平分量，$l$ 是混合长度。注意此处使用 $U$ 意味着湍流效应已经被平均掉了。

结合公式(2.29)和(2.30)可以得到

$$\frac{\partial U}{\partial z} = \frac{1}{l}\sqrt{\frac{\tau_0}{\rho}} = \frac{U^*}{l} \tag{2.31}$$

式中，$U^* = \sqrt{\dfrac{\tau_0}{\rho}}$ 定义为摩擦速度。

对于平滑表面，$l = kz$，其中 $k = 0.4$(冯·卡门常数)，于是公式(2.31)可以直接从 $z_0$ 积分到 $z$，其中 $z_0$ 是表面粗糙度长度，它表示地表的粗糙度特征。这样：

$$U(z) = \frac{U^*}{k}\ln\left(\frac{z}{z_0}\right) \tag{2.32}$$

这个公式被称为对数风廓线。

积分之所以从低限 $z_0$ 而不是从 0 开始，因为自然地表不可能是平坦光滑的。表 2.2 给出了各种类型地形大致的表面粗糙度长度。

表 2.2　各种类型地形的表面粗糙度长度值(近似)

| 地形描述 | $z_0$ (mm) |
| --- | --- |
| 非常平滑，冰面或泥地 | 0.01 |
| 平静开阔的海面 | 0.20 |
| 有风的海面 | 0.50 |
| 雪面 | 3.00 |
| 草地 | 8.00 |
| 粗糙草场 | 10.00 |
| 休耕的田野 | 30.00 |
| 庄稼 | 50.00 |
| 稀疏的树 | 100.00 |
| 许多树，篱笆，少量建筑物 | 250.00 |
| 森林和林地 | 500.00 |
| 郊区 | 1500.00 |
| 带高楼的城市中心 | 3000.00 |

公式(2.32)也可以写成：

$$\ln(z) = \left(\frac{k}{U^*}\right)U(z) + \ln(z_0) \tag{2.33}$$

这个公式在半对数坐标纸上可以被画成直线。其斜率为 $k/U^*$，利用试验数据的图线可以计算 $U^*$ 和 $z_0$。使用下列关系，对数律常用来通过参考高度 $z_r$ 的风速，外推另一个高度的风速：

$$U(z)/U(z_r) = \ln\left(\frac{z}{z_0}\right)\Big/\ln\left(\frac{z_r}{z_0}\right) \tag{2.34}$$

有时考虑地球表面的气流混合，把混合长度表示成 $l = k(z + z_0)$，以对对数律进行修正。此时对数风廓线变成：

$$U(z) = \frac{U^*}{k}\ln\left(\frac{z + z_0}{z_0}\right) \tag{2.35}$$

### 2.3.4.2　幂指数律风廓线

幂指数律是一个表示垂直风廓线的简单模型，它的基本形式是：

$$\frac{U(z)}{U(z_r)} = \left(\frac{z}{z_r}\right)^\alpha \tag{2.36}$$

式中，$U(z)$ 是高度 $z$ 处的风速，$U(z_r)$ 是高度 $z_r$ 处的参考风速，$\alpha$ 是幂指数。

这方面的早期工作表明，在一定的条件下，$\alpha$ 等于 $1/7$，此时风廓线对应于流过平板的流动（参见 Schlichting，1968）。事实上，指数 $\alpha$ 是一个高度变化的量。

下面的例子强调 $\alpha$ 变化的重要性：

如果高 10 m 处的 $U_0 = 5$ m/s，30 m 处的 $U$ 和 $P/A$ 是多少？注意在 10 m 处，$P/A = 75.6$ W/m²。对三个不同的 $\alpha$，计算得到的 30 m 处的风速列于表 2.3，计算 $P/A$ 时，假定 $\rho = 1.225$ kg/m³。

表 2.3　估计较高处风功率密度的 α 效应

| $\alpha$ | 0.1 | 1/7 | 0.3 |
|---|---|---|---|
| $U_{30\,m}$ (m/s) | 5.58 | 5.85 | 6.95 |
| $P/A$(W/m²) | 106.4 | 122.6 | 205.6 |
| 相对于 10 m 处的增值(%) | 39.0 | 62.2 | 168.5 |

已经发现 $\alpha$ 随海拔高度、一天中的时间、季节、地形特征、风速、温度以及各种热力学、力学混合参数而变化。有些研究者已经开发出通过对数律的参数计算 $\alpha$ 的方法。但许多研究人员认为这些复杂的近似方法减少了一般幂指数律的简单性和适用性，风能专家应当接受幂指数律的经验性，选择与已有风数据最匹配的 $\alpha$。下面综述几个常用的确定有代表性幂指数律指数的经验方法。

**作为风速和高度函数的幂指数的关系式**

处理这种变化形式的方法由 Jutus(1978)提出。它的表达式如下：

$$\alpha = \frac{0.37 - 0.088\ln(U_{ref})}{1 - 0.088\ln\left(\frac{z_{ref}}{10}\right)} \tag{2.37}$$

式中，$U$ 的单位是 m/s，而 $z_{ref}$ 的单位是 m。

### 取决于表面粗糙度的关系式

Counihan(1975)所建议的这类关系式如下：

$$\alpha = 0.096 \log_{10} z_0 + 0.016 (\log_{10} z_0)^2 + 0.24 \tag{2.38}$$

式中，$0.001m < z_0 < 10m$，此处 $z_0$ 代表表面粗糙度，单位为 m（见表 2.2 的示例值）。

### 基于表面粗糙度（$z_0$）和速度的关系式

NASA 的风研究人员建议的 $\alpha$ 的公式基于表面粗糙度以及参考高度上的风速 $U_{ref}$（见 Spera，1994）。

### 2.3.4.3  预测的风速廓线与实际数据的比较

对给定场址的发电用风力机而言，风速随高度变化的特征，或者说风剪切的重要性怎么强调都不为过。也就是说，这样的特征对于准确预计风力机输出功率是必须的。对于风电开发商而言，准确知道风力机轮毂高度（一般在 60 米到 100 米之间）处及风轮不同高度处的风速变化特性是最重要的。

这方面的近期研究包括利用高塔测风数据系列表明，使用对数律和指数律来预测风剪切的差异并不是太大，并且在某些情况下，无论采用哪一种方法都无法给出轮毂高度平均风速的准确预测值。这个结论是根据地形实验数据得出的：(1)平坦地形，没有树；(2)山坡地形，没有树；(3)森林地形。对于这三种地形，研究发现轮毂高度上的预测风速与实际测量值之间的误差在 1% 到最大 13% 之间。

实际上，应该认识到风剪切是随下述几个变量变化的：

- 大气稳定性；
- 地面粗糙度；
- 地面条件变化；
- 地形形状。

由于风剪切模型并不一定总能反映实际特征，因此风剪切外推可能带来较大的不确定度。

## 2.3.5  地形对风特性的效应

关于地形特征对风特性的重要性，在各种风系统的选址手册中已经讨论论过（见 Troen and Petersen，1989；Hiester and Pennell，1981；Wegley, et al.，1980）。其中一些地形效应包括速度缺失、异常风剪切、风加速。地形特征对风力机能量输出的影响大到可能使得整个项目的经济性完全取决于场址的合适选择。

在前面各节中，描述了两种模化垂直方向风廓线的方法（对数风廓线和幂指数风廓线）。但是这些方法是针对平坦与同质地形开发的。可以预见地球表面的任何不规则性都会影响风的流动，因此，需要综合应用这些预测工具。本节对几个大众感兴趣的、较重要地形的地形效应进行定性讨论。

### 2.3.5.1  地形分类

最基本的地形分类将地形分成平坦地形和不平坦地形。许多作者把不平坦地形定义成复杂地形(即定义成这样的地域,此处地形效应对经过所考虑地面区域的流动的影响很大)。平坦地形只带有少量的不规则性,比如林木、屏蔽带等(见 Wegley et al.,1980)。不平坦的地形有大尺度的升降,如像小山、山脊、谷地、峡谷。为了量化平坦地形,必须要遵守下面的条件。注意其中一些规则考虑了风力机的几何结构:

- 风力机场址与周围地形的高度差在风力机场址周围直径 11.5km 的范围内的任何地方不能大于约 60m。
- 在场址的上风向与下风向 4km 范围内不能存在尺寸比(高度比宽度)大于 1/50 的小山。
- 风轮的下端与最低地形的高度差必须大于上游 4km 范围内地形最大高度差的三倍(见图 2.19)。

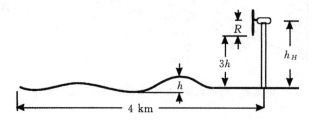

图 2.19 平坦地形的确定(Wegley et al.,1980)

根据 Hiester 和 Pennell(1981)的研究,不平坦地形或者复杂地形具有多种特点,通常将它们作如下分类:(1)地面孤立的上升或下降;(2)山区地形。在山区气流是非常复杂的,因为地面的升降是随机发生的。因此,这样地域的气流又被划分成两类:小尺度和大尺度。两者之间的区别是在与地球边界层进行比较得出的,地球边界层厚度假设大约 1 km。这样,如果山的高度相对于地球边界层厚度比例很小(大约 10%),它就具有小尺度的地形特征。

此处需要指出的是,在进行地形分类时应该考虑风向的信息。举例来讲,如果一座孤立的山(200 m 高、1000 m 宽)坐落在建议场址以南 1 km 处,场址就可能被划入不平坦地形。但是如果风只有 5% 的时间从这个方向吹过,而且平均风速较低,如 2 m/s,那么该地形就可以视为平坦地形。

### 2.3.5.2 带障碍物平坦地面的气流

对流经带有人为或自然障碍物平坦地形的气流已经进行过广泛的研究。人为障碍物定义成建筑物、筒仓等。自然障碍物包括多排树木、屏蔽带等。对于人为障碍物通常的方法是把障碍物看成一个矩形块并认为流动是二维的。这种流动形式产生的动量尾迹如图 2.20 所示,自由剪切层从障碍物前缘处开始分离,在下游附着,在内部回流区(漩涡)和外部流动区之间形成一个边界层。

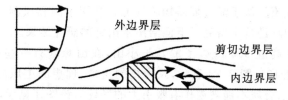

图 2.20 动量尾迹简图(Rohatgi and Nelson,1994),获 Alternative Energy Institute 允许转载

对人为障碍物影响定量化的分析结果示于图 2.21,图中给出了在斜屋顶建筑的尾迹中可用功率和湍流强度的变化。注意图中的结果仅适用于距地面高度 $h_s$ 的一个建筑物,在距离建筑物 $15\ h_s$ 的下游,功率损失已较小。

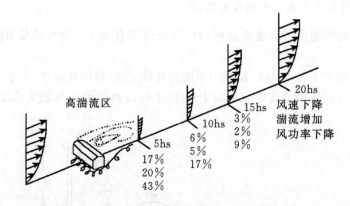

图 2.21  建筑物下游的风速、功率、湍流效应（Wegley et al.，1980）

### 2.3.5.3  地面粗糙度变化的平坦地面的气流

大多数自然地形的地面情况并不是一样的,而是沿地面变化很大。这会影响当地风廓线。例如,图 2.22 示出了从平滑地面到粗糙地面,下游风廓线的显著变化。

图 2.22  从平滑地面到粗糙地面粗糙度变化的效应（Wegley et al.，1980）

### 2.3.5.4  不平坦地形的特征:小尺度特征

研究人员（Hiester and Pannell，1981）把不平坦地形划分成孤立地形和山区地形,前者属于小尺度特征地形而后者属于大尺度特征地形。对于小尺度流动,这一类地形可以进一步划分成地面的抬升和沉降,分别综述如下。

**抬升**

流过抬升地面的气流类似于流过障碍物的气流。利用水洞和风洞,已经对这类流动的特性(特别是山脊和小山峰)进行了研究。下面给出了山脊的研究结果。

山脊是比周围地面高过 600 m 以下的延长小山,在山峰处有一些小的、不平坦的地域。长度与高度比至少应是 10。图 2.23 显示,风力机的选址,理想的主风向应垂直于山脊轴线。如果与主风向不垂直,山脊就不能被视作有吸引力的场址。该图还显示,由于气流绕山脊的偏转,山脊沿风流方向的内凹会增强加速,外凸会减弱加速。

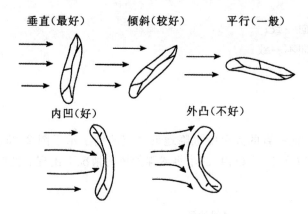

图 2.23　山脊的取向和形状对场址合适性的影响(Wegley et al. , 1980)

山脊的坡度也是重要的参数。越陡的山坡会引起更强的风,但在山脊的背面陡的山坡会使气流湍流强度增大。此外,如图 2.24 所示,顶部平坦的山脊,由于流动分离,会产生一个高风剪切的区域。

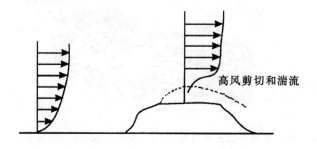

图 2.24　流过山脊平坦顶部地高风剪切区域(Wegley et al. , 1980)

**沉降**

沉降的地形特征是其地面低于周围的环境。如果地面沉降可以很好地引导风,它可以显著增大风速的变化。这类地形包括如山谷、峡谷、盆地、隘口。此外,在某些沉降地形中,由于一天内气流的变化,有许多因素会影响沉降地形中的流动,包括风相对沉降地形的取向、大气稳定性、沉降地形的长度、宽度、坡度与粗糙度以及山谷或峡谷截面的规则性。

较浅的山谷与峡谷(<50m)被视为是小尺度的沉降,而盆地、沟壑等地形被视为大尺度的沉降。由于影响谷地风特性的参数很多,而且它们对于每一个谷地都不同,因此几乎不可能对谷地气流特性作出明确的结论。

### 2.3.5.5　不平坦地形的特征:大尺度特征

大尺度特征是这样一些特征,此时地形垂直尺度相对于大地边界层显得很大。它们包括山脉、山脊、高的隘口、大的悬崖、台地、深的山谷和峡谷。经过这些地区的气流是非常复杂的,对这些地形的气流预测很少定量化。对这些地形的下述几种大尺度沉降已经进行过研究:

• 山谷和峡谷;

- 山坡风;
- 主风向与通道方向一致;
- 主风向与通道方向不一致;
- 沟壑和峡谷;
- 隘口和鞍地;
- 大盆地。

主风向与通道方向一致的大尺度沉降地形气流的例子示于图 2.25。这种情况是在主风向与谷地平行或一致(在 35 度以内)的中等或强烈风的情况下出现。此时,山脉能有效地引导和加速气流。

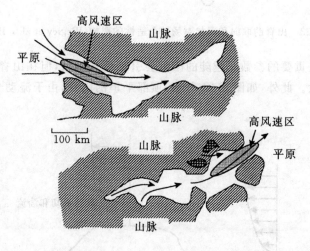

图 2.25 由于山脉形成主风通道,风得到加速(Rohatgi and Nelson,1994)。
获 Alternative Energy Institute 允许转载

# 2.4 风数据分析与资源估计

本节假设已经收集到大量的风数据(风数据的测量及仪器在本章的最后一节讨论)。这些数据包括风速和风向。有几种方法用来以简明的形式综合这些数据,以便能够对特定场址的风资源或功率输出进行评估。这些方法包括直接方法和统计方法。有些方法可以用于处理给定场址的有限数量的数据(例如,只有平均风速)。本节将讨论到下面的专题:

- 风力机能量输出概述;
- 数据分析及资源特性的直接(非统计)方法;
- 风数据及资源特性的统计分析方法;
- 风力机出力的统计估计。

## 2.4.1 风力机能量产出概述

本节将根据给定风场的时间系列形式或者综合形式(平均风速、标准偏差等)的风速信息确定给定风力机的出力(最大潜在能量和机器功率输出)。

风的可利用功率是 $P = (1/2)\rho AU^3$,如 2.2 节所示(公式 2.7)。如第 1 章所述,在实践中风力机的功率 $P_w$ 可以用机器的功率曲线给出。用于说明的两种典型的简化 $P_w(U)$ 曲线示于图 2.26。本书以后的章节将阐述如何从风力机系统的分析模型得出这样的曲线。一般这些曲线是根据试验数据按照国际电工委员会(IEC,1998)或 AWEA(1988)标准所述方法得出的。

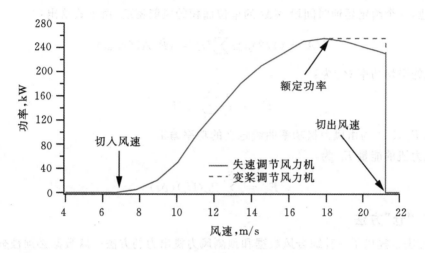

图 2.26　风力机的功率输出曲线

如在第 1 章中讨论的,功率曲线显示了三个重要的特征风速:(1)切入风速;(2)额定风速;(3)切出风速。

在下面的各节中,将对确定机器出力的方法进行分析,也介绍综合给定场址风速信息的方法,使用下述四种方法:

- 直接采用短期时间间隔的平均数据;
- "仓"(Bin)方法;
- 由风数据得到风速与功率曲线的方法;
- 使用综合手段的统计方法。

下节综述三种非统计方法的应用。

## 2.4.2　数据分析的直接方法、资源特性及风力机出力

### 2.4.2.1　直接使用数据

假设给出了一组 $N$ 个风速测量值,$U_i$ 是时间间隔 $\Delta t$ 的平均值。这些数据可以用于计算下列有用的参数:

(1)整个数据采集时间段内的长期平均风速 $\overline{U}$:

$$\overline{U} = \frac{1}{N}\sum_{i=1}^{N}U_i \tag{2.39}$$

(2)各个平均风速的标准偏差 $\sigma_U$：

$$\sigma_U = \sqrt{\frac{1}{N-1}\sum_{i=1}^{N}(U_i - \overline{U})^2} = \sqrt{\frac{1}{N-1}\left\{\sum_{i=1}^{N}U_i^2 - N\overline{U}^2\right\}} \tag{2.40}$$

(3)平均风功率密度 $\overline{P}/A$ 为单位面积上平均可利用的风功率,由下式给出:

$$\overline{P}/A = (1/2)\rho\frac{1}{N}\sum_{i=1}^{N}U_i^3 \tag{2.41}$$

类似地,一个给定延伸时间段 $N\Delta t$ 的单位面积的风能密度,由下式给出:

$$\overline{E}/A = (1/2)\rho\Delta t\sum_{i=1}^{N}U_i^3 = (\overline{P}/A)(N\Delta t) \tag{2.42}$$

(4)风力机的平均功率 $\overline{P}_w$ 为:

$$\overline{P}_w = \frac{1}{N}\sum_{i=1}^{N}P_w(U_i) \tag{2.43}$$

式中,$P_w(U_i)$ 为由风力机功率曲线定义的功率输出。

(5)来自风力机的能量 $E_w$ 为:

$$E_w = \sum_{i=1}^{N}P_w(U_i)(\Delta t) \tag{2.44}$$

### 2.4.2.2 "仓"方法

"仓"方法也提供了一种综合风数据和预测风力机出力的方法。风数据必须被分置于不同的风速区间或者"仓"。最方便的是采用同等大小的"仓"。假定数据被分成 $N_B$ 个宽度为 $w_j$ 的"仓",其中点为 $m_j$,每一个"仓"中出现的数据个数或者频率为 $f_j$,则

$$N = \sum_{j=1}^{N_B}f_j \tag{2.45}$$

由公式(2.39)～(2.41),(2.43)及(2.44)确定的各值可以由下式计算:

$$\overline{U} = \frac{1}{N}\sum_{j=1}^{N_B}m_jf_j \tag{2.46}$$

$$\sigma_U = \sqrt{\frac{1}{N-1}\left\{\sum_{j=1}^{N_B}m_j^2f_j - N(\overline{U})^2\right\}} = \sqrt{\frac{1}{N-1}\left\{\sum_{j=1}^{N_B}m_j^2f_j - N\left(\frac{1}{N}\sum_{j=1}^{N_B}m_jf_j\right)^2\right\}} \tag{2.47}$$

$$\overline{P}/A = (1/2)\rho\frac{1}{N}\sum_{j=1}^{N_B}m_j^3f_j \tag{2.48}$$

$$\overline{P_w} = \frac{1}{N}\sum_{j=1}^{N_B}P_w(m_j)f_j \tag{2.49}$$

$$E_w = \sum_{j=1}^{N_B}P_w(m_j)f_j\Delta t \tag{2.50}$$

使用这种方法时,通常绘出直方图,以显示出现的数量和"仓"的宽度。图 2.27 给出了典型的直方图。该图由一年的小时数据导出,平均风速为 5.91m/s,标准偏差为 2.95m/s。

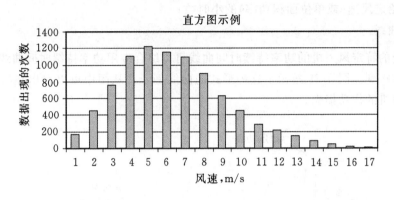

图 2.27　典型的直方图

### 2.4.2.3　根据数据绘出速度和功率持续时间曲线

速度和功率持续时间曲线在比较备选风场潜在能量时是很有用的。如本书定义的,速度持续时间曲线是这样一个图形,$y$ 轴表示风速,而 $x$ 轴表示一年内等于或大于某一特定风速值出现的小时数。图 2.28 给出了世界各地(平均风速 4~11 m/s)风速持续时间曲线的例子(Rohatgi and Nelson,1994)。这种图形给出了每一个场址风况特性的大致概念。曲线下的总面积反映平均风速。此外,曲线越平,风速越稳定(例如,地球季风区的特性)。曲线越陡,风况变化越大。

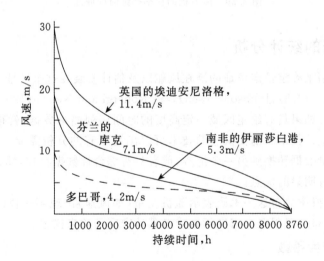

图 2.28　风速持续曲线 (Rohatgi and Nelson,1994),获 Alternative Energy Institute 允许转载

风速持续时间曲线可以通过纵坐标的三次方转化成功率持续时间曲线,对于给定的风轮扫掠面积,可用风功率与风速的三次方成正比。根据这种曲线可以明显看出不同场址潜在风能的差异,因为曲线下的面积与一年内可利用的风能量是成正比的。在根据数据构造风速和功率持续时间曲线时必须实施下列的步骤:

- 把数据归入不同的仓中;

- 找出超过给定风速（或单位面积功率）的小时数；
- 画出结果曲线。

给定场址的特定风力机的功率持续时间曲线可以综合应用功率持续时间曲线与给定风力机的性能曲线得到。图2.29给出了这种形式的曲线例子。从图中可以看出在给定场址使用一台实际风力机的作功损失。

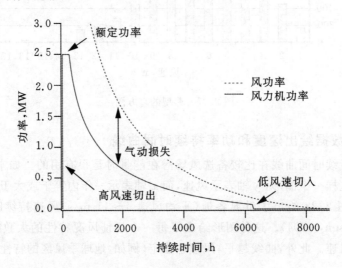

图2.29  风力机的功率持续时间曲线

## 2.4.3  风数据的统计分析

统计分析可以用来确定给定场址的潜在风能以及估计安装在这个场址上一台风力机的能量输出。包括 Justus(1978)，Johnson (1985)，和 Rohatgi and Nelson(1994)等许多作者对这些技术进行了讨论。如果具有给定区域一定高度的时间序列测量数据，就很少需要概率分布这样的数据分析及统计技术。前面讲过的技术可以满足所有的分析需要。另一方面，如果需要将一个地方的测量数据转换到另一个地方，或者只有综合性数据存在，那么运用风速概率分布的统计技术就具有明显的优点。

对于统计分析，概率分布这一术语表示随机变量（如风速）出现某一值的可能性。如后面将要讨论的，概率分布一般用概率密度函数或者累计密度函数来描述。

### 2.4.3.1  概率密度函数

各种风速出现的概率可以通过风速概率密度函数 $p(U)$ 来描述。这个数学函数以前已经用于描述湍流（见2.3.3.2节）。概率密度函数可以用于表示风速在 $U_a$ 和 $U_b$ 之间出现的概率：

$$p(U_a \leqslant U \leqslant U_b) = \int_{U_a}^{U_b} p(U) \mathrm{d}U \tag{2.51}$$

同样，概率密度曲线下的总面积由下式给出：

$$\int_0^{\infty} p(U) = 1 \tag{2.52}$$

如果 $p(U)$ 已知,下面的参数可以计算:

平均风速 $\overline{U}$:

$$\overline{U} = \int_0^\infty U p(U)\,\mathrm{d}U \tag{2.53}$$

风速的标准偏差 $\sigma_U$:

$$\sigma_U = \sqrt{\int_0^\infty (U - \overline{U})^2 p(U)\,\mathrm{d}U} \tag{2.54}$$

平均可用风功率密度 $\overline{P}/A$:

$$\overline{P}/A = (1/2)\rho \int_0^\infty U^3 p(U)\,\mathrm{d}U = (1/2)\rho \overline{U}^3 \tag{2.55}$$

式中, $\overline{U}^3$ 是风速三次方的期望值。

应该指出,概率密度函数可以在风速直方图上用直方图的面积作为坐标值标出。

### 2.4.3.2 累积分布函数

累积分布函数 $F(U)$ 表示风速小于或等于给定风速 $U$ 的时间部分或概率。也就是 $F(U) = p(U' \leqslant U)$,其中 $U'$ 是一个哑变量。可以写成:

$$F(U) = \int_0^\infty p(U')\,\mathrm{d}U' \tag{2.56}$$

累积分布函数的导数等于概率密度函数:

$$p(U) = \frac{\mathrm{d}F(U)}{\mathrm{d}U} \tag{2.57}$$

应该注意速度持续时间曲线与累积分布函数密切相关。事实上,速度持续时间曲线 = 8760 $\times (1 - F(u))$,但 $x$ 轴和 $y$ 轴反向。

### 2.4.3.3 常用的概率分布

常用于风数据分析的有两种概率分布:(1)瑞利分布(Rayleigh)和(2)韦布尔分布(Weibull)。瑞利分布采用一个参数,平均风速。而韦布尔分布基于两个参数,因而更好地表示更广的风况变化。瑞利分布和韦布尔分布被称为"偏态"分布,只对大于零的值加以定义。

**瑞利分布**

这是最简单的表示风资源速度的概率分布,因为它只要求知道平均风速 $\overline{U}$。概率密度函数和累积分布函数由下式给出:

$$p(U) = \frac{\pi}{2}\left(\frac{U}{\overline{U}^2}\right)\exp\left[-\frac{\pi}{4}\left(\frac{U}{\overline{U}}\right)^2\right] \tag{2.58}$$

$$F(U) = 1 - \exp\left[-\frac{\pi}{4}\left(\frac{U}{\overline{U}}\right)^2\right] \tag{2.59}$$

图 2.30 示出了不同平均风速的瑞利概率密度函数。如图所示,平均风速较高时较高风速的概率较高。

**韦布尔分布**

确定韦布尔概率密度函数要求知道两个参数: $k$,形状因子和 $c$,尺寸因子。这两个参数都是 $\overline{U}$ 和 $\sigma_U$ 的函数。韦布尔概率密度函数和累积分布函数由下式给出:

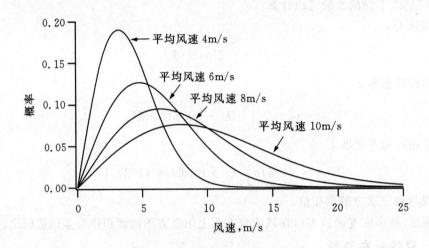

图 2.30  瑞利概率密度函数的例子

$$p(U) = \left(\frac{k}{c}\right)\left(\frac{U}{c}\right)^{k-1} \exp\left[-\left(\frac{U}{c}\right)^k\right] \tag{2.60}$$

$$F(U) = 1 - \exp\left[-\left(\frac{U}{c}\right)^k\right] \tag{2.61}$$

图 2.31 给出了不同 $k$ 值下韦布尔概率密度函数的例子。如图所示,随着 $k$ 值的增加,曲线有一个更陡的峰,也就是风区的风速变化较小。根据 $\overline{U}$ 和 $\sigma_U$ 确定 $k$ 和 $c$ 的方法在下面讲述。

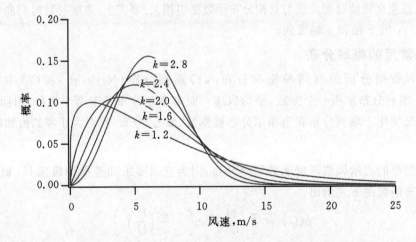

图 2.31  $\overline{U} = 6$ m/s 的韦布尔概率密度函数例子

使用韦布尔分布的公式(2.60),可以计算平均风速如下:

$$\overline{U} = c\Gamma\left(1 + \frac{1}{k}\right) \tag{2.62}$$

式中,$\Gamma(x) = $ 伽马函数 $= \int_0^\infty e^{-t} t^{x-1} dt$。

伽马函数可以近似写成(Jamil,1994):

$$\Gamma(x) = \left(\sqrt{2\pi x}\right)\left(x^{x-1}\right)\left(e^{-x}\right)\left(1 + \frac{1}{12x} + \frac{1}{288x^2} - \frac{139}{51840x^3} + \cdots\right) \tag{2.63}$$

韦布尔分布也可以表示成：

$$\sigma_U^2 = \overline{U}^2 \left[\frac{\Gamma(1+2/k)}{\Gamma^2(1+1/k)} - 1\right] \tag{2.64}$$

不能由 $\overline{U}$ 和 $\sigma_U$ 直接得到 $k$ 和 $c$。但是可以采用几种近似方法。例如：

($i$) 分析/经验方法(Justus，1978)

对 $1 \leqslant k \leqslant 10, k$ 可以较好地近似为：

$$k = \left(\frac{\sigma_U}{\overline{U}}\right)^{-1.086} \tag{2.65}$$

公式(2.62)可以用于求解 $c$：

$$c = \frac{\overline{U}}{\Gamma(1+1/k)} \tag{2.66}$$

这个方法仍然需要应用伽马函数。

($ii$) 经验方法(Lysen，1983)

利用公式(2.65)可以得到 $k$。然后从下列近似式确定 $c$：

$$\frac{c}{\overline{U}} = (0.568 + 0.433/k)^{-\frac{1}{k}} \tag{2.67}$$

($iii$) 图形方法：log-log 图(Rohatgi and Nelson，1994)

这种方法是用 log-log 坐标纸的 $x$ 轴表示风速 $U$，$y$ 轴表示 $\log F(U)$，得到一条直线。直线的斜率给出 $k$。直线与 $F(U) = 0.632$ 的水平线的交点在 $x$ 轴上的值给出 $c$ 的估计值。

采用韦布尔分布并假设 $c$ 和 $k$ 已知，风速三次方的期望值 $\overline{U^3}$ 可以通过下式得到：

$$\overline{U^3} = \int_0^\infty U^3 p(U)\,\mathrm{d}U = c^3 \Gamma(1+3/k) \tag{2.68}$$

应该注意，正则化的 $\overline{U^3}$ 值仅仅取决于形状因子 $k$。比如，能量模式因子 $K_e$(定义成风的总可用功率数除以平均风速三次方所计算的功率)由下式给出：

$$K_e = \frac{\overline{U^3}}{(\overline{U})^3} = \frac{\Gamma(1+3/k)}{\Gamma^3(1+1/k)} \tag{2.69}$$

表 2.4 给出了一些感兴趣参数的数值。

应该注意，$k = 2$ 时的韦布尔分布是一种特殊的情况，它就是瑞利分布。也就是 $k = 2, \Gamma^2(1 + 1/2) = \pi/4$。可以指出对瑞利分布 $\sigma_U/\overline{U} = 0.523$。

**表 2.4　随韦布尔形状因子 $k$ 变化的参数**

| $k$ | $\sigma_U/\overline{U}$ | $K_e$ |
|-----|-------------------------|-------|
| 1.2 | 0.837 | 3.99 |
| 2 | 0.523 | 1.91 |
| 3 | 0.363 | 1.40 |
| 5.0 | 0.229 | 1.15 |

### 2.4.4  极限风速

评估一个可能的风力机场址的主要气象因素是平均风速。另一个需要考虑的是预计的极限风速,也就是在一个相对较长的时期内预计的最高风速。由于风力机必须设计成能承受虽然并不经常但可能遇到的极限风速,因此极限风速在风力机设计过程中特别受到关注。

极限风一般用重现(或重复)周期来描述。具体地说,极限风速是某一合适时间间隔的平均最高风速,年度发生概率为 $1/N$。例如,如果 10 分钟间隔的最高平均风速的重现周期为 50 年,则出现的概率为 $1/(6 \times 8760 \times 50) = 3.8 \times 10^{-7}$。

通过实际测量来确定极限风速是困难的,因为这会花费相当长的时间。但利用若干较短时期的极限风速数据,采用恰当的统计模型来估计极限风速是可能的。

最常用的用于估计极限风速的统计模型是坎贝尔(Gumbel)分布。坎贝尔分布的概率密度函数由公式(2.70)给出,累积分布函数由公式(2.71)给出。

$$p(U_e) = \frac{1}{\beta} \exp\left(\frac{-(U_e - \mu)}{\beta}\right) \exp\left(-\exp\left(\frac{-(U_e - \mu)}{\beta}\right)\right) \tag{2.70}$$

式中,$U_e$ 是某一未作特殊规定的时期内的极限风速,$\beta = (\sigma_e \sqrt{6})/\pi$,$\mu = \overline{U_e} - 0.577\beta$,$\overline{U_e}$ 为一组极限风速的平均值,而 $\sigma_e$ 为改组数据的标准偏差。

$$F(U_e) = \exp\left(-\exp\left(\frac{-(U_e - \mu)}{\beta}\right)\right) \tag{2.71}$$

对于平均风速 $10\mathrm{m/s}$,标准偏差 $4\mathrm{m/s}$ 的例子,其坎贝尔概率密度函数示于图 2.32。

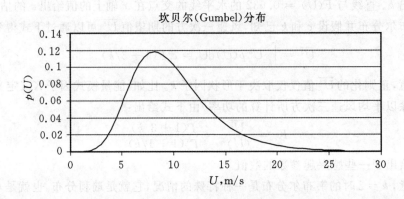

图 2.32  坎贝尔分布示例

举例:重现周期为 50 年的最高 10 分钟平均风速 $U_{e50}$ 可以通过找出若干年(如 10 年)的每年最高 10 分钟平均风速进行估计。这些年数据的平均值和标准偏差可用于找出参数 $\beta$ 和 $\mu$。然后利用累积分布函数 $F(U_e)$ 得到期待的最大值。该最大值就是对应于 $1 - F(U_e) = 1/50 = 0.02$ 的风速 $U_e$。按照图 2.32 示例所用的数据 50 年期间的最大风速近似等于 $20.4\mathrm{m/s}$。注意本例附加脚标"50"用于表示极限风速的重现周期。

## 2.5 运用统计技术估计风力机能量产出

如果对于给定风况的概率密度函数 $p(U)$，并已知风力机的功率曲线 $P_w(U)$，则风力机平均功率 $\overline{P}_w$ 由下式确定：

$$\overline{P}_w = \int_0^\infty P_w(U) p(U) dU \tag{2.72}$$

风力机平均功率 $\overline{P}_w$ 也可以用于计算相关的性能参数，容量系数 $CF$。给定场址风力机的容量系数定义为在给定时期内，风力机实际产生的能量与风力机以额定功率运行时可能产生的能量 $P_R$ 的比值。即：

$$CF = \overline{P_w}/P_R \tag{2.73}$$

正如第 7 章将要讲到的，可以根据风的可用功率和风轮的功率系数 $C_p$ 确定机器的功率曲线。最后得出如下的 $P_w(U)$ 表达式：

$$P_w(U) = \frac{1}{2}\rho A C_p \eta U^3 \tag{2.74}$$

式中，$\eta$ 是传动链的效率（电机功率/风轮功率），$A$ 和 $\rho$ 以前已经定义。风轮的功率系数定义为：

$$C_p = \frac{\text{风轮功率}}{\text{动力功率}} = \frac{P_{rotor}}{\frac{1}{2}\rho A U^3} \tag{2.75}$$

在下一章，可以看到 $C_p$ 一般表示成叶尖速比 $\lambda$ 的函数。$\lambda$ 定义成：

$$\lambda = \frac{\text{叶尖速度}}{\text{风速}} = \frac{\Omega R}{U} \tag{2.76}$$

式中，$\Omega$ 是风轮的角速度（单位 rad/s），而 $R$ 是风轮半径。

因此如果假定传动链的效率为常数，风力机平均功率的另一表达式就由下式给出：

$$\overline{P}_w = \frac{1}{2}\rho \pi R^2 \eta \int_0^\infty C_p(\lambda) U^3 p(U) dU \tag{2.77}$$

我们面临的问题是使用统计方法对具有最少量信息的给定场址、特定风力机的能量产出进行估计。下面给出使用瑞利统计和韦布尔统计作为分析基础的两个例子。

### 2.5.1 使用瑞利分布计算理想风力机的出力

假定一台理想的风力机，运用瑞利概率密度函数可以计算给定风轮直径风力机最大可能的平均功率。这种基于 Carlin(1997)的分析，假设如下：

- 理想化的风力机，没有损失，机器的功率系数 $C_p$ 等于贝兹极限（$C_{p,Betz} = 16/27$）。如下章将要讨论的，贝兹极限是理论上可能的最大功率系数。
- 风速的概率由瑞利分布给出。

平均机器功率 $\overline{P}_w$ 由公式（2.77）给出，如采用瑞利分布则该式为：

$$\overline{P}_w = \frac{1}{2}\rho \pi R^2 \eta \int_0^\infty C_p(\lambda) U^3 \left\{ \frac{2U}{U_c^2} \exp\left[-\left(\frac{U}{U_c}\right)^2\right] \right\} dU \tag{2.78}$$

式中，$U_c$ 为特征风速，由 $U_c = 2\overline{U}/\sqrt{\pi}$ 给出。

对于理想机器 $\eta = 1$，功率系数可以用贝兹极限值代替 $C_{p,Betz} = 16/27$，因此：

$$\overline{P}_w = \frac{1}{2}\rho\pi R^2 U_c^3 C_{p,Betz} \int_0^\infty \left(\frac{U}{U_c}\right)^3 \left\{ \frac{2U}{U_c}\exp\left[-\left(\frac{U}{U_c}\right)^2\right] \right\} \mathrm{d}U/U_c \tag{2.79}$$

用一个无量纲风速 $x = U/U_c$ 来正则化风速。则前式中的积分就简化成：

$$\overline{P}_w = \frac{1}{2}\rho\,\pi R^2 U_c^3 C_{p,Betz} \int_0^\infty x^3 \{2x\exp[-x^2]\} \mathrm{d}x \tag{2.80}$$

注意风力机常数已经从积分中去除。现在可以对整个风速范围进行积分，得出的值是 $(3/4)\sqrt{\pi}$。因此：

$$\overline{P}_w = \frac{1}{2}\rho\pi R^2 U_c^3 (16/27)(3/4)\sqrt{\pi} \tag{2.81}$$

用直径 $D$ 除以 2 代替半径，代入特征速度 $U_c$ 表达式，平均功率的公式就进一步简化成：

$$\overline{P}_w = \rho\left(\frac{2}{3}D\right)^2 \overline{U}^3 \tag{2.82}$$

Carlin 称这个公式为 1 - 2 - 3 方程！（密度为一次幂）。

作为数值例子可以计算在海平面，年平均风速 6 m/s 的风区，风轮直径为 18 米的瑞利-贝兹风力机的平均年出力。对这个例子：

$$\overline{P}_w = (1.225\ \mathrm{kg/m^3})\left(\frac{2}{3}\times 18\ \mathrm{m}\right)^2 (6\ \mathrm{m/s})^3 = 38.1\ \mathrm{kW}$$

此值乘以 8760 hr/yr，预计的年出力为 334 000 kWh。

## 2.5.2 使用韦布尔分布计算真实风力机的出力

类似于前面的例子，使用公式(2.72)计算风力机的平均功率：

$$\overline{P}_w = \int_0^\infty P_w(U)p(U)\mathrm{d}U \tag{2.83}$$

根据公式(2.56)，使用累积分布函数将这个公式改写成：

$$\overline{P}_w = \int_0^\infty P_w(U)\mathrm{d}F(U) \tag{2.84}$$

对于韦布尔分布，公式(2.61)给出了 $F(U)$ 的下列表达式：

$$F(U) = 1 - \exp\left[-\left(\frac{U}{c}\right)^k\right] \tag{2.85}$$

因此，用 $N_B$ 个仓上的总和替换公式(2.84)中的积分，下列表达式可以用来确定风力机的平均功率：

$$\overline{P}_w = \sum_{j=1}^{N_B} \left\{ \exp\left[-\left(\frac{U_{j-1}}{c}\right)^k\right] - \exp\left[-\left(\frac{U_j}{c}\right)^k\right] \right\} P_w\left(\frac{U_{j-1}+U_j}{2}\right) \tag{2.86}$$

注意，公式(2.86)是公式(2.49)的统计方法等效公式。特别是，相对频率 $f_j/N$ 对应于括号中的项，风力机的功率是在 $U_{j-1}$ 和 $U_j$ 的中点进行计算的。

## 2.6　区域性风资源评估

### 2.6.1　概述

许多研究人员都注意到,在世界许多地区开发风能最大的障碍是缺乏可靠详细的风资源数据,如 Elliot(2002)。因此,区域性风能可行性研究的第一步就是对可用风资源的评估。如 Landberg 等人(2003a)的评论中所描述的那样,有许多方法用于评估一个地区的风资源。该评论给出了如下几种方法:

(1)民间估计法。

(2)单纯测量法。

(3)测量-相关-预测法。

(4)全球数据库法。

(5)风谱气象学法。

(6)基于模型的场址数据法。

(7)中尺度模型法。

(8)中尺度/微尺度组合模型法。

虽然,本书的各章将会讨论到其中的一些方法,但对所有这些方法的详细介绍超出了本书的范围。本节将给出世界范围内已有的风资源数据(基于上述列出的第 4、5 种方法)。

对现有风资源数据的使用是任何风资源评估活动的重要部分。但是,对这些已有数据的评估,重要的是要认识到这些数据的局限性。也就是说,并不是所有这类信息都是为风资源评估目的收集的,许多数据采集站靠近城市,或者就在城市中,地势相对较低、也较为平坦(如机场)。一些研究(比如美国和欧洲)作出了详细的风谱(wind atlas)。这些文件包含了一定区域风速、风向数据。初期的风谱提供了一个大区域(中尺度)风资源的总体描述,但是对于风电开发(微尺度)备选场址的详细评估不能提供足够的信息。近期的风谱已经具有很高的分辨率(最细致的可达 200 米),目的就是为了定量确定特定区域的风资源(对应地面以上各种高度)。

### 2.6.2　美国的资源信息

在 20 世纪 70 年代,进行了美国初步的风资源评估,作出了 12 个区域性风谱。这些风谱在州和区域范围上描述了年度和季节性风资源。其中还包括了风资源的可靠率(数据可靠性的度量)以及根据地表形式变化所估计的适合于风能开发的土地百分比。

这些数据用于生成总体的潜在风功率地图,它在一张地图上显示出美国各地的风资源($W/m^2$)(见图 2.33)。然而这些结果刚发表,相关人士就认识到这些资源图并不恰当,因为太平洋西北实验室(PNL)实施了一个更深入的项目,以期更好地描述美国的潜在风能。这项工作的结果总结在 1987 年出版的新的风能资源谱中(Elliot et al.,1987)。

1987 年的风谱整合了 1979 年以前的测风结果,包括地形及土地特征,以用于美国的风资源估计。更新后的风资源数据被标识在网格地图上,分辨率为经度 $1/4°$,纬度 $1/3°$(大约 120

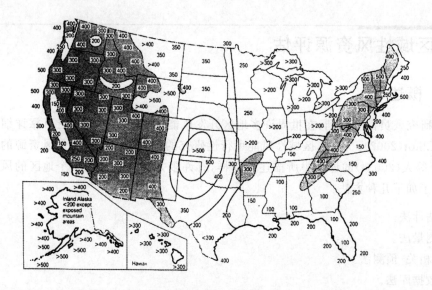

图 2.33   最初的美国潜在风功率地图(Elliot,1977)

km²)。在 1987 年的风谱中,风资源水平被表示成 7 个风功率等级,而不是风速的函数。风功率等级依次从 1 级(风中含最少的能量)到 7 级(风中含最多的能量)。每一级表示一个平均功率密度(W/m²)的或地面以上特定高度的等效平均风速范围。表 2.5 给出了地面以上 10 米、30 米、50 米高度处以平均风功率密度和平均风速表示的风功率等级。需要指出,30 米和 50 米高度对应于许多正在运行及开发中的风力机轮毂高度。

表 2.5 采用了下述假设:

- 风功率密度和风速垂直方向的外推值基于 1/7 的幂指数律;
- 平均风速按标准海平面空气密度及风速符合瑞利分布计算得到。

表 2.5   风功率密度等级

| 风功率等级 | 10 米 | | 30 米 | | 50 米 | |
|---|---|---|---|---|---|---|
| | 功率密度 W/m² | 风速 m/s | 功率密度 W/m² | 风速 m/s | 功率密度 W/m² | 风速 m/s |
| 1 | 0～100 | 0～4.4 | 0～160 | 0～5.1 | 0～200 | 0～5.6 |
| 2 | 100～150 | 4.4～5.1 | 160～240 | 5.1～5.8 | 200～300 | 5.6～6.4 |
| 3 | 150～200 | 5.1～5.6 | 240～320 | 5.8～6.5 | 300～400 | 6.4～7.0 |
| 4 | 200～250 | 5.6～6.0 | 320～400 | 6.5～7.0 | 400～500 | 7.0～7.5 |
| 5 | 250～300 | 6.0～6.4 | 400～480 | 7.0～7.4 | 500～600 | 7.5～8.0 |
| 6 | 300～400 | 6.4～7.0 | 480～640 | 7.4～8.2 | 600～800 | 8.0～8.8 |
| 7 | 400～1000 | 7.0～9.4 | 640～1600 | 8.2～11.0 | 800～2000 | 8.8～11.9 |

4 级及大于 4 级的地区一般认为是最适合风力机应用的地区。3 级地区适合于使用较高

塔筒的风力机进行风能开发。2 级地区属于边缘区,1 级地区不适合风能开发。应该注意,这种分类结果也表明风资源的确定性取决于数据的可靠性和数据的区域分布情况。当然,它们并没有考虑平均风速在当地区域的变化;它们只是表明了风资源可能较高的区域。图 2.34 给出了综合风谱所包含数据的一种方法,该图给出了缅因州的平均风功率等级。Elliot et al. (1991)的工作显示了如何利用包含在风谱中的数据。举例来说,报告给出了美国陆地区域风资源水平的详细评估,以及各州的潜在风能资源。

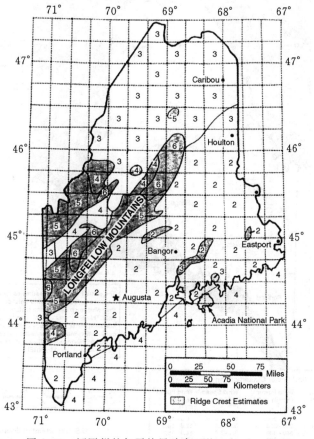

图 2.34　缅因州的年平均风功率(Elliot et al. ,1987)

这一课题最新的工作是在国家可再生能源实验室(NREL)的支持和美国风电(Wind Powering America)的倡导下进行的,美国绝大多数地区高分辨率(依靠数字化手段)的风资源地图已经作出(Elliot and Schwartz,2005)。开发这些地图的方法包括三个步骤:

(1)利用数字化的中尺度天气预报模型开发的初步地图;
(2)由 NREL 和气象资讯机构来评估和确认这些初步地图;
(3)修改和制成最终的地图。

Elliot and Schwartz(2004)介绍了这一过程(以及地图确认)的详细步骤。各个州各种版本的风资源地图在 Internet 网上找到(见 http://www. eere. energy. gov/windandhydro/windpoweringamerica/wind _maps. asp)。大多数情况下,可以得到 200 米宽网格的高分辨率

数字化数据。图 2.35 给出了缅因州的总体结果(50 米处的风资源)。与 1987 年的风谱工作相比较,该图的详细程度显然提高了许多,特别是在地图以彩色来绘制时。

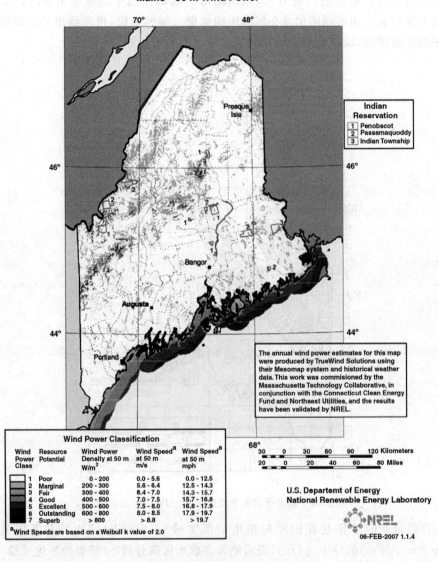

图 2.35　缅因州的风资源地图

## 2.6.3　欧洲风资源信息

整个欧洲的风能资源差异很大,它受下列因素的影响:

- 北方极地空气与南方亚热带空气之间的大温差。
- 海洋和陆地的分布(直至西边的大西洋,东边的亚洲,以及南边的地中海和非洲)。
- 主要的山地屏障,比如阿尔卑斯山(Alps),比利牛斯山(Pyrenees)以及斯堪的纳维亚(Scan-

dinavian)山脉。

为了描述这些资源的特征,欧洲委员会开发了一个详细的欧洲风资源谱(Troen and Petersen,1989)。风谱分成下列三个部分:

- **风资源**。在这一节里,通过各种图形和表格,给出了欧盟范围内风气候的概况以及风资源的幅值和分布。
- **风资源的确定**。这一节给出了区域性风资源评估的信息,也给出了在给定场址给定风力机产生的平均功率的当地估计方法。
- **模型和分析**。这一节包含了风谱的文件部分(气象和统计)。

还应该注意,他们描述风资源的方法与太平洋西北实验室(PNL)生成美国风谱的方法有所不同。如表 2.6 所示,欧洲风谱地图分成 5 类风速。在地图上用不同的颜色表示,而不是美国风谱所用的 7 级风速。

此外如表 2.6 所示,对于每一类的原则风速又根据五种地形条件进行估计。注意在风谱中,划分了四种不同的地貌,每一种地貌用它的粗糙度元素来描述。更进一步,每一种地貌都与粗糙度等级联系。五种地形条件是:

- **屏蔽地形**。包括带有许多风障的郊区、森林及农场这样的地形(粗糙度等级 3 级);
- **开阔的平原**。有少量风障的平地(粗糙度等级 1 级);
- **海岸地区**。风向一致,且有少量风障的地面(粗糙度等级 3 级)。
- **开阔的海面**。定义成距海岸 10 km 的海面(粗糙度等级 0 级);
- **山及山脊**。用高 400 米,底面直径 4 km 的单座轴对称山峰来描述。

**表 2.6　欧洲风谱的 50 米高处风资源分类**

| 地图颜色 | 屏蔽地形 | | 开阔平原 | | 海岸地区 | | 开阔海面 | | 山及山脊 | |
|---|---|---|---|---|---|---|---|---|---|---|
| | m/s | W/m² | m/s | W/m² | m/s | W/m² | m/s | W/m² | m/s | W/m² |
| 蓝色 | 0～3.5 | <50 | 0～4.5 | <100 | 0～5.0 | 150 | 0～5.5 | 0～200 | 0～7.0 | 0～400 |
| 绿色 | 3.5～4.5 | 50～100 | 4.5～5.5 | 100～200 | 5.0～6.0 | 150～250 | 5.5～7.0 | 200～400 | 7.0～8.5 | 400～700 |
| 橙色 | 4.5～5.0 | 100～150 | 5.5～6.5 | 200～300 | 6.0～7.0 | 250～400 | 7.0～8.0 | 400～600 | 8.5～10.0 | 700～1200 |
| 红色 | 55.0～6.0 | 150～250 | 6.5～7.5 | 300～500 | 7.0～8.5 | 400～700 | 8.0～9.0 | 600～800 | 10.0～11.5 | 1200～1800 |
| 紫色 | >6.0 | 250 | 7.5 | >500 | >8.5 | 700 | 9.0 | 800 | 11.5 | >1800 |

## 2.6.4　世界其它地方的风资源信息

目前,有许多技术出版物综述世界其它地方的风资源信息。但迄今尚没有一本出版物或风谱总结这些工作。1981 年,美国能源部(DOE)的太平洋西北实验室(PNL)基于航海数据、各国气象数据及地形(Cherry et al.,1981)生成了世界风资源地图。Landberg et al.(2003a)指出,通常与微尺度模型工具结合的欧洲风谱方法 WAsP 已经在世界大多数地区用于风资源研究。2003 年开展这一工作的地区范围示于图 2.36,图中已经出版国家级风谱的地区用深灰色表示,已开展区域级或局部风资源研究的国家用黑色表示。

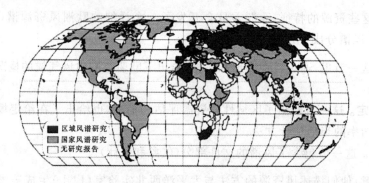

图 2.36　世界风谱研究的状态（Landberg et al. ，2003）

Singh 等人(2006)在对世界风能评估技术总结中指出,国家可再生能源实验室(NREL)的方法(以前讨论过)已经用于生成大量的国际风资源谱。其它国家级的风数据地图已由联合国的 SWEARA 项目逐个生成(见 http://swera. unep. net/index. php? id=7)。此外,许多国际风资源地图可以从因特网上其它资源找到(见 http://www. nrel. gov/wind/international_wind_resources. html)。

此外,美国的一些组织,如国家可再生能源实验室(NREL)、太平洋西北实验室(PNL)、圣迪亚国家实验室(Sandia National Laboratory)、美国能源部(US DOE)、国际发展机构(Agency for International Development)、美国风能协会(AWEA)及许多欧洲研究开发机构已经为发展中国家的风资源评估提供了技术支持,包括墨西哥、印度尼西亚、加勒比群岛、前苏联以及南美洲国家。这些国家的资源评估主要集中在开发偏远乡村的风能应用。

为了确定能量或功率潜能,许多国家对风资源进行了测量,因此资源地图会变得更为详细。可以预计,这会使得风能研究人员更好地预测适合风电开发的场址位置。

## 2.7　风的预测与预报

由于风资源固有的变化特性,提前一段时间对风速进行预测或预报经常是有价值的。例如,从控制角度来讲,预测几秒钟到几分钟的非常短时间内的湍流变化是有用的。或者,对于风力机或风电场的运营商,利用对风力机出力的预测可以调节输入电网的有效风电容量。在这种情况下,可能需要预报未来几个小时或一两天的风速或功率出力。

现在,风能预报主要是对未来几个小时或一两天的预报,通常这类预报定义为短期能量预报。在这一领域,欧洲的 ANEMOS 项目提供了一个出色的信息源(项目详情见 Kariniotakis et al. ,2006)。这个项目的总体目标是开发出能够用于海上、陆地风场的先进的准确、可靠的预测模型。

大多数短期预测技术基于统计时间系列模型、数值气象预测模型(物理/气象模型)或二者的组合。对这些模型详细的讨论超出了本章的范围,但 Giebel(2003)和 Landberg 等人(2003b)综述了用于风电系统风资源的预测模型。近期用于预报的大多数模型包含如下的全部或大部分功能(Landberg et al.,2003b)：

- 数值气象预测(NWP)模型输出；
- 测量值输入；
- 数值预报模型和输出。

预报模型需要一组基本的输入。对于物理模型，包括风场布置以及风力机的功率曲线。有时也包含各个风力机或风场的出力测量数据。微尺度和中尺度模型还需要地形信息(即高度变化和粗糙度)。

短期预报模型一般用于提前 1 个小时到 48 个小时估计风电场的能量产出。一般也计算预测的误差(即标准偏差或置信区间)。此外，预报模型也用于预测极端气象，如风暴等。图 2.37 示出了这样的仿真结果与实际数据的比较(Landberg et al.,2003b)。

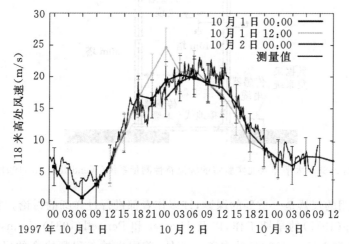

图 2.37　风暴条件下的预报结果示例。黑线为 118 米高 Risø 测风塔上实测风速；灰线为 Prediktor 预报模型每日两次的预测结果(Landberg et al., 2003b)

# 2.8　风的测量和仪器

## 2.8.1　概述

至此，本章都是假定在选定区域已有非常可靠的气象风速数据。但是，在大多数风电应用中，这样的信息并不存在，必须进行专门的测量以确定备选场址的风资源。

有三种仪器系统用于测风：

- 用于国家气象站服务的仪器；
- 专门设计的用于风资源测量的仪器；
- 特别设计的高采样频率仪器用于确定阵风、湍流及来流风信息，以分析风力机的响应。

对于每一种风能应用，需要的仪器种类和数量差别很大。比如，可以从一个只包括一个风速仪/记录仪的简单系统到专门用于确定风轮平面上湍流特性的很复杂的系统。图2.38示出了由 PNL 开发的后一种系统的例子。这一系统包括两个塔、八个风速仪,数据采样频率为5 Hz。

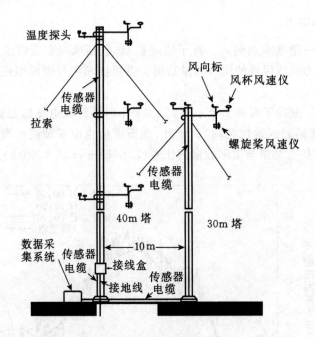

图 2.38　太平洋西北实验室的湍流特性测量系统(Wendell et al.,1991)

用于风能应用的仪器是一重要的课题,许多作者都进行过详细的讨论。它们包括 Putnam(1948)和 Golding(1977)的早期工作,以及 Hiester 和 Pennell(1981),Johnson(1985),Freris(1990),Rohatgi 和 Nelson(1994)的专著。此外,美国机械工程师协会的风力机性能测试规程(ASME,1989)及许多美国风能协会的测量标准(AWEA, 1986)也包括了有关测量仪器设备和程序的有用信息。

风能应用仪表是重要的课题,许多作者都进行过详细的讨论。它们包括 Putnam(1948)和 Golding(1977)的早期工作,以及 Hiester 和 Pennell(1981),Johnson(1985),Freris(1990)与 Rohatgi 和 Nelson(1994)的参考文献。此外,应该指出美国机械工程师协会(ASME,1989)的风力机性能测试规程及美国风能协会(AWEA, 1986)的测量标准也包括了许多有关测量仪表和程序的有用信息。

风能应用中使用下面类型的气象仪器:

- 测量风速的风速仪;
- 测量风向的风向标;
- 测量环境空气温度的温度计;
- 测量空气压力的气压表。

本节讨论将限于前两种仪器。有关使用第三、四种仪器的更多内容,可以参考 Bailey 等人(1996)的风资源评估手册。此外,测风仪器系统由三个主要部件组成:传感器、信号调节器、记录器。在下面的叙述中,将对这些部件进行详细讨论。

## 2.8.2　仪器的一般特性

在讨论仪器系统之前,有必要回顾一下测量系统的基本知识。下面介绍仪器及测量系统的重要参数和概念。介绍分成三个部分:

- 系统部件;
- 测量特性;
- 仪器特性。

### 2.8.2.1　系统部件

**传感器**

传感器是像风速仪的风杯或热敏线这样的装置,它能对环境变化作出反应。例如,风杯对风力作出反应,热敏线通过温度响应对气流作出反应。

**变换器**

变换器是将能量从一种形式转换成另一种形式的装置。在风的测量中,它一般是指将机械运动转换成电信号的装置。

**信号调节器**

信号调节器在需要时为传感器提供电力,接受来自传感器的信号,并把它转化成可以被记录器显示的形式。

**记录器**

记录器是存储和/或显示被传感器/变换器/信号调节器组合获得的数据的装置。

### 2.8.2.2　测量的特性

**准度和精度**

准度和精度是仪器系统性能的两个指标,常常容易混淆。仪器的准度是指仪器的输出与所测变量真实值之间的平均偏差。精度是指测量值相对于平均值的偏差。举例来讲,一台仪器可能每次都得出同样的测量值,但这个值可能有 50％ 的偏差。因此,这个系统具有很高的精度,但准度很低。另一测量变量的仪器可能得出没有平均误差的测量值,但是,每次单个测量值相对于平均值的偏差变化很大。这种仪器具有很高的准度,但精度很低。总体上讲,对于测风系统,精度一般较高,因此主要关心的是准度。

**误差**

误差是显示值和测量信号真实值之间的差别。

**可靠性**

仪器的可靠性是指在规定的条件下,在规定的时间内,仪器继续在规定的误差范围内工作的概率指标。表明可靠性的最好证据是类似仪器过去的性能。一般地,简单、牢固、部件少的仪器比那些有大量部件的仪器更可靠。

**可重复性**

仪器的可重复性是指在同样条件下,对同样输入值进行多次接连测量的测量值的一致程度。

**可再生性**

在不同条件下,对同一量所得的测量值的一致程度定义为测量的可再生性。

### 2.8.2.3 仪器特性

**时间常数**

传感器对于一个阶跃变化输入信号响应达到 63.2%(1−1/e)所需要的时间定义为时间常数。

**距离常数**

距离常数是传感器对于速度的阶跃变化达到 63.2%响应时流体流过的长度。它可以由传感器的时间常数乘以平均风速计算得到。标准风杯风速仪的距离常数可以高达 10 米,这取决于它们的尺寸和重量。用于湍流测量的小而轻的风杯风速仪,其距离常数在 1.5 米到 3 米之间。对于轻型螺旋桨式风速仪,距离常数接近 1 米。

**响应时间**

响应时间是指测量仪器,对所测变量的一个阶跃变化的显示值达到指定百分比(通常为90%或 95%)所需要的时间。

**采样频率**

采样频率是指信号被测量的频率。它可能与数据收集系统有关。

**分辨率**

分辨率定义成传感器能够探测得到的变量的最小单位。例如对不同的仪器,其传感器可能具有 ±0.1m/s 或 ±1m/s 的分辨率。所用记录器的类型也可能对分辨率有限制。

**敏感性**

仪器的敏感性是指一台仪器的最大输出与最大输入的比值。

## 2.8.3 风速测量仪器

风测量仪器中的传感器根据它们的工作原理可以分类如下(ASME,1989):

- **动量传递**——风杯、螺旋桨和压力盘;
- **承压静止传感器**——毕托管和阻力球;
- **热传递**——热敏线和热膜;
- **多普勒效应**——声学和激光;
- **特殊方法**——粒子位移、涡脱离等。

虽然测量风速有各种仪器,在绝大多数风能应用中,常采用以下讨论的四种不同的系统。它们包括:

- 风杯风速仪；
- 螺旋桨风速仪；
- 声学风速仪；
- 声学多普勒传感器（SODAR）；
- 声学多普勒传感器（LIDAR）。

### 2.8.3.1　风杯风速仪

　　风杯风速仪可能是最常用的测量风速的仪器（Kristensen,1999）。风杯风速仪使用与风速成正比的风杯转动来产生信号。今天最常用的设计是安装在一根小轴上的三个风杯。风杯的转动速度可以通过下列办法测量：

- 记录转数的机械计数器；
- 电气或电子电压变化（交流或直流）；
- 光电开关。

　　机械形式的风速仪显示风流过的距离。平均风速通过风流过的距离除以时间得到（这种形式也被称为风程风速仪）。对偏远地区,这种类型的风速仪有的优点是它不需要动力源。一些最早期的机械式风速仪也可以直接驱动记录笔。但是,这些系统非常昂贵,维护困难。

　　电子风杯风速仪给出瞬时风速的测量。旋转轴的下端与一个微型交流或直流电机相连,模拟输出通过各种方法被转化成风速。

　　光电开关型风速仪带一个最多有 120 个槽的盘和一个光电池。风杯每转一周,各个槽的断续通道就会产生多个脉冲。

　　风杯风速仪的响应和准确度取决于它的重量、结构尺寸和内摩擦。改变这些参数,仪器的响应就会改变。如果希望测量湍流,就需使用尺寸小、重量轻、低摩擦的传感器。一般最灵敏风杯的距离常数约为 1 米。对于不要求湍流数据的情况,风杯可以较大、较重,距离常数为 2 米到 5 米。这使得可用的最大数据采样频率不能大于几秒一次。风杯风速仪一般的精度（根据风洞试验）大约是±2%。

　　许多环境因素会影响风杯风速仪,降低它们的可靠性,包括结冰或灰尘。灰尘会积存在轴承上,增加摩擦与磨损,减小风速读数。如果风速仪结冰,转动会变慢,甚至完全停止,在完全解冻之前,这会产生错误的风速信号。可以使用加热型风杯风速仪,但是需要足够的电源。因为这些问题,风杯风速仪可靠性保证取决于校准和维护。访问频率取决于现场的环境情况和数据情况。

　　在美国风能工程中广泛使用的是 Maximum 风杯风速仪。传感器直径大约 15 cm（见图 2.39）。这种风速仪有一个产生正弦电压输出的电机。带一个特福龙（Teflon）轴套的轴承系统的运行不会受灰尘、水、润滑不充分的影响。正弦波的频率和风速有关。基于这种设计的特殊风速仪（16磁极）具有 1 Hz 的采样频率,可以用于一些湍流测量。

图 2.39　Maximum 风杯风速仪

在欧洲广泛使用的是由 Risø 国家实验室开发的 RISØ P2546 风杯风速仪(Pedersen, 2004)。

### 2.8.3.2 螺旋桨风速仪

螺旋桨风速仪利用风吹入螺旋桨转动主轴,驱动一台交流或直流(最常用)发电机或一台遮断器产生脉冲信号。用于风能应用的风速仪具有快速的响应,而且对风速变化的反应是线性的。对于典型的水平构造形式,螺旋桨通过一个尾叶保持面向来风,因此它也可作为风向指示器。这种风速仪的准度大约是 2%,与风杯风速仪相同,螺旋桨通常用聚苯乙烯泡沫或聚丙烯制造。螺旋桨风速仪的可靠性问题类似于前述的风杯风速仪。

如果安装在固定的垂直杆上,螺旋桨风速仪可以用于测量风的垂直分量。图 2.40 示出了测量风速三个分量的风速仪的结构。螺旋桨风速仪主要对平行于轴的风速作出响应,对垂直于轴的风速不起作用。

图 2.40 测量三个风速分量的螺旋桨风速仪

### 2.8.3.3 声学风速仪

声学风速仪最早是在上世纪 70 年代开发出来的。它们利用超声波来测量风速和风向。根据超声波脉冲在一对变换器之间的传输时间来测量风速矢量。其工作原理的介绍可参见 Cuerva 和 Sanz-Andres(2000)的文献。

采用若干对变换器可以测量一维、二维或者三维流动。典型的风工程应用使用二维或三维超声波风速仪。空间分辨率由变换器之间的路径长度(一般为 10~20 cm)决定。采用时间分辨率较高的超声波风速仪(20Hz 或更好)可以测量湍流。关于在风工程应用的声学风速仪的发展现状的综述可参见 Pedersen 等人(2006)的文献。

### 2.8.3.4 声学多普勒传感器(SODAR)

声波探测和测距装置 SODAR( SOund Detection And Ranging)被归入远程探测系统,因为它不需要把工作的传感器放在测量点上。由于这样的装置不需要昂贵的高塔，它潜在的优点是很明显的。遥测广泛用于气象和航天领域，只在最近才用于风电场选址及性能测量。

SODAR 根据的是声音的反向散射原理。为了用 SODAR 测量风廓线，声波脉冲垂直发射，并相对垂直方向偏离一个很小的角度。为了测量三维风速，至少需要三个不同方向的波束。传入空气的声波脉冲会被空气微粒或反射指数不均匀的空气介质反向散射。空气反射指数的不均匀起因于风剪切以及温度和湿度梯度。反射回地面的声音能量由麦克风收集。假如发送器和接收器不分开设置，这种结构的 SODAR 被称为收发合置 SODAR。现代用于风能工程的所有商用 SODAR 都是收发合置的（简化系统设计，并减小尺寸）。

如果当地风速已知，发送和接收的传送时间就决定了信号的高度。如果散射介质在平行于波束的方向上有一个运动分量，就会发生回波的音频变化（多普勒偏移）。因此，作为高度函数的平行于波束的风速，就可以通过对所接收反射信号的频谱分析得到。

SODAR 用于陆上风电（见 Hansen et al.，2006）和海上风电（见 Antoniou et al.，2006）选址研究，它可以测量高达 300 米处的风速。这些设备过去几年有了很大的发展，可以从不同的渠道购得这些设备。WISE（风能 SODAR 评估）项目（见 de Noord et al.，2005）详细综述和评估了 SODAR 用于风能应用的情况。这些作者指出，虽然 SODAR 系统可以通过商业途径采购得到，但存在下列问题：

- SODAR 用于风能应用相对于其它应用，对不确定度、可靠性以及数据校验的要求更为严格。例如需要在数据分析过滤技术上进行更多的工作。
- 目前还没有建立通用的 SODAR 系统校验规程。
- 低风速（低于 4m/s），高风速（高于 18m/s），以及其它大气现象会引起 SODAR 测量上的困难。这一点特别重要，因为功率曲线确定要求测量达到切出的风速，一般约 25m/s。
- SODAR 是为陆地应用设计的。对于海上应用，必须解决与支撑结构引起的振动，以及背景噪音水平增加有关的问题。
- SODAR 发射的是接近垂直的波束，用 SODAR 探测来流阵风要求发射接近水平的波束。
- SODAR 系统主要用于维护方便和地形不复杂的场址。对于偏远或地形复杂区域的风场还需要进一步发展自主的 SODAR 系统，特别是在供电和数据通讯方面。
- 虽然有这些问题及其它的问题（如像在居住区的噪声问题），但是，预计未来在风能工程中 SODAR 的应用将快速增加。

### 2.8.3.5　激光多普勒传感器（LIDAR）

与 SODAR 类似，光探测和测距装置 LIDAR（LIght Detection And Ranging）也被归类为遥测装置，同样也被用于测量三维风速场。这种装置，一束光被发射出去，光束与空气相互作用，部分光束被散射回 LIDAR。对反射回的光束进行分析就可以确定风速以及反射微粒到 LIDAR 的距离。而且，LIDAR 的基本原理是基于测量风中所带悬浮微粒散射光的多普勒偏移效应。

LIDAR 广泛应用于气象和航空及航天（见 Weitkamp，2005），气象用 LIDAR 系统造价很高。随着商用 LIDAR 系统的发展，现在风能应用领域已经有了用来测量感兴趣高度范围风速的较为便宜的 LIDAR 系统。此外，因为多数 LIDAR 激光以对肉眼安全的 1.5 微米波长发射,人眼安全的问题已经得到解决。使用这些新的系统,LIDAR 最近已经用于陆上(Smith et al.,2006;Jorgensen et al.,2004)和海上(Antoniou et al.,2006)风电工程。

现在,在风能工程中应用两种形式的商用 LIDAR 装置:(1)等幅波,变焦距设计;以及(2)定焦距的脉冲 LIDAR。两种 LIDAR 系统都可以用来测量高达 200 米高度上的风速。对这些不同系统的比较,读者可以参考 Courtney 等人(2008)的著作。

作为等幅波 LIDAR 系统应用的例子,一台便携式紧凑型 LIDAR 系统曾被用于确定最高达 200 米高度上的水平和垂直方向的风速和风向(Smith et al.,2006)。如图 2.41 所示,LIDAR 光束偏移垂直方向 30°。光束以每秒一转的速度旋转扫描。由于光束旋转时,以不同的角度与风相交,因此就围绕空气圆盘建立了风速图。在典型的操作中,每个高度上进行三次扫描,风速测量在五个高度上进行。

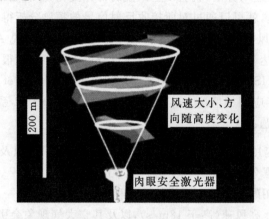

图 2.41  锥形扫描的 LIDAR 系统示意图(Smith et al.,2006)

对于大型风力机需要应用能够在更高高度上进行风速测量的经济有效的测量系统,可以预计,对用于风能领域的 LIDAR 系统将会进行更多的研究开发。

## 2.8.4  风向仪器

风向通常是通过风向标来测量的。传统的风向标有一个较宽的尾翼,风将尾翼吹向垂直轴的下游端,而一个安置在垂直轴上游端的平衡重块以尾翼和轴连结处为支点与尾翼相平衡。轴上的摩擦采用轴承得以减小,因此只需很小的力就可使尾翼转动。例如,通常在 1 米/秒左右的风速下,尾翼就会转动。

风向标一般通过触点闭合器或电位计来产生信号。这些设计所要求的电路详情以及整个设计上的考虑(比如回转力矩分析)由 Johnson(1985)给出。由电位计得到的精度要高于触点闭合器,但电位计风向标一般要贵一些。与风杯和螺旋桨风速仪类似,环境问题(沙尘、盐雾、结冰)会影响风向标的可靠性。

## 2.8.5  仪器塔

由于希望收集风力机轮毂高度附近的数据,因此所采用的塔架高度从最低 20 米到 150 米(或以上)。有时,如果在场址附近有通讯塔,也可以考虑使用。但绝大多数情况下,塔架必须是专门为风测量系统安装的。

仪器塔有许多种形式：自支撑式、桁架式、管式、拉索桁架式、拉索向上倾斜式。拉索向上倾斜式塔架可以在地面安装，是目前最常用的。这些塔价都是专门为测风设计的，重量轻，易于移动。塔架需要的基础小，一般不到一天就能安装完。

有关这一部分的详细内容包括在 Bailey 等人(1996)的《风资源评估手册》中。

## 2.8.6 数据记录系统

在测风项目的开发过程中，必须选择几种型式的数据记录系统，以便显示、记录和分析通过传感器和变送器得到的数据。用于测风的显示类型仪器或者是模拟型(表计)或者是数字型(LED，LCD)，并且提供实时的信息。典型的显示方法有刻度、指示计、指示灯与数字计数器。记录器能提供过去的信息，也可以提供现在的信息。今天，用于测风仪表系统的记录器通常都是由固态装置构成的。

一般，处理完整数据分析所需的大量数据的较好办法是使用数据记录器或使用个人计算机采集数据。现在市场上已经有几种数据记录系统，可以记录风速与风向的平均值和标准偏差，以及平均时间间隔内的最大风速。这些系统常将数据记录在可擦除的存储卡上。有些允许通过调制解调器和蜂窝电话下载数据。

数据记录方法与数据记录系统的可选择种类很多，每一种都各有优缺点。各种场合有不同的数据记录要求，由此也决定了记录方法的选择。

## 2.8.7 风数据分析

由风监测系统产生的数据可以用几种方法进行分析，包括但不仅限于下列几种：

- 特定时间间隔内平均水平风速；
- 在采样间隔内水平风速的变化(标准偏差、湍流强度、最大值)；
- 平均水平风向；
- 在采样间隔内水平风方向的变化(标准偏差)；
- 速度和方向分布；
- 持续性；
- 阵风参数的确定；
- 统计分析，包括自相关、功率谱密度、长度和时间尺度、与附近的测量值的时间和空间相关性。
- $u,v,w$ 风速分量的定常值和波动值；
- 上述任何参数的日间、季节、年度、年度之间的变化及方向变化。

除了持续性之外，对上述每一个风数据的测量以前都已经提到过。持续性是指风速在给定的风速范围内的持续时间。根据在切入与切出风速之间区域风速持续时间的频率直方图可以得出所要的风力机连续运行的时间长度信息。

风玫瑰图是显示在给定区域风向时间分布以及风速方位角分布的图。风玫瑰图(图 2.42 给出了一个例子)是显示风速计数据(风速与风向)以进行选址分析的方便工具。图反映的是

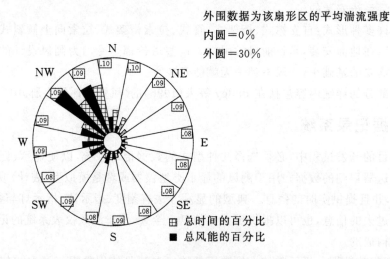

图 2.42　风玫瑰图示例

最常用的方式,它由几个等间距的同心圆组成,同心圆带 16 个等角度间隔的径向线(每条线代表一个方位点)。线的长度与来自这一方位点的风的频率成正比,以圆表示度量。无风情况下的频率在中心表示。最长的线代表主风向。风玫瑰图通常用于表示年度、季节性或月度数据。

## 2.8.8　测风项目概述

这一节概述一下成功进行一个测风项目的步骤。它取决于风特性、风资源测量与评估以及风能测量系统的基本知识的应用。

美国在这方面已经做了许多的工作,这方面有关的研究人员和风能工程师仔细总结了他们的工作。特别是在美国能源部及其分支机构国家可再生能源实验室(NREL)的赞助下由AWS科技公司(Bailey et al. , 1996)编撰了详细的手册。这本手册是为风能培训编写的,它包括了十章和一个附录。根据这本手册的方法,一个测风及风能评估项目应包括下面几个部分:

- 研究风资源评估项目的指导原则;
- 确定测风项目的人力和费用要求;
- 确定测风系统的位置;
- 确定测量参数;
- 选择观测站的仪器;
- 安装测量系统;
- 观测站的运行维护;
- 数据收集与处理;
- 数据验证、处理与报告编写。

## 2.9 前沿研究课题

风特性领域中有一些重要的课题,它们已经超出了本章讨论的范围,这里只简单地归纳一下。

- 风能工程中随机过程的应用;
- 风的湍流特性及其分析;
- 研究气流特性时数值或计算流体力学(CFD)模型的应用;
- 微观选址;
- 基于统计方法的资源评估技术。

下面对每个前沿研究课题进行简单的介绍。

### 2.9.1 风能工程中随机过程的应用

在 2.4.3 节中,如像韦布尔或瑞利分布这样的统计函数被用于描述风速变化特性。但风速变化是一个随机过程,即使是在同一风场已经有了大量风速数据的情况下,也不可能预测将来会发生什么。因此,必须找出在一定界限内的风速机会或概率。这种形式的变化称为随机或概率过程。

一些随机模型基于这样的概念,即湍流由正弦波构成,或者漩涡带有周期性和随机性幅值。这些模型可能也用到概率分布或其它统计参数。随机分析对于开发风来流模型是非常有价值的,因为它可以简化下列关键性的工程分析或设计任务:

- 处理来自现场测试的许多数据点。
- 评价疲劳载荷。
- 比较模型现场的测试数据与历史的现场测试数据。

附录 C 对这些课题进行了更详细的讨论。这些应用于风能工程的模型更详细的情况可以在 Spera(1994)和 Rohatgi 与 Nelson(1994)的文献中找到。随机过程分析的分析方法可参见 Bendat 和 Piersol(1993)的文献。

### 2.9.2 风的湍流特性及其分析

因为湍流导致了随机波动的载荷及功率输出,以及作用在整台风力机和塔架上的应力,所以湍流的基础知识是非常重要的。考虑湍流影响对以下问题的解决甚为重要:

- 最大载荷预测;
- 结构激励;
- 疲劳;
- 控制;
- 功率品质。

　　湍流是一个复杂的课题,在许多高级流体力学教科书中都有论述。在风能工程中湍流应用研究已经有了很大的进展。有关这一方面的讨论见 Spera(1994)及 Rohatgi 和 Nelson(1994)的教科书。也可参见附录 C。

　　图 2.43 示出了 NREL 用于"组合试验"测试项目的湍流特性测试设备图,它显示了详细的湍流研究所要求的仪器。这个系统由在一个平面上排列的 13 个用于测量来流风的风速仪组成。这个系统能够在很短的时间内收集到大量的数据。

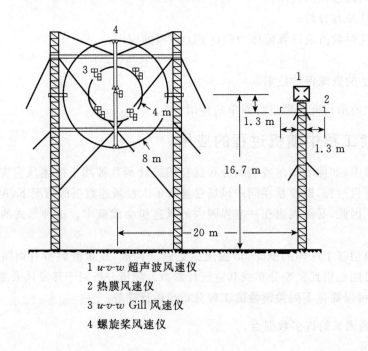

1 $u$-$v$-$w$ 超声波风速仪
2 热膜风速仪
3 $u$-$v$-$w$ Gill 风速仪
4 螺旋桨风速仪

图 2.43　国家可再生能源实验室的组合试验风速仪系统(Butterfield, 1989)

## 2.9.3　研究气流特性的数值或计算流体力学(CFD)模型的应用

　　复杂流场的计算(或数值)模型的进展已经扩展到风能领域。比如,许多可能使用风力机的风场位于复杂地形区域,能够描述这些地区气流流场特性的分析工具是很有用的。

　　今天,使用计算流体力学(CFD)模型是流体力学中发展最为迅速的领域之一(见 Anderson,1995)。CFD 模型及其分析复杂流动的能力将随着数字计算机及其相关图形程序能力的快速增加而发展。

## 2.9.4　微观选址

　　微观选址是指利用资源评估工具在风场场址上确定一台或多台风力机的准确位置,使风力机出力最大。微观选址的一个目标是将多台风力机在风场中定位,使年能量输出最大,或者给风场业主带来最大的经济收入。

有效的微观选址取决于将特定场址详细的风资源信息与使用 CFD 模型预测风场的详细流场(包括机器尾流效应)相结合。这样,它们的输出被结合进另一个预测风场能量输出的模型中。有些微观选址模型甚至能够给出风力机的优化位置。Rohatgi 和 Nelson(1994)总结了一些微观选址模型的例子。

## 2.9.5 资源评估的高级统计技术

为了对那些测量数据很少或者没有测量数据的场址的潜在风资源进行估计,一种办法是把这个场址与附近的具有长期风资源测量信息的场址联系起来。Landberg 和 Mortensen(1993)指出这种联系可以通过物理方法(使用 CFD 模型)或者通过使用统计方法(根据两组时间序列数据之间的统计相关性)建立起来。一种基于统计方法并被广泛应用的技术是测量-相关-预测(MCP)技术。

MCP 技术的基本思想是建立潜在风场的风速及风向与进行过长期测量场址的风速及风向之间的关系式。有关这一技术更为详细的信息在第 9 章中讲述。

## 参考文献

Anderson, J. D. (1995) *Computational Fluid Dynamics: The Basics with Applications.* McGraw-Hill, New York.

Antoniou, I. *et al.* (2006) Offshore wind profile measurements from remote sensing instruments. *Proc. 2006 European Wind Energy Conference. Athens.*

ASME (1988) *Performance Test Code for Wind Turbines.* ASME/ANSI PTC 42-1988. American Society of Mechanical Engineers, New York.

Aspliden, C. I., Elliot, D. L. and Wendell, L. L. (1986) Resource Assessment Methods, Siting, and Performance Evaluation. in *Physical Climatology for Solar and Wind Energy* (eds R. Guzzi and C. G. Justus) World Scientific, New Jersey.

Avallone, E. A. and Baumeister, T. III, (Eds.) (1978) *Mark's Standard Handbook for Mechanical Engineers.* McGraw-Hill, New York.

AWEA (1986) *Standard Procedures for Meteorological Measurements at a Potential Wind Site.* AWEA Standard 8.1. American Wind Energy Association, Washington, DC.

AWEA (1988) *Standard Performance Testing of Wind Energy Conversion Systems.* AWEA Standard 1.1. American Wind Energy Association, Washington, DC.

Bailey, B. H., McDonald, S. L., Bernadett, D. W., Markus, M. J. and Elsholtz, K. V. (1996) *Wind Resource Assessment Handbook.* AWS Scientific Report. (NREL Subcontract No. TAT-5-15283-01).

Balmer, R. T. (1990) *Thermodynamics.* West Publishing, St Paul, MN.

Bendat, J. S. and Piersol, A. G. (1993) *Engineering Applications of Correlation and Spectral Analysis.* John Wiley & Sons, Inc., New York.

Burton, T., Sharpe, D., Jenkins, N. and Bossanyi, E. (2001) *Wind Energy Handbook.* John Wiley & Sons, Ltd, Chichester.

Butterfield, C. P. (1989) Aerodynamic pressure and flow-visualization measurement from a rotating wind turbine blade. *Proc. 8th ASME Wind Energy Symposium,* 245–256.

Carlin, P. W. (1997) Analytic expressions for maximum wind turbine average power in a Rayleigh wind regime. *Proc. of the 1997 ASME/AIAA Wind Symposium,* 255–263.

Cherry, N. J., Elliot, D. L. and Aspliden, C. I. (1981) World-wide wind resource assessment. *Proc. AWEA Wind Workshop V,* American Wind Energy Association, Washington, DC.

Counihan, J. (1975) Adiabatic atmospheric boundary layers: a review and analysis of data collected from the period 1880–1972. *Atmospheric Environment,* **9,** 871–905.

Courtney, M., Wagner, R. and Lindelow, P. (2008) Commercial LIDAR profilers for wind energy: a comparative guide, *Proc. of the 2008 European Wind Energy Conference. Brussels.*

Cuerva, A. and Sanz-Andres, A. (2000) On sonic anemometer measurement theory. *Journal of Wind Engineering and Industrial Aerodynamics,* **88**(1), 25–55.

de Noord, M., Curvers, A., Eecen, P., Antoniou, I., Jørgensen, H. E., Pedersen, T. F., Bradley, S., Hünerbein S. and von Kindler D. (2005) *WISE Wind Energy SODAR Evaluation Final Report*, ECN Report, ECN-C-05-044.

Eldridge, F. R. (1980) *Wind Machines*, 2nd edition. Van Nostrand Reinhold, New York.

Elkinton, M. R., Rogers, A. L. and McGowan, J. G. (2006) An Investigation of Wind-shear Models and Experimental Data Trends for Different Terrains. *Wind Engineering*, **30**(4), 341–350.

Elliot, D. L. (1977) Adjustment and analysis of data for regional wind energy assessments. *Proc. of the Workshop on Wind Climate*. Ashville, NC.

Elliot, D. L. (2002) Assessing the world wind resource. Power Engineering Review, *IEEE*, **22**(9), 4–9.

Elliot, D. L. and Schwartz, M. (2004) *Validation of Updated State Wind Resource Maps for the United States*. National Renewable Energy Laboratory Report: NREL/CP-500-36200.

Elliot, D. L. and Schwartz, M. (2005) *Development and Validation of High-Resolution State Wind Resource Maps for the United States*. National Renewable Energy Laboratory Report: NREL/TP-500-38127.

Elliot, D. L., Wendell, L. L. and Gower, G. L. (1991) *An Assessment of the Available Windy Land Area and Wind Energy Potential in the Contiguous United States*. Pacific National Laboratories Report PNL-7789, NTIS.

Elliot, D. L., Holladay, C. G., Barchet, W. R., Foote, H. P. and Sandusky, W. F. (1987) *Wind Energy Resource Atlas of the United States*. Pacific Northwest Laboratories Report DOE/CH10094-4, NTIS.

EWEA (2004) *Wind Energy, The Facts, Vols. 1–5*. European Wind Energy Association, Brussels.

Freris, L. L. (1990) *Wind Energy Conversion Systems*. Prentice Hall, London.

Giebel, G. (2003) *The State-Of-The-Art in Short Term Prediction of Wind Power: A Literature Overview*. Project ANEMOS Report, European Commission.

Golding, E. W. (1977) *The Generation of Electricity by Wind Power*, E. & F. N. Spon, London.

Gustavson, M. R. (1979) Limits to wind power utilization. *Science*, **204**, 13–18.

Hansen, K. S. *et al.* (2006) Validation of SODAR measurements for wind power assessments, *Proc. of the 2006 European Wind Energy Conference*. Athens.

Hiester, T. R. and Pennell, W. T. (1981) *The Meteorological Aspects of Siting Large Wind Turbines*. Pacific Northwest Laboratories Report PNL- 2522, NTIS.

Hoogwijk, M., de Vries, B. and Turkenburg, W. (2004) Assessment of the global and regional geographical, technical and economic potential of onshore wind energy. *Energy Economics*, **26**, 889–919.

IEC (2005) *Wind Turbines – Part 12: Power Performance Measurements, IEC 61400-12 Ed. 1*, International Electrotechnical Commission, Geneva.

Jamil, M. (1994) Wind power statistics and evaluation of wind energy density. *Wind Engineering*, **18**(5), 227–240.

Johnson, G. L. (1985) *Wind Energy Systems*. Prentice Hall, Englewood Cliffs, NJ.

Jorgensen, H. *et al.* (2004) Site wind field determination using a cw Doppler LIDAR- comparison with cup anemometers at Riso, *Proc. The Science of Making Torque from Wind*, Delft.

Justus, C. G. (1978) *Winds and Wind System Performance*. Franklin Institute Press, Philadelphia, PA.

Kariniotakis, G. *et al.* (2006) Next generation short-term forecasting of wind power – overview of the ANEMOS project. *Proc. of the 2006 European Wind Energy Conference*, Athens.

Kristensen, L. (1999) The perennial cup anemometer. *Wind Energy*, **2** 59–75.

Landberg, L. and Mortensen, N. G. (1993) A comparison of physical and statistical methods for estimating the wind resource at a site. *Proc. 15th British Wind Energy Association Conference*, 119–125.

Landberg, L. *et al.* (2003a) Wind resource estimation – an overview. *Wind Energy*, **6**, 261–271.

Landberg, L. *et al.* (2003b) Short-term prediction – an overview. *Wind Energy*, **6**, 273–280.

Lysen, E. H. (1983) *Introduction to Wind Energy*, SWD Publication SWD 82-1, Amersfoort, NL.

Mortensen, N. G. *et al.* (2003) *Wind Atlas Analysis and Application Program: WAsP 8.0 Help Facility*. Risø National Laboratory. Roskilde.

Pedersen, T. F. (2004) *Characterisation and Classification of RISØ P2546 Cup Anemometer*, Risø National Laboratory Report: Riso-R-1366 (ed.2)(EN).

Pedersen, T. F. *et al.* (2006) ACCUWIND – *Accurate Wind Speed Measurements in Wind Energy: Summary Report*. Risø National Laboratory Report: Risø-R-1563(EN).

Putnam, P. C. (1948) *Power from the Wind*. Van Nostrand Reinhold, New York.

Rohatgi, J. S. and Nelson, V. (1994) *Wind Characteristics: An Analysis for the Generation of Wind Power*. Alternative Energy Institute, Canyon, TX.

Schlichting H. (1968) *Boundary Layer Theory*. 6th edition. McGraw-Hill, New York.

Singh, S., Bhatti, T. S. and Kothari, D. P. (2006) A Review of Wind-Resource-Assessment Technology. *Journal of Energy Engineering*, **132**(1), 8–14.

Smith, D. A., Harris, M. and Coffey, A. (2006) Wind LIDAR evaluation at the Danish wind test site in Hovsore. *Wind Energy*, **9** 87–93.

Spera, D. A. (Ed.) (1994) *Wind Turbine Technology: Fundamental Concepts of Wind Turbine Engineering*. ASME Press, New York.

Troen, I. and Petersen, E. L. (1989) *European Wind Atlas*. Risø National Laboratory, Denmark.

van der Tempel, J. (2006) *Design of Support Structures for Offshore Wind Turbines*. PhD Thesis, TU Delft, NL.

Wegley, H. L., Ramsdell, J. V., Orgill M. M. and Drake R. L. (1980) *A Siting Handbook for Small Wind Energy Conversion Systems*, Battelle Pacific Northwest Lab., PNL-2521, Rev. 1, NTIS.

Weitkamp, C. (Ed) (2005) *Lidar: Range-Resolved Optical Remote Sensing of the Atmosphere*, Springer.

Wendell, L. L., Morris, V. R., Tomich, S. D. and Gower, G. L. (1991) Turbulence Characterization for Wind Energy Development. *Proc. of the 1991 American Wind Energy Association Conference*, 254–265.

World Energy Council (1993) *Renewable Energy Resources: Opportunities and Constraints 1990–2020*. World Energy Council, London.

Wortman, A. J. (1982) *Introduction to Wind Turbine Engineering*. Butterworth, Boston, MA.

Dolan and Petersen, L. C. (1984) Integer 5 (1984), Elite Natural Laboratory Denmark.
von der Tamnal, U. (2000) design of support structures for offshore wind turbines, PhD Thesis, TU Delft, Ne.
Seiper, G. H. L. Kaandallen, J. V. Grijff M. M. and Dol et K. L. (1990) A Stay-plate lattice for Speed wind change.
European Systems, Appendix for Aeroacoustic nan, PEC 127 1 level 7.2.2.
Worstberg, C. Ed. (2000) Energy Research Center: Season Storing of the Aerospace and Summer.
Wasnell, L. A., Ahmed, F. R. Tanvire, S. R. and Upon, C. C. (1991) Mesonic Combination aerodynamic (3n-
Development, Proc. of the 1991 American Wind Energy Assoc. Conference, 253–254.
Bush T. Leya C. et al. (1999) European Wind Energy Association and Conf, 1999–2000 Elma. Gump
Energy 6, verk. London.
Jamison, S. (1982) Information nan on Wind Power Boss 3.

# 第 **3** 章

# 风力机空气动力学

## 3.1 概要

风力机通过风轮和风之间的相互作用产生功率。如第 2 章所述,可以把风看做是由均速风和围绕其的湍流脉动组成。经验表明,风力机性能的主要指标(平均输出功率和平均载荷)由均速风产生的气动力所决定。风切变、风的轴向偏移与风轮旋转所引起的周期性气动力以及湍流与动力学因素所导致的随机脉动力是产生疲劳载荷的来源,也是影响风力机峰值载荷的因素之一。这些当然很重要,但是只有掌握了稳态运行的空气动力学才能理解。因此,本章主要阐述稳态空气动力学。非稳态空气动力学复杂现象的概述及如何将其应用于风轮性能的分析将在本章后半部分介绍。

实际应用的水平轴风力机利用叶片将风中的动能转换成有用的能量。本章的内容将提供一个基础以使读者理解如何利用叶片产生功率,怎样在叶片设计初期计算最佳叶形,如何分析已知叶形和翼型特征的风轮气动性能。许多作者已经发展出预测风力机风轮稳态性能的方法。风力机的经典分析方法最初是由 Betz 和 Glauert (Glauert,1935)在 20 世纪 30 年代提出的。随后,该理论得到发展并且可以使用计算机求解(见 Wilson and Lissaman,1974;Wilson et al. ,1976;de Vries,1979)。在所有这些方法中,动量理论和叶素理论被结合起来形成微片理论,它能够计算风轮环形截面的性能特性。整个风能的特性则通过各个环形截面的特性值的积分或求和的方法得到,这也是本章所使用的方法。

本章首先分析理想风力机风轮,介绍重要的概念并阐述风力机风轮和流经风轮气流的一般特性。这些分析也用于确定风力机的理论性能极限。

然后将介绍空气动力学的一般概念和叶片运行特点,并以这些知识来分析用叶片做功较其它方法的优点。

本章的大部分内容(3.5 到 3.11 节)详细阐述用于分析水平轴风力机的经典分析方法,以及一些应用和使用实例。首先详述了动量理论和叶素理论的发展,并用来计算简化的、理想运行条件下的最佳叶形,说明风力机通用叶形的演变。这两种方法的结合称为微片理论或称为叶素动量(blade element momentum,BEM)理论,这一理论随后被用于描述风力机风轮气动设计及性能分析的过程。此后讨论了气动损失和非设计工况下的性能,并考虑了旋转尾流的叶形最佳设计。最后,给出了一个可用于快速分析的简化设计程序。

本章的 3.12 节和 3.13 节讨论了风力机最大理论性能的限制,并且介绍稳态叶素理论在考虑了非理想的稳态空气动力学、风力机尾流和非稳态空气动力学等问题的改进。3.13 节还介绍了风轮性能分析的其它理论方法和风轮运行性能的计算机程序的验证。

最后,3.14 节介绍了垂直轴风力机风轮气动性能的计算。

作者尽力使本章内容为不具备流体动力学基础的读者所理解。尽管如此,了解各种概念,包括伯努里方程、流线、控制容积分析、层流和湍流概念,将会很有帮助。本章内容要求读者具有基础物理学的知识。

## 3.2 一维动量理论和 Betz 极限

用一个简单模型(一般认为由 Betz(1926)提出)可以用来确定理想风力机风轮的功率,风作用于理想风轮上的推力和风轮对当地风流场的影响。这个简单模型基于一百多年前用于预测船舶螺旋桨性能的线性动量理论。

这个模型,假设一个控制容积,它的边界是流管的表面和这个流管的两个横截面(见图 3.1)。只有气流会流过流管的两端。风力机用一个均匀"作用盘"来代表,它可以在空气流过流管时产生压力突变。需要指出,这个模型并不只限于某个特定种类的风力机。

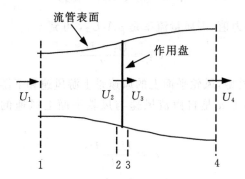

图 3.1 风力机作用盘模型;$U$,平均风速;1、2、3 和 4 指示位置

模型采用下列假定:

- 均质、不可压缩、稳态流动;
- 无摩擦阻力;
- 无限多叶片;
- 作用在盘或者风轮面上的推力均匀;
- 尾流无旋转;
- 风轮上游远端和下游远端的静压等于无干扰的环境静压。

对包含整个系统的控制容积运用线性动量守恒,可以获得作用在控制容积内流体上的净作用力。这个力与风作用在风力机上的推力 $T$ 大小相等、方向相反。根据一维、不可压缩、定常流动的线性动量守恒原理,推力与气流动量变化率大小相等、方向相反:

$$T = U_1 (\rho AU)_1 - U_4 (\rho AU)_4 \tag{3.1}$$

式中 $\rho$ 是空气密度,$A$ 是横截面面积,$U$ 是空气速度,下标表示图 3.1 中横截面的编号。

对于稳态流动,$(\rho AU)_1 = (\rho AU)_4 = \dot{m}$,$\dot{m}$ 是质量流率,因此,

$$T = \dot{m}(U_1 - U_4) \tag{3.2}$$

由于推力为正,所以风轮后面的气流速度 $U_4$ 小于自由流速度 $U_1$。风轮的两侧流体都不做功。因而伯努里方程可被用于作用盘两侧的两个控制容积中流体。在作用盘上游的流管中:

$$p_1 + \frac{1}{2}\rho U_1^2 = p_2 + \frac{1}{2}\rho U_2^2 \tag{3.3}$$

在作用盘下游的流管中:

$$p_3 + \frac{1}{2}\rho U_3^2 = p_4 + \frac{1}{2}\rho U_4^2 \tag{3.4}$$

假定上游远端和下游远端气流压力相等($p_1 = p_4$),并且气流流过作用盘后速度不变($U_2 = U_3$)。

推力也可表示为作用盘两侧所有力的合力:

$$T = A_2(p_2 - p_3) \tag{3.5}$$

利用式(3.3)和(3.4)求得 $(p_2 - p_3)$,将其代入式(3.5),可得

$$T = \frac{1}{2}\rho A_2(U_1^2 - U_4^2) \tag{3.6}$$

由式(3.2)和(3.6)得到推力值,因质量流率是 $\rho A_2 U_2$,可到

$$U_2 = \frac{U_1 + U_4}{2} \tag{3.7}$$

因此,使用这个简单模型,风轮平面上的风速是上游风速和下游风速的平均值。

如果定义轴向诱导因子 $a$ 是自由流风速与风轮平面上风速的差值与自由流风速之比,那么

$$a = \frac{U_1 - U_2}{U_1} \tag{3.8}$$

$$U_2 = U_1(1 - a) \tag{3.9}$$

和

$$U_4 = U_1(1 - 2a) \tag{3.10}$$

$U_1 a$ 通常称为风轮诱导速度,在这种情况下,风轮上的风速是自由流风速和风轮诱导速度的合成。随着轴向诱导因子从 0 开始增大,风轮后面的风速越来越小。当 $a = 1/2$ 时,风轮后面的风速减到 0,这个简单模型也不再适用。

输出功率 $P$ 等于作用在盘面上的推力和速度的乘积:

$$P = \frac{1}{2}\rho A_2(U_1^2 - U_4^2)U_2 = \frac{1}{2}\rho A_2 U_2(U_1 + U_4)(U_1 - U_4) \tag{3.11}$$

将式(3.9)和(3.10)中的 $U_2$ 和 $U_4$ 代入上式,则

$$P = \frac{1}{2}\rho AU^3 4a (1 - a)^2 \tag{3.12}$$

上式中风轮上的控制体面积 $A_2$ 已用风轮面积 $A$ 替换,自由流速度 $U_1$ 用 $U$ 替换。

风力机风轮的性能通常用它的功率系数 $C_P$ 来描述:

$$C_P = \frac{P}{\frac{1}{2}\rho U^3 A} = \frac{\text{风轮功率}}{\text{风的总功率}} \tag{3.13}$$

无量纲功率系数表示风轮从风中获得的功率占风功率的比值。由式(3.12)得功率系数为

$$C_P = 4a(1-a)^2 \tag{3.14}$$

$C_P$ 的最大值可由功率系数(公式(3.14))对 $a$ 求导,并设定其等于 0,则此得 $a = 1/3$。因此,

$$C_{P,\text{max}} = 16/27 = 0.5926 \tag{3.15}$$

当 $a = 1/3$ 时,流经作用盘的气流相当于一个流管上游截面面积等于 2/3 的作用盘面积,流管下游截面积膨胀到 2 倍的作用盘面积。这个结果显示,如果设计一个理想风轮并使其在风轮上的风速等于自由流风速的 2/3 工况下运行,此时它的工况为最大功率输出点。而且,根据基本的物理定律,这是风轮可能达到的最大功率。

由式(3.6)、(3.9)和(3.10),推得作用在作用盘上的轴向推力:

$$T = \frac{1}{2}\rho A U^2 [4a(1-a)] \tag{3.16}$$

参照功率的处理方法,作用在风力机上的推力可用无量纲的推力系数来表征:

$$C_T = \frac{T}{\frac{1}{2}\rho U^2 A} = \frac{\text{推力}}{\text{气动力}} \tag{3.17}$$

从式(3.16)可以看出,理想风力机推力系数等于 $4a(1-a)$。当 $a = 0.5$,下游风速为 0 时,$C_T$ 取得最大值 1.0。在最大功率输出($a = 1/3$)工况时,$C_T$ 为 8/9。理想 Betz 风力机的功率系数、推力系数和下游无量纲风速与轴向诱导因子的关系曲线如图 3.2。

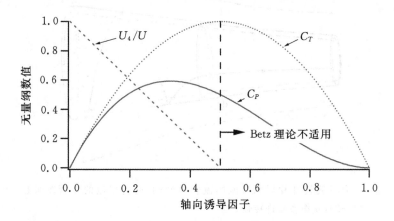

图 3.2 Betz 风力机运行参数

$U$,无干扰空气速度;$U_4$,风轮后面的空气速度;$C_P$,功率系数;$C_T$,推力系数

如上所述,这个理想化模型不适用于轴向诱导因子大于 0.5 的情况。在实际情况中(Wilson et al.,1976),轴向诱导因子接近或超过 0.5,这个简单模型中没有考虑复杂流动会导致

实际推力系数可能高达 2.0。风力机在如此高轴向诱导因子下运行的详细内容参见 3.8 节。

Betz 极限 $C_{P,\max} = 16/27$,是最大的理论上可能的风轮功率系数。在现实中有三个因素会导致最大可实现功率系数减小:

- 风轮后面的旋转尾流;
- 叶片数目有限和相关的叶尖损失;
- 气动阻力不为零。

值得注意风力机的总效率是风轮功率系数和风力机机械(包括电气)效率的函数:

$$\eta_{overall} = \frac{P_{out}}{\frac{1}{2}\rho A U^3} = \eta_{mech} C_P \qquad (3.18)$$

因此,

$$P_{out} = \frac{1}{2}\rho A U^3 (\eta_{mech} C_P) \qquad (3.19)$$

## 3.3  有旋转尾流的理想水平轴风力机

在前面的分析中采用线性动量理论,并且假定气流没有旋转。前面的分析可以推广旋转的风轮产生角动量的情况,此时角动量与风轮转矩有关。对于一个旋转的风力机风轮,其后的气流向风轮旋转相反的方向旋转,这是气流作用在风轮上转矩的反作用引起的。可以用这种流动的环形流管模型来说明尾流的旋转,如图 3.3。

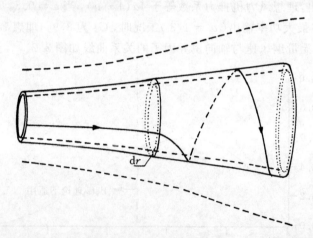

图 3.3  风力机旋转叶片后面气流的流管模型;有旋转尾流的流管图来自 Lysen
(1982),获作者允许转载

由于尾流中旋转动能的产生,风轮获得的能量少于无旋转尾流时的预期值。一般来讲,如果产生的转矩越大,风力机尾流的额外动能也越大。因此需要指出,低速风力机(低转速高转矩)的旋转尾流损失大于高速低转矩风力机的损失。

图 3.4 给出了分析中相关参数的示意图。下标表示由数字注出的横截面上的值。如果假

设气流旋转角速度 $\omega$ 小于风力机风轮旋转角速度 $\Omega$，则也可假设风轮尾流远端的压力等于自由流压力（见 Wilson et al.，1976）。下面的分析是针对一个半径为 $r$ 厚度为 dr 的环形流管，其横截面积等于 $2\pi r dr$（见图 3.4）。压力、旋转尾流和诱导因子都假设为半径的函数。

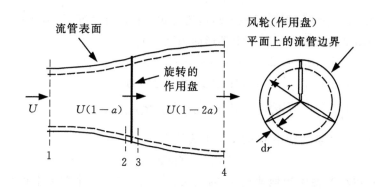

图 3.4　风轮分析的几何图形；$U$，无干扰空气的速度；$a$，诱导因子；$r$，轮半径

如果控制容积以叶片角速度运动，则能量方程可以应用于叶片前后的截面，从而导出叶片前后压差的表达式（推导见 Glauert，1935）。注意到气流穿过作用盘后，气流相对于叶片的角速度从 $\Omega$ 增大到 $\Omega+\omega$，同时它的轴向速度分量保持不变。结果是：

$$p_2 - p_3 = \rho(\Omega + \frac{1}{2}\omega)\omega r^2 \tag{3.20}$$

作用于环形单元上的推力 dT 是：

$$dT = (p_2 - p_3)dA = [\rho(\Omega + \frac{1}{2}\omega)\omega r^2]2\pi r dr \tag{3.21}$$

周向（周向角速度）诱导因子 $a'$ 定义为：

$$a' = \omega/2\Omega \tag{3.22}$$

需要指出，当分析中考虑旋转尾流时，风轮上的诱导速度不仅仅包括轴向分量 $Ua$，还包括风轮平面上的分量 $r\Omega a'$。

推力的公式变为：

$$dT = 4a'(1 + a') \frac{1}{2}\rho\Omega^2 r^2 2\pi r dr \tag{3.23}$$

依据以前的线性动量分析，环形截面上的推力也可以用含有轴向诱导因子 $a$ 的公式来确定（注意，此时分析中自由流速度 $U_1$ 由 $U$ 确定）：

$$dT = 4a(1 - a) \frac{1}{2}\rho U^2 2\pi r dr \tag{3.24}$$

使上面的两个推力公式相等，得到：

$$\frac{a(1-a)}{a'(1+a')} = \frac{\Omega^2 r^2}{U^2} = \lambda_r^2 \tag{3.25}$$

式中 $\lambda_r$ 是当地速比（见下），这一结果将在后面的分析中用到。

叶尖速比 $\lambda$ 定义为是叶尖速度和自由流速度的比值：

$$\lambda = \Omega R/U \tag{3.26}$$

叶尖速比常常出现在风轮的空气动力学表达式中。当地速比是某半径处风轮速度与风速的比值:

$$\lambda_r = \Omega r/U = \lambda r/R \tag{3.27}$$

然后,可以用角动量守恒导出风轮上转矩的公式。在这种情况下,施加在风轮上的转矩 $Q$ 一定等于尾流角动量的改变量。在一个环形面积微元上:

$$dQ = d\dot{m}(\omega r)(r) = (\rho U_2 2\pi r dr)(\omega r)(r) \tag{3.28}$$

因为 $U_2 = U(1-a)$ 和 $a' = \omega/2\Omega$,上式可以化简为:

$$dQ = 4a'(1-a)\frac{1}{2}\rho U \Omega r^2 2\pi r dr \tag{3.29}$$

每个环形单元上产生的功率为 $dP$,由下式给出:

$$dP = \Omega dQ \tag{3.30}$$

替换式中的 $dQ$,并使用当地速比 $\lambda_r$ 的定义(式(3.27)),每个单元上产生的功率表达式变为:

$$dP = \frac{1}{2}\rho A U^3 \left[ \frac{8}{\lambda^2} a'(1-a)\lambda_r^3 d\lambda_r \right] \tag{3.31}$$

由此可以看出,任意圆环面上产生的功率是轴向诱导因子、周向诱导因子和叶尖速比的函数。轴向诱导因子和周向诱导因子决定了风轮平面上气流的速度大小和方向。当地速比是叶尖速比和半径的函数。

每一个圆环对功率系数贡献的增量 $dC_P$ 是:

$$dC_P = \frac{dP}{\frac{1}{2}\rho A U^3} \tag{3.32}$$

因此:

$$C_P = \frac{8}{\lambda^2}\int_0^\lambda a'(1-a)\lambda_r^3 d\lambda_r \tag{3.33}$$

为积分这个公式,需要建立变量 $a$、$a'$ 和 $\lambda_r$ 之间的关系(见 Glauert,1948;Sengupta and Verma,1992)。解式(3.25)得到用 $a$ 表示的 $a'$ 的形式:

$$a' = -\frac{1}{2} + \frac{1}{2}\sqrt{\left[ 1 + \frac{4}{\lambda_r^2}a(1-a) \right]} \tag{3.34}$$

产生最大可能功率的空气动力学条件是式(3.33)中的 $a'(1-a)$ 取得最大值。将式(3.34)中的 $a'$ 代入 $a'(1-a)$,对 $a$ 求导并使其导数值等于 0,得到:

$$\lambda_r^2 = \frac{(1-a)(4a-1)^2}{1-3a} \tag{3.35}$$

这个等式说明最大功率对应的轴向诱导因子是每个圆环上当地速比的函数。将此式代入公式(3.25),可知每个圆环达到最大功率时有:

$$a' = \frac{1-3a}{4a-1} \tag{3.36}$$

如果由式(3.35)对 $a$ 求导,得到最大输出功率时 $d\lambda_r$ 和 $da$ 之间的关系:

$$2\lambda_r d\lambda_r = [6(4a-1)(1-2a)^2/(1-3a)^2]da \tag{3.37}$$

将式(3.35)~(3.37)代入功率系数式(式(3.33)),得到:

$$C_{P,\max} = \frac{24}{\lambda^2} \int_{a_1}^{a_2} \left[ \frac{(1-a)(1-2a)(1-4a)}{(1-3a)} \right]^2 da \qquad (3.38)$$

在此式中积分下限 $a_1$ 对应于 $\lambda_r = 0$ 时的轴向诱导因子,积分上限 $a_2$ 对应于 $\lambda_r = \lambda$ 时的轴向诱导因子。同时,从式(3.35)得:

$$\lambda^2 = (1-a_2)(1-4a_2)^2/(1-3a_2) \qquad (3.39)$$

需要指出,由式(3.35)可知,$a_1 = 0.25$ 时 $\lambda_r$ 的值是 0。

由式(3.39)可以解出在所关心的叶尖速比下运行时的 $a_2$ 值。同时,式(3.39)看出,$a_2 = 1/3$ 是轴向诱导因子 $a$ 的上限,此时叶尖速比为无穷大。

定积分可以通过变量变换来求解:把式(3.38)中的 $(1-3a)$ 变换为 $x$,可得:

$$C_{P,\max} = \frac{8}{729\lambda^2} \left\{ \frac{64}{5}x^5 + 72x^4 + 124x^3 + 38x^2 - 63x - 12[\ln(x)] - 4x^{-1} \right\}_{x=(1-3a_2)}^{x=0.25} \qquad (3.40)$$

表 3.1 简要列出了 $C_{P,\max}$ 作为 $\lambda$ 函数的对应值,以及对应的叶尖处的轴向诱导因子 $a_2$ 的值。

**表 3.1　功率系数 $C_{P,\max}$ 是叶尖速比 $\lambda$ 的函数;**
**叶尖速比等于当地速比时的轴向诱导因子 $a_2$**

| $\lambda$ | $a_2$ | $C_{P,\max}$ |
|---|---|---|
| 0.5 | 0.2983 | 0.289 |
| 1.0 | 0.3170 | 0.416 |
| 1.5 | 0.3245 | 0.477 |
| 2.0 | 0.3279 | 0.511 |
| 2.5 | 0.3297 | 0.533 |
| 5.0 | 0.3324 | 0.570 |
| 7.5 | 0.3329 | 0.581 |
| 10.0 | 0.3330 | 0.585 |

这些分析结果见图 3.5,图中同时表示了先前基于线性动量理论的理想风力机的 Betz 极限。结果表明,叶尖速比越大,$C_p$ 越接近最大理论值。

这些公式可被用于分析有旋转尾流的理想风力机的运行性能。例如,图 3.6 显示叶尖速比为 7.5 时风力机的轴向诱导因子和周向诱导因子。由图可以看到,除了轮毂附近,其它地方的轴向诱导因子接近理想的 1/3。风轮外圈部分的周向诱导因子接近于零,但在轮毂附近,周向诱导因子迅速增大。

在前两节中,利用基本的物理学知识确定了流经风力机气流的特性和可以从风中获得的最大功率的理论极限。本章以下各节介绍如何利用翼型(叶片)获得理论上可能达到的功率。

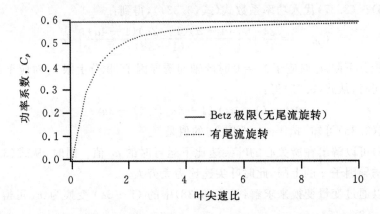

图 3.5 理想水平轴风力机理论最大功率系数随叶尖速比变化曲线,尾流有和无旋转

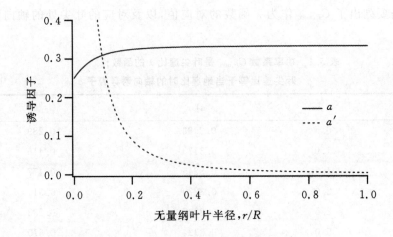

图 3.6 有旋转尾流的理想风力机诱导因子
$\lambda = 7.5$,叶尖速比;$a$,轴向诱导因子 ;$a'$,周向诱导因子;$r$,半径;$R$,风轮半径

## 3.4 翼型和空气动力学基本概念

翼型是具有特定的几何形状的结构,它利用翼型与环绕气流的相对运动产生机械力。风力机叶片利用翼型产生机械功。风力机叶片的横截面外形是翼型。叶片的宽度和长度取决于期望的气动性能、最大风轮功率、采用的翼型性能和强度方面的考虑。在介绍风力机产生功率的详细内容之前,有必要回顾一下有关翼型的空气动力学概念。

### 3.4.1 翼型术语

有许多术语用来描述翼型特征,如图 3.7 所示。翼型中弧线是翼型上下表面间中点的轨迹。翼型中弧线的最前端点和最末端点分别位于翼型的前缘和后缘。连接翼型的前缘和后缘的直线是弦线。沿着弦线从前缘到后缘的距离定义为翼型的弦长 $c$。弧高是翼型中弧线与弦线之间的垂直距离(常用于表示翼型的弯曲度)。厚度是上下表面之间的垂直距离。攻角 $\alpha$ 定义为相对风向($U_{rel}$)与弦线之间的夹角。翼展是垂直于横截面方向的翼型长度,在图中未表示。影响翼型气动性能的几何参数包括:前缘半径、翼型中弧线、最大厚度、翼型厚度分布和后缘角。

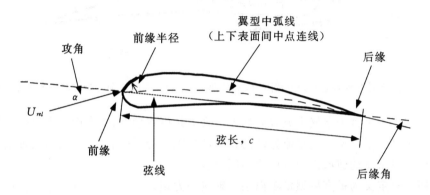

图 3.7 翼型术语

翼型有许多种类型(见 Abbott and Von Doenhoff,1959;Althaus and Wortmann,1981;Althaus,1996;miley,1982;Tangler,1987)。一些已经用于风力机设计中的例子如图 3.8。NACA 0012 是一种 12%厚度的对称翼型(指厚度为弦长的 12%),NACA 63(2)-215 是一种15%厚度小弯度翼型,而 LS(1)-0417 是一种 17%厚度大弯曲度翼型。

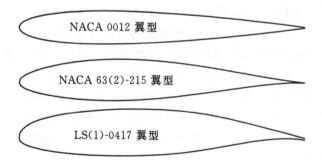

图 3.8 翼型示例

## 3.4.2 升力、阻力和无量纲参数

流过翼型表面的空气产生沿翼型表面的分布力,凸起表面上气流速度增加使得吸力面的平均压力低于内凹面的平均压力。同时,空气和翼型表面之间的粘性摩擦力一定程度上降低了翼型表面附近的气流速度。

如图 3.9 所示,所有这些压力和摩擦力的合力通常可分解为作用于弦线上距离前缘 $c/4$ 处(在四分之一弦长处)的两个力和一个力矩。

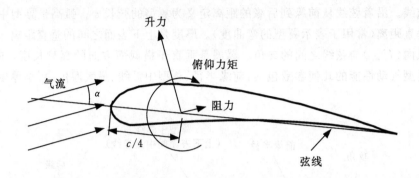

图 3.9　作用于翼型截面上的升力和阻力;α,攻角;c,弦长。正的力和力矩方向与箭头方向一致

- **升力**——定义为垂直于空气来流方向的力。升力是由翼型上、下表面压力差产生的;
- **阻力**——定义为平行于空气来流方向的力。产生阻力的原因有两个:翼型表面的粘性摩擦力和翼型相对来流的迎风面和背风面的压力差;
- **俯仰力矩**——定义为垂直翼型横截面某一轴线的力矩。

理论和研究表明,许多流动问题可以用无量纲参数描述。反映流动特征最重要的无量纲参数是雷诺数。雷诺数 Re 定义为:

$$\mathrm{Re} = \frac{UL}{v} = \frac{\rho UL}{\mu} = \frac{\text{惯性力}}{\text{粘性力}} \tag{3.41}$$

式中,$\rho$ 是流体密度,$\mu$ 是粘性系数,$v = \mu/\rho$ 是运动粘性系数,$U$ 和 $L$ 分别是描述流动尺度的特征速度和特征长度。它们可能是来流速度 $U_{wind}$ 和翼型弦长。例如,如果 $U_{wind} = 65$ m/s,$v = 0.000\,013$ m²/s,弦长是 2 m,则 $\mathrm{Re} = 1 \times 10^7$。

无量纲力和力矩系数是雷诺数的函数,被用于描述进行风洞实验的二维或三维物体。三维翼型是有限翼展,力和力矩系数受流过叶尖气流的影响。另一方面,二维翼型假设具有无限翼展(没有叶尖影响),二维翼型数据是在测量截面确实没有气流绕过叶尖测量得到的。二维绕流问题的力和力矩系数通常用小写下标表示,例如 $C_d$ 是二维阻力系数。在这种情况下,测得的力是单位长度翼展上的力。三维物体绕流问题的升力系数和阻力系数通常用大写下标表示,例如 $C_D$。风轮设计通常使用在一定攻角和雷诺数范围,采用风洞试验得出的二维系数。二维升力系数定义为:

$$C_l = \frac{L/l}{\frac{1}{2}\rho U^2 c} = \frac{\text{升力 / 单位长度}}{\text{动压 / 单位长度}} \tag{3.42}$$

二维阻力系数定义为:

$$C_d = \frac{D/l}{\frac{1}{2}\rho U^2 c} = \frac{\text{阻力 / 单位长度}}{\text{动压 / 单位长度}} \tag{3.43}$$

俯仰力矩系数为:

$$C_m = \frac{M}{\frac{1}{2}\rho U^2 Ac} = \frac{\text{俯仰力矩}}{\text{动态力矩}} \tag{3.44}$$

式中，$\rho$ 是空气密度，$U$ 是未被干扰气流的速度，$A$ 是翼型投影面积(弦长×展长)，$c$ 是翼型弦长，$l$ 是翼展。

其它对风轮分析和设计很重要的无量纲系数有功率系数、推力系数和叶尖速比(在前面已经提及)，压力系数用于翼型流动分析：

$$C_p = \frac{p - p_\infty}{\frac{1}{2}\rho U^2} = \frac{静压}{动压} \tag{3.45}$$

翼型表面粗糙度比：

$$\frac{\varepsilon}{L} = \frac{表面粗糙度高度}{物体长度} \tag{3.46}$$

## 3.4.3　绕流翼型气流

翼型的升力系数、阻力系数、俯仰力矩系数是由翼型表面压力变化和翼型表面与空气的摩擦决定的。

翼型表面由速度变化所形成的压力变化可以通过伯努利方程确定，它表明在假设无摩擦时，动压和静压之和为常数：

$$p + \frac{1}{2}\rho U^2 = 常数 \tag{3.47}$$

式中，$p$ 是静压，$U$ 是沿翼型表面的当地速度。

因气流绕过圆形前缘时加速，压力下降，导致负的压力梯度。当气流接近后缘时，气流减速，压力增加，导致正的压力梯度。如果给定的翼型设计和攻角使得气流在翼型上表面的加速大于下表面，则产生正的升力；同样，俯仰力矩是翼型表面压力对 1/4 弦长点的力矩沿翼型表面积分的函数。

阻力是由翼型表面压力分布以及气流和翼型表面摩擦造成的。在气流方向的压力差产生了压差阻力；摩擦阻力是流体粘性的函数并且将能量耗散到气流中去。

阻力导致两种不同形式流动区域的发展：其一是远离翼型表面的流动，这里摩擦效应可以忽略不计，其二是紧邻翼型表面的边界层内流动，这里摩擦效应起主要作用。在边界层内速度从翼型表面的零增加到边界层外部的无摩擦流动，风力机叶片的边界层厚度变化从 1 毫米变化到几百毫米。

边界层内的流动可以是层流(光滑和稳定)或湍流(不规则，有三维漩涡)。在翼型的进气边，流动是层流。通常在下游的某一点边界层内的流动变为湍流，粘性力和非线性惯性力的相互作用会使层流变为紊乱的湍流。层流边界层内的摩擦力比湍流边界层的摩擦力小很多。

流动的压力梯度对边界层影响很大，如图 3.10。边界层压力梯度可能是有利的顺压梯度(随流动方向压力减小)或逆压梯度(随流动方向压力增加)。边界层内的气流被压力梯度加速或减速，也因表面摩擦而减速，因此，受逆压梯度和表面摩擦的作用，边界层内的气流可能停止，甚至返流，这导致了气流从翼型表面分离，称为失速流态。边界层内的流动一旦发展为湍流，受逆压梯度的影响较层流就大大减少了，但是一旦层流或湍流发生流动分离，升力就会下降。只有边界层能维持合适的表面压力分布，翼型才能有效地产生升力。

区分大气中翼型边界层内的湍流效应很重要，风力机翼型运行在湍流地球的边界层内，但

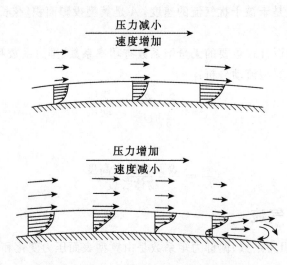

图 3.10 边界层内的顺压梯度(压力下降)与逆压梯度(压力上升)的效应(Miley,1982)

大气层内的湍流脉动尺度远大于风力机翼型边界层的湍流尺度;边界层内的气流仅对边界层尺度的脉动敏感,因此,大气湍流不直接影响翼型边界层,但它会通过改变攻角产生间接影响,使叶片表面的流动形态和压力分布发生变化。

### 3.4.4 翼型性能

在研究翼型之前,分析一个圆柱绕流很有帮助。利用流线可以实现流动的可视化。流线可以看成放置在流体中的微颗粒流动轨迹,因而流场可以通过多条流线描述。流线具有一些直观的有趣特性。例如,流线汇聚表明速度增加,压力减小;流线发散则表示相反的流态。另外,严格说来,伯努利方程只适用于同一条流线。图 3.11(a)表示静止圆柱的绕流,假定流动没有升力和惯性力,可以看到,当流线通过圆柱时较接近,这表明速度增加,压力下降。流动在圆柱上下是对称的,所以在圆柱上无升力和阻力。实际上,在无粘性阻力时,圆柱上净作用力为零。

在有旋流动时,情况发生了变化,流体的旋转起因于气流中物体的旋转或物体的形状(例如翼型),它使流体产生旋转运动。

有旋流动可以通过涡量和环量描述,若流体微元在旋转,其角速度可由其涡量 $\zeta$ 描述,涡量定义为:

$$\zeta = \frac{\partial u}{\partial y} - \frac{\partial v}{\partial x} \tag{3.48}$$

式中,$u$ 是流动方向($x$)的速度分量,$v$ 是垂直流动方向($y$)的速度分量。涡量也等于流体微元角速度的两倍。

环量 $\Gamma$ 是微元涡量与微元相应面积的乘积在研究区域上的积分,表示为:

$$\Gamma = \iint (\frac{\partial u}{\partial y} - \frac{\partial v}{\partial x}) \mathrm{d}x \mathrm{d}y \tag{3.49}$$

通常,物体单位长度升力可表示为 $L/l = \rho U_\infty \Gamma$,这里 $U_\infty$ 为自由来流速度。对于一个半径

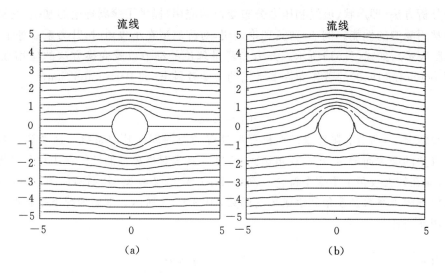

图 3.11 (a)绕静止圆柱的流动;(b)绕旋转圆柱的流动(顺时针旋转)

为 $r$ 的圆柱,最大环量为 $\Gamma = 4\pi U_\infty r$,相应的最大升力系数为 $4\pi$,图 3.11(b)表示了旋转圆柱的绕流。值得注意的是,圆柱上部流线比底部的靠拢,这表明上部压力低,因此升力垂直向上,这称之为马格纳斯(Magnus)效应。马格纳斯效应是弗莱特纳(Flettner)转轮的物理基础,它被成功应用于轮船的推进器(Flettner,1926)。

上文概述的方法可用来预测一个翼型的压力分布,第一步是进行气流中的圆柱坐标系的变换,使得变换后的形状类似所需的翼型。图 3.12 表示了用这种方法从圆柱变换得到一个对称翼型。变换后的翼型外形是点 $\xi$ 的轨迹,$\xi$ 是由式(3.50)变换得到的。

$$\xi = z + r^2/z \tag{3.50}$$

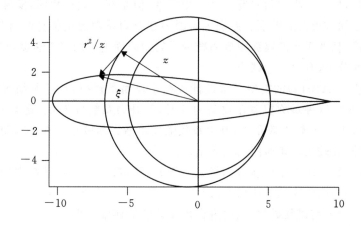

图 3.12 由圆柱变换来的翼型

式中,$z$ 是矢量到圆心的偏移量。举例来说,圆的半径为 5.5,偏移量是 0.8,图中所示的圆心位于原点、半径为 5 的圆可用作比较。

这个分析方法（即形状、流线和压力分布变换的应用）提供了薄翼理论的基础，它被用来预测大多数常用翼型的性能。例如，薄翼理论表明，对称翼型在小攻角时，升力系数等于 $2\pi\alpha$（角度 $\alpha$ 用弧度表示），如式（3.51）所示。升力和环量理论的细节以及变换方法的应用在 Abbott and von Doenhoff（1959）的著作和许多空气动力学教科书（如 Bertin and Smith（2008））中都有阐述。

$$C_l = 2\pi\alpha \tag{3.51}$$

在理想情况下，所有有限厚度的对称翼型具有类似的理论升力系数。这就意味着升力系数将随着攻角的增大而增加，直至攻角达到 90 度。真实对称翼型的性能在小攻角时确实接近理论性能，而在较大攻角下不完全符合。例如，NACA 0012 翼型（其剖面如图 3.8 所示）的典型升力系数和阻力系数是攻角和雷诺数的函数，如图 3.13 所示。理想情况下平板的升力系数也在图中用作对比。

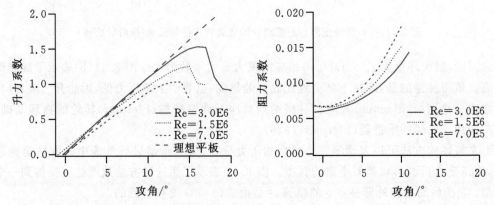

图 3.13　NACA 0012 对称翼型的升力系数和阻力系数（Miley，1982）；Re，雷诺数

值得注意的是，尽管在小攻角时有很好的相关性，但是在较大攻角时，实际翼型运行时的性能和理论性能之间有很大的差别。差别主是因为在升力系数理论估算时，假设空气是没有粘性的。如前所述，粘性引起的表面摩擦力减慢了翼型表面附近的气流速度，导致在攻角较大时气流从翼型表面分离，升力急速减小。

水平轴风力机（HAWTs）的翼型通常设计成在小攻角下运行，在这种情况下升力系数很大，而阻力系数很小。这种对称翼型在攻角为 0 时，其升力系数也为 0。随攻角的增大，其升力系数增大并超过 1.0，在较大攻角时，升力系数随攻角增大而减小。在小攻角时阻力系数通常远小于升力系数，在较大攻角时阻力系数增加。

同时，不同雷诺数下的翼型性能差别很大。例如，随雷诺数减小，粘性力增大的幅度与惯性力相当，造成翼型表面的摩擦效应增大，影响了由翼型产生的速度、压力梯度和升力。风轮设计者必须掌握适当的雷诺数数据，以便进行风轮系统的详细分析。

在小攻角时使用弯曲翼型（Eggleston and Stoddard，1987；Miley，1982）可以使升力系数增大，阻力系数减小。例如，DU-93-W-210 翼型常用于一些欧洲的风力机中。它的横截面型线如图 3.14 所示。这种翼型在雷诺数为 $3 \times 10^6$ 时的升力系数、阻力系数和俯仰力矩系数如图 3.15 及图 3.16 所示。

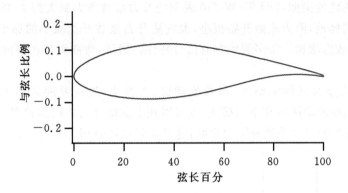

图 3.14　DU-93-W-210 翼型形状

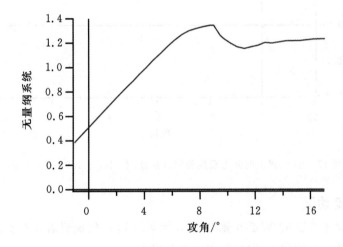

图 3.15　DU-93-W-210 翼型的升力系数

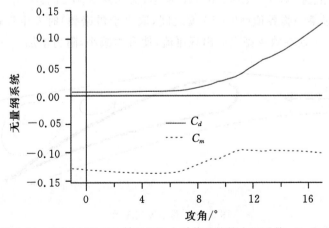

图 3.16　DU-93-W-210 翼型的阻力系数和俯仰力矩系数；$C_d$ 和 $C_m$

与对称翼型的性能类似,DU-93-W-210翼型的升力系数增大到大约 1.35 之后,随着攻角的增大而减小。同样地,阻力系数开始很小,大致从升力系数开始减小的那个攻角起,随着攻角的增大,阻力系数也增加。很多翼型都有这种特性。另外,弯曲翼型在攻角为零时的升力系数不为零。

翼型性能可以分为三种流动区:附着流动区、大升力/失速发展区和平板/完全失速区 (Spera,1994)。这些流动区将在下面描述,也可以在上面的升力曲线图和图 3.17 中看出。图 3.17 表示 S809 翼型的升力系数和阻力系数,这种翼型已经被用于风力机。

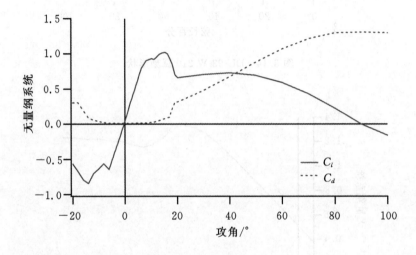

图 3.17 S809 翼型的升力系数和阻力系数,$C_l$ 和 $C_d$;$Re = 7.5 \times 10^7$

### 3.4.4.1 附着流动区

在小攻角时(对于 DU-93-W-210 翼型,直至大约 7 度),气流附着在翼型的上表面。在附着流动区中,升力随攻角的增大而增加,阻力相对很小。

### 3.4.4.2 大升力/失速发展区

大升力/失速发展区(对于 DU-93-W-210 翼型,大约从 7 到 11 度),升力系数逐渐增大到最大值。当攻角超过某一临界值(10~16 度之间,取决于雷诺数)时发生失速,上表面边界层发生分离,如图 3.18。这导致翼型上面出现尾流,使升力减小,阻力增加。

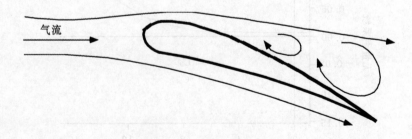

图 3.18 翼型失速图示

这种情况可能在风力机运行时特定的叶片位置或工况下发生。有时用于限制风力机在高风速情况下的功率。例如，许多定桨角设计的风力机，是通过叶片的气流失速实现功率控制。也就是，随着风速增大，失速沿着叶片展向向外发展（向叶尖），导致升力减小，阻力增大。一台设计良好的失速控制风力机可以在保证风速超过设定值时，维持输出功率几乎不变。

### 3.4.4.3　平板/完全失速区

在平板/完全失速区，攻角较大，直至达到 90 度，翼型性能越来越类似于简单平板，攻角为 45 度时升力系数和阻力系数近似相等，攻角为 90 度时升力为零。

### 3.4.4.4　后失速翼型特性模型

实测的风力机翼型数据用于风力机叶片设计。风力机叶片常常运行在失速区，但是有时缺乏大攻角下的数据。因其失速性能与平板的类似，已经发展出一些模型来模化失速时的升力系数和阻力系数。风力机翼型后失速特性模型的资料可以在 Viterna 和 Corrigan(1981)中找到。关于 Viterna 和 Corrigan 模型的综述可以查阅 Spera （1994），Eggleston 和 Stoddard (1987)。

## 3.4.5　风力机翼型

现代水平轴风力机叶片设计采用翼型"族"（Hansen and Butterfield，1993），也就是在叶尖采用薄翼型设计，产生高的升阻比，在叶根部分设计，采用较厚的同"族"翼型，以满足结构支撑要求。在运行中发现典型的雷诺数区间为 $5 \times 10^5$ 到 $10^7$。Miley(1982)汇编了这一低雷诺数区间的翼型数据。

大概在 20 世纪 70 年代和 80 年代初，风力机设计师认为翼型性能特性参数的微小差别远没有叶片扭转和锥度的最优化重要。由于这个原因，人们较少关注翼型的选择，而是选用了飞机的翼型，因为人们认为机翼的作用与风力机叶片的作用类似。航空翼型，例如 NACA 44xx 和 NACA 230xx(Abbott and Von Doenhoff，1959)被广泛采用，因为它们有高的最大升力系数、小俯仰力矩和低的最小阻力。

NACA 翼型的分类有 4、5 和 6 系列翼型剖面。风力机中，常用到的是 4 系列，例如 NACA 4415，第一个整数表示翼型中线最大纵坐标值相对于弦长的百分比，第二个整数表示前缘到十分之一弦长处最大弧高点的距离。最后两位整数表示最大截面厚度相对于弦长的百分比。

在 20 世纪 80 年代早期，风力机设计者认知了像 NASA LS(1) MOD 这样的翼型，这一翼型被美国和英国设计者采用，相对于 NACA 44xx 和 NACA 230xx 系列翼型（Tangler et al.，1990)，新的翼型减小了对前缘粗糙度的敏感性。基于同样的目的，丹麦风力机设计者开始用 NACA 63(2)-xx 翼型代替 NACA 44xx。

这些传统翼型的运行经验突出表明了这些翼型在风力机应用中的不足。特别是，失速控制的水平轴风力机在大风时普遍产生了过大的功率。这会造成发电机损坏。在失速控制风力机运行的一半以上时间里，叶片的某些部分总会发生严重的失速。风力机的大部分叶片发生失速时，峰值功率和叶片峰值载荷就会出现，而预测载荷只有实测值的 50% 到 70%。设计者开始意识到更好地认识翼型失速性能是重要的。除此之外，翼型前缘粗糙度也会影响风轮的性能。例如,早期设计的翼型在叶片前缘附着了昆虫和污垢的时候,输出功率仅为前缘洁净时的 60%。LS(1) MOD 翼型的设计已减小了对表面粗糙度的敏感度,然而,一旦叶片受到污损,其功率也会有降低。此外,虽然变桨角控制风力机的叶片可以围绕旋转轴旋转以控制负荷,在阵风时,变桨角系统旋转叶片之前,风力机经常产生过载和载荷脉动。这是因为在阵风来临或叶片失速而变桨系统未动作时,升力会急剧增大,从而引发过载和载荷脉动。

　　基于这些经验,翼型的选择标准以及风力机翼型和叶片的设计必须改变,以达到更高、更可靠的性能。风能工程师已采用新的翼型设计程序设计水平轴风力机翼型。风能工程中最常用的程序是由 Eppler and Somers(1980)开发的。其它程序有 XFOIL、RFOIL(参看 Timmer and van Rooij,2003)和 PROFOIL (Selig and Tangler,1995),这些程序组合了各种技术来优化边界层特性和翼型形状,以达到指定的性能标准。

　　美国国家可再生能源实验室的研究人员(Spera,1994)利用 Eppler 程序开发出了针对三种不同类型的风力机的"特殊用途系列"翼型(用 SERI 表示的翼型分类)。据 Tangler 等人(1990)报告,这些 S-系列翼型已经通过了 8 米长的叶片测试,结果显示对前缘表面粗糙度相对不敏感,而且可以使用更大的风轮直径来增加年发电量,而不提高峰值功率。这些翼型现在已经用在一些商业风力机上。

　　为解决这类问题,欧洲也进行了同样的努力,例如,荷兰 Delft University of Technology (DUT)在 20 世纪 90 年代,利用 XFOIL 和 RFOIL 程序设计了一些专门应用于风力机的翼型(Timmer and van Rooij,2003)。最初设计的目标是降低功率对叶片前缘表面粗糙度的敏感性,降低对表面粗糙度的敏感性在即将发生失速时,通过使湍流转捩点靠近叶片前缘的方法实现的。DUT 还设计出了变桨角控制风轮的叶尖翼型,其设计升力系数(最大升阻比时的升力系数)足够接近升力系数峰值,以使在有阵风时,变桨角系统反应前的升力和峰值载荷变化最小,所设计的攻角远离失速攻角以保证最小的载荷脉动。

　　20 世纪 90 年代后期建造的大型风力机需要更厚的翼型以保证结构强度。为了使叶片在弦长不过分增大,并且在低风速时依然能够传递足够的扭矩,叶片内径处翼型需要较高的最大升力系数。为此需要做一些折衷,因为高的最大升力系数通常会增大对前缘表面粗糙度的敏感。另外一个困难是,由于叶片的旋转,叶片的内径部分绕流的折转更大,这会影响翼型工作性能(参看 3.13 节)。在 20 世纪 90 年代后 5 年到 2000 年,DUT 应用 XFOIL-RFOIL 升级版的软件解决了这些问题,设计出一系列风力机厚翼型,这些翼型使叶片内径流场中的运行性能达到了设计要求(Timmer and van Rooij,2003)。

### 3.4.6　升力型和阻力型机械的比较

　　风能转换机械已经用了几百年,它可以分为升力型机械(lift machines)和阻力型机械(drag machines)。升力型机械利用升力来产生动力,而阻力型机械则利用阻力。作为本书主题的水平轴风力机(以及几乎所有的现代风力机)都是升力型机械,但是也开发出了许多有用的阻力型机械。本节通过一些简单的例子来说明升力型相对于阻力型的优点。

　　在第 1 章中讨论的阻力型机械(如图 3.19),曾于一千多年前在中东地区应用。它是由一个平板组成的垂直轴风轮,风轮的一半被屏蔽与风隔开。图 3.19 右侧的简单模型用于分析这种阻力型机械的性能。

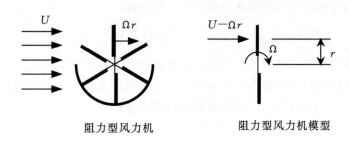

图 3.19　简单的阻力型风力机和模型；
$U$，未受干扰气流的速度；$\Omega$，风力机风轮角速度；$r$，半径

阻力 $F_D$ 是风轮板面相对风速（风速 $U$ 和板面速度 $\Omega r$ 的差）的函数：

$$F_D = C_D \left[ \frac{1}{2} \rho \, (U - \Omega r)^2 A \right] \tag{3.52}$$

式中，$A$ 是阻力面面积，对于正方形平板的三维阻力系数 $C_D$ 假设为 1.1。

风轮功率是阻力产生的扭矩和风轮板面旋转速度的乘积：

$$P = C_D \left[ \frac{1}{2} \rho A \, (U - \Omega r)^2 \right] \Omega r = (\rho A U^3) \left[ \frac{1}{2} C_D \lambda \, (1 - \lambda)^2 \right] \tag{3.53}$$

图 3.20 所示的功率系数是风轮板面速度与风速比值 $\lambda$ 的函数，并且假设风轮总面积为 $2A$：

$$C_P = \left[ \frac{1}{2} C_D \lambda \, (1 - \lambda)^2 \right] \tag{3.54}$$

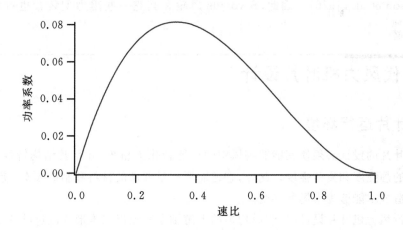

图 3.20　平板型阻力机械的功率系数

速比为 0（没有运动）和 1.0（风轮板面以风速运动且不承受阻力）时的功率系数为 0。速比为 1/3 时产生的峰值功率系数为 0.08。这个功率系数远低于 Betz 极限值 0.593。这个例子同时也说明了纯阻力型机械的主要缺点：风轮板面速度不能超过风速。因此，相对于作功板面的风速 $U_{rel}$ 受自由流速度限制：

$$U_{rel} = U(1 - \lambda) \qquad \lambda < 1 \tag{3.55}$$

升力型机械的力仍然是相对风速与升力系数的函数：

$$F_L = C_L(\frac{1}{2}\rho A U_{rel}^2)\qquad(3.56)$$

翼型的最大升力系数和阻力系数具有相同的数量级。升力型和阻力型机械性能的最大差别是采用升力型机械可以达到很高的相对风速。相对风速总是高于自由流风速,有时相差一个量级。如图 3.21 所示,升力型机械翼型的相对风速为：

$$U_{rel} = \sqrt{U^2 + (\Omega r)^2} = U \sqrt{1 + \lambda^2}\qquad(3.57)$$

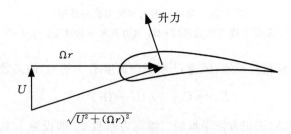

图 3.21　升力型机械翼型的相对速度;符号说明见图 3.19

当速比小于 10 时,作用力是相对速度平方的函数,由此可见,升力型机械产生的力远大于同样面积的阻力型机械。更大的力可以产生更大的功率系数。

应该指出,一些阻力型机械(drag-based machines),例如 Savonius 风轮,产生的最大功率系数可能超过 0.2,而且叶尖速比可超过 1.0。这主要是由于风轮旋转时风轮表面将风带出形成升力(Wilson et al.,1976)。因此,Savonius 风轮和其它一些阻力型装置也可以产生一些升力。

---

## 3.5　现代风力机叶片设计

### 3.5.1　叶片运行环境

风力机叶片的设计必须使其能够将风中的动能转化为扭矩,并且其结构特性应保证长时间运行所需的静强度和疲劳强度。此外,它还需要有足够低的材料和制造成本,使得整个风力机系统的制造成本能够为市场所接受。

开始进行风力机叶片设计时,假设均匀的上游轴向来流以二维形式流过叶片,所有给定的气动设计参数都是由风轮的转速和来流风速之间的关系决定的。例如,一个风轮可被设计成在风速 12m/s,转速 20 转/分条件下运行。叶片将在许多其它工况下运行,包括具有非均匀来流和非稳态的非设计工况。非设计运行工况包括在其它的风轮转速与风速比下运行。按照控制系统的调节方式,风轮可能运行在转速 15 转/分,风速 5m/s 的条件下,或者转速 20 转/分,来流风速为 22m/s 的情况下。风轮旋转会诱发沿着叶展方向的气流流动,造成气流三维流动,尤其在靠近轮毂处。非均匀流动的工况包括风轮平面内风剪切的运行,或由于偏航使得部分风轮越出了风区,或在山边上的倾斜气流条件下工作(偏离轴线气流)。非稳态运行包括在湍流边界层内工作,此时风轮上的风速和风向随时间和空间发生变化。此外,非稳态运行还包括风轮旋转时由于风剪切和非轴向风导致的气动特性随时间变化的情况。

## 3.5.2　风轮设计方法的趋势

一个水平轴风力机的风轮由一个或多个叶片组成,沿叶片展向具有一系列的翼型形状。沿叶片展向的翼型、弦长和扭转角的选择决定了风轮在各种流动状态下的性能。它们的选择方法在近几年发生了变化(Snel,2002),在 20 世纪 80 年代,风轮设计者利用可供选择的一些翼型追求设计功率系数的最大化,3.6 节介绍了这种设计方法,使用该方法可以设计出在一定条件下具有最佳气动效率的风轮,但在许多非设计工况下风轮效率低于最优效率。

在 20 世纪 90 年代,这个初始方法被用来使风轮捕获的能量达最大。该方法的第一步是选择合适的翼型,并如前所述,设计功率系数最大的风轮。其次是根据风场的各种运行类型,改进叶片特性,实现最大的风能捕获。使用该方法设计风轮,需要设计人员了解风场的风速分布和控制系统。

最近,能量成本最小化的设计理念被引入风轮设计(能量成本的计算方法参见第 11 章)。该方法的第一步也是设计气动效率尽可能高的风轮。然后采用多学科手段,对风轮设计进行优化,这些手段包括风特性计算、气动模型、叶片结构模型、叶片和风力机主要部件的成本模型(Tangler,2000)。该方法捕获风能的能力虽略有降低,但同时降低了载荷(约为 10%)和能量总成本。

## 3.5.3　现行的风轮设计实践

风力机叶片经历的复杂运行环境以及翼型边界层、功率产出与风力机流场的相互作用导致需要运用计算软件进行叶片设计。这些计算软件可以计算以下方面的一些或全部特性:总体稳态风轮性能(能量产出),沿叶片的脉动气动载荷,围绕风力机的流场和气动效应所产生的噪声。

计算沿叶片脉动气动载荷的气动软件是气动弹性软件,因为软件不仅要模拟风轮的气动性能,还要模拟叶片的弹性变形和叶片变形与气流的相互作用。制造商用这些计算结果改进他们的风力机性能,以使他们的风力机通过认证。风力机设计需依据国际标准(参见第 7 章)通过认证以便销售至其它国家。许多载荷工况需要分析以便获得认证。要满足这些要求,就需要能够及时地提供精确结果的模拟软件,这些软件的模拟结果必须被实际运行工况下的测试数据所验证。

目前有多种气动弹性软件应用在工业与研究中来分析风力机风轮的性能。工业界常用于风轮设计的软件被称为工程模型(Snel,2002)。这些模型是基于叶素动量理论(BEM),它描述的是风轮稳态性能,并扩展到非稳态运行。3.6 节到 3.10 节介绍 BEM 模型的基本公式,BEM 模型有明显的局限,目前有大量更复杂的模型工具正被开发成更精确的风轮空气动力特性模型,其中一些将在 3.12 节介绍。

## 3.6 动量理论和叶素理论

### 3.6.1 概述

风轮性能和气动特性良好的叶片外形的计算将在本节和随后的几节中介绍。这些分析建立在前面介绍的基础知识之上。风力机风轮由叶片组成,风流过叶片产生的压差在叶片上形成升力,产生作用盘分析中同样的压力阶跃变化。在 3.2 节和 3.3 节中,风力机风轮用一个作用盘代表,使用线性动量守恒和角动量守恒确定风轮前后的流场。流场用轴向诱导因子和周向(angular)诱导因子来描述,它们是风轮功率和推力的函数,这样的流场被用来表示风轮翼型上的气流。这样,3.4 节所述风轮的几何特性和风轮翼型的升力和阻力特性,可以用于确定风轮外形(如果知道某些性能参数),或者用来确定风轮性能(如果叶形已知)。

这里的分析使用了动量理论和叶素理论。动量理论是指基于线性动量守恒和角动量守恒,应用控制容积分析叶片上的受力。而叶素理论涉及到叶片截面上的受力分析,它们是叶片几何特性的函数。这些方法的结果可以结合起来形成微片理论(strip theory)或叶素动量(BEM)理论。这一理论可以用于建立叶形与风轮从风中获得能量的能力之间的关系。本节和后几节的分析包括:

- 动量理论和叶素理论。
- 无穷多叶片、无旋转尾流的最简单"优化"叶片设计。
- 已知弦长和扭转角分布、包括旋转尾流、阻力、有限叶片数所引起的损失的一般叶片设计的性能特性(力、风轮气流特性、功率系数)的分析。
- 有旋转尾流,有限叶片数影响的简单"优化"叶片设计。这种叶片设计可作为一般叶片设计分析的起点。

### 3.6.2 动量理论

因为力等于动量的变化率,风力机叶片上的力和流动参数可以根据动量守恒得出。相关公式已经在讨论有旋转尾流的理想风力机性能的时候导出。现在的分析基于如图 3.4 所示的环形控制容积。在这一分析中假定轴向诱导因子和周向诱导因子都是半径 $r$ 的函数。

3.3 节对半径为 $r$,厚度为 $dr$ 的控制容积应用线性动量守恒,得到的推力微分公式(公式(3.24)):

$$dT = \rho U^2 4a(1-a)\pi r dr \tag{3.58}$$

同样地,根据角动量守恒推得公式(3.29),作用于叶片上的转矩 $Q$(与空气承受的大小相等,方向相反)的微分为:

$$dQ = 4a'(1-a)\rho U\pi r^3 \Omega dr \tag{3.59}$$

因此,从动量理论得到两个表达式(3.58)和(3.59),它们定义了风轮环形微段上的推力和转矩,二者是轴向诱导因子和周向诱导因子的函数(即流动参数的函数)。

### 3.6.3 叶素理论

风力机叶片上的力也可以表示为升力系数、阻力系数和攻角的函数。如图 3.22 所示,在这一分析中,叶片假设被分为 $N$ 个微段(或单元)。此外,还作了下列假设:

- 单元之间没有空气动力相互作用(因此无径向流动)。
- 叶片上的力仅由叶片翼型形状的升力和阻力特性决定。

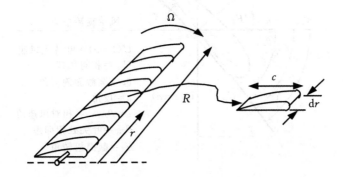

图 3.22 叶素简图;
$c$,翼型弦长;$dr$,元素径向长度;$r$,半径;$R$,风轮半径;$\Omega$,风轮角速度

在叶素受力的分析中,必须注意到升力和阻力分别垂直和平行于有效风速或相对风速。相对风速是风轮上风速 $U(1-a)$ 与由于风轮旋转产生的风速矢量和。这个旋转分量是叶片微段速度 $\Omega r$ 与根据角动量守恒得出的叶片诱导角速度 $\omega r/2$ 的矢量和,或者:

$$\Omega r + (\omega/2)r = \Omega r + \Omega a'r = \Omega r(1+a') \tag{3.60}$$

整个的流动情况如图 3.23 所示。从叶片顶端向下看,叶片上各种力、角度和速度的关系如图 3.24 所示。

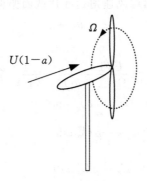

图 3.23 用于下风向水平轴风力机分析的总体几何图形;
$a$,轴向诱导因子;$U$,未受干扰气流的速度;$\Omega$,风轮角速度

其中,$\theta_p$ 是叶片截面俯仰角(pitch angle,简称桨角),它是弦线和旋转平面之间的夹角,$\theta_{p,0}$ 是叶尖处叶片俯仰角,$\theta_T$ 是叶片扭转角,$\alpha$ 是攻角(弦线和相对风速之间的夹角),$\varphi$ 是相对风速

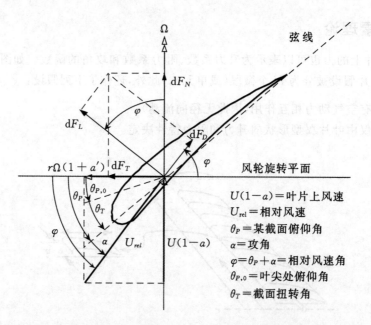

图 3.24 水平轴风力机分析的叶片几何图形；变量的定义见正文

角，$dF_L$ 是升力的增量，$dF_D$ 是阻力的增量，$dF_N$ 是在垂直于旋转平面方向作用力的增量（也就是推力），$dF_T$ 是风轮旋转圆周切线方向作用力的增量，该力产生有用的转矩。最后，$U_{rel}$ 是相对风速。

还应注意，叶片扭角 $\theta_T$ 是相对于叶尖处的俯仰角定义的（还可以用其它方式定义）。因此：

$$\theta_T = \theta_p - \theta_{p,0} \tag{3.61}$$

这里 $\theta_{p,0}$ 是叶尖处叶片俯仰角。扭转角当然是叶片几何特性的函数，但是如果叶片的位置 $\theta_{p,0}$ 改变，则 $\theta_p$ 也改变。还应注意到，相对风速角是叶片截面俯仰角和攻角之和：

$$\varphi = \theta_p + \alpha \tag{3.62}$$

从图 3.24 可以得到以下关系：

$$\tan\varphi = \frac{U(1-a)}{\Omega r(1+a')} = \frac{1-a}{(1+a')\lambda} \tag{3.63}$$

$$U_{rel} = U(1-a)/\sin\varphi \tag{3.64}$$

$$dF_L = C_l \frac{1}{2}\rho U_{rel}^2 c\, dr \tag{3.65}$$

$$dF_D = C_d \frac{1}{2}\rho U_{rel}^2 c\, dr \tag{3.66}$$

$$dF_N = dF_L \cos\varphi + dF_D \sin\varphi \tag{3.67}$$

$$dF_T = dF_L \sin\varphi - dF_D \cos\varphi \tag{3.68}$$

若风轮有 $B$ 只叶片，离中心距离为 $r$ 处的微段上受到的总法向力为：

$$dF_N = B \frac{1}{2}\rho U_{rel}^2 (C_l \cos\varphi + C_d \sin\varphi) c\, dr \tag{3.69}$$

离风轮中心距离为 $r$ 处切向力的微分转矩为：

$$dQ = Br\,dF_T \tag{3.70}$$

因此

$$dQ = B\frac{1}{2}\rho U_{rel}^2 (C_l\sin\varphi - C_d\cos\varphi)cr\,dr \tag{3.71}$$

可以看出阻力使转矩减小，因而功率减小，但阻力使推力增加。

因此，从叶素理论可以得到两个公式（3.69）和（3.71），它们分别表明风轮环形微段上的法向力（推力）和切向力（转矩）是叶片的气流角和翼型特性的函数。然后将利用这些公式和附加的假设或公式来确定能获得的最佳性能的理想叶形，以及采用任意叶形的风轮性能。

# 3.7 无旋转尾流的理想风轮叶片外形

如上所述，可以综合由动量理论和叶素理论得出的关系式，建立叶形和性能之间的联系。因为它们的数学关系很复杂，这里举一个简单而有效的例子介绍这种方法。

在本章 3.2 节的例子中，假设没有旋转尾流或阻力，风力机最大可能的功率系数发生在轴向诱导因子为 1/3 的时候。如果将同样的简化假设应用于动量理论和叶素理论的公式，分析就变得很简单，从而可以确定理想叶片外形。这样得出的叶片外形与实际风力机在设计叶尖速比时发出最大功率的叶形很接近。风轮则称为"Betz 最佳风轮"。

分析中，作了以下假设：

- 无旋转尾流；因此 $a' = 0$。
- 没有阻力；因此 $C_d = 0$。
- 无有限叶片数目导致的损失（即无叶尖损失）。
- 每个环形流管中轴向诱导因子 $a = 1/3$。

首先，需要选定设计叶尖速比 $\lambda$，叶片数为 $B$，半径 $R$ 以及已知升力系数和阻力系数与攻角函数关系的翼型。攻角也需选定（翼型将以与其对应的升力系数运行）。攻角的选择应使得 $C_d/C_l$ 最小，从而尽可能接近所做假设 $C_d = 0$。这些参数选定后，就可以确定叶片扭转角和弦长分布的变化以使得风力机可以产出 Betz 极限功率（在给定假设下）。假设 $a = 1/3$，由动量理论（式（3.58））可得：

$$dT = \rho U^2 4(\frac{1}{3})(1 - \frac{1}{3})\pi r\,dr = \frac{8}{9}\rho U^2 \pi r\,dr \tag{3.72}$$

由叶素理论（式（3.59））以及 $C_d = 0$ 得：

$$dF_N = B\frac{1}{2}\rho U_{rel}^2 (C_l\cos\varphi)c\,dr \tag{3.73}$$

借助式（3.64）可以用其它已知的变量表示 $U_{rel}$：

$$U_{rel} = U(1 - a)/\sin\varphi = \frac{2U}{3\sin\varphi} \tag{3.74}$$

BEM 理论或微片理论是通过结合动量理论公式和叶素理论公式来确定风力机叶片性能。对于所讨论的例子，运用式（3.72）、（3.73）和（3.74）得到：

$$\frac{C_l B c}{4\pi r} = \tan\varphi \sin\varphi \tag{3.75}$$

式(3.63)根据几何关系将物理量 $a$ 与 $a'$ 和 $\varphi$ 联系起来,可用于求解叶片的几何形状。当 $a' = 0$ 和 $a = 1/3$ 时,式(3.63)变为:

$$\tan\varphi = \frac{2}{3\lambda_r} \tag{3.76}$$

因此

$$\frac{C_l B c}{4\pi r} = \left(\frac{2}{3\lambda_r}\right)\sin\varphi \tag{3.77}$$

整理上式,并考虑到当地速比 $\lambda_r = \lambda(r/R)$,可以确定理想风轮每个截面的相对风速与弦线的夹角:

$$\varphi = \tan^{-1}\left(\frac{2}{3\lambda_r}\right) \tag{3.78}$$

$$c = \frac{8\pi r \sin\varphi}{3BC_l\lambda_r} \tag{3.79}$$

这些关系可用来确定 Betz 最优叶片的弦长和扭转角分布。例如,假设:$\lambda = 7$,翼型的升力系数 $C_l = 1$,在 $\alpha = 7°$ 时 $C_d/C_l$ 有最小值,最后,根据叶片数目 $B = 3$。利用式(3.78)和(3.79)得到的结果见表 3.2,其中弦长和半径均除以风轮半径 $R$ 以使其无量纲化。在这个过程中,公式(3.61)和(3.62)也被用来将各种叶片角(见图 3.24)相关联。假设叶尖处的扭转角为 0,这一叶片的弦长和扭转角见图 3.25 和图 3.26。

表 3.2　Betz 最优叶片的扭转角和弦长分布;$r/R$,风轮半径比;$c/R$,无量纲弦长

| $r/R$ | 弦长/ m | 扭角/ ° | 相对风速角/ ° | 截面俯仰角/ ° |
|---|---|---|---|---|
| 0.1 | 0.275 | 38.2 | 43.6 | 36.6 |
| 0.2 | 0.172 | 20.0 | 25.5 | 18.5 |
| 0.3 | 0.121 | 12.2 | 17.6 | 10.6 |
| 0.4 | 0.092 | 8.0 | 13.4 | 6.4 |
| 0.5 | 0.075 | 5.3 | 10.8 | 3.8 |
| 0.6 | 0.063 | 3.6 | 9.0 | 2.0 |
| 0.7 | 0.054 | 2.3 | 7.7 | 0.7 |
| 0.8 | 0.047 | 1.3 | 6.8 | −0.2 |
| 0.9 | 0.042 | 0.6 | 6.0 | −1.0 |
| 1.0 | 0.039 | 0 | 5.4 | −1.6 |

由此可以看到,按最优功率输出设计的叶片沿着本身叶片根部方向弦长和扭转角增大。叶片设计中要考虑叶片加工成本和难度。最优的叶片很难以合理的成本加工出来,但这一设计说明了风力机设计中期望得到的叶片形状。

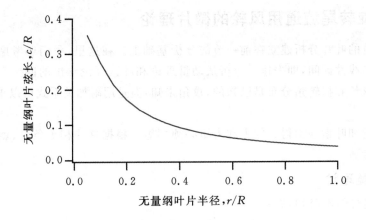

图 3.25　Betz 最优叶片的弦长

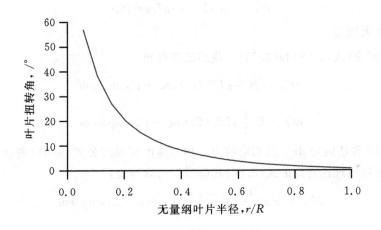

图 3.26　Betz 最优叶片的扭转角

## 3.8　一般的风轮叶形性能预测

　　在一般情况下,由于加工困难,风轮并不采用最优叶片形状。此外,"最优"叶形在非设计工况运行时,其叶尖速比改变,其性能也不再是"最优"的。因此,叶形必须按照便于制造,考虑在可能遇到的风速和风轮转速范围内的整体性能进行设计。对于非最优叶片设计,人们通常使用迭代方法。也就是先假设一个叶形并且预测其性能,再试用另一种叶形并预测其性能,直至找到合适的叶片。

　　至今,已经讨论了无旋转尾流的理想风轮叶形。在这一节中,讨论任意叶形的分析。分析考虑有旋转尾流、阻力、有限叶片损失和非设计工况性能。在后面的几节中,这些方法还将用于确定有旋转尾流的最优叶形,并作为一个完整风轮设计过程的一部分。

### 3.8.1 有旋转尾流通用风轮的微片理论

有旋转尾流的叶片分析建立在前一节的分析基础上。在这里,我们还考虑升力系数与攻角关系曲线的非线性区间,即失速。分析从动量理论和叶素理论导出的四个等式开始。分析中假设叶片的弦长和扭转角分布是已知的,攻角未知,但是用附加关系式可以求出攻角和叶片性能。

从动量理论和叶素理论得到的力和力矩必须相等。根据这些相等条件,就可以得到风力机设计的流动参数。

#### 3.8.1.1 动量理论

由轴向动量(式(3.58)),有:

$$dT = \rho U^2 4a(1-a)\pi r dr$$

由角动量(式(3.59))有:

$$dQ = 4a'(1-a)\rho U\pi r^3 \Omega dr$$

#### 3.8.1.2 叶素理论

根据叶素理论(式(3.69)和(3.71)),我们已经得到:

$$dF_N = B\frac{1}{2}\rho U_{rel}^2(C_l\cos\varphi + C_d\sin\varphi)c dr$$

$$dQ = B\frac{1}{2}\rho U_{rel}^2(C_l\sin\varphi - C_d\cos\varphi)cr dr$$

在这里,推力 $dT$ 和法向力 $dF_N$ 是相同的力。相对速度可以用公式(3.64)表示为来流风速的函数。因此,从叶素理论得到的式(3.69)和(3.71)可以写为:

$$dF_N = \sigma'\pi\rho\frac{U^2(1-a)^2}{\sin^2\varphi}(C_l\cos\varphi + C_d\sin\varphi)r dr \tag{3.80}$$

$$dQ = \sigma'\pi\rho\frac{U^2(1-a)^2}{\sin^2\varphi}(C_l\sin\varphi - C_d\cos\varphi)r^2 dr \tag{3.81}$$

其中 $\sigma'$ 是当地实度,定义为:

$$\sigma' = Bc/2\pi r \tag{3.82}$$

#### 3.8.1.3 叶素动量理论

在计算诱导因子 $a$ 和 $a'$ 时,通常的做法是设定 $C_d$ 等于 0(参看 Wilson and Lissaman,1974)。对于低阻力系数的翼型,这种简化引起的误差是可以忽略的。所以,令从动量理论和叶素理论得到的转矩公式相等(式(3.59)和(3.81)),设定 $C_d = 0$,得到:

$$a'/(1-a) = \sigma'C_l/(4\lambda_r\sin\varphi) \tag{3.83}$$

令从动量理论和叶素理论得到的法向力(式(3.58)和(3.80))相等,得:

$$a/(1-a) = \sigma'C_l\cos\varphi/(4\sin^2\varphi) \tag{3.84}$$

对式(3.63)(基于几何关系建立的变量 $a$、$a'$、$\varphi$ 和 $\lambda_r$ 的关系)、式(3.83)和(3.84)进行一些数学变换,可得下面有用的关系式:

$$C_l = 4\sin\varphi\frac{(\cos\varphi - \lambda_r\sin\varphi)}{\sigma'(\sin\varphi + \lambda_r\cos\varphi)} \tag{3.85}$$

$$a'/(1+a') = \sigma'C_l/(4\cos\varphi) \tag{3.86}$$

也可以导出其它一些有用的关系式，包括：

$$a/a' = \lambda_r/\tan\varphi \tag{3.87}$$

$$a = 1/[1+4\sin^2\varphi/(\sigma'C_l\cos\varphi)] \tag{3.88}$$

$$a' = 1/[(4\cos\varphi/(\sigma'C_l))-1] \tag{3.89}$$

### 3.8.1.4　求解方法

利用这些公式确定每个叶片截面的流动参数和受力有两种求解方法。第一种方法利用测量的翼型特性和叶素动量（BEM）公式直接求解 $C_l$ 和 $a$。这种方法可以采用数值方法求解，同时，它的图示解可清楚地显示叶片上的流动状态并表明存在多个解（见 3.8.4 节）。第二种方法利用数值迭代方法，它可以很容易地扩展应用到具有大轴向诱导因子的流动状态。

**方法一：求解 $C_l$ 和 $\alpha$**

由于 $\varphi = \alpha + \theta_p$，在叶片几何尺寸和运行参数给定时，式（3.85）中有两个未知量，即每个截面上的 $C_l$ 和 $\alpha$。为了得到它们的值，可以使用选定翼型的 $C_l$ 与 $\alpha$ 实验关系曲线（见 de Vries，1979）。利用实验数据就可以得到满足式（3.85）的 $C_l$ 和 $\alpha$。为此既可以采用数值解法，也可以用图解法（如图 3.27）。一旦得到 $C_l$ 和 $\alpha$，就可以利用式（3.86）～（3.89）中的任意两个等式确定 $a'$ 和 $a$。还必须验证曲线中交叉点的轴向诱导因子小于 0.5，以确保结果是有效的。

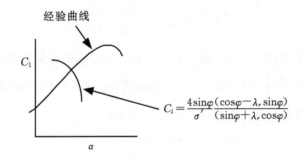

图 3.27　攻角-图解方法

$C_l$ 二维升力系数；$\alpha$ 攻角；$\lambda_r$ 当地速比；$\varphi$ 相对风速角；$\sigma'$ 当地风轮实度

**方法二：迭代求解 $a$ 和 $a'$**

另一种与前法相当的解法从假设 $a$ 和 $a'$ 开始，根据它们可以计算得到流动参数和新的诱导因子。具体步骤为：

1. 假设 $a$ 和 $a'$ 的值。
2. 由等式（3.63）计算相对风速角。
3. 由 $\varphi = \alpha + \theta_p$ 计算得到攻角，然后计算 $C_l$ 和 $C_d$。
4. 根据式（3.83）和（3.84）或（3.88）和（3.89）计算新的 $a$ 和 $a'$。

重复这个过程直到新的诱导因子与前面的诱导因子在允许的误差范围之内。这种方法对于高载荷状况下的风轮特别有用，如 3.8.4.3 节介绍。

## 3.8.2 功率系数的计算

一旦得到每个截面的 $a$，整个风轮的功率系数就可以由下面的公式计算得到(Wilson and Lissaman, 1974)：

$$C_P = (8/\lambda^2) \int_{\lambda_h}^{\lambda} \lambda_r^3 a'(1-a)[1 - (C_d/C_l)\cot\varphi]\mathrm{d}\lambda_r \qquad (3.90)$$

式中，$\lambda_h$ 是轮毂处的当地速比。下式与上式等效(de Vries, 1979)：

$$C_P = (8/\lambda^2) \int_{\lambda_h}^{\lambda} \sin^2\varphi(\cos\varphi - \lambda_r\sin\varphi)(\sin\varphi + \lambda_r\cos\varphi)[1 - (C_d/C_l)\cot\varphi]\lambda_r^2\mathrm{d}\lambda_r \quad (3.91)$$

通常，这些公式用数值求解，这将在以后讨论。需要指出，即使轴向诱导因子是通过假设 $C_d = 0$ 得到的，但是功率系数的计算中仍然考虑了阻力。

下面将给出公式(3.90)的推导过程。首先计算每个环形微段上产生的功率：

$$\mathrm{d}P = \Omega\mathrm{d}Q \qquad (3.92)$$

$\Omega$ 是风轮转速。风轮的总功率为：

$$P = \int_{r_h}^{R} \mathrm{d}P = \int_{r_h}^{R} \Omega\mathrm{d}Q \qquad (3.93)$$

此处 $r_h$ 是叶片在轮毂处的风轮半径，功率系数 $C_P$ 为：

$$C_P = \frac{P}{P_{wind}} = \frac{\int_{r_h}^{R} \Omega\mathrm{d}Q}{\frac{1}{2}\rho\pi R^2 U^3} \qquad (3.94)$$

利用当地速比的定义(式(3.27))及式(3.81)的转矩公式的微分表达式，可得：

$$C_P = \frac{2}{\lambda^2} \int_{\lambda_h}^{\lambda} \sigma'C_l(1-a)^2(1/\sin\varphi)[1 - (C_d/C_l)\cot\varphi]\lambda_r^2\mathrm{d}\lambda_r \qquad (3.95)$$

式中，$\lambda_h$ 是轮毂处的当地速比。由式(3.84)和(3.87)得：

$$\sigma'C_l(1-a) = 4a\sin^2\varphi/\cos\varphi \qquad (3.96)$$

$$a\tan\theta = a'\lambda_r \qquad (3.97)$$

将这些表达式代入公式(3.95)，就得到期望的结果，即公式(3.90)：

$$C_P = (8/\lambda^2) \int_{\lambda_h}^{\lambda} \lambda_r^3 a'(1-a)[1 - (C_d/C_l)\cot\varphi]\mathrm{d}\lambda_r$$

需要注意，当 $C_d = 0$ 时，这个 $C_P$ 公式等于有旋转尾流时动量理论得到的结果，即公式(3.33)。公式(3.91)的推导是复杂的数学运算，可作为有兴趣读者的练习。

## 3.8.3 叶尖损失：叶片数目对功率系数的影响

由于叶片吸力面的压力低于压力面的压力，空气趋向于从下表面绕过叶尖流到上表面，从而减小了叶尖附近的升力和功率产出。对于数目较少、较宽的叶片尤其要注意这种效应。

已经提出许多方法来考虑叶尖损失的影响。最直接的方法是由 Prandtl 发展的(参看 de Vries, 1979)。根据这个方法，必须在前面讨论过的公式中引入修正系数 $F$。这个修正系数是叶片数目、相对风速角和在叶片上位置的函数。根据 Prandtl 方法：

$$F = (2/\pi)\cos^{-1}\left[\exp\left(-\left\{\frac{(B/2)\left[1-(r/R)\right]}{(r/R)\sin\varphi}\right\}\right)\right] \tag{3.98}$$

这里从反余弦函数得到的角度单位为弧度。若反余弦函数的单位是角度,式前的修正系数 $2/\pi$ 用 $1/90$ 代替。还应注意到 $F$ 的取值在 0 到 1 之间。叶尖损失修正系数反映了由于叶片末端的叶尖损失所导致的在叶片半径 $r$ 处作用力的减小。

叶尖损失修正系数影响由动量理论推得的力的大小。因此公式(3.58)和(3.59)变为:

$$dT = F\rho U^2 4a(1-a)\pi r dr \tag{3.58a}$$

和

$$dQ = 4Fa'(1-a)\rho U\pi r^3 \Omega dr \tag{3.59a}$$

注意在这一小节中,修正后公式的编号是在原编号的后面加字母"a"以便于和原公式对比。

公式(3.61)至(3.71)都是基于叶素理论作用力的定义,且保持不变。如果使用微片理论,令由动量理论得到的力和由叶素理论得到的力相等,流动参数的推导就改变了。将叶尖损失系数引入计算,可得:

$$a'/(1-a) = \sigma'C_l/4F\lambda_r\sin\varphi \tag{3.83a}$$
$$a/(1-a) = \sigma'C_l\cos\varphi/4F\sin^2\varphi \tag{3.84a}$$
$$C_l = 4F\sin\varphi\frac{(\cos\varphi-\lambda_r\sin\varphi)}{\sigma'(\sin\varphi+\lambda_r\cos\varphi)} \tag{3.85a}$$
$$a'/(1+a') = \sigma'C_l/4F\cos\varphi \tag{3.86a}$$
$$a = 1/[1+4F\sin^2\varphi/(\sigma'C_l\cos\varphi)] \tag{3.88a}$$
$$a' = 1/[(4F\cos\varphi/(\sigma'C_l))-1] \tag{3.89a}$$

和

$$U_{rel} = \frac{U(1-a)}{\sin\varphi} = \frac{U}{(\sigma'C_l/4F)\cot\varphi+\sin\varphi} \tag{3.99}$$

注意到式(3.87)保持不变。功率系数可以由下式计算:

$$C_P = 8/\lambda^2 \int_{\lambda_h}^{\lambda} F\lambda_r^3 a'(1-a)[1-(C_d/C_l)\cot\varphi]d\lambda_r \tag{3.90a}$$

或者

$$C_P = (8/\lambda^2)\int_{\lambda_h}^{\lambda} F\sin^2\varphi(\cos\varphi-\lambda_r\sin\varphi)(\sin\varphi+\lambda_r\cos\varphi)[1-(C_d/C_l)\cot\varphi]\lambda_r^2 d\lambda_r \tag{3.91a}$$

### 3.8.4　非设计工况性能

当叶片的一个截面有俯仰角或者流动参数与设计工况差异很大时,许多复杂因素会影响分析,包括失速过渡区的多重解,以及在高负荷工况所得解的轴向诱导因子的值会接近甚至超过 0.5。

#### 3.8.4.1　叶素动量方程的多重解

在失速区,如图 3.28 所示,$C_l$ 可能有多个解,每个解都是有可能的,正确的解应当是攻角沿着叶片展向是连续变化的。

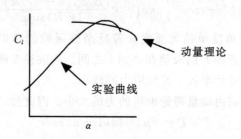

图 3.28 多重解；$\alpha$，攻角；$C_l$，二维升力系数

### 3.8.4.2 风力机流动状态

在低轴向诱导因子情况下，实际测得的风力机性能很接近由 BEM 理论计算得到的结果。当轴向诱导因子大于 0.5 时，动量理论不再有效，因为在尾流远端风速将出现负值。在实际运行中，当轴向诱导因子增长到超过 0.5 时，通过风轮的流动状态变得比动量理论预测的要复杂得多。有一些风轮运行状态已经被证实(见 Eggleston and Stoddard，1987)。风力机的运行状态设计分为风车状态(windmill state)和湍流尾流状态(turbulent wake state)。风车状态是风力机运行的正常状态；湍流尾流状态在大风时出现。图 3.29 表示了在两种运行状态下测得的推力系数的拟合曲线。风车状态可以用轴向诱导因子小于 0.5 的动量理论得出的流动状态来描述。$a$ 大于 0.5 时是湍流尾流状态，测得数据显示在轴向诱导因子为 1.0 时，推力系数增大到接近 2.0。这种状态的特点是风轮后脱落气流产生大的扩张、出现湍流和回流。这时动量理论不再适用于描述风力机性能，$C_T$ 和轴向诱导因子之间的经验关系常用来预测风力机性能。

### 3.8.4.3 湍流尾流状态的风轮模型

到目前为止，所讨论的风轮分析都是由动量理论和叶素理论确定推力相等，从而求出叶片的攻角。在湍流尾流状态下推力不能再用动量理论来确定。在这种情况下，以前的分析可能导致解的不收敛或者出现由公式(3.85a)或(3.85)确定的曲线处于翼型升力曲线下方。

在湍流尾流状态，可以使用轴向诱导因子和推力系数之间的经验关系并结合叶素理论得到一个解。图 3.29 是由 Glauert 发展的经验关系曲线(见 Eggleston and Stoddard，1987)，它考虑了叶尖损失，其表达式如下：

$$a = (1/F)\left[0.143 + \sqrt{0.0203 - 0.6427(0.889 - C_T)}\right] \tag{3.100}$$

这个公式对于 $a > 0.4$(等同于 $C_T > 0.96$)有效。

Glauert 的经验关系式是针对风轮的总推力系数确定的。人们习惯上假设它同样适用于每个叶片截面上的等效当地推力系数。当地推力系数 $C_{T_r}$ 对于每个环形风轮微段定义成(Wilson et al.，1976)：

$$C_{T_r} = \frac{\mathrm{d}F_N}{\frac{1}{2}\rho U^2 2\pi r \mathrm{d}r} \tag{3.101}$$

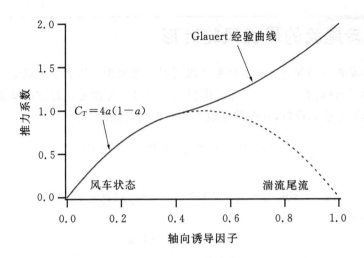

图 3.29 实测风力机推力系数的拟合

根据由叶素理论得到的法向力公式(3.80),当地推力系数可表示为:

$$C_{T_r} = \sigma' (1-a)^2 (C_l \cos\varphi + C_d \sin\varphi) / \sin^2\varphi \qquad (3.102)$$

求解过程在改进后可适用于重载荷风力机的计算。最简易的方法是使用迭代法(方法2),即从假设可能的 $a$ 和 $a'$ 开始计算。一旦攻角、$C_l$ 和 $C_d$ 被确定,当地推力系数就可以根据公式(3.102)计算得到。如果 $C_T < 0.96$,则可以使用以前推导得到的公式;如果 $C_T > 0.96$,轴向诱导因子的下一个估计值应该用当地推力系数和公式(3.100)来确定。周向诱导因子 $a'$ 可以由公式(3.89a)确定。

### 3.8.4.4 轴向偏移流动和叶片预弯

在这一章的分析中假设主风向是均匀的且与风轮轴一致,叶片旋转平面垂直于风轮轴。由于风切变、偏航误差、风的垂直分量、湍流和叶片预弯,这些假设难以满足。风的切变将导致穿过风轮盘的风速随着高度而变化。风力机常常运行在稳态或瞬态偏航误差的情况下(风轮轴与相对于风力机垂直偏航轴的风向不一致)。偏航误差导致垂直于风轮盘的流速分量的产生。风轮上的风也有可能有垂直分量,特别是在地形复杂的场址。湍流会在风轮上引起多种风况。叶片在风轮平面内的角位置称为方位角,可用一个适当的参考系来度量。上面提到的每一种影响都会造成叶片上的风况随叶片方位角变化。最后,叶片常常以一个与垂直于风轮轴的平面成很小的角度安装到轮毂上。叶片预弯是为了减小叶片的弯矩或者避免叶片碰撞到塔筒。

在风轮分析中,上述每一种情况通常都是采用适当的几何变换来处理的。叶片预弯是通过将气动力分解成垂直和平行于风轮平面的分量。轴向偏移流动也可以分解为垂直和平行于风轮平面的流动分量。然后,风轮性能就按各种风轮方位角的变化来决定。取决于叶片位置的轴向和风轮平面内的流动分量,导致攻角和气动力随叶片旋转呈周期性变化。考虑了叶片预弯影响的 BEM 公式是由 Wilson 等人(1976)给出。处理小轴向偏移流动和叶片预弯的线性化方法将在第 4 章讨论。

## 3.9　有旋转尾流的最优风轮叶形

考虑旋转尾流效应的理想风轮的叶形可以通过一般风轮分析方法来确定。这一优化考虑了旋转尾流，但是忽略阻力（$C_D = 0$）和叶尖损失（$F = 1$）。可以通过对相对风速角 $\varphi$ 的函数 $C_P$（公式（3.91））的积分求偏导数，并令偏导数等于 0 得到最优解。即：

$$\frac{\partial}{\partial \varphi} \left[ \sin^2 \varphi (\cos\varphi - \lambda_r \sin\varphi)(\sin\varphi + \lambda_r \cos\varphi) \right] = 0 \tag{3.103}$$

由此得到：

$$\lambda_r = \sin\varphi (2\cos\varphi - 1) / \left[ (1 - \cos\varphi)(2\cos\varphi + 1) \right] \tag{3.104}$$

经过进一步的推导得：

$$\varphi = (2/3)\tan^{-1}(1/\lambda) \tag{3.105}$$

$$c = \frac{8\pi r}{BC_l}(1 - \cos\varphi) \tag{3.106}$$

诱导因子可由式（3.88）和（3.36）得到：

$$a = 1 / \left[ 1 + 4\sin^2\varphi / (\sigma' C_l \cos\varphi) \right]$$

$$a' = \frac{1 - 3a}{4a - 1}$$

这些结果可以和无旋转尾流理想叶片的结果作对比，它们由式（3.78）和（3.79）给出：

$$\varphi = \tan^{-1}\left( \frac{2}{3\lambda_r} \right)$$

$$c = \frac{8\pi r}{BC_l}\left( \frac{\sin\varphi}{3\lambda_r} \right)$$

需要注意，有旋转尾流得出的，$\varphi$ 和 $c$ 的最优值常常与假设无旋转尾流得到的最优值很接近，但差别也可能很大。同时像以前一样选择令 $C_d / C_l$ 取得最小值的 $\alpha$。

实度是叶片面积和风轮扫掠面积的比值，因此：

$$\sigma = \frac{B}{\pi R^2} \int_{r_h}^{R} c \, \mathrm{d}r \tag{3.107}$$

最佳的风轮实度可以通过上面讨论的方法得到。把叶片分为 $N$ 段展向长度相等的部分，实度可由下式计算得到：

$$\sigma \cong \frac{B}{N\pi}\left( \sum_{i=1}^{N} c_i / R \right) \tag{3.108}$$

假设有旋转尾流的三种优化风轮的叶形如表 3.3 所示。这里假设设计攻角下的 $C_{l1}$ 为 1.00。在这些风轮中，叶片扭转角直接与相对风速角有关，因为假设攻角为常量（见公式（3.61）和（3.62））。因此，叶片扭转角的变化反映了相对风速角的变化，见表 3.3。由此可见，对于低转速有 12 只叶片的风轮，外侧一半的叶片弦长大体上不变，靠近轮毂部分的叶片弦长变小。同时叶片也有很大的扭转角。而两个高转速风轮的叶片，从叶尖到轮毂其弦长逐步增大。叶片扭转角同样也很大，但远小于 12 只叶片的风力机。转速最高的风力机拥有的扭转角最小，扭转角仅仅是当地速比的函数。它同样也有最小的弦长，因为相对风速角较小并且只有两只叶片(参看式(3.105)和(3.106))。

表 3.3　三种优化风轮

| r/R | λ=1,B=1/2 | | λ=6,B=3 | | λ=10,B=2 | |
|---|---|---|---|---|---|---|
| | φ | c/R | φ | c/R | φ | c/R |
| 0.95 | 31 | 0.284 | 6.6 | 0.053 | 4.0 | 0.029 |
| 0.85 | 33.1 | 0.289 | 7.4 | 0.059 | 4.5 | 0.033 |
| 0.75 | 35.4 | 0.291 | 8.4 | 0.067 | 5.1 | 0.037 |
| 0.65 | 37.9 | 0.288 | 9.6 | 0.076 | 5.8 | 0.042 |
| 0.55 | 40.8 | 0.280 | 11.2 | 0.088 | 6.9 | 0.050 |
| 0.45 | 43.8 | 0.263 | 13.5 | 0.105 | 8.4 | 0.060 |
| 0.35 | 47.1 | 0.234 | 17.0 | 0.128 | 10.6 | 0.075 |
| 0.25 | 50.6 | 0.192 | 22.5 | 0.159 | 14.5 | 0.100 |
| 0.15 | 54.3 | 0.131 | 32.0 | 0.191 | 22.5 | 0.143 |
| 实度,σ | | 0.86 | | 0.088 | | 0.036 |

注：$B$,叶片数目;$c$,翼型弦长;$r$,叶片截面处半径;$R$,风轮半径;$λ$,叶尖速比;$φ$,相对风速角

# 3.10　风轮设计的一般方法

## 3.10.1　给定工况下的风轮设计

前面的分析可以用于风轮设计的一般方法中。这一过程开始就要选定各种风轮参数和翼型。可采用有旋转尾流的最优叶形作为初始叶形。最终叶形和性能需要考虑阻力、叶尖损失和便于制造,且通过迭代确定。叶片设计的步骤如下。

### 3.10.1.1　确定基本的风轮参数

1. 首先确定在某一特定风速 $U$ 下采用多大的功率 $P$。考虑可能的 $C_P$ 以及其它各种部件效率 $\eta$ 的影响(例如齿轮箱、发电机、泵等),风轮半径 $R$ 可以用下式估算:

$$P = \frac{1}{2}\rho\pi R^2 U^3 C_P \eta \qquad (3.109)$$

2. 根据应用类型选择一个叶尖速比 $\lambda$。对于抽水的风车,需要较大的扭矩,选择 $1 < \lambda < 3$。对于发电风力机,选择 $4 < \lambda < 10$。高转速风力机叶片使用材料少,齿轮箱也较小,但需要更复杂的翼型。

3. 根据表 3.4 确定叶片数目。注意:如果选择少于 3 只叶片,在轮毂设计时有一些结构动力学问题必须考虑。一种解决方法是采用摆动式轮毂(见第 7 章)。

表 3.4　对于不同叶尖速比 $\lambda$,建议的叶片数 $B$

| $\lambda$ | $B$ |
|---|---|
| 1 | 8～24 |
| 2 | 6～12 |
| 3 | 3～6 |
| 4 | 3～4 |
| >4 | 1～3 |

4. 选择翼型。如果 $\lambda < 3$ 可以选用弧形板,如果 $\lambda > 3$ 就要选用具有更好气动性能的形状。

### 3.10.1.2　确定叶形

5. 获得并检验每个截面上翼型气动特性的经验曲线(从叶根到叶尖翼型可能是变化的),也就是 $C_l$ 与 $\alpha$,$C_d$ 与 $\alpha$ 的关系曲线。选择设计气动参数 $C_{l,design}$ 和 $\alpha_{design}$,并使 $C_{d,design}/C_{l,design}$ 在每一个叶片截面上达到最小。

6. 将叶片划分为 $N$ 个单元(一般为 10～20)。运用最优风轮理论估算中点半径为 $r_i$ 的第 $i$ 段叶片的形状:

$$\lambda_{r,i} = \lambda(r_i/R) \tag{3.110}$$

$$\varphi_i = (2/3)/\tan^{-1}(1/\lambda_{r,i}) \tag{3.111}$$

$$c_i = \frac{8\pi r_i}{BC_{l,design,i}}(1-\cos\varphi_i) \tag{3.112}$$

$$\theta_{T,i} = \theta_{p,i} - \theta_{p,0} \tag{3.113}$$

$$\varphi_i = \theta_{p,i} + \alpha_{design,i} \tag{3.114}$$

7. 以最优叶形为基础,选择一个最接近的叶形。为了便于加工,弦长、厚度和扭转角应选择线性变化。例如,如果 $a_1$、$b_1$ 和 $a_2$ 是选定的弦长和扭转角分布系数,那么弦长和扭转角可表示为:

$$c_i = a_1 r_i + b_1 \tag{3.115}$$

$$\theta_{T,i} = a_2(R - r_i) \tag{3.116}$$

### 3.10.1.3　风轮性能计算和修改叶片设计

8. 如前文所述,有两种方法可用于求解计算叶片性能的方程。

**方法一:求解 $C_l$ 和 $\alpha$**

　　使用下列公式和经验翼型曲线,确定每个微段中点的实际攻角和升力系数:

$$C_{l,i} = 4F_i\sin\varphi_i\frac{(\cos\varphi_i - \lambda_{r,i}\sin\varphi_i)}{\sigma'_i(\sin\varphi_i + \lambda_{r,i}\cos\varphi_i)} \tag{3.117}$$

$$\sigma'_i = Bc_i/2\pi r_i \tag{3.118}$$

$$\varphi_i = \alpha_i + \theta_{T,i} + \theta_{p,0} \tag{3.119}$$

$$F_i = (2/\pi)\cos^{-1}\left[\exp\left(-\left\{\frac{(B/2)[1-(r_i/R)]}{(r_i/R)\sin\varphi_i}\right\}\right)\right] \tag{3.120}$$

　　升力系数和攻角可以通过迭代或者图解法得到。图解方式见图 3.30。迭代求解要求给出叶尖损失系数的初始估计值。为了找到初始的 $F_i$，需要从估计的相对风速角初始值开始计算：

$$\varphi_{i,1} = (2/3)\tan^{-1}(1/\lambda_{r,i}) \tag{3.121}$$

对于后面的迭代，使用下式求 $F_i$：

$$\varphi_{i,j+1} = \theta_{p,i} + \alpha_{i,j} \tag{3.122}$$

$j$ 是迭代次数。通常只需几次迭代。

最后，计算轴向诱导因子：

$$a_i = 1/[1 + 4\sin^2\varphi_i/(\sigma'_i C_{l,i}\cos\varphi_i)] \tag{3.123}$$

如果 $a_i$ 大于 0.4，用方法二。

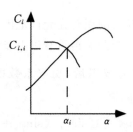

图 3.30　图解法求攻角，$\alpha$；$C_l$，二维升力系数；$C_{l,i}$ 和 $\alpha_i$，分别对应
于叶片第 $i$ 截面的 $C_l$ 和 $\alpha$

## 方法二：迭代法求解 $a$ 和 $a'$

使用方法二迭代求解轴向诱导因子和周向诱导因子需要先估计它们的初始值。为了得到初始值，可以使用相邻叶片截面的值，也可以选用风轮迭代设计过程中以前的叶片设计值，或根据最优叶形设计的设计值进行估计：

$$\varphi_{i,1} = (2/3)\tan^{-1}(1/\lambda_{r,i}) \tag{3.124}$$

$$a_{i,1} = \cfrac{1}{\left[1 + \cfrac{4\sin^2(\varphi_{i,1})}{\sigma'_{i,design}C_{l,design}\cos\varphi_{i,1}}\right]} \tag{3.125}$$

$$a'_{i,1} = \frac{1 - 3a_{i,1}}{(4a_{i,1}) - 1} \tag{3.126}$$

有了 $a_{i,1}$ 和 $a'_{i,1}$ 的估计值，就可以开始第 $j$ 步的迭代求解。第一次迭代时 $j = 1$。计算相对风速角和叶尖损失系数：

$$\tan\varphi_{i,j} = \frac{U(1 - a_{i,j})}{\Omega r(1 + a'_{i,j})} = \frac{1 - a_{i,j}}{(1 + a'_{i,j})\lambda_{r,i}} \tag{3.127}$$

$$F_{i,j} = (2/\pi)\cos^{-1}\left[\exp\left(-\left\{\frac{(B/2)[1 - (r_i/R)]}{(r_i/R)\sin\varphi_{i,j}}\right\}\right)\right] \tag{3.128}$$

根据翼型升力和阻力数据确定 $C_{l,i,j}$ 和 $C_{d,i,j}$：

$$\alpha_{i,j} = \varphi_{i,j} - \theta_{p,i} \tag{3.129}$$

计算当地推力系数：

$$C_{T_r,i,j} = \frac{\sigma'_i (1-a_{i,j})^2 (C_{l,i,j}\cos\varphi_{i,j} + C_{d,i,j}\sin\varphi_{i,j})}{\sin^2\varphi_{i,j}} \tag{3.130}$$

如果 $C_{T_r,i,j} < 0.96$,更新 $a$ 和 $a'$ 进行下一步迭代:

$$a_{i,j+1} = \frac{1}{\left[1 + \dfrac{4F_{i,j}\sin^2(\varphi_{i,j})}{\sigma'_i C_{l,i,j}\cos\varphi_{i,j}}\right]} \tag{3.131}$$

如果 $C_{T_r,i,j} > 0.96$:

$$a_{i,j} = (1/F_{i,j})\left[0.143 + \sqrt{0.0203 - 0.6427(0.889 - C_{T_r,i,j})}\right] \tag{3.132}$$

$$a'_{i,j+1} = \frac{1}{\dfrac{4F_{i,j}\cos\varphi_{i,j}}{\sigma' C_{l,i,j}} - 1} \tag{3.133}$$

如果最新的诱导因子与先前估计值的误差在允许范围之内,就可以计算出其它性能参数。如果不在允许范围之内,从公式(3.127)开始再重复以上步骤,其中 $j = j+1$。

9. 每个叶片微段上的性能公式求解完成以后,功率系数由公式(3.91a)积分的近似值求和确定:

$$C_P = \sum_{i=1}^{N}\left(\frac{8\Delta\lambda_r}{\lambda^2}\right)F_i\sin^2\varphi_i(\cos\varphi_i - \lambda_{ri}\sin\varphi_i)(\sin\varphi_i + \lambda_{ri}\cos\varphi_i)\left[1 - \left(\frac{C_d}{C_l}\right)\cot\varphi_i\right]\lambda_{ri}^2$$

$$\tag{3.134}$$

如果轮毂和叶片的总长被假设分为 $N$ 个等长度的微段,那么:

$$\Delta\lambda_r = \lambda_{ri} - \lambda_{r(i-1)} = \frac{\lambda}{N} \tag{3.135}$$

$$C_P = \frac{8}{\lambda N}\sum_{i=k}^{N}F_i\sin^2\varphi_i(\cos\varphi_i - \lambda_{ri}\sin\varphi_i)(\sin\varphi_i + \lambda_{ri}\cos\varphi_i)\left[1 - \left(\frac{C_d}{C_l}\right)\cot\varphi_i\right]\lambda_{ri}^2 \tag{3.136}$$

这里的 $k$ 用以标注由实际叶片翼型构成的第一个"叶片"微段。

10. 如果有必要的话,重复步骤 8~10,修改设计,以得到在加工限制条件下的最好风轮设计。

### 3.10.2　$C_P$-$\lambda$ 曲线

一旦叶片在给定设计叶尖速比下按最优运行要求设计完成后,就需要确定在所有预期叶尖速比情况下的风轮性能。这可以用 3.8 节列出的方法得到。对每个叶尖速比,需要确定叶片各个截面上的气动参数。由此,可以确定整个风轮的性能。结果通常表示为功率系数与叶尖速比的关系曲线,称为 $C_P$-$\lambda$ 曲线,如图 3.31 所示。

$C_P$-$\lambda$ 曲线可用于风力机设计中,以确定任意风速与风轮转速组合情况下的风轮功率。它直接地给出了最大风轮功率系数和最优叶尖速比的信息。使用 $C_P$-$\lambda$ 曲线时必须谨慎。这个关系可以通过风力机试验或者模型计算得到。无论何种情况下,结果都取决于翼型的升力系数和阻力系数,而二者都是随流动参数变化的函数。升力系数和阻力系数的变化取决于翼型和所考虑的雷诺数,但是如图 3.13 所示,当雷诺数仅增大一倍时,翼型性能却会有显著的差别。

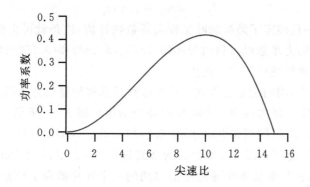

图 3.31　高叶尖速比风力机的 $C_P$-$\lambda$ 曲线举例

## 3.11　水平轴风力机风轮性能的简化计算方法

Manwell (1990)提出一个计算水平轴风力机风轮性能的简化方法,它特别适合于非失速风轮,而且对于某些失速工况也很有用。该方法利用前面讨论的叶素理论和计算叶片攻角的分析方法。对于是否考虑叶尖损失,仅需要几步迭代或根本不需迭代。该方法有两个假定条件:

- 翼型截面的升力系数与攻角的关系在研究区域内必须是线性的。
- 攻角必须足够小,可以使用小角度近似。

如果该截面尚未失速,这两个条件通常是适用的。如果升力曲线能被线性化,这些条件可适用在中等攻角、局部失速情况下。

简化方法和 3.10.1.3 节介绍的方法一相似,不同的是采用一简化方法确定每个截面的攻角和升力系数。简化方法的要点是利用解析表达式(封闭形式)来确定每个叶素相对风速的攻角。这里假设升力和阻力曲线可以近似为:

$$C_l = C_{l,0} + C_{l,a}\alpha \tag{3.137}$$

$$C_d = C_{d,0} + C_{d,a1}\alpha + C_{d,a2}\alpha^2 \tag{3.138}$$

如果升力曲线是线性的,小角度可近似应用,攻角可以表示为:

$$\alpha = \frac{-q_2 \pm \sqrt{q_2^2 - 4q_1 q_3}}{2q_3} \tag{3.139}$$

式中

$$q_1 = C_{l,0}d_2 - \frac{4F}{\sigma}d_1\sin\theta_p \tag{3.140}$$

$$q_2 = C_{l,a}d_2 + d_1 C_{l,0} - \frac{4F}{\sigma}(d_1\cos\theta_p - d_2\sin\theta_p) \tag{3.141}$$

$$q_3 = C_{l,a}d_1 + \frac{4F}{\sigma}d_2\cos\theta_p \tag{3.142}$$

$$d_1 = \cos\theta_p - \lambda_r\sin\theta_p \tag{3.143}$$

$$d_2 = \sin\theta_p + \lambda_r \cos\theta_p \tag{3.144}$$

利用这种方法，一旦确定了最初的叶尖损失系数估计值，攻角就可由公式（3.139）计算得到。然后升力系数和阻力系数可以利用公式（3.137）、（3.138）和（3.122）计算得到。计算中可能要用新的叶尖损失系数估计值进行迭代。

在许多运行工况下，用简化方法得到的攻角很接近那些用复杂方法得到的值。例如，对马萨诸塞州立大学的 WF-1 风力机的一个叶片的分析结果如图 3.32 所示。这是一个三叶片风力机，风轮直径 10 米，使用接近最优锥形和扭转的叶片。NACA 4415 翼型的升力曲线用 $C_l = 0.368 + 0.0942\alpha$ 近似。阻力系数公式的常数为 0.009 94、0.000 259 和 0.000 1055。图 3.32 比较了从简化方法与常规微片理论方法得到的一个叶片截面上攻角的结果。曲线与经验升力系数曲线的交点确定了攻角和升力系数。图 3.32 还画出了此截面的轴向诱导因子 $a$。要注意到右边交点处的值 $a < 1/2$，这和正常情况的一样。

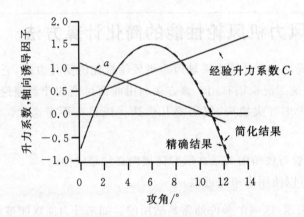

图 3.32　叶片截面上的计算方法的比较；$a$，轴向诱导因子；$C_l$，二维升力系数

## 3.12　阻力和叶片数目对最优性能的影响

本章开始，我们就得到了风力机的最大理论可能功率系数和叶尖速比的函数关系。如本章所述，翼型阻力和叶尖损失是叶片数目的函数，它们都会减小风力机的功率系数。具有最优化叶形，但叶片数目有限并且考虑气动阻力的风力机的最大可实现功率系数已经由 Wilson 等人（1976）算出。根据他们的计算数据，当叶尖速比在 4～20 之间，升力阻力比（$C_l/C_d$）为 25 到无穷大，叶片数目 1～3 个时，精度在 0.5% 以内：

$$C_{p,\max} = \left(\frac{16}{27}\right)\lambda \left[\lambda + \frac{1.32 + \left(\frac{\lambda-8}{20}\right)^2}{B^{\frac{2}{3}}}\right]^{-1} - \frac{(0.57)\lambda^2}{\dfrac{C_l}{C_d}\left(\lambda + \dfrac{1}{2B}\right)} \tag{3.145}$$

基于这个公式，图 3.33 表示了分别拥有 1、2 和 3 只最优叶片且没有阻力的风力机的最大可实现功率系数。在理想情况（无限多叶片）下的性能也表示在图中。可以看出，叶片数目越少，在同样的叶尖速比时可能的 $C_p$ 越小。大多数风力机使用两只或者三只叶片，一般来说，两只叶片的风力机采用比三只叶片风力机更高的叶尖速比。因此,假设没有阻力,典型的两叶片和三叶片风力机设计的最大可实现功率系数 $C_p$ 实际差别很小。升阻比对三叶片风轮最大可实现功率系数的影响如图 3.34 所示。图中清楚表明随着翼型阻力的增加,最大可实现功率系数大幅度减小。作为参考,DU-93-W-210 翼型在攻角为 6 度时的最大升阻比 $C_l/C_d = 140$,而厚度为 19% 的 LS(1) 翼型在攻角为 4 度时的最大 $C_l/C_d = 85$。可以看出,使用高升阻比的翼型对叶片设计者是有益的。实际上,风轮功率系数会由于以下因素进一步减小:(1)为了制造方便采用非最优化叶片设计;(2)轮毂附近的叶片部分不能按翼型成型;(3)叶片在轮毂处有气动损失。

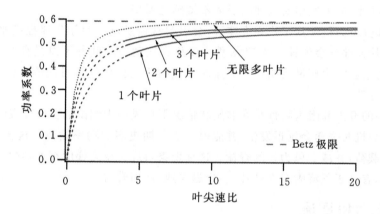

图 3.33　与叶片数目相关的最大可实现功率系数(不考虑阻力)

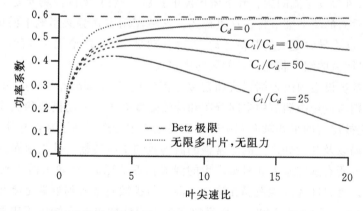

图 3.34　三叶片最优化风轮的最大可实现功率系数是升力阻力比 $C_l/C_d$ 的函数

## 3.13　气动设计中的计算与空气动力学问题

正如本章开始所述,风力机的气动性能主要与前面讨论的稳态空气动力特性有关。本章的分析提供了确定风力机平均载荷的方法。然而,有一些重要的稳态、动态效应会导致载荷增加,或者输出功率减小,与用 BEM 理论预测的值相比,特别是增加了瞬态载荷。这些效应的概述将在本节介绍,包括非理想稳态效应、风力机尾流和非稳态空气动力特性。本节还包括用于风轮性能模化的计算机程序的评述,以及不同于 BEM 法的模化风轮空气动力特性的方法。

## 3.13.1 非理想稳态空气动力学问题

影响风力机性能的稳态效应,包括表面粗糙度引起的叶片性能的降低,失速和叶片旋转对叶片性能的影响。

在前面 3.4.5 节中提到,叶片表面由于损伤或者堆积物造成的粗糙度会显著增加翼型的阻力并且使升力减小。对于某些翼型输出功率的减小,减小多达 40%。唯一的解决办法是经常修理与清洗叶片,或者使用对表面粗糙度不敏感的翼型。

此外,当部分风力机叶片工作在失速区,会引起载荷脉动。对于失速控制水平轴风轮,在一些工况下叶片大部分会失速。失速翼型的攻角和气动力之间并不总是存在一种简单的关系,升力和阻力系数的表现最为明显。失速时发生的湍流分离气流可能诱发流动参数和风力机载荷的剧烈脉动。

最后,翼型的升力和阻力特性是在非旋转情况下在风洞中测试的。研究表明,同样的翼型用于水平轴风力机时失速会延迟发生,并能得到比预期更多的功率输出。这会导致高风速时不可预见的高载荷,并减少风力机的寿命。这种现象与展向压力梯度有关,它会引起沿叶片展向的速度分量,有助于气流附着在叶片上,延迟失速,增加升力。

## 3.13.2 风力机尾流

流入与绕过风力机气流的许多基本特点可用 BEM 理论的结论解释,例如:由于功率生产形成的诱导速度、风力机尾流的旋转和下游尾流的扩展。然而,实际流场要复杂得多。水平轴风力机周围及其后面的流动细节将在这里描述。这种流动方式势必影响下游风力机,还可能造成"扭曲尾流",这将导致更大的载荷脉动,这种脉动是 BEM 理论无法预测的。在讨论它们的影响前,风力机尾流的细节将在下面的段落中描述。

风力机尾流常被设想为由近端尾流和远端尾流组成(Voutsinas et al.,1993)。近端尾流和远端尾流的差别与流场中湍流的空间分布和湍流强度有关。流动模拟和试验显示每个叶片产生一层漩涡,它被尾流的平均轴向和旋转气流在尾流中传送。除了来自叶片尾缘的漩涡,轮毂附近产生的漩涡以及叶尖处产生的非常强的漩涡也向下游传播。叶尖漩涡导致的叶尖损失已在 3.8 节介绍。所有这些漩涡和机械产生的湍流在近端尾流(风轮下游 1 到 3 倍的风轮直径)中耗散、混合。每只叶片叶尖漩涡在流动中混合与扩散时融入到近端尾流并形成圆柱形旋转湍流层(Sorensen and Shen,1999)。气流的许多周期性性质在近端尾流中消失(Ebert and Wood,1994)。因此,风轮上产生的湍流和漩涡在近端尾流中被耗散,导致在远端尾流中出现更为均匀的湍流和速度分布。同时,风力机尾流较缓慢的轴向流动和自由流的混合会缓慢地再次加强流动。叶尖漩涡产生的旋涡层会在远端尾流处形成一个湍流相对较强的环形区域,在这一区域围绕着湍流较弱的尾流核。混合和扩散在远端尾流中继续进行,直到风力机引起的相对于自由流的湍流和速度下降消失为止。

风力机尾流的漩涡和湍流增加了风力机的载荷和疲劳。最明显的影响是增大了同一风场中下游其它风力机的来流湍流(见第 9 章)。风力机的尾流也影响产生尾流风力机的载荷。例如,叶尖和轮毂处漩涡减少了风轮捕捉的能量。

　　另一个重要的影响由偏轴向风引起,也就是那些方向不垂直于风轮平面的风。无论是由偏航误差还是垂直风分量引起的偏轴向流动,都会产生扭曲的尾流,这个扭曲尾流与风轮轴不对称。扭曲尾流导致风轮的下风侧比上风侧更靠近向下游流动的叶尖漩涡,从而使风轮下风侧产生比上风侧更大的诱导速度。这种作用已经被证明会在风轮上产生比预期更高的力(Hansen,1992)。一个常用的模拟扭曲尾流的方法是 Pitt 和 Peters 模型(Pitt and Peters,1981;Goankar and Peters,1986)。该模型对轴向诱导因子乘以一个倍增的修正因子进行修正,修正因子是偏航角、径向位置和叶片方位角的函数。关于它在风力机模型中应用的信息可参见 Hansen(1992)。

## 3.13.3　非稳态空气动力影响

　　有许多非稳态的气动现象对风力机的运行有很大的影响。被携带在平均风中的湍流涡旋引起风轮盘上风速和方向的剧烈变化。这些变化引起气动力的脉动,力的峰值增大,叶片振动和严重的材料疲劳。另外,塔影、动态失速、动态入流和旋转采样(将在下面解释)的瞬时效应会以预想不到的方式改变风力机的运行。许多效应按风轮的旋转频率或者它的倍频产生。旋转一周发生一次则通常称为 1 倍频(1P)效应。同样,旋转一周发生 3 次或者 n 次影响,则称为 3 倍频(3P)或者 n 倍频(nP)效应。

　　塔影指的是由于塔筒的阻挡引起的塔筒后风速下降。有 B 个叶片的下风向风轮,叶片每旋转一周就要遭受一次塔筒尾流影响,引起功率的急剧下降和风力机结构的 BP 次振动。

　　动态失速指的是会引起或迟延失速行为的快速气动变化。快速变化的风速(例如当叶片穿过塔影时)引起翼型上的气流突然分离,然后又再次附着在翼型上。翼型表面的这些效应无法用稳态空气动力学预测,但会影响风力机运行。它们不只是在叶片遭遇塔影时发生,而且在湍流风况时也会发生。动态失速效应发生的时间尺度量级与相对风越过叶片弦线的时间相当,大约是 $c/\Omega r$。对于大型风力机,在叶根部分的量级大约 0.2 秒,在叶尖部分 0.01 秒(Snel and Schepers,1991)。动态失速在风速增大时,可能产生较高的瞬态力,但失速被延迟了。各种动态失速模型已经被用于风轮性能计算程序,包括 Gormont(1973)和 Beddoes(Björck et al.,1999)。以 Gormont 模型为例,用 BEM 理论算得的攻角采用一个取决于攻角变化率的因子进行修正。

　　动态入流指的是较大范围的流场对气流扰动和风轮运行状态(例如叶片俯仰角或风轮转速的变化)变化的响应。稳态气动力特性的前提是假定风速增大以及输出功率提高,然而这会引起轴向诱导因子瞬时增大以及风轮上、下游流场的变化。当流场和风轮运行状态突然变化时,大范围的流场来不及迅速响应,因而不能立即建立稳态工况。因此风轮所处的气动条件不一定是预期的工况,而是接近流场变化的工况。动态入流效应的时间尺度量级是风轮直径和周围平均流速的比值 $D/U$,可能高达 10 秒(Snel and Schepers,1991)。如果这种现象的发生比这个时间尺度慢,就可以考虑使用稳态分析。更多的关于动态入流的资料可参看 Snel 和 Schepers(1991,1993)与 Pitt 和 Peters(1981)的文献。

　　最后,旋转采样(见 Connell,1982)会引起一些不稳定气动效应,并且增大风力机载荷的脉动。站在风轮上看,风是随着风轮旋转不断变化的。一般的湍流扰动引起风速变化的时间量级约为 5 秒。湍流涡旋的尺寸可能小于风轮直径,导致风轮不同部分面对不同的风。如果叶片 1 秒钟旋转一周,叶片在流场不同部分"采样"就远快于流场自身的总体变化,将导致叶片上流动的剧烈变化。

### 3.13.4　气动设计的其它计算方法

本章已经介绍了采用 BEM 理论方法预测风轮性能,也概述了一个基于分析方法的叶片设计的迭代方法,文中对所用分析方法做了详细叙述。还有其它预测叶片性能和设计叶片的方法,它们也许在一些场合更实用。BEM 理论有一些缺点:在大诱导速度或偏航气流工况时的误差(Glauert,1948)以及不能预测旋转效应引起的失速延迟。

除了 BEM 方法,漩涡尾流方法已经用于直升机工业。漩涡尾流方法通过给定尾流中的涡量分布计算诱导速度场。这个方法的计算量是巨大的,但对分析偏航气流和计算三维边界层效应具有优点(Hansen and Butterfield,1993)。

还有其它可能的理论方法。DUT(Delft University of Technology)的研究人员介绍了他们渐近加速度势模型进行的初步工作(Hansen and Butterfield,1993)。常用于透平机械设计的叶栅理论,也已被用于分析风力机的性能。叶栅理论考虑了叶片间的气动相互作用。尽管这个方法计算量巨大,但对高实度、低叶尖速度风轮,叶栅理论已被证明可提供较 BEM 理论更好的结果(Islam and Islam,1994)。同样计算量巨大的计算流体动力学(CFD)在一些情况下也被用于风力机风轮的计算(参看,Sorensen et al.,2002 和 Duque et al.,1999)。

### 3.13.5　模型的验证和模化问题

人们已经做了许多努力来验证风轮性能模型。然而,这是困难的,因为大多数的测试项目都是在具有风剪切和湍流的特定环境下的风力机上运行的。测量来流风场的传感器必须安装在风轮的上游来保证数据不被风力机本身所干扰。当湍流流场到达风力机时,流过风轮的瞬时风速已不同于上游测量到的风速。因此,难以将测量到的特定风况载荷与模型输出进行比较。只能对入流参数、测量数据和测量结果进行统计比较。然而,现场测量加深了对流动特性的理解,测量数据揭示了在模型程序中需要考虑的许多气动问题。

风洞能够提供一个可控的测试环境,但需要采用大风洞和大型风力机,以使试验工况和风力机运行工况具有相同的雷诺数。目前已在加利福尼亚州 NASA AMES 的风洞中完成了风轮直径为 10m 的风力机测试(Fingersh et al.,2001)。风洞的测试段尺寸为 25m×36m,最大风速为 50m/s,其雷诺数接近大型风力机的雷诺数,而且具有很低的湍流度和高重复性。试验包括不同的风速、偏航角、叶片俯仰角、风轮形式(摆动、刚性、上风向、下风向)。测量包括叶片上的压力分布、攻角、载荷、力矩和输出功率。测量完成后,测量数据、翼型数据和运行工况被提供给各地的模化研究人员。19 个研究小组使用多种气动模化程序(有的使用同样的程序),给出了 20 种不同工况下的风轮特性、载荷和压力系数的预测值。结果令人感到意外,同时指出了很多需要继续研究的领域。

模型研发的成果按照分析时所使用的模型可分类为:性能程序(稳态空气动力学)、气动弹性程序(使用 BEM 方法考虑修正和叶片运动的工程程序)、尾流程序和全 CFD 程序。由气动弹性程序得到的一种模化结果实例如图 3.35 所示。图中低速轴转矩是上风向风轮和风轮正对来流(偏航角为 0 度)时风速的函数。图中黑实圆所标出的粗线是实测值。不同标志的 9 条细线表示为不同气动弹性程序得到的低速轴转矩预测值。由图可见,即使对风速为 7 m/s 工况(整个叶片都不可能发生失速),按理说应该比较容易预测,然而不同的预测值却为实测值的 25％到 175％。对于所讨论的例子,预测值的绝大部分差异是由于二维翼型数据在程序中的使用方法不同引起的。在风速高于 10 m/s 时,叶片上发生失速区域增加,从而导致了载荷脉动。但是,从图中明显可以看出,载荷平均值的估算方法需要改进。

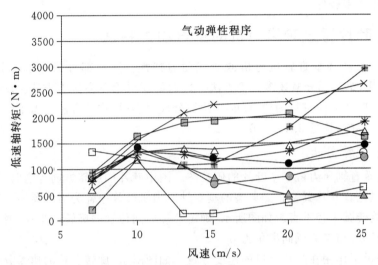

图 3.35　模化程序得到的低速轴转矩与轴向流动 NASA AMES 风洞中测量数据比较(Simms et al.，2001)

# 3.14　垂直轴风力机空气动力特性

## 3.14.1　概述

先前第 1 章已经讨论过,风轮既可以绕水平轴旋转,也可以绕垂直轴运行。尽管大多数风力机一直采用水平轴型式,但垂直轴型式风力机也在一些情况下被采用。本节将简要介绍垂直轴风力机,并且对其气动性能的关键方面进行概述。

垂直轴风力机(VAWT)的转子既可以是阻力驱动也可以是升力驱动。最常见的阻力驱动的垂直轴风力机是 Savonius 风力机。它被用于提水和其它一些需要大扭矩的应用中。Savonius 风力机的优点在于它们的造价相对较低。实际上,由于其是阻力型机械,功率系数固有地较低。此外,它们的风轮实度接近于 1.0,因此相对于它们的出力,其重量就显得很重。同时,它们也很难抵抗大风的破坏。

应用于发电的垂直轴风力机几乎都是升力型风轮。这些风轮具有两种典型型式:(1)直叶片,(2)纺绳型弯叶片。后者被称为 Darrieus 风轮。一些直叶片风轮装有变桨角装置,但大多数升力型垂直轴风力机叶片桨角是固定的,因此其在高风速下功率的限制主要依靠失速实现。

垂直轴风力机的主要优点是它不需要专门的偏航装置。由于垂直轴风力机的叶片通常都是等弦长无扭曲的,因而其另一个优点是可通过挤压成型来大规模生产。

实际上垂直轴风力机应用远没有水平轴风力机那样广泛。这主要是对其固有的优点与局限性的权衡造成的。由于垂直轴风力机风轮空气动力特性的固有特点,其叶片上的载荷在一个旋转周期内变化很大,这样的载荷会导致很严重的疲劳损伤,因而叶片和接头需有很长的疲劳寿命。此外,垂直轴风力机不适合被放置在单个的高塔筒上,这就意味着多数风轮只能选择安放在风速相对较低的接近地面的位置。与置于高塔筒上的同等功率水平轴风力机相比,垂直轴风力机的生产率较低。

## 3.14.2 直叶片垂直轴风力机的空气动力特性

下面将分析直叶片垂直轴风力机的空气动力特性。第一部分讨论单流管分析方法及Vries(1979)方法,第二部分概述多流管方法。之后简要讨论双多流管方法。Darrieus风轮可以使用改进的直叶片方法进行模化,此时叶片被分成很多段,这种方法考虑了叶片各段到回转轴的不同距离的影响,详见3.14.3节。

### 3.14.2.1 单流管分析

图3.36是垂直轴风力机一个叶片的俯视图。图中叶片的旋转方向为逆时针方向,来流风从左向右吹过风轮。叶片翼型正如典型的垂直轴风力机叶片一样为对称翼型。叶片的安装方式使得弦线与旋转圆半径垂直。如图所示,确定叶片周向位置的旋转圆半径(通常与弦线相交于四分之一弦长处)与来流风向夹角为 $\phi$。

图3.37表示了作用在叶片上风的速度分量。如图所示,旋转所致的速度分量与旋转圆相切,并且平行于翼型弦线。风速的一个分量也与旋转圆相切,另一个分量则垂直于旋转圆,因而与翼型垂直。为表示风通过风轮时的减速,引入诱导因子 $a$。

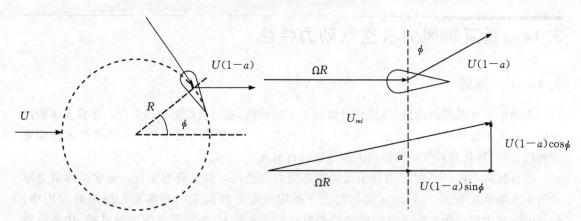

图3.36　垂直轴风力机几何模型　　　图3.37　作用在垂直轴风力机叶片上风的分量

相对于叶素的速度大小可以由勾股定理解出:

$$U_{rel}^2 = \{\Omega R + (1-a)U\sin(\phi)\}^2 + \{(1-a)U\cos(\phi)\}^2 \tag{3.146}$$

上式可写成:

$$\frac{U_{rel}}{U} = \sqrt{\{\lambda + (1-a)\sin(\phi)\}^2 + \{(1-a)\cos(\phi)\}^2} \tag{3.147}$$

式中,$\lambda = \dfrac{\Omega R}{U}$

注意在高叶尖速比下,根号下的第二项相对很小,因此:

$$\frac{U_{rel}}{U} \approx \lambda + (1-a)\sin(\phi)$$ (3.148)

由于叶片弦线垂直于旋转圆的半径,攻角可以表示为:

$$\alpha = \tan^{-1}\left[\frac{(1-a)\cos(\phi)}{\lambda + (1-a)\sin(\phi)}\right]$$ (3.149)

高叶尖速比下,分母中的第二项相对于叶尖速比很小,而 $\alpha$ 的正切约等于 $\alpha$ 本身,因此:

$$\alpha \approx \frac{(1-a)\cos(\phi)}{\lambda}$$ (3.150)

按照水平轴风轮分析中的动量定理类推,叶片上的力与空气流的动量改变有关,如前假设,在远处尾流中的风速下降到 $U(1-2a)$,而风轮处的风速为 $U(1-a)$,如图中所示。

风速的变化为:

$$\Delta U = U - U(1-2a) = 2aU$$ (3.151)

单位叶高在风速方向上所受的力 $\widetilde{F}_D$ 为:

$$\widetilde{F}_D = \widetilde{m}\Delta U$$ (3.152)

式中,$\widetilde{m}$ 为单位叶高的质量流率,由下式确定:

$$\widetilde{m} = \rho 2RU(1-a)$$ (3.153)

式中,$R$ 为风轮半径,$\rho$ 为空气密度。单位叶高所受的力可表示为:

$$\widetilde{F}_D = 4R\rho a(1-a)U^2$$ (3.154)

此力必定与一个旋转周期内所有叶片所受的合力平均值相等。将按叶素理论所得的受力表达式沿旋转圆积分,并考虑到 $B$ 个叶片的贡献,则此合力平均值为:

$$\widetilde{F}_D = \frac{B}{2\pi}\int_0^{2\pi}\frac{1}{2}\rho U_{rel}^2 c C_l \cos(\alpha + \phi)\mathrm{d}\phi$$ (3.155)

式中,$B$ 为叶片数,$C_l$ 为升力系数。

使式(3.154)和(3.155)相等,可得:

$$a(1-a) = \frac{1}{8}\frac{Bc}{R}\frac{1}{2\pi}\int_0^{2\pi}\left[\frac{U_{rel}}{U}\right]^2 C_l \cos(\alpha + \phi)\mathrm{d}\phi$$ (3.156)

上式无法直接求解,必须采用迭代解法。为此,可令 $y = \lambda/(1-a)$。将式(3.156)两端同除以 $(1-a)^2$,并将式(3.149)表示的攻角代入,等式两边同时加 1 并做近似替换,可得:

$$\frac{1}{1-a} = 1 + \frac{1}{8}\frac{Bc}{R}\frac{1}{2\pi}\int_0^{2\pi}\{(y+\sin(\phi))^2 + \cos^2(\phi)\}C_l \cos\left\{\phi + \tan^{-1}\left(\frac{\cos(\phi)}{y+\sin(\phi)}\right)\right\}\mathrm{d}\phi$$

(3.157)

对于给定的风力机结构,$Bc/R$ 是一定的。假设一个 $y$ 值就可计算出 $(1-a)$,从而可以得出相应的叶尖速比:

$$\lambda = y(1-a)$$ (3.158)

重复上述计算直到得到期望的叶尖速比。

风轮输出功率通常由平均转矩和转速的乘积确定,转矩随着叶片周向位置的改变而变化,因此功率的表达式为:

$$P = \Omega \, \frac{1}{2\pi} \int_0^{2\pi} Q \mathrm{d}\phi \tag{3.159}$$

转矩是旋转半径与切向力的乘积，每个叶片单位叶高上的切向力记为 $\widetilde{F}_T$（随着 $\phi$ 角变化），则：

$$\widetilde{F}_T = \frac{1}{2}\rho \, U_{rel}^2 c \, (C_l \sin(\alpha) - C_d \cos(\alpha)) \tag{3.160}$$

设叶片数为 $B$，风轮高度为 $H$，则：

$$Q = BH\widetilde{F}_T \tag{3.161}$$

从而，风轮在一个旋转周期内的平均功率为：

$$P = \Omega RH \, \frac{Bc}{2\pi} \, \frac{1}{2}\rho \int_0^{2\pi} U_{rel}^2 (C_l \sin(\alpha) - C_d \cos(\alpha)) \mathrm{d}\phi \tag{3.162}$$

功率系数定义为输出功率与通过风轮投影面积 $2RH$ 的风所携带的功率之比：

$$C_P = \frac{P}{\frac{1}{2}\rho 2RHU^3} \tag{3.163}$$

从而：

$$C_P = \frac{\lambda}{4\pi} \, \frac{Bc}{R} \int_0^{2\pi} \left[ \frac{U_{rel}}{U} \right]^2 C_l \sin(\alpha) \left[ 1 - \frac{C_d}{C_l \tan(\alpha)} \right] \mathrm{d}\phi \tag{3.164}$$

此公式可由数值求解，但分析在一些理想条件下的解也很有意义。尤其是在高叶尖速比情况下（$\lambda \gg 1$），攻角相对较小，在小攻角（无失速）情况下，升力系数与攻角近似有线性关系。由于对称翼型，升力系数可写为：

$$C_l = C_{l,\alpha}\alpha \tag{3.165}$$

式中，$C_{l,\alpha}$ 为升力曲线斜率。

因此，利用攻角的近似表达式（3.150），以及 $\cos(\phi + \alpha) \approx \cos(\phi)$，公式（3.157）可近似写为：

$$\frac{1}{1-a} = 1 + \frac{1}{8} \, \frac{Bc}{R} \, \frac{1}{2\pi} \int_0^{2\pi} \{ (y + \sin(\phi))^2 + \cos^2(\phi) \} C_{l,\alpha}\alpha \cos(\phi) \mathrm{d}\phi \tag{3.166}$$

将式中括号内项展开，并且利用公式（3.150），公式（3.166）可以写为：

$$\frac{1}{1-a} = 1 + \frac{1}{16} \, \frac{Bc}{R} \, \frac{1}{\pi} \int_0^{2\pi} \{ y^2 + 2y\sin(\phi) + \sin^2(\phi) + \cos^2(\phi) \} C_{l,\alpha} \, \frac{1}{y} \cos^2(\phi) \mathrm{d}\phi \tag{3.167}$$

注意到 $\sin^2(\phi) + \cos^2(\phi) = 1$，公式（3.167）变为：

$$\frac{1}{1-a} = 1 + \frac{1}{16} \, \frac{Bc}{R} \, \frac{1}{\pi} \int_0^{2\pi} \left\{ y + 2\sin(\phi) + \frac{1}{y} \right\} C_{l,\alpha} \cos^2(\phi) \mathrm{d}\phi \tag{3.168}$$

计算式中积分，正弦项积分后为零，而余弦的平方项积分值为 $\pi$，得：

$$\frac{1}{1-a} = 1 + \frac{1}{16} \, \frac{Bc}{R} C_{l,\alpha} \left( y + \frac{1}{y} \right) \approx 1 + \frac{1}{16} \, \frac{Bc}{R} C_{l,\alpha} y \tag{3.169}$$

或

$$a \approx \frac{1}{16} \, \frac{Bc}{R} C_{l,\alpha}\lambda \tag{3.170}$$

功率系数的表达式可利用小角度近似和假设阻力系数为常数予以简化,则:

$$C_d(\alpha) \approx C_{d,0} \tag{3.171}$$

式中,$C_{d,0}$ 为不变的阻力项。

则公式(3.164)可积分为:

$$C_P = \frac{1}{4\pi} \frac{Bc}{R} C_{l,\alpha} \frac{(1-a)^4}{\lambda} (y^2+1) - \frac{1}{2} \frac{Bc}{R} C_{d,0} \lambda (1-a)^2 (y^2+1) \tag{3.172}$$

公式(3.172)可进一步简化。注意到 $y \gg 1$,则 $y^2+1 \approx y^2$,$(1-a)^2 y^2 = \lambda^2$。$C_P$ 的表达式可近似为:

$$C_P \approx 4a(1-a)^2 - \frac{1}{2} \frac{Bc}{R} C_{d,0} \lambda^3 \tag{3.173}$$

无阻力时,在 $a = 1/3$ 时 $C_P$ 达最大值。此时垂直轴风力机与水平轴风力机具有相同的 Betz 极限:

$$C_{p,\max} = \frac{16}{27} = 0.5926 \tag{3.174}$$

关于诱导因子 $a$ 的最小限制与水平轴风力机相同,也就是 $a < 0.5$。

### 3.14.2.2　多流管动量理论

称为多流管理论的另一种方法,有时也被用于分析垂直轴风力机。这种方法假定在垂直于风的方向上诱导因子是变化的,而在风向上的诱导因子是常量。因此,每个 $a$ 为常数的流管均平行于风向,如图 3.38 所示。一个宽为 $R\cos(\phi)\Delta\phi$ 的流管所受的力与流过该流管的风的动量改变有关。类似于公式(3.152),单位叶高上的受力公式如下:

$$\Delta \widetilde{F}_D = R\cos(\phi)(\Delta\phi)\rho 2a(1-a)U^2 \tag{3.175}$$

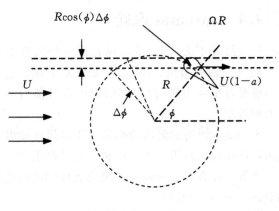

图 3.38　多流管几何模型

对于任一给定的旋转,叶片将通过流管两次。叶片受力根据叶素理论计算。可以证明叶片在上风向和下风向通过流管时所受的力是相等的。类似于公式(3.154),受力公式可写为:

$$\Delta \widetilde{F}_D = B \frac{2}{2\pi} \int_{\phi}^{\phi+\Delta\phi} \frac{1}{2}\rho U_{rel}^2 c C_l \cos(\phi+\alpha) d\phi \tag{3.176}$$

使以上两式相等,可解出每个流管的 $a$。公式(3.176)中的积分可近似表达式为:

$$\int_{\phi}^{\phi+\Delta\phi} \frac{1}{2}\rho U_{rel}^2 c C_l \cos(\phi+\alpha) d\phi = \frac{1}{2}\rho U_{rel}^2 c C_l \cos(\phi+\alpha)\Delta\phi \tag{3.177}$$

由公式(3.175)、(3.176)和(3.177)可得:

$$a(1-a) = \left(\frac{1}{4\pi}\right)\left(\frac{Bc}{R}\right)\left(\frac{U_{rel}}{U}\right)^2 C_l \frac{\cos(\phi+\alpha)}{\cos(\phi)} \tag{3.178}$$

同样,功率系数可以利用公式(3.172)求解。但是,由于此时 $a$ 是攻角的函数,因而只能使用迭代解法。该方法的详细分析超出了本书的范围,详情可见 Vries(1979) 和 Paraschivoiu

(2002)。

### 3.14.2.3 双多流管动量理论

双多流管动量理论是多流管动量理论的拓展。该方法与上述多流管理论类似,主要的不同点是在上风向和下风向位置处可以有不同的诱导因子。Sandia 国家实验室的垂直轴风力机模拟模型就是基于双多流管理论开发的。关于该模型的详细讨论超出了本书的范围。更多详情可参见 Spera(1994)。

## 3.14.3 Darrieus 风轮的空气动力特性

Darrieus 风轮可以用上述的单流管或多流管方法进行分析。与上述分析的主要的不同点在于:(1)叶素的空间方向彼此不同;(2)叶素与旋转轴的距离在整个叶片长度方向上不再为常数。关于 Darrieus 风轮更进一步的讨论超出了本书的范围。读者可参考 Paraschivoiu(2002),该书给出了更为深入的讨论。

## 3.14.4 Savonius 风轮

从顶部看下去,Savonius 风轮是一个具有 S 型横截面的垂直轴风力机。图 3.39 是其示意图。它主要是一种阻力型风力机,但功率的输出中可能有一部分升力的贡献。

Savonius 风轮的输出功率来自于顺风运动叶片与迎风运动叶片上的压力差。这也与叶片凸面和凹面的阻力系数差异有关。Savonius 风轮更详细的讨论可参见 Paraschivoiu(2002)。

尽管 Savonius 风轮的功率系数曾被测得接近于 0.30(Blackwell et al.,1977),但一般情况下,其效率相当低,其最大功率系数一般在叶尖速比小于 1.0 时出现。

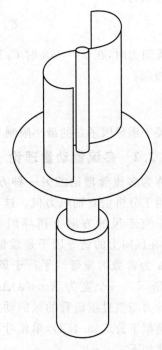

图 3.39　Savonius 风轮(S. Kuntoff,经 creative 委员会授权转载)

# 参考文献

Abbott, I. A. and von Doenhoff, A. E. (1959) *Theory of Wing Sections*. Dover Publications, New York.

Althaus, D. (1996) *Airfoils and Experimental Results from the Laminar Wind Tunnel of the Institute for Aerodynamik and Gasdynamik of the University of Stuttgart*. University of Stuttgart.

Althaus, D. and Wortmann, F. X. (1981) *Stuttgarter Profilkatalog*. Friedr. Vieweg und Sohn, Braunschweig/Wiesbaden.

Bertin, J. J. And Smith, M. L. (2008) *Aerodynamics for Engineers*, 5th edition. Prentice Hall, Inc., Upper Saddle River, New Jersey.

Betz, A. (1926) *Windenergie und Ihre Ausnutzung durch Windmüllen*. Vandenhoeck and Ruprecht, Göttingen.

Björck, A., Mert, M. and Madsen, H. A. (1999) Optimal parameters for the FFA-Beddoes dynamic stall model. *Proc. of 1999 European Wind Energy Conference, Nice*, pp. 125–129.

Blackwell, B. F., Sheldahl, R. E. and Feltz, L. V. (1977) *Wind Tunnel Performance Data for Two- and Three-Bucket Savonius Rotors*, SAND76-0131, Sandia National Laboratories, (also available as http://www.prod.sandia.gov/cgi-bin/techlib/access-control.pl/1976/760131.pdf)

Connell, J. R. (1982) The spectrum of wind speed fluctuations encountered by a rotating blade of a wind energy conversion system. *Solar Energy*, **29**(5), 363–375.

de Vries, O. (1979) *Fluid Dynamic Aspects of Wind Energy Conversion*. Advisory Group for Aerospace Research and Development, North Atlantic Treaty Organization, AGARD-AG-243.

Duque, P. N., van Dam, C. P. and Hughes, S. C. (1999) Navier–Stokes simulations of the NREL Combined Experiment rotor, AIAA Paper 99-0037, *Proc. 37th AIAA Aerospace Sciences Meeting and Exhibit, Reno, NV.*

Ebert, P. R. and Wood, D. H. (1994) Three dimensional measurements in the wake of a wind turbine, *Proc. of the 1994 European Wind Energy Conference, Thessalonika*, pp. 460–464.

Eggleston, D. M. and Stoddard, F. S. (1987) *Wind Turbine Engineering Design*. Van Nostrand Reinhold, New York.

Eppler, R. and Somers, K. M. (1980) *A Computer Program for the Design and Analysis of Low-Speed Airfoils*, NASA TM-80210, NASA Langley Research Center. Hampton, VA.

Fingersh, L. J., Simms, D., Hand, M., Jager, D., Cotrell, J., Robinson, M., Schreck, S. and Larwood, S. (2001) Wind tunnel testing of NREL's unsteady aerodynamics experiment. *Proc. 39th Aerospace Sciences Meeting & Exhibit, Reno, NV, AIAA-2001-0035.*

Flettner, A. (1926) *The Story of the Rotor*. F. O. Wilhofft, New York.

Glauert, H. (1935) Airplane Propellers, in *Aerodynamic Theory* (Ed. W. F. Durand), Div. L. Chapter XI, Springer Verlag, Berlin (reprinted by Peter Smith (1976) Gloucester, MA).

Glauert, H. (1948) *The Elements of Aerofoil and Airscrew Theory*. Cambridge University Press, Cambridge, UK.

Goankar, G. H. and Peters, D. A. (1986) Effectiveness of current dynamic-inflow models in hover and forward flight. *Journal of the American Helicopter Society*, **31**(2), 47–57.

Gormont, R. E. (1973) *A Mathematical Model of Unsteady Aerodynamics and Radial Flow for Application to Helicopter Rotors*. US Army Air Mobility Research and Development Laboratory, Technical Report, 76–67.

Hansen, A. C. (1992) *Yaw Dynamics of Horizontal Axis Wind Turbines: Final Report*. SERI Report, Subcontract No. XL-6-05078-2.

Hansen, A. C. and Butterfield, C. P. (1993) Aerodynamics of horizontal axis wind turbines. *Annual Review of Fluid Mechanics*, **25**, 115–149.

Islam, M. Q. and Islam, A. K. M. S. (1994) The aerodynamic performance of a horizontal axis wind turbine calculated by strip theory and cascade theory. *JSME International Journal Series B*, **37** 871–877.

Lysen, E. H. (1982) *Introduction to Wind Energy*. Steering Committee Wind Energy Developing Countries. Amersfoort, NL.

Manwell, J. F. (1990) A simplified method for predicting the performance of a horizontal axis wind turbine rotor. *Proc. of the 1990 American Wind Energy Association Conference*. Washington, DC.

Miley, S. J. (1982) *A Catalog of Low Reynolds Number Airfoil Data for Wind Turbine Applications*. Rockwell Int., Rocky Flats Plant RFP-3387, NTIS.

Paraschivoiu, I. (2002) *Wind Turbine Design with Emphasis on Darrieus Concept*, Ecole Polytechnique de Montreal.

Pitt, D. M. and Peters, D. A. (1981) Theoretical predictions of dynamic inflow derivatives. *Vertica*, **5**(1), 21–34.

Selig, M. S. and Tangler, L. T. (1995) Development and application of a multipoint inverse design method for horizontal axis wind turbines. *Wind Engineering*, **19**(2).

Sengupta, A. and Verma, M. P. (1992) An analytical expression for the power coefficient of an ideal horizontal-axis wind turbine. *Inernational. Journal of Energy Research*, **16**, 453–456.

Snel, H. (2002) Technology state of the art, from wind inflow to drive train rotation. *Proc. 2002 Global Windpower Conference and Exhibition*, Paris.

Snel, H. and Schepers, J. G. (1991) Engineering models for dynamic inflow phenomena. *Proc. 1991 European Wind Energy Conference, Amsterdam*, pp. 390–396.

Snel, H. and Schepers, J. G. (1993) Investigation and modelling of dynamic inflow effects. *Proc. 1993 European Wind Energy Conference, Lübeck*, pp. 371–375.

Sorensen, J. N. and Shen, W. Z. (1999) Computation of wind turbine wakes using combined Navier–Stokes actuator-line methodology. *Proc. 1999 European Wind Energy Conference, Nice*, pp. 156–159.

Sorensen, N. N., Michelsen, J. A. and Schrenk, S. (2002) Navier–Stokes predictions of the NREL Phase VI rotor in the NASA Ames 80-by-120 wind tunnel. *Collection of Technical Papers, AIAA-2002-31*. 2002 ASME Wind Energy Symposium, AIAA Aerospace Sciences Meeting and Exhibit, Reno, Nevada.

Spera, D. A. (Ed.) (1994) *Wind Turbine Technology*. American Society of Mechanical Engineers, New York.

Tangler, J. L. (1987) *Status of Special Purpose Airfoil Families*. SERI/TP-217-3264, National Renewable Energy Laboratory, Golden, CO.

Tangler, J. (2000) The evolution of rotor and blade design. *Proc. 2000 American Wind Energy Conference.* Palm Springs, CA.

Tangler, J., Smith, B., Jager, D. and Olsen, T. (1990) Atmospheric performance of the status of the special-purpose SERI thin-airfoil family: final results. *Proc. 1990 European Wind Energy Conference,* Madrid.

Timmer, W. A. and van Rooij, R. P. J. O. M. (2003) Summary of Delft University wind turbine dedicated airfoils. *Journal of Solar Energy Engineering,* **125**, 488–496.

Viterna, L. A. and Corrigan, R. D. (1981) Fixed pitch rotor performance of large horizontal axis wind turbines. *Proc. Workshop on Large Horizontal Axis Wind Turbines,* NASA CP-2230, DOE Publication CONF-810752, 69–85, NASA Lewis Research Center, Cleveland, OH.

Voutsinas, S. G., Rados K. G. and Zervos, A. (1993) Wake effects in wind parks: a new modelling approach. *Proc. 1993 European Community Wind Energy Conference,* Lübeck, pp. 444–447.

Wilson, R. E. and Lissaman, P. B. S. (1974) *Applied Aerodynamics of Wind Power Machine.* Oregon State University.

Wilson, R. E., Lissaman, P. B. S. and Walker, S. N. (1976) *Aerodynamic Performance of Wind Turbines.* Energy Research and Development Administration, ERDA/NSF/04014-76/1.

Wilson, R. E., Walker, S. N. and Heh, P. (1999) *Technical and User's Manual for the FAST_AD Advanced Dynamics Code. OSU/NREL Report 99-01,* Oregon State University, Corvallis OR.

# 第 **4** 章

# 力学和动力学

## 4.1 背景

由于风和风力机各部件的运动,造成外部环境力的相互作用,不仅使风力机产生所需要的能量,也使部件材料产生应力。风力机设计者对这些应力甚为关注,因为它们将直接影响风力机的强度和寿命。

简洁地说,一台风力机要成为有竞争力的动力机必须满足以下要求:

- 能产生能量;
- 能长期工作;
- 成本低。

这就意味着风力机的设计不仅要具备能量转换的功能,还须具有坚固的结构,以便能够承受所加的载荷,为使结构更为坚固所增加的成本,应该和其所提供能量的价值相称。

本章讨论风力机要设计成满足上述三个要求所涉及的力学问题。除本节之外,本章分为四部分:4.2节对风力机载荷进行综述;4.3节介绍与风力机有关的力学基本原理;4.4节则直接讨论风力机的运动、载荷和应力;4.5节详细介绍一些分析风力机结构响应的计算方法。

4.3节对力学基本原理:静力学、动力学和材料强度作了简要的概述。这一概述非常简短,因为假定读者对所涉及的概念已经熟悉。然而,对一些特别相关的概念则作了详细的讨论。这一节更详细地讨论另一个主题:振动。详细讨论这一主题是因为假定许多读者对此不熟悉。振动问题很重要,不仅因为这些概念与实际的结构振动有关,而且这些概念可以用来说明风力机风轮性能的许多特性。疲劳是另外一个重要的相关主题,因为它影响风力机各部件承受连续变化载荷的寿命,疲劳与风力机部件的详细设计和材料选用密切相关,这将在第6章讨论。

4.4节采用循序渐进的更加详细的方法研究风力机对气动力的响应。第一种方法是直接沿用第3章讨论理想风轮的一种简单稳态方法。第二种方法则考虑了风力机风轮转动的影响。除此之外,没有假定运行环境为均匀一致的,所以风的垂直切变、偏航运动以及风力机取向的影响都可以考虑。这种方法在解决问题的过程中运用了若干简化,使得问题能够求解,求解结果比精确解更具有代表性。

最后,4.5 节较详细地介绍了一些研究风力机动力学的方法。这些方法一般更全面或更专业,但却更复杂,不够直观。因此,这一节只对它们作简单的介绍,如需详细了解,读者可以参考其它资料。

虽然这些基本原理适用于所有类型风力机的设计,但是下面一节将只针对水平轴风力机。

## 4.2 风力机载荷

本节概述风力机的载荷:载荷的类型、来源及其效应。

### 4.2.1 载荷类型

本章中,"载荷"一词是指作用在风力机上的力或力矩。在评估风力机结构要求时,风力机可能承受的各种载荷是主要关注的因素。这些载荷可以被划分为五种类型:

- 稳态(静态和旋转)载荷;
- 循环载荷;
- 瞬态(包括冲击)载荷;
- 随机载荷;
- 谐振-激励载荷。

下面综述风力机这些载荷的关键特性和一些例子。

#### 4.2.1.1 稳态载荷

稳态载荷是那些在相对长时期内不变化的载荷,它们可能是静态或旋转的载荷。本文中所用的静态载荷是指作用在非运动结构上的不随时间变化的载荷。例如,稳态的风吹到静止的风力机上,将在风力机的各个部件上产生静态载荷。对于稳态旋转载荷,结构可以在运动。例如,稳态的风吹到一个旋转的正在发电的风力机风轮上时,将会在风力机的叶片及其它部件上引起稳态载荷。这些载荷的计算方法已经在第 3 章中作了详细说明。

#### 4.2.1.2 循环载荷

循环载荷是指那些有规律变化或作周期变化的载荷。这个词特别适合于由于风轮旋转而产生的载荷。循环载荷是由于叶片重量、风切变和偏航运动等因素引起的。循环载荷也可能与风力机结构或某些部件的振动有关。

如第 3 章所提到,风轮旋转一圈变化整数次的载荷称为每转载荷('Per rev' load),用符号 $P$ 表示。例如,一只在有风剪切的风中旋转的叶片,将承受一个 $1P$ 的循环载荷。如果风力机有三只叶片,那么主轴将承受 $3P$ 的循环载荷。

#### 4.2.1.3 瞬态载荷

瞬态载荷是由一些瞬时的外部事件引起的一种随时间变化的载荷。可能存在一些与瞬态响应有关的振荡,但是它们最终是衰减的。瞬态载荷的例子,如由于使用刹车而在传动链上引起的载荷。

冲击载荷是指那些持续时间相对很短、瞬态随时间变化的载荷,但其峰值也许很大。冲击载荷的例子,如下风向风轮从后面通过塔架(通过"塔影")时引起的载荷。双叶片风轮常铰接(teetered)或销接在低速轴上,这允许风轮前后摆动,减少轴上的弯曲载荷,但却必须安装摆动阻尼器。当摆动幅度超出正常范围时,作用在摆动阻尼器上的力就是另一种冲击载荷。

#### 4.2.1.4  随机载荷

随机载荷是随时间变化的载荷,与循环载荷、瞬态载荷、冲击载荷一样。在这种情况下,载荷变化的随机性显得更为明显。在很多情况下,载荷的平均值可能是一个相对稳态的常数,但围绕平均值有很大的脉动。随机载荷的例子是那些风中紊流所引起的。

#### 4.2.1.5  谐振-激励载荷

谐振-激励载荷是风力机的某些部件受某一固有频率激励时,产生动态响应所引起的循环载荷,它们的幅值可能很大,谐振-激励载荷应该尽可能地避免。但是在某些特殊运行环境,或者风力机的设计不好时可能出现谐振-激励载荷。实际上,谐振-激励载荷并不是一种独立类型的载荷,之所以特别提出是由于它可能引起非常严重的后果。

### 4.2.2  载荷的来源

在风力机设计过程中,需要考虑四种基本的载荷来源:

- 气动力;
- 重力;
- 动态相互作用;
- 机械控制。

下面简要描述这些载荷来源。

#### 4.2.2.1  气动力

风力机第一种典型的载荷来源就是气动力,气动力与功率产出的关系已经在第 3 章中作了论述。在结构设计时特别关心的是那些在强风中出现的,或者可能产生疲劳损伤的载荷。如果风力机在强风中不运转,主要考虑的是迎风阻力。如果风力机在运转,所关心的是气动载荷产生的升力。

#### 4.2.2.2  重力

重力是大型风力机叶片载荷的一个重要来源,虽然在小型风力机上重力载荷要小一些。无论如何,塔架顶部的重量对于塔架设计和机器的安装都是很重要的。

#### 4.2.2.3  动态相互作用

气动力和重力作用引起的运动会在风力机的其它部件上产生载荷,例如,事实上所有的水平轴风力机都允许绕偏航轴运动,如果产生偏航运动,同时风轮正在旋转,就会有回转力存在;当偏航变化率较高时,这些力可能很可观。

#### 4.2.2.4  机械控制

风力机的控制有时可能是一个大的载荷来源。比如,带感应发电机的风力机启动时,或者用刹车停机时,在整个结构上都会产生可观的载荷。

## 4.2.3 载荷的影响

风力机承受的载荷在两个方面是很重要的:(1)强度极限和(2)疲劳。风力机有时候可能要承受很高的载荷,它们必须要能够承受这些载荷。由于启动、停机、偏航以及叶片通过不断变化的风,所以正常运行的风力机承受着变化很大的载荷。这些变动载荷使机器部件产生疲劳损伤,所以一个特定的部件会在比新机载荷小得多的情况下失效。关于疲劳的详细内容见第6章,设计过程中要考虑的载荷效应将在第7章中讨论。

# 4.3 力学的一般原理

这一节将概述在风力机设计中特别关注的基础力学和动力学的某些原理。风力机力学的基本原理和其它类似结构的原理本质上是一样的。因此,在工程课程中教过的静力学、材料强度和动力学原理,在这里同样适用。特别相关的专题包括牛顿第二定律,特别是其在极坐标系中的应用、惯性矩、弯矩、应力及应变。这些专题已经在许多物理学或工程学教科书中作了很好的论述,例如 Pytel 和 Singer (1987),Merriam 和 Kraige(2008),Beer 等(2008)以及 Den Hartog (1961),在这里除了个别特殊的相关例子以外,就不再赘述。

## 4.3.1 从基础力学选出的专题

有一些基础工程力学的专题很值得单独挑选出来,因为这些内容与风能有特殊的联系,而读者对它们可能还不是很熟悉。这些内容的简要概述如下。

### 4.3.1.1 惯性力

在目前大多数动力学教学中,考虑的力都是真实的力。然而有时很方便使用虚拟的"惯性力"项来描述某些加速度。在转动系统,包括风力机风轮动力学分析中,经常都是这样做的。例如,与风轮转动相关的向心加速度效应就用惯性离心力来考虑。惯性力的效果,正如达朗伯原理反映的,是作用在质点上所有力(包括惯性力)的合力为零。这种方法在处理多质点刚性连接在一起的大型刚体时,就显得特别有用。特别是,达朗伯原理就指出:一个作加速运动刚体的内力,可以在考虑外力和惯性力影响下,对该刚体用静力学方法进行计算。此外,不管刚体的尺寸如何,只要外力合力通过刚体的重心,刚体的运动行为如同一个质点。

### 4.3.1.2 悬臂梁的弯曲

梁的弯曲是材料强度的一项重要专题。风力机叶片基本上可以看作一个悬臂梁,所以与这一专题特别相关。一个简单而有意义的例子是在均布载荷作用下的悬臂梁。在这种情况下,梁的弯矩 $M(x)$ 图可由一个倒置的部分抛物线表示。

$$M(x) = \frac{w}{2} (L-x)^2 \tag{4.1}$$

最大弯矩 $M_{max}$ 产生在固定端,表示为:

$$M_{max} = \frac{wL^2}{2} = \frac{WL}{2} \tag{4.2}$$

式中，$L$ 为梁的长度，$x$ 是梁上一点到固定端的距离，$w$ 是均布载荷(单位长度上的力)，$W$ 是总的载荷。

梁的最大应力同样在梁的固定端，并且在距离中性轴最远距离 $c$ 处。对于弯曲的风力机叶片来说，中心轴几乎与弦线一致，$c$ 近似等于翼型厚度的一半。

对截面惯量矩为 $I$ 的梁，最大应力 $\sigma_{\max}$ 可表示为

$$\sigma_{\max} = \frac{M_{\max}c}{I} \tag{4.3}$$

### 4.3.1.3　刚体平面转动

**二维旋转**

当一个物体(如风力机风轮)旋转时，它就会产生角动量。角动量 $\boldsymbol{H}$ 是一个矢量，它的大小是转速 $\Omega$ 和极质量转动惯量 $J$ 的乘积。方向按右手规则确定(右手手掌顺着风轮转动方向卷曲，大拇指所指的方向就是角动量的方向)。用方程表示:

$$\boldsymbol{H} = J\Omega \tag{4.4}$$

由基本原理可知，所施加的绕质心的力矩之和等于绕质心角动量的时间变化率，即

$$\sum M = \dot{\boldsymbol{H}} \tag{4.5}$$

在风力机动力学感兴趣的大多数情况中，转动惯量可以看作是常数，所以合力矩的大小可以表示为

$$\left| \sum M \right| = J\dot{\Omega} = J\alpha \tag{4.6}$$

这里的 $\alpha$ 是惯性质量的角加速度。

本文中，施加在旋转物体上的连续力矩，称为扭矩，用符号 $Q$ 表示。施加的扭矩和角加速度 $\alpha$ 之间的关系，类似于作用力和线加速度之间的关系:

$$\sum Q = J\alpha \tag{4.7}$$

如果风轮以恒定速度旋转，就没有角加速度或角减速度。这时所有外加的扭矩之和必须等于零。例如，如果风力机风轮在稳态风的作用下作恒转速的转动，那么风轮的驱动扭矩必须等于发电机的扭矩加上传动链耗损的扭矩。

**旋转功率/能量**

一个旋转物体产生的动能 $E$ 可以表示为

$$E = \frac{1}{2}J\Omega^2 \tag{4.8}$$

一个旋转物体上产生或消耗的功率 $P$ 可以用扭矩和转速的乘积来表示:

$$P = Q\Omega \tag{4.9}$$

### 4.3.1.4　齿轮和传动比

齿轮常用于将功率从一个轴传递到另一个轴，同时维持轴转速之间固定的比值。在一个理想的齿轮副中，输入功率等于输出功率，扭矩和转速相互成反比关系。将功率从一个较小的齿轮(1)向一个较大的齿轮(2)传递时，转速下降，但是扭矩增加。一般为

$$Q_1\Omega_1 = Q_2\Omega_2 \tag{4.10}$$

两个齿轮之间的转速比 $\dfrac{\Omega_1}{\Omega_2}$ 和每个齿轮的齿数比 $\dfrac{N_1}{N_2}$ 成反比,而齿轮的齿数比与齿轮的直径成正比。所以

$$\frac{\Omega_1}{\Omega_2} = \frac{N_2}{N_1} \tag{4.11}$$

在处理如图 4.1 所示的那种由多个轴、惯量和齿轮组成的齿轮系统时,可以把轴的刚度( $Ks$ )和惯量( $Js$ )转化为单独一根轴上的等效刚度与惯量。(注意在下述内容中,假设轴本身无惯量。)等效的方法是将连接轴的刚度和转动惯量都乘以 $n^2$,$n$ 是两个轴之间的转速比,等效系统如图 4.2 所示。正如 Thomson 和 Dahleh(1997)所述,这些关系可以通过运用动能定理(对于惯量)和势能定理(对于刚度)得出。有关齿轮和齿轮副的其它内容在第 6 章论述。

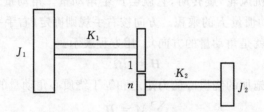

图 4.1  齿轮系统;
$J$,惯量;$K$,刚度;$n$,轴之间的转速比;下标 1 和 2,齿轮 1 和 2

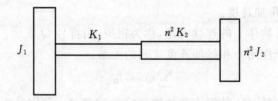

图 4.2  等效齿轮系统;
$J$,惯量;$K$,刚度;$n$,轴之间的转速比;下标 1 和 2,齿轮 1 和 2

#### 4.3.1.5  回转运动

在风力机的设计中,对回转运动是特别关注的,因为风力机偏航的同时风轮在旋转,这可能会引起很大的回转载荷。将在下面综述回转运动基本原理中的回转运动效应。

在以下的例子中,假定一个有恒定极质量转动惯量 $J$ 的刚体以角动量 $J\Omega$ 转动。回转运动的基本原理指出:一个具有角动量 $J\Omega$ 的回转体如果以速度 $\omega$ 绕垂直于 $\Omega$ 的轴旋转(进动),那么就会在回转体上产生 $J\Omega\omega$ 的力矩,力矩的方向是既垂直于回转轴,$\Omega$;又垂直于进动轴,$\omega$。反过来说,也就是施加一个不平行于 $\Omega$ 的力矩就会产生进动。

图 4.3 可以更好地帮助理解回转运动,一个重量为 $W$ 的自行车轮作逆时针的旋转,车轮轴的一端用一根细绳拴住。如果车轮不转,它就会掉下来。事实上,它在旋转,没有掉下来,它在水平面上产生进动(从上向下看为逆时针)。

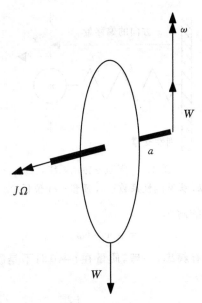

图 4.3　回转运动；

$a$, 固定点到重心的距离；$J$, 转动惯量；$W$, 重力；$\omega$, 进动速度；$\Omega$, 角速度

作用在轮上的力矩是 $Wa$，故有

$$Wa = J\Omega\omega \tag{4.12}$$

所以进动速度为：

$$\omega = \frac{Wa}{J\Omega} \tag{4.13}$$

两种旋转的相对方向通过矢量积关系和右手规则来确定：

$$\sum \boldsymbol{M} = Wa = \omega \times J\boldsymbol{\Omega} \tag{4.14}$$

其中 $\boldsymbol{M}$、$\omega$ 和 $\boldsymbol{\Omega}$ 分别表示力矩、进动速度矢量和角速度矢量。

## 4.3.2　振动

振动指的是弹性系统中的一个质点或物体受限制的往复运动。运动发生在平衡位置附近。振动问题在风力机中很重要，因为风力机一些部件都是弹性结构，并且在不稳定的环境中运行，容易产生振动响应。振动的存在会产生挠度，这在风力机设计中是必须考虑的。同时，振动还会使风力机因材料疲劳而过早损坏。另外，很多风力机运行方面的问题可以通过振动得到更好地理解，下一节中，将对风力机应用特别重要的振动问题作一概述。

### 4.3.2.1　单自由度系统

**无阻尼振动**

最简单的振动系统是一个无质量且刚度为 $k$ 的弹簧，与一个质量 $m$ 相连的系统，如图 4.4 所示。将质量块移动 $x$ 的距离后放开，让它自由运动，它就会来回振动。

应用牛顿第二定律，系统的控制方程为

$$m\ddot{x} = -kx \tag{4.15}$$

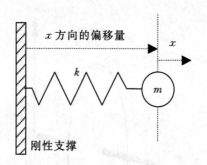

图 4.4  无阻尼振动系统；

$k$，弹簧刚性系数；$m$，质量；$x$，位移量

在 $t = 0, x = x_0$ 条件下，方程的解为

$$x = x_0 \cos(\omega_n t) \tag{4.16}$$

式中，$\omega_n = \sqrt{k/m}$ 为系统的固有频率，一般，质量在 $t = 0$ 时不是静止状态，方程的解含有两个正弦式：

$$x = x_0 \cos(\omega_n t) + \frac{\dot{x}_0}{\omega_n} \sin(\omega_n t) \tag{4.17}$$

式中，$\dot{x}_0$ 是 $t = 0$ 时质量块的速度。

方程的解还可以表示成一个振幅为 $C$，相位角为 $\phi$ 的正弦式：

$$x = C \sin(\omega_n t + \phi) \tag{4.18}$$

振幅和相位角可以用其它参数表示为：

$$C = \sqrt{x_0{}^2 + \left(\frac{\dot{x}_0}{\omega_n}\right)^2} \tag{4.19}$$

$$\phi = \tan^{-1}\left[\frac{x_0 \omega_n}{\dot{x}_0}\right] \tag{4.20}$$

### 阻尼振动

上文所述的振动将无限地持续进行下去，但实际的振动最终都会停止。这一效应可以通过一个粘性阻尼项来模拟，阻尼是一个阻碍物体运动的力，通常假定与物体的速度成正比，与运动反向。这样运动方程可以表示为：

$$m\ddot{x} = -c\dot{x} - kx \tag{4.21}$$

式中，$c$ 是阻尼系数，$k$ 是弹簧刚性系数。取决于阻尼系数和弹簧刚性系数的比值，振动的解可能是振荡的（欠阻尼）或者非振荡的（过阻尼）。这两个解的交界处就是"临界阻尼"，此时：

$$c = c_c = 2\sqrt{km} = 2m\omega_n \tag{4.22}$$

为了方便，用一个无量纲阻尼比 $\xi = c/c_c$ 来表示运动的这一特点，当 $\xi < 1$ 时，振动是欠阻尼的；当 $\xi > 1$ 时，振动是过阻尼的。

欠阻尼振荡的解为：

$$x = Ce^{-\xi\omega_n t} \sin(\omega_d t + \phi) \tag{4.23}$$

式中，$\omega_d = \omega_n \sqrt{1 - \xi^2}$ 是阻尼振荡的固有频率。注意，阻尼振动和无阻尼振动的频率稍微有些不同，振幅 $c$ 和相位角 $\phi$ 由初始条件决定。

### 强迫谐振

如上文所述的一个由质量块和弹簧组成，并考虑阻尼的系统，在一个幅值为 $F_0$，频率为 $\omega$（不一定要与 $\omega_n$ 或 $\omega_d$ 相等）的正弦力作用下做强迫振动，那么系统的运动方程就变成：

$$m\ddot{x} + c\dot{x} + kx = F_0\sin(\omega t) \tag{4.24}$$

方程的稳态解为：

$$x(t) = \frac{F_0}{k}\frac{\sin(\omega t - \phi)}{\sqrt{[1 - (\omega/\omega_n)^2]^2 + [2\xi(\omega/\omega_n)^2]}} \tag{4.25}$$

此种情况下的相位角为：

$$\phi = \tan^{-1}\left[\frac{2\xi(\omega/\omega_n)}{1 - (\omega/\omega_n)^2}\right] \tag{4.26}$$

特别值得一提的是无量纲的振幅放大因子（参看图 4.5），可以用下式表示：

$$\frac{xk}{F_0} = \frac{1}{\sqrt{[1 - (\omega/\omega_n)^2]^2 + [2\xi(\omega/\omega_n)^2]}} \tag{4.27}$$

外加激励（力）的频率越接近系统的固有频率，响应的振幅会越大。增加阻尼可以减少振动峰值，并且使最大峰值时的频率比有少量的偏移。此外，虽然当激励频率等于固有频率时，振幅峰值是最大的（忽略阻尼的影响），但是当激励频率接近固有频率时，振幅仍然有显著的增加，如图 4.5 所示。

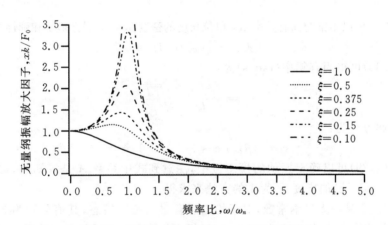

图 4.5 强迫振动的系统响应；$\xi$，无量纲阻尼比

### 旋转振动

如果一个极质量转动惯量为 $J$ 的物体通过一个旋转刚度为 $k_\theta$ 的扭转弹簧连接在一个刚性支承上，如图 4.6 所示，它的运动方程可以表示为：

$$J\ddot{\theta} = -k_\theta\theta \tag{4.28}$$

扭转振动的解和先前讨论过的线性振动解是类似的。在风力机轴系和传动链动力学设计中，扭转振动特别重要。这在第 4.4.2 节讨论线性铰链-弹簧风轮模型中也要用到。

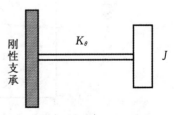

图 4.6 扭转振动系统图；$J$，极质量转动惯量；$k_\theta$，弹簧扭转刚度

#### 4.3.2.2 悬臂梁的振动

风力机和悬臂梁在许多方面都是类似的，所以较详细地研究悬臂梁的振动是有意义的。特别是对支撑风力机的塔架和叶片。

**模态和模态振型**

如上文所述，由一个质量块和一个无质量弹簧组成的振动系统对应于一个固有频率。质量块也只有一个运动路径。对于有多个质量块的系统，固有频率和可能的路径数量都会增加，对于一个连续体，事实上有无数个固有频率。对每一个固有频率都有一个相应的特征振动模态形式。但在实际中，只有梁的少数低阶固有频率是重要的。

**均匀悬臂梁的振动**

一个等截面的、材料特性一致的理想均匀梁的振动可以用梁的欧拉方程来描述。这个方程之所以特别有用是因为它很容易得出许多梁的第一阶固有频率的近似值。读者可以通过其它文献（例如，Thomson and Dahleh,1997）了解更多的关于梁的欧拉方程推导过程的细节。本节将尽可能详细地介绍悬臂梁方程的应用。

一个长度为 $L$ 的均匀悬臂梁，模态振型 $i$，相应的挠度 $y_i$ 的欧拉方程形式为：

$$y_i = A\left\{\cosh\left(\frac{(\beta L)_i}{L}x\right) - \cos(\beta x) - \frac{\sinh(\beta L)_i - \sin(\beta L)_i}{\cosh(\beta L)_i + \cos(\beta L)_i}\left[\sinh\left(\frac{(\beta L)_i}{L}x\right) - \sin\left(\frac{(\beta L)_i}{L}x\right)\right]\right\}$$
$$(4.29)$$

无量纲参数 $(\beta L)_i$ 可以用梁的固有频率 $\omega_i$，单位长度的密度 $\tilde{\rho}$，截面惯性矩 $I$ 和弹性模量 $E$ 表示：

$$(\beta L)_i^4 = \tilde{\rho}\omega_i^2/(EIL^4)$$
$$(4.30)$$

由公式(4.30)可得固有频率(rad/s)为：

$$\omega_i = \frac{(\beta L)_i^2}{L^2}\sqrt{\frac{EI}{\tilde{\rho}}}$$
$$(4.31)$$

$(\beta L)_i$ 值的求解方程为：

$$\cosh(\beta L)_i\cos(\beta L)_i + 1 = 0$$
$$(4.32)$$

通过公式(4.29)可以确定振动的模态振型，注意到式中系数 $A$ 是未知的，可以通过假定梁的自由端($x = L$ 处)的挠度 $y_i$ 为1的方法来求得。

乘积项 $(\beta L)_i^2$ 是一无量纲常数，对于均匀悬臂梁前三阶模态，其值分别为 3.52，22.4 和 61.7。图 4.7 给出了基于公式(4.29)和(4.32)得出的均匀悬臂梁的前三阶振动模态。

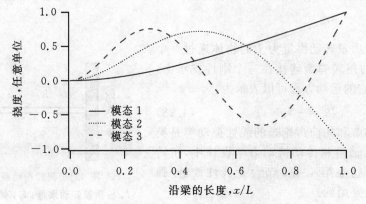

图 4.7　均匀悬臂梁的振动模态

### 一般梁的振动

先前的讨论都是针对均匀梁。这一节将关注更为一般的情况。本节总结了 Myklestad 方法的应用,该方法是将梁模化成一些集中质量和由无质量梁单元连接而成。这种方法是非常有用,且几乎适用于所有的梁,但如以前一样,讨论只针对悬臂梁。更详细的内容可以参看 Thomson 和 Dahleh 的文献(1997)。

图 4.8 表示了这种方法:将梁分成 $n-1$ 段,与质量点数( $m_i$ )相同,质点号与段号相同。在固定点上设一个附加的站点。相邻集中质量点之间的距离 $\lambda_i$ 都是相等的(这里为 $\lambda$ ),在图中假定各个集中质量位于每一段的中点,所以离固定点最近的质量到固定点间的距离是其它集中质量之间距离的 1/2。各柔性连接体的截面惯性矩为 $I_i$ ,弹性模量为 $E_i$ 。在本例中,梁是以速度 $\Omega$ 绕垂直于梁,并通过站点" $n$ "的轴转动。

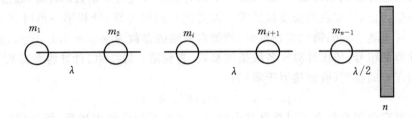

图 4.8　悬臂梁模型;
$m_i$ ,集中质量; $\lambda_i$ ,集中质量之间的距离; $n$ ,站点编号

Myklestad 方法需求解一组系列方程,这些系列方程可以根据作用在每个集中质量点和固定点上的力和力矩列出。图 4.9 示出了一段旋转梁的自由体简图,图中标明了剪切力 $S_i$ 、惯性力(离心力) $F_i$ 、弯矩 $M_i$ 、挠度 $y_i$ 和转角 $\theta_i$ 。

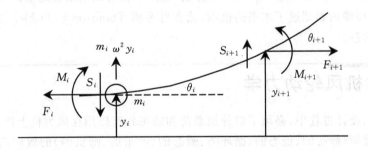

图 4.9　梁段的自由体简图,各变量的定义请参阅见正文

旋转梁的全部方程如下。距离固定点 $x_j$ 处的离心力为

$$F_i = \Omega^2 \sum_{j=1}^{i-1} m_j x_j \tag{4.33a}$$

其次的方程是:

$$F_{i+1} = F_i + \Omega^2 m_i x_i \tag{4.33b}$$

利用小角度近似,剪切力写成:

$$S_{i+1} = S_i - m_i\omega^2 y_i - F_{i+1}\theta_i \tag{4.34}$$

力矩为:

$$M_{i+1} = \left[ M_i - S_{i+1}\left(\lambda_i - F_{i+1}\frac{\lambda_i^3}{3E_iI_i}\right) + \theta_i\lambda_iF_{i+1} \right] \Big/ \left(1 - F_{i+1}\frac{\lambda_i^2}{2E_iI_i}\right) \tag{4.35}$$

梁单元与水平轴的夹角为:

$$\theta_{i+1} = \theta_i + M_{i+1}\left(\frac{\lambda_i}{E_iI_i}\right) + S_{i+1}\left(\frac{\lambda_i^2}{2E_iI_i}\right) \tag{4.36}$$

最后,相对于通过固定端水平线的挠度为

$$y_{i+1} = y_i + \theta_i\lambda_i + M_{i+1}\left(\frac{\lambda_i^2}{2E_iI_i}\right) + S_{i+1}\left(\frac{\lambda_i^3}{3E_iI_i}\right) \tag{4.37}$$

这一系列方程是通过反复迭代进行求解的,当固定点的计算挠度为零时得出固有频率。这一过程通常通过计算机来完成,开始假设一个固有频率 $\omega$ 进行一系列的计算,通过不断假设新的固有频率值,直到固定点的挠度接近零。需要进行两组计算,计算第一组时,使梁自由端的参数为 $y_{1,1} = 1$, $\theta_{1,1} = 0$;第二组计算时,使梁自由端的参数为 $y_{1,2} = 0$, $\theta_{1,2} = 1$,此时,第二个下标表示计算的组号。依次计算出各段梁的参数,直到第 $n$ 段结束。计算将会得到 $y_{n,1}$, $y_{n,2}$, $\theta_{n,1}$ 和 $\theta_{n,2}$。固定点的挠度(应该接近于零)为

$$y_n = y_{n,1} - y_{n,2}(\theta_{n,1}/\theta_{n,2}) \tag{4.38}$$

为了找到其它的固有频率可以重复整个过程。因为有很多集中质量,所以应该有很多固有频率。由于旋转梁上惯性力会增加梁的刚度,旋转梁的固有频率会比相同的不旋转梁高一些。

### 4.3.2.3 扭转系统

许多风力机的部件,特别是传动链的部件,可以模化成一系列用轴连接的轮盘。在这些模型中,轮盘被假定是有惯量且完全刚性,而轴是有刚度但无惯量。这样一些系统的固有频率可以用 Holzer 方法确定。而采用 Myklestad 方法,系列方程可以用来确定轴的每段偏转角和扭矩,这种方法的详细内容超过了本书的范围,读者可参阅 Thomson 和 Dahleh(1997)或类似书籍以获得更多信息。

## 4.4 风力机风轮动力学

在风力机的设计过程中,必须了解外加载荷和动态相互作用在风力机上产生的力和运动。各种不同种类载荷(静态的、稳态的、循环的、瞬态的、冲击的、随机的)的效应需要确定。在这一节中,论述了两种分析风力机的受力和运动的方法,第一种方法是通过运用一个简单的理想刚性风轮模型,来阐述风力机稳态载荷的基本概念。第二种方法包括水平轴风力机高度线性化模型的发展,这个模型可以用来说明风力机对稳态载荷和循环载荷的响应。简化的模型可以用来说明风力机对稳态和循环载荷的响应特性。一些动态模型将在第 7 章中进行更详细讨论。这些模型能够更精确地预测风力机对于随机载荷和瞬态载荷的响应,但是十分复杂。

### 4.4.1 理想风轮的载荷

最重要的风力机风轮载荷与作用在叶片上的推力和驱动风轮转动的扭矩有关,将风轮模

化成一个简单刚性、气动力学上理想的风轮,有助于理解风力机的稳态载荷。如在第 3 章中讨论的那样,符合 Betz 极限的理想风轮的主要气动力载荷很容易求得。

### 4.4.1.1　推力

如第 3 章所述,推力 $T$ 可以由下式求得 :

$$T = C_T \frac{1}{2}\rho\pi R^2 U^2 \tag{4.39}$$

式中,$C_T$ 是推力系数,$\rho$ 是空气密度,$R$ 是风轮半径,$U$ 是自由来流速度。

对于理想情况,$C_T = 8/9$,从这个简单模型可看出,给定风轮的总推力只随风速的平方变化。

### 4.4.1.2　弯矩和应力

叶片弯矩通常被分为挥舞向弯矩和摆向弯矩,挥舞向弯矩使叶片向上风或下风方向弯曲,摆向弯矩平行于风轮轴,是产生功率的扭矩。它们有时候被称为"超前-滞后"弯矩。

**轴向力和弯矩**

多叶片风力机的理想叶片叶根处的挥舞向弯矩等于每个叶片的推力乘以 2/3 的半径。这可从以下的推导得出。

把风轮想象成由一系列宽度为 d$r$ 的同心圆环组成,对于一个有 $B$ 只叶片的风力机,叶根处的挥舞向弯矩 $M_\beta$ 为:

$$M_\beta = \frac{1}{B}\int_0^R r\left(\frac{1}{2}\rho\pi \frac{8}{9}U^2 2r\mathrm{d}r\right) \tag{4.40}$$

积分且合并各项后,结果为:

$$M_\beta = \frac{T}{B}\frac{2}{3}R \tag{4.41}$$

由于弯曲引起的根部最大挥舞向应力 $\sigma_{\beta,\max}$ 由公式(4.3)给出(此处为公式(4.42)):

$$\sigma_{\beta,\max} = M_\beta c / I_b \tag{4.42}$$

式中,$c$ 是距离挥舞向中性轴的距离,$I_b$ 是叶片根部截面的惯性矩。

需要指出的是:公式(4.40)中带括号的项和第 3 章中法向力增量是一样的,下标 $\beta$ 是叶片在挥舞方向的转角,在下一节中被用来强调铰链-弹簧动力学模型各项参数的连续性。

叶片根部的剪切力 $S_\beta$,可简单地用推力除以叶片数来表示:

$$S_\beta = T/B \tag{4.43}$$

总之,对于一个给定的理想风轮,弯曲力和弯曲应力是随风速的平方变化的,与叶片的角位置(方位角)无关。此外,对以较高叶尖速比运行的风轮,其所设计的叶片有较小的弦长和截面惯性矩,所以将承受较高的挥舞向应力。

**摆向力和弯矩**

如上所述,摆向力矩引起产生功率的扭矩。在叶片强度方面,气动摆向弯矩的重要性一般比对应的挥舞向弯矩要小(然而需要注意的是,在大型风力机中由于叶片自重所引起的摆向弯矩可能是相当大的)。平均扭矩 $Q$ 可表示为功率除以转速,对于第 3 章中的理想风轮,扭矩可表示为:

$$Q = \frac{P}{\Omega} = \frac{1}{\Omega} \frac{16}{27} \frac{1}{2} \rho \pi R^2 U^3 = \frac{8}{27} \rho \pi R^2 \frac{U^3}{\Omega} \tag{4.44}$$

对于更一般的情况,扭矩可以用扭矩系数来表示,$C_Q = C_P / \lambda$(功率系数除以叶尖速比),此处:

$$Q = C_Q \frac{1}{2} \rho \pi R^2 U^2 \tag{4.45}$$

对于一个理想风轮,转速随风速变化,所以扭矩随风速的平方变化。此外,较高叶尖速比运行的风力机的扭矩系数较小,所以承受的扭矩也较小(但是应力不一定小)。同样根据这个简单模型,叶片方位角对扭矩没有影响。

### 摆向(超前-滞后)弯矩

单只叶片根部的摆向(用下标 $\zeta$ 表示)弯矩 $M_\zeta$,可以简单地用扭矩除以叶片数表示:

$$M_\zeta = Q/B \tag{4.46}$$

对于摆向剪切力 $S_\zeta$ 没有与上式对应的简单关系,但是如第 3 章所述,可以通过对切向力积分求得:

$$S_\zeta = \int_0^R \mathrm{d}F_T \tag{4.47}$$

## 4.4.2 线性化铰链-弹簧叶片风轮模型

实际的风力机动力学是非常复杂的。载荷是变化的,而且结构本身各种方式的运动也会影响载荷。为了分析这些相互作用的影响,必须采用详细的数学模型。尽管如此,通过分析简化的风轮模型和检验它对简化载荷的响应,可以获得很多知识。下面讨论的方法基于 Eggleston 和 Stoddard(1987)书中的模型,这个模型不仅为风力机对稳态载荷的响应而且对循环载荷的响应也提供了很好的解释。

简化模型被称为"线性化铰链-弹簧叶片风轮模型",或简称"铰链-弹簧模型"。模型的优点是它考虑了足够多的有用细节,而又尽可能地简单,以致可以得到分析解。通过求解结果的分析,可以对风力机运动的一些最重要的成因和效应有所认识。铰链-弹簧模型包括四个基本部分:(1)每个叶片看成是一个刚体通过铰链和弹簧与刚性轮毂相连;(2)线性化的稳态均匀流的气动力学模型;(3)将非均匀流的情况考虑成"扰动";(4)假定解具有正弦曲线形式。

### 4.4.2.1 叶片运动的类型

对铰链-弹簧模型考虑叶片三个方向的运动,并将铰链和弹簧与叶片的运动结合在一起。铰链允许三个方向的运动:(i)挥舞运动,(ii)超前-滞后运动,(iii)扭转运动。弹簧使叶片回到轮毂上的"平衡"位置。

如上所述,挥舞运动是方向平行于风轮转轴的运动。对正对风的风轮,挥舞向可能是顺风向或逆风向。挥舞向的推力是非常重要的,因为叶片上最大的应力通常是由于挥舞向弯曲引起的。

超前-滞后运动发生在旋转平面上,是相对于叶片转动的运动。在超前运动中,叶片运动快于整体转速,而滞后运动中,慢于整体转速。超前-滞后运动和作用力与主轴上扭矩的起伏及发电机功率波动有关。

扭转运动是指绕叶片变桨轴的运动。对于定桨角风力机来说,扭转运动一般没有多大意义。对于变桨角风力机,扭转运动会在变桨角机构中产生脉动载荷。

在接下来的内容中,讨论的焦点将集中到挥舞运动上,超前-滞后运动和扭转运动的详细介绍可参阅 Eggleston 和 Stoddard (1987)的著作。

### 4.4.2.2 载荷的来源

下面对铰链-弹簧模型进行阐述,包括风轮对以下 6 种载荷的响应分析。

- 风轮转动;
- 重力;
- 稳定偏航速率;
- 稳态风;
- 偏航误差;
- 线性风剪切。

这些载荷可能单独作用也可能共同作用。分析将给出一个风轮响应的通解,它是叶片方位角(叶片转动时的角位置)的函数。解包括三个部分:第一部分与方位角无关,第二部分是方位角的正弦函数,第三部分是方位角的余弦函数。模型的阐述分为两部分:(1)"自由"运动;(2)受迫运动。自由运动考虑重力和旋转的效应,强迫运动考虑稳态风和稳定偏航的效应。相对于稳态风的偏离(偏航误差和风剪切)被认为是稳态风上的扰动。

### 4.4.2.3 模型的坐标系

接下来的几节将分别阐述:各种模型分析所用到的坐标系;铰链-弹簧叶片模型的发展;铰链-弹簧叶片挥舞运动的运动方程的推导。本节将集中讨论模型的坐标系。

研究是针对水平轴风力机的。图 4.10给出了应用此模型的典型风力机简图,在图中及下面的讨论中,假定风力机是三叶片、下风向风轮。对此图,观察者是当作上风向观看的。需要指出,此模型同样适合于上风向风力机和双叶片风力机。

影响自由运动的因素包括:(1)几何结构;(2)转速;(3)叶片重量。外力对叶片运动的影响将在以后讨论。

以下讨论的模型,对叶片作如下假设:

- 叶片是等横截面的;
- 叶片是刚性的;
- 叶片铰接轴线可以相对转动轴有一定的偏移;
- 若有转动,转速是恒定的。

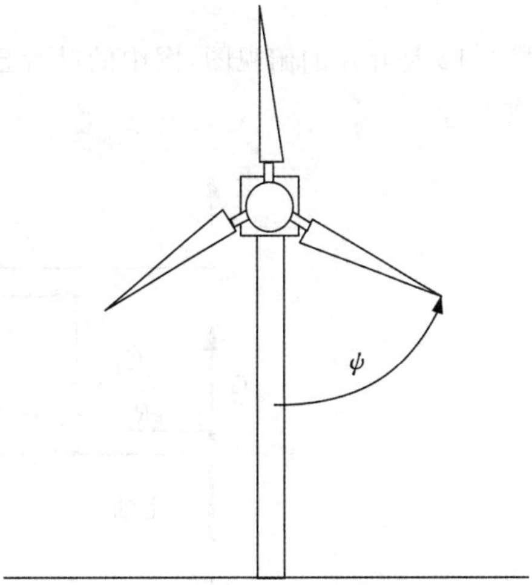

图 4.10 "铰链-弹簧"模型的典型风力机

如何为模型找到合适的铰链-弹簧刚度和偏移量将在本节稍后讨论。

图 4.11 给出了一个针对叶片模型的坐标系,$X',Y',Z'$ 是根据风力机自身结构定义的,相应的 $X,Y,Z$ 是相对地面的。$X'$ 轴是顺着塔架方向的,$Z'$ 轴是风轮转轴,$Y'$ 轴与二者垂直。$X'',Y'',Z''$ 轴随风轮旋转,对所示叶片,$X''$ 轴与叶片方位一致,且在旋转平面内,方位角 $\psi$ 是叶片与 $X'$ 轴的夹角,叶片本身偏离旋转平面一个挥舞向角度 $\beta$。图中同样反映了这样一个假设,即按照风轮的转动方向,以及偏航转动方向采用右手规则得出与 $X,Y,Z$ 轴的正向相符。特别是从顺风向看,风轮沿顺时针方向旋转。

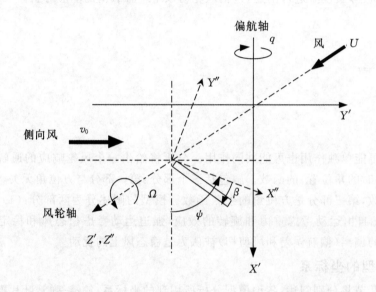

图 4.11  "铰链-弹簧"模型的坐标系(Eggleston and Stoddard,1987)。经 Kluwer Academic/Plenum Publisher 允许转载。$q$,偏航速率;$U$,自由来流风速;$V_0$,侧向风速;$\Omega$,角速度

图 4.12 是叶片的俯视图,图中的叶片已经转过了最高点(方位角为 $\pi$)正在下落,视图是从 $Y''$ 轴向下看。

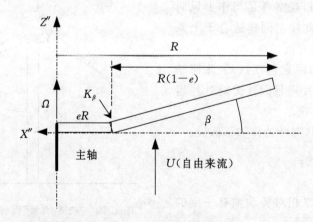

图 4.12  "铰链-弹簧"模型定义。$e$,无量纲的铰链偏移量;$K_\beta$,挥舞向弹簧系数;$R$,风轮半径;$U$,自由来流风速;$\Omega$,角速度

#### 4.4.2.4　挥舞叶片模型的发展

　　动力学模型是用铰链和偏置叶片来代表一只真实的叶片。铰链偏移量和弹簧刚度的选取，应使旋转的铰链-弹簧叶片具有与真实叶片相同的固有频率和挥舞惯量。在给出详细的铰链-弹簧偏移叶片模型之前，需要先分析简化的铰接叶片的动力学特性。如上所述，为了说明模型中所用的方法，我们把问题的焦点放在挥舞运动上。

　　一般的，叶片的挥舞特性可以用一个常系数微分方程来描述：

$$\ddot{\beta} + [f(\text{恢复力矩})]\beta = g(\text{强迫力矩})$$

　　恢复力矩是由重力、风轮旋转和铰链-弹簧引起的，强迫力矩是由偏航运动和气动力引起的。

　　线性铰链-弹簧风轮模型由一些简化叶片模型的运动方程发展而起，它假设没有强迫力函数。这些自由运动方程都具有以下形式：

$$\ddot{\beta} + [f(\text{恢复力矩})]\beta = 0$$

　　这些方程的解用来说明风轮叶片特有的动力学响应。然后再发展和推导出完整的铰链-弹簧叶片模型的自由运动方程。

　　完整的考虑强迫力矩的运动方程的推导需要将由风、偏航运动、偏航误差和风剪切引起的强迫力矩线性化。一旦推导出这些线性化项，就可以得到完整的运动方程。为了求解方便，方程的形式可以稍作简化，方程的最终形式采用挥舞角对方位角（不是时间）函数的导数。

**简化的挥舞叶片模型的动力学**

　　先研究无偏移挥舞叶片的动力学，可以对铰链-弹簧模型的发展有一个更好的理解。这里首先分析弹簧的效应，然后再分析有（无）弹簧叶片的转动效应。

**($i$) 有弹簧、无旋转、无偏移**

　　首先要分析的是无旋转的铰链-弹簧叶片系统的固有频率（挥舞方向）。类似于质量-弹簧系统的振动（参阅公式(4.15)），无旋转挥舞铰链的固有振动频率（$\omega_{NR}$）可由下式求得：

$$\ddot{\beta} = -(K_\beta/I_b)\beta \tag{4.48}$$

式中，$I_b$ 是对于挥舞轴的叶片质量惯性矩，$K_\beta$ 是挥舞铰链的弹簧系数。

　　由上式可以直接得出无旋转叶片的挥舞固有频率 $\omega_{NR}$：

$$\omega_{NR} = \sqrt{K_\beta/I_b} \tag{4.49}$$

　　因为假定叶片是等截面的，质量为 $m_B$ 的叶片质量惯性矩（无偏移）为：

$$I_b = \int_0^R r^2 \, \mathrm{d}m = \int_0^R r^2 (m_B/R) \, \mathrm{d}r \tag{4.50}$$

因此

$$I_b = m_B R^2/3 \tag{4.51}$$

**($ii$) 旋转、无弹簧、无偏移**

　　当叶片在转动轴上有铰链但无弹簧，那么叶片旋转时挥舞向固有频率和转速相同，可由下式获得，唯一的恢复力就是惯性离心力 $F_c$，它的大小与速度的平方和挥舞角的余弦值成正比，恢复力分量由挥舞角的正弦值决定。所以：

$$I_b\ddot{\beta} = \int [-r\sin(\beta)]\mathrm{d}F_c = \int_0^R [r\cos(\beta)\Omega^2][-r\sin(\beta)]\rho_{blade}\,\mathrm{d}r \tag{4.52}$$

假定角度很小,那么 $\cos(\beta) \approx 1, \sin(\beta) \approx \beta$:

$$\ddot{\beta} = -(\Omega^2/I_b)\beta \int_0^R r^2 \, \mathrm{d}m = -\Omega^2\beta \tag{4.53}$$

上式的解与公式(4.15)类似,即:

$$\omega = \Omega \tag{4.54}$$

### (iii) 旋转、有弹簧、无偏移

叶片无偏移地与弹簧铰接时,其固有频率由弹簧的解与旋转解的和确定,相应的公式为:

$$\ddot{\beta} + (K_\beta/I_b + \Omega^2)\beta = 0 \tag{4.55}$$

根据以上的讨论,立即可以得到上式的解:

$$\omega_R^2 = K_\beta/I_b + \Omega^2 = \omega_{NR}^2 + \Omega^2 \tag{4.56}$$

式中, $\omega_R$ 是有旋转固有频率, $\omega_{NR}$ 是无旋转固有频率。

可以看出,旋转时的固有频率比仅有弹簧时的要高,因此可以认为旋转使叶片"刚性增强"。

### 有偏移的挥舞叶片动力学

挥舞叶片模型可以扩展到包括叶片偏移和重力,如下文所述。

### (i) 旋转、有弹簧、有偏移

通常,真实叶片行为与用铰链-弹簧连在旋转轴上的叶片不一样。因此,一般情况下:

$$\omega_R^2 \neq \omega_{NR}^2 + \Omega^2 \tag{4.57}$$

为了正确地模拟叶片运动,由 $\omega_R$ 和 $\omega_{NR}$ 代表的叶片动力特性,需要合理地进行表述。为此可以引入一个无量纲铰链偏移量 $e$,它可看作是从旋转轴到叶片铰链的相对距离。这样,如果已知旋转和无旋转的真实叶片的固有频率,那么"铰链-弹簧"模型的所有常数都可以被计算出来。根据 Eggleston 和 Stoddard (1987)著作中采用的方法,无量纲的偏移可表示为:

$$e = 2(Z-1)/[3+2(Z-1)] \tag{4.58}$$

式中, $Z = (\omega_R^2 - \omega_{NR}^2)/\Omega^2$ 。

偏移的影响可以通过调整惯性矩得到,此时,铰接叶片的质量惯性矩可近似表示为:

$$I_b = m_B(R^2/3)(1-e)^3 \tag{4.59}$$

挥舞弹簧系数为:

$$K_\beta = \omega_{NR}^2 I_b \tag{4.60}$$

需要注意,旋转和无旋转模型的固有频率可以通过先前讨论过的 Myklestad 方法计算,也可以根据实验数据(如果有的话)计算出。

这样,叶片的挥舞特性可以通过一个带有偏移铰链和弹簧的均匀叶片来模化,叶片只有一个自由度,并且它对作用力的响应方式和真实叶片的一阶振动模态相同。真实叶片的超前-滞后运动相似常数也可以确定。扭转运动分析不需要采用有偏移的铰接模型,但是需要一个刚度系数。借助所有这些常数,叶片模型考虑了三个自由度:挥舞、超前-滞后和扭转。

### 完整的挥舞叶片模型的运动方程(自由运动)

如果包括重力和偏移,单个叶片的完整自由挥舞运动方程就变为:

$$\ddot{\beta} + [\Omega^2(1+\varepsilon) + G\cos(\psi) + K_\beta/I_b]\beta = 0 \tag{4.61}$$

式中，$G$ 是重力项，$G = m_B r_g / I_b$；$r_g$ 是到质心的径向距离；$\varepsilon$ 是偏移项，$\varepsilon = 3e/[2(1-e)]$；$\psi$ 是方位角。挥舞运动方程的推导过程将在下一节中给出。

### 4.4.2.5  挥舞运动方程的推导（自由运动）

如图 4.13 所示的挥舞叶片是从下风向进行观察的（与图 4.11 一样）。叶片朝向观察者偏离旋转平面转出，与旋转平面成挥舞角 $\beta$。叶片长轴倾斜一个方位角 $\psi$。零方位角对应叶尖朝下。在旋转方向上，方位角是增加的。挥舞角在下风向为正。注意在接下来的讨论中，许多输入值都是按方位角的正弦或余弦函数变化的，它们通常被称为"周期变量"，更明确地说是正弦周期或余弦周期变量。以后将看到这些周期输入是与风力机的周期响应有关的。

在图 4.13 中，质量为 $dm$ 的叶片元素上，作用有两个沿叶片轴线上的力。离心力的大小取决于转速的平方和到旋转轴的距离。叶片重力引起的重力分量，取决于方位角。

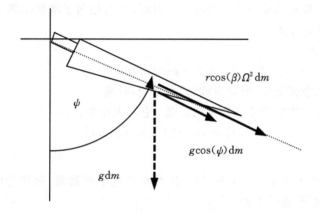

图 4.13  从下风向观察的挥舞叶片。

$g$，重力；$m$，质量；$r$，距离旋转轴的径向距离；$\beta$，挥舞角；$\Omega$，转速；$\psi$，方位角

以下将导出无偏移挥舞叶片的运动方程，叶片承受由于旋转（离心力）、重力、铰链-弹簧引起的恢复力和惯性力（由于加速度）。然后讨论有偏移叶片修正后的运动方程。考虑偏移的方程的完整推导将留给读者，但是将会看到所得方程与修正后方程十分类似。

图 4.14 给出了沿 $Y''$ 轴向下看的叶片俯视图，图中同样给出了挥舞弹簧系数和挥舞加

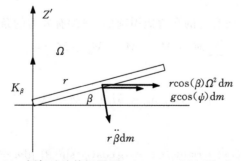

图 4.14  挥舞叶片俯视图（Eggleston and Stoddard，1987）。

速度。

接下来将综述各种力的效应,如上所述,叶片的铰接偏移效应最初是忽略的。

### 离心力

离心力将挥舞叶片拉回旋转平面。如上面指出的,它的大小取决于转速的平方,与叶片方位角无关。离心力作用在叶片的质心上,并垂直于风轮转轴。

如图 4.14 所示,离心力 $F_c$ 的大小为:

$$F_c = r\cos(\beta)\Omega^2 \, dm \tag{4.62}$$

由离心力引起的,绕铰链轴的力矩为:

$$M_c = r\sin(\beta)[r\cos(\beta)\Omega^2 \, dm] \tag{4.63}$$

### 重力

重力向下作用在叶片的质心上。当叶片上升时,重力趋向于增加挥舞角;下降时趋向于减小挥舞角。重力与转速无关。

重力 $F_g$ 的大小为:

$$F_g = g\cos(\psi) \, dm \tag{4.64}$$

因为重力随方位角的余弦变化,所以可称为"余弦周期"输入。

重力引起的恢复力矩取决于挥舞角的正弦,它的大小为:

$$M_g = r\sin(\beta)[g\cos(\psi) \, dm] \tag{4.65}$$

### 铰链-弹簧力

铰链-弹簧在铰链上产生一个力矩 $M_s$。其大小正比于挥舞角,弹簧趋向于把叶片拉回铰接平面,在这种情况即是旋转平面。

铰链-弹簧力矩的大小为:

$$M_s = K_\beta \beta \tag{4.66}$$

### 加速度

质量 $dm$ 的挥舞加速度惯性力可以将挥舞方向的角加速度 $\ddot{\beta}$ 乘以 $dm$ 到挥舞轴的距离得出。由该力产生的力矩 $M_f$ 是惯性力乘上这个距离,也就是:

$$M_f = r^2\ddot{\beta} \, dm \tag{4.67}$$

### 所有力的影响

质量 $dm$ 的加速度是由所有力的合力矩引起的,在没有外力的条件下,合力矩为零:

$$\sum M = M_f + M_c + M_g + M_s = 0 \tag{4.68}$$

对整个叶片积分得:

$$\int_0^R (M_f + M_c + M_g) + M_s = 0 \tag{4.69}$$

把各项展开后就成为:

$$\int_0^R [r^2\ddot{\beta} + r\cos(\beta)r\sin(\beta)\Omega^2 + rg\cos(\psi)\sin(\beta)] \, dm + K_\beta \beta = 0 \tag{4.70}$$

叶片的质量惯性矩 $I_b = \int_0^R r^2 \, dm$,质量和到质心的径向距离 $r_g$ 的关系为:

$$\int_0^R r \mathrm{d}m = m_B r_g \tag{4.71}$$

所以,有:

$$I_b \ddot{\beta} + I_b \cos(\beta) \Omega^2 \sin(\beta) + g \cos(\psi) \sin(\beta) m_B r_g + K_\beta \beta = 0 \tag{4.72}$$

利用 $\beta$ 小角度近似,并定义一个"重力项"为 $G = g m_B r_g / I_b$,整理上式后得到:

$$\ddot{\beta} + [\Omega^2 + G\cos(\psi) + K_\beta/I_b] \beta = 0 \tag{4.73}$$

注意上式与先前讨论过的公式(4.61)的相似性。

因为已假定叶片模型是等截面的,那么可以引入一个偏移量 $e$,从而定义一个偏移项 $\varepsilon$:

$$\varepsilon = m_B e r_g R / I_b = 3e/[2(1-e)] \tag{4.74}$$

如果在分析中包含偏移项,最后的挥舞运动方程就变成:

$$\ddot{\beta} + [\Omega^2(1+\varepsilon) + G\cos(\psi) + K_\beta/I_b] \beta = 0 \tag{4.75}$$

上式已经在前面给出,见公式(4.61)。

### 4.4.2.6　运动方程(强迫运动)

本节将通过考虑偏航运动和风速这类强迫作用的影响,扩展叶片的运动方程。

**偏航运动**

偏航运动在叶片上产生回转力矩,通过运用与 4.2.1.5 节相似的分析方法,可以得到由恒定偏航速率 $q$ 引起的挥舞方向的回转力矩为:

$$M_{yaw} = -2q\Omega\cos(\psi) I_b \tag{4.76}$$

**风的影响:线性化的气动模型**

风对叶片运动的影响通过线性化气动模型来实现。该模型与本书空气动力学一章所发展的类似,但包括了一些简化假设。第 3 章中发展的气动力模型适用于性能估计,但是对于这个简化的动力学分析来讲太复杂。相反,先前的分析只考虑稳定的轴向流动风,而在线性模型中更容易将垂直剪切风、侧向风和偏航误差考虑进去。最后,在线性气动力模型中,阻力是全部忽略的。对于这个模型的用途,这是一个合理的方法,因为在正常运行时阻力较升力小。需要注意的是:在一个真正综合的动力学模型中,气动模型是相当详细的。

线性化的气动模型由叶片升力的线性描述和风轮上风的轴向分量和切向分量(分别为 $U_P$ 和 $U_T$)的线性特征组成。升力是风的这两个分量的函数,$U_P$ 和 $U_T$ 分别是平均风速、叶片挥舞速度、偏航速率、侧向风以及风剪切的函数。当完整的气动模型说明清楚后,由升力产生的挥舞力矩方程也将得到。

下式用于计算翼型上单位长度的升力 $\widetilde{L}$。对这一表达式将根据第 3 章的原理,随后进行推导:

$$\widetilde{L} \approx \frac{1}{2}\rho c C_{l_a} (U_P U_T - \theta_P U_T^2) \tag{4.77}$$

式中,$c$ 是弦长;$C_{l_a}$ 是升力曲线的斜率;$U_P$ 是垂直于风轮平面(法向)的风速;$U_T$ 是叶片元素上的切向风速;$\theta_P$ 是叶片俯仰角。

考虑轴向流、挥舞速率、偏航速率、偏航误差和风剪切的风速分量表达式如下。这些分量的表达式也将随后推导。速度分量:

$$U_P = U(1-a) - r\dot{\beta} - (V_0\beta + qr)\sin(\psi) - U(r/R)K_{vs}\cos(\psi) \tag{4.78}$$

$$U_T = \Omega r - (V_0 + qd_{yaw})\cos(\psi) \tag{4.79}$$

式中，$U$ 是自由来流的风速；$a$ 是轴向诱导因子；$V_0$ 是侧向风速(由于偏航误差产生)；$K_{vs}$ 是风剪切系数；$d_{yaw}$ 是从风轮平面到偏航轴的距离。

### 线性气动力模型的推导

本节推导以上提出的气动模型，模型开始是针对稳态轴流风发展的，对稳态风的偏离(由于偏航误差、偏航运动和风剪切引起的)被考虑为对稳态风的扰动。

线性气动模型的推导可以参阅图 4.15。除了以前定义的变量，还会用到下列术语：

$\phi$ = 相对风速角 = $\tan^{-1}(U_P/U_T)$

$\alpha$ = 攻角

$U_R$ = 相对风速 = $\sqrt{U_P^2 + U_T^2}$

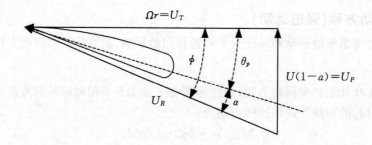

图 4.15 线性气动模型的术语；
$\alpha$，轴向诱导因子；$r$，到转轴的径向距离；$U_R$，相对风速；
$U_P$ 和 $U_T$，风速的垂直分量和切向分量；$\Omega$，角速度

模型是在以下假设基础上发展的：

- 相对于风速，转动速度很高，因此 $U_T \gg U_P$。
- 升力曲线是一条通过原点的直线；因此 $C_l = C_{la}\alpha$，$C_{la}$ 是升力曲线的斜率。
- 攻角很小。
- 小角度假设可以适当地应用。
- 没有尾流旋转存在。
- 叶片有固定的弦长并且没有扭转(尽管模型也可扩展用于非固定弦长的扭转叶片)。

### 轴向流

考虑到升力曲线的假设，并运用第 3 章的关系式，翼型上单位长度的升力为：

$$\widetilde{L} = \frac{1}{2}\rho c C_l U_R^2 \approx \frac{1}{2}\rho c C_{la}U_R^2\alpha \tag{4.80}$$

运用小角度近似，$\tan^{-1}$(角度) $\approx$ 角度

$$\alpha = \phi - \theta_P = \tan^{-1}(U_P/U_T) - \theta_P \approx U_P/U_T - \theta_P \tag{4.81}$$

所以

$$\widetilde{L} = \frac{1}{2}\rho c C_{la} U_R^2 [U_P/U_T - \theta_P] \tag{4.82}$$

由于 $U_R^2 = U_P^2 + U_T^2 \approx U_T^2$，上式就变为：

$$\widetilde{L} = \frac{1}{2}\rho c C_{la} U_T^2 (U_P/U_T - \theta_P) = \frac{1}{2}\rho c C_{la}(U_P U_T - \theta_P U_T^2) \tag{4.83}$$

这样，公式(4.77)就被证明了。

对于挥舞叶片，切向速度通常表示为半径和角速度的乘积，事实上还要乘以一个挥舞角的余弦值，由于小角度近似把它忽略了：

$$U_T = \Omega r \tag{4.84}$$

通常，风速的垂直分量等于自由来流的风速减去诱导轴向风速 $Ua$，以及挥舞速度 $r\dot{\beta}$，所以：

$$U_P = U(1-a) - r\dot{\beta} \tag{4.85}$$

许多因素会影响叶片实际承受的风，如偏航误差、侧向风、垂直风和风剪切等，这些都被认为是对主流的扰动。与轴向风速相比，这些扰动假定是很小的，在接下来的讨论中它们被称为"增量"。

### 侧向风和偏航误差

侧向风 $V_0$ 垂直于风轮轴，并平行于地面。它的出现是由于偏航误差（风向和风轮轴线不一致）或者风向的突然改变。对于向前叶片，它使切向速度增加；对于后退叶片，它使切向速度减小。如图 4.11 所示，侧向风定义成从左向右的，而叶片是逆时针方向旋转的（从上风向看），所以当叶片在轮毂轴以下时，侧向风使切向风速减少，在轮毂轴以上时，使切向风速增加。所以，由于侧向风所造成的风速切向分量的变化 $\Delta U_{T,crs}$ 为：

$$\Delta U_{T,crs} = -V_0 \cos(\psi) \tag{4.86}$$

当叶片以挥舞角 $\beta$ 偏离旋转平面时，侧向风有一个减少叶片垂直风速的分量 $\Delta U_{P,crs}$：

$$\Delta U_{P,crs} = -V_0 \sin(\beta)\sin(\psi) \approx -V_0 \beta \sin(\psi) \tag{4.87}$$

需要注意，偏航误差主要是一个影响切向速度的余弦周期扰动。

### 偏航运动

除了引起回转力矩之外，偏航运动还影响叶片速度。假想叶片位置是竖直向上的，同时有 $q$ 的偏航速率，叶片将承受由于偏航旋转产生的速度 $qd_{yaw}$（$d_{yaw}$ 是塔架轴到风轮中心的距离）。如果叶片由于挥舞角 $\beta$ 倾斜偏离（下风向）旋转平面，这将使速度增加 $rq\sin(\beta)$，这种效应在叶片竖直向上位置或向下位置时最大，在叶片水平位置时就不存在。

如以前一样运用小角度近似，$d_{yaw}\beta + r \approx r, r\beta + d_{yaw} \approx d_{yaw}$，偏航速率引起的风速增量为：

$$\Delta U_{T,yaw} = -qd_{yaw}\cos(\psi) \tag{4.88}$$

$$\Delta U_{P,yaw} = -qr\sin(\psi) \tag{4.89}$$

注意偏航项在形式上和侧向风项类似，切向分量项都随 $\cos(\psi)$ 变化，垂直分量都随 $\sin(\psi)$ 变化。

### 垂直风剪切

在第 2 章中，风的垂直剪切可以用下式表示：

$$U_1/U_2 = (h_1/h_2)^\alpha \tag{4.90}$$

式中，$\alpha$ = 幂指数，下标对应于不同的高度。

在简化的气动模型中，假定垂直风剪切在整个风轮上是线性的，因此，对于高度为 $h$ 的自由来流风可以表示为：

$$U_h = U[1 - (r/R)K_{vs}\cos(\psi)] \tag{4.91}$$

式中，当叶尖竖直向下时 $h = H - R$；叶尖竖直向上时，$h = H + R$；$H$ 为轮毂高度；$K_{vs}$ 是线性风剪切系数，下标"$vs$"表示垂直剪切；$r$ 是叶片上一点到旋转轴的距离。

因此，在风轮中心高度上的水平位置时，$U_h = U$；在最高点，且无挥舞运动的情况下，$U_h = U(1 + K_{vs})$；在最低点时，$U_h = U(1 - K_{vs})$。

垂直风切变的增量主要体现在风的垂直分量上，横向的风剪切(tangential wind shear)增量可假定为零：

$$\Delta U_{T,vs} = 0 \tag{4.92}$$

垂直风剪切增量可以直接由公式(4.91)得到：

$$\Delta U_{P,vs} = -U(r/R)K_{vs}\cos(\psi) \tag{4.93}$$

水平风剪切可以用相似的方法来模化，但在这里不加讨论。

总之，把所有的角度都看成小角度后，对稳态风的各种扰动增量如表 4.1 所示。

**表 4.1　风速的各种扰动增量**

| 项　目 | $\Delta U_P$ | $\Delta U_T$ |
|---|---|---|
| 轴向风 | $U(1-a) - r\dot{\beta}$ | $\Omega r$ |
| 侧向风 | $-V_0\beta\sin(\psi)$ | $-V_0\cos(\psi)$ |
| 偏航速率 | $-qr\sin(\psi)$ | $-qd_{yaw}\cos(\psi)$ |
| 垂直风剪切 | $-U(r/R)K_{vs}\cos(\psi)$ | $0$ |

需要注意，垂直风剪切是单一余弦扰动，而侧向风基本上也是一个余弦扰动(相对于切向速度分量)。类似地，风的垂直分量(上倾斜)应该是一个正弦扰动。

把所有对轴向风的贡献增量相加，可得到在切向和垂直方向的总速度(式(4.84)和(4.85))：

$$U_T = \Omega r - (V_0 + qd_{yaw})\cos(\psi) \tag{4.94}$$

$$U_P = U(1-a) - r\dot{\beta} - (V_0\beta + qr)\sin(\psi) - U(r/R)K_{VS}\cos(\psi) \tag{4.95}$$

## 气动力和力矩

以上讨论的各项都可以用来表示叶片上的气动力矩，如下所示，由气动力产生的挥舞力矩为：

$$M_\beta = \frac{1}{2}\gamma I_b\Omega^2\left\{\frac{\Lambda}{3} - \frac{\beta'}{4} - \frac{\theta_P}{4} - \cos(\psi)\left[\overline{V}\left(\frac{\Lambda}{2} - \frac{\beta'}{3} - \frac{2\theta_P}{3}\right) + \frac{K_{vs}\overline{U}}{4}\right] - \sin(\psi)\left[\frac{\overline{V}_0\beta}{3} + \frac{\overline{q}}{4}\right]\right\} \tag{4.96}$$

式中：

$\Lambda=$ 无量纲的来流速度，$\Lambda=U(1-a)/\Omega R$

$\bar{V}_0=$ 无量纲的侧向速度，$\bar{V}_0=V_0/\Omega R$

$\bar{V}=$ 无量纲的总侧向速度，$\bar{V}=(V_0+qd_{yaw})/\Omega R$

$\beta'=$ 挥舞角的方位向导数，$\beta'=\dot{\beta}/\Omega$

$\gamma=$ 锁定数，$\gamma=\rho C_{La}cR^4/I_b$

$\bar{q}=$ 无量纲的偏航速率项，$\bar{q}=q/\Omega$

$\bar{U}=$ 无量纲的风速，$\bar{U}=U/\Omega R=1/\lambda$

### 气动力和力矩方程的推导

对于线性模型，除了(1)考虑挥舞角和(2)阻力假设为零的情况，叶片力的切向和法向分量的计算都在第 3 章讨论过，单位长度的法向分力 $\tilde{F}_N$ 为：

$$\tilde{F}_N=\tilde{L}\cos(\varphi)\cos(\beta) \tag{4.97}$$

单位长度的切向分力 $\tilde{F}_T$ 为：

$$\tilde{F}_T=\tilde{L}\sin(\phi) \tag{4.98}$$

叶片上的各种力须加到一起(积分)从而得到剪力，或者先乘以距离然后再相加(积分)得到力矩，采用以前所作的简化 $\sin(\phi)=U_P/U_T$，$\cos(\phi)=1$，$\cos(\beta)=1$。

叶片根部挥舞方向的剪力，为单位长度的法向力沿整个叶片长度的积分：

$$S_\beta=\int_0^R\tilde{F}_N\mathrm{d}r=\int_0^R\tilde{L}\cos(\varphi)\cos(\beta)\mathrm{d}r\approx\int_0^l\tilde{L}R\mathrm{d}\eta \tag{4.99}$$

式中，$\eta=r/R$。

叶片根部的挥舞弯矩是单位长度的法向力和力作用的距离乘积。在叶片长度上的积分：

$$M_\beta=\int_0^R\tilde{F}_Nr\mathrm{d}r=\int_0^R\tilde{L}\cos(\varphi)\cos(\beta)r\mathrm{d}r\approx\int_0^1\tilde{L}R^2\eta\mathrm{d}\eta \tag{4.100}$$

运用公式(4.77)，挥舞力矩方程可以展开为：

$$M_\beta=\int_0^1\tilde{L}R^2\eta\mathrm{d}\eta=\int_0^1\left[\frac{1}{2}\rho cC_{la}(U_PU_T-\theta_PU_T^2)\right]R^2\eta\mathrm{d}\eta \tag{4.101}$$

通过适当的代换和代数运算后，可以推导出前面的公式(4.96)。

### 完整的运动方程

完整的挥舞运动方程应该包括气动力和偏航速率(回转效应)引起的力矩，通过适当的代数运算后得到：

$$\frac{\beta'}{\Omega^2}+\left[1+\varepsilon+\frac{G}{\Omega^2}\cos(\psi)+\frac{K_\beta}{\Omega^2 I_b}\right]\beta=\frac{M_\beta}{\Omega^2 I_b}-2\bar{q}\cos(\psi) \tag{4.102}$$

式中，$\beta'=\ddot{\beta}/\Omega^2=$ 挥舞角 $\beta$ 方位向的二阶导数，气动力矩 $M_\beta$ 来源于公式(4.96)。注意方程是以方位角的导数形式表示的，这还将在本章中详细讨论，这样做是为了便于方程求解。

### 完整挥舞运动方程的推导

本节推导由式(4.102)表示的完整挥舞运动方程。

如果考虑气动力矩和回转力矩，则先前的自由运动挥舞方程变为：

$$\ddot{\beta}+\left[\Omega^2(1+\varepsilon)+G\cos(\psi)+\frac{K_\beta}{I_b}\right]\beta=\frac{M_\beta}{I_b}-2q\Omega\cos(\psi) \tag{4.103}$$

方程两边都除以 $\Omega^2$ 后,变为:

$$\frac{\ddot{\beta}}{\Omega^2} + \left[1 + \varepsilon + \frac{G}{\Omega^2}\cos(\psi) + \frac{K_\beta}{\Omega^2 I_b}\right]\beta = \frac{M_\beta}{\Omega^2 I_b} - 2\bar{q}\cos(\psi) \tag{4.104}$$

以上的挥舞方程是在时域内的,因为假定转速是恒定的,所以把方程写成角度的函数(方位角)。

运用链式法则可以得到:

$$\dot{\beta} = \frac{\mathrm{d}\beta}{\mathrm{d}t} = \left(\frac{\mathrm{d}\beta}{\mathrm{d}\psi}\right)\left(\frac{\mathrm{d}\psi}{\mathrm{d}t}\right) = \Omega\left(\frac{\mathrm{d}\beta}{\mathrm{d}\psi}\right) = \Omega\beta' \tag{4.105}$$

类似地 $\ddot{\beta} = \Omega^2\beta'$。

注意变量上的点表示对时间的导数,而撇号"'"表示的是对方位角的导数。

现在挥舞运动方程就可以改写成式(4.102)的形式了。

**挥舞运动方程求解步骤**

把气动力矩的完全表达式(4.96)代入式(4.102),整理后得到:

$$\beta' + \left[\frac{\gamma}{8}\left(1 - \frac{4}{3}\bar{V}\cos(\psi)\right)\right]\beta' + \left[1 + \varepsilon + \frac{G}{\Omega^2}\cos(\psi) + \left(\frac{\gamma\bar{V}_0}{6}\right)\sin(\psi) + \frac{K_\beta}{\Omega^2 I_b}\right]\beta$$

$$= -2\bar{q}\cos(\psi) + \frac{\gamma}{2}\left(\frac{\Lambda}{3} - \frac{\theta_P}{4}\right) - \frac{\gamma}{8}\bar{q}\sin(\psi) - \cos(\psi)\left\{\frac{\gamma}{2}\left[\bar{V}\left(\frac{\Lambda}{2} + \frac{2\theta_P}{3}\right) + \frac{K_{vs}\bar{U}}{4}\right]\right\} \tag{4.106}$$

为了求解方便,把完整的挥舞运动方程写成稍微简单一些的形式:

$$\beta' + \frac{\gamma}{8}\left(1 - \frac{4}{3}\cos(\psi)(\bar{V}_0 + \bar{q}\,\bar{d})\right)\beta' + \left[K + 2B\cos(\psi) + \frac{\gamma\bar{V}_0}{6}\sin(\psi)\right]\beta$$

$$= \frac{\gamma A}{2} - \frac{\gamma\bar{q}}{8}\sin(\psi) - \left\{2\bar{q} + \frac{\gamma}{2}\left[A_3(\bar{V}_0 + \bar{q}\,\bar{d}) + \left(\frac{K_{vs}\bar{U}}{4}\right)\right]\right\}\cos(\psi) \tag{4.107}$$

式中:

$K$ = 挥舞惯性固有频率(考虑了旋转、偏移、铰链-弹簧的效应),$K = 1 + \varepsilon + K_\beta/I_b\Omega^2$

$A$ = 轴对称流动第一项 = $(\Lambda/3) - (\theta_P/4)$

$A_3$ = 轴对称流动第二项 = $(\Lambda/2) - (2\theta_P/3)$

$B$ = 重力项 = $G/2\Omega^2$

$\bar{d}$ = 正则化偏航力臂 = $d_{yaw}/R$

这个最终的公式包括了以前讨论过的所有恢复力和强迫力矩,它可以用于确定风轮在各种风况和动力学条件下的性能。

**挥舞方程的讨论**

在完整挥舞运动方程中,风力机动力学的一些重要特征是很明显的。

最终的方程包括了一个阻尼项,与 $\beta'$ 相乘的阻尼项取决于锁定数。如果不考虑气动力,锁定数等于 0,这就意味着方程唯一的阻尼项是由气动力引起的。锁定数被认为是气动力与惯性力的比值,可表示为:

$$\gamma = \rho c C_{l\alpha} R^4/I_b \tag{4.108}$$

如果升力曲线的斜率为零或者是负的，即在失速情况下，锁定数也将为零或为负，这样将没有阻尼。这对一个有很大幅度挥舞运动的摆动风轮来说，是一个很大的问题。对于有超前-滞后运动与摆向运动之间动态耦合的刚性风轮也是一个问题。此时，负阻尼挥舞运动会导致摆向振动。需要注意，严格地讲，我们用的线性模型没有包括失速。然而方程略微修改后可以考虑这个总体趋势，如负的锁定数效应。没有侧向风或偏航运动条件下的阻尼比（见 4.3 节）为：

$$\xi = \frac{\gamma}{16} \frac{1}{\omega_\beta / \Omega} \tag{4.109}$$

式中，$\omega_\beta$ 是挥舞频率，对于摆动或铰接叶片，$\omega_\beta \approx \Omega$，所以挥舞阻尼比接近于 $\gamma/16$。对于刚性叶片，$\omega_\beta$ 大约比 $\Omega$ 高 2 到 3 倍量级[①]，挥舞阻尼比也相应较小。故当锁定数在 5～10 时，阻尼比大约在 0.5～0.16 量级。这样的阻尼足以衰减挥舞模态振动。超前-滞后运动在这里就不详细论述，但需要注意的是，一个完整的超前-滞后运动方程是没有气动力阻尼的。超前-滞后运动阻尼的缺乏会导致叶片的不稳定。

注意完整的挥舞运动方程的右侧有一个常数项（$\gamma A/2$）。这项反映的是叶片的倾斜，它是风的稳态作用力使叶片相对旋转平面产生一个恒定的挠度。这个倾斜还要加上叶片的预弯。预弯有时会因为以下一些原因在风轮设计中考虑，如：(1) 它使叶尖离开塔架；(2) 减少下风向刚性风轮根部的挥舞弯矩；(3) 有助于偏航的稳定性。

### 4.4.2.7　挥舞运动方程的求解

挥舞运动方程可以用常数、方位角的正弦和余弦来表示，方程的完整解可以写成傅立叶级数的形式，也即是频率递增的方位角的正弦与余弦之和。方位角 $\Psi$ 实际上等于旋转频率 $\Omega$ 乘以时间，即 $\Psi = \Omega t$。傅里叶级数中的频率可能以方位角的正弦曲线开始，并且按整数倍增加。

然而，对于一个好的近似法，解的形式也可以假定由一组常数、方位角的正弦和余弦组成。运用这些假设，挥舞运动方程的解可以用三个常数 $\beta_0$、$\beta_{1c}$、$\beta_{1s}$ 来表示，挥舞角为：

$$\beta \approx \beta_0 + \beta_{1c}\cos(\psi) + \beta_{1s}\sin(\psi) \tag{4.110}$$

式中，$\beta_0$ 是预倾角或"总体"响应常数，$\beta_{1c}$ 是余弦周期响应常数，$\beta_{1s}$ 是正弦周期响应常数。

值得关注的是解的表达式中不同项的方向效应，如图 4.16 所示。倾角项是正的，这表示叶片如预期那样，向自由来流下游方向弯曲。根据图 4.16，一个正的余弦常数表示叶片竖直向下时，它会进一步向下风向弯曲。当叶片竖直向上时，叶片则朝上风向弯曲。在水平位置，方位角的余弦值为零，所以叶尖路径决定的平面是相对于水平轴倾斜的，上部弯向上风向，下部弯向下风向。正的正弦常数意味着叶片自水平位置上升时，弯向下风向；下降时，弯向上风向。总之，图中的叶尖旋转平面是向左倾斜的（正偏航方向）。

**总结：**

- 常数项 $\beta_0$ 表示叶片向下风向弯曲的常量，其值和它旋转时相同（呈锥形）。
- 余弦项 $\beta_{1c}$ 表示当叶片指向下时，旋转平面向下风向倾斜，指向上时向上风向倾斜。
- 正弦项 $\beta_{1s}$ 表示当叶片上升时旋转平面向下风向倾斜，下降时向上风向倾斜。

以上常数都是模型中各种参数的函数。倾角项主要与轴向流动、叶片重量和弹簧系数有

---

① 　目前在同一数量级。——译者注

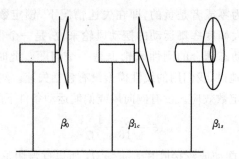

图 4.16 挥舞运动方程解中各项的效应。$\beta_0$，总体响应常数；$\beta_{1c}$，余弦周期响应常数；$\beta_{1s}$，正弦周期响应常数。(Eggleston and Stoddard，1987)。经 Kluwer Academic/Plenum Publisher 允许转载

关。正弦和余弦项取决于偏航速率、风剪切、侧向风(偏航误差)以及会影响倾角的各项因素。

如果假定挥舞角可以用公式(4.110)表示，就可以求解封闭形式的挥舞方程。先通过公式(4.110)求导，把结果代入式(4.107)，然后整合各项以匹配方位角函数的系数，结果可以方便地表示为以下矩阵方程：

$$\begin{bmatrix} K & B & -\dfrac{\gamma \bar{q}\bar{d}}{12} \\[2mm] 2B & K-1 & \dfrac{\gamma}{8} \\[2mm] \dfrac{\gamma \bar{U}_0}{6} & -\dfrac{\gamma}{8} & K-1 \end{bmatrix} \begin{bmatrix} \beta_0 \\[2mm] \beta_{1c} \\[2mm] \beta_{1s} \end{bmatrix} = \begin{bmatrix} \dfrac{\gamma}{2}A \\[2mm] -2\bar{q}-\dfrac{\gamma}{2}\left[(\bar{V}_0+\bar{q}\bar{d})A_3+\left(\dfrac{K_{vs}\bar{U}}{4}\right)\right] \\[2mm] -\dfrac{\gamma}{8}\bar{q} \end{bmatrix} \quad (4.111)$$

**挥舞方程的简单解**

对方程(4.111)运用 Cramer 法则，通常可以得出运动方程解的有用形式。下一节就将采用这种方法。与此同时，分析一些特殊情况下的解并探究叶片对单独输入的响应会显得更有意义。以下会看到，即使不考虑湍流和非线性空气动力的影响，风力机对相当简单的输入的动态响应也会引起复杂的叶片运动。

**(i)只旋转**

首先考虑最简单带旋转的情况：

重力＝0

侧向风＝0

偏航速率＝0

偏移＝0

铰链－弹簧＝0

在方程(4.111)中剩下的非零项是气动力和离心力：

$$\begin{bmatrix} 1 & 0 & 0 \\[2mm] 0 & 0 & \dfrac{\gamma}{8} \\[2mm] 0 & -\dfrac{\gamma}{8} & 0 \end{bmatrix} \begin{bmatrix} \beta_0 \\[2mm] \beta_{1c} \\[2mm] \beta_{1s} \end{bmatrix} = \begin{bmatrix} \dfrac{\gamma}{2}A \\[2mm] 0 \\[2mm] 0 \end{bmatrix} \quad (4.112)$$

很明显,所得的解为:

$$\beta_0 = \frac{\gamma}{2}A \qquad (4.113)$$

因此,这种情况下只有倾角。此时气动推力和离心力之间有一个平衡关系,它决定了挥舞角大小,而与方位角无关。

#### (ii)旋转＋铰链-弹簧＋偏移

加入弹簧和偏移项仍然给出同样形式的解。但挥舞角减小了。现在的方程为:

$$\begin{bmatrix} K & 0 & 0 \\ 0 & K-1 & \dfrac{\gamma}{8} \\ 0 & -\dfrac{\gamma}{8} & K-1 \end{bmatrix} \begin{bmatrix} \beta_0 \\ \beta_{1c} \\ \beta_{1s} \end{bmatrix} = \begin{bmatrix} \dfrac{\gamma}{2}A \\ 0 \\ 0 \end{bmatrix} \qquad (4.114)$$

解为 $\beta_0 = \gamma A/2K$。倾角就决定于气动力矩和与其作用相反的离心力和铰链-弹簧力矩之间的平衡关系。正如预计的那样,弹簧刚度越大,倾角越小。

#### (iii)旋转＋铰链-弹簧＋偏移＋重力

加入重力项使得解变得复杂了。仍然如前所述,假定没有偏航、没有侧向风、也没有风剪切。上述挥舞方程的矩阵解变为:

$$\begin{bmatrix} K & B & 0 \\ 2B & K-1 & \dfrac{\gamma}{8} \\ 0 & -\dfrac{\gamma}{8} & K-1 \end{bmatrix} \begin{bmatrix} \beta_0 \\ \beta_{1c} \\ \beta_{1s} \end{bmatrix} = \begin{bmatrix} \dfrac{\gamma}{2}A \\ 0 \\ 0 \end{bmatrix} \qquad (4.115)$$

可以用 Cramer 法则解这个矩阵,为此,就需要得到方程(4.115)里的系数矩阵的行列式 $D$。一般给出的方法是:

$$D = K \begin{vmatrix} K-1 & \dfrac{\gamma}{8} \\ -\dfrac{\gamma}{8} & K-1 \end{vmatrix} - B \begin{vmatrix} 2B & \dfrac{\gamma}{8} \\ 0 & K-1 \end{vmatrix} = K\left[(K-1)^2 + \left(\dfrac{\gamma}{8}\right)^2\right] - 2B^2(K-1)$$

$$(4.116)$$

根据 Cramer 法则,可以通过将右边向量替代矩阵中相应的列,找出新矩阵的行列式,然后除以原来的行列式,从而找到期望值。

解中第一次出现了方位角的正弦和余弦。注意重力项 $B$ 同时乘以了正弦和余弦项。

$$\beta_0 = \frac{\gamma}{2}\frac{A}{D}\left[(K-1)^2 + \left(\frac{\gamma}{8}\right)^2\right] \qquad (4.117)$$

$$\beta_{1c} = -B\frac{A}{D}\gamma(K-1) \qquad (4.118)$$

$$\beta_{1s} = -B\frac{A}{D}\left(\frac{\gamma^2}{8}\right) \qquad (4.119)$$

由于正弦和余弦项是负的,风轮盘是向下风向和左边倾斜的。

正弦和余弦项的大小与一个"周期分配"项有关:

$$\beta_{1s} = \frac{\gamma}{8(K-1)}\beta_{1c} \tag{4.120}$$

这个"周期分配"项表示向后力矩与侧向力矩比较的相对值。对于一个带独立自由铰链叶片的风轮($K$ 趋近于 1),通常都会有偏航。对于一个刚性叶片的风力机,通常会倾斜。这也可以在相位滞后项中考虑。如前所述重力对于挥舞运动是一个余弦输入。对于刚性叶片,其响应通常也是余弦响应,所以相位会有很小滞后。对于一个摆动风轮,对余弦输入的响应只是方位角的正弦函数。这就意味着,响应相对于扰动而产生的相位滞后为 $\pi/2$(90 度)。

### (iv)风剪切+铰链-弹簧

这个例子忽略了重力、偏航和侧向流动项,但是包括了风剪切。需求解的方程为:

$$\begin{bmatrix} K & 0 & 0 \\ 0 & K-1 & \frac{\gamma}{8} \\ 0 & -\frac{\gamma}{8} & K-1 \end{bmatrix} \begin{bmatrix} \beta_0 \\ \beta_{1c} \\ \beta_{1s} \end{bmatrix} = \begin{bmatrix} \frac{\gamma}{2}A \\ -\frac{\gamma}{8}K_{vs}\overline{U} \\ 0 \end{bmatrix} \tag{4.121}$$

系数矩阵的行列式简化为:

$$D = K\left[(K-1)^2 + \left(\frac{\gamma^2}{8}\right)\right] \tag{4.122}$$

再次应用 Cramer 法则,得到:

$$\beta_0 = \frac{\gamma}{2}\frac{A}{K} \tag{4.123}$$

$$\beta_{1c} = -\frac{1}{D}\left[\frac{\gamma}{8}K_{vs}\overline{U}K(K-1)\right] \tag{4.124}$$

$$\beta_{1s} = -\frac{1}{D}\left[\frac{\gamma^2}{8}K_{vs}\overline{U}K\right] \tag{4.125}$$

如前所述,风剪切是余弦输入。在响应上,刚性风轮将会同时有正弦和余弦响应。$K=1$ 的摆动风轮只有正弦响应。风力机对于其它输入的响应,将如所述,它是类似的正弦和余弦周期响应的组合。

### 挥舞运动方程的一般解

原则上,只需对方程(4.111)应用 Cramer 法则就可以得到挥舞运动方程的一般解。然而,由此得到的代数表达式意义并不是十分明确。一种使它更加清晰的方法是将具有挥舞角的项表示成其它常数的和,这些常数代表各种强迫效应的贡献:

$$\beta_{1c} = \beta_{1c,ahg} + \beta_{1c,cr} + \beta_{1c,yr} + \beta_{1c,vs} \tag{4.126a}$$

$$\beta_{1s} = \beta_{1s,ahg} + \beta_{1s,cr} + \beta_{1s,yr} + \beta_{1s,vs} \tag{4.126b}$$

式中,下标 $ahg$ 表示轴向流、铰链-弹簧、重力(叶片重量),$cr$ 表示侧向风,$vs$ 表示垂直风剪切,$yr$ 表示偏航速率。

每个常数都是运动方程参数的函数。通过对矩阵解的扩展,我们会给出各种带下标的项,它们可以从以下的解中得到。

主要的常数倾角项反映了轴向流、铰链-弹簧以及重力的影响:

$$\beta_0 = \frac{1}{D}\frac{\gamma A}{2}\left[(K-1)^2 + \left(\frac{\gamma}{8}\right)^2\right] \tag{4.127}$$

正弦和余弦项被概括在表 4.2 中。

**表 4.2　对挥舞响应的贡献**

| * | 余弦，$\beta_{1c,*}$ | 正弦，$\beta_{1s,*}$ |
|---|---|---|
| 轴向风、铰链-弹簧、重力（ahg） | $-\dfrac{1}{D}\gamma BA(K-1)$ | $-\dfrac{1}{D}\dfrac{\gamma}{8}BA$ |
| 侧向风（cr） | $\dfrac{\overline{V}_0}{D}\left[\left(\dfrac{\gamma}{8}\right)^2\left(\dfrac{\gamma}{2}\right)\dfrac{4}{3}A-\dfrac{\gamma A_3}{2}K(K-1)\right]$ | $-\dfrac{4\overline{V}_0}{D}\left(\dfrac{\gamma}{8}\right)^2\left[\dfrac{4}{3}A(K-1)+A_3K\right]$ |
| 垂直风剪切（vs） | $-\dfrac{K_{sh}\overline{U}}{D}\dfrac{\gamma}{8}K(K-1)$ | $-\dfrac{K_{sh}\overline{U}}{D}\left(\dfrac{\gamma}{8}\right)^2K$ |
| 偏航速率（yr） | $\dfrac{K\overline{q}}{D}\left[\left(\dfrac{\gamma}{8}\right)^2-2(K-1)-\dfrac{\gamma A_3}{2}(K-1)\overline{d}_{yaw}\right]$ | $-\dfrac{K\overline{q}}{D}\left(\dfrac{\gamma}{8}\right)\left[\dfrac{\gamma}{2}A_3\overline{d}_{yaw}+K+1\right]$ |

值的注意的是各种带下标的常数能够帮助说明由特定输入所产生的响应程度。例如，在特定情况下，如果风剪切正弦周期响应与总的正弦周期响应常数的数值是相近的，那么立刻就可知道其它因素所起的作用是很小的。

### 4.4.2.8　叶片和轮毂的载荷

用方程（4.111）计算的叶片挥舞运动可用于确定叶根的载荷，然后以叶片上的载荷确定加在轮毂和塔架上的力和力矩。

对于刚性风轮风力机（悬臂梁的非铰接叶片），挥舞和超前-滞后力矩都被传递到轮毂上。挥舞通常是主要的气动载荷，在下面的讨论中，注意力主要放在这类载荷的影响上。另一方面，在摆动风轮中，挥舞力矩不会传到轮毂上（除非启动铰接制动）。只有平面内的力（在扭矩方向上）被传到轮毂上。但是，对于摆动风轮响应的详细讨论已经超出了本书的范围。

图 4.17 示出了典型风轮的力和力矩的坐标系。

如前所述，叶片挥舞角可以近似地由下式表示：

$$\beta \approx \beta_0 + \beta_{1c}\cos(\psi) + \beta_{1s}\sin(\psi) \quad (4.128)$$

相应的每只叶片的叶根弯矩是：

$$M_\beta = K_\beta \beta \quad (4.129)$$

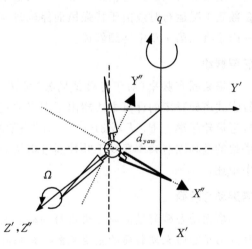

图 4.17　轮毂的力和力矩的坐标系。$d_{yaw}$，偏航力矩力臂；$q$，偏航速率；$\Omega$，角速度

采用与挥舞方程推导类似的方法，可以推导超前-滞后方程和扭转方程，并用所有的响应来得到轮毂上的载荷。4.4.1.2 节概述的各项作用力和力矩用于模型的扩展已经足够。

为了得到所有叶片作用于轮毂的载荷,必须确定来自所有叶片的力和力矩,把它们的效应叠加。要注意每一种情况都必须采用合适的方位角。例如,对带三只叶片的风轮,各叶片的方位应该相隔120度。必须注意到,在简化模型中,如果叶片被对称布置在风轮上,风轮上的累积转矩应该在整个旋转过程中始终是常数。表 4.3 概括了铰接叶片和悬臂叶片轮毂的主要反作用。

表 4.3  轮毂对铰接叶片和悬臂叶片的反作用

| 轮毂反作用 | 铰接叶片风轮 | 悬臂叶片风轮 |
|---|---|---|
| 挥舞力矩 | 无 | 完全挥舞力矩 |
| 挥舞剪切力 | 作用在铰链上的全部推力 | 推力作用每个叶片 |
| 超前-滞后力矩 | 做功扭矩 | 做功扭矩 |
| 超前-滞后剪切力 | 产生扭矩的力 | 产生扭矩的力 |
| 叶片拉力 | 离心力、重力 | 离心力、重力 |
| 叶片扭矩 | 变俯仰角力矩 | 1 只叶片的变俯仰角力矩 |

### 4.4.2.9  塔架载荷

塔架载荷来自于塔架上的空气动力载荷、风力机和塔架的重量以及所有作用于机器本身的力,无论它是稳态的、周期的或者冲击的,等等。

#### 塔架的气动载荷

塔架的气动载荷包括正常运行时风轮轴向推力、风轮扭矩和极端风载,极端风载是风力机在额定工况运行时或由于特强风而停机时,特强阵风所引起的载荷。关于引起塔架载荷的各种因素将在第 7 章中详细叙述。

#### 塔架振动

塔架固有频率(对于悬臂式塔架)可按 4.2.2 节叙述的方法计算,计算时考虑塔顶重量。拉索式塔架频率的计算方法超出了本书的范围。在塔架设计中最重要的要求是避免固有频率接近风轮频率($1P,2P$ 或 $3P$)。"柔性"塔架的基频固有频率低于叶片通过塔架的频率,而刚性塔架的基频固有频率要高于叶片通过塔架的频率。关于塔架振动更进一步的讨论将在第 6 章中叙述。

#### 塔架动态载荷

塔架动态载荷是由风力机自身的动态响应引起的作用在塔架上的载荷。对于刚性风轮,叶片力矩是塔架动载荷的主要来源。每只叶片的三个力矩(挥舞、超前-滞后和扭转)传到塔架坐标系上为:

$$M_{X'} = M_\beta \sin(\psi) \tag{4.130}$$

$$M_{Y'} = -M_\beta \cos(\psi) \tag{4.131}$$

$$M_{Z'} = M_\xi \tag{4.132}$$

式中,$X'$ 表示偏航,$Y'$ 表示向后俯仰,$Z'$ 表示机舱的滚动。

对于多叶片风轮,需将每个叶片的作用载荷采用相对方位角变换后再求和。

对于摆动风轮,挥舞力矩传递不到轮毂上(或塔架),除非启动铰接制动机构,所以正常运行状态下挥舞力矩只会引起很小的塔架动态载荷。

### 4.4.2.10 偏航稳定性

偏航稳定性是自由偏航风力机的一个专题。这是一个复杂的问题,并且简化动力学模型在分析中的作用是有限的。尽管如此,它可以提供对一些基本物理概念的理解。关键之处是各种输入对周期响应的贡献。任何纯正弦响应会导致一个绕偏航轴的净转矩(余弦周期项会倾向于使风力机在它的偏航轴承上上下摆动,但不会影响偏航运动)。相反的,对于在任何给定条件下处于稳定的风轮,正弦周期响应项必定等于零。正弦周期响应受回转运动、偏航误差、风剪切和重力的影响。回顾挥舞运动方程的解,已经指出正弦周期项可以根据不同的效应被分成多个项(公式(4.126b))。在表 4.2 中已经给出对正弦周期运动的主要贡献。

首先要指出的是,弯曲叶片上的垂直风剪切和重力在方向上都是趋向于使风轮在同样方向上偏离风(在图 4.17 中负偏航方向上)。那就意味着风轮将会承受来自负方向的侧向风。由于偏航误差产生的侧向风,则试图将风轮转回另一个方向。因此,对于偏航稳定性,如果只考虑重力、稳态风、风剪切的影响,那么偏航角为:

$$\beta_{1s,cr} = \beta_{1s,ahg} + \beta_{1s,vs} \tag{4.133}$$

应用上式,忽略风剪切并且采用小角度近似,稳态偏航误差 $\Theta$ 可以近似为:

$$\Theta \approx \frac{\Omega R}{V}\left(\frac{3B}{2(2K-1)}\right) \tag{4.134}$$

那么,在没有垂直风剪切时,风轮转速越大,风轮刚性越小($K$ 较小),稳态偏航误差越大。垂直风剪切又会使稳态偏航误差增加。最后,通过对解中各项的全面分析显示,带倾角的风轮比不带倾角的风轮更稳定。

线性铰链-弹簧动力学模型对偏航稳定性给出了清晰的解释,但是这个问题要比第一阶模型显示得更为复杂。攻角变化、失速、湍流以及非稳态的空气动力效应都会影响实际风力机的偏航稳定性。另一种利用相对简单的动力学模型分析偏航稳定性的方法,可以参看 Eggleston 和 Stoddard(1987)的著作。但是,经验表明,就特殊情况下的偏航运动而言,需要一种更全面的分析方法。

### 4.4.2.11 线性铰链-弹簧动力学模型的适用性和限制

上面讨论的线性动力学模型对于理解风力机动力学是很有用的。然而,有一些风轮的重要特性没有在模型中体现出来。实际数据常常显示没有预测到的振荡。例如,图 4.18 给出了一个典型的三叶片风力机叶片根部挥舞方向(轴向)弯矩在 5 秒内的变化情况,图中弯矩为任意单位。风轮此时的转速稍高于 1r/s(或转每秒)。可以看出,最大幅值的振荡频率接近于这个频率,但是较小幅值的振荡频率要高得多。

这种现象的特点可以用功率谱密度(psd)表示,它也称为功率谱图。在第 2 章有关湍流风速脉动部分介绍过功率谱密度。关于功率谱密度的详细介绍可看附录 C。图 4.19 给出了根据图 4.18 数据获得的一个功率谱(任意单位)。

正如所期望的,测量数据(在 72r/min(转/分)或 1.2Hz)的一倍频尖峰非常强烈。此外,在接近 $2P$ 和 $4P$ 时也出现了尖峰。其它尖峰可能是由于风的湍流和一些叶片固有频率引起的。要注意的是,线性铰链-弹簧模型只能再现(在某种程度上)1P 响应。图中所示的较高频响应未能被预测出来,并且与较高频率有关的振荡具有较大的能量。

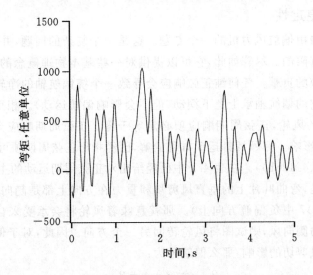

图 4.18　叶片根部挥舞弯矩采样

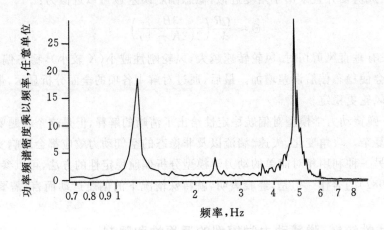

图 4.19　叶根挥舞弯矩功率谱。psd,功率谱密度

# 4.5　模化风力机结构响应的方法

正如大家所了解的,风力机是一种复杂的设备,常常需要确定它们的各种响应,例如结构中的应力、变形和固有频率等。这一般用数学模型完成,它们是一系列用来描述真实系统行为的数学关系式。模型的复杂性可能相差很大,所以不同型式的模型用于不同的应用。总的原则是,模型的复杂程度只要符合需要就可,但不必更多。

风力机设计中力学模型的典型应用有:

• 用于控制的简单模型;

- 足以说明机理的模型；
- 用于研究疲劳、变形和极端响应的详细模型；
- 用于确定部件或整个系统固有频率的模型。

例如,4.4 节讨论的线性铰链-弹簧动力学模型可以用来说明风力机风轮在一定范围输入条件的一阶响应。但是用这个简单方法,在那些响应的重要特性尚不清楚的场合就不太有用。为了克服这一局限,需要发展更详细、有时更专业化的模型。一般这样的模型需要数值解法,并且通过计算机程序来完成。专业化的非线性模型用于研究风力机子系统的动力学,如叶尖挥舞、叶片、变俯仰角联接装置、传动链等。迄今为止还没有任何一个模型能够处理所有的情况,但是通过对模化方法的理解可以掌握进行更加详细分析的工具。这些计算机模型的一些例子将在第 7 章介绍,这一节讨论在那些模型中使用的一些方法。

最常用于风力机结构分析的方法是:

- 有限元方法；
- 集中参数法；
- 模态分析法；
- 多物体分析法。

## 4.5.1　有限元方法

有限元方法(FEM)是一种技术,它用于分析多种对象(包括结构)的性能。这个技术是基于把结构划分为许多相对小的单元,每个单元有若干个节点,其中一些节点在单元内部,另外一些节点在边界上。单元仅仅通过在边界上的节点相互作用,每一个单元的特性用若干参数,如厚度、密度、刚度、剪切模量等表示,与每一个节点有关的参数有位移或自由度,这些自由度包括平移、旋转和轴向运动等。有限元方法最常用于详细研究大系统中的单独部件,对于更复杂的由运动方式各不相同的多种部件组成的系统,需要运用其它的方法,如多物体动力学方法(见下述)。有限元模型有不同用途,例如研究一个部件中的应力变化。图 4.20 表示了用 FEM 计算得到的应力分布。更详细的关于有限元方法的知识可参见 Rao(1999)和 Chopra(2007)的著作以及其它的此类教科书。

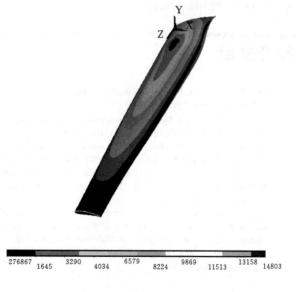

276867　1645　3290　4034　6579　8224　9869　11513　13158　14803

图 4.20　基于有限元方法的叶片应力分布;色度表示应力水平,任意单位

## 4.5.2　集中参数法

集中参数模型将一个非均匀的物体考虑成由数量相对较少的物体组成,并且各个物体的特征可以被简单地描

述。模型的特征可以只由物体的质量组成,或者也可以包括其它参数,如刚度。例如,风力机的驱动链实际是由若干转动部件组成,如风轮、转轴、齿轮和发电机转子。在模化驱动链时,通常用几个集中惯量和刚度表示其特性。可以参看 Chopra(2007)关于集中质量法使用的讨论。Myklestad 方法(4.3 节)实际上是集中参数法的一个示例。

### 4.5.3 模态分析法

模态分析是一种求解自由振动系统多自由度运动方程的方法。模态分析方法可将耦合运动方程转变为非耦合模态方程,它们可单独求解。得到每个模态方程的解然后相加(叠加)给出完全解。得到模态分析对于经典阻尼线性系统是最有用的(经典阻尼指的是同样阻尼原理施加在整个结构上)。模态分析的详细介绍可以参看 Fertis(1995)或 Chopra(2007)的著作。进行模态分析时,首先需要将感兴趣的结构概念性地分成几个可分析的部分。然后对这些部分进行预分析,以确定若干个固有频率和模态振型,这些固有频率和模态振型可以应用基本技术获得,如 Euler 或 Myklestad 方法(参看 4.3 节),或更详细的有限元技术。

### 4.5.4 多物体分析法

多物体分析指的是对多于一个部件或"物体"的机械系统建立运动模型。物体是一个较大结构可识别的子部分,它们内部是相对均匀的。例如,风力机包含锥形的或扭转的梁(如叶片或塔架),各种其它的锥形部件,连轴器、发电机和齿轮等。物体相互之间可能以各种方式运动。物体可能是刚性的或柔性的,物体通过相互有一定约束的连接件连接在一起。需要注意,多物体系统对物体特性的描述比集中参数模型详细得多。多物体方法需建立具有约束的多物体的动力学方程。然后对这些方程通过合适的数值技术求解。多物体分析源于经典力学,是牛顿第二定律的扩展应用,但它随着时间逐渐变得更加复杂和丰富。更详细的内容可以参看各种教科书,如 Shabana(2005)。

## 参考文献

Beer, F. P., Johnston, E. R., Jr., DeWolf, J. and Mazurek, D. (2008) *Mechanics for Engineers*, 5th edition. McGraw Hill Book Co., New York.

Chopra, A. K. (2007) *Dynamics of Structures: Theory and Application to Earthquake Engineering*, 3rd edition. Pearson Prentice Hall, Upper Saddle River, NJ.

Den Hartog, J. P. (1961) *Mechanics*. Dover Publications, New York.

Eggleston, D. M. and Stoddard, F. S. (1987) *Wind Turbine Engineering Design*. Van Nostrand Reinhold, New York.

Fertis, D. G. (1995) *Mechanical and Structural Vibrations*. John Wiley & Sons, Inc., New York.

Meriam, J. L. and Kraige, L. G. (2008) *Engineering Mechanics: Vol. 1, Statics. Engineering Mechanics: Vol. 2, Dynamics*. John Wiley & Sons, Inc., New York.

Pytel, A. and Singer, F. L. (1987) *Strength of Materials*, 4th edition. Harper and Row, New York.

Rao, S. S. (1999) *The Finite Element Method in Engineering*, 3rd edition. Butterworth-Heinemann, Boston.

Shabana, A. A. (2005) *Dynamics of Multibody Systems*, 3rd edition. Cambridge University Press. Cambridge.

Thomson, W. T. and Dahleh, M. D. (1997) *Theory of Vibrations with Applications*, 5th edition. Prentice-Hall, Englewood Cliffs, NJ.

# 第 **5** 章

# 风力机电气部分

## 5.1 概述

电与现代风力机在许多方面有关联,最明显的例子是,大部分风力机的基本功能就是产生电能。因而,很多电力系统工程问题与风力发电机组中的问题直接对应。这些问题包括风力发电机组本身电能的生产以及以发电机电压进行电能的传递、向较高电压的变换、与电力线的相互联接、电能传输、电能分配、最终用户使用等等。大多数风力机的运行、监测和控制都用到电。现场评估和数据收集及分析时也用到电。对独立电网或弱电网,或者由大量风力发电机组构成的系统,电能的储蓄也是一个需要关注的问题。最后,雷电是一个自然出现的电现象,对风力发电机组的设计、安装和运行具有十分重要的影响。

表 5.1 中归纳了电对风力机设计、安装及运行具有重要影响的几个主要方面。

**表 5.1　风电中电的重要作用示例**

| 电能生产 | 发电机 | 电能储蓄 | 蓄电池 |
|---|---|---|---|
| | 电力电子变流器 | | 整流器 |
| | | | 逆变器 |
| 联接及配电 | 电力电缆 | 雷电保护 | 接地 |
| | 开关装置 | | 避雷针 |
| | 断路器 | | 安全通路 |
| | 变压器 | | |
| | 电能质量 | | |
| 控制 | 传感器 | 终端负载 | 照明 |
| | 控制器 | | 加热 |
| | 偏航或变桨电动机 | | 电动机 |
| | 电磁线圈 | | |
| 现场监测 | 数据测量及记录 | | |
| | 数据分析 | | |

本章包括两个主要部分。首先是对基本原理的概述;其次是对与风力发电机组本身有关问题的描述,特别是发电机和功率变流器。发电机与电网的联接以及与整体系统相关的问题在第 9 章中讨论。

基本原理概述的重点是交流电(AC)。交流电问题包括相量、有功和无功功率、三相功率、电磁学基础以及变压器。与风力发电机组有关的问题包括常用发电机的类型、发电机启动及整步、功率变流器和辅助电气设备。

## 5.2 电力基本概念

### 5.2.1 电学基础

本章认为读者已经具备了电学包括直流(DC)电路基本原理的知识。基于此假设,这里对直流电路问题不做详细讨论。想了解更多关于直流电路知识的读者,可以参考其它资料,例如 Nahvi 和 Edminster (2003)所著的书。假设读者熟悉的具体内容包括:

- 电压;
- 电流;
- 电阻;
- 电阻率;
- 导体;
- 绝缘体;
- 直流(DC)电路;
- 欧姆定律(Ohm's Law);
- 电功率和电能;
- 基尔霍夫(Kirchhoff)回路定律和节点定律;
- 电容;
- 电感;
- RC 和 RL 电路的时间常数;
- 电阻的串/并联。

### 5.2.2 交流电

电力系统中最常用的电的形式是交流电(AC)。本教材认为读者对交流电路比较熟悉,因而仅归纳了交流电的关键点。交流电路中(稳态下),所有电压和电流按正弦方式变化,每一个周期有一个完整的正弦周波。正弦波的频率 $f$ 是每秒周波数,它是周期的倒数。在美国和西方很多国家,交流电的标准频率是 60 周波每秒(称为"赫兹",简记为 Hz),世界上其他大多数国家,交流电的标准频率是 50Hz。

交流电路中,瞬时电压 $v$ 可用下式描述:

$$v = V_{max}\sin(2\pi ft + \phi) \tag{5.1}$$

式中，$V_{max}$ 为电压的最大值，$t$ 为时间，$\phi$ 为相位角。

相位角表示正弦曲线相对于相位角为 0 的正弦波的角位移，相位角之所以重要是因为虽然电压和电流均为正弦，但并不是彼此必然同相。在交流电路分析中，从假设某一个正弦曲线有 0 相位角开始，然后求取其它正弦曲线相对于这一参考曲线的相位角，这样做通常很有益处。

电压的一个重要累计度量是它的均方根值（rms）[①]$V_{rms}$

$$V_{rms} = \sqrt{\frac{1}{T}\int_0^T v^2\,\mathrm{d}t} = V_{max}\sqrt{\frac{1}{T}\int_0^T \sin^2(2\pi ft)\,\mathrm{d}t} = V_{max}\frac{\sqrt{2}}{2} \tag{5.2}$$

式中，$T$ 为周期，且 $T = 1/f$。注意到纯正弦波电压的有效值为最大值的 $\sqrt{2}/2$ 或者说 70%。电压有效值通常用来代表电压的大小，因而 $|V| = V_{rms}$。

### 5.2.2.1　交流电路中的电容

电容器中流过的电流正比于其上电压的微分。因此，如果电容器上的电压为 $v = V_{max}\sin(2\pi ft)$，则电流瞬时值 $i$ 为：

$$i = C\frac{\mathrm{d}v}{\mathrm{d}t} = 2\pi f\,V_{max}C\sin(2\pi ft + \pi/2) \tag{5.3}$$

式中，$C$ 为电容值。公式（5.3）可以改写为：

$$i = I_{max}\sin(2\pi ft + \pi/2) \tag{5.4}$$

式中，$I_{max} = V_{max}/X_C$，而 $X_C = 1/(2\pi fC)$。$X_C$ 称为容性电抗[②]。电抗与直流电路中的电阻有点儿类似。注意当电流随时间变化时，其正弦曲线有超前于电压正弦曲线 $\pi/2$ 弧度的相移，因而说容性电路中的电流超前于电压。

### 5.2.2.2　交流电路中的电感

电感中的电流正比于电压的积分。可以得出电感中电压与电流的关系为：

$$i = \frac{1}{L}\int v\,\mathrm{d}t = \frac{V_{max}}{2\pi fL}\sin(2\pi ft - \pi/2) \tag{5.5}$$

式中，$L$ 为电感值。类似于电容器中电流的表达式，公式（5.5）可以改写为：

$$i = \frac{V_{max}}{X_L}\sin(2\pi ft - \pi/2) \tag{5.6}$$

式中，$X_L$ 为感性电抗[③]（$X_L = 2\pi fL$）。注意感性电路中电流滞后于电压。

### 5.2.2.3　相量

具有不同相位关系的正、余弦量的处理可能会相当复杂，庆幸的是，只要频率恒定，这一过程可以被大大简化，而频率恒定是大多数交流电力系统的通常情况（注意：暂态性能需要更复杂的分析方法）。处理过程用到了相量，概括介绍如下。

相量的应用涉及到用复数来表示正弦量。例如，公式（5.1）中的电压可以用相量表示为：

$$\hat{V} = V_{rms}\mathrm{e}^{\mathrm{j}\phi} = a + \mathrm{j}b = V_{rms}\angle\phi \tag{5.7}$$

---

① 有效值。——译者注

② 容抗。——译者注

③ 感抗。——译者注

黑体和抑扬符号用来代表相量。这里 $j = \sqrt{-1}$，$\angle$ 代表相量和实轴之间的角度，$\phi$ 为相位角，而

$$a = V_{rms}\cos(\phi) \tag{5.8}$$

$$b = V_{rms}\sin(\phi) \tag{5.9}$$

图 5.1 描绘了一个相量。注意：相量可以在直角坐标系或极坐标系中等效描述。

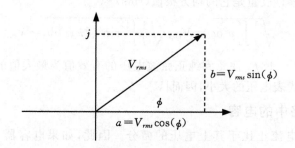

图 5.1  相量

这一表示方法中隐含了频率。可以用如下关系式重新恢复到时序波形：

$$v(t) = \sqrt{2}\,\mathrm{Re}\{V_{rms}\,\mathrm{e}^{\mathrm{j}\phi}\,\mathrm{e}^{\mathrm{j}2\pi ft}\} \tag{5.10}$$

式中，$\mathrm{Re}\{\ \}$ 意味着只用到实部。如前所述，$\mathrm{e}^{\mathrm{j}\phi} = \cos(\phi) + \mathrm{j}\sin(\phi)$。

与此类似，电流可以用相量 $\hat{\boldsymbol{I}}$ 来表达，$\hat{\boldsymbol{I}}$ 用 $I_{rms}$ 和电流的相位来确定。

采用相量时可以应用一些规则，归纳于后。注意：有时采用直角坐标形式较方便，而有时采用极坐标形式更方便。从定义两个相量 $\hat{\boldsymbol{A}}$ 和 $\hat{\boldsymbol{C}}$ 开始。

$$\hat{\boldsymbol{A}} = a + \mathrm{j}b = A_m\mathrm{e}^{\mathrm{j}\phi_a} = A_m\angle\phi_a \tag{5.11}$$

$$\hat{\boldsymbol{C}} = c + \mathrm{j}d = C_m\mathrm{e}^{\mathrm{j}\phi_c} = C_m\angle\phi_c \tag{5.12}$$

式中，

$$\phi_a = \tan^{-1}(b/a) \tag{5.13}$$

$$\phi_c = \tan^{-1}(d/c) \tag{5.14}$$

$$A_m = \sqrt{a^2 + b^2} \tag{5.15}$$

$$C_m = \sqrt{c^2 + d^2} \tag{5.16}$$

相量的加、乘和除运算规则为：

相量相加

$$\hat{\boldsymbol{A}} + \hat{\boldsymbol{C}} = (a + c) + \mathrm{j}(b + d) \tag{5.17}$$

相量相乘

$$\hat{\boldsymbol{A}}\,\hat{\boldsymbol{C}} = A_m\angle\phi_a\,C_m\angle\phi_c = A_mC_m\angle(\phi_a + \phi_c) \tag{5.18}$$

相量相除

$$\frac{\hat{\boldsymbol{A}}}{\hat{\boldsymbol{C}}} = \frac{A_m\angle\phi_a}{C_m\angle\phi_c} = \frac{A_m}{C_m}\angle(\phi_a - \phi_c) \tag{5.19}$$

相量的更详细讨论在大多数有关交流电路的教材中都可以找到,例如 Brown 和 Hamilton(1984)所著教材。也有很多互联网站提供了相量和电路其它方面的有用信息,其中之一是 http://www.ece.ualberta.ca/~knight/ee332/fundamentals/f_ac.html。

### 5.2.2.4　复阻抗

交流等效阻抗是复阻抗 $\hat{Z}$,复阻抗考虑了电阻和电抗。阻抗可以用来通过电压相量确定电流相量,反之亦然。阻抗由实部(电阻)和虚部(感性或容性电抗)组成。电阻性阻抗用 $\hat{Z}_R = R$ 给出,其中 $R$ 为电阻。感性阻抗和容性阻抗分别用 $\hat{Z}_L = j2\pi fL$ 和 $\hat{Z}_C = -j/(2\pi fC)$ 给出,其中 $f$ 是单位为赫兹的交流频率。注意:完全是电阻性的电路其阻抗等于电阻,完全是感性或容性的电路其阻抗等于电抗。也要注意:感性和容性阻抗与交流系统电压波动的频率有关。

交流电路中电压、电流和阻抗间的关联规则与直流电路中类似。

欧姆定律

$$\hat{V} = \hat{I}\hat{Z} \tag{5.20}$$

阻抗串联

$$\hat{Z}_S = \sum_{i=1}^{N} \hat{Z}_i \tag{5.21}$$

阻抗并联

$$\hat{Z}_P = 1/\sum_{i=1}^{N} (1/\hat{Z}_i) \tag{5.22}$$

式中,$\hat{Z}_S$ 是 $N$ 个阻抗($\hat{Z}_i$)串联的等效阻抗,而 $\hat{Z}_P$ 是 $N$ 个并联阻抗的等效阻抗。基尔霍夫定律同样适用于具有复阻抗电路的电流和电压相量。

### 5.2.2.5　交流电路中的功率

像直流电路中的做法一样,通过测量交流电路中的电压有效值 $V_{rms}$ 和电流有效值 $I_{rms}$,并将两者相乘,就能得到视在功率 $S$。即:

$$S = V_{rms}I_{rms} \tag{5.23}$$

然而,视在功率是以伏安(VA)为单位来度量,且易引起一些误解,尤其是它可能既不与所消耗的有功功率(对负载而言)相对应,也不与所产生的有功功率(对发电机而言)相对应。

有功功率 $P$ 由视在功率与电压和电流间相位角的余弦相乘得到,因而有功功率为:

$$P = V_{rms}I_{rms}\cos(\phi) \tag{5.24}$$

有功电功率以瓦(W)为单位来度量。

电流在感性或容性电抗中流动不会产生有功功率,但确实会产生无功功率 $Q$。无功功率为:

$$Q = V_{rms}I_{rms}\sin(\phi) \tag{5.25}$$

无功功率以"无功伏安-乏"(VAR)为单位来度量,它之所以重要是因为在系统中某处必定要产生。例如,在发电机中产生磁场的电流就对应着对无功功率的需求。由于线路电阻的存在,无功电流也会导致配电或输电线路上的线路损耗增大。

电路或装置的"功率因数"描述了视在功率中有功功率所占的分量,因而,功率因数简单说就是有功功率与视在功率的比率。例如,功率因数 1 意味着所有功率都是有功功率。功率因数通常定义为电压和电流间相位角的余弦值 $\cos(\phi)$,这一量准确的叫法是相位移功率因数。在具有正弦电流和电压的电路中,功率因数的这两种形式等效。而对于具有非正弦电流和电压的电路,相位移功率因数并不适用。

电流和电压之间的相位角称为功率因数角,因为它是确定功率因数的基础。重要的是要注意到功率因数角既可能为正也可能为负,与电流正弦波是超前还是滞后于电压正弦波相对应,这一相位关系在前文已做了讨论。据此,如果功率因数角为正,就说功率因数超前;如果功率因数角为负,则功率因数为滞后。

具有电阻和电容的电路中电压、电流和视在功率波形间关系的一个例子示于图 5.2。就本例来说,电流和电压有 45° 相位差,因而功率因数为 0.707,电流正弦波领先于电压波,因而功率因数为超前。

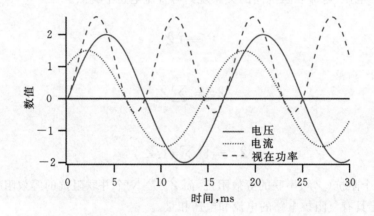

图 5.2 具有电阻和电容的电路中的交流电压 $v$、电流 $i$ 和视在功率 $vi$

下面是交流电路中利用相量进行计算的一个简单例子。考虑由一个交流电压源,一个电阻器,一个电感器和一个电容器全部串联为单回路的简单电路。电阻器的电阻为 $4\Omega$,电感器和电容器的电抗分别为 $j3\Omega$ 和 $-j6\Omega$,电压有效值为 $100\angle 0°$。问题为求取电流和电阻器中消耗的功率。

解:总阻抗 $\hat{Z}$ 为 $\hat{Z} = \hat{Z}_R + \hat{Z}_L + \hat{Z}_C = 4 + j3 - j6 = 4 - j3 = 5\angle -36.9°$,于是电流为 $\hat{I} = \hat{V}/\hat{Z} = 20\angle 36.9°$。功率可以按 $P = |\hat{I}|^2 R = 20^2 \cdot 4 = 1600$ W 或者 $P = |\hat{I}||\hat{V}|\cos(36.9°) = 1600$ W 计算。注意其中以相量绝对值等效相量有效值的用法。

### 5.2.2.6 三相交流电功率

电力生产及大型电气负载通常运行于三相电力系统。三相电力系统是指系统中供给负载的三个电压彼此具有 120°($2\pi/3$ 弧度)的固定相位差。各三相变压器、发电机和电动机均按两种方式的某一种来联结其绕组,联结方式有(1)Y(星形)和(2)△(三角形),如图 5.3 和图 5.4 所绘,绕组的外观与其名称相对应。注意到 Y 形系统有 4 根导线(其中之一为中性线),而 △ 形系统有 3 根导线。

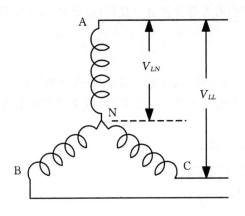

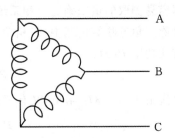

图 5.3　Y 形联结的绕组。$V_{LN}$ 和 $V_{LL}$ 分别为线-中线
和线-线电压

图 5.4　△ 形联结的绕组

　　理想情况下,三相系统中的负载是对称的,这意味着各相阻抗均相等。如果是理想负载情况,再假设三相电压有相等的幅值,那么电流幅值彼此相等,但相与相之间像电压一样相位差 120°。三相系统中的电压可以是线-中线电压($V_{LN}$)或者是线-线电压($V_{LL}$),也可以称作线电压($V_{LL}$)或者相电压(负载或绕组上的电压 $V_{LN}$)。负载接线端外导体中的电流称为线电流,流过负载的电流称为负载电流或相电流。一般来说,在对称 Y 形联结负载中,线电流和相电流相等,中线电流为 0,线-线电压 $V_{LL}$ 为线-中线电压 $V_{LN}$ 乘以 $\sqrt{3}$。在对称 △ 形联结负载中,线电压和相电压相等,而线电流是相电流乘以 $\sqrt{3}$。图 5.5 描绘了一个 Y 形联结的三相负载,假设三相负载对称,各相阻抗均为 $\hat{Z}$。

　　如果已知一个三相系统对称,则这个三相系统就可以用一个单相等效电路来表征。这一方法假设负载为 Y 形联结,每相阻抗都等于 $\hat{Z}$(对阻抗采用适当的 Y-△ 变换,取 $\hat{Z}_Y = \hat{Z}_\triangle/3$,则也可以用 △ 形联结的负载)。一相等效电路是三相四线 Y 形联结电路中的一相,所不同的是采用的电压为线-中线电压,且假设电压初始相位角为 0。一相等效电路示于图 5.6。

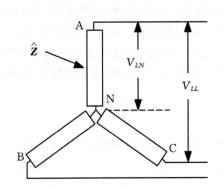

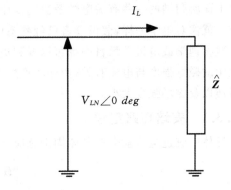

图 5.5　Y 形联结负载。$V_{LN}$ 和 $V_{LL}$ 分别为线-中线和线-线电压;$\hat{Z}$,阻抗

图 5.6　一相等效电路。$I_L$,三相系统中的线电流;$V_{LN}$,线-中线电压;$\hat{Z}$,阻抗

三相电路的更详细介绍，可以在有关电力工程的大部分教材中找到，包括 Brown 与 Hamilton(1984)和 Chapman(2001)所著教材。

**三相负载中的功率**

根据容易测取的量来确定三相系统中的功率最便捷，这些量一般是线-线间电压差和线电流。在对称三角形联结负载中，每相功率是总功率的三分之一。采用线-线电压和相电流 $I_P$，则每相有功功率 $P_1$ 为：

$$P_1 = V_{LL} I_P \cos(\phi) \tag{5.26}$$

由于线电流由 $I_L = \sqrt{3} I_P$ 给出，又有三相，总的有功功率就为：

$$P = \sqrt{3} V_{LL} I_L \cos(\phi) \tag{5.27}$$

同样，总的三相视在功率和无功功率为：

$$S = \sqrt{3} V_{LL} I_L \tag{5.28}$$

$$Q = \sqrt{3} V_{LL} I_L \sin(\phi) \tag{5.29}$$

以上三相功率计算式也适用于对称 Y 形联结负载。非对称负载中功率的计算超出了本书的范围，有兴趣的读者可参考有关电力系统工程的书籍以获取更多信息。

### 5.2.2.7 电压等级

交流电的主要优点之一就是其电压高低可以很容易地用电力变压器来改变。以相对较低的电压来用电既方便又安全，但传输和分配时需变换为较高的电压等级。近似地来看，电能在变换过程中守恒，因而当电压升高时电流就会减小，这样就减小了传输线或配电线的损耗，使得可以用更细更便宜的导线。

风力发电机一般以 480 V(美国)或 690 V(欧洲)生产电力，而风力发电机组通常是连接到电压范围为 10～69 kV 的输配电线路上。参见第 9 章更多有关电网及发电机与电网联接的内容。

## 5.2.3 电磁学基础

上面所归纳的一些有关电学及决定变压器和电机运行的基本法则，都是电磁学的物理学内容。就像对电学一样，假设读者已经熟悉电磁学的一些基本概念。将这些原理归纳于后，在大多数物理学或电机学教材中都可以找到更详细的讨论。很快地浏览一下就应该注意到，电磁铁中的磁场强度与电流有关；由磁场产生的力与磁通密度有关。这取决于磁场所在处的材料性质以及磁场强度大小。

### 5.2.3.1 安培环路定理

导体中流过电流就会在导体周围感应出强度为 $\boldsymbol{H}$ 的磁场，用安培环路定理描述为：

$$\oint \boldsymbol{H} \cdot \mathrm{d}l = I \tag{5.30}$$

该定理将导体中的电流 $I$ 和磁场强度沿围绕导体的路径 $l$ 的线积分相关联。

### 5.2.3.2 磁通密度和磁通

磁通密度 $\boldsymbol{B}(\mathrm{Wb/m^2})$ 与磁场强度由磁场所在处材料的磁导率 $\mu$ 相关联：

$$\boldsymbol{B} = \mu \boldsymbol{H} \tag{5.31}$$

式中，$\mu = \mu_0 \mu_r$ 为磁导率(Wb/A-m)，可以表示为两项的乘积：$\mu_0$ 为自由空间的磁导率，$4\pi \times 10^{-7}$ Wb/A-m；$\mu_r$ 为材料的无量纲相对磁导率。

非磁性材料的磁导率接近于自由空间的磁导率，因此其相对磁导率 $\mu_r$ 接近于 1.0。铁磁材料的相对磁导率非常高，其范围在 $10^3$ 到 $10^5$ 之间，因而铁磁材料常用作变压器和电机绕组的铁心，以产生强磁场。

这些定理可用来分析用导线绕成的线圈中的磁场。流过线圈中的电流产生磁场，其强度正比于线圈中的电流和线圈匝数 $N$。最简单的情况就是螺线管，它是一个紧密绕成螺旋状的长导线。磁场的方向平行于螺线管的轴线。运用安培定理，可以确定出长度为 $L$ 的螺线管内部的磁通密度的大小为：

$$B = \mu I \frac{N}{L} \tag{5.32}$$

线圈内部横截面上的磁通密度相对恒定。

磁通 $\Phi$(Wb)是磁场的磁通密度与其所穿过的横截面积 $A$ 的乘积的积分：

$$\Phi = \int \boldsymbol{B} \cdot \mathrm{d}\boldsymbol{A} \tag{5.33}$$

注意到通过点乘，积分既考虑了磁通密度所穿过面积的方向，也考虑了磁通密度本身的方向。例如，线圈中的磁通正比于磁场强度和该线圈的横截面积 $A$：

$$\Phi = BA \tag{5.34}$$

### 5.2.3.3　法拉第定律

变化的磁场将在处于磁场内的导体中感应电动势(EMF，或感应电压)$E$，用法拉第感应定律描述为：

$$E = -\frac{\mathrm{d}\Phi}{\mathrm{d}t} \tag{5.35}$$

注意上式中的负号，它体现了所观察到的现象，即感应电流流动方向是反抗产生它的磁场的变化(楞次定理)。也要注意，本书中符号 $E$ 用于代表感应电压，而 $V$ 用于表示用电装置的端电压。

根据法拉第定律，处于变化磁场中的线圈里将有 EMF 感应产生，其正比于线圈匝数：

$$E = -\frac{\mathrm{d}(N\Phi)}{\mathrm{d}t} \tag{5.36}$$

其中 $\lambda = N\Phi$ 项通常称为线圈中的磁链。

### 5.2.3.4　感应力

有磁场存在时，导体中流动的电流将产生作用在导体上的感应力，这是电动机的基本特征。与此对应，强迫导体经过磁场运动，将在其中感应电流，这是发电机的基本特征。无论哪种情况，增量长度 $\mathrm{d}l$(矢量)导体上的力 $\mathrm{d}\boldsymbol{F}$、电流和磁场 $\mathrm{d}\boldsymbol{B}$ 由以下矢量式相关联：

$$\mathrm{d}\boldsymbol{F} = I\mathrm{d}l \times \mathrm{d}\boldsymbol{B} \tag{5.37}$$

注意式(5.37)中的叉乘($\times$)，它意味着当感应力最大时导体与磁场成直角，力也沿垂直于磁场和导体的方向。

### 5.2.3.5 磁阻

对理解像变压器和旋转电机等一些电气转换装置,"磁阻"是一个很有用的概念。首先,在这类装置的磁路中,驱动磁通的量是线圈匝数 $N$ 和电流 $i$ 的乘积,这一乘积 $Ni$ 有时称为磁动势(MMF)。磁阻是 MMF 与磁通的比值,可以想象为对 MMF 产生磁通的阻力。一般来说,磁阻正比于磁通所经过路径的距离,反比于材料的相对磁导率。磁性材料的相对磁导率通常大约比空气的相对磁导率大 $10^4$ 倍。电机中,磁通从静止部分通过气隙流到旋转部分,一般要使气隙尽可能窄,这一点很重要。某些情况下,转子的结构会引起旋转时磁阻的变化,磁阻的这一变化可以作为一些类型发电机的优点(参见 5.4.7 节)。

### 5.2.3.6 附加因素

在实际电磁装置中,附加因素也影响其性能,包括漏磁和涡流损耗,以及饱和与磁滞的非线性效应。

磁场绝对不可能被完全精确地限定在所需要的区域,以使其仅做有用功。因此,总是存在各种损失,包括变压器和电机中的漏磁损失。漏磁损失的影响是使得相同电流下的磁场比理想情况下所能期望得到的值要低,或者反过来说,为得到给定大小的磁场就需要额外的电流。涡流是正在经受交变磁场的装置某些部分中所感应的电流,它实际上是次生的,一般并不希望出现。所有这些都带来能量损失。

铁磁材料,例如电机中所用的铁磁材料,通常具有非线性特性。例如磁通密度 $B$ 并不总是与磁场强度 $H$ 成正比,尤其在较高磁场强度下更是如此。即使 $H$ 在增加,在某些点 $B$ 也会停止增加,这一现象称为饱和。磁性材料的特性一般用磁化曲线给出,图 5.7 所示即为一个这样的曲线。

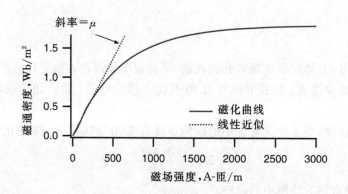

图 5.7　磁化曲线样本。$\mu$,磁导率

影响电机设计的另一个非线性现象称为磁滞。磁滞现象描述了材料已经被部分磁化的一个普遍情况,即当按照与 $H$ 增加时相同的方式而减小 $H$ 时,$B$ 也不会按照与 $H$ 增加时相同的方式随 $H$ 变化。

## 5.3　电力变压器

　　电力变压器是所有交流电力系统中的重要组成部分。大多数风力发电机组装置中至少有一台变压器，以将所产生的交流电转换成风力发电机所联接的本地电网的电压。此外，现场可能还要用到其它变压器来得到适当等级的电压供给各种附属设备(照明、监控系统、工具、压缩机等等)。变压器以其视在功率(kVA)来标定容量等级。配电变压器一般的容量范围为 5～50 kVA，容量也可能更大，这取决于其使用场合。变电所用变压器容量一般在 1 000kVA 到 60 000 kVA 之间。

　　变压器是一种两个或更多线圈(绕组)通过互磁通耦合的装置。变压器通常由多匝导线绕包在叠片状金属铁心上构成。最普遍的情况是变压器有两个绕组，其中一个称为一次绕组，另一个称为二次绕组。导线通常是铜线，线规的选择要使电阻最小。铁心由叠压的金属薄片组成，金属叠片用绝缘隔离以使铁心中流通的涡流最小。

　　变压器的工作原理是基于法拉第感应定律(参见 5.2.3.3 节)。理想变压器是指变压器：(1)绕组中没有损耗；(2)铁心中没有损耗；(3)没有漏磁。图 5.8 中绘出了理想变压器的电路图。

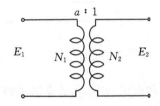

图 5.8　理想变压器。$a$，变比；$E$，感应电压；$N$，匝数。
下标 1 和 2 分别对应一次和二次绕组

　　假设 $E_1$ 施加于一次侧有 $N_1$ 匝线圈、二次侧有 $N_2$ 匝线圈的理想变压器的一次侧。一次侧和二次侧电压的比值等于绕组匝数之比：
$$E_1/E_2 = N_1/N_2 = a \tag{5.38}$$
参数 $a$ 称为变压器的"变比"。

　　一次侧和二次侧电流与绕组匝数成反比(由于要保持功率或乘积 $IV$ 不变，必须如此)：
$$I_2/I_1 = N_1/N_2 = a \tag{5.39}$$
实际或非理想变压器的铁心和绕组中确实有损耗，也有漏磁。非理想变压器可以用图 5.9 所示的电路来表示。

　　图 5.9 中 $R$ 指电阻，$X$ 指电抗，1 和 2 分别指一次和二次绕组。$R_1$ 和 $R_2$ 分别代表一次和二次绕组的电阻；$X_1$ 和 $X_2$ 分别代表两个绕组的漏电抗。下标 $M$ 指励磁电抗，而下标 $c$ 指铁心电阻。$V$ 指端部电压，$E_1$ 和 $E_2$ 是一次和二次绕组感应电压，其比值为变比。

　　变压器任一侧绕组的参数均可以折算到一侧(或者从一侧来观察)。图 5.10 绘出了变压器折算到一次侧的等效电路。

　　无论是否带负载，变压器都将吸取电流，也就会有与此电流相关的损耗，而功率因数总是

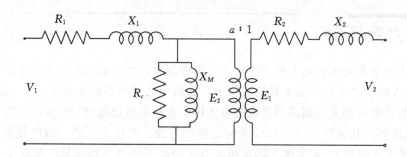

图 5.9　非理想变压器。图中符号参见正文

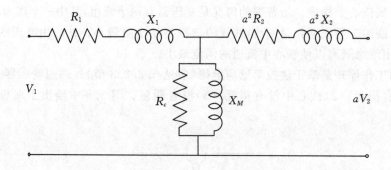

图 5.10　折算到一次绕组的非理想变压器。图中符号参见正文

滞后。如果已知图 5.10 中的电阻和电抗,就可以估算损耗和功率因数的量值。这些参数可以用两个试验来计算:(1)测量空载(其中一个绕组开路)时的电压、电流和功率;(2)测量其中一个绕组短路时的电压、电流和功率。后一个试验在降低电压下进行以防止烧坏变压器。大多数电机学教材都会较详细地描述这些试验,例如参见 Nasar 和 Unnewehr (1979)所著教材。

　　这里值得注意的是,变压器的等效电路与感应电机的等效电路在很多方面相似。感应电机的等效电路在 5.4.4 节讨论。感应电机在许多风电机组中用作发电机。

## 5.4　电机

　　发电机将机械功率转换为电功率,电动机将电功率转换为机械功率。发电机和电动机常常统称为电机,因为电机通常可以或者以发电机运行或者以电动机运行。风力发电机组中最常碰到的是用作发电机的电机。感应发电机和同步发电机是两种最常用的发电机型式,此外,一些小型风电机组会采用直流发电机。接下来的一节将讨论电机的一般原理,然后将重点放在感应发电机和同步发电机。

### 5.4.1　简单电机

　　如图 5.11 所示这样的最简单电机的运行,可以彰显大多数电机的很多重要特性。

　　在此简单电机中,两个磁极(或者说一对极)产生磁场。导线回路为电枢,电枢可以旋转。

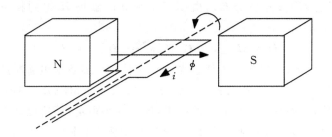

图 5.11　简单电机。$i$,电流;$\Phi$,磁通;N,磁场北极,S,磁场南极

假设有电刷和滑环或者换向器存在,以使得电流从相对静止的部件流向旋转部件。(换向器是改变电流方向的装置。直流发电机中的换向器用于将交流变为直流。)如果电枢中流过电流,就会产生作用在导线上的力。左边导线上的力向下,右边导线上的力向上,于是这两个力就产生转矩,使得电机作为电动机运行。在此电机中,当电枢回路处在水平位置时转矩最大,而当电枢回路在垂直位置时转矩最小(为 0)。

与此相反,假设导线中最初没有电流,但使电枢回路在磁场中旋转,依据法拉第定律,导线中会产生电动势。如果回路是某一完整电路的一部分,则将有电流流动,此时电机作为发电机运行。一般来说,电流或电动势、速度、磁场以及力的方向由叉乘关系来确定。

当采用滑环时,是用两个金属环安装在电枢转轴上,其中一个滑环与电枢线圈的一端相连接,另一个滑环与线圈的另一端相连接。滑环上的电刷使得电流流向负载。电枢旋转时,电动势的方向取决于导线在磁场中所处的位置。事实上,如果电枢以固定速度旋转,电动势将按正弦变化,此种方式下,此简单电机作为交流发电机运行。同样地,在电动机方式下,力(因而也就是转矩)在每一转中自身按正弦规律变化。

此电机的简易换向器将有两个换向片,每一个换向片跨过电枢的 180°。电刷在某一时刻仅与一个换向片接触,但在每一转中换向片-电刷的配对本身将轮换一次。这样,感应电动势就由一系列半正弦波组成,所有半正弦波的符号相同。在电动机方式下,转矩将始终沿相同方向。换向器原理是传统直流电动机和发电机的基础。

实际电机在很多方面与此简单电机相似,但也有一些重要差别:

- 除了用永磁体提供磁场外,电机中磁场一般用电励磁来产生;
- 磁极通常是在电机的旋转部分(转子)上,而电枢是在静止部分(定子)上;
- 也存在由电枢产生的磁场,电枢磁场与转子磁场相互影响。通常,合成磁场是电机性能分析中需重点考虑的。

## 5.4.2　旋转磁场

即使绕组是静止不动的,通过绕组的适当放置,电机中也可能建立旋转磁场,这一特点构成了大多数交流电机设计的重要基础。特别要指出的是,正是定子旋转磁场与转子磁场的相互作用决定了电机的运行特性。

旋转磁场原理可按多种不同方式来推得,但需要注意的关键点是:(1)定子绕组间隔 120°(2π/3 弧度)放置;(2)各相磁场大小按正弦规律变化,各相电流彼此相位差 120°;及(3)绕组的布置使得各相磁场沿圆周按正弦分布。根据三个独立的磁场 $H_i$ 得到相量形式的合成磁场 $H$ 为：

$$H = H_1 \angle 0 + H_2 \angle 2\pi/3 + H_3 \angle 4\pi/3 \qquad (5.40)$$

带入电流的正弦变化，并引入一个任意常数 $C$ 来体现出磁场由电流所产生，就有：

$$H = C[\cos(2\pi ft)\angle 0 + \cos(2\pi ft + 2\pi/3)\angle 2\pi/3 + \cos(2\pi ft + 4\pi/3)\angle 4\pi/3]\ (5.41)$$

进行代数运算后，就得到了一个有趣的结果，$H$ 的大小恒定，其角位置为 $2\pi ft$ 弧度。后者就意味着磁场以 $f$ 转每秒的恒定速度旋转，与电气系统频率相同。已经准备了对上述结果图形化演示的动画程序，互联网的很多网站上都可获得此程序，其中一个网址是 http://www. uno. it/utenti/tetractys/askapplets/RotatingField1. htm。

上述讨论隐含着每相为一对磁极，完全有可能通过绕组的布置来形成每相有任意极对数。增加极数，合成旋转磁场将转得更慢。空载下，电机的转子将以与旋转磁场相同的速度旋转，旋转磁场的速度称为同步速度。同步速度一般为：

$$n = \frac{60f}{P/2} \qquad (5.42)$$

式中，$n$ 为同步速度，单位 r/min；$f$ 为交流电源的频率，单位 Hz；$P$ 为极数。

例如，上式意味着任意一台两极交流电机，联接到 60 Hz 电网，空载下将以 3600 r/min 旋转，4 极电机将以 1800 r/min 旋转，6 极电机以 1200 r/min 旋转，等等。这里值得注意的是，风力发电机大多为 4 极电机，因而联接到 60 Hz 电力系统时有 1800 r/min 的同步速度。在 50 Hz 系统中，这样的发电机将以 1500 r/min 旋转。

### 5.4.3 同步电机

#### 5.4.3.1 同步电机概论

同步电机在大型枢纽电站电厂中用作发电机。在风电应用场合，同步电机偶见用于大型并网型风力发电机组，或者与电力电子变流器结合用于变速风力发电机组(参见 5.6 节)。采用永磁的一类同步电机也用于一些独立运行(离网型)风力发电机组(参见 5.4.6)，此时，在电力被输送到终端负载前，通常先将发电机的输出整流为直流。最后，同步电机可以用作自备交流电网电压控制的一个手段和无功功率源，此时同步电机称为同步调相机。

在最常见的型式中，同步电机由(1)转子上随转子旋转的磁场和(2)具有多个绕组的静止电枢所组成。转子上的磁场由励磁绕组中的直流电流(称为励磁)电励磁产生。直流励磁电流通常由一个安装在同步电机转轴上的小交流发电机提供，由于这一小发电机提供磁场励磁，因而称为"励磁机"。励磁机的磁场静止不动，其输出是在同步电机的转子侧。励磁机的输出就在转子侧整流为直流，直接送入同步电机的励磁绕组。另外，励磁电流也可以通过滑环和电刷输送到同步电机转子。无论采用哪种方式，同步电机的转子励磁电流都是由外部控制的。

简单地考察一下就可获知同步电机的内部工作机理。正如 5.4.2 所讨论的，假设定子上静止的绕组中已经建立起了一个旋转磁场，再假设转子上有第二个磁场。这两个磁场产生一个合成磁场，为两个磁场之和。如果转子以同步速度旋转，那么这两个旋转磁场之间就没有相对运动。如果两个磁场对齐，就没有力作用在两个磁场上来改变这种对齐状态。接下来，设想将转子磁场稍微移开定子磁场，就引起一个力，因而产生电磁转矩，此转矩趋于使磁场对齐。

如果外转矩持续施加到转子上,外转矩就将平衡电磁转矩,于是定子磁场和转子磁场之间就有一个恒定的角度,转子磁场与合成磁场之间也有一个恒定的角度,称为功角,用符号 $\delta$ 表示。因为功角随转矩的增加而增大,所以可以想象为弹簧或者其它东西也一样。重要的是要注意到,只要 $\delta>0$,电机就是发电机。如果输入转矩下降,功角可能会变成负的,电机就按电动机工作。有关这些关系的详细讨论超出了本教材的范围,而且就了解此处所关注的同步电机的运行来说,也不是必需的。大多数电机学教材中都给出了完整的推导,参见例如 Brown 和 Hamilton (1984)或者 Nasar 和 Unnewehr(1979)所著教材。

### 5.4.3.2  同步电机运行理论

接下来介绍同步电机运行的概况,以推导出的同步电机等效电路和两个电角度为基础。两个电角度为功率因数角 $\phi$ 和功角 $\delta$。

同步电机励磁绕组中的电流 $I_f$ 产生磁通。正如在 5.2.3 节所解释过的,磁通 $\Phi$ 由电机材料和绕组的匝数决定,但是先近似认为磁通正比于电流。

$$\Phi = k_1 I_f \tag{5.43}$$

式中,$k_1$ 为比例常数。静止的电枢中产生的电压[①] $E$ 与:(1)磁通和(2)旋转速度 $n$ 成正比:

$$E = k_2 n \Phi \tag{5.44}$$

式中,$k_2$ 为另一个比例常数。此电动势引起电流在电枢绕组中流过。

发电机电枢绕组是一个电感线圈,可以用一个电抗 $X_S$,称为同步电抗,和一个小电阻 $R_S$ 来表示。当旋转速度(因而也是电网频率)恒定时,电抗有一个恒定值。回想一下,$X_S = 2\pi fL$,其中 $L$ 为电感。同步阻抗为:

$$\hat{Z}_S = R_S + jX_S \tag{5.45}$$

与电抗相比,电阻通常很小,因而同步阻抗常常被近似为仅考虑电抗。

可以推得用于进行电机运行分析的等效电路,同步电机等效电路示于图 5.12。尽管在分析中经常将电阻忽略,但为完整起见,电路中仍包含了电阻 $R_S$。

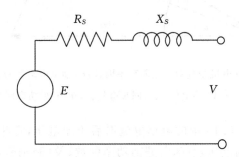

图 5.12  同步电机等效电路。$E$,静止电枢中的感应电动势;
$R_S$,电阻;$V$,端电压;$X_S$,同步电抗

等效电路可以用来推得图 5.13 和图 5.14 所示的相量关系。这些图描绘出了同步电机在

---

① 电动势。——译者注

具有滞后或超前功率因数时,由磁场感应出的励磁电动势($E$)、端电压($V$)和电枢电流($I_a$)之间的相位关系。通过先假设端电压,取参考相位角为 0,可以推画出这些相量图。用已知的视在功率和功率因数(滞后或超前),可以求得电流的大小和相位角。采用等效电路,也可以确定励磁电动势的大小和相位角。忽略电阻,与等效电路对应的方程为:

$$\hat{E} = \hat{V} + jX_s\hat{I}_a \tag{5.46}$$

根据定义,图 5.13 和图 5.14 中所示的功角 $\delta$ 是励磁电动势和端电压间的夹角。如前所述,它也是转子磁场与合成磁场间所夹的角度。

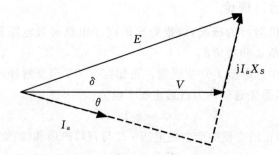

图 5.13　同步发电机相量图。滞后功率因数;$E$,励磁电动势;$I_a$,电枢电流;
$j = \sqrt{-1}$;$V$,端电压;$X_s$,同步电抗;$\delta$,功角;$\theta$,功率因数角

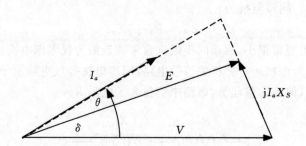

图 5.14　同步发电机相量图。超前功率因数;$E$,励磁电动势;$I_a$,电枢电流;
$j = \sqrt{-1}$;$V$,端电压;$X_s$,同步电抗;$\delta$,功角;$\theta$,功率因数角

　　要注意的问题是:(1)图 5.13 中的电枢电流滞后于端电压,意味着功率因数滞后;(2)图 5.14 中的电枢电流超前于端电压,意味着超前功率因数;及(3)励磁电动势超前于端电压,得到正的功角,这是发电机方式下电机所应该具有的关系。

　　如 5.2.3 节所解释的,参考图 5.13 和图 5.14,进行相量相乘运算,可以求得有功功率 $P$ 为:

$$P = \frac{|\hat{E}|\,|\hat{V}|}{X_s}\sin(\delta) \tag{5.47}$$

类似地,发电机输出的无功功率 $Q$ 为:

$$Q = \frac{|\hat{\boldsymbol{E}}||\hat{\boldsymbol{V}}|\cos(\delta) - |\hat{\boldsymbol{V}}|^2}{X_S} \tag{5.48}$$

值得强调的是,在端电压恒定(由其它发电机控制)的并网运行应用场合,同步电机可以作为无功功率源用,而无功功率可能是系统中负载所需。改变励磁电流就会改变励磁电动势 $E$,而有功功率保持恒定不变。对任意给定有功功率,在单位功率因数时电枢电流与励磁电流关系曲线将有最小值,此关系曲线的一个例子示于图 5.15,本例是针对有 2.4kV 线-中线端部电压的一台发电机。在发电机方式下,较大的励磁电流(因而励磁电动势较高)将导致滞后功率因数;较小的励磁电流(励磁电动势较低)会导致超前功率因数。实际上,励磁电流一般用来调节发电机的端电压,连接到同步发电机的电压调节器自动调整励磁电流以保持端部电压恒定。

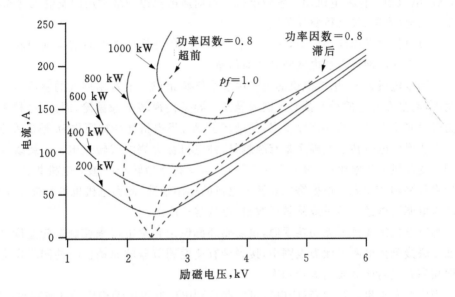

图 5.15　发电机方式下同步电机电枢电流与励磁电流的关系

另外需要考虑的就与同步电机的绕组细节有关。虽然也有一些为隐极转子,但大多数同步发电机为凸极。直轴和交轴术语对应于凸极电机。这些术语在电机学教材中有详细讨论,例如 Brown 和 Hamilton(1984)或者 Chapman (2001)所著教材。

### 5.4.3.3　同步电机起动

同步电机本质上不能自启动。在某些应用场合,电机用外部原动机带动到一定速度,然后整步到电网。对其它应用场合,需要电机有自启动能力,此时转子制造成嵌有"阻尼条",这些阻尼条使得电机能像感应电机一样启动(如下节所述)。在运行过程中,阻尼条也帮着阻尼电机转子的振荡。

无论怎样将同步电机提升到运行速度,关注点都应特别放在将发电机与它所要联接的电网整步上。在联接瞬间,转子的角位置与交流电网的电角度需要非常精确的匹配。整步从前是借助于灯光闪烁手动进行,但现在是用电子控制来实现。

采用同步发电机的风力发电机组通常用风来启动(不像很多采用感应发电机的风力发电机组,可以电动运行到需要的速度)。当风力发电机组要联接到已经供电的交流电网时,风力机速度的主动控制或许需要作为整步过程的一部分。在一些独立电网中,交流电是由柴油发电机上或者风力机上的同步发电机提供的,但不会是两者同时提供,这样就省去了对整步装置的需求。

### 5.4.4 感应电机

#### 5.4.4.1 感应电机概述

在大多数工矿企业及商业应用场合,感应电机(也称为异步电机)通常用作电动机。长久以来,人们就知道感应电机可以用作发电机,但直到 20 世纪 70 年代中期分布式发电出现以前,感应电机很少作发电机用。感应电机是目前风电机组中最常用的发电机型式,也用于其它分布式发电(水电、发动机驱动等)。

感应电机之所以应用广泛,是因为它们(1)具有简单且坚固的结构;(2)相对来说价格便宜;及(3)接入电网或者从电网断开相对简单。

与同步电机相似,感应电机的定子由多个绕组组成。最常用型式的感应电机中转子上没有绕组,而是在实心的叠片铁心中嵌入导条。导条使得转子像鼠笼,因此,这种类型的电机常称为(鼠)笼型电机。然而贯穿本书,笼型转子感应发电机往往被简称为"感应发电机"。

有些感应电机转子上确实是有绕组,这种电机称为绕线式转子电机。绕线式转子电机有时用于变速风力发电机组(参见 5.6.3 节)。与具有笼型转子的感应电机相比,绕线式转子电机较贵且坚固性较差。根据绕线式转子电机的使用情况,此类电机也可能被称作双馈电机,这是因为电能可能送入转子或从转子取出,也从定子取出。

感应电机需要外部无功功率源,也需要外部恒定频率电源来控制旋转速度,因此,感应电机通常联接到大电网。此类电网中,接到带有速度调节器的原动机上的同步发电机最终设定电网频率并供给所需要的无功功率。

当作为发电机运行时,感应电机可以联接到电网并以电动机启动升速到运行速度,或者用原动机加速到运行速度然后联接到电网。对任何一种方式,都有需要考虑的问题,本节后续内容中将讨论其中一些问题。

感应电机运行时功率因数通常很差。为改善功率因数,常在电机与电网的联接点或靠近联接点处接入电容。当电机作为发电机运行时,电容的选取要当心,特别是如果由于故障导致发电机失去了与电网的联接,则发电机必须不能"自励"。

感应电机在小电网或者甚至独立运行的场合可用作发电机。此时,为使其正确地运行,有时需要采取一些特殊措施。这些措施涉及到无功功率供给、维持频率稳定以及将静止的电机升速到运行速度。其中一些措施将在第 9 章讨论。

#### 5.4.4.2 感应电机运行理论

笼型感应电机运行理论可以归纳如下:

- 定子绕组的布置使得具有相位移的电流产生定子旋转磁场(如 5.4.2 节所述);
- 旋转磁场严格按同步速度旋转(例如,对 60 Hz 电网中的 4 极发电机,同步速 1800 r/min);
- 转子以稍微不同于同步速的速度旋转(因而在转子和定子磁场间有相对运动);
- 由于转子和定子磁场的速度差,旋转磁场在转子中感应电流,因而引起磁场;

- 转子的感应磁场和定子磁场相互作用,在端部引起电压升高(发电机方式下),电流从电机流出。

表征感应电机的一个特别重要的参数是滑差[①]$s$。转差率是同步速度$n_s$和转子运转速度$n$之差与同步速度之比:

$$s = \frac{n_s - n}{n_s} \tag{5.49}$$

当转差率为正时,电机为电动机;当转差率为负时,电机为发电机。转差率常常用百分数来表示,额定情况下的典型值大约为 2%。

所关心的感应电机大多数特性可以根据图 5.16 所示的等效电路来描述。等效电路及其所用到的关系式在大部分电机学教材中都有推导,这里将给出等效电路及关系式,但不做推导。

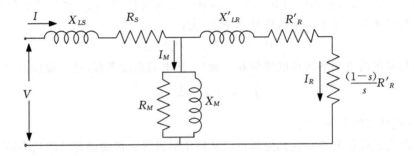

图 5.16　感应电机等效电路。符号见正文

图中,$V$ 是端电压;$I$ 是定子电流;$I_M$ 是励磁电流;$I_R$ 是转子电流;$X_{LS}$ 是定子漏电抗;$R_S$ 是定子电阻;$X'_{LR}$ 是转子漏电抗(折算到定子);$R'_R$ 是转子电阻(折算到定子);$X_M$ 为励磁电抗;$R_M$ 是与互感并联的电阻。注意转子参数带符号"′"表示通过考虑定、转子的匝数比,转子量被折算到了定子。

需特别注意的几项是:

- $X_M$ 总是比 $X_{LS}$ 和 $X'_{LR}$ 大得多;

- $\frac{1-s}{s}R'_R$ 项实质上是一个可变电阻,对电动机为正,对发电机为负;

- $R_M$ 是一个大电阻,常常被忽略。

各电阻和电抗的值可以通过试验求得。这些试验是:

- 定子电阻测量(用能够测量小电阻的欧姆表);

- 转子堵转试验(在近似额定电流和降低了的电压下测取电流、电压和功率);

- 空载电流和电压试验(在空载下测取电流、电压和功率);

- 机械试验以量化风阻损耗和摩擦损耗(描述见后)。

---

① 转差率。——译者注

感应电机参数的测量在很多电机学书中都有介绍。空载试验中,转差率非常接近于 0,因而图 5.16 所示电路右侧回路中的电阻 $R'_R/s$ 非常大,该回路中的电流可以忽略,从电压、电流和功率的测量值就可以直接求出 $X_M$(假定比 $X_{LS}$ 大得多)和 $R_M$。在转子堵转试验中,转子被牢牢固定,因而转差率等于 1,所以转子电路中的电阻就是 $R'_R$。将降低了的电压加到定子端部,以使电机中流入额定电流。电流的大部分将流过图 5.16 中电路的右侧,小部分流过互感。一旦测得了电压、电流和功率,就可求出 $R_S+R'_R$ 和 $X_{LS}+X'_{LR}$ 的值。$R'_R$ 可以通过减去预先测得的 $R_S$ 值得到。通常假设定、转子漏抗相同。

感应电机中转换的功率并不都是有用功率,其中有一些损耗。主要损耗有:(1)由风阻和摩擦引起的机械损耗;(2)转子中的电阻性和铁磁损耗;以及(3)定子中的电阻性和铁磁损耗。风阻损耗是与转子受空气摩擦阻碍有关的损耗,而摩擦损耗主要在轴承上。在大多数电机学教材中都可以找到有关损耗的更多信息,参见 Brown 和 Hamilton(1984)的教材。

发电机方式下,输入电机的机械功率 $P_{in}$,减去机械损耗 $P_{mechloss}$,为可用于产生电能的功率。在发电机转子上可用于转换的机械功率 $P_m$ 为:

$$P_m = -(P_{in} - P_{mechloss}) \tag{5.50}$$

(注意:负号与发出的电功率为负的惯例相一致)。从电的角度来看,这一转换的功率为:

$$P_m = I_R^2 R'_R \frac{1-s}{s} \tag{5.51}$$

回忆一下,发电状态转差率为负。

转子中的电阻损耗和铁心损耗使得可以从转子通过气隙传递到定子的功率减少。传递的功率 $P_g$ 为:

$$P_g = I_R^2 R'_R \frac{1-s}{s} + I_R^2 R'_R \tag{5.52}$$

(注意:$I_R^2 R'_R$ 为转子中的电功率损耗,使得 $P_g$ 比 $P_m$ 负的程度减小)

因而

$$P_g = \frac{P_m}{1-s} \tag{5.53}$$

在定子中损失的功率为:

$$P_{loss} = I_s^2 R_S \tag{5.54}$$

发电机端部传递的功率(负的)$P_{out}$ 为:

$$P_{out} = P_g + P_{loss} \tag{5.55}$$

总体效率(在发电机方式下)$\eta_{gen}$ 为:

$$\eta_{gen} = -\frac{P_{out}}{P_{in}} \tag{5.56}$$

功率因数 $PF$(在感应电机中总是滞后)是有功功率与视在功率之比:

$$PF = \frac{-P_{out}}{VI} \tag{5.57}$$

前面的公式给出了有功功率、无功功率与电流的关系,但仍然不能根据电机参数做完整的计算。先将图 5.16 中的等效电路简化为如图 5.17 所示,就可以很方便地进行计算。

如果完整等效电路中的参数已知,则此简化模型中的电阻 $R$ 和电抗 $X$ 可以按如下方式求

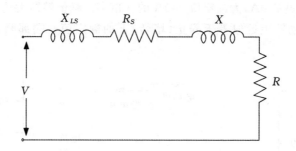

图 5.17　感应电机等效电路。$R$,电阻;$X_{LS}$,定子漏电抗;

$R_S$,定子电阻;$X$,电抗;$V$,端电压

得。从图 5.16,忽略 $R_M$ 并对串联和并联阻抗应用式(5.21)和式(5.22),就有:

$$R + jX = jX_M\left(jX'_{LR} + \frac{R'_R}{s}\right)\bigg/\left[\frac{R'_R}{s} + j(X_M + X'_{LR})\right] \tag{5.58}$$

由此得到电阻 $R$:

$$R = X_M^2 \frac{R'_R}{s}\bigg/\left[(R'_R/s)^2 + (X_M + X'_{LR})^2\right] \tag{5.59}$$

以及电抗 $X$:

$$X = X_M\left[(R'_R/s)^2 + X'_{LR}(X_M + X'_{LR})\right]\bigg/\left[(R'_R/s)^2 + (X_M + X'_{LR})^2\right] \tag{5.60}$$

$R$ 中转换的功率为 $I_S^2 R$,其中 $\hat{I}_S$ 为回路中的电流(相量)。总阻抗为:

$$\hat{Z} = (R + R_S) + j(X + X_{LS}) \tag{5.61}$$

电流相量为:

$$\hat{I}_S = \hat{V}/\hat{Z} \tag{5.62}$$

于是,每相转换的机械功率为:

$$P_m = (1 - s)I_S^2 R \tag{5.63}$$

每相产生的有功功率为:

$$P_{out} = I_S^2(R_S + R) \tag{5.64}$$

每相的无功功率为:

$$Q = I_S^2(X_{LS} + X) \tag{5.65}$$

施加到三相感应电机(作为发电机)的总机械转矩 $Q_m$ 为总输入功率除以旋转速度:

$$Q_m = 3P_{in}/n \tag{5.66}$$

注意:本章中没有下标的 $Q$ 对应于无功功率,有下标的 $Q$ 用于表示转矩以维持与其它章节及传统的工程命名相一致。在实际中一般会用到的转差率范围内,机械转矩与转差率非常接近于线性关系。

　　图 5.18 和图 5.19 绘出了采用等效电路求取三相感应电机特性的结果。图 5.18 所示为运行速度从 0 到两倍同步速范围的功率、电流和转矩。在静止和 1800 r/min 之间,电机为电动运行;在 1800r/min 以上,电机为发电运行。作为风力发电机组中的发电机,感应电机绝对不会在大约超过同步速以上 3% 运行,但启动时可能运行在速度低于 1800 r/min。注意,启动

过程中的峰值电流超过 730A,为额定值 140A 的 5 倍多。峰值转矩大约为额定值(504N·m)的 2.5 倍。0 速度启动转矩近似等于静止(堵转)下的额定值。端部峰值功率近似为额定值(100kW)的 3 倍。

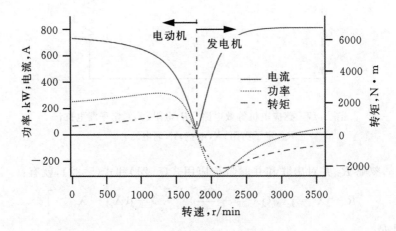

图 5.18　感应电机的功率、电流和转矩

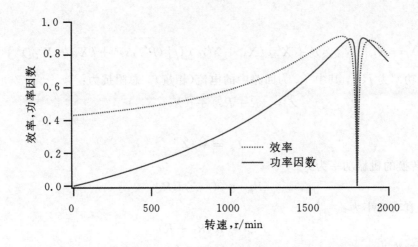

图 5.19　感应电机的效率和功率因数

图 5.19 所示为从启动到 2000 r/min 的效率和功率因数。电动正常运行与发电正常运行时,电机有大概相同的效率和功率因数,但空载下两者都减小到 0。

### 感应电机方程的矩阵形式

用矩阵形式来表示电流、电压和电机参数之间的关系常常有很多便利之处。矩阵表示的结果是得到一种紧凑型方程,可以很方便地用矩阵方法来求解。这些方法可以用例如 Matlab® 中所提供的,也可以按照 Press 等(1992)所著的文献中给出的流程来编程。可以看出,描述图 5.16 中电路的矩阵方程(假设 $R_M$ 可以忽略)为:

$$\begin{bmatrix} R_S + \mathrm{j}(X_{LS} + X_M) & -(0 + \mathrm{j}X_M) \\ (0 - \mathrm{j}X_M) & R'_R/s + \mathrm{j}(X'_{LR} + X_M) \end{bmatrix} \begin{bmatrix} I_{S,r} + \mathrm{j}I_{S,i} \\ I_{R,r} + \mathrm{j}I_{R,i} \end{bmatrix} = \begin{bmatrix} V \\ 0 \end{bmatrix} \quad (5.67)$$

注意:下标 $r$ 和 $i$ 表示电流的实部和虚部。这里假设定子电压 $V$ 的相位角为 0。方程的矩阵形式也可以描述更复杂电路,例如包含了绕线式感应发电机(参见 5.6.3)的电路时也很有用。这里假设了定子电压 $V$ 的相位角为 0。

### 5.4.4.3 装有感应发电机的风力机的启动

启动装有感应发电机的风力机有两个基本方法:

- 用风力机风轮将发电机转子带动到运行速度,然后将发电机接入电网;
- 发电机接入电网作电动机用,将风力机风轮拖动到运行速度。

当采用第一种方法时,很显然风力机风轮必须能自启动。这种方法常用于桨角控制型风力机,其通常可以自启动。此时需监测发电机速度,使得速度尽可能接近同步速时,将其接入电网。

第二种方法通常用于失速控制型风力机。此时,控制系统必须监测风速以判断风速达到适合风力机运转的范围的时刻,然后将发电机直接"跨接"接入电网,发电机将作为电动机启动。然而实际中,直接跨接不是一个称心的启动方法,更可取的方法是在启动过程中采用降压或限流,后续 5.6.3 节中将讨论启动方法的选取。当风力机风轮速度增加时,空气动力变得更加有利于启动。风力产生的转矩会驱使发电机转子以稍微超过同步速的速度运转,运转速度由 5.4.4.2 节中所描述的转矩-转差率关系决定。

### 5.4.4.4 感应电机的动力学分析

当在感应电机转子施加恒定转矩时,电机将以固定转差率运行。如果所施加的转矩变化,则转子的速度也将变化。其关系可以描述为:

$$J \frac{\mathrm{d}\omega_r}{\mathrm{d}t} = Q_e - Q_r \quad (5.68)$$

式中,$J$ 为发电机转子的惯量;$\omega_r$ 为发电机转子的角速度(rad/s);$Q_e$ 为电磁转矩;$Q_r$ 为施加到发电机转子的转矩。

相对于电网频率来说,当所施加的转矩缓慢变化时,可以采用准静态方法来分析,即可以假设电磁转矩是转差率的函数,如式(5.66)和先前公式所描述的。准静态方法通常可用于评估风力发电机组的动力学性能,这是因为风所产生力矩的波动频率和机械振动的频率一般比电网频率低得多。例如,在风力机驱动链动力学模型 $DrvTrnVB$ 中,采用了此种方式下的发电机方程。Manwell 等(1996)的书中对此作了描述。

值得注意的是,与同步电机相比,感应电机对运行条件改变的动力学响应稍微要"柔软"一些,这是因为当转矩发生变化时,感应电机会经历一个量虽小但意义重大的速度(转差率)变化。正如以前所指出的,同步电机运行在恒速下,当转矩变化时仅仅是功角改变,因此同步电机对运行条件的改变有非常"硬"的响应。

### 5.4.4.5 感应电机在非设计(额定)点的运行

感应电机设计为在特定运行点运行,此运行点通常是在特定频率和电压下的额定功率点。

风力发电机组的应用场合,很多情况下电机可能是在非设计点运行。其中 4 种非设计点运行情况是:

- 启动(上文已提及);
- 低于额定功率运行;
- 变速运行;
- 存在谐波时的运行。

低于额定功率但仍然是额定频率和电压的运行是非常普遍出现的现象,这种运行情况下一般不会带来什么问题,但效率和功率因数通常都要降低。低于额定功率的运行特性可以采用感应电机等效电路和相关方程来考察。

风力机风轮变速运行有诸多可以预见的好处。如果系统中发电机和电网的其它部分之间有设计恰当的电力电子变流器,装有感应发电机的风力发电机组就能在变速下运转。变流器的作用是改变发电机端部交流电源的频率,也必须改变所施加的电压。这是因为当电源频率与电压之比("伏与赫兹之比")为恒定(或接近于恒定)时,感应电机工作性能最佳。当这一比值偏离设计值时,可能会出现一系列问题,例如电流可能升高,导致损耗增大并可能损坏发电机绕组。图 5.20 比较了感应电机运行在额定频率和额定频率一半但电压相同时的电流。此例中的电机与先前例子(图 5.18)中所用的电机相同。

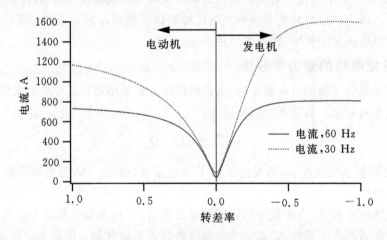

图 5.20 不同频率下的电流

如果电机所联接的系统有相当大容量的电力电子变流器,就会出现存在谐波的运行。这种情况出现在变速风力发电机组,也可能出现在独立电网中(参见第 9 章)。所谓谐波是指交流电压或电流其频率为电网基准频率的整数倍。谐波源在接下来的 5.5.4 节中讨论。谐波可能引起轴承和电气绝缘的损伤,也可能干扰电气控制或数据信号。

## 5.4.5 直流(DC)发电机

从历史的角度看,并励直流发电机是风力发电机组应用场合中的一种重要电机型式。并励直流发电机曾经广泛用于小型、蓄电池蓄电的风力发电机组。在这种发电机中,励磁绕组是在定子上,电枢在转子。磁场由电流流过励磁绕组而产生,励磁绕组与电枢绕组并联("并励")。转子上的换向器起到将产生的交流电整流为直流的作用,所产生的全部电流必须通过换向器和电刷流出。

并励直流发电机中,励磁电流随运行转速的增加而增加,因而磁场也增加(上升到某一点),电枢电压和电磁转矩也随转速增加。风力发电机组的实际转速由来自于风力机风轮的转矩与电磁转矩的平衡来决定。

这种型式的直流发电机,因为造价高且需要频繁维护,现今很少采用。所说的维护主要是针对电刷。可在 Johnson(1985)的书中找到有关这种类型发电机的更详细资料。

## 5.4.6　永磁发电机

风力发电机组应用场合更常用型式的电机是永磁发电机,这是现今大多数小型风力发电机的选择,功率可达至少 10kW,也可以用于较大型的风电机组。此类发电机中,永磁体提供磁场,因而不需要励磁绕组和供给励磁电流。其一种结构例子是,永磁体直接集成在圆柱型铸铝转子中。电从静止的电枢取出,所以不需要换向器、滑环或电刷。因为电机的结构如此简单,所以永磁发电机相当坚固耐用。

永磁发电机的运行原理与同步电机相似。实际上,它们常常被称作永磁同步发电机,缩写为 PMSG。与一般同步电机的主要差别是,其励磁磁场由永磁体而不是电励磁提供。此外,这类电机通常异步运转,即一般不直接接入交流电网。发电机产生的最初为电压和频率变化的交流电,这一交流电通常直接整流为直流,然后将直流电送到直流负载或者送到蓄电池存储,亦或逆变为固定频率和电压的交流电。正如 5.6 节所讨论的,后一种形式是变速风电机组的一个选项。对电力电子变流器的讨论参见 5.5 节。Fuchs 等(1992)的文献中介绍了应用于风力发电机组场合中永磁发电机的开发。

## 5.4.7　其它型式的电机

对风力发电机组应用场合,至少还有两种其它型式的发电机可以考虑:(1)直驱式发电机和(2)开关磁阻发电机。

直驱式发电机本质上是特殊设计的同步电机。与普通电机的主要差别是,直驱式发电机设计为有足够多数目的磁极,使得发电机转子可以按与风力机风轮相同的速度旋转,这样就省却了对齿轮箱的需求。因为极数多,发电机的直径相对就大。风力发电机组中的直驱式发电机常常与电力电子变流器配合应用,这对发电机本身电压和频率的设计要求提供了回旋余地。5.6.1 节中介绍直驱式发电机在变速风电机组中的应用。

开关磁阻发电机采用凸极(没有绕组)转子。转子旋转时,连接定、转子的磁路的磁阻发生改变,变化的磁阻使合成磁场变化,在电枢绕组中感应电流,因而开关磁阻发电机不需要励磁。目前所开发的开关磁阻发电机打算与电力电子变流器配合使用。由于其结构简单,开关磁阻发电机几乎不需要维护。目前,还没有开关磁阻发电机应用于商业化风力发电机组,但有关最终应用的研究工作正在进行。有关开关磁阻发电机的更多信息参见 Hansen 等人的著作(2001)。

## 5.4.8 发电机的机械设计

关于发电机的机械设计,有许多问题需要考虑。转子轴和主轴承的设计,按照将在第6章和第7章讨论的基本原则来进行。发电机的定子外壳通常为钢质,商品化发电机的外壳选用标准结构尺寸。电枢绕组(如果有励磁的话也包括励磁绕组)为铜导线,嵌入槽中。导线不仅要绝缘,而且要加额外的绝缘以防止绕组受到外界环境因素的侵害,并使其稳定牢固。根据用途不同,可以选用不同类型的绝缘。

发电机的外部设计应保护内部不会受到雾、雨水、尘土、扬沙等的侵害。通常采用两种设计方案:(1)开启式防滴结构和(2)全封闭、风扇冷却式(TEFC)结构。与其它结构型式相比,开启式防滴结构设计更经济,因而已用于很多风力发电机组。这种结构设计是认为风力发电机组的机舱足以防止发电机受到环境因素的侵害。然而,在很多情况下,TEFC设计所提供的额外防护似乎也是物有所值。

图5.21为典型感应电机(鼠笼型)的结构示意图。

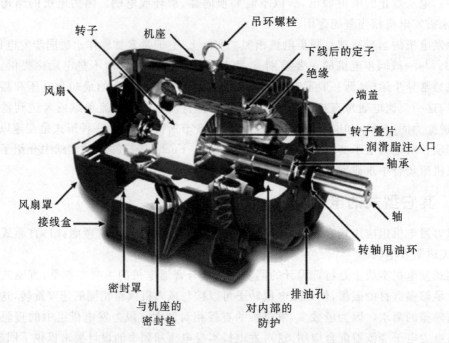

图5.21 三相感应电机典型结构(罗克韦尔国际公司)

## 5.4.9 发电机技术要求

一般来说,风力发电机组的设计人员不是发电机设计者,他们或者是选择商品化的电机,也许需要作一些小的改动;或者对需要特殊设计的电机提出综合要求。前面已讨论了几种重要型式发电机的基本特性,以下是从风力发电机组设计者的角度出发,就所要考虑的关键问题的归纳罗列:

- 运行速度；
- 满载和部分负载下的效率；
- 功率因数和无功功率来源（感应电机）；
- 电压调节（同步电机）；
- 启动方法；
- 启动电流（感应电机）；
- 整步（同步电机）；
- 机座规格和发电机重量；
- 绝缘型式；
- 对外部环境的防护型式；
- 承受转矩波动的能力；
- 散热；
- 采用多台发电机的可行性；
- 导体上有高电磁噪声时的运行。

# 5.5　功率变流器

## 5.5.1　功率变流器概述

　　功率变流器是用于将电能从一种形式变为另一种形式的装置，例如从交流变为直流，从直流变为交流，从一种电压变为另一种电压，或者从一种频率变为另一种频率。功率变流器在风能系统中应用很多，随着技术的发展及价格的下降，其应用愈加普遍。例如，功率变流器用于发电机启动器、变速风力发电机组以及独立电网中。本节仅提供了用于风能利用场合的众多功率变流器形式的概况，更多详细资料请参见 Baroudi 等（2007）、Bhadra 等（2005）、Ackerman（2005），或 Thorborg（1988）的著作。

　　现代变流器为电力电子装置。从本质上说，这些装置由开通和关断电子开关的电子控制系统组成，电子开关常称作"阀"。逆变器中所用的一些关键电路元件包括二极管、可控硅（SCR，也称为晶闸管）、门极可关断晶闸管（GTO）及功率晶体管。二极管表现为单向阀。SCR 基本上也算是二极管，可以用外部脉冲（在"门极"）来开通，但只有用使其上的电压反向才能关断。GTO 是既能开通也能关断的 SCR。晶体管需要持续施加栅极信号来维持导通。功率晶体管的总体作用与 GTO 相似，但开通电路更简单。正如此处所用的，"功率晶体管"术语包括了达林顿管、功率 MOSFET 以及绝缘栅双极型晶体管（IGBT）。现在，IGBT 应用有增加的趋势。图 5.22 所示为本章中所用到的最重要功率变流器电路元件的符号。

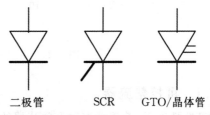

图 5.22　变流器电路元件。SCR，可控硅；GTO，门极可关断晶闸管

## 5.5.2 整流器

整流器是将交流变为直流的装置,可用于:(1)蓄电池蓄电的风力发电系统或者(2)作为变速风电机组系统的一部分。

最简单形式的整流器采用二极管桥电路将交流转变为波动的直流,这种整流器的一个例子示于图 5.23。此整流器中,输入为三相交流电,输出为直流电。

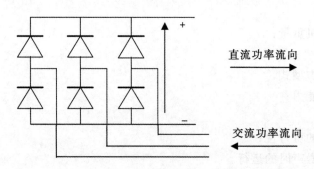

图 5.23 三相供电的二极管桥式整流器

图 5.24 绘出了从三相 480V 电源,采用图 5.23 所示形式整流器所产生的直流电压。或许要进行滤波(如采用图 5.27 中所示的电感)以去除一些波动。参见 5.5.4 节有关滤波器的讨论。从有效值(RMS)为 $V_{rms}$ 的三相电压整流得到的直流平均电压 $V_{DC}$ 为:

$$V_{DC} = \frac{3\sqrt{2}}{\pi} V_{LL} \tag{5.69}$$

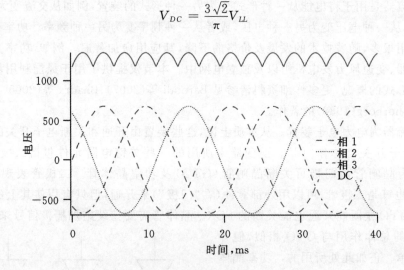

图 5.24 由三相整流器得到的直流电压

### 5.5.2.1 可控整流器

在某些情况下,希望能够改变整流器的输出电压,这可以采用可控整流器来实现。此时,桥电路中主要元件是 SCR 而不是二极管,如图 5.25 所示。SCR 维持关断直到各周期中与延

迟触发角 $\alpha$ 相对应的确定时刻,然后才被开通。SCR 整流器的输出平均电压按照延迟触发角的余弦来减小,如式(5.70)所示。典型整流波形(延迟触发角 60°)示于图 5.26,图中上部线为直流电压,其余为相电压。

$$V_{DC} = \frac{3\sqrt{2}}{\pi} V_{LL} \cos(\alpha) \tag{5.70}$$

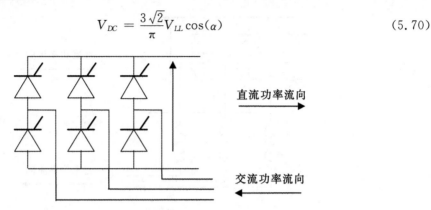

图 5.25　三相供电的可控桥式整流器

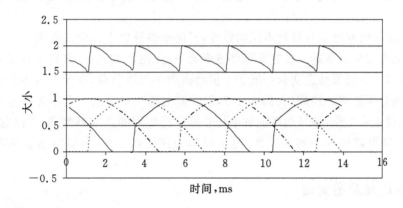

图 5.26　相控整流器的直流电压

## 5.5.3　逆变器

### 5.5.3.1　逆变器概述

为了将来自于像蓄电池的直流,或者从变速风力发电机组中的交流经整流得到的直流变为交流,就需要用到逆变器。历史上一直采用电动-发电机组将直流变为交流,它是将交流发电机用直流电动机来驱动。此方法非常可靠,但同时价格不菲且效率欠佳。然而,因为其可靠性高,仍应用在某些特殊需要场合。

现如今大多数逆变器是电子式的。电子式逆变器一般由开关大电流的电路元件和配合这些元件开关的控制电路组成。逆变器能否正常工作在很大程度上取决于控制电路。电子式逆变器有两种基本型式:电网换流型逆变器和自换流型逆变器。“换流”一词是指电流从电路的一部分向另一部分的切换。

联接到交流电网并从电网取得开关信号的逆变器,总称为电网换流型逆变器。图 5.27 给出了一个 SCR 桥电路,用于简单三相电网换流型逆变器。此电路与上文所示的三相桥式整流电路相似,但此时电路元件的开关时刻由外部控制,且电流从直流电源流向三相交流线路。

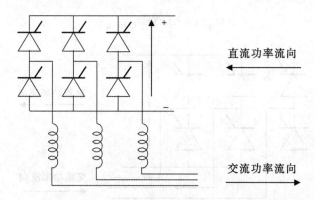

直流功率流向

交流功率流向

图 5.27 电网换流型可控硅(SCR)逆变器

自换流型逆变器不需要联接到交流电网,因而可用于自备电源场合,但比电网换流型逆变器要更贵一些。

逆变器的实际电路可能有各种不同的设计,但逆变器分属于两个主要类型:(1)电压源型逆变器和(2)电流源型逆变器。在电流源型逆变器中,无论负载怎样,来自于直流电源的电流均保持恒定不变。电流源型逆变器一般用于供给高功率因数负载,在其阻抗不变或在谐波频率下减小,电路总体效率比较高(大约 96%),但控制电路相对复杂。电压源型逆变器由恒定电压直流电源供电来工作,是目前风能发电场合最广泛应用的逆变器型式。(注意:这里所描述的大多数装置可以作为整流器工作,也可以作为逆变器工作,所以也适合用变流器这个名称。)

### 5.5.3.2 电压源型逆变器

电压源型逆变器大类中又有两个需要关注的主要型式:(1)六脉冲型逆变器和(2)脉宽调制(PWM)型逆变器。

最简单的自换流电压源型逆变器,此处称为"六脉冲"型逆变器,涉及到通过不同元件在特定时间区间对直流电源的开通和关断。开关元件通常为 GTO 或功率晶体管,但也可以采用有关断电路的 SCR。电路将形成的脉冲组合成阶梯形信号,用来近似正弦波。图 5.28 画出了这种逆变器中的主元件。再次说明,此电路有六组开关元件,这是三相逆变电路和整流电路的普遍特征,但此处开关元件的开通和关断都可以由外部控制。

如果阀按照图中所示的数字顺序间隔六分之一周期开通,且允许其维持导通三分之一周期,三相接线端 A、B 和 C 的任意两相间将出现阶梯形的输出电压。图 5.29 中绘出了这种波形的几个周期(60Hz 基波频率)。

显而易见,电压是周期性的,但也与纯正弦波有显著差别,这一差别可以用由开关模式引起谐波频率的出现来解释,开关的本性导致引起谐波。一般需要某些形式的滤波以减小这些谐波的影响。5.5.4 节中对谐波和滤波器做了更详细的讨论。

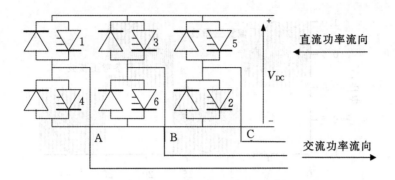

直流功率流向

$V_{DC}$

交流功率流向

图 5.28 电压源型逆变器电路

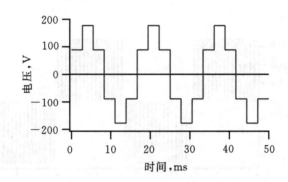

图 5.29 自换流逆变器电压波形

脉宽调制(PWM)逆变器中,交流信号由对电源电压的高频开通和关断所产生的高度固定的脉冲合成。脉冲持续时间("宽度")会变化,在所希望输出波形的每半个周波中有很多脉冲。开关频率受限于开关过程中所出现的损耗,一般采用 8kHz 到 20kHz 的开关频率。即使存在此类损耗,逆变器的效率也可达 94%。PWM 逆变器通常采用功率晶体管(IGBT)或 GTO 作为开关元件。

图 5.30 描绘了获得适当宽度脉冲的一种方法的原理。该方法中,把所希望频率的参考正弦波[1]与高频偏置三角波[2]进行比较。每当三角波变为小于正弦波时,晶体管就开通;而当三角波变为大于正弦波时,晶体管就关断。在后半个周期中也采用同样的方法。图 5.30 包含了两个完整的参考正弦波,但要注意三角波的频率比实际应用中所采用的频率低得多。与图 5.30 相应的脉冲串示于图 5.31。显然,靠近正弦波最大值处脉冲(从绝对值看)最宽,因而此处电压的平均值最大,这正是所需要的。电压波形仍然不是纯正弦波,但确实是包含很少的低频谐波,因而较易滤波。也可以用其它方法产生适当宽度的脉冲,其中一些在 Thorborg (1988)和 Bradley(1987)的文献中作了讨论。

---

① 调制波。——译者注
② 载波。——译者注

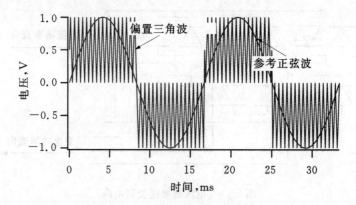

图 5.30  脉宽调制(PWM)控制波形

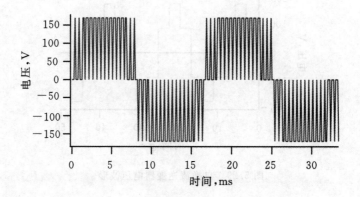

图 5.31  脉宽调制(PWM)电压脉冲串

### 5.5.4  谐波

所谓谐波是指交流电压或者电流,其频率是电网基准频率的整数倍。谐波畸变指由于电气设备中采用了固态[①]开关,运行时产生的非正弦或高频电压、电流波对基波的影响。谐波畸变主要由逆变器、工业用电机驱动器、电子设备、灯光调节器、荧光灯镇流器和个人计算机等引起。谐波畸变可能引起变压器和电动机绕组过热,导致绕组绝缘的过早失效。由绕组电阻和铁心涡流引起的发热与电流的平方有关,因而电流的小量增加也会对电动机或变压器的运行温度带来大的影响。图 5.32 所示为电流波形谐波畸变的一个典型例子。

谐波畸变常常用称作总谐波畸变(THD)的量值来表征,它是在所有频率谐波存在下波形的总能量与系统基频下波形能量的比值。THD 越高,波形越差。在第 9 章中可以找到关于 THD 计算及 THD 标准的更多信息。

任何周期性波形 $v(t)$ 都可以表示为正、余弦傅立叶级数:

---

① 电力电子。——译者注

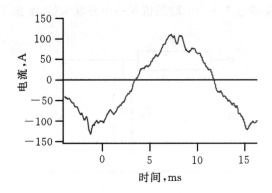

图 5.32　谐波畸变示例

$$v(t) = \frac{a_0}{2} + \sum_{n=1}^{\infty} \left\{ a_n \cos\left(\frac{n\pi t}{L}\right) + b_n \sin\left(\frac{n\pi t}{L}\right) \right\} \tag{5.71}$$

式中，$n$ 为谐波次数，$L$ 为基波频率的半周期，而

$$a_n = \frac{1}{L} \int_0^{2L} v(t) \cos\left(\frac{n\pi t}{L}\right) \mathrm{d}t \tag{5.72}$$

$$b_n = \frac{1}{L} \int_0^{2L} v(t) \sin\left(\frac{n\pi t}{L}\right) \mathrm{d}t \tag{5.73}$$

　　基波频率相应于 $n=1$，高次谐波频率是指 $n>1$ 的频率。通常的交流电压和电流没有直流分量，因此一般 $a_0=0$。

　　图 5.33 所示波形是对最初在图 5.29 中所示变流器输出电压波形的近似，按照取到傅立叶级数的 15 个频率来近似。注意：如果加入的项越多，数学近似将越精确，脉动就将减小。由于所示的电压是奇函数，即 $f(-x)=-f(x)$，所以仅有正弦项不为 0。

　　各次谐波电压系数的相对值示于图 5.34。（可以看出，一般来说，对于此特定波形，除次数为 $n=6k\pm1$ 的谐波外，其它所有高次谐波均为 0。其中 $k=0$，1，2，3，等，且 $n>0$）

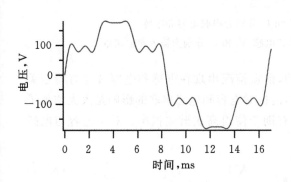

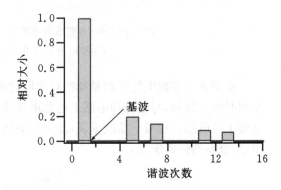

图 5.33　电压的傅立叶级数等效。15 项　　　　　图 5.34　电压谐波的相对含量

### 5.5.4.1　谐波滤波器

　　由于电力电子变流器的电压和电流波形决不可能为纯正弦波，所以通常要用电路滤波器，其目的是改善波形，减小谐波的不利影响。根据不同情况，可以使用不同形式的谐波滤波器。

通用形式的交流电压滤波器包含一个串联阻抗和一个并联阻抗,如图 5.35 所示。

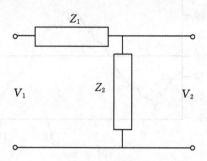

图5.35　交流电压滤波器。$V_1$,滤波器输入交流电压;$V_2$,滤波器输出交流电压;
$Z_1$,谐振滤波器串联阻抗;$Z_2$,谐振滤波器并联阻抗

　　图 5.35 中,输入电压为 $V_1$,输出电压为 $V_2$。理想电压滤波器使基波电压的降低很小,对其它所有高次谐波有很大削弱。

　　交流电压滤波器的一个实例即为串-并联谐振滤波器,它是由与输入电压串联的电感和电容,以及另一个并联的电感和电容所组成,如图 5.36 所示。

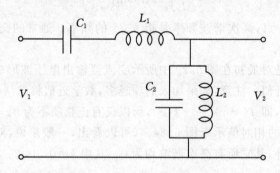

图 5.36　串-并联谐振滤波器。$C_1$ 和 $L_1$ 分别为串联电容和电感;
$C_2$ 和 $L_2$ 分别为并联电容和电感;$V_1$ 和 $V_2$ 分别为输入和输出电压

　　正如在大多数电气工程基础教材中所讨论的,谐振情况出现在电感和电容彼此有特定关系的时候。例如,与电容和电感上的总电压相比,谐振对电容和电感串联的影响是大大增加了电容上的电压。相对于基波来说,滤波器的谐振有助于使得高次谐波很小。对于电容与电感串联,谐振条件需满足:

$$L_1 2\pi f = \frac{1}{C_1 2\pi f}(= X') \tag{5.74}$$

式中,$X'$ 为电容或电感的电抗,$f$ 为基波的频率。对电容和电感并联,谐振意味着:

$$C_2 2\pi f = \frac{1}{L_2 2\pi f}(= Y'') \tag{5.75}$$

式中,$Y''$＝电容或电感电抗的倒数("导纳")。

对此处的特定滤波器,输出电压谐波相对于输入按如下标度因子减小:

$$f(n) = \left| \frac{V_n}{V_1} \right| = \left| \frac{1}{1 - [n - (1/n)]^2 X'Y''} \right| \tag{5.76}$$

从式(5.76)可知,$f(1)=1$,且对较高的 $n$ 值 $f(n)$ 趋向于 $1/n^2$。对某些 $n$ 值,式(5.76)的分母为 0,标志着一个谐振频率。例如对 $n>1$ 的值,在

$$n = \frac{1}{2} \left[ \sqrt{\frac{1}{X'Y''}} + \sqrt{\left( \frac{1}{X'Y''} + 4 \right)} \right] \tag{5.77}$$

下就有一个谐振频率。接近于这一谐振频率,输入谐波被放大。因而,这一谐振频率应选择为低于可能出现的最低次输入谐波电压频率。

对滤波器的更深入讨论超出了本教材的范围。然而,重要的是要认识到,滤波器中电感和电容的大小与想要滤除的谐波有关。较高频率的谐波可以用较小的器件滤除。例如,仅从滤波考虑,PWM 逆变器中的开关频率越高越好,这是因为较高的开关频率可以减小低频谐波,但使高频谐波增大。Thorborg(1988)的文献中给出了关于滤波器的更多信息。

# 5.6　变速风电机组的电气问题

希望风力机变速运行有两个原因:(1)在额定风速以下,如果能够保持叶尖速比恒定,则风力机风轮就能吸取最多能量,需要风轮速度随风速变化;和(2)风力机风轮的变速运行可以减少驱动链部件的波动应力,因此降低疲劳。然而,在希望风力机风轮变速运行时,这样的运行方式会使恒定频率交流电的产生变得复杂。

至少从原理上来说,既可以允许风力机风轮变速运行,同时又保持发电频率恒定有很多途径。正如 Manwell(1991)的文献中所介绍的,这些方法既可能是机械式的,也可能是电气式的。然而,目前风力机变速运行所采用的所有方法几乎都是电气式的。变速运行可用于下列类型的发电机:

- 同步发电机;
- 感应发电机(笼型);
- 绕线式转子感应发电机;
- 开关磁阻发电机。

接下来讨论上述前三种,这些为最常用的电机类型。正如已经提到的,可以在 Hansen 等(2001)的文献中找到有关开关磁阻发电机的讨论。

## 5.6.1　同步发电机的变速运行

如前所述,同步发电机基本上有两种型式:(1)磁场由其它励磁方式产生的发电机,和(2)磁场由永磁体提供的发电机。任何一种方式下,输出频率都与发电机转速和发电机所具有的极数直接相关,由式(5.42)量化确定。对用于变速风力机的同步发电机,发电机的输出必须先整流为直流,然后逆变回交流,可以实现此工作方式的一种方案示于图 5.37。图中,风力机的风轮画在左边,由此向右逐渐过渡分别为主轴、齿轮箱(GB)、发电机(SG)、整流器(AC/DC)、

直流环节、逆变器(DC/AC)和电网。整流器既可能是二极管整流器也可能是可控整流器,取决于实际需求情况。逆变器既可能是 SCR 逆变器也可能是 PWM 逆变器。在发电机为励磁式同步发电机的情况下,发电机本身可能也有电压控制。如果发电机是永磁同步发电机,则电压控制必须在变流器电路的某个环节来实现。有些风力发电机组采用了有足够多极数的多极同步发电机,使得发电机可以直接连接到主轴,因而不需要齿轮箱,此时称为直驱式发电机。与此相应,图 5.37 中的齿轮箱用虚线画出,意味着系统中可能包含也可能不包含齿轮箱。应该注意到,直驱式多极发电机体积比常用的带有齿轮箱的发电机要大得多。

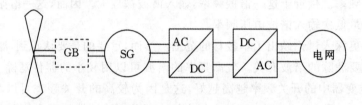

图 5.37 带有同步发电机的变速运行风电机组

## 5.6.2 鼠笼型感应发电机的变速运行

虽然实现时所用的方法概念上不像同步发电机时那样直接,但常规的笼型感应发电机(SQIG)也可以用于变速风力发电机组。特殊性在于,感应发电机需要无功功率源,这必须由电力电子变流器供给。这种变流器价格贵且也会在系统中引入额外的损耗,这些损耗通常与空气动力效率的增益大小有相同的数量级,因而电能生产的净增益相对会小。此情况下变速运行的主要好处是减少风力机其它部件的疲劳损害。

图 5.38 绘出了鼠笼型感应发电机变速运行系统的一种典型结构,图中显示了风力机风轮、齿轮箱、感应发电机、两个 PWM 功率变流器、变流器之间的直流环节以及电网。此结构中,发电机侧变流器(PWM1)既为发电机定子提供无功功率又从发电机定子接受有功功率。变流器控制加到发电机定子的频率,因而控制了发电机转速。PWM1 也将定子交流电变换为直流。网侧变流器(PWM2)将直流电变换成适当电压和频率的交流电。注意到电路中可能还有其它组件,包括电容、电感和变压器等。

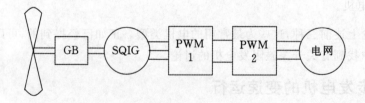

图 5.38 带有鼠笼型感应发电机的变速运行风电机组

## 5.6.3 带有绕线式感应发电机的变速运行

风力发电机组变速运行的另一个途径是采用绕线式转子感应发电机(WRIG)。除了转子的设计不同外,绕线式感应发电机在很多方面与鼠笼型感应发电机相似。就像其名称所隐含的,WRIG 的转子有铜导线绕成的绕组而不是金属导条。定子上有与 SQIG 中相同的绕组。转子绕组端部通常可经由电刷和滑环引出,既可以经由这些电刷和滑环从转子吸取电功率,也可以向转子注入电功率。WRIG 有很多笼型感应发电机的特征,例如其结构紧凑且相当坚固耐用(电刷和滑环除外)。WRIG 虽然比 SQIG 造价高,但也比同步发电机造价低。WRIG 的主要优点是,只需采用容量大约为全功率通过变流器时所需容量的 1/3 的变流器,就可使风电机组变速运行。WRIG 中的变流器与同等额定容量 SG 或者 SQIG 中用到的变流器相比,不仅容量小而且价格也低。

为实现变速运行,绕线式感应发电机可采用多种使用方式,包括:(1)高转差率运行;(2)滑差功率回收;和(3)真正的变速运行。接下来各节逐步讨论各种可能的方式。表 5.2 归纳了这些拓扑结构的特征。

表 5.2 采用绕线式转子感应发电机的变速风电机组拓扑结构

| 拓扑结构 | 转子侧变流器 | 网侧变流器 | 速度范围 |
| --- | --- | --- | --- |
| 高转差率 | 可调电阻 | 无 | 有限的超同步 |
| 滑差功率回收 | 整流器 | 逆变器 | 仅超同步速 |
| | 相控整流器 | | 超同步;有限的亚同步 |
| 真正的变速运行 | PWM 变流器 | PWM 变流器 | 超同步或亚同步 |

首先要注意的是,对传统的感应发电机,可以通过增加转子电阻来增大给定输出功率时的转差率,这将会增大可以运行的速度范围。因此从原理上来说,通过简单地增加转子电阻就可以形成变速感应发电机。另一方面,转子损耗也随转子电阻增加,所以总的效率会降低。

### 5.6.3.1 高转差率运行

当采用绕线式转子而不是鼠笼型转子时,有更多方式可供选择。例如,因为转子绕组能够引出,这些绕组可以仅仅是短路,此时转子的作用就像鼠笼型转子。通过从外部进入转子电路,也能在某个时刻向转子电路引入电阻而在其它时刻移除,而且,此电阻可以根据不同情况来改变,此方案的原理图示于图 5.39。图中,WRIG 单元的外圆相当于定子,内圆相当于转子;外部电阻表示为可变的。可以观察到的关键点是,无论通过何种方式使转子电阻增大,电

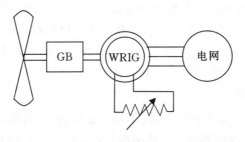

图 5.39 带有 WRIG 和转子外部电阻的风电机组

机运行速度范围就会增大。然而,采用高转子电阻时要付出损耗变大的代价,除非转子功率(称为"滑差功率")可以回收。

图 5.40 绘出了这种方式下的一相等效电路。注意到此电路与图 5.16 的电路非常相似,主要区别是:(1)假设励磁电阻 $R_M$ 非常大,因此忽略掉了;(2)已经加入了一个外部电阻;以及(3)已经采用了 $R'_R + (1-s)R'_R/s = R'_R/s$。

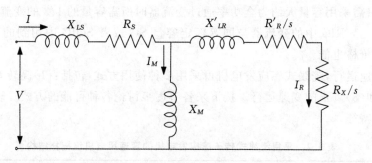

图 5.40 带转子外部电阻的 WRIG 等效电路

对于很多计算,除了必须用 $R'_R + R_X$ 而不是 $R'_R$,均可直接应用式(5.58)～式(5.64)。与图 5.40 中等效电路相对应方程的矩阵形式为式(5.78),注意其与式(5.67)的相似性,唯一差别是 $R'_R$ 已经被 $R'_R + R_X$ 所替换。

$$\begin{bmatrix} R_S + j(X_{LS} + X_M) & -(0 + jX_M) \\ (0 - jX_M) & ((R'_R + R_X)/s + j(X'_{LR} + X_M)) \end{bmatrix} \begin{bmatrix} I_{S,r} + jI_{S,i} \\ I_{R,r} + jI_{R,i} \end{bmatrix} = \begin{bmatrix} V \\ 0 \end{bmatrix} \quad (5.78)$$

转子电路外部电阻可调的性能可以从好的方面来利用,例如在阵风下可以使转子短暂加速。但是,为使其安全工作,必须将定子电流保持在额定值水平或低于额定值,这可以通过按照以下关系式改变转子外部电阻 $R_X$ 来满足。

$$(R'_R + R_X)/s = 常数 \quad (5.79)$$

当电阻依照式(5.79)改变时,有可能使得转子转速根据需要变化,且保持在其它情况下的低损耗。改变转子外部电阻最直接的方法是,当发电机输出低于额定值时没有电阻,而在输入功率较高时逐渐增大电阻。

当较高风速引起较大的输入轴功率时,通过按照式(5.79)改变转子电路外部电阻,发电机定子功率可以保持恒定(电流保持为额定值),剩余的轴功率被消耗在外部电阻上。这为例如突然阵风时迅速分流功率提供了一个便利的途径。否则,这些剩余功率必须通过改变叶片桨角(可能太慢)来适应,或者允许其使发电机过载。这一控制形式已用于 Vestas® 风力机系统 A/S,命名为 Opti-Slip®。对后一种实现方式也特别感兴趣是在于外部电阻保持在转子上,因而不需要滑环和电刷。通信是由光纤来实现。

### 5.6.3.2 滑差功率回收

在上面所描述的 WRIG 应用方法中,转子功率也称为"滑差功率"全部被直接耗散掉了,没有有效利用。然而,也有很多回收滑差功率的方法,下面介绍其中几种。首先必须注意到,从转子出来的是交流电,不过其频率为转差率乘以电网频率,因此滑差功率不能直接用于常规交流装置,也不能直接馈入电网。但是,通过先将其整流成直流,然后将直流逆变成电网频率的交流,就可以使滑差功率变得有用("被回收")。

实现滑差功率回收的最简单概念性方案绘于图 5.41。此方法改变转子的有效电阻,但捕获其它方法在电阻上浪费的功率,且允许较宽的转差率范围。此方案中,功率只能按一个方向流通,也就是说流出转子,功率输出发生在驱动转子超过同步速运行时。变流器的选择与先前所描述的相同。

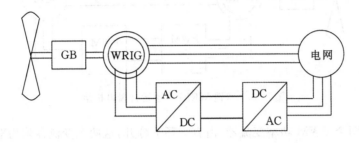

图 5.41　带有 WRIG 及滑差功率回收的变速风电机组

与图 5.41 所示拓扑结构相对应的电路方程的矩阵形式为:

$$
\begin{bmatrix} R_S + \mathrm{j}(X_{LS} + X_M) & -(0 + \mathrm{j}X_M) \\ (0 - \mathrm{j}X_M) & R'_R/s + \mathrm{j}(X'_{LR} + X_M) \end{bmatrix} \begin{bmatrix} I_{S,r} + \mathrm{j}I_{S,i} \\ I_{R,r} + \mathrm{j}I_{R,i} \end{bmatrix} = \begin{bmatrix} V \\ \dfrac{V_{R,r}}{s} + \mathrm{j}\,\dfrac{V_{R,i}}{s} \end{bmatrix} \quad (5.80)
$$

式中,$V_{R,r}$ 是转子电压的实部,$V_{R,i}$ 是虚部(均折算到定子)。注意方程(5.80)与(5.78)之间的差别是,现在考虑的是转子端电压的影响而不是转子电路外电阻的影响。

所出现的问题是转子上加怎样的电压。主要要求之一是,定子电流保持在电机额定电流以下,只要 $(R'_R + R_X)/s \geqslant$ 常数就可维持此状态。整流器/逆变器不是真正的电阻,但可以看作 $R_X = V_R/I_R$ 的电阻性负载,其中 $V_R$ 为转子电压,$I_R$ 为转子电流。转子电压的限定条件可从上面的式(5.79)推出。

可以假设转子电流也限定在额定值 $I_{R,rated}$。常数的值可由额定条件来确定,假设额定情况出现在转子电路短路时:

$$
常数 = R'_{R,rated}/s_{rated} \quad (5.81)
$$

据此,对任意给定转差率,电压的大小为:

$$
V_R = I_{R,rated}[(R'_{R,rated}/s_{rated})s - R'_R] \quad (5.82)
$$

转子侧整流器可以是相控型式,此时,其输出为从某最大值到 0 可调,最大值与电网电压和定转子间匝数比有关,实际电压就是整流器延迟触发相位角的函数。也要注意:此方案中转子电压与电流间相位差为 180°(表示功率流出转子)。

当然,转子电路中整流器和逆变器的控制影响重大,但超出了本教材的范围,在 Petersson(2005)或者 Bhadra 等(2005)的文献中可以找到更详细的讨论。

### 5.6.3.3　真正的变速运行

在上面所讨论的各种滑差功率回收形式中,发电期间的转速可以从同步速向高于同步速(超同步)改变,这种形式的运行总是伴随着对流出转子功率的转换。然而,也有可能将功率馈入转子,这种方案允许在亚同步速下运行,这就是所说的真正变速运行的特征。实现真正变速运行有各种途径,但这些装置的基本特性是转子侧变流器能够直接与转子交流电交互作用。风电机组应用场合中最通用的配置绘于图 5.42。

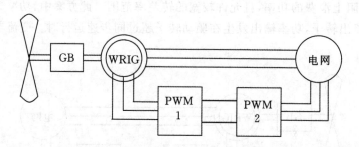

图 5.42　双馈 WRIG 变速运行风电机组

此配置中有两个 PWM 功率变流器,由直流环节分开,这两个变流器均为双向的。在超同步运行中,变流器 PWM1 作为整流器工作而 PWM2 作为逆变器工作,功率流出转子也流出定子。在亚同步运行中,转子功率按另外方向流通,PWM1 作为逆变器工作而 PWM2 作为整流器工作。完整的 WRIG 发电机/变流器系统常常以"双馈感应发电机(DFIG)"的名称来称呼,这一名称强调了此配置具有将功率传入或者传出转子的能力,也具有将功率传出定子的能力。

在 DFIG 最简单的运行情况下,功率传入或者传出转子均发生在电压和电流同相,因此,转子负载看起来像一个电阻或者一个"负电阻"。然而实际上,PWM 变流器具备提供有不同相位角电流和电压的能力,这一能力有很多优点,特别是使得 DFIG 的功率因数可以根据需要来调节,甚至在需要时向电网供给无功功率。电路中采用 PWM 变流器使得选择控制的范围更宽。这些在各种资料来源中都有讨论,例如 Petersson(2005)的文献,但这些内容超出了本教材的范围。

DFIG 方案允许感应发电机运行的速度范围为从大约低于同步速 50% 到超过同步速 50%。

### 工作实例

考察一台具有以下参数的绕线式转子感应发电机:$R_S = 0.005\Omega$,$X_S = 0.01\Omega$,$R'_R = 0.004\Omega$,$X'_R = 0.008\Omega$,$X_m = 0.46\Omega$。线电压为 480V。电机作为发电机在 $-0.036$ 转差率下额定标称功率 2.0MW。(1)求转子短路时的定子和转子额定电流、实际发出的功率和输入的轴功率。假设将外电阻加入转子电路以消耗剩余功率,不能超过电流额定值,求(2)当转差率为 $-0.4$ 时的电阻和(3)电阻上消耗的功率。

解答:可以用式(5.58)~(5.64)求得 $I_S = 2631A$,$I_R = 2516A$,以及 $P_{out} = -2.006$ MW。轴功率为 $-2.186$ MW。用式(5.81),结合 2561A 的转子额定电流和 $-0.4$ 的转差率,可以求得外部电阻 $R_X$ 是 $0.04044\Omega$。在式(5.51)中 $R'_R$ 的位置用 $R'_R + R_X$,求得输入轴功率是 $-2.954$ MW。外部电阻上消耗的功率是新的轴功率减去原来的轴功率,为 0.768MW。注意到如果这一功率被回收,供给电网,发电机的有效定额现在将会是 2.774MW。

# 5.7  辅助电气设备

风力发电机组装置中有各种各样的辅助电气设备,通常包括高压(发电机电压)和低压部件。图 5.43 所示为典型装置的主要高压设备部件。虚线表示了通常并不包含在内的项目。下面对图中这些部件作简要介绍。

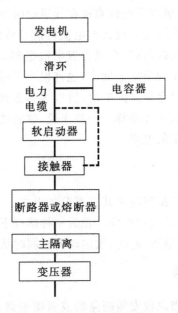

图 5.43  风电机组高压设备

## 5.7.1  电力电缆

电能必须从发电机向塔架下传递到塔基的电气开关装置,这需要通过电力电缆实现。包括地线或中线,三相发电机共有四根导线。导线通常为铜线,其规格的选取要使电压下降和功率损失最小。

在大多数大型风力发电机组中,从发电机引向塔架下主接触器的导线是连续的。当风力机偏航时,为使电缆不致缠绕和损坏,电缆要留有足够的松弛量,以使其悬挂在塔上时"下垂",因而电力电缆常称为垂缆。风力机偏航时,松弛部分将被提升,然后当风力机反方向向回偏航时,松弛部分被释放。如果松弛量充裕,大多数现场中电缆很少或者根本就不可能缠紧。然而,当电缆确实过份缠绕时,必须将缠绕解开。在首先将其从电路断开后,可以进行人工解缆,或者用偏航驱动装置进行。

## 5.7.2  滑环

有些风力发电机组特别是小型机组采用非连续电力电缆,一组电缆连接到发电机,另一组引向塔架下,用滑环和电刷将电能从一组电缆传递到另一组。一个典型的应用情况是,滑环安装在一个圆柱体上,而圆柱体附着在风力机主机座的底部,与偏航装置同轴,所以当风力机偏航时,圆柱体就会旋转。电刷装在塔架上,其安装方式要保证不管风力机处于哪个方位,电刷与滑环都要接触。

较大型的风力发电机组中一般不用滑环,因为当载流容量增加时,滑环会变得相当昂贵。此外,当电刷磨损时也需要维护。

### 5.7.3 软启动器

正如 5.4.4 节已经指出的,感应发电机直接在线启动时吸取的电流,比其运转所发出的电流大得多。以此方式启动有很多缺点。过大的电流可能导致发电机绕组的过早损坏,以及引起接在电网上的邻近负载的电压跌落;整个风力发电机组驱动链的急剧加速也可能导致疲劳损坏。在仅能提供有限无功功率的独立电网中,也许根本不可能启动大型感应电机。

由于感应电机直接在线启动会导致大电流,所以大多数风力发电机组都使用某种型式的软启动装置。软启动装置的型式多种多样。一般来说,软启动装置是一种电力电子变流器,其功能至少是向发电机提供减小了的电流。

### 5.7.4 接触器

主接触器是将发电机电缆连接到电网其它部分的开关。当采用软启动器时,主接触器可以与软启动器集成在一起,或者是独立器件。在后一种情况下,只有当发电机已经被拖动至运行速度后,才能使电流转向主接触器,此时,软启动器将同时从电路中断开。

### 5.7.5 断路器或熔断器

在发电机和电网之间的适当位置安装断路器或者熔断器,用于可能出现故障或短路引起电流过高时开断电路。断路器在故障排除后可以重新设置,而熔断器则需要更换。

### 5.7.6 主断路

在电网和整个风力机电气系统间通常要设置主断路开关。此开关正常情况下是闭合的,但如果需要对风力机的电气设备做任何其它工作时,可以将其打开。如果要对主接触器做其它任何工作,就需要将主断路开关打开。在电气维护保养过程中,作为附加的安全措施,无论如何也要将其打开。

### 5.7.7 功率因数修正电容

从效用的角度看,常常采用功率因数修正电容来改善发电机的功率因数。只要连接方便,修正电容应尽可能靠近发电机来连接,但实际上一般装在塔基或附近的控制室中。

### 5.7.8 风电机组的电气负载

与风力发电机组的运行相关,可能存在很多电气负载,包括执行机构、液压电动机、变桨电动机、偏航驱动器、空气压缩机和控制计算机等。这些负载一般需要 120V 或 240V 电压。由于发电机电压通常高于负载需要的电压,就需要系统提供一个低压电源,或者需要降压变压器。

# 参考文献

Ackerman, T. (2005) *Wind Power in Power Systems*. John Wiley & Sons, Ltd, Chichester.

Baroudi, J. A, Dinavahi, V. and Knight, A. M. (2007) A review of power converter topologies for wind generators. *Renewable Energy*, **32**(14), 2369–2385.

Bhadra, S. N., Kastha, D. and Banerjee, S. (2005) *Wind Electrical Systems*. Oxford University Press, Delhi.

Bradley, D. A. (1987) *Power Electronics*. Van Nostrand Reinhold, Wokingam, UK.

Brown, D. R. and Hamilton, E. P. (1984) *Electromechanical Energy Conversion*. Macmillan Publishing, New York.

Chapman, S. J. (2001) *Electric Machinery and Power System Fundamentals*. McGraw-Hill Companies, Columbus.

Fuchs, E. F., Erickson, R. W. and Fardou, A. A. (1992) Permanent magnet machines for operation with large speed variations. *Proc. 1992 American Wind Energy Association Conference,* Washington.

Hansen, L. H., Helle, L., Blaabjerg, F., Ritchie, E., Munk-Nielsen, S., Bindner, H., Sørensen, P. and Bak-Jensen, B. (2001) *Conceptual Survey of Generators and Power Electronics for Wind Turbines*, Risø-R-1205 (EN). Risø National Laboratory, Roskilde, DK.

Johnson, G. L. (1985) *Wind Energy Systems*. Prentice-Hall, Inc., Englewood Cliffs, NJ. (Available from http://eece.ksu.edu/~gjohnson/).

Manwell, J. F., McGowan, J. G. and Bailey, B. (1991) Electrical/mechanical options for variable speed wind turbines. *Solar Energy*, **41**(1), 41–51.

Manwell, J. F., McGowan, J. G., Adulwahid, U., Rogers, A. L. and McNiff, B. P. (1996) A graphical interface based model for wind turbine drive train dynamics. *Proc. 1996 American Wind Energy Association Conference,* Washington.

Nahvi, M. and Edminster, J. A. (2003) *Electric Circuits*, 4th edition, Schaum's Outline Series in Engineering, McGraw Hill Book Co., New York.

Nasar, S. A. and Unnewehr, L. E. (1979) *Electromechanics and Electric Machines*. John Wiley & Sons, Inc., New York.

Petersson, A. (2005) *Analysis, Modeling and Control of Doubly-Fed Induction Generators for Wind Turbines*, PhD Dissertation, Chalmers University of Technology, Göteborg.

Press, W. H., Flannery, B. P., Teukolsky, S. A. and Vetterling, W. T. (1992) *Numerical Recipes in FORTRAN: The Art of Scientific Computing*. Cambridge University Press, Port Chester.

Thorborg, K. (1988) *Power Electronics*. Prentice-Hall, Englewood Cliffs, NJ.

# 第 **6** 章
# 风力机材料和部件

## 6.1　概述

　　本章介绍风力机中常用的材料和部件。因为疲劳对风力机非常重要,本章将先用一定的篇幅在 6.2 节讨论疲劳问题。然后在 6.3 节中着重介绍与风力机特别相关的材料,尤其是复合材料。部件是分散的用来组成较大的构件,一些部件可以有很多供货来源,在大部分机器中较常见,它们被称为零件。一些常用在风力机中的零件将在 6.4 节中讨论。风力机中各种较大的部件将在 6.5 节中讨论。第 7 章中将介绍怎样将这些部件组合成风力机。

## 6.2　材料疲劳

　　众所周知,许多材料可以承受一次大载荷作用,但如果同样大的载荷施加并卸载多次(循环),材料则可能失效。这种由于负载的多次施加导致材料承载能力下降的现象叫做疲劳损伤。导致疲劳损伤的根本原因是复杂的,但可以最简单地设想成是微小裂纹的生长所引起的。负载每变化一次,裂纹生长一点,直到材料失效。这一简单的观点和另一个观察到的疲劳特性也是一致的:负载循环的变化幅度越小,材料承受此载荷的循环次数越多。

### 6.2.1　风力机中的疲劳

　　风力机要承受很多次循环载荷。风力机部件中疲劳应力循环的低限次数和风力机寿命期内叶片的旋转次数成正比。在风力机寿命期内总的循环次数 $n_L$ 为:

$$n_L = 60 k n_{rotor} H_{op} Y \tag{6.1}$$

式中, $k$ 是每旋转一周的应力循环次数, $n_{rotor}$ 是风轮的转速(转/分), $H_{op}$ 是年运行小时数, $Y$ 是运行的年数。

　　对于叶片根部的应力循环, $k$ 值最少等于 1,而对于传动链或塔架, $k$ 值最小为叶片数。一台转速大约为 30 转/分,年运行时间在 4000 小时的风力机,在 20 年的寿命期中,要经历 $10^8$ 次应力循环。而对于许多其它行业的零件,在寿命期内,其承受的应力循环次数一般不会超过

$10^6$ 次。

事实上,叶片上载荷循环的次数比风轮转速大得多。作为例子,可从图 4.18 看出,此例中风轮转速稍高于 1 Hz,但叶根要承受大致为 5 Hz 的循环载荷,这将导致脉动应力,引起疲劳损伤,因此应在风力机设计中加以考虑。

## 6.2.2　对疲劳的评估

目前已经开发出各种评估疲劳损伤的程序,这些技术中许多是用来分析金属疲劳的,但是现在它们已被推广应用到其它材料上,比如复合材料。以下几节将综述风力机设计中最常用的疲劳分析方法。关于疲劳的更详细内容可以参阅 Shigley 等(2003),Spotts 等(2003)和 Ansell (1987)的文献。关于风力机疲劳的资料可以查看 Garrad 和 Hassan (1986),Sutherland 等(1995)和 Sutherland (1999)的文献。更多关于风力机材料疲劳的报告可以在:http://www.sandia.gov/wind/topical.htm 中查看。

评估风力机部件的疲劳寿命需具备三种假设:(1)相关材料的合适疲劳寿命特性;(2)一个根据载荷和材料的特性来确定材料损伤和部件寿命的模型或理论;(3)一种描述部件在整个风力机寿命期内所承受载荷特性的方法。以下分别叙述这三个专题。

### 6.2.2.1　疲劳寿命特征

材料抗疲劳性能的传统测试方法是在一系列试样上施加一个按正弦曲线规律变化的载荷,直到材料被破坏。一种典型的测试方法是旋转梁测试:将一个试样安装在测试机上,通过侧向载荷在试样上施加一个给定的应力,然后试样在测试机上旋转,每转一圈试样上应力的方向就变化一次,测试一直进行到试样破坏。第一次施加的载荷要比材料的极限载荷(试样将要承受的最大载荷)稍微小一些,记录下转动次数和载荷的值。然后在另一个试样上施加一个小一些的载荷,重复以上过程,所得的数据就可以绘制成疲劳寿命曲线,或叫 *S-N* 曲线,这里 *S* 代表应力(习惯上用 $\sigma$ 来表示应力),*N* 表示材料失效时的循环次数。图 6.1 给出了典型的 *S-N* 曲线。对于这种类型的测试,有两点需要特别注意:(1)平均应力是零;(2)应力方向是完全相反的。

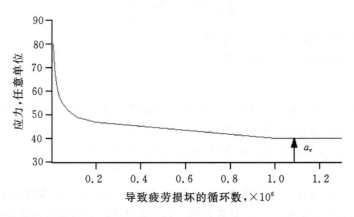

图 6.1　典型的 *S-N* 曲线

很多出于商业利润考虑而制造的部件(风力机除外),在寿命期内不能经受一千万次循环载荷。因此如果一个试样在一个特定应力作用下(载荷逐渐减小时),经过 $10^7$ 次循环作用后还没有损坏,那这个应力定义为持久极限,$\sigma_{el}$。对于许多材料,持久极限通常处于 $20\%\sim50\%$ 极限应力($\sigma_u$)的范围(极限应力是材料所能承受的最大应力)。实际上,材料并不一定有一个确定的持久极限,在风力机的设计中应用这个假设并不一定合理。

**非零均值的交变应力**

典型交变应力的平均值不等于零,在此情况下,交变应力的特征用平均应力 $\sigma_m$、最大应力 $\sigma_{max}$ 和最小应力 $\sigma_{min}$ 描述,如图 6.2 所示。

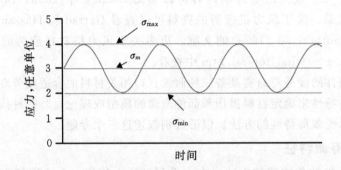

图 6.2  平均值不为零的交变应力

应力范围 $\Delta\sigma$ 定义为最大应力和最小应力的差值:

$$\Delta\sigma = \sigma_{max} - \sigma_{min} \tag{6.2}$$

应力幅 $\sigma_a$ 是应力范围的一半:

$$\sigma_a = \frac{\sigma_{max} - \sigma_{min}}{2} \tag{6.3}$$

应力比 $R$ 是最大应力和最小应力的比值,即:

$$R = \frac{\sigma_{min}}{\sigma_{max}} = \frac{\sigma_m - \sigma_a}{\sigma_m + \sigma_a} \tag{6.4}$$

对于平均值为零(对称循环)的交变应力,$R = -1$。

平均值不为零的交变应力示例见图 6.3。

**Goodman 图**

材料的疲劳试验可以在多种不同的平均应力和幅值(或 $R$ 值)下进行。获得的数据可以表述成不同的试验条件下的多个 $S$-$N$ 曲线或 Goodman 图。Goodman 图是在应力幅值相对平均应力的坐标图上做出等寿命曲线。通常将应力幅值和平均应力用材料的强度极限正则化。图 6.4 是一个示例。

在 Goodman 图中所有 $R$ 为定值的点处于原点为零平均应力值与零幅值的直线上。零均值的完全对称弯曲的等 $R$ 线($R = -1$)是垂直轴。在图的左侧,压缩强度极限给出了压缩疲劳寿命曲线的界限;在图的右侧,拉伸强度极限给出了拉伸疲劳曲线的界限。图中给出了寿命为 $10^5$、$10^6$、$10^7$ 次循环的等寿命曲线。这个图例属于对称材料,图的左边和右边互为镜像。

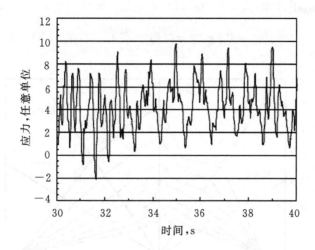

图 6.3　平均值不为零的交变应力(Sutherland,2001)

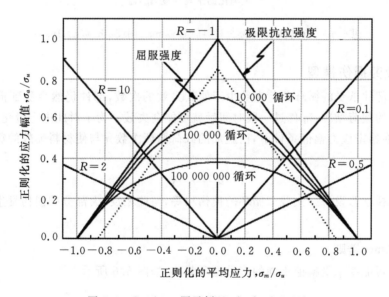

图 6.4　Goodman 图示例(Sutherland,1999)

玻璃纤维材料的 Goodman 图是典型非对称的,一种玻璃纤维复合材料的 Goodman 图如图 6.5 所示(基于应变而不是应力)。

如上所述,对于给定交变应力的疲劳寿命取决于 $R$(即平均值)。事实上,对于给定的疲劳寿命,允许的交变应力随平均应力上升而下降,这个关系通常用 Goodman 准则近似表示:

$$\sigma_{al} = \sigma_e \left(1 - \frac{\sigma_m}{\sigma_u}\right)^c \tag{6.5}$$

式中,$\sigma_{al}$ 为给定疲劳寿命和平均应力时的允许应力幅值,$\sigma_e$ 为给定疲劳寿命时的零均值($R = -1$) 交变应力,$\sigma_u$ 为极限应力,$c$ 是取决于材料的指数,通常假定为 1。

Goodman 准则可以被反向应用,即用非零平均交变应力数据来求得等效零均值交变应力

(假定 $c=1$)(参阅 Ansell,1987):

$$\sigma_e = \sigma_{al}/(1-\frac{\sigma_m}{\sigma_u}) \tag{6.6}$$

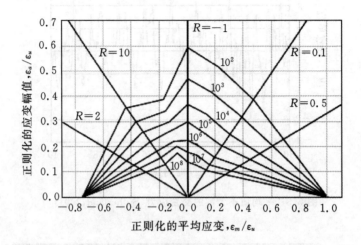

图 6.5　一种玻璃纤维复合材料的 Goodman 图(Sutherland,1999)

### 6.2.2.2　疲劳损伤模型

　　如果一个部件承受的循环载荷次数少于使其失效的次数,部件仍然会受到损伤。如果随后再施加额外的载荷循环,部件过一段时间后就可能会失效。为了对此进行量化,定义一个损伤项 $d$,它是在给定应力幅值条件下,已施加的载荷循环次数 $n$ 与使材料失效的载荷循环次数 $N$ 的比值。

$$d = n/N \tag{6.7}$$

　　这个损伤模型假设每一次载荷循环的损伤相等,与此相反,大部分的损伤发生在部件寿命的末期。

#### 累积损伤和 Miner 准则

　　一个部件可能要承受幅值不同的多种循环载荷,如图 6.6 所示。

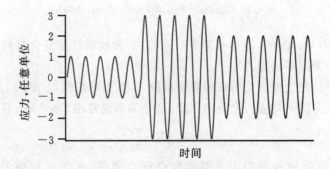

图 6.6　不同幅值的循环载荷

在这种情况下,Miner 准则定义的累积损伤为由各个幅值循环载荷引起的损伤之和。当总的损伤等于 1 的时候,材料被认定已经失效。一般情况下,由 $M$ 种不同幅值的循环载荷产生的累积损伤为:

$$D = \sum_{i=1}^{M} n_i/N_i \leqslant 1 \tag{6.8}$$

式中,$n_i$ 是第 $i$ 种幅值的循环载荷的次数,$N_i$ 是在第 $i$ 种幅值下使材料失效的循环载荷次数。

为了说明这个问题,假设材料经历了幅值为 1、2 和 3 个应力单位载荷的各四次循环,对应这些载荷的失效循环次数分别为 20、16 和 10,这 12 个应力循环引起的累积损伤为:

$$D = (4/20) + (4/16) + (4/10) = 0.85$$

## 随机载荷循环

当载荷不是分段施加(如图 6.6 所示),而是随机发生的,此时很难分辨各个载荷的循环次数,图 6.7 给出了这种情况。

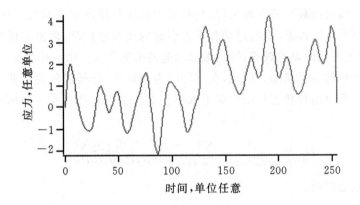

图 6.7　随机循环载荷

一种雨流循环计数技术被开发出来处理这种问题(Downing and Socie,1982),这种技术通过识别随机载荷时间序列得到交变应力循环次数和平均应力。一旦平均应力和交变应力的数据被确定,可以将它们转化成零均值交变应力,然后可用上面讨论过的 Miner 准则,估算总损伤。

雨流计数法最适合处理应变数据,而不是应力数据。这种方法还可以处理材料的非弹性和弹性区域。大多数风力机应用的材料处于弹性区域,所以无论是应力还是应变数据都可以使用。当使用应变数据时,所得结果最终转化成应力。

雨流计数法的基本内容在下面介绍,计数的算法参看附录 C。数据中的局部高点与低点被称为"峰"和"谷",每个峰与谷或谷与峰之间的区域被称为"半循环",根据算法把这些半循环配对成全循环,然后用平均值把它们联系起来。

"雨流"一词来源于此方法的特点,完成一个循环类似于雨水从一个屋顶(峰)滴落,与从另一个屋顶(从下面一个谷)上流下的水汇合。根据这一方法的观点,峰-谷历程设想成竖直方向,这样"雨点"才能随时间降落。图 6.8 所示是一个完整循环的例子,它来源于图 6.7。图中雨点(用粗黑箭头表示)从 C-D 屋顶流下,与 E-F 屋顶流下的水汇合。循环 C-D-E 在以后的考虑中被省略,但是峰值点 C 被保留,用来确定下一个循环。在这个特例中,F 点在 B 点稍左,所以下一个循环是 B-C-F。

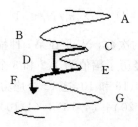

图 6.8 雨流循环计数法

## 运行状态的影响

使风力机产生疲劳的载荷有多种来源,它与风力机运行状态密切相关。载荷包括高风速的稳态载荷;风剪切、偏航误差、偏航运动和重力引起的周期性载荷;湍流造成的随机载荷;由阵风、启动和停机等造成的瞬态载荷;结构振动激起的谐振载荷。每一种载荷对部件疲劳的影响大小取决于风力机的运行状态。因此,在部件的寿命期内,分类部件的载荷,需要累积计算部件在其寿命期内所有运行状态和所有应力水平引起的损伤。部件在一年所受的损伤 $D_y$ 可以表示为:

$$D_y = \sum_{All\ Conditions} \sum_{All\ stress\ levels} \frac{\#\ stress\ cycles}{\#\ cycles\ to\ failure} \tag{6.9}$$

需要考虑的运行状态包括:

1. 正常产生功率状态,此时疲劳假设为风速的函数(在切入与切出风速之间);
2. 非运行状态,风力机受风抖动(一般风速大于切出风速);
3. 正常或紧急启动/停机工况,或其它工况所造成的瞬态载荷。

通常,应力水平在风力机样机上测量确定或用计算模型确定,计算模型具有详细计算风力机湍流来流和风力机结构动力学特性的功能。测量或模型计算结果给出了风力机结构特定点的应变或力矩。这些结果必须根据测量位置、风力机几何结构和部分安全系数(参看第 7 章)利用应力集中系数转化为特定部件的应力水平。为了确定每一个运行状态下的应力谱(不同应力范围的循环数),运用采集到的多个以 10 分钟为周期的离散运行状态典型数据。在每一个运行状态下的全部 5 小时数据可以用来获得代表性的数据集合。以下给出了上述三种运行状态的损伤计算公式。详细内容请参看 Sutherland (1999)的文献。

一年正常运行过程的累积损伤 $D_{y,O}$,是各个风速的应力水平和发生频率的函数。

$$D_{y,O} = C \sum_{i=U_{in}}^{U_{out}} \sum_j \sum_k F_{U_i} \frac{n(\sigma_{m,j}, \sigma_{a,k}, U_i, \Delta t)_O}{N(\sigma_{m,j}, \sigma_{a,k})} \tag{6.10}$$

式中:

$C$ 为将时间调整为适当单位的常数,每年的时间间隔的总数;

$i$ 为风速的下标(从切入风速增加到切出风速);

$j$ 为平均应力水平的下标(覆盖遇到的全部平均应力水平范围);

$k$ 为应力幅值的下标(覆盖遇到的全部应力幅值范围);

$\Delta t$ 为疲劳循环计算的时间间隔;

$U_i$ 为自由来流风速;

$\sigma_{m,j}$ 为平均应力;

$\sigma_{a,k}$ 为应力幅值;

$n(\sigma_{m,j},\sigma_{a,k},U_i,\Delta t)_x$ 为在风速 $i$、时间间隔 $\Delta t$ 的平均应力 $j$、应力幅值 $k$ 的循环次数,$x=O$ 为正常运行,$x=P$ 为停机,$x=T$ 为瞬态(参看下面);

$N(\sigma_{m,j},\sigma_{a,k})$ 为在平均应力 $j$、应力幅值 $k$ 的失效循环次数;

$F_{U_i}$ 为风速 $U$ 在 $U_{i-1}$ 和 $U_i$ 之间的概率:

$$F_{U_i}=\int_{U_{i-1}}^{U_i} p(U)\,\mathrm{d}U \tag{6.11}$$

式中,$p(U)$ 是风速概率密度函数。

当风速大于运行风速,风力机停机时,振动损伤累积 $D_{y,P}$ 也是各个风速的应力水平和发生频率的函数:

$$D_{y,P}=C\sum_{i=U_{out}}^{U_{max}}\sum_j\sum_k F_{U_i}\frac{n\left(\sigma_{m,j},\sigma_{a,k},U_i,\Delta t\right)_P}{N\left(\sigma_{m,j},\sigma_{a,k}\right)} \tag{6.12}$$

式中,$i$ 为风速的下标,它是从切出风速 $U_{out}$ 增加到可能发生的最大风速 $U_{max}$。注意此处 $D$ 的下标用 $P$ 而不是 $O$,是为了区分疲劳是由于风力机停机引起而不是风力机正常运行。

瞬态工况引起的损伤累积也是在瞬态工况下各个风速的应力水平和每一个瞬态工况发生频率的函数:

$$D_{y,T}=\sum_h\sum_j\sum_k M_h\frac{n\left(\sigma_{m,j},\sigma_{a,k},m_h\right)_T}{N\left(\sigma_{m,j},\sigma_{a,k}\right)} \tag{6.13}$$

式中,$h$ 是表示各种离散瞬态事件的下标,$m_h$ 是产生 $n$ 次循环的离散事件 $h$ 发生的次数,$M_h$ 是一年中离散事件 $h$ 发生次数的平均值。

各种运行工况下总的累积损伤表示为:

$$D_y=D_{y,O}+D_{y,P}+D_{y,T} \tag{6.14}$$

最后,应注意年损伤的倒数是部件的预期寿命。

# 6.3　风力机材料

风力机使用许多种材料,归纳为表 6.1。其中最重要的两种是钢和复合材料。复合材料通常由玻璃纤维、碳纤维或木材与聚酯或环氧树脂基体构成。其它常见的材料还包括铜和混凝土。下面将概述与风力机应用最相关材料的一些特性。

表 6.1  用于风力机的材料

| 子系统或部件 | 材料分类 | 材料细分类 |
| --- | --- | --- |
| 叶片 | 复合材料 | 玻璃纤维,碳纤维,层压木,聚酯树脂,环氧树脂 |
| 轮毂 | 钢 | |
| 齿轮箱 | 钢 | 各种合金,润滑材料 |
| 发电机 | 钢,铜 | 基于稀土元素的永磁材料 |
| 机械设备 | 钢 | |
| 机舱罩 | 复合材料 | 玻璃纤维 |
| 塔架 | 钢 | |
| 基础 | 钢,混凝土 | |
| 电气和控制系统 | 铜,硅 | |

## 6.3.1  材料基本力学特性简述

本书认为读者已经对材料特性的基本概念以及最常用的材料有相当了解。下面列出一些主要概念(详细内容请查看机械设计手册,例如 Spotts et al.,2003):

- 胡克定律;
- 弹性模量;
- 屈服强度,断裂强度;
- 延展性和脆性;
- 硬度和机械加工性能;
- 屈服或断裂失效。

疲劳已在前面讨论过,然而需要注意,各种材料的疲劳特性相差很大。

## 6.3.2  钢

在风力机结构中,钢是应用最广的一种材料。钢应用于很多结构部件,包括塔架、轮毂、机架、轴、齿轮和齿轮箱、紧固件以及混凝土中的钢筋。钢的材料特性可以在 Spotts 等(2003)、Baumeister(1978)或者供货厂商的材料特性清单中找到。

## 6.3.3  复合材料

本书对复合材料的介绍比其它材料更为详细,因为读者对复合材料的了解可能比传统材料要少。复合材料是叶片结构的基本材料。复合材料至少由两种不同的材料组成,通常是在粘合剂基体中加入纤维。选择合适的纤维与粘合剂就可以使复合材料满足应用要求。应用于风力机的复合材料以玻璃纤维、碳纤维和木材为基础。粘合剂包括聚酯、环氧树脂和乙烯基酯。最常见的复合材料是以玻璃纤维加强的塑料,即所谓的 GRP。在风力机中,复合材料主要用于叶片制造,但也用于机舱外壳等部件。复合材料的主要优点是:(1)易于制作成所期望的气动形状;(2)高强度;(3)高的刚度与重量比。它们还能抗腐蚀、不导电,抗环境老化,并且具有多种加工方法。

### 6.3.3.1 玻璃纤维

玻璃纤维是把玻璃纺成长线而成的,最常见的玻璃纤维是称为 E-玻璃纤维的一种钙硅酸铝玻璃纤维。这是一种具有较好抗拉强度、价格又低廉的材料。另外一种常用纤维是称为 S-玻璃纤维的无钙硅酸铝玻璃纤维,它的拉伸强度比 E-玻璃纤维约高 25%～30%,但相当贵(高于 E-玻璃纤维的两倍价格)。还有一种玻璃纤维,HiPER-tex,产于 Owens-Corning,据称它具有 S-玻璃纤维的强度和接近 E-玻璃纤维的价格。

有时会直接使用这些纤维,但更多地是先把它们加工成其它形式(即预成品)。纤维可编织成布,加工成连续的条带或断口的垫状或者准备成短纤维。在需要高强度的位置,使用一束单向纤维即所谓的纤维束,图 6.9 为一些玻璃纤维的预成品,更多的信息在 Chou(1986)和 McGowan(2007)的文献中有所讲述。

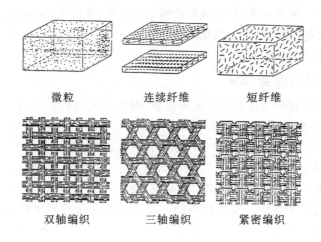

微粒　　　　连续纤维　　　　短纤维

双轴编织　　　三轴编织　　　紧密编织

图 6.9　玻璃纤维的预成品(National Research Council,1991)

### 6.3.3.2 基体(粘合剂)

通常有三种树脂被用作复合材料的基体。它们是:(1)不饱和聚酯;(2)环氧树脂;(3)乙烯基酯。这些树脂都有一个共同的特性:即贮存时是液态的,但是凝固后为固态。所有固态树脂都会有些脆。树脂的选择会影响到复合材料的整体性能。

在风力发电工业,最经常使用的是聚酯,因为它的固化时间短,成本低。室温下固化时间从几个小时到一夜不等,但是加入引发剂后,在高温下固化可以在几分钟内完成。然而,固化会引起较大的收缩。2009 年的成本是每千克 2.2 美元。

环氧树脂具有更大的强度,更好的耐化学性,粘合性好以及较低的固化收缩率,但是这种材料较贵(比聚酯约高 50%)而且固化时间比聚酯更长。

乙烯基酯是以环氧树脂为基体的树脂,近年来得到更广泛的应用。这类树脂的特性与环氧树脂相似。但是成本较低,固化时间也较短。它们有良好的环境稳定性,被广泛用在海洋工程上。

### 6.3.3.3　碳纤维增强

碳纤维比玻璃纤维更贵(大概是8倍),但是它们的强度和刚度更大。利用碳纤维的优点而不需要付出太高成本的方法是,在整个复合材料中沿玻璃纤维添加一些碳纤维。

### 6.3.3.4　木材-环氧树脂层压板

在一些复合材料中,用木材来取代合成纤维。在这种情况下,木材被加工成层压板(薄板)而不是纤维或纤维织物。风力机的层压板中最常用的木材是花旗松。木材特性随木纹方向的不同而明显不同。一般来说,木材具有较高的强度重量比和良好的抗疲劳性能。木材的一个重要特性是抗拉强度各向异性。这意味着要使最终的复合材料在各个方向都有足够的强度,层压板的木纹必须沿不同方向布置。更多的木材特性的信息可以查阅 Hoadley(2000)的文献。

基于以往高性能船舶制造的经验,木材配合以一种环氧树脂粘合剂的使用方法在风力机应用中得到了发展。一项称为木材-环氧树脂饱和的技术(WEST)应用于这种工艺。木材-环氧树脂层压板有着良好的疲劳特性:根据资料(National Research Council,1991)木材-环氧树脂的叶片在服役中未曾因疲劳而失效。

### 6.3.3.5　复合材料的疲劳损坏

复合材料也像其它材料一样会发生疲劳损坏,但是发生的机理不同。下面是常见的疲劳损坏的过程。首先,基体出现裂缝,然后裂缝开始合并,并出现机体与纤维间的剥离,其后剥离和分离(分层)的区域变大,接下来是单个纤维断裂,直至完全断裂。

用于其它材料的分析技术(在6.2节中介绍的)也用于预测复合材料的疲劳。也就是,通过计算雨流循环来确定应力循环的范围和平均值,而 Miner 准则用来计算各种应力循环造成的损伤和复合材料的 S-N 曲线。复合材料的 S-N 曲线用一个方程来模拟,然而,其形式与应用于金属的有些不同:

$$\sigma = \sigma_u(1 - BlogN) \tag{6.15}$$

式中,$\sigma$ 是循环应力幅度,$\sigma_u$ 是强度极限,$B$ 是一个常数,而 $N$ 是循环次数。

当循环应力比 $R=0.1$ 时,大多数 E-玻璃纤维复合材料的参数 $B$ 大约等于0.1。这是拉伸-拉伸疲劳。在完全对称的拉伸-压缩疲劳($R=1$)和压缩-压缩疲劳条件下,寿命将减小。

玻璃纤维的疲劳强度只是中等水平。一千万次循环寿命的最大应力与静强度的比值是0.3。碳纤维比玻璃纤维的抗疲劳性能好很多:一千万次循环寿命的最大应力与静强度的比值是0.75,是 E-玻璃纤维的2.5倍。E-玻璃纤维、碳纤维以及一些其它常用纤维的疲劳寿命特性表示在图6.10中。

由于复合材料失效形式的复杂性以及缺少对所关注复合材料完整的测试数据,实际中,精确预测疲劳寿命仍然是困难的。应用于风力机中复合材料的性能老化的综合信息可参见文献McGowan(2007),更详细的风力机叶片的复合材料疲劳寿命可参见 Nijssen(2007)。

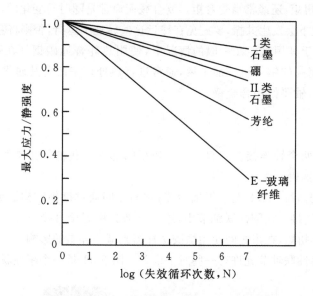

图 6.10　复合纤维的疲劳寿命(National Research Council,1991)

## 6.3.4　铜

铜具有良好的导电性能,为此风力机上几乎所有的电器装置都使用铜,包括电源导线。一般不太注重铜的机械性能,但是重量是非常重要的。发电机的大部分重量是由铜线圈决定的,同时主电缆的重量也很重要。关于铜在电力工程应用的信息可以在 Baumeister(1978)等很多资料中找到。

## 6.3.5　混凝土

钢筋混凝土通常用于风力机的基础,有时也用于塔架结构。关于钢筋混凝土的讨论不在本文的范围之内。

# 6.4　机械零件

风力机的很多基本部件至少一部分是由机械零件组成的,这些机械零件是制造部件,一般有着更广泛的用途和更多的应用经验。多数零件在市场上可以买到,并且按照公认的标准制造。这一节简要概述风力机中常用的一些机械零件。确切地说,要讨论的有主轴、联轴节、轴承、齿轮和阻尼器。其它常用的机器零件包括离合器、制动器、弹簧、螺钉和钢丝绳。要得到这些零件更详细的信息,读者可以查阅机械设计类的书,例如 Spotts 等(2003)或 Shigley 等(2003)的文献。

## 6.4.1　主轴

主轴是旋转的圆柱体零件,它的基本功能是传递扭矩,因此它们带有或连接有齿轮、滑轮或联轴节。在风力机中主轴通常用在齿轮箱、发电机和连杆中。

主轴不仅要承受扭矩,还经常承受弯矩。复合载荷通常是随时间变化的,因此疲劳需要重点考虑,主轴在临界转速下会发生共振,要避免在接近这些转速下运行,否则将会产生大的振动。

主轴的材料取决于其用途。在一般的情况下,使用热轧普通碳钢。在强度要求较高的场合,需要使用含碳量稍高的钢。机械加工后,通常进行热处理来改善其屈服强度和硬度。在工作环境恶劣的情况下,轴要使用合金钢。

## 6.4.2 联轴节

联轴节是用来将两个轴连接在一起以传递扭矩的部件。联轴节在风力机中主要用于连接发电机和齿轮箱的高速轴。

联轴节包括两部分,每一部分与一根轴相连,它们之间通过键销结构避免相互错位,这两个部分又通过螺栓相互连接。在刚性联轴节中,这两个部分用螺栓直接连接。在典型的弹性联轴节中,用联轴节齿传递扭矩,在齿之间使用橡胶缓冲器来减小冲击的影响。被连接的两根轴要有优良的对中性,但是弹性联轴节允许有一些对中误差。图 6.11 是一个刚性联轴节的例子。

图 6.11 典型的刚性联轴节

## 6.4.3 轴承

轴承的作用是减少两个相互运动的接触面间的摩擦阻力。最常见的情况是旋转运动。在风力机中,轴承有很多应用。例如,它们用在固定主轴、齿轮箱、发电机、偏航系统、叶片变桨系统和摆动机构。

轴承有很多形式,组成材料也有很多种。在很多高转速的条件下,可能会用到滚珠轴承、滚柱轴承或锥形滚柱轴承。这些轴承的材料都是钢。在有些场合下,可能使用由塑料或复合材料制成的衬套。

滚珠轴承广泛应用于风力机的部件中。它包括四个部分:内环、外环、滚珠以及滚珠罩,滚珠在圆环间的曲线槽中运动,滚珠罩保持滚珠的位置并且避免它们彼此接触,滚珠轴承有很多类型,可以设计成承受径向载荷或轴向推力载荷。径向滚珠轴承也可以承受一些轴向推力。

滚柱轴承在很多方面与滚珠轴承相似,只是用圆柱滚柱代替了滚珠。在风力机中,它们通常用于齿轮箱。图 6.12 所示为一典型滚柱轴承。

图 6.12　典型滚柱轴承剖视图

（Torrington Co.，http://howstuffworks.lycos.com/bearing.htm，2000）

　　在风力机中，其它类型的轴承也有所应用。例如在双叶片风力机中，套筒轴承和推力轴承被用于摆动结构中。

　　一般来说，设计轴承时最重要的问题是其承受载荷和预期的使用寿命。关于各种典型轴承的详细信息可以在制造厂的产品说明中找到。风力机齿轮箱用的轴承在 IEC（2008）标准中有介绍。

## 6.4.4　齿轮

　　齿轮是在轴与轴间传递扭矩的部件。在本节中对齿轮的介绍要多于其它部件，因为齿轮广泛应用于风力机。风力机中齿轮的工作条件与其它许多零件应用明显不同，因此为保证齿轮能按照设计要求工作，需要详细研究它们的工作条件和相应工作条件下的响应。

　　在风力机中齿轮的应用有很多种。最重要的或许就是驱动链齿轮箱。其它的例子还有偏航驱动装置、变桨连接装置和安装绞盘。常用的齿轮种类有直齿轮、斜齿轮、蜗轮和内齿轮。所有的齿轮都有齿，直齿轮的齿轴与齿轮旋转轴平行，斜齿轮的齿轴相对于齿轮旋转轴是倾斜的，蜗轮具有斜齿，从而可以在两个正交的轴之间传递扭矩，内齿轮是指齿在圆周内部。图 6.13所示为一些常见的齿轮类型。

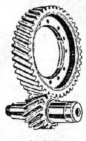

直齿轮　　　　　斜齿轮　　　　　人字齿轮

图 6.13　常用的齿轮类型

用于制造齿轮的材料很广泛,但在风力机中最常见的材料是钢。钢齿轮的齿通常使用渗碳或其它形式的热处理来获得高强度和表面硬度。

多个齿轮组合在一起使用构成齿轮系。风力机中常见的齿轮系应用将在 6.5 节中讨论。

### 6.4.4.1 齿轮术语

最基本和最常用的齿轮是直齿轮。图 6.14 所示为齿轮最重要的特性。节圆是一个假想的光滑齿轮(或具有无限小齿的齿轮)的圆周。两个光滑齿轮相互滚动而在接触点处无相对滑动。节圆直径记为 $d$。实际齿是有一定尺寸的,因此每个齿都有一部分延伸到节圆外,而另一部分在节圆内。齿的表面是啮合齿轮的齿相接触表面。齿面的宽度 $b$ 是一个与齿轮转动轴平行的尺寸。齿轮的周向节距 $p$ 是沿节圆从一个齿面到相邻齿的同一侧齿面的距离。因此 $p = \pi d/N$,其中 $N$ 是齿数。

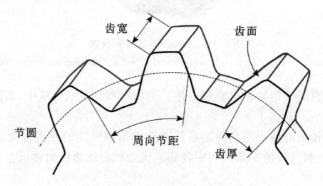

图 6.14 齿轮的主要部分

理想状况下,在节圆上测量得到的齿厚恰好是周向节距的一半(也就是说在节圆上,齿的宽度和相邻齿之间的距离是相等的)。实际中,齿被加工得小一些。因此当齿轮啮合时,在齿之间有一些空隙。这就是所谓的啮合间隙。过大的啮合间隙会加速磨损,因此它被限制在最小值。图 6.15 所示为啮合间隙。

图 6.15 齿之间的啮合间隙

#### 6.4.4.2　齿轮转速比

当两个啮合的齿轮 1 和 2 具有不同的直径,它们将以不同的转速旋转。它们的转速 $n_1$ 和 $n_2$ 的比值与它们的节圆直径 $d_1$ 和 $d_2$ 的比值成反比(或齿数)。也就是:

$$n_1/n_2 = d_2/d_1 \tag{6.16}$$

#### 6.4.4.3　齿轮载荷

齿轮齿上的载荷是通过传递的功率和齿的速度确定的。如功率为 $P$,节圆线速度 $V_{pitch} = \pi \mathrm{d} n$,齿上的切向力 $F_t$ 是:

$$F_t = P/V_{pitch} \tag{6.17}$$

当齿轮转动时,每个齿都会交替地承受载荷。至少有一对齿保持接触,但是,在任一时间,可能不只一对齿是接触的。例如,当一对齿将要脱离的时候,另一对齿就正在承担更大部分的载荷。

对于齿宽为 $b$,齿高为 $h$ 的齿,其弯曲应力 $\sigma_b$ 利用悬臂梁弯曲方程计算:

$$\sigma_b = \frac{6M}{bh^2} \tag{6.18}$$

弯矩 $M$ 是载荷 $F_b$(与 $F_t$ 紧密相关)作用在距齿的最弱点的距离为 $L$ 的位置上产生的。结果是:

$$\sigma_b = \frac{F_b}{b} \frac{6L}{h^2} \tag{6.19}$$

因子 $h^2/6L$ 是反映齿轮的大小和形状的一个参数,并且常用其对节距的比值作为形状因子(或 Lewis 因子),$y = h^2/6pL$。这样,公式(6.19)可以表示为:

$$\sigma_b = \frac{F_b}{ypb} \tag{6.20}$$

对于常用的齿数和压力角,形状因子可以查表得到。直齿轮形状因子的常用值范围从 10 齿齿轮的 0.056,到 300 齿齿轮的 0.170。

#### 6.4.4.4　齿轮动态载荷

动态载荷会在齿轮产生很重要的应力。动态效应是由齿轮加工中的缺陷引起的。接触齿的质量和弹性常数,以及当齿轮转动时齿反复地加载和卸载都是影响因素。动态效应会导致弯曲应力增加并且会加速齿面老化和磨损。

对于风力机的传动链,两个啮合齿的有效弹性常数为 $k_g$。在动态响应(固有频率)中是很重要的。下面的公式给出了弹性常数的近似值。这一公式适用于不同材料的两个齿轮(1 和 2)。假设弹性模量是 $E_1$ 和 $E_2$,$k_g$ 为:

$$k_g = \frac{b}{9} \frac{E_1 E_2}{E_1 + E_2} \tag{6.21}$$

对于风力机齿轮箱中齿轮的设计,动态影响和磨损是非常重要的。然而,过多的讨论将超出本书的范围。常见齿轮齿的磨损信息可以在 Spotts(2003)以及 Shigley(2003)的文献中找到。对风力机齿轮箱的齿轮在 McNiff 等(1990)和 IEC(2008)的文献中有专门论述。

### 6.4.5 阻尼器

风力机会受到具有潜在负面效应的动态事件影响。这些负面效应可以通过使用合适的阻尼器来减弱。至少有三种设备可作为阻尼器并被应用于风力机:(1)液压联轴节;(2)液压泵环路;和(3)线性粘性流体阻尼器。

液压联轴节有时用于齿轮箱和发电机之间来减小扭矩脉动。通常用于连接本身较难驱动的同步发电机;液压泵环路由一个液压泵和带有可控制节流孔的封闭液压环路组成。这个环路可以用来阻尼偏航运动;线性粘性流体阻尼器主要是具有内节流孔的液压缸。在一个或两个叶片的风轮中它们可以用作摆动阻尼器。

关于阻尼器的详细讨论超出了本书的范围。关于作为许多阻尼器设计基础的通用液压专题的资料可以查阅液压手册(Hydraulic Pneumatic Power Editions,1967)。

### 6.4.6 紧固件与连接件

在风力机的设计中,紧固件与连接件非常值得关注。最重要的紧固件是螺栓和螺钉。它们的作用是把部件紧固在一起,而在需要时又可以松开。螺栓和螺钉拧紧在部件上产生预紧力,这通常通过将螺栓用规定的扭矩拧紧来实现,螺栓的扭矩和它的伸长有着直接的关系,因此在拧紧时,被拧紧螺栓的作用就像弹簧一样。在选择螺栓时疲劳是一个重要因素。疲劳的影响往往可以通过对螺栓施加预紧力来降低。

风力机上的螺栓和螺钉往往受到振动甚至冲击,这些会使它们变松,为了防止变松而使用了一些方法,这包括垫圈、防松螺母、防松线以及化学防松剂。

还有很多其它类型的紧固件,在很多情况下使用辅助零件如垫圈和护圈可能是很重要的。不易分开的连接方式如焊接、铆接、锡焊或用粘合剂粘接在风力机设计中也经常用到。关于紧固件与连接件的更多细节在 Parmley(1997)的文献中可以找到。

## 6.5 风力机主要部件

风力机中最重要的部件组是风轮、驱动链、主机架、偏航系统以及塔架。风轮包括叶片、轮毂和气动控制表面。驱动链包括齿轮箱(如果需要的话)、发电机、机械制动器、轴和联轴器。偏航系统的部件组成取决于风力机使用的是自由偏航还是驱动偏航。偏航系统的类型往往由风轮方位决定(上风向或下风向)。偏航系统的部件至少包括偏航轴承,还可能包括偏航驱动器(齿轮电动机和偏航大齿轮)、偏航制动器以及偏航阻尼器。主机架为其它部件的安装提供支撑,并将部件与机舱罩隔开。塔架包括其本身和基础,也可能包括风力机自身安装装置。

下面几节介绍每个部件组。除特殊说明外,风力机均为水平轴。

### 6.5.1 风轮

风轮在这些部件组中是特有的。其它类型的机械也有驱动链、制动器和塔架,但是只有风力机才有从风中提取有效能量并将其转换为旋转运动的风轮。如同别处讨论过的,风力机必须在包括稳定载荷、周期变化载荷和随机变化载荷的各种工况下运行,这一点也几乎是独一无二的。这些变化载荷的循环次数很大,因此疲劳是一个主要的考虑因素。设计者必须努力保持循环应力尽可能低,并且选择能够尽可能长时间承受这些应力的材料。风轮也会对风力机的其它部分产生循环载荷,特别是驱动链。

下面三节介绍风轮的最主要问题:(1)叶片;(2)气动控制表面;和(3)轮毂。

### 6.5.1.1　叶片

叶片是风轮最基本的部件,它们是把风能转变为扭矩以产生有用能量的部件。

**设计考虑**

设计叶片时有许多因素需要考虑,但大多可以归为如下两类:(1)气动性能;(2)结构强度。当然,考虑这些因素的前提是要使风力机寿命期内能量成本最小,这意味着不仅风力机本身的成本必须较低,运行和维护的费用也同样要低。当然,也有其它一些重要的设计问题要考虑,归纳如下:

- 气动性能;
- 结构强度;
- 叶片材料;
- 可循环性;
- 叶片制造工艺;
- 工人健康与安全;
- 降低噪声;
- 状态监测;
- 叶片和轮毂的连接;
- 被动控制或智能叶片设计;
- 成本。

以上问题的前 9 个将在下面讨论。被动控制设计将在 6.5.1.2 节中讨论(气动控制设计选择)。成本与所有专题相关,但超出本章内容。然而,第 11 章对风力机成本有更多的讨论。

目前,有很多关于风力机叶片的资料信息,例如可参看 Veers(2003)和 Sandia 叶片的研究室在 2004,2006 和 2008 年发表的文章(http:www.sandia.gov/wind.)。

**叶片形状概述**

叶片基本形状和尺寸主要取决于风力机的总体设计方案(参看第 7 章)和第 3 章中讨论的空气动力学方面的考虑。形状的细节,尤其是根部附近,还受结构因素的影响。例如,大多数实际风力机的叶片平面形状和最优形状相差较多,因为否则叶片制造成本将会过高。图 6.16 所示为一些常见叶片的平面形状。在决定叶片精确形状时,材料特性和现有的加工方法对此也有很重要的影响。

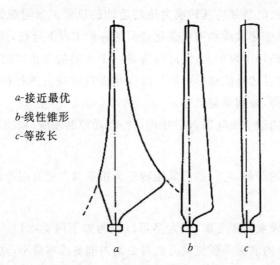

$a$-接近最优
$b$-线性锥形
$c$-等弦长

图 6.16　叶片平面形状选择(Gasch,1996)。获 B. G. Teubner GmbH 允许转载

## 空气动力学性能

影响叶片设计的主要空气动力学因素如下:

- 设计额定功率和额定风速;
- 设计叶尖速比;
- 实度;
- 翼型;
- 叶片数目;
- 风轮功率控制(失速或变桨);
- 风轮方位(塔架上风向或下风向)。

风轮扫掠面积的大小,也即叶片长度,与设计额定功率和额定风速直接相关。其它参数相同条件下,提高叶尖速比具有优点。高叶尖速比导致实度降低,从而导致叶片总面积的减小。这又使得叶片更轻、廉价。与高叶尖速比对应的高转速也有利于驱动链的布置。另一方面,高叶尖速比会导致风力机产生较大的气动噪音。因为叶片更薄了,挥舞应力变得更大。较薄叶片的柔度也较大。有时这是一种优点,但较薄叶片存在振动问题,并且过大的挠度会导致叶片-塔架碰撞。叶尖速比还直接影响叶片弦长和扭角分布。

随着设计叶尖速比的增加,选择适当的翼型变得越来越重要。如果要使风轮具有高的功率系数,保持高升阻比就尤为重要。还需要指出的是,升力系数会影响风轮实度,进而影响叶片弦长:升力系数越大,弦长越小。此外,翼型的选择在很大程度上受风轮气动控制方法的影响。例如,适合变桨调节风轮的翼型可能并不适合于失速控制风力机。其中一个问题就是污垢:某些翼型,特别在是失速控制风力机上使用的叶型,特别容易受到污垢的影响(例如,经过一段时间在前缘会沾满昆虫)。这将导致发电量的明显降低。翼型的选择可以利用数据库,如Selig(2008)所开发的数据库。

风力机叶片通常在整个长度方向上有不止一种翼型。如图 6.17 所示,一般来说(但并非总是),翼型都属于同一家族,但相对厚度是变化的。根部附近较厚的翼型具有较高的强度,并且可以设计成不会严重降低叶片整体性能。

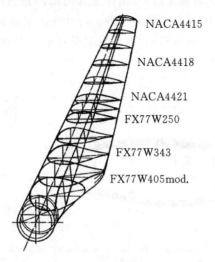

NACA4415
NACA4418
NACA4421
FX77W250
FX77W343
FX77W405mod.

图 6.17　沿径向变化的翼型横截面(Gasch,1996)。
获 B. G. Teubner GmbH 允许转载

　　基于当前的生产技术,尽量减少叶片数目通常比较有利。这主要是因为叶片制造成本是固定的。此外,叶片数目越多(对一给定实度)它们的刚性越小,并且在叶根处有较大应力。当前所有商用风力机都采用两个或三个叶片,本章也假定是这种情形。两叶片风力机历来比三叶片风力机具有更低的实度。这保证了叶片的低成本,这也被认为是两叶片相对于三叶片的一个优点。

　　功率调节方法(失速或变俯仰角)对叶片设计有很大的影响,特别是对翼型的选择。当遇到强风时,失速控制风力机依靠伴随失速发生的升力减小来降低功率输出。这时要求叶片具有良好的失速特性。叶片应该随风速的增加而逐渐失速,并且相对地不产生如动态失速引起的瞬态影响。在变桨控制风力机中,失速特性通常不是很重要。此时,了解叶片在强风下变桨能否正常工作是很重要的。还有值得注意的是,叶片变桨既可以向顺桨(减小攻角)方向进行,也可以向失速(增大攻角)方向进行。

　　风轮相对塔架的方位对叶片几何形状也有一些影响,但只是间接地对叶片预倾斜有影响。预倾斜是指叶片在相对于叶根部位所形成的旋转平面的倾斜。传统上,大多数下风向风力机都采用自由偏航。其叶片必须偏离旋转平面,以便于风轮能追踪风向来维持一定的偏航稳定性。有些上风向风力机也有预倾斜叶片,此时,叶片是向上风向倾斜,其目的是为了防止叶片撞击塔架。

　　叶片设计通常需要多次迭代计算来满足空气动力学以及结构方面的需求。每一次迭代都会假设并分析一个方案。Selig 和 Tangler(1995)提出了一种加快这一进程的方法,即所谓的反设计方法。这一方法使用计算机程序(PROPID)来给出满足一定要求的设计方案。例如,可以先给定整体尺寸、翼型系列、峰值功率以及沿叶片展向的升力系数,然后通过程序计算出叶片弦长和扭角分布。

### 结构强度

风力机叶片的外形基于气动特性,内部结构主要考虑的是强度。叶片的结构必须有足够的强度以满足极限载荷,并能经受多次疲劳循环。叶片在一定载荷下的变形不能大于规定值。图 6.18 表示了典型叶片截面。如图所示,内部翼梁通过前后剪切腹板保证内部强度,翼梁将外部蒙皮的载荷传递到剪切腹板上。

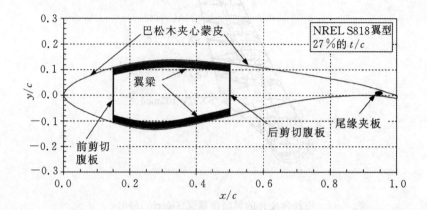

图 6.18　典型风力机叶片的内部结构(Veers et al.，2003)

为了保证足够的强度(尤其是在接近叶根部位)内侧截面相对较厚。因为叶片变得越来越长,叶根处弦长也变得更大。这也带来了一些问题,包括运输问题。一种解决方法是尾缘截切(flatback)翼型,如图 6.19 所示。

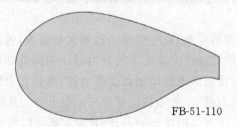

FB-51-110

图 6.19　尾缘截切(flatback)翼型示意图(Veers et al.，2003)

### 叶片材料

历史上,风力机叶片是用木材加工而成的,有时外面蒙上一层布料。直到 20 世纪中期,较大的风力机叶片才开始用钢制作。这方面的例子有:Smith-Putnam 1250 kW 风力机(1940s)和 Gedser 200 kW 风力机(1950s)。

从 20 世纪 70 年代起,大多数水平轴风力机叶片已经使用复合材料。最常用的复合材料由内置玻璃纤维的聚酯树脂组成,但是乙烯基脂、木材-环氧树脂层压板也被使用。最近,碳纤维在叶片结构上也广泛应用,它不是替代玻璃纤维,而是起到加强作用。在 6.3 节已详细介绍过风力机叶片的典型复合材料。

一些风力机用铝作为叶片框架。铝材曾被广泛用于垂直轴风力机。垂直轴风力机的叶片通常等弦长,没有扭曲,因而可以用铝拉挤成型(参看下面叶片制造的讨论)。一些水平轴风力机使用过铝叶片,但现在水平轴风力机中已经很少采用。

## 可循环性

一个值得关注的问题是叶片的可循环性,尤其是将来。因为正在建造越来越多的风力机,旧的风力机被新的风力机所替代,所以旧叶片的处置,以及新叶片原材料的供应问题变得更加重要,有一个处理这两个问题的方法(至少可以部分解决)是用可循环材料制作叶片。这是一个相对较新的研究课题,但可以期望,这一问题将随时间变得更为重要。

## 叶片制造

有许多种制造风力机复合材料叶片的方法,其中最重要的概述如下:

($i$)湿敷

玻璃纤维的湿敷是将多层玻璃纤维布放置于模具中,每一层浸透粘结剂(聚酯或环氧树脂加固化剂)。敷层主要由手工完成,用辊子或橡皮滚筒强行将树脂挤入玻璃纤维布。这一方法的模具为上、下两半,一个是上半部表面,一个是下半部表面。当两个半叶片完成后,把它们从模具中取出,然后将它们粘接在一起,在它们之间有翼梁(另外制作)。图 6.20 是叶片制作过程的照片。手工敷层劳动强度很大,且难以保证产品质量的一致性和避免产品中的缺陷。这一方法另一缺点是树脂气挥发到空气中,使得制作过程对工人健康有害(Cairns and Skramstad,2000)。

($ii$)预浸渗

在预浸渗方法中,玻璃纤维布预先浸透了树脂并在室温下保持牢固。当所有纤维布都铺在模具中后,加热整个模具,树脂流动然后永久固化。加热在低温烘炉或蒸汽釜中完成。这个方法的优点是树脂与纤维布的比例均匀一致且易于获得高质量产品。另一方面,材料成本较高,而且为大型叶片提供加热困难且昂贵。

图 6.20　在叶片模具上铺设玻璃纤维布,获 LM Glasfibre 允许转载

($iii$)树脂灌注

在树脂灌注方法中,干的玻璃纤维布放入模具中,树脂通过某些方法注入纤维布中。一种

方法是真空辅助灌注(VARTM)。在这个方法中,空气从模具的一侧通过真空泵抽出。一个真空袋覆盖在纤维布上,从外部储存箱中的树脂透过纤维布被真空泵抽入空腔。这个方法可以避免湿敷的许多质量问题,另外一个优点是毒性副产品不会挥发至空气中。由 TPI 公司研发的衍生的 VARTM 方法,称为 SCRIMP™方法,如图 6.21 所示。

图 6.21 VARTM 模具,获 TPI 公司允许转载

(*iv*)压缩成型

　　压缩成型是将玻璃纤维和树脂放置在两个模具中,然后合模、加热和加压模具直至成型。这个方法有许多优点,但至今还没有证实适用于大型叶片。但它适用于小叶片。

(*v*)拉挤成型

　　拉挤成型是一种加工方法,通过一个模具抽拉材料形成一个特定截面形状但长度不定的物体,然后切出所需长度,其材料可以是金属或复合材料。若用复合材料,需要在拉挤时添加树脂和加热模具以帮助固化。拉挤成型适用于制造等截面的叶片如垂直轴风力机叶片。然而至今,尚未证实拉挤成型对水平风力机的扭叶片和锥形叶片有吸引力。

(*vi*)松木-环氧树脂饱和技术(WEST)

　　有时风力机叶片由松木-环氧树脂层压板制成。其制作过程与湿敷玻璃纤维布相似。典型的制作过程称之为松木-环氧树脂饱和技术 WEST(参看 6.3.3.4 节),它本来是 Gougeon Brothers 公司始为造船而开发出来的。主要的差别是用层压的松木板代替玻璃纤维布。此外,蒙皮相对于叶片的厚度通常大于玻璃纤维叶片,并且用层压板条而不是箱形梁来提供刚度。

(*vii*)纤维丝缠绕

　　这是另外一种制作玻璃纤维叶片的技术,但其制作过程与前述的模具法有很大不同。在纤维丝缠绕法中,玻璃纤维丝缠绕在型芯上,同时敷涂上树脂。这一方法开始是为航空工业开发的,它可以自动化且产生规格一致的产品。然而它难以用于制作凹型结构。另外,很难在叶片的纵向校直纤维,有时这是期望达到的。

### 工人健康与安全

如前所述,一些叶片的加工方法,尤其是湿敷,会导致毒性气体释放到空气中。这些气体对制作叶片工人的健康是有害的。因此可以期望,用其它的制作方法替代湿敷,将是一种趋势,例如采用真空辅助灌注(VARTM)。

### 降低噪声

风力机风轮是一种噪声源,它将在第 12 章中讨论。降低噪声的一种方法是选择合适的翼型,另一方法是所设计风轮最好在相对低的叶尖速比下运行。

### 状态/健康监测

风力机叶片运行时会经受各种类型损伤。理想的是对叶片进行定期检查。然而实际上,很难对叶片做彻底的检查,尤其是对叶片内部。解决这个问题的一种方法是采用状态/健康监测。这种技术是在制作叶片时将传感器埋入其中,然后将传感器联入监测系统,它用来提醒运行人员需要维修的时间。关于这个问题的更多信息参看 Hyers(2006)的文献。

### 叶片叶根和轮毂连接

叶根离轮毂最近,叶片通过叶根连接到轮毂上。叶根承受最大的负载,也是叶片与轮毂相连接的位置。为减小应力,叶根通常沿叶片挥舞方向做得尽可能厚。叶根与轮毂的连接通常较为困难。这很大程度上归结于叶片、轮毂以及紧固件的材料特性和刚度的不同。剧烈变化的负载也会对连接有影响。

有种叶根被称为 Hütter 型,这是以其发明者,德国风能先驱 Ulrich Hütter 的名字命名的。在这种方法中,长玻璃纤维束被粘合到叶片底部。叶片基部有环形金属法兰,其上附有圆形中空隔板。玻璃纤维束在隔板上缠绕之后引回叶片本体。用树脂来固定玻璃纤维束和法兰。最后,穿过法兰与中空隔板的螺栓将叶片与轮毂连接在一起。此处所讨论的叶根设计最适合定桨风轮。对于变桨风轮,作相应改进后也可应用。这种叶根如图 6.22 所示。

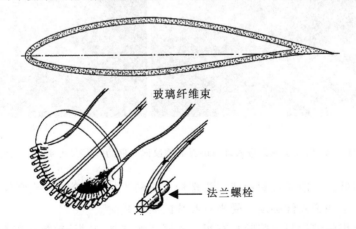

图 6.22　Hütter 型叶根(Hau,1996),获 Springer Verlag GmbH 允许转载

二十世纪七八十年代所广泛采用一种改进的 Hütter 叶根,设计如图 6.23 所示。在这张叶根局部横截面图中,基座板下表面最靠近轮毂。基座板与钢制压环构成一种"三明治"结构,

两者之间夹有玻璃纤维粗纺束(扭绞的纤维束)。粗纺束引自叶片本体上的玻璃纤维,然后缠绕在钢制套管上。螺栓穿过压环、套管和基座板,完成与轮毂的连接。

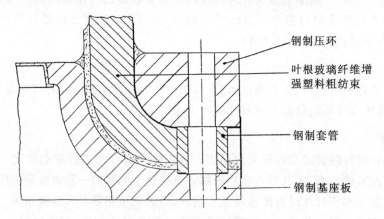

图 6.23　改进的 Hütter 型叶根(国家研究协会,1991)

　　改进的 Hütter 型叶根有一些局限性。问题在于它要承受疲劳。运行时所承受的循环应力会使树脂基体松动,从而造成玻璃纤维之间的相对运动。玻璃纤维的运动又会恶化这一问题。基材内部的气穴以及其它一些制造因素是产生这一问题的主要根源。严格的质量控制可以减少此问题发生的频率。

　　另一种连接方式是用双头螺栓或螺纹嵌入件与叶片直接相连。采用双头螺栓方法最初应用于松木-环氧树脂叶片的连接,但经证实也适用于玻璃纤维叶片,螺纹嵌入如图 6.24 所示。

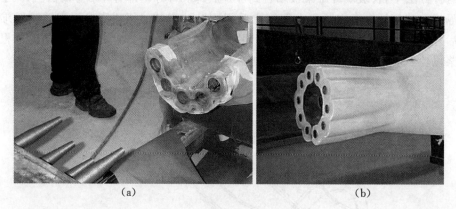

(a)　　　　　　　　　　　　　　　　　　　(b)

图 6.24　(a)安装了螺纹嵌入件;(b)具有螺纹嵌入件的叶根。获 TPI 公司允许转载

　　定桨风力机叶片一般通过螺栓或双头螺栓与轮毂连接,螺栓或双头螺栓沿径向排列并垂直于叶根底座。这些紧固件必须承受来自叶片的所有载荷。

　　变桨叶片叶根的结构与定桨叶片有很大不同。尤其是,叶根-轮毂连接必须包含轴承以实现叶片的旋转。轴承要能够承受叶片本体产生的弯矩和剪力。另外,轴承还必须承受由于风轮旋转所产生的离心力。

　　上面讨论的这些叶片连接方法多用于大、中型风力机。小功率风力机叶片通常采用不同的连接方法。其中有一种方法是,将叶根加粗,螺栓穿过叶根和轮毂上的配合件。螺栓垂直于叶片长轴和弦线。

**叶片特性**

整个叶片的特性,如总重、刚度、质量分布以及转动惯量等,在叶轮结构分析中都是需要的。最重要的是叶片的强度,受力后的变形倾向,固有振动频率,以及抗疲劳能力。这些问题前面已经讨论过了。由于叶片几何形状复杂,从叶根到叶尖都在变化,因而有些特性很难确定。常用方法是将叶片离散化,类似于空气动力学分析中所采用的方法。根据每一个离散区域的尺寸和材料分布,确定其对应的特性,然后进行组合以得到整个叶片的特性。

### 6.5.1.2　气动控制方法

有很多种方法来改善叶片气动性能,这包括变桨控制、控制表面和被动控制。这些将在下面讨论。风力机控制的详细内容将在第 8 章中介绍。

**控制表面**

气动控制表面是一种能够通过可移动的装置来改变风轮空气动力学特性。有许多种气动控制表面能够应用于风力机叶片。它们必须与风轮其余部分,尤其是叶片联合设计。气动控制表面的选择与整体控制方式紧密相关。失速控制型风力机通常带有某种形式的气动制动器,这可以是叶尖制动器、阻力板或扰流器。叶尖阻力板如图 6.25 所示。

图 6.25　叶尖阻力板气动制动器示例

非失速控制型风力机通常有更多种气动控制方式。在传统变桨风力机中,整个叶片可以绕其长轴旋转。因此,整个叶片构成一个控制表面。有些风力机设计采用局部叶片变桨控制。在这种情况下,叶片根部固定在轮毂上,而外部装配在轴承上,可以绕叶片径向轴转动。局部叶片变桨控制的好处是变桨调节机构可以不必设计得像全叶片变桨控制那么重。

还有一种气动控制表面就是副翼。这是一种可调阻力板,位于叶片尾缘附近。副翼的长度可以达到整个叶片的 1/3,可以延伸至叶片前缘的 1/4。

任何一种控制表面都和一定的传动机构关联在一起,以便按照需要动作。这种传动机构包括轴承、铰链、弹簧以及连接装置。气动制动器通常具有电磁铁,用以在正常运行时保持工作表面处于原位,而在需要时使其离开。传动机构含有电动机,用以实现对桨角和副翼的驱动。

### 被动控制

有一种被动限制风力机叶片载荷的方法是通过叶片变桨角与扭转的耦合。在这个概念下,推力产生一个绕叶片桨角轴的力矩,使得叶片扭转。扭转使得叶片沿展向的桨角变化,降低升力以限制叶片的载荷。采用变桨角与扭转耦合的叶片一般混合使用碳纤维,它相对于玻璃纤维非对称布置。叶片有时具有后掠的外形,如图 6.26 所示。

图 6.26　后掠叶片,获得 Knight & Carver 的允许转载

另外一种被动控制的方法是利用叶片结构的预弯,在这个概念下,把叶片制作成弯曲的,当叶片安装在轮毂上时(上风向风轮),不承载的叶尖从旋转平面弯向上风向。当叶片承受载荷时,叶尖将弯回旋转平面,而不是弯向风轮平面的下风向,这样可能会撞击塔架。这个概念的缺点是叶片的模具必须大于其它制作方式的模具,以形成弯曲,大型弯曲叶片的运输也是一个问题。

### 智能叶片

智能叶片是指风力机叶片的气动控制是通过分布的、埋入的智能元件和执行器来实现的。智能叶片可以采用副翼、微型翼片、边界层抽吸或吹风、压电元件和形状记忆合金。关于这个专题的讨论可参看 IEA (2008)。

### 6.5.1.3　轮毂

### 功能

风力机的轮毂是将叶片与主轴相连,最终与后面的传动链相连。轮毂要能传递并且必须承受叶片产生的所有载荷。轮毂通常由钢材制成,可以是铸造件或焊接件。由于受整体设计方案的制约,不同类型的轮毂细节上差异较大。

### 类型

应用于现代水平轴风力机的轮毂有三种基本类型:(1)刚性轮毂;(2)摆动式轮毂;(3)叶片铰接式轮毂。刚性轮毂,正如字面意思,所有主要部件相对主轴都是固定的。这种设计应用最为普遍,几乎用于所有三叶片(或多叶片)机组。摆动式轮毂允许叶片相连的部件与主轴相连的部件之间有相对运动。就像小孩玩的跷跷板,当一个叶片向一边运动时,另一个向相反的方向运动。摆动式轮毂在单叶片和双叶片风力机中应用较普遍。叶片铰接式轮毂允许叶片相对于旋转平面作独立的挥舞运动。这种轮毂目前还未在商业风力机中应用,但在历史上曾被用于一些重要风力机(Smith-Putnam),并且近来重新获得关注。图 6.27 列出了一些常用轮毂。

(i)刚性轮毂

正如上文所述,把刚性轮毂设计成使所有主要部件相对于主轴的位置保持固定。然而刚

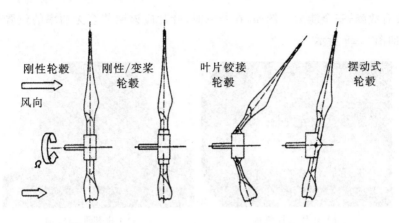

刚性轮毂　刚性/变桨　　叶片铰接　　　摆动式
　　　　　　轮毂　　　　轮毂　　　　　轮毂

风向

图 6.27　轮毂类型(Gasch,1996),获 B. G. Teubner GmbH 允许转载

性轮毂这一术语,实际上包括了那些叶片桨角可变,但没有其它形式叶片运动的轮毂。

　　刚性轮毂的主体是一个可安装叶片并且能固定于主轴的铸件或焊接件。如果叶片要相对于主轴有一定的倾斜(precone),这可以通过轮毂几何形状的设计来实现。刚性轮毂必须有足够的强度,以承受所有来自叶片的气动载荷以及旋转和偏航等因素引起的动态载荷。这些载荷在第 4 章和第 7 章中讨论,典型的刚性轮毂见图 6.28。

图 6.28　典型的风力机刚性轮毂,Paul Anderson 照相,获 Creative Commons License 允许转载

　　变桨控制风力机的轮毂须在叶根部位提供轴承和桨角调节机构,以确保叶片不产生除变桨角之外的其它运动。桨角调节机构可以利用一个穿过主轴的桨角杆和轮毂上的连接装置来实现。连接装置再与叶根相连接。桨角杆由安装在风力机主体(非旋转体)上的电动机驱动。另一种方法是,将齿轮电动机安装在轮毂上,直接控制叶片桨角。在这种情况下,还是需要向电动机提供电力。这可以通过滑环或旋转变压器实现。无论采取哪种方案设计桨角调节机

构,都应该具有故障-安全能力。例如,在断电时,叶片应该调节至无功率的位置[1]。桨角调节机构的实例如图 6.29 所示。

（a）叶片连杆机构　　　　　　　（b）电机驱动机构

图 6.29　叶片桨角调节机构,获 Vestas Wind System 允许转载

　　轮毂与主轴的连接应使其相对于主轴不发生滑动或旋转。小功率风力机通常采用键连接,键槽在主轴和轮毂上。主轴还可以加工出螺纹,配合面被车削(可能做成锥面)以实现紧配合。装上螺母之后,轮毂就可以固定在主轴上了。然而在大功率机组上这种连接方式不太令人满意。首先,键槽削弱了主轴的强度。在较大的轴上加工螺纹也相当困难。一种将轮毂连接在风力机主轴上的方法是采用 Ringfeder® 收缩盘®(shrink disc®),如图6.30所示。在图中所示的结构中,轮毂的凸缘从端部套入主轴。轮毂凸缘孔径较主轴端部直径略大。收

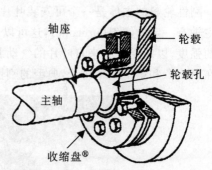

图 6.30　Ringfeder® 轮毂连接装置,获 Ringfeder 公司允许转载

缩盘®由一个圆环和两个圆盘组成。圆环的内表面沿轮毂凸缘外表面滑进,环的外表面沿两个轴向均有锥度。圆盘安装在两个锥面上,然后用螺钉拉紧。当两个圆盘相互靠近时,圆环受压,从而挤压轮毂凸缘。凸缘的压缩将其箍紧在主轴上。

　　另一种轮毂连接方法需要使用轴端固定法兰。法兰可与轴是一个整体,也可以是后来安装的。轮毂通过螺栓与法兰相连。

（ii）摆动式轮毂

　　几乎所有的双叶片风力机都采用摆动式轮毂。因为这种轮毂可以减轻气动力不平衡引起的载荷,以及由于风轮旋转的动态效应或者偏航产生的载荷。摆动式轮毂比刚性轮毂复杂得多。它至少由两个主要部分组成(轮毂主体和一副转轴销),还有轴承和阻尼器。摆动式轮毂典型结构如图 6.31 所示。轮毂主体为焊接件。两端是叶片的安装处。这种轮毂的叶片朝下风向倾斜于旋转平面,因而连接面与轮毂长轴不垂直。轮毂两侧装有摆动轴承(teeter bearings),它们固定于可移动轴承座上。在这种连接方式中,轴承位于一根与主轴垂直且到两叶

---

① 顺桨。——译者注

尖距离相等的轴线上。摆动轴承承担着所有在轮毂体和耳轴销之间传递的载荷。转轴销与主轴刚性连接。

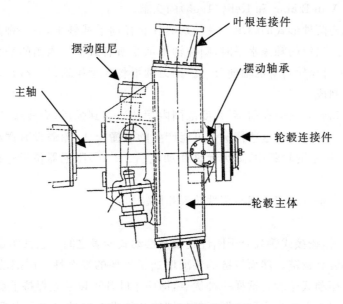

图 6.31 摆动式轮毂(ESI-80)

在图 6.31 所示的轮毂中,通过转轴销轴线且在风轮平面的直线与垂直于轮毂长轴也在风轮平面的直线是共线的。一般来说,这些线不需要共线。两者之间的夹角被称作 $\delta_3$ 角 ($\delta_3$ 是从直升机工业借用的一个术语)。当这两条线共线时($\delta_3 = 0$),叶片沿挥舞方向摆动。$\delta_3 \neq 0$ 时,还要有一个变桨部件。当 $\delta_3$ 角不等于零时可能会有一些好处,但是否采用以及何时采用这种方案,以及 $\delta_3$ 角应取多大,风能工业界尚未达成共识。图 6.32 所示为 $\delta_3$ 角不等于零的轮毂。

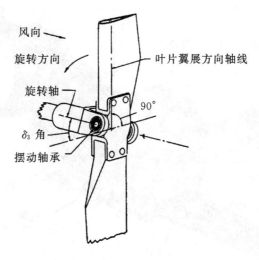

图 6.32 $\delta_3$ 角非零的摆动式轮毂(Perkins and Jones,1981)

大多数摆动式轮毂用于定桨风力机,但它们也可以用于变桨风力机。此时桨角调节系统的设计更为复杂,因为桨角调节机构要安装在相对于主轴转动的轮毂部分。变桨摆动式轮毂的详细描述请参看 Van Bibber 和 Kelly(1985)的文献。

摆动式轮毂需要两种形式的轴承。一种是圆柱状径向承载轴承,另一种是推力轴承。每一种轴承有一个销。当销的轴线水平时,圆柱轴承承受所有载荷。当销的轴承偏离水平位置时,产生一个主要来自风轮自重的轴向分力。推力轴承将要承担这部分载荷。摆动轴承通常由特制的复合材料制成。

正常运行时摆动轮毂只会在前、后几度范围内摆动。遇到强风、启停或高偏航速率时,会发生较大摆动偏移。为防止在这些情况下可能产生的碰撞损坏,轮毂设有摆动阻尼器和柔性制动器。如图 6.31 所示的轮毂中(最大允许摆动范围±7.0°)阻尼器位于轮毂上与轴承相对的一侧。

摆动式轮毂与主轴的连接方案与刚性轮毂相同。

(*iii*)铰接式轮毂

从某些方面来讲,铰接式轮毂介于刚性轮毂与摆动式轮毂之间。它其实是一个刚性轮毂,只不过在叶片根部装有铰链。然而铰链的装配增加了机构的复杂性。同摆动式轮毂一样,铰链处必须有轴承。摆动式轮毂有这样一种优点,即两个叶片可以互相保持平衡,低转速运行时离心力刚化作用减弱不会成为主要问题。但是铰接叶片没有这种对称重力平衡能力,因而必须提供一种低速旋转时防止叶片突然反转的装置。这种装置可以采用弹簧,并且总是带有阻尼器。

## 6.5.2 驱动链

完整的风力机驱动链由所有的旋转部件组成,包括风轮、主轴、联轴器、齿轮箱、制动器和发电机。除了上面已经讨论过的风轮部件,其它部件都将在下面的章节中讨论。图 6.33 所示

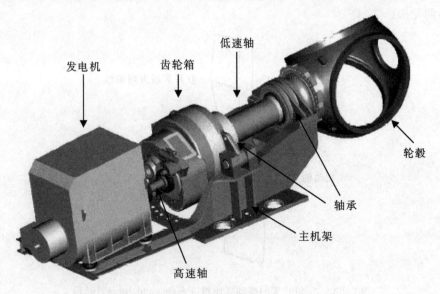

图 6.33 典型的驱动链及其相关部件(Poore and Liettenmaier,2003)

为一典型的驱动链。

### 6.5.2.1　主轴

每个风力机都有一个主轴,有时候称为低速轴或风轮轴。主轴是主要的旋转部件,用于传递风轮扭矩至驱动链其它部件,同时也支撑风轮的重量。而主轴又由轴承支承,轴承将反作用载荷传递给风力机的主机架。对于不同的齿轮箱的设计,轴和(或)轴承可能被集合进齿轮箱中,也可能与齿轮箱完全分开,仅用联轴器连接。主轴的尺寸用第 7 章中介绍的考虑弯矩和扭矩复合载荷的方法来确定。主轴一般用钢材制成。连接主轴和风轮的方法在 6.5.1 节中已经讨论过。图 6.34 所示为一些常见的主轴布置形式。

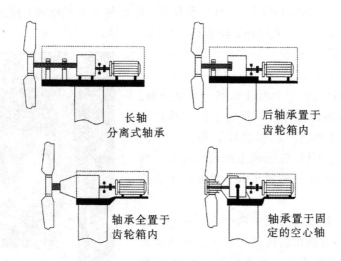

长轴
分离式轴承

后轴承置于
齿轮箱内

轴承全置于
齿轮箱内

轴承置于固
定的空心轴

图 6.34　常见主轴布置形式(Harrison et al.,2000)

### 6.5.2.2　联轴器

**功能**

如在 6.4.2 节中所述,联轴器用来将各段轴连接在一起。风力机中有两个位置需要使用大型联轴器:(1)主轴和齿轮箱之间;以及(2)齿轮箱输出轴和发电机之间。

联轴器的主要功能是在两轴之间传递扭矩,但同时它也还有另外一个功能。在能量转化为电能之前,有时联轴器有利于减弱主轴的扭矩脉动。合理设计的联轴器就可以起到这一作用。为此可以使用液力联轴器。由于联轴器在 6.4.2 节中已经讨论过,此处不再详细讨论。

### 6.5.2.3　齿轮箱

**功能**

大多数的风力机驱动链都包括齿轮箱,用以增加发电机输入轴的转速。因为风力机的风轮以及主轴的转速远低于大多数发电机所要求的转速,所以需要增速。小型风力机风轮的转速在几百转/分数量级。较大型的风力机的转速更慢。而大多数常规发电机的转速为 1800 r/m(60 Hz)或 1500 r/m(50 Hz)。

有些齿轮箱不仅增加转速,还能支承主轴轴承。当然,这些相对于齿轮箱的主要功能来说是次要的。

齿轮箱是风力机中重量最大,而且价格最高的部件。齿轮箱一般由另外的制造商设计,再提供给风力机的建造商。因为风力机的齿轮箱的运行条件与其它用途的齿轮箱显著不同,风力机的设计者有必要了解齿轮箱,同时齿轮箱的设计者也需要了解风力机。经验表明,设计不良的齿轮箱是风力机运行中产生问题的主要原因。

**分类**

所有的齿轮箱都有一些相似点:它们都具有扭矩传递部件,如轴、齿轮;机器部件,如轴承和密封;结构部件,如齿轮箱。在大多数情况齿轮箱有一个输入轴和一个输出轴,但至少有一种齿轮箱(Clipper Windpower's Liberty),有多个输出轴和多个发电机。除此之外,风力机中应用两种类型的齿轮箱:(1)平行轴齿轮箱和(2)行星齿轮箱。

在平行轴齿轮箱中,齿轮安装在两个或更多的平行轴上。这些轴由安装在齿轮箱内的轴承支承。在单级齿轮箱中,有两个轴,一个低速轴和一个高速轴。这两根平行的轴都伸出箱体。一根与主轴或风轮相连,另一根与发电机相连。在每根轴上都有一个齿轮。两个齿轮的大小不同,低速轴上的齿轮较大。两个齿轮节圆直径的比值与转速成反比(如 6.4 节描述)。

实际上,单级平行轴齿轮箱中两个齿轮的直径比是有限的。因此,高升速比的齿轮箱使用多轴和多齿轮结构。这些齿轮就组成了一个齿轮系。例如,双级齿轮箱有三根轴,一个输入(低速)轴,一个输出(高速)轴以及一个中间轴。中间轴上有两个不同尺寸的齿轮,小齿轮由低速轴驱动,大齿轮驱动高速轴。图6.35 所示为一典型的平行轴齿轮箱。

图 6.35 平行轴齿轮箱(Hau,1996)获
Springer Verlag GmbH 允许转载

行星齿轮箱与水平轴齿轮箱有若干大的差别。最显著的是输入与输出是同轴的。此外,在任意时刻,都有多对齿轮处于啮合,因此每个齿轮上的载荷就减小了。这使得行星齿轮箱相对较轻和紧凑。图 6.36 所示为一典型的行星齿轮箱。

图 6.36 二级行星齿轮箱分解图

在行星齿轮箱中,支承在箱体轴承中的低速轴与行星架刚性连接,行星架上有三个相同的小齿轮,称为行星齿轮。这些行星齿轮安装在短轴和轴承上,可以自由转动。行星齿轮与一个大直径内齿齿轮(或环形齿轮)和一个小直径的太阳齿轮相啮合。当低速轴和行星架旋转时,带动与环形齿轮啮合的行星齿轮一起旋转,而且转速大于行星架。行星齿轮又带动太阳齿轮旋转。太阳齿轮再驱动与其刚性连接的高速轴旋转。高速轴由箱体中的轴承支承。图 6.37 为在做小角度转动时齿轮与转角之间的关系。旋转之前太阳齿轮与行星齿轮在 $B$ 点啮合,而行星齿轮与环形齿轮在 $A$ 点啮合。旋转后,相应的啮合点变为 B1 和 A1。太阳齿轮与行星齿轮的中心分别为 $O$ 和 $OP$。

图 6.37 所示结构(环形齿轮固定)的升速比为:

$$\frac{n_{HSS}}{n_{LSS}} = 1 + \frac{D_{Ring}}{D_{Sun}} \tag{6.22}$$

式中,$n_{HSS}$ 是高速轴的转速,$n_{LSS}$ 是低速轴的转速,$D_{Ring}$ 是环形齿轮的直径,$D_{Sun}$ 是太阳齿轮的直径。

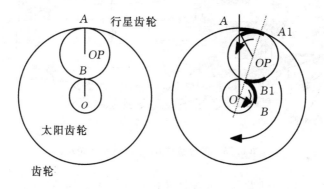

图 6.37　行星齿轮箱中齿轮间的关系

与平行轴齿轮箱一样,单级行星齿轮箱的升速比是有限度。通常,单级行星齿轮箱的升速比不大于 6:1,要得到较高的升速比,就需要逐次多级变速。多级变速中,总的升速比是各级升速比的乘积。例如,一台升速比为 30:1 的齿轮箱由升速比分别为 5:1 和 6:1 的两级组成。

大多数风力机齿轮箱中的齿轮都是直齿齿轮,但也有斜齿轮。根据载荷情况,轴承可以选择滚珠轴承、滚柱轴承或锥形滚柱轴承。齿轮和轴承在 6.4 节中已经详细讨论过。

**齿轮箱的设计**

设计和选择齿轮箱时,需要考虑到很多因素。包括:

- 基本形式(平行轴或行星式),以上已讨论过;
- 齿轮箱和主轴轴承分开,或整体式齿轮箱;
- 升速比;
- 升速级数;
- 齿轮箱的重量和成本;
- 齿轮箱的载荷;

- 润滑;
- 间歇运行的影响;
- 噪声;
- 可靠性。

　　风力机的齿轮箱可以是独立的部件,或者与其它部件结合在一起。后一种情况,就是所谓的整体式或部分整体式齿轮箱。例如,在一些采用部分整体式齿轮箱的风力机中,主轴和主轴的轴承被整合在齿轮箱支座中。对于完全整体式齿轮箱,箱体实际上就是风力机的机架。风轮与其低速轴相连,发电机与高速轴相连,并用螺栓直接与箱体连接。偏航系统被集合在箱体的底部。图 6.38 所示为部分整体式行星齿轮箱。

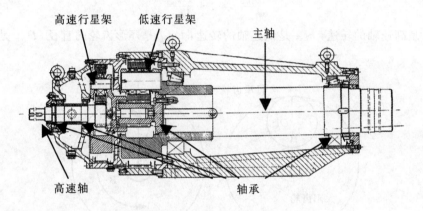

图 6.38　部分整体式、二级行星齿轮箱

　　齿轮箱的升速比与风轮和发电机的设计转速直接相关。如前所述,风轮转速主要由空气动力学因素决定。大多数发电机的转速是 60Hz 电网的 1800r/m,或 50Hz 电网的 1500r/m,当然其它固定转速或转速范围也有可能存在(如第 5 章中讨论的)。例如,一台风轮转速为 60r/m 而发电机转速为 1800r/m 的风力机,需要升速比为 30:1 的齿轮箱。

　　齿轮箱采用几级升速是风力机设计者需要考虑的第二个问题。这一点之所以重要,主要是因为级数会影响到齿轮箱的复杂程度、体积、重量以及成本。级数越多,内部零件,如齿轮、轴承和轴等就越多。

　　随着风力机额定功率的增加,齿轮箱的重量大大增加。事实上,齿轮箱的重量与风轮重量一样,大概与半径的立方成正比。由于行星齿轮箱比平行轴齿轮箱轻,使用行星齿轮箱在减轻重量上具有优势。然而,由于结构较复杂,虽然重量降低,行星齿轮箱的成本却更高。

　　齿轮箱必须承受的载荷主要来自于风轮。根据齿轮箱与主轴和轴承整合的程度,这些载荷至少包括主轴扭矩,还有可能包括风轮重量和各种动态载荷。无论是在正常运行还是启动阶段,载荷还来源于发电机,并且齿轮箱高速轴的机械制动器也会引起载荷。齿轮箱像风轮一样要长期承受一些相对稳定的载荷,同时也承受周期性或随机载荷,以及瞬态载荷。所有这些载荷都会导致轮齿、轴承和密封圈的疲劳损坏和磨损。

　　在齿轮箱运行时润滑是一个重要问题,必须合理选择润滑油,使其能最大程度地减小轮齿和轴承的磨损,并能保证风力机正常运行在外部环境中。一些情况下,需要对润滑油进行过滤或主动冷却。在任何时候,都应该周期性地提取油样本来对油的状态作评估,这也能检查内部磨损迹象。

间歇性运行是一种常见的风力机运行方式,对于齿轮箱的寿命有重要影响。当风力机停止运行时,润滑油可能从齿轮和轴承间流掉,导致重新启动时润滑不足。

在较冷的环境下,在齿轮箱变热之前润滑油的粘性可能太大。在这种环境下运行的风力机应该安装齿轮箱润滑油加热器。湿气的凝结也会加速腐蚀。当风轮静止时(取决于轴制动器的种类和位置),轮齿可能会轻微地前后移动。这种运动受到啮合间隙的限制,但是它足以对轮齿造成冲击损坏和磨损。

齿轮箱可能是噪声源。噪声总量与齿轮箱类型、齿轮材料以及齿轮的加工方式有关。如何设计齿轮箱使其噪声最小是目前很受关注的一个领域。

可靠性是齿轮箱设计的重点考虑问题。需要一个详细和仔细的规划步骤来保证设计具有足够的可靠性。这需要风力机设计者与齿轮箱设计者密切合作。与风力机设计相类似,齿轮箱设计步骤如下:

- 确定设计载荷方案(参看 IEC,2005);
- 计算恰当位置的设计载荷;
- 初步详细设计;
- 样机制造;
- 样机厂内试验;
- 在风力机上安装样机;
- 现场齿轮箱试验;
- 齿轮箱最终设计。

关于风力机齿轮箱的更详细介绍,特别是与设计相关的部分可以在美国齿轮制造协会AGMA(1997)和 IEC(2008)的设计导则中查到。

### 6.5.2.4 发电机

发电机将风轮的机械能转化为电能。发电机的具体选择在第 5 章中已经详细介绍了,这里不再讨论。需要再次强调的是,直至最近,并网发电机的转速是恒定或接近恒定。这一点要求风轮的转速也是恒定或接近恒定。然而,目前大多数大型风力机在变转速下运行,在正常运行时,风轮和发电机的转速大致变化一倍。

### 6.5.2.5 制动器

**功能**

几乎所有风力机的驱动链上都装有机械制动器。除气动制动器外,这种制动器通常都被采用。事实上,一些设计标准(Germanischer Lloyd,1993)要求有两个独立的制动系统,一个是气动制动器,而另一个就是驱动链上的机械制动器。大多数情况下机械制动器能够停止风力机。有些情况下,机械制动器只用来暂停,也就是风力机不运行时保持风轮静止。由于设计标准的影响,这种制动器越来越少见。一般来说这类轻型制动器只用在具有故障-安全装置的变桨控制风轮上。

### 分类

风力机中常用的制动器有两种:圆盘式制动器和离合式制动器。圆盘式制动器的工作方式与汽车上的相似。一个钢制圆盘牢固地安装在轴上用以刹车。制动时,液压卡钳压住圆盘。作用力会产生扭矩阻止圆盘转动来减慢风轮。图 6.39 所示为圆盘式制动器示例。

右侧标注:圆盘、卡钳

图 6.39　圆盘式制动器。获 Svendborg Brakes A/S 允许转载

离合式制动器至少由一个压力盘和一个摩擦盘组成。可参看 http://www.icpltd.co.uk/index1.html。离合式制动器的动作一般是通过弹簧,因此在设计上是故障-安全。这类制动器通过压缩空气或高压液体脱开。

另外还有一种不太常见的电动式制动器是"动力制动器"。基本原理是在风力机的发电机与电网断开后,对一个电阻器通电。这将会在发电机上产生一个负载,对风轮产生一个扭矩,以达到减速的目的。关于动力制动器的详细介绍在 Childs 等(1993)的文献中可以查到。

### 位置

机械制动器可以布置在驱动链的任何一个部位上。例如,它可以在齿轮箱的低速端也可以在高速端。如果在高速端,又可以在发电机的任意一端。

需要指出的是,低速端的制动器与高速端的相比必须能够产生大得多的扭矩,因而会更重一些。另外如果把制动器布置在高速端,就有扭矩作用在齿轮箱上,可能增加齿轮箱的磨损。此外,当齿轮箱内部失效时,高速端的制动器不能减慢风轮。

### 制动

制动器的制动方式取决于它的类型。圆盘式制动器需要液压启动。通常由液压泵提供压力,有时会与蓄能器相连。也有一些设计用弹簧来提供制动压力,而液压系统用来脱开制动器。

离合式制动器通常是由弹簧来启动。用气压或液压系统脱开制动器。在气压脱开系统中必须配有空气压缩机和储气罐,以及相应的管道系统和控制器。

**性能**

在选择制动器时需要考虑三个重要性能：

- 最大扭矩；
- 制动所需时间；
- 能量吸收能力。

制动器要使风力机停止必须能够施加比风轮上产生的扭矩更大的扭矩。推荐设计标准（Germanischer Lloyd，1993）指出，制动器的设计扭矩应该等于风力机的最大设计扭矩。

制动器制动风力机应能立即启动，并且能在几秒内跃增至最大扭矩。扭矩跃增时间的选择应考虑到，如使其瞬间完成会对驱动链产生很大的瞬间载荷，跃增时间太长，则风轮的加速和制动器发热会引起问题。一般来说，从启动制动器到风轮停止的整个制动过程不超过5 秒。

制动器的能量吸收能力是一个重要特性。首先，制动器必须能吸收风轮以最大速度旋转时的所有动能。还要能吸收停止过程中风轮可能获得的所有附加能量。

## 6.5.3　偏航系统

### 6.5.3.1　功能

几乎无例外地，所有的水平轴风力机必须能够偏航以使风轮轴线与风向一致。有些风力机还使用主动偏航作为调节功率的一种方法。在任何情况下，必须有相应的机构实施偏航，并且偏航速率应足够慢以避免产生较大的陀螺力。

### 6.5.3.2　类型

偏航系统有两种基本类型，主动偏航和自由偏航。主动偏航的风力机一般是上风向的。它们用几个电动机[①]来主动地调整风轮方向。自由偏航的风力机一般是下风向的。它们依靠风轮的气动特性调整方向。然而当风力机大型化后，主动偏航也用在下风向风力机上。

### 6.5.3.3　说明

无论采用哪种偏航系统，所有的水平轴风力机都有偏航轴承。这种轴承必须能够承载风力机主体部分的重量，以及将推力载荷传递到塔架上。

主动偏航风力机偏航轴承圆周有齿，实际上是一个大齿轮。偏航驱动器上的传动齿轮与这些齿啮合，这样大齿轮就能沿圆周双向运动。

偏航驱动系统通常由电动机、减速齿轮和一个传动齿轮组成。由于必须降低转速，偏航速率较慢，这样采用小电动机就可以施加足够的扭矩。曾经有一些偏航驱动器使用相对主风轮垂直安装的小型风轮。其优点是不需要独立的电动机或控制器。然而，这种装置与采用电机的相比缺少灵活性，现在较少使用。

主动偏航曾经遇到过这样的问题：磨损较快或由于连续的小偏航运动使偏航驱动机构损坏。这是可能发生的，因为偏航驱动小齿轮与大齿轮之间存在啮合间隙。这种运动会在齿轮

---

① 原文似有误，应把"一个电动机"改为"几个电动机"。——译者注

之间产生很多周期性冲击载荷。为了减少这种循环载荷,在现代的主动偏航系统中经常使用偏航制动器。这个制动器在风力机不偏航时工作。在开始偏航前脱开。图 6.40 为典型的带制动器的偏航驱动系统。

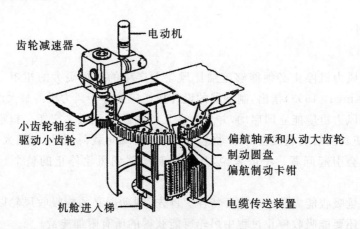

图 6.40　典型的带制动器的偏航驱动系统(Van Bibber and Kelly,1985)

主动偏航系统中的偏航运动是采用偏航误差作为输入量来控制的。偏航误差通过安装在风力机上的风向标来监测。当偏航误差在一定时间内超过了允许范围,驱动系统就会被启动,使风力机向合适的方向运动。

自由偏航风力机的偏航系统一般要简单得多。往往只有一个偏航轴承。然而,有的风力机还装有一个偏航阻尼器。偏航阻尼器用来减慢偏航速率,帮助减小陀螺力。阻尼器对于相对偏航轴的极转动惯量较小的风力机用途最大。

## 6.5.4　主机架和机舱

机舱是安放风力机重要部件(除风轮外)的壳体。它包括主机架和机舱盖。

### 6.5.4.1　主机架

**功能**

主机架是固定齿轮箱、发电机和制动器的构件。它具有刚性结构以保持这些部件正确对中。它还为偏航轴承提供一个连接点。然后偏航轴承用螺栓连接在塔架顶部。

**分类**

主机架有两种基本类型:独立部件或作为整体式齿轮箱的一部分。

**说明**

当主机架作为独立部件时,一般是刚性铸件或焊接件。在合适的位置上布置有螺纹孔或其它连接点,以使用螺栓连接其它部件。

当主机架作为整体式齿轮箱的一部分时,框架被做得足够厚以能够承受必要的载荷。与独立主机架一样,附加连接点以紧固其它部件。

**载荷**

主机架必须能够传递所有来自风轮的载荷以及发电机和制动器的反作用力到塔架上。主机架还必须足够坚固以确保风轮支承轴承、齿轮箱、发电机和制动器之间没有相对运动。

#### 6.5.4.2　机舱盖

机舱盖为机舱内的风力机部件提供环境保护。受保护的部件包括容易受到阳光、雨雪或冰雹影响的电气和机械部件。

机舱盖通常用轻质材料制成，如玻璃纤维。在大型的风力机上，机舱盖的尺寸要足够大，工作人员能够进入检测和维护内部部件。在中小型风力机上，机舱盖与机架连接的结构可以使舱盖方便打开，以便进入维修。图 6.41 为 5MW 风力机机舱外部与内部结构。有些风力机具有一个与机舱盖紧密相连的风轮轮毂罩，即机头罩或锥形迎风罩。这也可在图 6.41 中看到。

图 6.41　5MW 风力机的机舱外部与内部

### 6.5.5　塔架

塔架用来将风力机的主体部分支撑在空中。塔架的高度一般至少为风轮的直径。较小风力机塔架的高度可以比风轮直径大很多。一般来说，塔架的高度不能低于24m，因为靠近地面的风速较低且湍流较强。

#### 6.5.5.1　塔架的一般问题

水平轴风力机常用的塔架有三种类型：

- 自由竖立桁架式塔架（桁架）；
- 悬臂筒式塔架（管状塔筒）；
- 拉线式塔架。

历史上，一直到 20 世纪 80 年代中期，自由竖立桁架式塔架曾被较普遍使用。例如，Smith-Putnam 风力机，美国能源部的 MOD-0 型风力机，以及早期的美国风力机都使用这种塔架。此后悬臂筒式塔架的使用越来越多。除了少数例子（如 Carter 和 Wind Eagle 风力机），拉线式塔架在大中型风力机中一直没有被广泛使用。图 6.42 所示为各种形式塔架。

管状塔架有很多优点。与桁架塔架不同，管状塔筒不需要很多螺栓连接，从而不必定期拧

图 6.42　塔架形式

(a)管状塔架；(b) 桁架塔架；(c) 拉线式塔架。获 Vergnet SA 允许转载

紧和检查。管状塔筒还为维修人员维修风力机提供了攀登保护区域。美学上讲,有些人认为管状塔架的视觉效果好于桁架塔架。

### 材料

风力机塔架的材料通常是钢材,虽然有时会用钢筋混凝土。钢制塔架通常要镀锌或上漆以防止腐蚀。有时使用具有抗腐蚀性能的 Cor-Ten® 钢。

### 载荷

塔架主要承受两种类型的载荷:(1)稳态载荷和(2)动态载荷。稳态塔架载荷主要来自于气动推力和扭矩。这些在第 4 章中已经详细讨论过。风力机的自重也是一个重要载荷。设计时至少要计算两种情况下的塔架载荷:(1)额定功率运行时;(2)静止时的安全风速。后一种情况中,IEC 标准推荐使用 50 年一遇的最大风速作为安全风速(参看第 7 章)。设计中必须考虑载荷的影响,尤其是塔架弯曲和屈曲。

动态影响是载荷的重要来源,特别对于柔性和柔性-柔性塔架。刚性塔架是指一阶固有频率大于叶片通过频率的塔架;柔性塔架是指一阶固有频率在叶片通过频率和风轮旋转频率之间的塔架;柔性-柔性塔架是指一阶固有频率低于风轮旋转频率和叶片通过频率的塔架。无论是柔性塔架还是柔性-柔性塔架,在风力机启动和停止时塔架都可能被激起共振。

有关塔架固有频率的计算可以使用第 4 章中介绍的方法。例如,当风力机/塔架可以被近似等效成在顶部具有集中质量的均匀悬臂梁时,可以使用下式(Baumeister,1978)确定。

$$f_n = \frac{1}{2\pi} \sqrt{\frac{3EI}{(0.23 m_{Tower} + m_{Turbine}) L^3}} \tag{6.23}$$

式中,$f_n$ 是一阶固有频率(Hz),$E$ 是弹性模量,$I$ 是塔架横截面的惯性矩,$m_{Tower}$ 是塔架质量,$m_{Turbnine}$ 是风力机的质量,$L$ 是塔架高度。

对于非均匀的或拉线式塔架,Rayleigh 方法可能会相当有效。这一方法在 Thomson (1981)和 Wright 等人(1981)的文献中有所介绍。对塔架深入的分析(包括固有频率的计算)

可以使用有限元方法。在 EI Chazly(1993)中有示例。

在设计塔架时应保证它的固有频率与风力机的激振频率(风轮旋转频率或叶片通过频率)不重合。此外,在持续运行时激振频率一般与塔架固有频率的避开率大于 5%。如果激振频率处于塔架固有频率的 30% 和 140% 之间时也想使风力机运行,在评估风轮结构强度时,应该用动态放大因子 $D$ 乘以设计载荷。放大因子由塔架的阻尼特性以及激振频率之间的关系决定。它等于第 4 章中推导的无量纲振幅(公式(4.27)):

$$D = \frac{1}{\sqrt{\left[1 - (f_e/f_n)^2\right]^2 + \left[2\xi\,(f_e/f_n)^2\right]}} \tag{6.24}$$

式中,$f_e$ =激振频率,$f_n$ =固有频率,$\xi$ =阻尼比。

阻尼比由"对数阻尼衰减"$\delta$ 率来确定:

$$\xi = \frac{\delta}{2\pi} \tag{6.25}$$

塔架振动阻尼与空气动力学因素和结构因素有关。Germanischer Lloyd(1993)给出对数阻尼衰减率的推荐值为:对于钢筋混凝土塔架取 0.1,而对于钢塔架取 0.05~0.15。

各种型式风力机塔架的比较评估在 Babcock 和 Connover (1994)中有所介绍。

### 6.5.5.2　塔架攀登安全性

为了检测和维护,攀登风力机是不可避免的。设计塔架时必须为安全攀登提供设备。这主要包括梯子或攀登栓和防止跌落系统。图 6.43 所示为塔架安全攀登设备。

### 6.5.5.3　塔架顶部

塔架顶部提供与主机架连接的接口。偏航轴承的静止部分也与塔架顶部相连。塔架顶部的形状取决于塔架的类型。塔架顶部通常用铸钢制成。

图 6.43　安全攀登系统。获 Vests Wind Systems A/S 允许转载

### 6.5.5.4　塔架基础

风力机的基础必须足够牢固以保证风力机在最极端的设计工况下都直立和稳定。在大多数风场,基础由钢筋混凝土垫层组成。混凝土基础的重量应足以保证在任何条件下都不会倾覆。有时风力机是安装在岩石上的。这种情况下基础可能包括插入岩石深处的杆。混凝土垫层用来提供一个水平面,而所有的拉伸载荷都由杆来承担。图 6.44 所示为一些可能的风力机基础结构。

### 6.5.5.5　塔架安装

塔架的预定安装方式将会直接影响到塔架的设计。大型风力机通常使用起重机来安装。小型和中型的风力机常常使用自安装的方式。最常用的自安装方法采用与塔架成合适的角度的起重桅杆或 A 形架。A 形架与塔架顶部用缆绳连接,然后使用与滑轮连接的绞盘竖起塔架。用这样的方法安装塔架,塔架基础必须具有铰链,并采用能确保塔架竖立起来后即就位的办法。风力机本身在塔架竖起前就与塔架连接好。图 6.45 所示为一些塔架安装的方法。

无论哪种竖起安装方式,安装时的载荷都是设计塔架时必须考虑的重要问题。

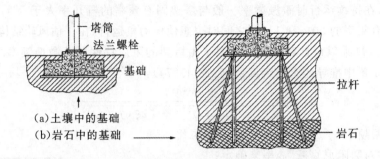

图 6.44　风力机基础(根据 Hua,1996)。获 Springer Verlag GmbH 许可

(a)起重机安装管状塔架。获 Vests Wind System A/S 允许转载

(b)用起重机把杆倾斜竖起塔架。获 Vergnet SA 允许转载

图 6.45　塔架安装方法

# 参考文献

AGMA (1997) *Recommended Practices for Design and Specification of Gearboxes for Wind Turbine Generator Systems*. AGMA Information Sheet. AGMA/AWEA 921-A97.

Ansell, M. P. (1987) Layman's guide to fatigue: the Geoff Pontin Memorial Lecture. *Proc. of the 9th British Wind Energy Association Conference*. Mechanical Engineering Publications, London.

Babcock, B. A. and Connover, K. E. (1994) Design of cost effective towers for an advanced wind turbine. *Proc. of the 15th ASME Wind Energy Symposium*. American Society of Mechanical Engineers, New York.

Baumeister, T. (Ed.) (1978) *Marks' Standard Handbook for Mechanical Engineers*, 8th edition. McGraw Hill, New York.

Cairns, D. and Skramstad, J. (2000) *Resin Transfer Molding and Wind Turbine Blade Construction, SAND99-3047*. Sandia National Laboratory, Albuquerque, NM.

Childs, S., Hughes, P. and Saeed, A. (1993) Development of a dynamic brake model. *Proc. 1993 American Wind Energy Association Conference*, Washington.

Chou, T. W., McCulloch, R. L. and Pipes, R. B. (1986) Composites. *Scientific American*, **255**(4), 192–203.

Downing, S. D. and Socie, D. F. (1982) Simple rainflow counting algorithms. *International Journal of Fatigue* **4**(1), 31–40.

El Chazly, N. (1993) Wind turbine tower structural and dynamic analysis using the finite element method. *Proc. 15th British Wind Energy Association Conference*. Mechanical Engineering Publications, London.

Garrad, A. D. and Hassan, U. (1986) The dynamic response of a wind turbine for fatigue life and extreme load prediction. *Proc. 1996 European Wind Energy Association Conference*. A. Ragguzi, Bookshop for Scientific Publications Rome.

Gasch, R. (Ed.) (1996) *Windkraftanlagen* (Windpower Plants). B. G. Teubner, Stuttgart.

Germanischer Lloyd (1993) *Regulation of the Certification of Wind Energy Conversion Systems*. Germanischer Lloyd, Hamburg.

Harrison, R. Hau, E. and Snel, H. (2000) *Large Wind Turbines: Design and Economics*. John Wiley & Sons, Ltd, Chichester.

Hau, E. (1996) *Windkraftanlagen* (Windpower Plants). Springer, Berlin.

Hoadley, R. B. (2000) *Understanding Wood: A Craftsman's Guide to Wood Technology*. The Taunton Press, Newtown, CT.

Hydraulic Pneumatic Power Editors (1967) *Hydraulic Handbook*. Trade and Technical Press, Ltd., Morden, Surrey, UK.

Hyers, R. W. McGowan, J. G. Sullivan, J.F. and Syret, B. C. (2006) Condition monitoring and prognosis of utility scale wind turbines. *Energy Materials*, **1**(3), 187–203.

IEA (2008) *Introductory Note: IEA Topical Expert Meeting #56 on the Application of Smart Structures for Large Wind Turbine Rotor Blades*, International Energy Agency, available at: http://www.ieawind.org/Task_11/ComingEvents/Smart/Invitation_Smart_Struct.pdf

IEC (2005) *Wind Turbines Part 1: Design Requirements*, 61400-1, 3rd edition. International Electrotechnical Commission, Geneva.

IEC (2008) *Design Requirements for Wind Turbine Gearboxes*, 61400-4 WD3 2008-06. International Electrotechnical Commission, Geneva.

McGowan, J. G. Hyers, R. W. Sullivan, K. L. Manwell1, J. F. Nair, S. V. McNiff, B. and Syrett, B. C. (2007) A review of materials degradation in utility scale wind turbines. *Energy Materials*, **2**(1), 41–64.

McNiff, B. P. Musial, W. D. and Erichello, R. (1990) Variations in gear fatigue life for different braking strategies. *Proc. 1990 American Wind Energy Association Conference*, Washington, DC.

National Research Council (1991) *Assessment of Research Needs for Wind Turbine Rotor Materials Technology*. National Academy Press, Washington, DC.

Nijssen, R. P. L. (2007) *Fatigue Life Prediction and Strength Degradation of Wind Turbine Rotor Blade Composites*, SAND2006-7810P. Sandia National Laboratories, Albuquerque, NM.

Parmley, R. D. (1997) *Standard Handbook of Fastening and Joining*, 3rd edition. McGraw Hill, New York.

Perkins, F. and Jones, R. W. (1981) The effect of delta 3 on a yawing HAWT blade and on yaw dynamics. *Proc. Wind Turbine Dynamics Workshop, Cleveland, OH*, pp. 295–301.

Poore, R. and Liettenmaier, T. (2003) *Alternative Design Study Report: WindPact: Advanced Wind Turbine Drive Train Designs Study*, NREL/SR-500-33196, National Renewable Energy Laboratory, Golden, CO.

Selig, M. (2008) UIUC *Airfoil Coordinates Data Base*, UIUC Airfoil Data Site, available at: http://amber.aae.uiucc.edu/~m-selig/ads.html.

Selig, M. and Tangler, J. L. (1995) Development of a multipoint inverse design method for horizontal axis wind turbines. *Wind Engineering*, **19**(2), 91–105.

Shigley, R. G. Mischke, C. R. and Budynas, R. (2003) *Mechanical Engineering Design*, 7th edition. McGraw Hill, New York.

Spotts, M. F. Shoup, T. E. and Hornberger, L. E. (2003) *Design of Machine Elements*, 8th edition. Prentice Hall, Englewood Cliffs, NJ.

Sutherland, H. J. (1999) *On the Fatigue Analysis of Wind Turbines*, SAND99-0089, Sandia National Laboratories, Albuquerque, NM.

Sutherland, H. J. (2001) Preliminary analysis of the structural and inflow data from the LIST turbine. *Proc. of the 2001 ASME/AIAA Wind Energy Symposium AIAA-2001-0041.*

Sutherland, H. J. Veers, P. S. and Ashwill, T. D. (1995) *Fatigue Life Prediction for Wind Turbines: A Case Study on Loading Spectra and Parameter Sensitivity*. Standard Technical Publication 1250, American Society for Testing and Materials, Philadelphia, PA.

Thomson, W. T. (1981) *Theory of Vibrations with Applications*, 2nd edition. Prentice-Hall, Englewood Cliffs, NJ.

Van Bibber, L. E. and Kelly, J. L. (1985) Westinghouse 600 kW wind turbine design. *Proc. of Windpower 1985,* American Wind Energy Association, Washington, DC.

Veers, P. Ashwill, T. D. Sutherland, H. J. Laird, D. L. Lobitz, D. W. Griffin, D. A. Mandell, J. F. Musial, W. D. Jackson, K. Zuteck, M. Miravete, A. Tsai, S. W. and Richmond, J. L. (2003) Trends in the design, manufacture and evaluation of wind turbine blades. *Wind Energy*, **6**(3), 245–259.

Wright, A. D. Sexton, J. H. and Butterfield, C. P. (1981) SWECS tower dynamics analysis methods and results. *Proc. of the Wind Turbine Dynamics Workshop,* Cleveland, OH, pp. 127–147.

# 第**7**章

# 风力机设计和测试

## 7.1 概述

### 7.1.1 本章内容概述

设计过程包括概念设计、部件详细设计以使它们能承受预期的载荷,然后进行整台风力机和部件的测试,从而保证它们确实能满足设计目标。本章介绍设计过程中的各个内容。本章的实际内容始于 7.2 节,该节先概述设计过程,再深入地分析每一个设计阶段;随后的 7.3 节回顾风力机拓扑结构的基础;7.4 节给出了关于风力机国际标准的综述;7.5 节参考主要的国际设计标准 IEC 61400-1 分析风力机所承受的载荷类型;此后,7.6 节给出了载荷和固有频率比例关系的综述,这些可作为一个新风力机设计的出发点。7.7 节讨论如何根据选定的一些设计基本参数预测风力机功率曲线。随后的 7.8 节综述一些分析工具,它们可以用于新风力机的开发。一旦开发出一个新的风力机设计,必须对它进行评估,这是 7.9 节的专题。最后的 7.10 节综述风力机的测试方法和要点,以及部件功能和整机认证测试。

### 7.1.2 设计要点综述

风力机设计过程将大量机械的和电气的部件在概念上组装成一台机器,使其能够把风中脉动的能量转换为有用的能量。这一过程受到一些因素的限制,最基本的因素是这种设计的潜在经济生存能力。理想条件下,风力机的发电成本应低于其它竞争者,比如石油衍生燃料、天然气、核能或其它可再生能源。而在目前的技术条件下,这往往难以达到,因此,有时政府会提供一些弥补差额的激励措施。即使这样,使风力发电比其它方式发电具有更低的能量成本仍然是基本的设计目标。

风力机的能量成本是多个因素的函数,其中最主要的因素是风力机的制造成本和年能量产出。除了初次投入的风力机成本,其它的成本(将会在第 11 章中详细讨论)还包括安装、运行和维护。这些成本将受到风力机设计的影响,因而必须在设计过程中予以考虑。风力机的发电量与风力机设计和风力资源有关。设计者不能控制风力资源,但是必须考虑如何最优地利用它。其它影响成本的因素，比如贷款利率、贴现率等相对次要一些，也远远超出了设计者所能考虑的范围。

能量成本最小的限制还有更深层的含义，它促使设计者尽力使每一个部件的成本最小、使用廉价的材料、令每个部件的重量尽量的小，以使部件和支撑结构的成本最小。换句话说，风力机的设计必须足够坚固，以使其能承受各种极端工况，并且能够长期可靠运行、故障率低。最后，因风力机的部件设计得较小，它们就要承受相对更大的应力。在自然状态下运行的风力机，应力也会剧烈变化，交变的应力会造成疲劳损伤，最终导致部件失效或需要更换部件。

对设计者而言，需要权衡风力机的初始成本与其抗疲劳、长寿命之间的要求。

# 7.2 设计过程

风力机的设计中有很多方法，也有很多必须考虑的因素。本节先概述一种设计方法中所需的步骤，随后详细介绍每个步骤。

关键设计步骤如下：

1. 确定用途；
2. 回顾以往的经验；
3. 拓扑结构选择；
4. 初步估计载荷；
5. 初步设计；
6. 预估性能；
7. 评估设计；
8. 估计成本和能量成本；
9. 改进设计；
10. 建造样机；
11. 测试样机；
12. 设计产品风力机。

步骤 1 到 7 和 11 是本章的内容。风力机的成本和能量成本的估计方法（步骤 8）将在第 11 章中讨论。步骤 9、10 和 12 超出了本书的范围，但它们是基于本书所概述的原则。

## 7.2.1 确定用途

设计风力机的第一步是确定其用途。例如，用于并网运行的大功率风力机与将在偏远地区独立运行的风力机在设计上有所不同。

在选择风力机尺寸、发电机类型、控制方式和安装、运行方式时，用途是一个重要因素。例如，用于并网运行风力机的功率和体积应该尽可能大。目前，这一类风力机的功率为 500 kW～3 MW，风轮半径从 38～90m。这类风力机往往成群安装于风场中，并且可以利用发展较好的基础设施来安装、运行和维护。

用于公用事业或偏远地区的风力机，功率要偏小一些，一般为 10～500kW，便于安装维护并且结构简单是这类风力机设计时重点考虑的因素。

## 7.2.2　回顾以往的经验

设计过程中接下来的步骤应该是回顾以往的经验,特别是重点回顾用途相似的风力机,许多种风力机已经被概念化。很多风力机至少是在一定程度上已经被制造出来并且测试过,由此获得的经验有助于设计者,并可缩小设计方案选择范围。

从每一个成功的项目中学习到的一个共同经验是:所设计的风力机必须能够安全、简便地运行、维护和检修。

## 7.2.3　拓扑结构选择

对于风力机,有很多整体布局或拓扑结构方案可供选择,其中大多数与风轮有关,需选择的最重要结构形式如下,它们将在 7.3 节详细讨论。

* 风轮主轴的方向:水平或垂直;
* 功率控制方式:失速、变桨角、可控制气动表面和偏航控制;
* 风轮位置:上风向或下风向;
* 偏航控制:驱动偏航、自由偏航或固定偏航;
* 风轮转速:定转速或变转速;
* 设计叶尖速比和实度;
* 轮毂类型:刚性连接式、摆动式、铰链连接叶片式、万向接头式;
* 叶片数量;
* 发电机转速:同步转速、多级同步转速或变转速;
* 塔架结构。

## 7.2.4　初步估计载荷

在设计的开始阶段,必须初步估计风力机所必须承受的各种载荷,这些载荷将被作为每个部件设计时的输入参数,在这个阶段对载荷的预估可以将设计相似的风力机载荷按比例换算,也可采用经验方法或一些简单的计算机分析工具。在整个设计过程中,在设计的详细数据确定后再来改进这些预估。在这一阶段,应牢记最终设计成的风力机需要承受的所有载荷。这一过程如参考推荐的设计标准来实施更为方便。在这一阶段需要准备好风力机的设计基本数据,这是一组设计时必须考虑的参数。它们包括外部环境条件(如最大预期风速)和对风力机功能的要求。这些参数用作初步载荷预估以及随后的更详细载荷预估。

## 7.2.5　初步设计

一旦选定了整体布局并预估了载荷,就要进行初步设计。这一设计可认为由一些子系统组成,各子系统已在第 6 章详细讨论过,这些子系统以及它们的主要部件如下。

* 风轮(叶片、轮毂、气动控制表面);
* 驱动链(主轴、联轴节、齿轮箱、机械制动器、发电机);

- 机舱和主机架;
- 偏航系统;
- 塔架(基础和安装设备)。

还有一些对于整个风力机的总体考虑,包括以下几点:

- 加工方法;
- 便于维护;
- 审美学考虑;
- 噪声;
- 其它的环境条件。

## 7.2.6　预估性能

在设计的开始阶段,预测风力机的性能(功率曲线)也是必要的。功率曲线主要与风轮设计有关,但也会受到发电机类型、驱动链效率、运行方式(定转速或变转速)和控制系统设计选择的影响,功率曲线的预估将会在 7.7 节中讨论。

## 7.2.7　评估设计

必须评估初步设计的风力机承受所有可能载荷的能力。当然,风力机必须有足够余度承受正常运行时遇到的各种载荷,而且必须能够承受不常发生的极端载荷以及积累的疲劳损坏。疲劳损坏是由交变应力造成的,交变应力可以是周期的(与风轮转速成比例)、随机的或由瞬态载荷造成的。

正如在第 4 章中介绍的,风力机必须承受的载荷类型有:

- 稳态载荷;
  - ○时间无关载荷,且与旋转无关;
  - ○时间无关载荷,与旋转有关,如离心力;
- 循环载荷(由风剪切、叶片重量、偏航运动导致);
- 瞬态或冲击载荷;
  - ○启动和停机引起的载荷;
  - ○短暂的载荷,如叶片经过塔影;
- 随机载荷(由湍流引起);
- 共振引起的载荷(当激励与结构固有频率接近时产生)。

无论在正常运行还是极端情况时,风力机必须能够承受所有可能工况下的上述载荷。这些可能的工况将会在 7.5 节中更详细地讨论。

风轮的各种载荷应重点关注,特别在叶根部分,但是风轮上的任何载荷都会通过结构向其它部分传递,因此,每个部件的载荷都必须仔细核定。

对风力机的载荷及其影响的分析,通常通过计算机分析软件来实现。在这种情况下,通常用已认可的实例或设计标准作参照。风力机载荷分析的基本原理已在第 4 章讨论过,在 7.5 节中将会更深入地讨论与风力机设计相关的载荷。

## 7.2.8　预估成本和能量成本

设计过程的一个重要阶段就是预估风力机的能量成本。能量成本的关键因素是风力机本身的成本和它的能量产出。因此，必须能够预测样机阶段以及最为重要的生产阶段的机器成本。风力机的部件既包括市场上可买到的零部件也包括具有特殊设计和制造的零部件。当为了大规模生产而批量购买时，市场上可买到的零部件价格会稍低。样机阶段，特制零部件的价格会相当高，这是因为设计和制造的零部件只需要一个或几个。然而，在大规模生产阶段，这些零部件的价格将会下降，与市场上可买到的具有相似材料、复杂度和大小的零部件价格接近。

风力机的成本和能量成本计算将在第 11 章更详细地讨论。

## 7.2.9　改进设计

当完成了初步设计的风力机承载能力分析，对它的性能已经进行了预测，并且估计了最终的能量成本，通常就已确定了一些需要改进的地方。此时需要提出改进的设计。对改进后的设计进行分析的方法与前面概括的过程相似。提出的改进设计将会用于样机的建造。

## 7.2.10　建造样机

一旦完成了样机设计，就要开始建造样机。样机可以用来验证设计中的假设，测试任何新的概念以及确保风力机能够如期望的加工、安装和运行。一般来说，样机与所期望的产品非常相似，但会有一些正式产品不需要的测试设备和仪器。

## 7.2.11　测试样机

样机建造安装好以后，要进行多项现场测试。测量功率，并绘制功率曲线来验证预测的性能。在关键部件安置应变仪，测量真实载荷并与估计值相比较。

## 7.2.12　设计产品

最后一步是设计产品。产品的设计与样机的设计应该非常接近。然而，可能会存在一些差别，有些改动是在样机测试中被证实必须做的改进，而有些则是为了降低批量生产成本而改动的。例如，在样机阶段焊接件比较合适，而在批量生产时铸造件更合适。

# 7.3　风力机拓扑结构

这一节将综述与现代风力机总体拓扑结构选择有关的最常见的一些关键问题。其目的不是提倡某一特殊的设计方法，而是概述那些必须予以考虑的问题。应该指出，在风能领域，风力机的设计在某些方面拓扑结构的选择上具有强的倾向性，如风轮方向布置、叶片数量选择等。Dörner(2008)在他的网站上很好地概述了这些关于设计方法的问题。

目前，最受关注的问题之一是在保证设计寿命的前提下，风力机重量能减少到什么程度。Geraets 等(1997)讨论了一些这方面的问题。

### 7.3.1 风轮转轴方向:水平或垂直

在风力机的设计中,确定风轮的转轴方向是最基本的决策。大多数现代风力机转轴的方向是水平的(与地面平行),或者接近水平。因此,正如在第 1 章中讨论的,这种风力机被称为"水平轴风力机"(HAWT)。存在这种趋势是有许多原因的,其中一些原因是较清楚的。水平轴风轮的两个最主要优点是:

1. 水平轴风力机的风轮实度(总的叶片面积与扫掠面积之比)更小(在给定的叶尖速比条件下),这将会使每千瓦的发电成本较低;

2. 风轮扫掠面积的平均高度可以高出地面更多,从而提高单位扫掠面积的产能。

垂直轴风力机(VAWT)在第 3 章中讨论过。该章已经指出,VAWT 的主要优点是不需要偏航系统,这是因为风轮能够从任何方向接受风。另一个优点是,在大多数垂直轴风力机中,叶片都是等弦长、无扭转;这些特点使叶片的加工相对容易(例如通过铝拉拔),因此价格较低。第三个优点是,驱动链的许多部件(如齿轮箱、发电机、制动器)可以安装在离地面较近的固定塔架上。

尽管垂直轴风轮有这些适合应用的优点,这种设计仍然没有被广泛接受。很多在 70 年代和 80 年代建造的风力机出现叶片疲劳损坏,特别是在与风轮部分的连接处。这是由风轮旋转时叶片上的循环气动应力和叶片铝材的疲劳特性造成的。

结构和控制上的不相容性也导致了一些问题。从结构的角度考虑,Darrieus troposkein(跳绳)风轮的形状看起来最合理(与直叶片设计相比较)。这是因为叶片只受到张力作用,而不受到任何径向弯矩作用。另一方面,在这种叶片上,采用气动控制(如可变桨角或气动制动器)是很困难的,因此,失速控制是在强风下限制功率的基本方法。由于失速控制的垂直轴风轮的气动特性,额定风速将会相对较高。这导致此类风力机需要较其它型式风力机有更大的驱动链部件,使得风力机的整体容量系数相对较低。

总之,水平轴可能更受欢迎。然而,垂直轴风轮,有足够多的优点,因而在某些场合可以考虑应用。在使用垂直轴风轮的情况下,设计者应该清楚地了解它的各种局限性,并且应该考虑一些针对这些局限性的合理解决方案。

由于目前正在应用或发展中的水平轴风力机所具有的优势,本章余下的部分,除非特别说明,都是指这种水平轴风力机。

### 7.3.2 风轮功率控制:失速、变桨、偏航或气动表面

根据空气动力学原理,功率控制有很多种方案。选择不同的方案将会对整体设计产生多种影响。下面对这些方案做简要介绍,重点说明其对整体设计产生的影响。控制问题将在第 8 章中详细讨论。

在高风速时,失速控制利用大攻角时气动升力减小以降低扭矩。要使失速起作用,风轮转速必须独立控制,通常由一台直接与电网相连的感应发电机控制(参看第 5 章)。失速控制的风力机叶片被紧固在轮毂上,形成一种简单的连接方式。然而,失速控制的特点是要以相对较大的风速才能达到最大的功率。因而驱动链的设计必须保证能够适应这种情况下的扭矩,即

使这种风速比较罕见。失速控制的风力机总是采用独立的制动系统,以确保发生各种情况时风力机能够停机。

变桨风力机叶片可以围绕其长轴旋转,并改变其桨角。改变桨角的同时也改变了相对风的攻角和产生的扭矩。变桨角比失速控制提供了更多的控制方案。另一方面,轮毂变得更为复杂,需要配置变桨轴承。除此之外,必须采用变桨执行系统。在一些风力机中,只有叶片的外部叶展是变桨的,也即局部叶片变桨控制。

一些风力机利用叶片上的气动表面来控制或改变功率。这些表面可以使用各种形状,但是,无论哪种形状,设计的叶片必须能够支撑它们,并且必须有方法来控制它们。在大多数情况下,气动表面被用来制动风力机。有的时候,特别当使用了副翼(见第 6 章),这种表面还能提供较好的调整效果。

另一个控制功率的方案是偏航控制。在这种布置中,使风轮偏离风向来减小功率。这种控制方法需要一个坚固的偏航系统。轮毂必须能够承受由偏航运动引起的回转载荷,但其结构又相对较为简单。

## 7.3.3　风轮位置:塔架的上风向或下风向

水平轴风力机的风轮可以布置在塔架的上风向或下风向。下风向风轮的风力机原则上可以采用自由偏航结构,它比驱动偏航容易实现。实际上,自由偏航并不一定是所期望的(参看7.3.4 节)。下风向结构的另一个优点是容易利用离心力来减少叶根挥舞弯矩。这是因为叶片一般是向下风向形成锥面,因此离心力弯矩具有抵消推力产生力矩的作用。另一方面,塔架沿下风向产生尾迹,而叶片每转一圈都必须穿过这个尾迹。这个尾迹是周期载荷的一个来源,而周期载荷将会导致叶片疲劳损坏以及电功率波动。叶片穿过尾迹也是噪声的一个来源。利用减小阻力塔架的设计,尾迹的影响(也即"塔影")可以在一定程度上减弱。

## 7.3.4　偏航控制:自由或主动

所有的水平轴风力机都必须具有在风向改变时,风轮对风的方法。对于下风向风力机,偏航运动一直是自由控制的。风力机像风标一样随风而动。为使自由偏航有效地工作,叶片通常向下风方向预弯一些角度。自由偏航的风力机有时配置偏航阻尼器来限制偏航速率,从而减小叶片上的回转载荷。

上风向风力机总是采用某种形式主动偏航控制(也即驱动偏航)。通常包括一台偏航电机[①]、齿轮和一个使对风后风力机稳定的制动装置(见第 6 章)。主动偏航风力机的塔架必须能够承受由偏航系统运转引起的扭转载荷。

## 7.3.5　转速:定转速或变转速

历史上,与电网相连的大多数风力机的风轮是以定转速运行的,其转速由发电机和齿轮箱决定。然而,当今许多风力机的风轮转速是允许变化的。变转速风轮可以在低风速时使风轮以最佳叶尖速比运行,以达到最大的能量转换,还可以在高风速时以低叶尖速比运行,以降低

① 原文似有误,应为 4 台。——译者注

驱动链载荷。另外,变转速风轮在风力机驱动链或电子部件上需要更复杂和昂贵的能量转换设备(参看第 5 章变转速风力机电气部分的介绍)。

### 7.3.6　设计叶尖速比和实度

风轮的设计叶尖速比就是使功率系数达到最大时的速比。速比的选择对于整台风力机的设计具有重要影响。首先,如在第 3 章中讨论的,设计叶尖速比和风轮实度(相对于风轮扫掠面积的叶片面积)之间存在直接关系。在直径相等的条件下,高叶尖速比风轮的叶片面积比低叶尖速比风轮的小。在叶片数量给定时,弦长和厚度将随实度的减小而减小。由于结构的限制,叶片的最小厚度有一限制值。因此,随着实度的减小,通常叶片数量也随之减小。

使用高叶尖速比有很多理由。首先,叶片数量减少或者重量减轻可以降低成本。其次,对于给定的功率,应用更高的转速能减小扭矩。高叶尖速比应该能使驱动链的平衡重量相对较轻。然而,高叶尖速比也有一些缺点,例如,高转速风轮比低转速风轮的噪声大(见第 12 章)。

### 7.3.7　轮毂类型:刚性连接式、摆动式、铰链连接叶片式、万向接头式

水平轴风力机的轮毂设计是整体布局的一个重要组成部分。主要的方案有刚性连接式、摆动式或铰链连接式。大多数风力机采用刚性风轮。这意味着叶片不能在挥舞方向或摆动方向移动。然而,"刚性风轮"这一术语也包括变桨叶片。

两叶片的风力机风轮通常是摆动式的。这意味着部分轮毂是安装在轴承上的,并且可以前后摆动进入和离开旋转平面。叶片与轮毂摆动部分刚性连接,因此在摆动时,一个叶片向上风方向移动,而另一个叶片向下风方向移动。第 6 章已对摆动式轮毂作了较多讨论。摆动式风轮的一个优点是正常运行时叶片上的弯矩很小。

一些两叶片的风力机在轮毂上使用铰链。铰链允许叶片各自独立地进、出旋转平面。由于叶片的重量不能彼此平衡,必须设置辅助设备以保证叶片在风力机停用、制动或启动时处于适当的位置。

有一种衍生的设计称为"万向风轮"。这种设计使用刚性轮毂,但是整个风轮机舱组件被安装在水平轴承上,这样风轮就能从水平方向向上或向下倾斜。这种运动有助于减小气动力的不平衡量。

### 7.3.8　刚度:柔性或刚性

具有较低设计叶尖速比和较大实度的风力机刚度较大,质量较小和转速较高的风力机刚度较小。大型风力机的柔性较设计相似的小型风力机的更好。柔性在减小应力方面具有优点,但是叶片的运动会更难以预测。最明显的是,无载荷时上风向风力机的柔性叶片是远离塔架的,而在高风速时叶片可能会碰撞到塔架。像叶片或塔架这样的柔性部件的固有频率可能与运行转速接近,这是要设法避免的。柔性叶片还可能产生颤振运动,这是一种不稳定和不期望的运行状态。

### 7.3.9　叶片数量

大多数用于发电的现代风力机具有三个叶片,虽然有些只有两个甚至一个叶片。三叶片

风轮具有独特的优点:偏航时极转动惯量是恒定的,并且与风轮方位角无关,这一特性对于偏航时的稳定运行有所帮助。然而,对于两叶片的风轮,叶片垂直时转动惯量比叶片水平时低。这一不平衡特性是大多数两叶片风力机使用摆动式风轮的一个原因。使用三个以上的叶片也能够使风轮具有与方位无关的转动惯量,但是很少使用三个以上的叶片。这主要是因为增加叶片数量会使成本增加。

在选择叶片数量时一个关键的考虑因素是:对于给定实度的风力机,叶根处的应力随叶片数量的增加而增大。因此,在其它条件相同条件下,要增加设计叶尖速比就要减少叶片数量。

在过去的三十年间,建造了几台单叶片的风力机。假设的优点是单叶片风力机能以较高的叶尖速比运行,并且由于只需要一个叶片成本应该较低。然而,必须有一个平衡物以平衡单个叶片的重量。不对称外表也是一个需要考虑的审美学因素。

## 7.3.10 发电机转速

发电机转速选择方案有单一同步转速,多个同步转速,或一定范围的变转速。典型的鼠笼式感应发电机和同步发电机,按其设计功能,具有单一同步转速。其它的方案是发电机具有两组线圈,使得发电机具有两个运行转速,它取决于哪个绕组被激励。变转速方案有:采用高滑差的感应发电机实现的小范围变转速运行;或采用有线绕组转子的感应发电机、永磁发电机或具有全功率变换的标准发电机实现的大范围变转速运行。第 5 章已较详细地介绍了变转速发电机的知识。

发电机转速的选择对其它部件的设计和重量有重要影响,如齿轮箱和功率电子设备。发电机转速的选择将决定对功率电子设备的要求。风轮和发电机特性(定转速或变转速)也将决定驱动链设计的各个方面。定转速风轮和发电机,或转速相互跟踪的变转速风轮和发电机,通常采用平行轴齿轮箱或行星齿轮箱或两者混合的齿轮箱。如果风轮和发电机的转速相同,则不需要齿轮箱。另外,若风轮转速与发电机转速是变化的,并且不同,则驱动链中需要有一个扭矩转换器(参看第 8 章有扭矩转换器风力机的示例)。

## 7.3.11 塔架结构

风力机的塔架用来把风轮机舱组件支撑在空中。对于水平轴风力机,塔架的高度至少要保证叶尖在旋转时不会碰到地面。实际上,塔架通常远高于这个高度。随离地面高度的增加,风力往往更强,并且湍流较弱。在所有其它条件相同的前提下,塔架应该尽量的高。塔架高度的选择要以能量捕获的增加相对于成本增加的经济权衡为基础。第 6 章已较详细地讨论了塔架。

## 7.3.12 设计的限制因素

有一些不可避免的因素将对风力机的整体设计产生影响,包括以下综述的气候因素、风场特定因素、环境因素。

### 7.3.12.1 气候因素对设计的影响

风力较强或湍流较强地点的风力机需要设计得比常规风场的风力机更坚固。如果风力机要满足国际标准,就必须考虑这些风场的预期风况。这一问题将在 7.4 节中更详细地讨论。

整体气候会以不同方式影响风力机的设计。例如，在较热环境下工作的风力机可能需要冷却设施，而较冷环境下工作的风力机需要加热器、特制的润滑油、甚至采用不同的结构材料。在海洋气候下工作的风力机需要防盐保护，并且应尽可能选用抗腐蚀材料建造。

### 7.3.12.2　风场特定因素对设计的影响

工作在相对难以进入的风场风力机在设计上存在一些限制。例如，这类风力机可能需要具有独立竖起的能力。运输上的困难也会限制每个部件的大小和重量。

对于单独或小群体运行的风力机，其安装、运行的专门技术人员和设备的缺乏将会是特别需要考虑的因素。尤其是对于偏远地区或发展中国家。在这种情况下，将风力机设计得简单、模块化，并且只需要普通的机械技能、工具和设备就能安装是非常重要的。

离岸风力机，即使靠近海岸，在大海中个人和使用起重机的平底船都难以接近。关于这些或其它风场特定因素对离岸风力机设计的限制将在第 10 章讨论。

### 7.3.12.3　环境因素对设计的影响

风力机的支持者不可避免地会称赞使用风力发电给社会带来的环保益处。然而，风力机往往会对安装地点的环境产生影响，并会招致附近居民的不满。不过，精心的设计可以使这些负面影响最小化。四个最经常被提出的风力机对环境的影响是：噪声、视觉影响、对鸟类的影响以及电磁干扰。这里概括一些影响风力机整体设计的关键问题。更多的细节将在第 12 章介绍。

当风力机运行时，也会产生一些声音，但是噪声可以通过巧妙的设计减到最小。一般来说，上风向风力机比下风向的安静一些，低叶尖速比的风力机比较高叶尖速比的安静一些。翼型的选择、叶片的加工细节以及叶尖制动器的设计（若有的话）也会影响噪声大小。齿轮箱的噪声可以通过在机舱中使用隔音涂层来减弱，或通过使用直驱发电机来消除。变转速的风力机在风速较低时噪音较小，因为在此条件下风轮转速较低。

一般来说，低叶尖速比和塔架上没有栖息位置的风力机至少不容易影响到鸟类。

视觉影响是非常主观的，但是有报道说，人们更喜欢三叶片、低速风轮以及筒式塔架；而不喜欢两叶片、高速风轮以及桁架塔架。中性的颜色也较受欢迎。

风力机产生的电磁干扰受到相当关注。对电磁干扰的关注包括对电视信号的干扰、在军事和航空雷达系统中产生错误图像或屏蔽飞行物体、微波传播的截断。

## 7.4　风力机标准、技术规范和认证

目前，已经建立或正在建立许多与风力机设计、测试和运行相关的标准。本节概述与风力机相关的标准以及它们如何应用在认证过程中。7.5 节说明关键设计标准（IEC 61400-1）应用上的一些细节，随后的章节将介绍其它的专用标准。与标准密切相关的是技术规范，它们类似于标准，但仅作为推荐而不是必需。

### 7.4.1　风力机标准和技术规范

至今，标准和技术规范都是由各国或一些机构，如德国 Germanischer Lloyd（GL）、挪威

Det Norske Veritas (DNV)各自制定。现在,国际电工技术委员会(IEC)正在成为风力机标准制定的领导者。在用的最重要的或正在制定的标准列于表 7.1。需注意的是其中一些还没有成为 IEC 的正式标准。若它们现在还不是,但正在制定中,它们的状态通常用下列缩写表示:CD=委员会草稿;CDV=待投票的委员会草稿;FDIS=国际标准最终稿,TS=技术规范,TR=技术报告,其它一些有用的但不是 IEC 的标准和指导方针列于表 7.2。

表 7.1 与风力机相关的 IEC 标准

| 来源/编号 | 名 称 |
| --- | --- |
| IEC WT01 | IEC 系统中风力机验收测试和认证的规则和程序 |
| IEC 61400-1 | 风力机—第 1 部分(第 2 版):设计要求 |
| IEC 61400-2 | 风力机—第 2 部分:小型风力机安全要求 |
| IEC 61400-3 | 风力机—第 3 部分:离岸型风力机设计要求 |
| ISO/IEC 81400-4 | 风力机—第 4 部分:40 kW ~ 2 MW 风力机齿轮箱 |
| IEC 61400-11 TS | 风力机—第 11 部分:声发射测量技术 |
| IEC 61400-12 | 风力机—第 12 部分:发电用风力机功率性能测量 |
| IEC 61400-13 TS | 风力机—第 13 部分:机械载荷测量 |
| IEC 61400-14 | 风力机—第 14 部分:风力机声功率等级和音调的申明 |
| IEC 61400-21 | 风力机—第 21 部分:功率品质测量 |
| IEC 61400-22 TS | 风力机—第 22 部分:风力机验收测试和认证 |
| IEC 61400-23 TS | 风力机—第 23 部分:全尺寸风轮叶片的结构测试 |
| IEC 61400-24 TR | 风力机—第 24 部分:闪电保护 |
| IEC 61400-25 | 风力机—第 25 部分:风力机监测和控制的通信 |

表 7.2 其它与风力机相关的标准

| 来源/编号 | 名 称 |
| --- | --- |
| Germanischer Lloyd | 风能转换系统认证条例 |
| 丹麦能源局 DS-472 | 风力机结构的载荷和安全性的实施规程 |
| DNV | 风力机设计导则(第 2 版) |
| DNV-OS-J101 | 离岸型风力机结构设计 |
| DNV-OS-J102 | 风力机叶片设计和制造 |

所有列于表 7.1 和表 7.2 中的标准与风力机设计有一些相关性,尽管有一些更直接相关。值得注意的是,大多数的 IEC 标准还是草稿(CD、CDV 和 FDIS 状态),其它则在不断的修订和更新中。最重要的 IEC 标准是 IEC 61400-1(IEC,2005a),它明确地给出了设计的要求。该标准尤其适用于较大型内陆风力机,但也与小型风力机和离岸型风力机有关。下一节将对 IEC 61400-1 做更详细的讨论。IEC 61400-2(IEC,2005b)关注的是小型风力机;IEC 61400-3(IEC,2008b)适用于离岸型风力机,它与 IEC 61400-1 一致,特别关注的是 IEC 61400-1 没有

考虑的风力机设计问题（如波浪、洋流等）；ISO/IEC 81400-4（ISO，2004）专门用于风力机齿轮箱的设计；IEC 61400-11 TS（IEC，2006a）处理的是风力机的声发射，这个技术规范与设计不直接相关，因它用来评估如风力机样机的噪声发射等级。经过评估后，设计可能会在后一代样机加以改进，降低噪声发射等级。IEC 61400-12（IEC，2005c）关注的是风力机功率性能测量；IEC 61400-13 TS（IEC，2001a）涉及风力机机械载荷的测量，根据 IEC 61400-12 和 IEC 61400-13 TS 对样机进行性能测试后，可以利用 IEC 61400-11 可对其进行设计改进。可以认为，在样机阶段进行的测试可以帮助确认结构能够改变的位置。IEC 61400-14（IEC，2004）关注的是从风力机中发射出的声音，它可以连同 IEC 61400-11 TS 一起使用。IEC 61400-21（IEC，2008a）关注的是功率品质的测量，这个标准与风力机电力和电子器件最有关系；IEC 61400-22 TS（IEC，2008c）是风力机认证的技术规范（参看 7.4.2 节）；IEC 61400-23 TS（IEC，2001b）关注的是风力机叶片，在整个风力机样机建造前可先测试叶片，其测试结果可以用来改进叶片结构设计；IEC 61400-24 TR（IEC，2002）是关于风力机闪电保护的技术报告，它与风力机设计的一些技术细节相关，尤其是那些会受到闪电影响的器件。最后，IEC 61400-25（IEC，2006b）关注的是风力机监测与控制，涉及与设计相关联的各个方面。

表 7.2（GL，2003；DEA，1992）的前两个文件特别关注风力机的认证（参看下一节），但不直接与风力机设计相关；第三个文件（DNV，2006）直接与风力机设计过程相关；表中第四个文件 DNV-OS-J101（DNV，2007）是离岸型风力机的初步设计标准，一旦 IEC 61400-3 定稿，将替代它；表中第五个文件 DNV-OS-J102（DNV，2006）关注的是风力机叶片设计。

需要注意的是，还有许多其它的标准与风力机的设计有关，这些标准一般与特定的应用场合有关。例如，IEC 61400-1 参考了许多范围比风力机更广泛的 IEC 标准，以及国际标准委员会（ISO）的标准。另外一个 IEC 标准例子是 IEC 60240-1:1997:机器及其电子设备的安全之第一部分:总体要求。同样，参考 ISO 标准的例子有 ISO4354:1997:风对结构的作用。风力机齿轮箱的标准（ISO，2004）是 ISO/IEC 的合作结果。

### 7.4.2 认证

认证是一个保证风力机按标准建造和安装的过程。总体上，认证是一致性确认一个产品或服务是否符合特定的要求（如导则、规程和标准）。风力机的认证由核准的、独立的机构执行，如国家实验室。一般认证包括计算模型的应用和测试，采用相关的设计标准来核实设计是符合标准的。认证应用在下列情况:(1)特定设计或型号;(2)风力机，它们的支撑结构和相关设备或项目相关作业;(3)部件;(4)样机。风力机认证过程的更详细内容可参看技术规范 IEC TS 61400-22（IEC，2008c）。

## 7.5 风力机设计载荷

### 7.5.1 概述

一旦风力机的基本布局确定下来，设计过程的下一步就是详细考虑风力机所必须能够承受的载荷。如力学中常用的，载荷是外部施加给风力机整体或某个单独考虑部件的力或力矩。

风力机的部件设计时考虑两种载荷:(1)极限载荷和(2)疲劳载荷。极限载荷是指可能的最大载荷乘以一个安全系数;疲劳载荷是指风力机部件在承受可能变化幅度载荷下的期望循环次数。如第 4 章中讨论的,风力机的载荷可以分为五类:(1)稳态载荷(包括静态载荷);(2)循环载荷;(3)随机载荷;(4)瞬态载荷(这里包括冲击载荷);(5)共振引起的载荷。图 7.1 所示为这些载荷和它们的来源。

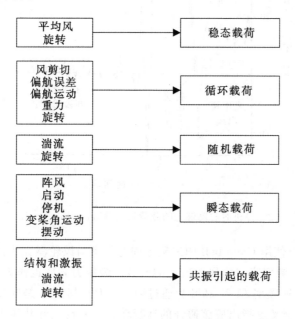

图 7.1 风力机载荷的来源

稳态载荷(在第 4 章已经详细讨论过),包括由平均风速造成的各种载荷,旋转引起的叶片离心力,塔架上机械部件的重量等。

循环载荷(在第 4 章也已经讨论过),是指由风轮旋转引起的各种载荷。最主要的周期载荷是重力在叶根处(特指水平轴风力机)造成的载荷。其它的周期载荷由风剪切、侧风(偏航误差)、垂直风、偏航速度和塔影引起。质量不平衡或变桨不一致也会产生周期载荷。

随机载荷是由风的湍流引起的。在风轮的空间和时间上,风速的短期变化会在叶片上产生剧烈变化的气动力。这种变化是随机的,但是可以用统计方法来描述。另外,风轮上的湍流特性也受到自身转动的影响。这种影响被称为"旋转采样",旋转采样在 Connell(1988)中的文章中有详细介绍。

瞬态载荷是偶尔出现并且由持续时间很短的工况引起的载荷。最常见的瞬态载荷是与启动和停机相关的载荷。其它的瞬态载荷由突然的阵风、风向的改变、叶片变桨运动或摆动引起。阵风在 7.5 节讨论。启动和停机所产生的载荷十分重要,如图 7.2 所示。详细讨论瞬态载荷超出了本书范围,但在驱动链上的瞬态载荷讨论可参看 Manwell 等(1996)的著作。

共振引起的载荷是结构的某一部分某阶固有频率被激振的结果。设计者尽量避免这种情况的发生,但是湍流经常不可避免地激发一些共振响应。

风力机部件的振动及其固有频率已经在第 4 章讨论过,应该避免在能够激起固有频率振

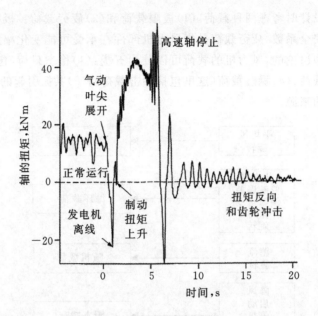

图 7.2  停机时驱动链上的载荷示例(Manwell et al. , 1996)

动的转速下运行。可以使用 Campbell 图来确定固有频率与风轮激振力之间的对应点,Campbell 图将最重要的固有频率表示为风轮转速的函数。激振力频率也作为风轮转速的函数用直线表示,特别是风轮转速频率(1P)和叶片通过频率(BP),其中 B 是叶片数量,P 代表风轮转速(r/s)。两种曲线的交叉点指出应该避开的运行转速。一台三叶片风力机的 Campbell 图如图 7.3 所示。

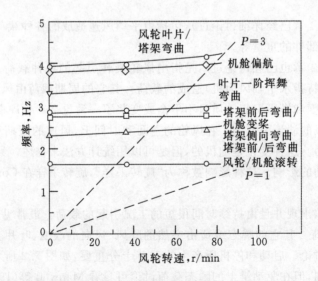

图 7.3  风力机 Campbell 图示例;P,r/s(Eggleston and Stoddard,1987)。
经 Kluwer 学术出版社允许转载

如图 7.3 所示,可能有几个不同的频率需要考虑,并且它们对应不同类型的运动。例如,图中包括风轮和机舱组合运动的频率;塔架向前和向后以及横向弯曲的频率;叶片弯曲频率等。

有时在固有频率或接近固有频率的转速下运行是无法避免的。这可能发生在启动或停机的过程,或者变转速风力机的某些转速下。这些情况下运行的影响必须考虑。由 Germanischer Lloyd(GL,2003)建立的风力机设计标准在这一方面提供了一些导则。

## 7.5.2　风力机设计载荷和设计标准

很多机械产品都是按照某一特定的"设计点"设计的。这个设计点与一种运行工况相对应,如果产品能够适应这一工况,那么它在所有其它实际工况下至少能正常运行。

对风力机的设计来说,仅有一个设计点是不够的,相反,风力机的设计必须考虑一个工况范围。其中一些工况与正常运行相对应,大部分能量在这些工况下产出。其它工况是极端工况或非正常工况,风力机必须能够承受这些工况而无严重损坏。最重要的工况是:(1)正常运行时可预见的突然工况;(2)极端工况;以及(3)疲劳。

已经获得了足够的关于风力机的经验,这使得定义一组风力机能工作的设计工况成为可能。这些已经编制成 IEC 61400-1(IEC,2005a)标准,该标准已在 7.4 节中介绍过。设计者应该了解这些标准,因为如果要在执行这些标准的国家里使用风力机,所设计的风力机就必须符合这些标准。

### 7.5.2.1　IEC 61400-1 设计标准

当 IEC 61400-1 设计标准使用在设计过程中,下面几节对其作以总结。应该强调的是,对风力机能否符合这些要求的完整评估要等到全部设计完成并分析以后才能进行。然而,标准中的规定提供了一个设计目标,因此这些标准应该在设计初始阶段就予以考虑。

如前所述,IEC 61400-1 可以考虑作为风力机的基本设计标准,其目的是规定"设计要求以保证风力机的工程完整性和……为防止在预期的寿命期内各种灾害引起损坏而提供适当的保护措施。"因此,该标准不包括风力机设计所需要的所有资料以及超出该标准范围的所需考虑的各种问题。

根据 IEC 61400-1,设计中考虑载荷的过程如下:

* 确定设计风况范围;
* 选定关心的设计载荷工况,包括运行和极端风速工况;
* 计算各种载荷工况下的载荷;
* 验证这些载荷可以承受的应力。

#### 设计风况

设计风况是设计基础的最重要部分。IEC 61400-1 定义了三个风况等级——Ⅰ、Ⅱ、Ⅲ,其对应的风力从最强(50 m/s 参考风速)到最弱(37.5 m/s 参考风速)。可以认为,风力机应能在这些风况下运行。在这些等级风况中,定义了三种湍流范围,它们被表示为 A、B 和 C,对应的是高、中和低湍流度。这些等级的划分如表 7.3 所示。要强调的重要事情是,每个等级都用一个参考风速和湍流强度来表示其特征。其它感兴趣的工况可以参照这些基本特性。为了涵盖特殊工况,也给出了第四个等级,S,其具体参数由设计者给出。

表 7.3　IEC 的风等级

| 等　级 | | I | II | III | S |
|---|---|---|---|---|---|
| 参考风速,$U_{ref}$(m/s) | | 50 | 42.5 | 37.5 | 由设计者给出数值 |
| A | $I_{ref}$(—) | | 0.16 | | |
| B | $I_{ref}$(—) | | 0.14 | | |
| C | $I_{ref}$(—) | | 0.12 | | |

(i)正常风况

在正常风况下风速的发生频率假定可由 Rayleigh 分布描述(参看第 2 章)。

**正常风廓线(NWP)**

风廓线 $U(z)$ 是风速沿距地面高度 $z$ 的变化。为了满足 IEC 要求,假设风速沿距地面高度 $z$ 的变化符合幂指数模型(参看第 2 章),指数为 0.2。它被称为正常风廓线(NWP)。

**正常湍流模式(NTM)**

假设湍流在长度方向上(平均风速方向)的标准偏差 $\sigma_x$,由下式给出:

$$\sigma_x = I_{ref}(0.75U_{hub} + 5.6) \tag{7.1}$$

式中,$I_{ref}$ 为风速为 15 m/s 时的湍流强度,而 $U_{hub}$ 为轮毂高度处的风速。

湍流的功率谱密度可用 Mann 谱(一个 von Karman 的衍生谱)或 Kaimal 谱(见第 2 章和 Fordham,1985)模化。

(ii)极端风况

在 IEC 标准中确定极端载荷时用到五个极端风况:(1)极端风速(EWM);(2)极端运行阵风(EOG);(3)极端相干阵风(ECG);(4)变方向极端相干阵风(ECD);以及(5)极端风剪切(EWS)。

**极端风速(EWM)**

极端风速是指可能但很少发生的很强且持续的风况。以可能发生的频率定义了两种极端风速。50 年一遇的极端风速 ($U_{e50}$) 和 1 年一遇的极端风速($U_{e1}$)。它们的数值以参考风速(见表 7.3)为依据。50 年一遇的极端风速大约比参考风速高 40%,而 1 年一次的极端风速比参考风速高 30%。

**极端运行阵风(EOG)**

极端运行阵风是指在风力机运行时,风速突然剧增,经过很短的时间后又下降的风况。一般认为,50 年一遇的极端运行阵风($U_{gust50}$)的风速与湍流强度、湍流尺度和风轮直径有关。此外还假设阵风的开始和结束在 10.5 秒内完成。如图 7.4 所示为极端运行阵风。更详细的可以参看 IEC 61400-1。

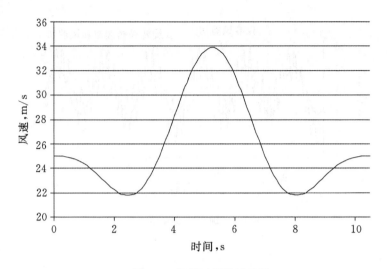

图 7.4　极端运行阵风示例

## 极端风向改变(EDC)

极端风向改变的定义方式类似于极端阵风。典型的示例如：风向在 6 秒内改变 64 度。

## 极端相干阵风(ECG)

相干阵风是指通过风轮的风速剧烈增加。IEC 极端相干阵风假定其幅值最大为 15 m/s，并且是叠加在平均风速上。10 秒内，风速以正弦规律增加到新的数值。

## 变方向极端相干阵风(ECD)

在变方向极端相干阵风中，风速的增加与风向的改变同时发生。IEC 标准中提供了具体细节。

## 极端风剪切(EWS)

定义了两个瞬态风剪切风况，一个是水平风剪切，而另一个是垂直风剪切。瞬态风剪切比前述的正常风况剧烈得多。

*(iii)旋转采样湍流*

旋转采样风速数据的处理一般是先采用逆傅立叶变换将其转换为功率谱密度，再应用 Shinozuka 技术(Shinozuka and Jan,1972)产生一个随机时间序列。然后用一个交叉谱密度模型估计叶片旋转通过湍流时经历的风速。这一处理过程见附录 C。Stiesdal(1990)中给出了一种较简单的方法。

然而，在很多情况下，使用一个简单的确定性模型来模拟旋转采样的湍流输入。特别是，这种方法可以用于因风力机的刚性较大而不易被湍流激起振动的场合。用这种模型得出的一组数据样本如图 7.5，它说明了旋转采样的基本特性。该样本采用的平均风速为 15 m/s，湍流强度为 0.18，湍流长度尺度为 10 m，直径为 25 m。转速是 0.25 r/s。

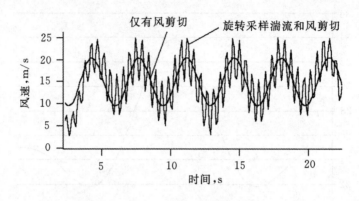

图 7.5　确定性湍流样本

## 设计载荷工况

下一步就是确定载荷工况。载荷工况以风力机的不同运行状态为基础,因为它们受到风况和电力或控制系统中潜在故障的影响。载荷工况分为八种状况:

1)功率生产;
2)有故障功率生产;
3)启动;
4)正常停机;
5)紧急停机;
6)待机;
7)有故障待机;
8)运输、装配、维护和修理。

很多运行工况存在不只一种载荷工况。大多数运行工况下主要考虑极限载荷,但是也包括疲劳载荷工况。

*(i)功率生产*

"功率生产"包含五个载荷工况,包括了设计风况的全部范围。

*(ii)有故障功率生产*

假设在正常风况和一个极端运行阵风工况下,有三个载荷工况,每一个载荷工况考虑风力机或电网若干形式的故障。

*(iii) 启动*

"启动"载荷工况包括用于极端载荷计算的 1 年一遇极端运行阵风和一个 1 年一遇极端风向改变,以及用于疲劳计算的正常风况(多次启动)。

*(iv)停机*

"停机"载荷工况包括用于极端载荷计算的 1 年一遇极端运行阵风和用于疲劳计算的正常风况(多次停机)。

*(v)紧急停机*

"紧急停机"载荷工况假定在正常风况下发生。此处并不考虑更多的极端风况,因为紧急停机事件是载荷计算的关注点。

(vi)待机

"待机"载荷工况同时考虑极端风速和失去电力连接(以确保机器不会被启动),还考虑用于疲劳计算的正常湍流风况。注意"待机"可以指停止或空转。

(vii)有故障待机

"有故障待机"载荷工况同时考虑极端风速以及一种可能的故障(不同于失去电力连接)。

(viii)运输、装配、维护和修理

第八类状况,如其名,考虑的是运输、装配、维护和修理,它们由制造厂来说明。

### 设计载荷工况的应用

设计载荷工况用以指导重要部件的分析,以保证它们满足要求,需采用四种计算方法:

1)最大强度分析;

2)疲劳失效分析;

3)稳定性分析(如屈曲);

4)变形分析(如防止叶片撞击塔架)。

基本上,分析过程首先是计算各种运行风况下的预期载荷。然后根据载荷和部件尺寸确定最大应力(或挠度)。此后将这些应力(或挠度)与部件所用材料的设计应力(或许用挠度)进行比较,以确保其有足够裕度。

载荷的计算是一个非常复杂的过程。影响载荷的因素已在第 4 章讨论过。对载荷的精确估计需要采用精确的计算机模拟,但是这种分析最好在初步设计完成后进行。第 4 章中介绍的简化方法可以用来预测趋势,它只是过于一般而无法精确计算载荷。然而,简化方法可以用在早期设计阶段大概估计部件尺寸。如果掌握一些相似风力机的数据对预估值进行校准,简化预估方法就可以得到改进。当掌握这些数据时,比例法能够帮助简化校准,这种方法将在7.6 节中讨论。

### 局部安全系数法

在载荷预估和实际材料的特性中往往有一些不确定因素。因此,局部安全系数法用来确定材料和各部件尺寸。这种方法包括两部分:

1.通过降低材料特有(或公布的)性能确定材料设计特性;

2.选择安全系数,这实际是提高预估载荷。

对极限载荷一般要求是,预期"载荷函数"$S(F_d)$,乘以一个"失效损坏"的安全系数 $\gamma_n$ 后,必须小于或等于"阻力函数"$R(f_d)$。在最基本的工况下,载荷函数是预期应力的最大值,而阻力函数是设计允许的最大值。这一要求可以表示为:

$$\gamma_n S(F_d) \leqslant R(f_d) \tag{7.2}$$

式中,$F_d$ 为载荷的设计值,$f_d$ 为材料的设计值。

载荷的设计值可以将载荷预测值或"特性"值 $F_k$ 乘以载荷局部安全系数 $\gamma_f$ 得到:

$$F_d = \gamma_f F_k \tag{7.3}$$

材料的设计值可以将材料的特性值 $f_k$ 乘以材料局部安全系数 $\gamma_m$ 的倒数得到：

$$f_d = (1/\gamma_m) f_k \tag{7.4}$$

局部安全系数一般大于 1.0。通常，载荷局部安全系数从 1.0 到 1.5。材料局部安全系数至少为 1.1，而失效损坏局部安全系数至少为 1.0。更多的介绍可以查看 IEC(2005a)。材料局部安全系数在很多文献中也可以找到。

# 7.6 载荷比例关系

有时设计者具有某台风力机的设计信息，若希望设计一台与该风力机结构相似而尺寸不同的风力机。此时，设计者可以利用风轮的一些比例关系来进行初步设计。

## 7.6.1 比例关系

使用风力机的比例关系要满足以下假设：

- 叶尖速比保持恒定；
- 叶片数量、翼型、叶片材料都相同；
- 最大程度地保证几何相似。

以下介绍风力机的若干重要性能参数的比例关系；首先讨论半径增大一倍的情况，然后是其它一般情况。它们汇总于表 7.4。

表 7.4 比例关系汇总

| 特性参数 | 符号 | 关系式 | 比例关系 |
|---|---|---|---|
| **功率、力和力矩** | | | |
| 功率 | $P$ | $P_1/P_2 = (R_1/R_2)^2$ | $\sim R^2$ |
| 扭矩 | $Q$ | $Q_1/Q_2 = (R_1/R_2)^3$ | $\sim R^3$ |
| 推力 | $T$ | $T_1/T_2 = (R_1/R_2)^2$ | $\sim R^2$ |
| 转速 | $\Omega$ | $\Omega_1/\Omega_2 = (R_1/R_2)^{-1}$ | $\sim R^{-1}$ |
| 重量 | $W$ | $W_1/W_2 = (R_1/R_2)^3$ | $\sim R^3$ |
| 气动力矩 | $M_A$ | $M_{A,1}/M_{A,2} = (R_1/R_2)^3$ | $\sim R^3$ |
| 离心力 | $F_c$ | $F_{c,1}/F_{c,2} = (R_1/R_2)^2$ | $\sim R^2$ |
| **应力** | | | |
| 重力产生的应力 | $\sigma_g$ | $\sigma_{g,1}/\sigma_{g,2} = (R_1/R_2)^1$ | $\sim R^1$ |
| 气动应力 | $\sigma_A$ | $\sigma_{A,1}/\sigma_{A,2} = (R_1/R_2)^0 = 1$ | $\sim R^0$ |
| 离心应力 | $\sigma_c$ | $\sigma_{c,1}/\sigma_{c,2} = (R_1/R_2)^0 = 1$ | $\sim R^0$ |
| **共振** | | | |
| 固有频率 | $\omega$ | $\omega_{n,1}/\omega_{n,2} = (R_1/R_2)^{-1}$ | $\sim R^{-1}$ |
| 激振力频率 | $\Omega/\omega$ | $(\Omega/\omega_{n,1})/(\Omega/\omega_{n,2}) = (R_1/R_2)^0 = 1$ | $\sim R^0$ |

注：$R$，半径

## 7.6.2　功率

正如前面已经讨论过的,功率与风轮的扫掠面积成正比,因此半径增加一倍,功率就增大为原来的四倍。一般功率与半径的平方成正比。

## 7.6.3　风轮转速

叶尖速比恒定时,半径增加一倍,转速减少一半。一般风轮转速和半径成反比。

## 7.6.4　扭矩

如前所述,当半径增加一倍,功率增大为原来的四倍。因为风轮转速减少一半,扭矩将会增大为原来的 8 倍。一般扭矩与半径的立方成正比。

## 7.6.5　气动力矩

叶片上的力与半径的平方成正比,而力矩是力和力作用点到轴心距离的乘积。当半径增加一倍,气动力矩就扩大为原来的 8 倍。一般气动力矩与半径的立方成正比。

## 7.6.6　风轮重量

根据几何相似的假设,风力机的尺寸变大,所有维度上的尺寸都要增加。因此,如果半径增加一倍,每个叶片的体积都要增大为原来的 8 倍。因为材料保持不变,重量也将要增大为原来的 8 倍。一般风轮重量与半径的立方成正比。需要强调的是重量正比于尺寸的立方而功率正比于尺寸的平方,这就是在风力机设计中著名的"平方-立方定律"。正是这一定律会最终限制风力机可以达到的极限尺寸。

## 7.6.7　最大应力

叶根处的最大弯曲应力 $\sigma_b$,是由作用在叶片上的挥舞力矩 $M$ 产生的,它与叶根厚度 $t$ 和截面的惯性矩 $I$ 有关。如第 4 章所述,$\sigma_b = M(t/2)/I = M/(2I/t)$。

为确定弯曲应力随风轮尺寸的变化,需确定截面惯性矩的比例关系。为简单起见,认为叶根处的截面为一个叶宽为 $c$(与弦长对应)和叶厚为 $t$ 的矩形。挥舞轴的惯性矩为 $I = ct^3/12$。如果半径增加一倍,惯性矩增大为原来的 16 倍,而厚度增大为原来的 2 倍。比值 $2I/t = ct^2/6$,与气动力矩一样增大为原来的 8 倍。一般,叶根截面的惯性矩比例关系为 $R^3$。

由气动力矩、叶片重量和离心力各自产生的最大应力值是截面惯性矩和所承受的力矩的函数。下面将详细讨论。

### 7.6.7.1　气动力矩产生的应力

气动力矩产生的应力 $\sigma_A$ 不随比例而改变。从上面的讨论可以看出这一点在挥舞和摆动方向(周向)都是成立的。挥舞方向的弯曲是本章要讨论的主题之一。

### 7.6.7.2　叶片重量产生的应力

与风轮中的其它应力不同,叶片重量产生的应力与尺寸相关。事实上,它们随半径成比例增大。设计过程中必须考虑到这一不同点。

在水平状态下叶片的重量为 $W$,质心到轮毂的距离为 $r_{cg}$,重力产生的最大力矩 $M_g$ 则为:

$$M_g = Wr_{cg} \tag{7.5}$$

因此,在叶根处矩形截面($I = tc^3/12$)的尾缘上,由重力产生的最大应力 $\sigma_g$ 为:

$$\sigma_g = (Wr_{cg})(c/2)/I = Wr_{cg}/(tc^2/6) \tag{7.6}$$

因为重力的比例关系为 $R^3$,而其它尺寸的比例关系都是 $R$,由重力产生的应力的比例关系也是 $R$。它们的关系是:

$$\sigma_{g,1}/\sigma_{g,2} = (R_1/R_2)^1 \tag{7.7}$$

### 7.6.7.3 离心力产生的应力

离心力产生的应力,不随尺寸的改变而变化。如下式所示,截面 $A_c$ 上由离心力 $F_c$ 产生的拉伸应力 $\sigma_c$ 为:

$$\sigma_c = F_c/A_c \tag{7.8}$$

离心力由下式给出:

$$F_c = \frac{W}{g}r_{cg}\Omega^2 \tag{7.9}$$

式中,$\Omega$ 是风轮的转速。叶片重量的比例关系为 $R^3$,$r_{cg}$ 的比例关系为 $R$,而 $\Omega$ 的比例关系为 $R^{-1}$。因而 $F_c \sim R^2$,同时 $A_c \sim R^2$,所以 $\sigma_c$ 与 $R$ 无关。即

$$\sigma_{c,1}/\sigma_{c,2} = (R_1/R_2)^0 = 1 \tag{7.10}$$

## 7.6.8 叶片固有频率

叶片的固有频率与半径成反比。这一结论可以通过将叶片模化为一个具有宽为 $c$,厚为 $t$ 的矩形截面,长度为 $R$ 的悬臂梁而得到。如在第 4 章中给出的,悬臂梁的固有频率由下式表示:

$$\omega_n = \frac{(\beta R)_i^2}{R^2}\sqrt{\frac{EI}{\tilde{\rho}}} \tag{7.11}$$

式中,$E$ 是弹性模量,$I$ 是截面的惯性矩,$\tilde{\rho}$ 是单位长度的质量,$(\beta R)_i^2$ 是常数序列,如 $(\beta R)_i^2 = (3.52, 22.4, 61.7, \cdots\cdots)$

例如,$I = ct^3/12$,$\tilde{\rho} = \rho_b ct$(其中 $\rho_b$ 为叶片的质量密度)。此时:

$$\omega_n = \frac{(\beta R)_i^2}{R^2}\sqrt{\frac{Ect^3}{12\rho_b ct}} = \frac{(\beta R)_i^2}{R^2}t\sqrt{\frac{E}{12\rho_b}} \tag{7.12}$$

叶片的厚度与半径成正比。因此,很明显地 $\omega_n \sim R^{-1}$。一般,两个叶片(1 和 2)固有频率的关系是:

$$\omega_{n,1}/\omega_{n,2} = (R_1/R_2)^{-1} \tag{7.13}$$

因为风轮的转速也与半径成反比,所以,风轮激起某阶共振的倾向也与半径无关。

应该强调的是,比例关系只能用于指导设计,而不能用于精确计算。其它因素,如技术发展,也会改变这些关系。例如,近期大型风力机的发展表明,质量增长率略小于"平方-立方定律"(功率和质量与半径关系)所预计的。关于这方面的更详细的讨论可参看 Jamieson (1997)。

## 7.7　功率曲线预测

预测风力机的功率曲线是设计过程的重要一步,需要综合考虑风轮、齿轮箱、发电机和控制系统。定转速风力机的预测过程与变转速风力机的稍有不同。这里首先介绍定转速、定桨风力机的预测过程,随后介绍变转速和变桨风力机的预测过程。

预测定转速、定桨风力机功率曲线的方法是将风轮输出功率相对于风速和风轮转速的函数关系与发电机功率相对于转速的函数关系相互匹配。部件效率的影响也应适当考虑。这里我们假设通过调整风轮功率来考虑所有驱动链的效率。预测过程可以通过绘图或者更自动的方式来完成。绘图法最清晰地阐述了概念,以下将说明。

风轮功率是转速的函数,可通过预估一系列风速下的功率系数 $C_p$ 来进行预测。功率系数是叶尖速比的函数,也是转速的函数,可以按第 3 章介绍的方法得到。风轮功率 $P_{rotor}$ 可以表示为:

$$P_{rotor} = C_p \eta \frac{1}{2} \rho \pi R^2 U^3 \tag{7.14}$$

式中,$\eta$ 为驱动链效率,$\rho$ 为空气密度,$R$ 为风轮半径以及 $U$ 为风速。

风轮转速 $n_{rotor}$ (r/min),可由叶尖速比 $\lambda$ 得到:

$$n_{rotor} = \frac{30}{\pi} \lambda \frac{U}{R} \tag{7.15}$$

建立发电机功率与转速的关系时,采用的转速是齿轮箱的低速端转速,即发电机转速除以齿轮箱增速比。这一关系叠加在一系列反映风轮功率和转速关系的曲线上(对应不同的风速)。发电机线和风轮线的每个交点确定了在功率曲线上功率和风速相互匹配的点。这些点也确定了风轮的运行转速。

如第 5 章所述,并网发电机可以是同步式或感应式(鼠笼式)。同步式发电机的转速固定,并由磁极数量和电网频率决定。感应式发电机的转速基本固定,转速主要由磁极数量和电网频率决定,同时还受功率水平的影响。正常运行时,功率随"滑差"不同而变化,如第 5 章所述。关系式为:

$$P_{generator} = \frac{g n_{rotor} - n_{sync}}{n_{rated} - n_{sync}} P_{rated} \tag{7.16}$$

式中,$P_{generator}$ 是发电机功率,$g$ 是齿轮箱的速比,$P_{rated}$ 是发电机额定功率,$n_{sync}$ 是发电机的同步转速,而 $n_{rated}$ 是发电机额定功率下的转速。

第 5 章讨论过的变转速风力机是非直接并网,它们一般采用一个同步发电机或绕组感应发电机,同时配置有功率电子变流器。发电机的功率与转速的关系曲线对不同发电机是不一样的,但确定风力机整体功率曲线的原理是一样的。

### 7.7.1　举例

下面的例子是预测一台假想的风力机功率曲线的过程。风力机风轮直径为 20m,功率系数与叶尖速比的关系如图 7.6 所示:

假定总的机械和电气效率为 0.9。考虑了两种齿轮速比和发电机功率的组合。使用了 6

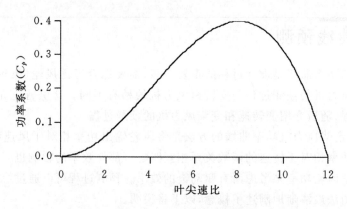

图 7.6　风轮功率系数与叶尖速比关系

种风速,范围为 6 m/s 到 16 m/s。假设功率在超过额定风速(16 m/s)后会被调节,因此只给出等于或低于 16 m/s 时的功率曲线。齿轮箱 1 的升速比为 36:1,齿轮箱 2 的升速比为 24:1。发电机 1 的额定功率是 150 kW,发电机 2 的额定功率是 225 kW。两个发电机都是鼠笼感应式。同步转速为 1800 r/min,额定功率下的转速为 1854 r/min。图 7.7 所示为在六种风速和两种发电机/齿轮箱组合下的功率和转速关系曲线。

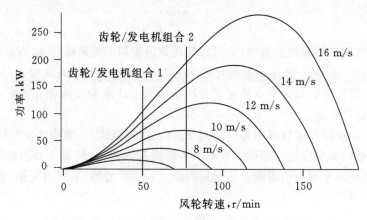

图 7.7　风轮及发电机功率与风轮转速关系曲线

　　从图 7.7 得到的功率曲线如图 7.8 所示。作为比较,在同样的风速下也绘制了一条理想变转速功率曲线。这条理想功率曲线是在所有风速下功率系数假定为 0.4 得出的。如图中所示,在风速低于 8.5 m/s 时齿轮箱/发电机组合 1 产生的功率大于组合 2,而风速较高时则小于组合 2。

　　上面绘制的功率曲线可以用于选择发电机容量和齿轮箱升速比。将功率曲线与预期的风况相结合(第 2 章介绍),就可以确定发电机容量和升速比对年能量产出的影响。一般来说,如此例说明的,风速较低时,较小的发电机和较慢的风轮转速(较大的升速比)更有利。相反地,风速较大时,较大的发电机和较快的风轮转速效率较高。

　　控制系统可以用来确定发电机功率-转速曲线的许多特性。此时,需要确定如何控制发电机以及在什么负荷或风速范围进行控制。图 7.9 给出了一台变转速、变桨风力机的运行特性曲线,它表示了风轮扭矩和风轮转速的关系。风力机在变转速运行时,需跟踪最佳叶尖速比以保证风力机在最大功率系数 $C_p$ 下运行。当风速增加时,一旦风轮转速达到额定值,发电机就在定转速下运行。在这个例子中,风轮在额定风速之前达到额定转速,然后风力机在定桨和定速下运行,直到风速达到额定风速。当风速高于额定风速时,改变叶片桨角以使发电机功率和风轮扭矩维持在额定值。图 7.9 表示了各种风速下风轮扭矩-转速曲线,其风速范围从切入风速到额定功率风速,以及需利用叶片变桨装置以获得最佳气动效率的风速,此图也表示运行在额定风速之上的两条扭矩-转速曲线,此时通过改变桨角使风轮扭矩维持在额定值。最后,此图还给出等 $C_p$、额定功率和额定风轮转速的风力机运行轨迹。在点 A,风力机开始产生功率,随风速增加,风力机跟随最大 $C_p$ 轨迹运行;在点 B,达到额定风轮转速,控制系统维持发电机和风轮转速恒定;在点 C,风轮达到额定扭矩,通过叶片变桨以维持扭矩恒定。在图中风轮扭矩-转速曲线上,风力机维持在点 C 运行。与前述的定转速风力机相类似,一旦作为叶尖速比和桨角函数的风轮特性以及作为风轮转速函数的发电机特性确定了,如图 7.9 所期望的运行模式的功率曲线就能确定了。

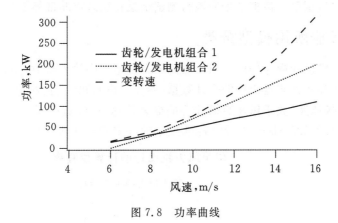

图 7.8　功率曲线

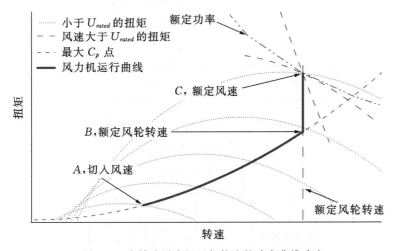

图 7.9　变转速风力机运行轨迹的功率曲线确定

## 7.8 风力机设计的计算机程序

### 7.8.1 风电行业的计算机程序应用综述

计算机程序在整个风力机设计过程中起着重要作用。它们用来详细说明和评估各部件和整台风力机的设计。部件和风力机样机的测试提供了风力机设计评估的重要数据,但测试项目不能够复现风力机服役期内所经历的所有工况,且测试费用昂贵。计算机程序可以用来模拟那些运行工况,保证风力机能在所期望的工况下运行,并具有所期望的寿命。这些计算机程序由私人公司或由政府研究实验室开发,且可公开获得。

风力机设计测试所需的模型有:(1)湍流来流和重要的大气参数;(2)在叶片表面和结构上产生的气动扭矩和气动力;(3)驱动链和结构(包括基础)的动力特性;(4)载荷所产生的应力、疲劳和其它所感兴趣的参数。重要的是要确定所用模型是否能够模拟系统运行时的那些特性,它们对终端用户最重要。模拟结果应该与测试结果相比较以验证模型。

### 7.8.2 风电行业所用模型分类

图 7.10 将风力机设计程序分成 5 组。湍流风力模型程序输入参数,如湍流强度、风剪切、平均轮毂高度、风速和各种湍流流场的统计数据(湍流长度尺度、湍流频谱特性等),并计算出通过风轮的湍流流场风速(关于风速数据综合的更多信息,可参看附录 C)。通常会得出很多不同的风速工况,包括 IEC 61400-1 设计标准规定的许多极端工况。风力机部件供应商可以

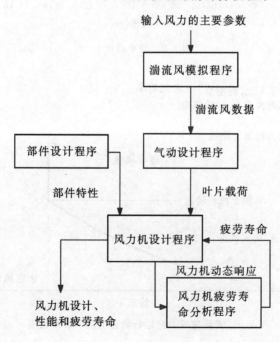

图 7.10 设计程序介绍

使用图 7.10 中的部件设计程序,它们常用来模拟其产品的性能。气动设计程序采用气动工况参数和当时的风轮结构参数及其运动参数为输入数据,它用来确定叶片表面的气动载荷。这些程序与风力机设计程序紧密结合,设计程序模拟风力机其它的结构动力特性和控制系统,从而得出整个风力机系统的载荷。这些载荷用来确定风力机各部件的疲劳寿命。然后把所有的载荷和疲劳寿命信息用于评估和改进风力机设计,直到风力机性能和成本可以接受。此后,最终的设计规范用来评估安装风力机场所的性能。这些程序可以是分开的和独立的,或多种功能集合在一个程序中。

## 7.8.3　在风力机设计中应用的计算机程序示例

过去的 20 年里,开发和改进了许多风力机设计的计算机程序。表 7.5 列出了其中若干程序,下面将较详细地介绍其功能。

表 7.5　风力机设计中用到的一些程序

| 程序名 | 来　源 | 用　途 |
|---|---|---|
| TurbSim | NREL | 风模拟,预处理 |
| IECWind | NREL | 风模拟,预处理 |
| AirfoilPrep | Windward Engineering/NREL | 产生翼型数据和气动前处理 |
| WT_Perf | OSU 和 NREL | 风轮性能程序 |
| PROPID | Univ. of Illinois | 风轮设计程序 |
| PreComp | NREL | 计算复合材料叶片的耦合截面特性;结构响应前处理 |
| BModes | NREL | 计算叶片和塔架模态振型与频率;结构响应前处理 |
| AeroDyn | Windward Engineering /NREL | 产生气动力;输入结构模型 |
| YawDyn | Windward Engineering /NREL | 简化的结构动态模型 |
| FAST | OSU 和 NREL | 适度详细的结构动态模型 |
| ADAMS2AD | NREL | 详细的结构动态模型 |
| NuMAD | Sandia | 有限元模型预处理,ANSYS |
| GH Bladed | Garrad Hassan | 详细的结构动态模型 |

### 7.8.3.1　TurbSim

TurbSim 用来综合湍流风数据(包括相干结构)的时间序列,所得结果做为设计程序如 YawDyn 和 FAST 的输入数据。程序所依据的技术在附录 C 和 Veer(1988)中作了介绍,也可从 http://wind.nrel.gov/designcodes/preprocessors/turbsim/获得详细信息。

### 7.8.3.2　IECWind

IECWind 用来综合风数据并作为设计程序的输入。综合的数据符合 IEC 61400-1 标准所要求的形式。可参看 7.5 节和 http://wind.nrel.gov/designcodes/preprocessors/iecwind/。

### 7.8.3.3 AirfoilPrep

AirfoilPrep 产生其它程序所需的翼型数据,它是由 Windward Engineering 和 NREL 开发。它对二维数据进行修正,考虑旋转效应,利用 Selig 方法考虑失速延迟和 Eggers 方法考虑阻力。程序应用 Viterna 方法或平板理论将应用范围外推至大攻角工况,也可计算动态失速特性。详细信息可参看 http://wind.nrel.gov/designcodes/preprocessors/airfoilprep/。

### 7.8.3.4 WT_Perf

WT_Perf 利用叶素动量理论计算风轮性能。它是由 NREL 根据 PROP 模型开发出来,PROP 模型最初是在 20 世纪 70 年代俄勒冈州立大学开发。它是一个稳态模型,根据风轮结构和翼型数据计算功率、扭矩、推力和叶根弯矩。详细信息可参看 http://wind.nrel.gov/designcodes/simulators/wtperf/。

### 7.8.3.5 PropID

PropID 是为简化风力机叶片设计而开发的,它考虑了叶片的空气动力特性、结构、成本和噪声。它与 WT_Perf 相似也可用来分析给定风轮,可参看 http://www.ae.uiuc.edu/m-selig/propid/。

### 7.8.3.6 PreComp

程序是计算复合材料叶片截面特性的前处理程序。它可计算叶片截面的特性,如惯量和刚度。程序输入数据为叶片形状和内部复合材料敷层信息,参看 http://wind.nrel.gov/designcodes/preprocessors/precomp/获得详细信息。

### 7.8.3.7 BMode

程序是计算悬臂梁(特别是叶片和塔架)的模态振型和频率的前处理程序。将梁划分为若干个有限单元,每个单元有三个内部节点和两个边界节点,具有 15 个自由度,计算叶片时的输入数据包括几何形状和结构特性、转速和桨角。更详细的信息可查看 http://wind.nrel.gov/designcodes/preprocessors/bmodes/。

### 7.8.3.8 Aerodyn

Aerodyn 是计算气动载荷的程序,一般与结构模型如 YawDyn、FAST 或 ADAMS (q.v.)共同使用。它与 WT_Perf、AeroDyn 程序一样,也是基于叶素动量理论,但它在很多方面更详细。程序具有下列特点(其中大多数是简单模型不具备的):旋转尾迹(通用的动态尾迹模型)、动态失速(Beddoes-Leishman 方法)、塔影、垂直风剪切、水平风剪切、垂直风和非稳态来流(湍流)。更详细的可参看 http://wind.nrel.gov/designcodes/simulators/aerodyn/。

### 7.8.3.9 YawDyn

YawDyn 用来模化两叶片和三叶片风力机的基本动力特性。它由一个气动模型(现在由 AeroDyn(q.v.)分开维护)和简化的动态模型组成,风力机动态模型与线性铰链-弹簧模型(第 4 章)很相似。叶片假设为刚性梁,通过铰链和弹簧与轮毂连结。另外,整个风力机绕偏航轴的不稳定偏航运动是允许的,且考虑了偏航驱动刚度。另一个特点就是可以模拟摇摆风轮。更详细的内容可参看(Hansen,1992;1996)和 http://wind.nrel.gov/designcodes/simulators/yawdyn/。

### 7.8.3.10 FAST

FAST 是一个用于两叶片或三叶片、摇摆或者刚性轮毂的水平轴风力机空气动力学和结构动力学分析的中等复杂程度的程序。它由俄勒冈州立大学、NREL、Windward Engineering 开发。程序将风力机模化为刚性体和柔性体的组合,并将集中参数和模态分析相结合。现在的 FAST 结合 AeroDyn 来计算叶片上的气动力。结构动力学分析考虑 14 个自由度,包括塔架多个弯曲模态、三叶片弯曲模态、偏航、摇摆和传动链扭转。这个程序比 YawDyn 允许更多的自由度,但比 ADAMS(q.v.)更快获得结果。FAST 被核准用于计算陆上风力机设计和认证的载荷。详细信息可参看 http://wind.nrel.gov/designcodes/simulators/fast/。

### 7.8.3.11 ADAMS2AD

ADAMS 是一个商用运动模拟计算的软件包,它采用多物体方法分析机械组合体的复杂特性。ADAMS2AD 是一个独立程序,其目的是从 AeroDyn 到 ADAMS 的接口,这将使 ADAMS 可详细模拟风力机塔架、机舱、驱动链、轮毂和叶片的动力特性。每一个子系统的详细自由度由使用者决定,例如,叶片和塔架模化成等截面梁,或一系列与不同截面惯性矩和刚度连接的集中质量。ADAMS/ AeroDyn 组合软件被核准用于陆上风力机设计和认证。详细信息可参看 http://wind.nrel.gov/designcodes/simulators/adams2ad/。

### 7.8.3.12 NuMAD

NuMAD 是商用有限元分析,ANSYS 的前、后处理软件。它主要用于分析风力机叶片的结构,这个软件可从 Sandia 国家实验室获得,参看 Laird (2001) 文中可获得更多信息。

### 7.8.3.13 GH Bladed

GH Bladed 是风力机性能和载荷计算的软件包,用于风力机的初步分析或设计以及认证。计算对象包括气动特性、风轮、支撑结构、驱动链、发电机和控制系统,采用模态分析方法。详细内容请参看 Bossanyi (2006)。

### 7.8.3.14 其它计算软件

其它用于风力机设计的软件有 DUWECS (TU Delft,荷兰)、PHATAS(荷兰能源中心,ECN)、TURBU(荷兰能源中心,ECN)、FLEX5 (TU 丹麦)、HAWC2 (Risφ 国家实验室,丹麦)和 DHAT (Germanischer Lloyd,德国)。

## 7.8.4 计算软件的验证和考核

以上所提及的计算软件都在一定程度上得到了验证或考核。验证一般是指与其它软件或分析结果进行比较,考核通常认为是与实验结果比较。然而这些特性并不总是一致的,故读者必须密切关注软件的发展状况。在 Buhl 和 Manjock (2006),Jonkman 和 Buhl (2007) 文中有一些软件验证的例子。Schepers (2002) 文中有模型与测试结果的比较示例。

# 7.9 设计评估

一旦风力机的详细设计开发出来,必须评定其满足基本设计要求的能力(如 7.6 节所述)。

设计评估应该采用适当的分析工具,只要有可能,应当用 7.8 节所介绍的经过考核的计算软件。当需要时,须开发专门的应用模型。

需采用以下 5 个步骤进行详细的设计评估。

1. 准备风数据输入;
2. 建立风力机模型;
3. 进行模拟计算,以获得载荷;
4. 将预测所得的载荷转化为应力;
5. 寿命损耗评估。

每一步骤总结如下。对某些类型风力机的详细设计评估的全面介绍可参看 Laino (1997) 的论文。

### 7.9.1 风数据输入

评估需要产生与设计工况相符合的风输入数据。极端风和断续阵风的风数据输入较为简单,已在 7.4 节介绍的导则中说明。将风数据转化为时间序列的输入也相当简单。可以用 7.8 节介绍的 TurbSim 公开的软件产生旋转采样综合湍流风数据。

### 7.9.2 风力机模型

下一步就是建立详细的风力机模型,包括空气动力学和动力学的模型。这可用第 3 章和第 4 章讨论的方法从基本的开始做,但若可能,最好采用已有的模型。一些现有的和合适的模型已在 YawDyn、FAST、ADAMS 和 GH Bladed 软件中应用。在 7.8 节已详细介绍过这些软件和其它软件。

一旦模型选定或开发出来,需确定描述特定风力机的输入参数,这些一般包括重量、刚度分布、尺寸和气动特性等。

### 7.9.3 模拟计算

模拟计算就是实际运行计算机程序,以得到预测结果。需进行多次计算以获得所有设计工况的结果。

### 7.9.4 将模拟结果转化为应力

模拟软件的计算结果通常是时间序列形式的载荷,即力、弯矩和扭矩。此时这些载荷必须转化为应力,这可通过一些简单的程序完成转化,这些程序利用载荷和感兴趣部件的几何特性计算应力。Laino (1997)的论文介绍了一种应力的计算方法。

### 7.9.5 疲劳寿命损伤评估

如前所述,设计评估有两个方面:(1)极限载荷;(2)疲劳载荷。如果极端载荷设计工况的最大应力足够低,风力机就算通过极限载荷评估。

疲劳工况更加复杂,原因之一,一段时期里产生的全部疲劳寿命损伤取决于各种特定风况和各种工况持续的时间所造成的损伤。因此风速的分布是需要考虑的重要影响因素。为了做好疲劳寿命损耗估计,最好使用如 LIFE2 软件(Sutherland and Schluter,1989)来进行评估,可参看 6.2 节。

# 7.10　风力机和部件测试

测试整个风力机及其部件是设计过程的一个必要部分。它是保证风力机安全运行、确认设计计算、发现风力机设计过程或今后测试程序所需改进的关键。研究过程的测试,是为了加深对科学问题的理解,是新设计的一部分。对样机的测试是为了保证预定设计将满足设计准则,并最终作为风力机认证的一部分。每一种测试需按照与测试目的相对应的质量控制标准执行。如 7.4 节讨论的,测试也作为认证过程的一部分。

## 7.10.1　风力机测试程序

### 7.10.1.1　综述

风力机或部件的成功测试需满足以下要求:

- **测试目标**　测试目标是测试风力机计算模型计算结果的有效性、测试新设计部件承受特定载荷的假设、测试部件由于共振所致的疲劳损坏的假设正确性。测试目标将决定要测量参数的测量条件以及评估测量结果的措施。
- **测试计划**　测试计划需清晰地制定测试目的、所用传感器和数据采集系统的重要特性、产生或认定所期望测试工况的方法、测试持续的时间、测试结果怎样解释和需准备的技术资料。
- **测试设备**　测试设备需能够安全地再现期望的测试工况,并为测试人员和数据采集设备所适应。如果是认证测试,测试设备需经公认的测试实验室标定。关注安全和质量控制是非常重要的。
- **合适的数据采集系统**　数据采集系统包括合适的传感器、信号处理、测量和记录系统。传感器需具有可接受的响应精度和足够的响应时间,并能够在测试环境中使用。信号处理将信号滤波,并能将它们转化以便于测量。最后,数据测量和记录系统需有足够的数据存储空间和数据采样率。
- **测试、数据分析和报告过程**　测试装置、仪器标定、测试进度以及测试结果分析的详细资料都需要有足够的证明文件以保证测试结果是精确和有效的。分析结果需要形成一个完整和详细的报告。

## 7.10.2　全尺寸风力机测试

全尺寸风力机测试有以下不同的目的:

- 样机的测试以支撑新风力机的设计与开发;
- 按照国际标准的测试以获得设计认证;
- 对确认问题原因的测试,或在运行中对所发现问题解决方法的测试;

- 对研究先进技术的测试。

这些测试可以集中在风力机运行的任一方面,包括功率产生、部件载荷、系统动力学、某些部件的运行、控制系统性能、功率品质、声发射和气动性能等。这样的全尺寸测试通常需要布置大量的传感器,以保证来流和运行参数能与正在被测量的任何输出变量相互关联。

### 7.10.2.1 风力机测试的传感器

风力机全尺寸测试需采用以下传感器来测量:

- **来流** 包括风速、风向、温度(边界层不同高度上的总温度或温度差)和大气压。风速和风向传感器可以是杯式风速仪、超声风速仪、风向标、也可用声学多普勒传感器(SODAR)或激光多普勒传感器(LIDAR)。
- **应变** 部件的应变用来确定系统中的应力和载荷。应变最常用应变仪测量,应变片常布置在叶片、塔架、轴和主机架的不同部位。应变片的网络布置可以测量线性应变或扭转应变。最近也使用了光纤 Bragg 光栅(fiber-optic Bragg grating,FBG)。FBG 应变仪采用的光栅是由玻璃纤维中一系列折射率变化所组成的,当光纤长度变化后,光栅反射光的频率也会变化。FBG 应变仪目前用光缆埋入风力机叶片中正在进行试验。
- **力和扭矩** 力和扭矩可以用载荷传感器直接测量。有多种技术可用来测量力或扭矩,但许多技术依赖于应变测量仪和某些类型的应变片。
- **位置或运动** 叶片桨角、偏航角、风轮方位角以及轴的位置或速度和加速度都对评估和控制风力机运行很重要。位置和运动可以通过线性变量差动变送器(LVDTs)、电感、电磁、光接近传感器或编码器测量。
- **压力** 液态和气态系统中的压力可采用多种可能的技术测量,它通常输出直接与压力成正比的电压或电流。
- **电压、电流、功率或功率因子** 电压、电流、功率或功率系数的测量通常根据传感器测量的电压或与电流成正比的电压得出。然后信号处理装置将测量到的瞬态电压和电流转化为有功功率、无功功率、功率因子等。
- **声音** 利用标定后的麦克风测量风力机的声发射。需注意考虑背景噪声。声测量也可用来测量像齿轮箱那样的单个部件声发射,以帮助确定运行状态的变化,这种测量可以采用微小的压电麦克风完成。
- **振动** 风力机在运行时有很多部件在振动,这些振动的测量技术取决于所测振动的特性。振动一般采用加速度计测量,但也可采用应变仪或其它运动传感器,或者根据声音测量得出。

### 7.10.2.2 模态测试

模态测试是指确定结构模态频率和模态振型的技术。有一些方法进行风力机的模态测试,但它们基本上都包括激起风力机的响应,然后测量响应,分析所采集的数据。详细的可参看文献 Lauffer 等(1988)。其中一个方法是自然激振技术(Natural Excitation Technique,NExT),特别应用在风力机运行状态(James et al.,1993)。

### 7.10.2.3 全尺寸风力机测试示例

一个从全尺寸风力机测试采集到的数据示例如图 7.11。此图是从风力机长期来流和结构测试(Long-term Inflow and Structural Test turbine,LIST)的数据中获得(Sutherland,2002)。LIST 的风力机在得克萨斯州,布什兰(Bushland)的 115 kW、三叶片、上风向、失速控制风力机。此风力机是长期研究疲劳贡献因素的一部分。一组传感器测量风力机的来流。图 7.11(a)是 20 秒内风轮顶部和底部的风速差异;图 7.11(b)是电功率的波动;图 7.11(c)是风轮转速随鼠笼式感应发电机功率水平而变化;图 7.11(d)是其中一个叶片根部在摆振方向的弯矩。

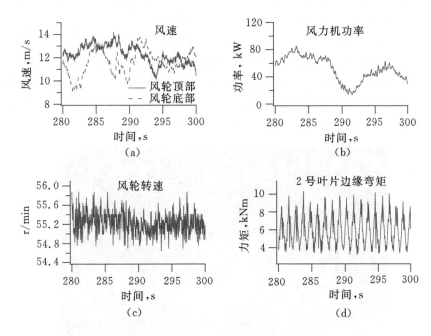

图 7.11　从 LIST 风力机试验采集结果 (a)风轮上风速;(b)电功率;(c)风轮转速;(d)叶片边缘弯矩

## 7.10.3　部件试验

### 7.10.3.1　材料试验

　　组成风力机所有的材料特性都需要搞清楚,以便进行系统设计。一般它们是由测试材料试样(材料的一小块样本)在拉伸、压缩和扭转时确定,或采用恒定载荷或波动载荷确定材料的疲劳特性。

　　复合材料的测试目前尤其受挑战,复合材料结构由很多不同的材料、纤维、布置形式、几何结构和制作方式得到。它们的每一种布置都会影响结构强度。整个复合材料结构或重要子结构的测试对确定部件的耐久极限是重要的,但其需要巨大的资金与努力(参看 7.10.3.3 节)。然而很多复合材料结构可能损坏的方式可以通过试样做材料性能试验来减少。然后测试结果也可用来评估整个结构的强度。复合材料试样测试需要仔细设计以避免几何相关的损坏方式、测试结果受试样连接形式和测试台架或材料的各向异性影响,或由于剪切能量加热试样而耗散在材料中所造成的损坏。

### 7.10.3.2 驱动链部件试验

一个风力机中易出故障的部件是驱动链,它包括齿轮箱、主轴和发电机。齿轮箱和发电机制造商咨询风力机制造商在发货之前测试他们的产品。除此之外,风力机制造商会将驱动链作为一个整体测试。例如美国国家可再生能源实验室(NREL)为此特别目的建有风力机功率测试台(Musial and McNiff,2000)。

NREL 的功率试验台是为风力机驱动链特别设计的。风力机驱动链是独特的,它们具有非常高的扭矩输入和很低的轴转速。它们也要承受随时间显著变化的轴弯曲和推力载荷。

NREL 的功率试验台由一个 4169 V 电动机驱动链接一个三级行星齿轮箱。该系统可以产生 2.5 MW 功率以便测试驱动链。整个电动机/齿轮箱组合体提供扭矩给驱动链测试,它可以升高 2.4 m 和倾斜 6 度以调节驱动链轴的倾斜。电动机由一个变转速驱动,其输出可以调节产生由用户定义的扭矩波形或转速。此外,变转速的控制系统可以编程模拟与实际风力机驱动链连接的风轮惯量特性。图 7.12 是驱动链功率测试台的照片。

图 7.12　NREL 的 2.5MW 风力机驱动链功率测试台(Musial and McNiff,2000)

轴弯曲载荷可用液压执行机构产生,它能提供侧向载荷达 489 kN。该侧向载荷可控,并能与低速轴同步提供实际风力机运行时产生的每转周期性的轴载荷。

可进行以下试验:

- **驱动链耐久性试验**　驱动链耐久性测试包括长时间运行在大载荷,同时具有附加的侧向载荷以及瞬态载荷工况以反映风场中所经历的运行条件。可产生驱动链额定容量的 1.7 倍载荷,进行 3 至 6 个月的测试,期望获得驱动链在其服役期内的磨损经历。
- **湍流风况**　湍流风测试是用来证明在正常运行工况下驱动链合适的运行和控制系统,以及多种接近系统运行极限的风况。
- **载荷工况试验**　载荷工况试验是用来测试整个驱动链和控制系统在极端运行条件下的运

行状况。在此情况下,可以测试刹车系统和控制系统对发电机损坏和电网故障的响应。

- **部件试验**　这些试验集中在系统中单独部件的运行,如齿轮箱、发电机或更具体的齿轮、主轴、箱体、轴承、独立的控制系统、有或无整个驱动链的功率电子设备。

### 7.10.3.3　全尺寸叶片试验

　　风力机叶片全尺寸试验是确认叶片的极限强度和疲劳强度。全尺寸叶片结构试验包括在 IEC 61400-23 标准中。试验的目的是给叶片或叶片的某一截面以接近极限或疲劳设计载荷的方式加载,以证明叶片确实能够承受这些载荷。该标准规定了三种试验方式(静态试验、疲劳试验和选定的载荷试验),用于试验的局部安全系数、文件证明预期载荷或预期疲劳损坏循环次数已经确实达到的方法、结构破坏的构成以及报告技术要求。全尺寸叶片试验可加强对叶片设计和产品的信心,表明产品没有会导致不安全运行的大缺陷。试验也直接给出叶片强度测量结果、评估和改进叶片设计的信息。因此叶片试验可提供叶片设计过程中的关键反馈信息,但它不能代替用于评估的强度、刚度、疲劳寿命和对多种模式损坏抵抗力的详细设计计算。

　　静态试验用来确保叶片能够在极限设计载荷下工作。试验时可以施加多种不同方向的载荷或多种载荷分布以代表不同的极端载荷工况。这些试验不是要做到损坏,但要确认叶片能够承受这些极端工况设计载荷。此外破坏试验来确定叶片静态强度的设计范围。损坏通常以叶片的某些点刚度的降低作为标志。

　　疲劳试验是对叶片施加一个或几个方向循环载荷以确认叶片疲劳寿命的计算和发现叶片初始疲劳损坏的模式和位置。同样,损坏也被定义为在叶片的某些点的刚度降低。疲劳试验的载荷通常高于风力机实际承受的载荷,这是为了缩短试验时间(Freebury and Musial, 2000)。在疲劳试验中,难以在叶片上实现期望的准确载荷分布和服役期内期望的载荷历程。此外时间和费用也限制了所试验的试样数量。然而,全尺寸叶片试验是对设计分析的多方面测试,包括基本的叶片特性、疲劳寿命和最可能发生损坏的位置与属性。

#### 叶片疲劳试验载荷

　　理论上,叶片全尺度疲劳试验对叶片施加运行时经历的载荷所有特性,包括大小、方向、载荷分布和时间历程。风力机叶片在服役期内通常要承受 $10^9$ 量级的循环载荷。这些载荷包括轴向的、风轮平面内的、平面外的和扭转的载荷。一般,平面外载荷是非零均值的,依赖运行工况,也可能是反向的。对小叶片,非平面载荷是主要的载荷方向和疲劳损伤来源。当风力机叶片尺寸增加时,叶片重量加大,平面内弯曲载荷成为重要因素。平面内载荷趋向负的 $R$ 值(应力比参看第 6 章),即当风轮旋转时有反向的载荷(White, 2004)。一般,每次只能施加一个方向载荷,其值高于预期的载荷,以使叶片在合理的时间内产生全部疲劳损伤。另外,对于大型叶片来说,双轴加载可能成为标准。对于双轴加载叶片,最大应力部位是两个载荷的矢量和函数,或者说,是两个载荷间相位角的函数。分析表明,在风场中两个分量间的相位角随时间变化相当大,但平均相位角与风速线性相关(White and Musial,2004)。

#### 叶片疲劳试验方法

　　世界上仅有几个实验室能够做全尺寸叶片试验。通常他们利用两个变通的方法施加疲劳试验载荷:(1)强迫位移和(2)共振激励。

强迫位移法利用液压激振器在一个或两个方向对叶片同时加载。图 7.13 是双轴强迫位移测试系统。当进行双轴试验时,系统主要优点是可以按照所期望的相位角施加双轴载荷,因此可以更精确地重复叶片所经历的载荷。该方法的缺点是在进行疲劳试验时所需设备的体积和功率大、耗时长且费用高。疲劳载荷循环频率一般低于叶片固有频率,需要进行很长时间才能导致损坏。

图 7.13　NREL 的叶片双轴强迫位移测试台(White,2004)

共振方法是采用旋转轴上的偏心质量或液压传动机构驱动的往复质量在叶片固有频率下激振叶片。在共振点附近力的放大作用使得其功率需求比强迫位移法低很多。重量可以加在叶片上以获得期望的分布载荷,另外,共振频率一般比强迫位移系统激振频率高很多,因而可以缩短试验时间。另外,这些系统每一次只能试验叶片一个方向载荷。对双轴试验,美国国家可再生能源实验室(NREL)开发了一个复合试验方法(White et al.,2004)。它用共振法在一个方向激起振动,同时在其垂直方向用液压装置施加载荷。图 7.14 显示了双轴强迫位移测试

响应
激振
系统

钟形
曲柄

图 7.14　NREL 的叶片共振/强迫位移复合测试系统(White et al.,2004)

系统。在叶片摆振方向强迫位移对设备的要求低于挥舞方向,所以驱动装置能够以挥舞方向共振频率激起摆振方向运动。其结果是这个系统可以用较短时间完成双轴试验。

**非破坏叶片试验**

以上讨论的许多试验,部件或试样一直试验至损坏或出现一些损伤,然后在检查前通过切开试样评估损伤。在很多情况下,希望只进行试验而不损害试样,这称之为非破坏试验。有很多种方法进行这种试验。其中三种方法简述如下。

一种技术是用红外照相机测量承载试样表面应力导致的动态温度分布(由热弹性效应引起)。温度分布给出了在表面每一点主应力的总和,同时它也可以用来确定模态振型和发现裂纹。可参看 Beattie 和 Rumsey (1998)。

另一种非破坏试验是声发射测量。通常试样在承受应力时会发出低能量的声音。在声发射测量中,监测和分析声音以确定疲劳损伤。可参看 Beattie (1997)。

第三种非破坏试验是采用超声技术(Gieske and Rumsey,1997)。这个技术的一个演变被成功应用于风力机叶片连接部位测试,将超声脉冲输入试样一端。然后在试样另一端监测脉冲,并做数据分析。分析结果可以用于确认叶片内部材料的损伤。

# 7.10.4　为认证的风力机试验

一旦风力机设计出来并生产出样机,认证试验需要完成多种类型的试验项目,其中的一些可并行开展。下面介绍其中一些项目,对每一个项目的要求在相关的 IEC 标准中有描述(参看 7.4 节)。

## 7.10.4.1　载荷测量

认证过程一个方面的工作是说明设计载荷和提供风力机能够承受 IEC 规定的各种设计载荷工况的证据。为了证实计算载荷确实是正确的,制造商需要完成以下两项工作中的任意一项:(1)证实计算软件对各种被测量工况的载荷计算值是正确的;(2)测量在各种设计载荷条件下的载荷。IEC 61400-13 TS 为测量机械载荷的 IEC 标准,提供了测量风力机机械载荷的导则。

## 7.10.4.2　功率性能测量

最关键的风力机性能测量是功率曲线。IEC 61400-12 规定了测量并网风力机功率曲线的要求。这些试验要求在风力机的上风向用风速仪测量和电功率测量。标准规定了气象塔位置、标定程序、风速仪及其它用于试验传感器的规格和数据分析程序。风速测量位置、现场非均匀流动影响和风速仪测量不确定性在标准中起着重要作用。为保证数据有代表性,还要求每一个 0.5 m/s 风速仓最少有 30 分钟的数据。

## 7.10.4.3　声发射测量

当社会正在审议新的风电项目时,风力机声发射水平是非常重要的考虑因素。IEC 61400-11 TS 和 IEC 61400-14 规定了怎样确定声发射水平(关于风力机声发射的详细内容可参看第 12 章)。因为声发射来自机舱中的机器、叶片表面和叶尖,也有可能来自塔架,测量和跟踪从风力机所有位置发射的声音是不实际的。因此,声发射测量在与风力机有一定的距离和围绕风力机的多个地点进行,有效的声发射水平通过这些数据计算出来。同时也进行风速测量,因为声发射水平与风速和风力机的运行有关,它将是风速的函数。计算时还需要应用在风力机测试时的所有风速下的附加背景声音测量数据(此时风力机没有运行),来进行在测量地点由风和其它活动产生的附加噪声修正。如其它标准一样,IEC 标准规定了风速与声音测量设备的位置和规格,以及数据分析的步骤。一般用 10 分钟的平均声级表征风力机运行的噪声。

## 参考文献

Beattie. A. G. (1997) Acoustic emission monitoring of a wind turbine blade during a fatigue test. *Proc. of the 1997 AIAA Aerospace Sciences Meeting*, pp. 239–248.

Beattie, A. G. and Rumsey, M. (1998) *Non-Destructive Evaluation of Wind Turbine Blades Using an Infrared Camera*, SAND98-2824C, Sandia National Laboratory, Albuquerque, NM.

Bossanyi, E. A. (2006) *GH Bladed Theory Manual 282/BR/009* Garrad-Hassan, Brighton, UK.

Buhl, M. and Manjock, A. (2006) A comparison of wind turbine aeroelastic codes used for certification. *Proc. of the AIAA Aerospace Sciences Meeting*, Reno.

Connell, J. (1988) A primer of turbulence at the wind turbine rotor. *Solar Energy*, **41**(3), 281–293.

DEA (1992) *Dansk Ingeniørforenings norm for last og sikkerhed for vindmøllekonstruktioner (Code of Practice for Loads and Safety of Wind Turbine Construction)*, DS472, Danish Energy Agency.

DNV (2006) *Design and Manufacture of Wind Turbine Blades, Offshore and Onshore Wind Turbines*, DNV-JS-102. Det Norske Veritas, Oslo.

DNV (2007) *Design of Offshore Wind Turbine Structures*, DNV-JS-101. Det Norske Veritas, Oslo.

Dörner, H. (2008) *Philosophy of the wind power plant designer a posteriori*. Available at: http://www.ifb.uni-stuttgart.de/~doerner/edesignphil.html.

Eggleston, D. M. and Stoddard, F. S. (1987) *Wind Turbine Engineering Design*. Van Nostrand Reinhold, New York.

Fordham, E. J. (1985) Spatial structure of turbulence in the atmosphere. *Wind Engineering*, **9**, 95–135.

Freebury, G. and Musial, W. (2000) *Determining Equivalent Damage Loading for Full-Scale Wind Turbine Blade Fatigue Tests*. NREL/CP-500-27510. National Renewable Energy Laboratory, Golden, CO.

Geraets, P. H., Haines, R. S. and Wastling, M. A. (1997) Light can be tough. *Proc. of the 19th British Wind Energy Association Annual Conference*. Mechanical Engineering Publications, London.

Gieske, J. H. and Rumsey, M. A. (1997) Non-destructive evaluation (NDE) of composite/metal bond interface of a wind turbine blade using an acousto-ultrasonic technique. *Proc. of the 1997 AIAA Aerospace Sciences Meeting*, pp. 249–254.

GL (2003) *Regulation of the Certification of Wind Energy Conversion Systems, Rules and Regulations IV: Non Marine Technology Part 1, Wind Energy*. Germanischer Lloyd, Hamburg.

Hansen, A. C. (1992) *Yaw Dynamics of Horizontal Axis Wind Turbines: Final Report*, TP 442-4822. National Renewable Energy Laboratory, Golden, CO.

Hansen, A. C. (1996) *User's Guide to the Wind Turbine Dynamics Computer Programs YawDyn and AeroDyn for ADAMS®, Version 9.6*. University of Utah, Salt Lake City.

IEC (2001a) *Wind Turbines – Part 13: Measurement of Mechanical Loads, IEC 61400-13 TS*, 1st edition. International Electrotechnical Commission, Geneva.

IEC (2001b) *Wind Turbines – Part 23: Full-scale Structural Testing of Rotor Blades. IEC 61400-23 TS*, 1st edition. International Electrotechnical Commission, Geneva.

IEC (2002) *Wind Turbines – Part 24: Lightning Protection, IEC 61400-24 TR*, 1st edition. International Electrotechnical Commission, Geneva.

IEC (2004) *Wind Turbines – Part 14: Declaration of Apparent Sound Power Level and Tonality Values of Wind Turbines, IEC 61400-14*, 1st edition. (FDIS) International Electrotechnical Commission, Geneva.

IEC (2005a) *Wind Turbines – Part 1: Design Requirements, IEC 61400-1*, 3rd edition. International Electrotechnical Commission, Geneva.

IEC (2005b) *Wind Turbines – Part 2: Design Requirement for Small Wind Turbines, 61400-2*, 1st edition. (FDIS) International Electrotechnical Commission, Geneva.

IEC (2005c) *Wind Turbines – Part 12: Power Performance Measurements of Grid Connected Wind Turbines, IEC 61400-12*, 1st edition. International Electrotechnical Commission, Geneva.

IEC (2006a) *Wind Turbines – Part 11: Acoustic Noise Measurement Techniques, IEC 61400-11 TS* 2nd edition. International Electrotechnical Commission, Geneva.

IEC (2006b) *Wind Turbines – Part 25: Communications for Monitoring and Control of Wind Power Plants, 61400-25* (in 4 documents). International Electrotechnical Commission, Geneva.

IEC (2008a) *Wind Turbines – Part 21: Measurement and Assessment of Power Quality Characteristics of Grid Connected Wind Turbines IEC 61400-21.* International Electrotechnical Commission, Geneva.

IEC (2008b) *Wind Turbines – Part 3: Design of Offshore Wind Turbines IEC 61400-3 (FDIS).* International Electrotechnical Commission, Geneva.

IEC (2008c) *Wind Turbines – Part 22: Conformity Testing and Certification of Wind Turbines, IEC 61400-22 TS (DTS).* International Electrotechnical Commission, Geneva.

ISO (2004) *Wind Turbines – Part 4: Gearboxes for Turbines from 40 kW to 2 MW and Larger, ISO/IEC 81400-4,* 1st edition. International Organization for Standardization, Geneva.

James, G. H. III, Carrie, T. J. and Lauffer, J. P. (1993) *The Natural Excitation Technique (NExT) for Modal Parameter Extraction From Operating Wind Turbines,* SAND92–1666 UC-261. Sandia National Laboratory, Albuquerque, NM.

Jamieson, P. (1997) Common fallacies in wind turbine design. *Proc. of the 19th British Wind Energy Association Annual Conference.* Mechanical Engineering Publications, London.

Jonkman, B. J. and Buhl, M. L. (2007) Development and verification of a fully coupled simulator for offshore wind turbines. *Proc. of the 45th AIAA Aerospace Sciences Meeting and Exhibit, Wind Energy Symposium,* Reno, NV.

Laino, D. J. (1997) *Evaluating Sources of Wind Turbine Fatigue Damage.* PhD dissertation, University of Utah, Salt Lake City.

Laird, D. L. (2001) *NuMAD User's Manual.* SAND2001-2375. Sandia National Laboratory, Albuquerque, NM.

Lauffer, J. P., Carrie, T. G. and Ashwill, T. D. (1988) *Modal Testing in the Design Evaluation of Wind Turbines.* SAND87–2461 UC–60. Sandia National Laboratory, Albuquerque, NM.

Manwell, J. F., McGowan, J. G., Adulwahid, U., Rogers, A. and McNiff, B. P. (1996) A graphical interface based model for wind turbine drive train dynamics. *Proc. of the 1996 American Wind Energy Association Conference.* American Wind Energy Association, Washington DC.

Musial, W. and McNiff, B. (2000) Wind turbine testing in the NREL dynamometer test bed. *Proc. 2000 American Wind Energy Association Conference.* American Wind Energy Association, Washington, DC.

Schepers, J. G., Heijdra, J., Fousssekis, D., Ralinson-Smith, R., Belessis, M., Thomsen, K., Larsen, T., Kraan, I., Ganander, H. and Drost, L. (2002) *Verification of European Wind Turbine Design Codes, VEWTDC.* Final Report, ECN-C-01-055, ECN, Petten.

Shinozuka, M. and Jan, C. M. (1972) Digital simulation of random processes and its application *Journal of Sound and Vibration,* **25**(1), 111–128.

Stiesdal, H. (1990) The 'Turbine' dynamic load calculation program. *Proc. of the 1990 American Wind Energy Association Conference. American Wind Energy Association,* Washington, DC.

Sutherland, H. J. (2002) Analysis of the structural and inflow data from the LIST turbine. *ASME Journal of Solar Energy Engineering,* **124**(44), 432–445.

Sutherland, H. J. and Schluter, L. L. (1989) The LIFE2 computer code, numerical formulation and input parameters. *Proc. of the 1989 American Wind Energy Association Conference.* American Wind Energy Association, Washington, DC.

Veers, P. S. (1988) *Three-dimensional Wind Simulation,* SAND88-0152 UV-261. Sandia National Laboratory, Albuquerque, NM.

White, D. (2004) *New Method for Dual-Axis Fatigue Testing of Large Wind Turbine Blades Using Resonance Excitation and Spectral Loading,* NREL/TP-500-35268. National Renewable Energy Laboratory, Golden, CO.

White, D. and Musial, W. (2004) The effect of load phase angle on wind turbine blade fatigue damage. *Proc. of the 42nd AIAA Aerospace Sciences Meeting and Exhibit,* Reno, NV.

White, D., Musial, W. and Engberg, S. (2004) *Evaluation of the New B-REX Fatigue Testing System for Multi-Megawatt Wind Turbine Blades,* NREL/CP-500-37075. National Renewable Energy Laboratory, Golden, CO.

# 第 **8** 章

# 风力发电机组控制

## 8.1 引言

前面几章已经讨论了风力发电机组的各个组成部件及其运行。为了用这些不同的部件成功地生产出电能，风力发电机组还需要一个控制系统，将所有这些子系统的运行联系在一起。例如，控制系统或许会按照测量风速、检查系统部件状况、释放停机制动器、实现叶片桨角设置以及闭合接触器将风力发电机接入电网这样的顺序来工作。变速风力发电机组中，控制系统在高风速下会动态调整叶片的桨角和发电机转矩，以控制所产生的电能。假如没有一些形式的控制系统，风力发电机组就不能成功安全地生产出电能。

本章涵盖了控制系统工作的两个级别：监测控制和动态控制。监测控制处理和监视风力发电机组的运行及顺序控制动作（例如释放制动器和闭合接触器）。动态控制处理那些影响控制动作的机组动态运行情况（例如改变叶片桨角以响应湍流风）。本章将讨论风力发电机组控制系统所有这些方面的运行和设计。

此章的内容意在为读者提供一个与风力发电机组控制密切相关的控制系统重要问题的综述。8.1 节以介绍风力发电机组控制级别和商用风力发电机组控制系统示例开始，包含了组成风力发电机组控制系统的各子系统、执行机构和检测传感器的内容。8.2 节中建立了风力发电机组的基本模型，用于说明风力发电机组中控制系统的一般组成以及各组成部分的特点。接下来在 8.3 节讨论了现代风力发电机组中可以见到的常用运行策略的一些重要问题，然后在 8.4 节中详细分析了用于实现这些策略的监测控制系统。最后，8.5 节给出了动态控制系统设计方法及动态控制问题的综述，这些问题对风力发电机组都特别重要。

控制系统设计以及与风力发电机组控制系统设计有关的问题是非常大的专题，此处呈现的资料仅仅是对更有相关性问题的综述。读者可以在 Grimble 等（1990）的文献中找到有关风力发电机组控制系统实现的介绍性资料，也可以在 Gasch（1996）、Gasch 和 Twele（2002）、Heier（1996）、Hau（2006）、Freris（1990）、Bianchi 等（2007）和 Munteanu 等（2008）等文献中找到有关风力发电机组控制系统各个方面的讨论。

## 8.1.1  风力发电机组控制系统的类型

风力发电机组控制系统的用途是实现风力机的安全、自动运行。这将降低运行成本,提供协调的动态响应,改善电能品质,同时有助于保证安全。风力发电机组的运行通常按年捕获最大风能且使风力机载荷最小来设计。

如果从功能上而不是从实物上来划分,风力发电机组控制系统一般分为三个分立的部分:(1)用于控制风场中众多风力发电机组的控制器;(2)每台个体风力发电机组的监测控制器;以及(3)如果需要,每台风电机组中各子系统的独立动态控制器。这三个级别的控制器以联锁控制回路分级别工作(见图 8.1)。

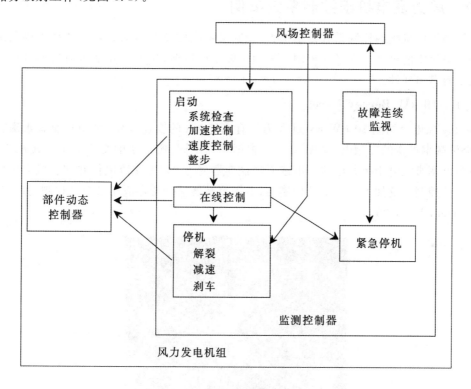

图 8.1  控制系统组成

风场控制器,常称为监测控制和数据收集(Supervisory Control and Data Acquisition, SCADA)系统,可启动和停止风力机的运行,以及协调众多风力发电机组的运行。这些 SCA-DA 系统与各个风力发电机组的监测控制器通信。第 9 章中有更多关于 SCADA 系统的内容。

各个风力发电机组中,监测控制器具有代表性的功能体现在对环境和运行条件中、长期变化的反应,因而,监测控制器两个动作之间的时间相对要长一些。一般来说,监测控制器切换风力发电机组的工作状态(例如电能生产、低风速停机,等等),监视风况及故障情况例如高负荷和极限工况,以正常方式启、停风力机,以及为风力发电机组动态控制器提供控制输入,例如期望的叶尖速比或者转速(r/min)。

　　相反,当风力发电机组执行机构或部件对高速变化的运行条件进行反应时,动态控制器将对其作连续高速调节。动态控制用在这样的控制系统,其中较大的系统动态变化会影响控制动作的出现。一般情况下,一个动态控制器仅控制风力发电机组的一个特定子系统,将对其它子系统的控制留给别的动态控制器,将各动态控制器的协调及其它运行控制留给监测控制系统完成。动态控制系统用于调节叶片桨角以减小驱动链的转矩、控制电力电子变流器中的功率流通或控制执行机构的位置。每一个控制器将操控影响风电机组子系统某些工作状态的执行机构或开关的动作,因而会影响风力发电机组的总体运行。通常会检测控制器动作的效果并用作动态控制系统的输入。

## 8.1.2　风力发电机组控制系统举例

　　各风力发电机组的控制系统差别很大,控制系统组成及其结构型式的选择主要取决于具体风力发电机组的设计。在考察控制系统的一般结构以前,先关注几个风力发电机组控制系统可以了解其多样性。

### 8.1.2.1　10 kW Bergey Excel

　　Bergey 风电公司的 10 kW Excel 风力机有直径 7m 的变速风轮,带动直驱式永磁交流发电机,提供频率可变的三相电(见图 8.2)。根据用途不同,所产生的交流电可直接用于抽水,或整流为可调直流电用于蓄电池充电或者经逆变器变为 240V 交流电供并网。风力发电机组有两个硬件控制系统加上一个电子控制器,电子控制器根据特定应用场合来控制功率(Bergey Wind Power, Inc. , 2009)。

图 8.2　Bergey Excel。经 Bergey 风电公司许可后重绘

这两个硬件控制系统保持风力机对正风向和防止在超强风时风轮超速。第一个控制系统用尾翼来使风力机适应风向,依靠尾翼表面的空气动力,下风尾翼使上风向风轮保持迎风。用另一个基于硬件的控制系统来防止风轮在高风速时超速。在大约 15m/s 以上风速时,通过空气动力和重力的作用,风轮部分地从风中转出,没有采用弹簧。

附加的电子控制器处理风力发电机和潜在应用场合之间的对接。对蓄电池充电的场合,专用控制器监视蓄电池电压并控制电流,以确保蓄电池不过充。抽水电动机通常直接由交流发电机的输出来驱动,当生产出电能的频率和电压足以供给水泵且不致于损坏时,用水泵控制器将水泵启动。对并网场合,逆变器中的控制器控制流向电网的功率,并包含有诊断功能以保证逆变器的安全运行。

### 8.1.2.2　西门子 SWT-2.3-82

西门子 SWT-2.3-82 是一种实用级 2.3 MW 风力发电机组,设计有能在接近两种不同恒风速运行的风轮,也有主动失速调节。感应发电机为鼠笼型转子且有两套独立的定子绕组,直接连接到电网。使用 6 极定子绕组时,在 50 Hz 系统中,风电机组运行在 1000 r/min 发电机转速和大约 11 r/min 的风轮转速。这一套绕组用于功率到 400 kW 等级。一旦风速超过 7 m/s,发电机就转换到 4 极的主绕组,其可以处理风轮的满额定功率,使风电机组运行在 17 r/min 风轮转速和 1500 r/min 发电机转速。变桨机构用于通过变桨到失速来主动控制额定风速以上的功率,同时提供紧急停机中的气动刹车。附加的功率因数修正系统可用于控制供给电网电能的某些性能和提供穿越电网常规故障的功能(参见第 9 章)。

### 8.1.2.3　Vestas V90

Vestas V90 生产了 1.8MW 和 2.0MW 两种规格。由于设计为采用(绕线式)感应发电机,V90 包括了主动变桨控制和一些范围的变速运行(参见 Vestas,2007)。风轮通过齿轮箱联接到发电机,发电机直接连接到电网。通过转子电阻的电子方式调节可以改变发电机的额定滑差(转差率),这样可以允许发电机转速(相应的风轮转速)变化达到同步速以上 30%。叶片变桨系统用于控制在高风速下风力机的平均输出功率。通过使得风轮转速从 9.0 r/min 到 14.9 r/min 的变化来减小功率在平均值上下的波动。所有这些功能均在微处理器的控制之下。通过将叶片变桨到顺桨或者采用机械制动装置来实现刹车,其中变桨时每一个叶片独立地液压驱动。

### 8.1.2.4　Ecotécnia 80 2.0 MW 风电机组

与基于恒速感应发电机技术的西门子 SWT-2.3-82 和 Vestas V90 形成对照,Ecotécnia 80 2.0 MW 风电机组为真正的变速运行。与其它两种风电机组一样,风轮通过齿轮箱联接到发电机。Ecotécnia 80 2.0 MW 风电机组采用双馈感应发电机,发电机转子侧带有逆变器,以在其运行范围内平滑地将转子转速改变到任何期望的值(Ecotécnia,2007),这就允许当发电机转速从 1000 到 1800 r/min 变化时,风轮转速可以从 9.7 到 19.9 r/min 变化。控制变流器的数字信号处理器也能控制电压,保证网侧功率因数在 0.95 超前到 0.95 滞后之间。与众多基于双馈感应发电机的变速风电机组类似,叶片变桨系统用于控制一旦风力机达到其额定功率时供给电网的平均功率,也用于气动刹车。此外,Ecotécnia 80 2.0 MW 风电机组利用独立控制的叶片电气变桨系统的能力来调节各个叶片的桨角,以补偿由于污染使叶片性能的变差和减小驱动链的载荷。桨叶控制器利用机舱加速度计测量值以调节叶片桨角，限制驱动链振动。

#### 8.1.2.5 DeWind D8.2 2000 kW 风电机组

DeWind D8.2 2000 kW 风电机组也是一款变速风电机组。此时，恒速同步发电机直接连接到电网，但由转矩转换器驱动，转矩转换器提供了一个可变比率的传输系统，其将恒速发电机与变速驱动链相耦合(Composite Technology 公司，2009)。风轮和转矩转换器之间的两级行星齿轮箱，增大了进入转矩转换器前驱动链转轴的转速。转矩转换器有助于使驱动链振动和由转轴未对中引起的问题降低到最少。风轮转速从 11.1 到 20.7 r/min 之间变化。与其它变速设计一样，变桨机构调节风轮转矩以控制输送到电网的平均功率。网侧电压和功率因数由发电机励磁控制。同时，转矩转换器的速比依据风轮转速和需要传递到电网的功率来设定。同样地，叶片桨角根据风轮转速和风速来控制。

## 8.2 风力发电机组控制系统概述

虽然不同风力发电机组控制系统在细节上有差异，但此处所考虑的风电机组都具有一个共同目的，即将风能转化为电能。这一共同的目的决定了在任何控制系统设计中，都有一些所需要考虑的相同单元。本节从一个风电机组简化模型开始，此模型可用于说明风电机组的这些相同部分，然后讨论所有控制系统的共有基本功能单元，以及风电机组中所采用的这些单元的型式。

### 8.2.1 风电机组基本模型

为有助于理解现代风力发电机组中所集成的控制系统，采用简化了的水平轴风电机组模型。典型的风电机组可以建模为一个传动轴，其一端有大的风力机风轮惯量，另一端有驱动链（包括发电机）惯量（见图 8.3）。空气动力转矩作用在风轮上，电磁转矩作用在发电机上。转轴上某处是制动器。

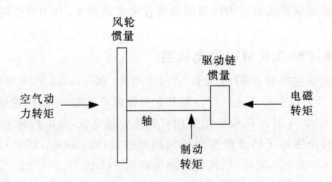

图 8.3 简单风力机模型

空气动力转矩影响整个风电机组的运行，提供传递到负载的功率。正如第 3 章和第 4 章中已讨论过的，空气动力转矩是来自于风的净转矩，由与转子叶尖速比、叶片几何形状、风速、偏航误差以及所有施加在风轮上的阻尼等因素有关的作用构成。除风速外,这些空气动力转矩的每一个输入都可以用控制系统来改变。变速风电机组可以在不同风速(和不同叶尖速比)下运行;变桨调节风电机组可以改变叶片的桨角;具有偏航驱动或偏航定位系统的风电机组可以控制偏航误差;带有辅助阻尼装置的风电机组可以修正风轮的阻尼力。额定风速以下,控制系统将力图使空气动力转矩(或功率)最大;而在额定风速以上,控制系统将力图限制空气动力转矩。

在设计为接近于恒速运行的风电机组中,发电机转矩与波动的空气动力转矩、驱动链及发电机动态特性有关,即:

$$恒速发电机转矩 = f(空气动力转矩,系统动态特性) \tag{8.1}$$

驱动链和发电机的动态特性由各种部件的设计决定,是不可控的。因此,恒速风力发电机组中控制发电机转矩的唯一方法是对空气动力转矩施加影响。

变速、变桨调节风电机组中,发电机转矩可以独立于空气动力转矩和系统其它变量来改变,即:

$$变速发电机转矩 = f(发电机转矩控制系统) \tag{8.2}$$

此类系统中,空气动力转矩和发电机转矩可以独立控制,可以改变空气动力转矩或者发电机转矩来调节转速,使得风轮加速或减速。

## 8.2.2　控制系统组成

机械和电气过程的控制需要 5 个主要的功能模块(参见图 8.4):

1. 过程,其中有一个或几个可以改变或影响过程的点;
2. 传感器或指示器,将过程的状态传递到控制系统;
3. 控制器,由硬件和软件逻辑组成,决定应采取的控制动作。控制器可以由计算机、电路和机械系统组成。
4. 功率放大器,为控制动作提供功率。功率放大器一般由小功率输入信号控制,小功率输入信号用于控制来自外部大功率电源的功率;
5. 执行机构和部件,干预过程以改变系统运行。

接下来的几节中将给出这些功能模块的例子。

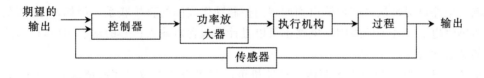

图 8.4　控制系统组成

## 8.2.2.1　风力发电机组中的可控过程

风力发电机组中的可控过程包括,但不限于如下方面:

- 空气动力转矩的产生(参见第 3 章和第 4 章);

- 发电机转矩的产生(参见第 5 章);
- 电流和流体流动方向的转化。偏航驱动和变桨机构,常常采用对电流或液压流体流动的控制,来控制阀门或者是机械运动的方向及速度;
- 电能从一种形式向另一种形式的转换。采用电力电子变流器(参见第 5 章),风电机组电能的电压和功率因数可以独立于发电机电能的电压和功率因数来确定;
- 风能向电功率的总体转换。将有用风能成功转换成电能需要监测和顺序执行多个子过程。风电机组运行的这些大问题也是控制系统动作所要考虑的课题,这些问题可能包括将发电机连接到电网、开启压缩机及水泵或者打开阀门。

### 8.2.2.2　风力发电机组中的传感器

大型现代风力发电机组中用到了很多传感器,以便将风电机组运行的重要参数传送给控制系统。这些被测变量可能包括:

- 速度(发电机转速、风轮转速、风速、偏航速率、旋转方向);
- 温度(齿轮箱油、液压油、齿轮箱轴承、发电机轴承、发电机绕组、周围空气、电子器件和设备温度);
- 位置(叶片桨角、摇摆角、副翼位置、叶片方位角、偏航位置、偏航误差、倾角、风向);
- 电气特性(电网功率、电流、功率因数、电压、电网频率、接地故障、变流器运行);
- 流体参数(液体或气体的压力、液压油压力高低、液压油流量);
- 运动、应力和应变(塔顶加速度、塔架应变、轴转矩、齿轮箱振动、叶片根部弯矩);
- 环境条件(风力机及传感器结冰、湿度、闪电)。

传感器也可能构成了机器部件,作为控制系统的一部分。例如,在 Bergey Excel 风电机组中,风轮的推力用作控制风电机组风轮转速的传感器。

### 8.2.2.3　风力发电机组中的控制器

控制器提供风电机组运行某一方面的测量和影响该运行的动作之间的连接。风电机组中的典型控制器包括:

- **机械机构**　机械机构包括尾翼风轮、联轴器、弹簧、飞锤调速器等,可用于控制叶片桨角、偏航位置以及风轮转速。
- **电路**　电路可提供从传感器输出到期望的控制动作之间的直接联系。例如,传感器的输出能激励继电器或开关的线圈。电路也可以设计为包含对输入信号的动态响应,以形成总系统的动态运行。
- **计算机**　计算机常常用于控制器。计算机可以配置为处理数字和模拟输入、输出信号,可以编程来处理复杂逻辑及提供对输入的动态响应。上述控制的控制代码以及控制作用,都可以很容易地通过对计算机编程来改变,这是计算机控制系统的主要优势。

8.4.4 节和 8.5.4 节给出了关于不同类型控制器的更详细说明。

### 8.2.2.4　风力发电机组中的功率放大器

当来自于控制器的控制信号没有足够的功率驱动执行机构时,在控制器和执行机构之间就需要放大器。风电机组中的典型功率放大器包括：

- **开关**　有各种各样的开关,可用小电流或小的力来控制,但起放大器的作用,能开、关大电流或者大的力。开关包括继电器、接触器、电力电子开关器件,例如晶体管、晶闸管(SCR)以及液压阀。
- **电量放大器**　直接将电压或电流放大到能驱动执行机构的量级的电量放大器,常用作控制系统的功率放大器。
- **液压泵**　液压泵提供高压流体,可以用阀门控制,而阀门仅需要非常小的功率。

注意:并不总是需要功率放大器。例如 Bergey Excel 风电机组中,由空气动力驱动的叶片推力能产生足够的动力来改变叶片方向以限制风轮转速,因而没有放大器。

### 8.2.2.5　风力发电机组中的执行机构

风电机组中的执行机构可以包括:

- **机电装置**　机电装置包括直流电动机、步进电动机、采用功率(固态)电子控制器的交流电动机、直线执行机构、电磁铁以及固态开关组件。
- **液压活塞**　液压活塞常用于需要大功率和高速度的定位系统。
- **电加热器和风扇**　电加热器和风扇用于控制温度。

执行机构可能包括齿轮、联轴器和其它机械部件,以修正驱动力或力的方向。

## 8.2.3　风力发电机组过程的控制

可以用控制器作用来影响诸如风电机组中空气动力转矩和发电机转矩的产生,以及电流向运动的转化这样的过程。本节详细描述风电机组中影响这些过程的一些典型方法。

### 8.2.3.1　空气动力转矩的控制

正如上面所提到的,空气动力转矩由风轮叶尖速比和 $C_P$(由叶片设计、风速和风轮转速决定)、风轮形状(叶片桨角和副翼设置)、风速、偏航误差以及所有风轮附加阻力等的作用构成。除风速外,其它所有因素均可用于控制空气动力转矩。

叶尖速比变化可用于改变风轮效率,因而改变风轮转矩。失速调节定速风电机组中,低的叶尖速比(伴随着低的 $C_P$)用于调整大风中的空气动力转矩;变速风电机组中,可以改变风轮转速以维持满意的叶尖速比,或者减小叶尖速比以减小功率系数。

改变风轮形状就可以改变作用在叶片上的升力和阻力,影响空气动力转矩。正如以下所描述的,通过风轮形状调整控制空气动力转矩可以用全桨控制或仅改变部分叶片的形状来实现。

全桨控制需要沿叶片长轴旋转叶片。全桨控制通过将叶片桨角调向顺桨(减小攻角)或趋向失速(增加攻角)以减小负荷来调整空气动力转矩。变桨调节风力机的叶片通常设计为产生最佳功率,没有预防风速增加时逐渐增加的失速。在相对大的攻角下,叶片通常运行于最高效点。从这一位置向失速方向旋转叶片常常较旋向顺桨方向实现起来更快。原理上,因为每一个攻角对应一种运行状况,所以向顺桨旋转使得运行更安静,控制更准确。实际上,需要变桨动作的阵风出现可能比叶片变桨要快得多,将导致大的载荷波动。与此相反,引起失速将使风力机上的推力增加、噪声增大,但推力和转矩载荷对风速和桨角变化不太敏感,因而与向顺桨方向变桨相比,疲劳载荷会减小(Bossanyi,2003)。全桨控制可以按照或者成组桨角控制来实现,其中所有叶片运动到相同的桨角;或者以循环桨角控制来实现,其中在相同的风轮方位角下,每一叶片的桨角与其它叶片相同;或者以独立桨角控制实现,其中每个独立叶片的桨角分别确定(有关独立桨角控制的更详细资料,参见 8.5.3.6 节)。

副翼可用于通过在部分叶片上改变叶片形状来影响风轮形状,减小具有副翼的叶片整个长度上的升力系数,增加阻尼系数。副翼不需要像全桨控制中所用的大功率执行机构,但至少在叶片上要安装某种执行机构。这种方案需要将叶片分割为铰接部分以及在叶片内部实现执行动作,对叶片设计将有重要的影响。

调节空气动力转矩的更新途径包括研究修正沿叶片的空气动力学特性以响应当地风流变化的方法,其中有利用空气的射流改善气流对叶片表面的附着;利用可变形尾翼和微小补翼改变叶片上的气流,有效改变叶片拱度;以及利用等离子体调节器在靠近叶片表面产生辅助气流,以改变边界层轮廓并推迟分离,还有其它装置(参见 Johnson et al.,2008)。这些装置有时描述为"智能"叶片技术,带有微处理器的集散型执行机构和传感器主动控制局部气流。例如,可变形尾翼与副翼类似,但没有表面构形的突然改变或者叶片表面的张开干扰叶片上的气流或产生噪音。变形角度沿叶片也可能变化。可以预见,叶片中带有适当功率消耗的执行机构能使最后 10% 翼弦上下弯曲 5 度。微小补翼(参见例如 Mayadi et al.,2005)为叶片下侧面上的小调整片,当不起作用时其缩入叶片尾沿,但当其展开时大约有叶片压力侧边界层的高度。一般,这些主动性气流控制装置可以增加或减小升力,或者延迟失速,从使影响风力机寿命的峰值瞬时载荷和疲劳载荷最小化考虑。有关载荷控制的更多信息,参见 8.5.3.6 节。Johnson 等(2008)提供了智能叶片技术现状文献的极好总结。

辅助风轮装置例如叶尖制动器或扰流板也可用于改变风轮转矩(参见图 8.5)。叶尖襟翼或可变桨叶尖在风轮上附加负的转矩,而扰流板干扰叶片周围的气流,使升力减小阻力增加。

增加偏航误差(将风轮从风中转出)以及使风轮和/或驱动链倾斜也可以用来减小或调节空气动力转矩。

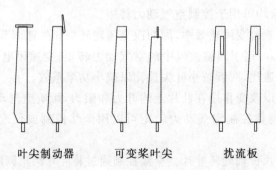

叶尖制动器　　可变桨叶尖　　扰流板

图 8.5　空气动力阻力装置(Gasch,1996)。获 B. G. Teubner GmbH 允许转载

## 8.2.3.2　发电机转矩的控制

发电机转矩可以由并网发电机的设计特性来调节,或者用电力电子变流器独立控制。

并网发电机在很小的转速范围运行,或者没有转速范围,提供维持在同步速下或接近同步转速运行所需要的转矩(参见第 5 章)。并网同步发电机没有转速变化,因而任何强加转矩都将会引起即时的补偿转矩,在某些情况下可能导致大的转矩和电功率冲击。并网感应发电机转速有百分之几同步转速的改变,与同步发电机相比,将有较柔和的响应和较低的转矩冲击。

另一方面,发电机可经过电力电子变流器连接到电网,使得发电机转矩可以非常迅速地调整到所期望的值。变流器决定从发电机流出电流的频率、相位以及电压,因而控制了发电机转矩。

### 8.2.3.3　制动转矩的控制

使风力机停机或停止失速调节风力机的运转通常用位于高速或者低速轴上的制动器实现(有关制动器的更多介绍见第 6 章)。制动器一般采用气动、液压或弹簧。因而,制动器的控制通常需要激励螺线管或者可控阀以主动控制制动转矩。辅助制动方法包括:(1)用电力电子变流器控制机组上的发电机转矩来制动风轮;以及(2)电制动器,是一种辅助电气部件,对发电机提供电制动转矩。

### 8.2.3.4　偏航方位的控制

通过改变进入风轮风的方向来控制风电机组有多种不同的设计。这一方法一般用于小型风电机组,包括将风轮从风中偏出或将机舱上倾以限制输出功率。在偏航功率调节系统的设计中需要考虑回转载荷。如果考虑回转载荷,可以限制偏航速率,但限制偏航速率可能会影响到调节输出功率的能力。

## 8.3　典型并网型风电机组的运行

上面提到的每一个过程(空气动力转矩控制、发电机转矩控制、制动转矩控制和偏航方位控制等)以及其它方面,可以按照多种组合来应用,以使得风电机组将风能成功地转换为电能。总体运行策略决定了怎样对各种不同部件进行控制。例如,作为总体控制策略的组成部分,可以用风轮转矩的控制来使产能最大,使轴或叶片疲劳最小,或者仅仅是为了限制峰值功率。可以采用改变叶片桨角来启动风轮,控制产能,或者使风轮停转。

一般来说,风电机组控制策略的目标是:(1)使产能最大,但保持运行在风电机组部件的转速和载荷约束条件以内;(2)防止极端载荷,包括瞬态和共振引起的过度载荷,并使疲劳损伤最小;(3)在接入电网点提供可接受质量的电能;以及(4)确保风电机组安全运行。运行风电机组的控制方案取决于风电机组的设计。在设计所限定的范围内,会选择满足这些目标的最好总体控制策略。8.3.1 节中介绍风电机组的典型运行策略。

风电机组控制的确切方法和控制策略的直接目标取决于风电机组的运行方式。额定风速以下,一般是努力使产能最大;额定风速以上,目标却是限制功率。变桨调节和失速调节风电机组的典型控制策略,与风速和控制输入的选择有关,如图 8.6 所示。定速失速调节型风电机组通常没有控制输入选项,而是用转轴制动和将发电机接入电网或从电网断开。定速变桨调节型风电机组一般采用桨角调节来启动,启动完成后,仅仅在额定风速以上用桨角调节来控制功率。如果桨角可控,变速风电机组一般仅在额定风速以上采用桨角控制,而在风电机组的整个运行范围都采用发电机转矩控制。值得注意,风电机组控制有可能用到了其它方法,例如采用偏航控制以限制输出功率,但在商业设计中并不常见。

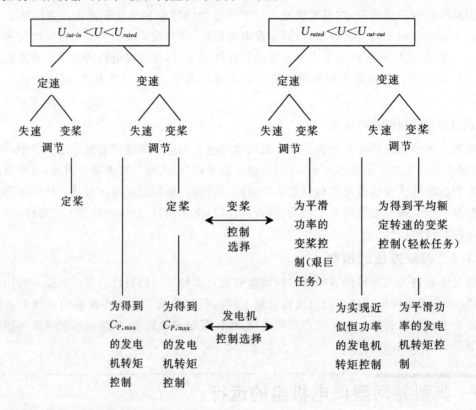

图 8.6 典型控制策略概况。$U$ 平均风速;$U_{cut\text{-}in}$、$U_{cut\text{-}out}$ 和 $U_{rated}$ 分别为切入风速、切出风速和额定风速

下节将归纳风电机组典型运行控制策略的细节,分别叙述恒速风电机组和变速风电机组。

风电机组启动策略也与可供选择的控制项目有关。定速变桨调节型风电机组通常是调节叶片桨角使风轮加速到运行转速,在此转速点将发电机联接到电网。很多定速失速调节型风电机组不能依靠空气动力来加速风轮,这样的风电机组启动是通过将发电机联接到电网,电机启动到运行转速。变速风电机组可以采用与定速风电机组相同的启动策略,但发电机是通过功率变流器联接到电网。

## 8.3.1 恒速运行典型方案

恒速、风电机组中,已经形成了一些不同的标准设计,每一种设计都有其典型运行策略,其后介绍。描述中也包括了一种双速设计,机组运行在两种明显不同的转速下。将这种设计包括在恒速设计中是因为它不是真正意义上的变速设计,而是在两个可选转速中的一个转速下作为恒速机组运行。所介绍的这些风电机组典型设计(以及变速设计)涵盖了最常见的设计及其控制策略。再次强调,应该牢记,任一特定的风电机组设计都有其独特之处,也存在或者可能出现风电机组的其它设计和控制策略。

#### 8.3.1.1　失速调节型风电机组

　　恒速、失速调节型风力机的叶片设计,使得其被动调节风力机所产生的功率。定桨角叶片设计为低风速下运行在接近最佳叶尖速比。当风速增加时,攻角也增加,从根部开始,大部分叶片逐渐进入失速区,这样就减小了风轮效率,限制了输出功率。最常用的失速调节型设计是带感应发电机的网状轮毂、三叶片风力机。这些风力机的风轮往往是采用笨重的焊接或铸件结构,设计为能承受失速调节设计所固有的叶片弯曲载荷。也有一些较轻的、两叶片、失速调节型风力机,有摇摆型轮毂。

　　一般,失速调节型风电机组的控制,仅需要根据风及功率判据来启动和停止风力机。一旦制动器松开,就允许风力机在发电机连接到电网前自由滑行到运行转速,或者将风力发电机组电动启动到运行转速。因此,这种设计仅仅需要对发电机或软启动接触器(参见第 5 章)以及制动器进行控制。

#### 8.3.1.2　双速、失速调节型风电机组

　　失速调节概念的一个变通,涉及到风电机组运行在两个截然不同的恒定运行转速。低速风中,选择较低的运行转速以改善风轮效率、减小噪声,中速风和高速风中选择较高的风轮转速。实现这种控制的一个途径是采用可变极发电机,因而运行同步转速可变。另一个方法是用两个不同规格的发电机。运行转速通过选择发电机极数,和/或联接发电机与风力机风轮的齿轮齿数比来确定。容量较小的发电机用于低速风,而容量较大的发电机用于高速风,两种发电机均运行于接近最大效率。双速风电机组需要更复杂的设备来实现功率在发电机间的转移,以及避免切换发电机或改变极数时的暂态功率和电流尖峰。

#### 8.3.1.3　主动变桨调节型风电机组

　　具有可调桨角的风轮已用于恒速风电机组以更好地控制风力机功率。可以改变叶片桨角来平滑高速风中的功率。因为变桨叶片常设计为生产最佳功率,没有失速调节措施,所以空气动力转矩可能对阵风很敏感。其中一个解决方法是采用相对快速的变桨机构,变桨机构对阵风的响应越快,高速风中的功率将越平滑。然而,叶片旋转转速受限于变桨调节机构的强度和叶片惯量。实际中,功率仅仅是按平均值控制,仍然存在一些功率波动。额定功率以下,虽然不会总是如此,这些风力机中的叶片桨角常保持恒定以限制变桨机构磨损,这会降低能量捕获,但可以改善系统的总体经济效益和可靠性。

### 8.3.2　变速运行典型方案

　　主要由于电力电子技术的进步,使得变速、并网型风力发电机组运行成为可能。并网型风电机组中电力电子器件的成本,趋向于限制大型风电机组的变速运行。然而,带特定负载的小型变速风电机组已成功运行于电能生产。下面对典型变速风电机组运行的描述仅限于并网型风力发电机组。

#### 8.3.2.1　失速调节型风力机

　　失速调节型风电机组的变速运行一直是美国和欧洲国家的研究课题,但并没有提出可行的商业化设计。变速、失速调节型风电机组采用电力电子装置进行控制,以调节发电机转矩。通过采用发电机转矩调节风轮转速,可以在发电机和风力机风轮设计的约束范围内,使风电机

组运行在任何所期望的叶尖速比。通过将发电机转矩减小到低于空气动力转矩,会使风力机风轮加速。当发电机转矩设置为高于空气动力转矩时,风力机风轮将减速。

变速、失速调节型风电机组按三种模式中的一种来运行(参见图 8.7)。在低风速下,风电机组变速运行以维持最佳功率系数。一旦达到风轮最大设计转速,风力机就按照恒速模式运行,与常规失速调节型运行相似,风速增加时功率增加,叶片逐渐失速。在额定功率以上,风力机按恒功率运行,此时风轮转速要进行调节以限制风轮功率,这涉及到在高风速下减小风轮转速以增加失速和减小风轮效率。

变速、失速调节型风力发电机组的控制,包含与恒速、失速调节型运行相同的并网和脱网逻辑。一旦并网,恒速并网型风电机组的功率就由风轮的空气动力学设计和发电机的设计来调节。变速风电机组中,并网后的功率由动态控制器来控制,根据风速大小,动态控制器按照恒叶尖速比、恒转速或者恒功率的目标来调节发电机转矩。

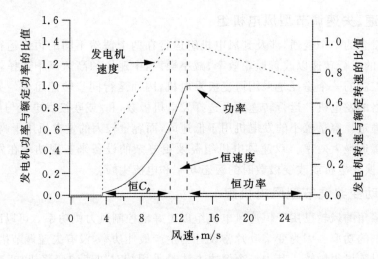

图 8.7　变速失速调节型运行

### 8.3.2.2　主动变桨调节型风电机组

变速变桨调节型风电机组对风力机运行施加影响有两个方法:改变转速和改变叶片桨角。在带部分负载运行中,此类风电机组运行于定桨角风轮变速下,以维持最佳叶尖速比。一旦达到额定功率,就用发电机转矩来控制电功率输出,而用桨角控制来维持风轮转速在可以接受的限值内。在阵风中,发电机功率可以维持在一个恒定值,而风轮转速增加,风中所增加的能量储存在风轮的动能中。如果风速降低,空气动力转矩的减小将导致风力机风轮减速,而发电机功率保持恒定。如果风持续高风速,可以改变叶片桨角以减小空气动力效率(和空气动力转矩),降低风轮转速。按照此方式运行时,功率可以非常严格地控制,且变桨机构可以比恒速风电机组中所用的慢得多。

### 8.3.2.3　小范围变速型风电机组

近似实现全变速的一些优点,而又不需要全变速的成本的一个方法是用变滑差(转差率)感应发电机。例如,Vestas V90 型风电机组采用了带有控制系统的绕线式转子感应发电机,控制系统通过改变发电机转子电阻来控制发电机的滑差(参见 5.4.4 节)。带部分负载时,发电机按常规感应发电机运行。一旦达到满载,就改变发电机转子电阻来增加滑差,使风轮吸收阵风中的能量。变桨机构用来减轻功率波动。有关此方式的电气问题的更多细节参见第 5 章。

## 8.4　监测控制及实现

本节详细介绍风力发电机组监测控制系统的运行。监测控制系统处理风电机组的各种运行状态(运行准备就绪、电力生产、停机,等等),不同运行状态间的转换,以及向风电机组运行人员报告。本节介绍监测控制功能的概况和一般用到的运行状态的细节,以及监测控制系统的各种实现形式。

### 8.4.1　监测控制系统概述

监测控制系统负责风电机组的安全、自动运行、确定问题和激活安全保护系统。风电机组自动运行一般用开关继电器来控制,从一种事先定义的运行状态例如并网后电力的生产,向另一种例如或许是低风速下不并网自由滑行状态的转换。同时,对照预先设置的限值,连续不断地检查运行条件,如果有任何输入超过安全值,就将采取适当的措施。这些任务可以用硬件继电逻辑、电路来处理,或者现今更多时候用工控机来实现。监测控制系统的一个独立部分是失效-安全备用系统,如果主监测控制系统万一失灵,备用系统将使风力机安全停机。

监测控制系统执行的任务可能包括:

- **运行安全性监视**　包括(1)监视传感器以确保没有风电机组部件失效;(2)监视运行条件以保证运行条件在预期限值内;(3)监视电网情况;及(4)查找易出问题的环境条件。
- **信息收集和报告**　包括收集有关运行、需要检修和维护的提示等信息,以及通过电话、网络、无线电设备或卫星等与操作者通信。
- **运行监视**　包括监视风速和风向,以及电网情况,以确定合适的运行条件。
- **风电机组运行管理**　这涉及选择运行状态,处理运行状态间的过渡,为运行状态中的任务排序和定时,为动态控制子系统提供限定条件和设置值。
- **启动安全保护和应急系统**　包括紧急情况下的脱网,激活气动刹车和常规刹车系统。

### 8.4.2　运行状态

经验表明,大多数风电机组的运行都有一些明晰的运行状态(参见图 8.8),包括系统检查、准备就绪、启动、并网、电力生产、脱网、自由滑行、停机以及紧急停机等运行状态。各种状态随后描述。根据风电机组的设计不同,其中某些状态可能不会出现,某些状态可能再划分为多个独立状态,某些可能结合为一个状态。依风速和运行条件而定,风电机组可能长时间维持在某些状态,这些状态被称为稳态。其它运行状态可能仅仅是暂时状态,在从一种稳定运行状态向另一种稳态转变的过程中才会进入。运行状态(暂态或稳态)所属类别示于图 8.8。

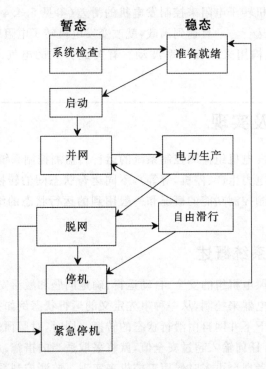

图 8.8 风电机组典型运行状态

### 8.4.2.1 系统检查和初始化(暂态)

当控制系统为了运行而进行初始化时,进入系统检查状态。这一过渡状态包括所有需要执行的初始化任务,以确保系统已准备就绪开始运行或使其准备就绪。当系统第一次投入运行时,需要清除故障、确定风轮和偏航位置、初始化变量及检查传感器输出,以确保风电机组系统运行正常。在这一过程中,要操作执行机构并测试其效果以确定其准备就绪。

### 8.4.2.2 运行准备就绪(稳态)

运行准备就绪状态的标志是风轮静止不动及停机制动器起效。一旦投入在线,监测控制器就必须:(1)通过监视风电机组和电网情况,发现和解决问题,维持液压和气动容器中的压力,及需要时修正偏航误差,以维持风电机组处于运行准备就绪状态;(2)通过监视风速和风向来确定运行条件是否合适。当确认运行条件适当且系统检查没有发现可能影响运行的故障时,则进入启动状态。由于风的波动性,应采用平均值和统计测量来判定风速是否足以启动风力机,希望风力机持续运转一段时间而不是在接下来风的间歇中立刻停机。一般,当风速在某一时间段的平均值超过预先设定值,以及/或者在某一时间超过限定值时,监测控制器将认为风力机启动条件具备。这是一个稳定状态,因为风力机可能较长时间保持这种状态。

### 8.4.2.3 启动和释放制动器(暂态)

一旦条件适当时,就进入启动状态,释放制动器。许多风电机组,特别是变桨调节型风电机组,将在没有其它外界干预下加速到运行转速,但变桨机构的设定值需随时更新,以便将叶片定位到使风轮加速。变速风电机组的启动过程需要初始化动态控制器的运行,以及提供转速设定值。其间,要监视系统运行状态及电网情况,以识别可能需要停机的问题出现。

### 8.4.2.4　并网(暂态)

一些风电机组,一般是失速调节型风电机组,可能需要在解除制动后,将发电机连接到电网以电动启动到运行转速。对不需要以电动启动的风电机组,当风轮转速达到运行转速时,发电机或者变流器的接触器闭合。电力的生产是在并网完成并达到正常的运行转速后开始。并网过程中,要不断地检查系统和电网是否有故障出现,同时风力机要不断地对风进行定向调节。

### 8.4.2.5　电力生产(稳态)

在电力生产过程中,电流流入电网。控制器在电力生产过程中的任务取决于风电机组的设计,以及风电机组是运行在部分负载还是满载。恒速、失速调节型风电机组中,电力生产中可能仅仅需要监视风电机组运行情况和部件状况。变桨调节型风电机组中,叶片桨角可能在部分负载或者仅在满载时进行连续调节。变速风电机组中,对不同负载或不同风速范围,可能需要不同的控制目标。电力生产过程中,监测控制器承担一系列任务,包括系统故障检测,风力机偏航定位,功率和风轮转速的连续监测以确认运行中的问题及决定转速和功率控制器的设定值。在强阵风中,可能允许功率产出短时超过风力机的额定功率,以限制变桨执行机构的负载率,以及允许短时阵风通过而不增加启-停周期。

### 8.4.2.6　脱网(暂态)

这一状态的任务可能包括断开发电机与电网的连接,解除各种控制系统,或者提供新的控制目标及设定值。这一状态是向停机或自由滑行模式的过渡状态。

### 8.4.2.7　自由滑行(稳态)

低风速下,可能允许风轮自由旋转,"自由滑行",直到风速进一步降低,或者升高到恢复生产电力。在自由滑行过程中,发电机不连接到电网,控制器监视运行条件,要么将发电机并入电网,要么使风电机组停机。也要进行对系统的检查。在偏航控制风电机组中,自由滑行时风轮要对风定位。在自由偏航风电机组中,自由滑行时监视偏航误差。要严密监视风轮转速,如果可能,要采用叶片桨角调节来维持风轮转速在特定的范围。

### 8.4.2.8　停机(暂态)

当风速或者功率超过设定的上限,当风速降低到设定的下限,或者当系统监测显示出风电机组不应该再继续运行时,就进入这一状态。使风电机组停机可能需要用气动阻力装置使风轮减速或者调节叶片桨角使其停机,使停机制动器起效,核查风轮确实已经停止运动。停机也可能包括将叶片停到特定方位以及使偏航制动器起效。完全停机后,风力机为另一个工作循环做好准备,除非有部件故障问题出现。

### 8.4.2.9　紧急停机(暂态)

当出现危急情况或超过极限条件时,当常规停机过程显得太慢而不足以保护风电机组时,或者由于部件故障使常规停机过程失效时,就采用紧急停机。一般,紧急停机将引起所有制动器的迅速动作,以及使众多系统停止工作以保证安全或保护设备。在没有操作者干预的情况下,不允许风电机组再运行。

### 8.4.3 故障诊断

监测控制器的故障持续诊断能力必须包括对部件故障(含传感器故障)、超过安全运行极限的运行、电网故障或电网问题以及其它不希望出现的运行情况的监视。

部件故障可以直接检测或间接检测。例如,如果发电机和风力机风轮转速可知且相互不匹配时,发电机和齿轮箱间联轴器的故障就可以直接检测出来。这一故障也可以通过考察风力机风轮转速是否加速或转速是否太高来检测,或者通过设计为在超速情况下释放的叶尖阻力装置是否动作来检测。监视各种部件的运行保护极限能确保发现大多数部件的故障,但是关键的故障模式需要特殊监测,以确保在运行受到不利影响前发现这些故障模式。因此,故障模式的成功诊断,需要对可能的故障模式和这些故障模式的结果的完整分析,以及对检测这些结果所需要传感器的评估。

虽然风电机组中应选用所能够提供的最耐用和精确的传感器,但仍然会有传感器故障出现。如果将系统设计成任何故障情况均引发两个不同的传感器,则可以防止传感器问题。传感器可能需要选择为能耐受寒冷、潮湿或干燥气候、振动、强电场和磁场、凝露、结冰、油污、强风及盐雾等。

### 8.4.4 监测控制系统的实现

监测控制系统可以用硬件逻辑、电子线路或计算机来实现,具体选择采用哪种方式主要取决于风电机组的规格和复杂程度。较小规格的风电机组可以采用硬件或电子控制器,但所有大型风电机组均装备成熟的计算机控制器。

#### 8.4.4.1 硬件逻辑控制系统

硬件逻辑控制系统最容易实现较简单的控制策略。这样的系统通常采用称为"梯形逻辑"的硬件逻辑。梯形逻辑系统可能用到多种部件:

- 工业继电器,可能具有多个继电器输出端;
- 传感器,带有由用户可选择设定值触发的继电输出;
- 工业定时器,带有继电器触头,仅在经过预先设定的时段后闭合;
- 公共电源,供给所有执行机构和继电器。

梯形逻辑采用继电器的层层级联来控制风力机运行。图 8.9 中描绘的是一个简单梯形逻辑设计的示例。此例子中,假设一小型失速调节型风力机中有如下部件:

- 一台感应发电机,用接触器连接到电网;
- 一个制动器,通过电磁阀从存储箱引入压缩空气来释放,以及一个制动器压力开关用于指示制动器中的压力是否超过预设的等级;
- 一个压缩机,供给存储箱压缩空气以使制动器工作(当存储箱低压开关指示箱内空气压力低时,接通压缩机);
- 一个振动开关,如果风力机振动过于严重时打开并维持打开;
- 一个风速传感器,当风速介于切入风速和切出风速时使继电器触头闭合。

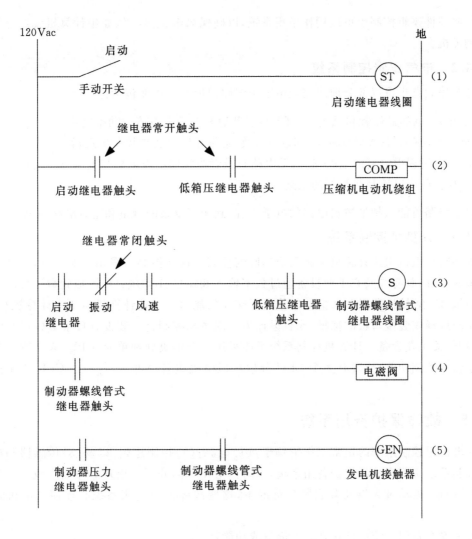

图 8.9　梯形逻辑示例

如图 8.9 所示,操作人员按下启动按钮,启动继电器线圈通电,启动继电器是一个有多组触头的继电器(梯级 1)。如果存储箱上的低箱压继电器是闭合的,一旦启动继电器通电,制动器的压缩机就会供电(梯级 2)。如果存储箱压力适当,压缩机维持不通电,而在任何时候如果出现压力下降,则压缩机就开始通电。如果启动继电器通电,且振动传感器显示没有大的振动出现,且风速是在运行范围,且存储箱压力足够高,则制动器螺线管式继电器通电(梯级 3)。制动器螺线管式继电器上的触头闭合,打开电磁阀将压缩空气送入制动器使制动器释放(梯级 4)。如果制动器活塞中有足够的压缩空气,则同一继电器上的其它触头将允许发电机接触器通电(梯级 5)。至此,风电机组将加速到运行转速,生产电能。如果风速下降,则制动器电磁阀就将被关闭,从制动器中放掉压缩空气(梯级 3 和 4)。电磁阀关闭后,发电机接触器将从电网断开(梯级 5)。制动器将使风电机组停机。同时,一旦风速达到某个范围,且没有振动和压缩空气低压力问题出现,风力机就为运行做好准备。

一些硬件逻辑控制也可以用作备用系统,以确保风电机组在例如主计算机失灵等紧急情况下的停机。

### 8.4.4.2 电气逻辑控制系统

监测控制器也可以部分地或完全由电子线路组成。其可能包括:

- 电子开关,例如晶体管和晶闸管(SCR),以开通和关断大电流大功率电路;
- 逻辑芯片,例如与(AND)和或(OR)门以及"触发器",以实现控制器逻辑;
- 限制启动过程中电流的电路(软启动电路),或者当将同步发电机与电网整步时检测交流波形的符合程度以控制接触器的电路。

电子线路可能从梯形逻辑电路的电子实现,到相当复杂的测量和定时电路的范围变化。

### 8.4.4.3 计算机控制系统

大多数风电机组用计算机控制系统作监测控制。这些控制器采用工业计算机,其针对恶劣环境而设计,具有与其它工业设备通过数字输入和输出(I/O)端口、模拟到数字(A/D)和数字到模拟(D/A)转换器以及通信端口等实现交互的能力。工业计算机与个人计算机相似,具有供用户选择安装接口板的插槽,或者设计为专用逻辑控制且已装设有数字 I/O 口和继电器触头供开、关工业设备。计算机控制系统可能采用一个中央处理单元(CPU)来实现控制器的所有逻辑和控制功能,或者有多个 CPU 分散在风电机组各个部分,每一个 CPU 与主控制器通信。

## 8.4.5 故障保护备用系统

风电机组控制系统的正常工作依赖于:(1)电源;(2)控制逻辑;以及(3)传感器和执行机构。控制系统必须有故障保护备用系统,以防其中任一部分万一出现故障而失效。在失去电网、风轮超速、振动过大以及其它紧急情况下,这些故障保护备用系统必须使风电机组安全停机。

故障安全备用系统应该包括以下部分或功能:

- **失去电网时顺序停机** 如果是由电网为风电机组上的执行机构提供电源,则失去电网电源,控制器就失去了依靠这些执行机构使风电机组停机的能力。如果接触器设计为故障下断开,而制动器设计为故障下闭合,则失去电源仍会使风电机组安全停机。停机所需要的动力可能来自于弹簧、液力储压器或备用电源。
- **控制器备用电源** 如果电网故障,控制器备用电源会使得监测控制器将继电器置于安全位置,以确保当电源恢复时风电机组不会重新启动,以及持续监视风电机组状态并存储数据以备后用。
- **紧急情况自主停机** 如果传感器失灵,监测控制器或许不能觉察到问题情况的出现。假如风轮超速和振动过大,故障保护备用系统直接使风电机组停机。
- **监测控制器失灵时硬件自主停机** 软件中止运行会致使风电机组处于不确定运行状态或者无监控运行。系统需要设计为,如果监测控制器硬件或软件出故障,或者控制计算机失去电源,能使风电机组安全停止。

## 8.5　动态控制理论和实现

本节包括对动态控制系统的概述、动态控制系统设计过程以及风电机组特定应用中动态控制系统设计问题的举例。可以在 Nise(2004)的教材中找到有关动态控制系统设计的背景资料。

### 8.5.1　动态控制的目的

动态控制系统用于控制机器运行中的某些方面,其中机器的动态过程会影响到采取何种控制动作。一般,控制系统设计为改善机器响应的精确性和动态性能,改善机器对施加到系统的外界有害扰动的响应,以及减小机器对不同环境下其部件和运行变化的敏感度。为达此目的,控制系统采用反馈,即检测控制动作的效果并包含到控制系统的输入。控制系统用测量到的机器输出决定下一步控制动作,以帮助确保机器正常工作。

这些可以用变桨控制机构为例来说明。简单的变桨控制机构可以采用电动机来使得叶片绕其变桨轴旋转。为使得叶片旋转,需要给电动机施加一定的电流并维持一段预先设定的时间。叶片桨角是否能按照期望的量来改变与很多因素有关:

- 一段时间后变桨系统运行的变化,例如受温度影响电动机运行的变化,变桨轴承摩擦或者部件磨损的变化;
- 安装在不同风电机组中部件的差异(绕组电阻、轴承摩擦、叶片质量和分布规律等不同);
- 外部扰动例如由空气动力和动态力引起的俯仰力矩,或者由于结冰导致叶片惯量改变。

因而可以看出,这样的控制系统或许并不总是按照所希望的状态工作。可取的方案是设计成"闭环"控制系统,采用叶片根部位置的测量值作为控制系统的一个输入。如果由于任何原因使叶片没有转够所期望的量,就会进行修正,使得机器的运行对变化和扰动的敏感性小一些。闭环控制也可以用作改善系统的动态性能。在上述例子中,叶片在近似相同的时间内总是运动大概相同的距离。设计恰当的控制系统会使电动机电流迅速增加以加速叶片运动,然后当叶片运动到达目标位置时使叶片减速,从而改善系统的响应时间。

风电机组运行的特殊性在控制系统的设计上会施加一些特别的约束条件,其中一些约束与风力机的动力学特性有关。例如,风力机中可能用到长的悬臂叶片和高的塔架,塔架会有振动;用到了一些金属轴,其几乎没有内阻尼。另一些约束来自于控制目标随功率等级的变化。在某些风速范围,变速风力机总是试图维持恒定叶尖速比(恒定最大 $C_P$),于是控制系统必须努力跟踪风速变化,改变发电机转矩以改变风轮转速,在这种情况下,风速就决定了控制系统的目标。额定风速以上,控制系统的目标会截然不同。额定风速以上,调节发电机转矩和变桨控制型变速风力机的叶片桨角是为了减少负载及维持在恒额定功率或转矩,于是控制系统的目的与恒 $C_P$ 运行正好相反,即应对风速的变化来维持恒功率运行,风速变化现在就是对系统运行的扰动。

下节概括介绍动态控制系统的设计过程,8.5.3 节讨论风电机组动态控制器设计中的特殊问题,举例说明动态控制的一般概念(开环与闭环控制)以及风电机组控制问题的一些特点,本章最后一节给出动态控制系统实现的例子。

## 8.5.2 动态控制系统设计

### 8.5.2.1 控制系统的经典设计方法

控制系统经典设计过程,如在 Grimble 等(1990)和 De LaSalle 等(1990)文献中描述的,包括下列步骤(参见图 8.10):

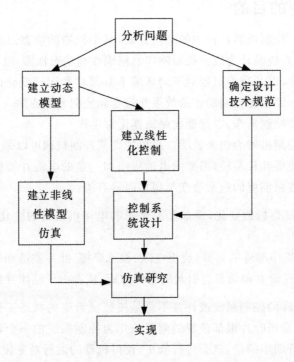

图8.10 控制系统设计方法(Grimble et al.,1990)。获机械工程师学会允许转载

- **问题分析** 问题分析必须包括对所希望的机器运行状态、可利用的控制手段、合适的传感器和执行机构以及所有其它设计约束等等的考虑。这一分析可能预示着需要更新机器设计,以使其具有完善的控制特性。
- **技术规范的确定** 初步设计技术规范包括系统响应时间、受控系统对阶跃输入响应的超调以及受控系统稳定性等的量化标准。可能需要权衡考虑硬件的选取。较快的系统响应需要较大的执行动力,也会增加部件的载荷,降低部件的疲劳寿命。
- **模型建立** 控制系统设计需要了解系统动态,通常采用数学模型。这些模型可能是线性的,也可能是非线性的,取决于系统本身。在所关注的频率范围,要求每一个子系统模型都能正确反映系统动态。
- **模型线性化** 对控制系统的初始设计,常常将这些模型线性化,使得可以采用线性系统设计的很多简单方法。
- **控制设计** 在设计过程中,工程技术人员总是试图按照使受控机器的动态特性全面满足设计技术规范来设计控制器。根据"经典"设计方法,受控系统的动态响应设计为在所关注的三个不同频率范围符合某些准则。系统低频性能设计为跟踪所想要的控制指令。在中频范围,系统响应设计为保证稳定性和适当的系统响应时间。较高频率的动态性能必须确保非模型化动态过程以及传感器测量噪声不会影响系统性能。其它设计方法其后描述。

- **仿真开发**　为了测试所设计控制器的运行效果,需要基于系统非线性模型,开发非线性仿真分析计算机软件程序代码。如果可能的话,这些仿真结果应该用实际数据来验证。

- **仿真研究**　当为该线性化了的系统设计了试验性控制器后,就要采用非线性仿真模型来研究更接近实际的非线性系统包括新的控制器设计的性能。

- **实现**　一旦完成了适当的设计,就将控制器在风力机上实现并在现场试验。

这一设计过程极有可能是一个迭代过程,在其中任一节点,都可能要返回到前一步去重新定义控制目标,改进模型,或重新设计控制器。

### 8.5.2.2　控制系统设计的其它方法

其它构建于经典线性系统设计之上,或从经典线性系统设计演化而来的控制系统设计方法包括自适应控制、最优控制、搜索策略和定量反馈鲁棒控制(参见 De LaLaSalle et al. ,1990;Di Steffano et al. ,1976;Horowitz,1993;Munteanu et al. ,2008),等等。与经典线性控制设计方法相比,特别是在非线性系统的控制中,每一个控制方法都有其优势。

#### 自适应控制

由于风速、风力机转矩和桨角之间的非线性关系,风力机的动态性能在很大程度上取决于风速。将控制器按照对这些参数变化的最低灵敏度来设计,就可以适应系统参数变化。这些自适应控制方案在参数变化的系统中,特别是在参数迅速变化或大范围变化的系统中也很有用。自适应控制方案不断测量系统参数的值,然后改变控制系统动态特性,以确保始终满足期望的性能标准。

#### 最优控制

最优控制是一个时域方法,其中系统输出(例如载荷)的变化依靠输入信号(例如变桨动作)的变化来平衡。最优控制原本就是多变量方法,使其很适合用于变速风电机组控制设计。最优控制理论根据性能指标将控制问题公式化,性能指标通常是控制命令与系统实际响应间误差的函数,然后采用成熟的数学方法来决定设计参数的值,使性能指标的值最大或最小。最优控制算法通常需要检测系统各状态变量或者基于机器模型的状态观测器。

#### 搜索策略

搜索策略也可用于控制风电机组。此控制策略可能会通过不断地改变风力机风轮转速来试图使测量的风轮功率最大。如果转速减小导致功率下降,则控制器将使转速稍微增加,这样,当风速改变时可以保持风力机风轮转速尽量接近最大功率系数。控制器不需要应用机器模型,因而可以免受由于叶片污垢、本地气流作用或者叶片不当变桨使运行改变的影响。

#### 定量反馈鲁棒控制

定量反馈理论(Horowitz,1993)是一个频域方法,用于具有不确定动态过程系统的鲁棒控制器设计。定量反馈理论为有特殊性能和稳定性要求,且运行参数在规定范围的系统提供了闭环系统设计方法,可以确保对有一定范围动态特性系统设计的控制器良好地工作。

### 8.5.2.3 增益调度

风电机组是高度非线性系统,在不同风速范围有不同的控制目标。同时,上述控制器设计的很多方法是基于非时变线性模型的,仅适用于一定的运行范围。改变控制目标通常关注于控制目标之间平滑过渡的策略,以避免不必要的载荷瞬变。运行条件范围上动态性能的变化由控制器的设计来处理,控制器足够鲁棒以在条件变化下相当好地工作;或者采用"增益调度"的某些变化来处理。假设风力机具有宽范围动态特性,而鲁棒控制器在某些条件下或许能提供较好的性能,但在其它条件下仅能提供刚刚可以接受的性能。处理系统动态特性变化最常用的方法是增益调度,此时,如上所述,增益调度归结为随调度变量(风速或者功率等级)对控制器动作的调整(更详细资料参见 Bianchi et al. , 2007)。

具有增益调度控制器的设计涉及到:

- 确定需要设计独特的线性控制器的运行点;
- 设计满足期望的性能和稳定性设计准则的线性控制器;
- 确定随调度变量变化修改控制器函数的方法。

改变控制器函数的方法或许相当简单。例如,如果每一单个控制器是有两个参数的二阶控制器,那么,适用于任意运行点的控制参数可以由运行点间的插值确定。也可以采用更复杂的方法。

对这些方法首先关注的是,在控制器所设计的运行点之间,系统的稳定性可能不能得以保证。Bianchi 等(2007)描述了线性参数调节(Linear Parameter Varying,LPV)方法在风力机中的应用。LPV 方法利用最优控制设计工具包括增益调度函数来设计控制器和增益调度,保证整个运行范围上的性能和稳定性。

### 8.5.2.4 风电机组系统模型

用于控制系统设计的系统模型往往是基于物理原理的数学模型,当不能建立这样的模型时,可以采用被称为"系统辨识"的实验方法。

**基于物理原理的模型**

在控制系统设计中,动态模型用于了解、分析和表征系统动态特性。动态模型由一个或多个描述系统运行状态的微分方程组成,这些微分方程通常按两种形式中的某一种写出:传递函数表示法或者状态空间表示法。这两种表示法均假设为线性系统。传递函数表示法涉及到拉普拉斯变换,并且是在频域描绘系统;而状态空间表示法是在时域描绘系统。系统的这两个表示法可以互换,具体采用哪种方法取决于系统的复杂程度,以及系统设计者可用的分析工具。

应该记住,控制系统设计的结果与用作描述系统的模型好坏相关。基于忽略某一部分关键动态特性的机器模型的控制系统可能导致灾难性故障,而过分详细的模型会增加分析的复杂性以及成本,并且可能需要机器的未知输入参数。建立系统模型时就需要做工程判断。简单且恰当的模型通常将系统描绘为一组集总质量或理想化机器单元,忽略不重要的机器细节。如果选择理想化单元的质量和刚性,使模型真正代表系统运行特征,这些模型就是可用的。往往采用机器运行数据来决定这些参数,这样,简单模型就是"匹配的",所以能较好地体现机器的真实运行情况。只要所选择的机器模型能体现所关注的系统动态特性，就可以开发出性能良好的控制系统。当为了控制系统设计而将非线性系统线性化时，应该采用在大范围非线性运行下系统特性的仿真来检验完整受控系统的运行。

需要建模的风电机组重要子系统有：

- 风的分布；
- 驱动链动态特性；
- 空气动力学特性；
- 发电机动态特性；
- 变流器动态特性；
- 执行机构动态特性；
- 结构体动态特性；
- 测量系统动态特性；
- 控制器动态特性。

图 8.11 描绘了一个恒速、变桨控制型风电机组中这些子系统的交互作用情况。在 Novak 等(1995)的文献中可以找到一些风力机子系统数学模型的样本。

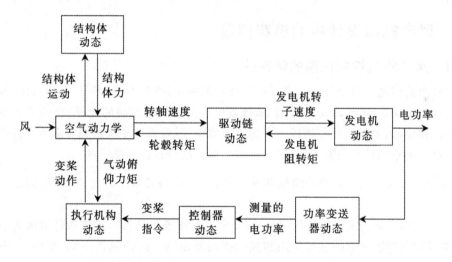

图 8.11　风力机动态(Grimble et al.，1990)。获机械工程师学会允许转载

## 系统辨识

在扰动或复杂系统的模型不易根据物理原理来确定的情况下，可以采用系统辨识的实验方法(参见 Ljung，1999)。系统辨识方法涉及到四个主要步骤：

1. 规划实验；
2. 选择模型结构；
3. 预测模型参数；
4. 验证模型。

　　系统辨识涉及到在给定受控输入信号或系统输入的测量值下,来测量系统的输出。系统辨识的较简便方法需要正弦或冲击信号输入。其它方法可以采用任意形式的输入,但可能需要增强计算能力以决定系统模型。为了正确地辨识系统动态特性,输入信号应设计为能足以激励系统的所有模式,以提供可测量的输出。

　　从实验得到的数据用于匹配系统模型的参数,该系统模型可以是基于对系统或扰动的已有知识。如果已知系统在某一特定范围以线性方式工作,那么就可以应用线性系统中称为"黑匣子模型"的一般表示法。此时,需要识别模型参数以及阶数。采用从物理定律建立的模型或许可以减少未知参数的数目。

　　参数预测通常公式化为按照一些标准实现与数据最佳匹配的优化问题。对系统辨识计算和优化标准,有许多可用的不同方法。在线辨识方法是在得到测量值的同时就可以提供参数预测值,此方法对时变系统或在自适应控制器中很有用。离线方法通常具有更高的可靠性和精确性。在最小二乘法的一些变形方法中,离线法常常用到最优判据。

　　一旦确定了模型参数,重要的是测试和验证模型。通常通过检验阶跃和冲击响应来测试模型、确定模型和预测误差。灵敏度分析揭示模型对参数变化的敏感性。根据这些步骤的结果,设计过程可能要反复,以建立更恰当的模型,这也许需要对模型作更进一步的开发,或需要更多实验。

## 8.5.3　风电机组设计中的控制问题

### 8.5.3.1　风电机组控制问题的特殊性

　　风电机组给控制系统设计者带来了许多独特的难题(参见 De LaSalle et al. ,1990;Bianchi et al. , 2007;Munteanu et al. , 2008)。常规发电厂具有较易控制的能源,且仅承受电网小的扰动。与此相反,风电机组的能源经受大的急速波动,导致系统中大的瞬变载荷。这些大的波动以及风电机组中的其它因素,引起风电机组控制系统设计的特殊问题:

- 调控功能差的风力机的后果是结构和部件高载荷,这将导致部件加重、结构加重以及成本增加。
- 风力机系统由众多弱阻尼结构件组成(以避免系统中能量耗散),这些构件被风力机风轮旋转频率及其谐波频率下的强迫作用和风的扰动所激励。部件包括风轮、驱动链、塔架以及控制系统等,在风力机风轮旋转的频率范围,可能都具有值得关注的动态响应。任何共振条件都将对系统运行强加严格的约束。必须避免控制器、系统(叶片、传动装置、塔架)自然频率和系统强加作用(叶片旋转的谐波频率和可能存在的风波动频率)之间的共振。
- 空气动力为高度非线性。这会导致风力机在不同运行情况下有明显不同的动态特性,特性的差异使得需要采用非线性控制器,或者在不同的风状态下采用不同的控制规律。
- 动态运行下从一种控制规律或规则向另一种规律或规则的转换需仔细设计。
- 控制目标不仅要减小瞬变载荷,也要减小由载荷在平均载荷附近波动引起的疲劳载荷。
- 必须使控制测量和执行机构的硬件成本和重量最小。
- 通常难以获得可靠的反馈转矩测量。
- 通常难以确定恰当的系统模型。系统模型需要与测量结果比较以确认模型参数能体现真实的系统运行情况。控制系统设计人员要力争建立既反映系统的动态状况而又不过分复杂的系统模型。复杂模型会使设计时间加长,也导致模型中包含许多可能难以确定的参数;简单模型也许能很好地反映系统情况,而又没有预想的那么多参数。驱动链包含了齿轮箱动力学系统(齿间隙、轮齿挠曲)、阻尼系数低且难以量化的轴以及承受非线性空气动力的非刚性风轮,这将导致其工作状态背离简单模型的特性(参见 Novak et al.,1995)。

- 对风力机经受的准确载荷过去需要广泛研究,现在仍然在继续。

下面介绍一些此类问题的例子。首先,用一个简单的变桨控制系统描述了闭环控制系统较开环控制系统的优点,分析了系统对外部扰动的响应。然后,用同一个闭环变桨控制系统来说明自然频率和共振问题。在接下来的两个小节中,讨论与变速风电机组运行有关的问题,包括低风速下恒定最佳叶尖速比控制,以及与较高风速下向其它运行模式转换有关的问题。最后,给出了变桨控制系统中建立扰动模型的一些细节。

### 8.5.3.2　开环和闭环对扰动的响应

开环和闭环的基本差别示于图 8.12。开环系统中,控制器的动作是基于所期望的系统状态,与过程的实际状态无关。在闭环反馈系统中,控制器被设计为采用期望的系统输出与实际的系统输出之差来决定其动作。

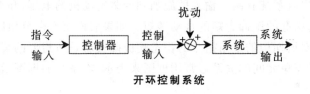

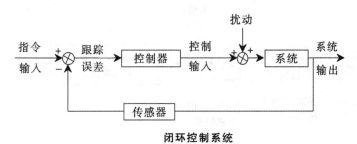

图 8.12　开环与闭环控制系统的比较

控制系统的一些问题可以用一个简单的由交流伺服电动机驱动,用弹簧返回,且经受外部俯仰力矩(对系统的扰动)的变桨机构来说明。叶片和变桨机构模型包含来自于弹簧和粘滞摩擦的力矩。交流伺服电动机的转矩可以建模为一些项的线性组合,这些项是电动机转速和所施加电压的函数(参见 Kuo and Golnaraghi,2002)。在此处所给出的模型中,电动机转矩和转速折算到了变桨机构的叶片一侧。此系统的微分方程中,系统的动力学项在左边,来自于电动机及扰动的外部转矩在右边:

$$J\ddot{\theta}_p + B\dot{\theta}_p + K\theta_p = kv(t) + m\dot{\theta}_p + Q_p \tag{8.3}$$

式中,$\theta_p$ 为电动机的角位置;$J$ 为叶片及电动机的总转动惯量;$B$ 为变桨系统的粘滞摩擦系数;$K$ 为变桨系统的弹簧常数;$k$ 为电动机/变桨机构组合体的转矩-电压特性曲线的斜率;$v(t)$ 为施加到电动机端部的电压;$m$ 为电动机/变桨机构组合体的转矩-转速特性曲线的斜率;$Q_p$ 为在系统中起扰动作用的动态力和空气动力引起的俯仰力矩。

如果系统处于稳态,则桨角的导数为 0,且施加到电动机的电压 $v(t)$ 为常数值 $v$。这样,微分方程变为:

$$\theta_p = \frac{k}{K}v + \frac{Q_p}{K} \tag{8.4}$$

由此可以看出,稳态桨角是施加到电动机的电压、弹簧常数以及其它作用在叶片上的俯仰力矩的函数。俯仰力矩越大(或者弹簧弹性越弱),桨角的误差将越大。

假如翼型设计人员已经设法使所有俯仰力矩最小,就可以设计一个控制系统,该系统通过对电动机施加一定电压获得所期望的"参考"桨角 $\theta_{p,ref}$:

$$v = \frac{K}{k}\theta_{p,ref} \tag{8.5}$$

这样,开环系统的微分方程就为:

$$J\ddot{\theta}_p + (B-m)\dot{\theta}_p + K\theta_p = K\theta_{p,ref} + Q_p \tag{8.6}$$

此处,桨角为输出且系统有两个输入即施加到变桨电动机的电压,和来自于作用在叶片上的空气动力及动态力引起的俯仰力矩的扰动转矩。如果假设所有微分项以及扰动俯仰力矩为 0,则可以看出,系统对所期望的桨角指令的稳态响应确实就是所想要的桨角。

受控系统中各动态单元间的关系通常用框图来表示,本系统的框图示于图 8.13。

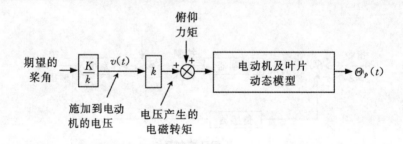

图 8.13 开环变桨控制机构,其中符号见正文

可以采用拉普拉斯变换求解式(8.6)。此外,在经典控制理论中,相对于稳态运行,系统对冲击输入响应的拉普拉斯变换称为系统的传递函数。控制系统设计中,传递函数常常用来表征系统的动态特性(更多背景资料,参见 Kuo and Golnaraghi,2002 或 Nise,2004)。系统的传递函数可以通过对开环微分方程做拉普拉斯变换,求解出桨角,以及假设初始条件均为 0 来得到。此系统的传递函数为:

$$\Theta_p(s) = \frac{K\Theta_{p,ref}(s)}{Js^2 + (B-m)s + K} + \frac{Q_p(s)}{Js^2 + (B-m)s + K} \tag{8.7}$$

式中,$\Theta_p(s)$、$\Theta_{p,ref}(s)$ 及 $Q_p(s)$ 为 $\theta_p(t)$、$\theta_{p,ref}(t)$ 和 $Q_p(t)$ 的拉普拉斯变换。式(8.7)中的第一项为从输入电压到输出桨角的传递函数,第二项为从扰动(俯仰力矩)到桨角的传递函数。

开环系统对单位阶跃扰动的动态响应,可以从将扰动与最终桨角关联的传递函数的拉普拉斯反变换求得:

$$\Theta_p(s) = \frac{Q_p(s)}{Js^2 + (B-m)s + K} \tag{8.8}$$

式中,单位阶跃输入 $Q_p(s)$ 为 $1/s$。例如,如果电动机和叶片的动态特性为:

$$\Theta_p(s) = \frac{1}{(s^2/16) + (s/4) + 1} \tag{8.9}$$

式中, $J = 1/16$,$(B-m) = 1/4$,且 $K$、$Q_p$ 和 $k$ 均等于 1,对阶跃扰动的响应示于图 8.14。

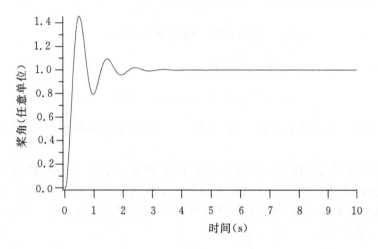

图 8.14 变桨控制系统阶跃响应示例

图 8.14 中,与理想运行的偏差应该为 0,但桨角扰动引入了一个稳态桨角误差。根据公式(8.4),由俯仰力矩产生的稳态位置误差为:

$$\theta_p - \theta_{p,ref} = \frac{Q_p}{K} \tag{8.10}$$

实际上,开环控制系统总有严重影响系统运行的缺陷存在。制造的差异性、磨损、运行状态随温度和时间的变化、以及外部扰动等都会影响开环系统的性能。本例中,风速、风力机风轮转速、叶片结冰或其它任何影响俯仰力矩的因素都可能会改变桨角。如果这些变化在运行中的影响变成了问题,就可以采用闭环控制系统来改善系统性能,而且又不使系统变得特别复杂。

在闭环控制系统中,桨角的测量值可以合并到变桨控制系统的输入,对叶片位置的误差做修正。一般,控制器提供一个与“跟踪误差”有关的控制输出,跟踪误差是系统期望的输出值与测量的输出值之差。这样的闭环控制系统框图示于图 8.15。控制器应具有适当的动态特性和功率放大器以调节电动机电压。

控制器可以设计为具有任意动态性能,只要有助于系统得到所期望的运行状态。然而,在考虑控制系统设计时,有一些对控制系统经常实施的标准方法,可以用作设计参考。其中一些标准方法就包括比例、微分和积分控制,常常将这些方法结合起来得到比例-积分(PI)控制器或者比例-积分-微分(PID)控制器。

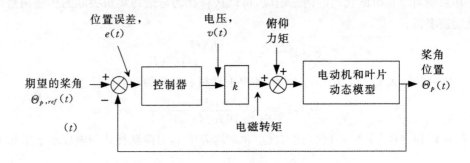

图 8.15　闭环变桨控制机构举例,符号见正文

此变桨控制系统 PID 控制器的微分方程为:

$$v(t) = K_P e(t) + K_I \int e(t)\mathrm{d}t + K_D \dot{e}(t) \tag{8.11}$$

式中,比例常数为 $K_P$、$K_I$ 和 $K_D$;$e(t) = \theta_{p,ref}(t) - \theta_p(t)$ 为误差,即期望的桨角和测量的桨角之差。

如果闭环控制器设计为仅有比例和积分项(PI 控制器),那么,将控制器的定义式,即公式 (8.11)没有微分项,带入式(8.3),就可以求得整个系统的微分方程。采用上述 $e(t)$ 的定义,对整个方程求微分并重新整理,可以得到公式(8.12)。最终的受控系统是一个有两个控制常数 $K_P$ 和 $K_I$ 的三阶系统:

$$J\dddot{\theta}_p + (B - m)\ddot{\theta}_p + (K + kK_P)\dot{\theta}_p + kK_I\theta_p = kK_P\dot{\theta}_{p,ref} + kK_I\theta_{p,ref} + \dot{Q}_p \tag{8.12}$$

再者,闭环系统对单位阶跃扰动的动态响应可以通过采用拉普拉斯反变换得到。例如,如果假设电动机和叶片的动态特性维持与前述相同,且 $K_P = K_I = 2$,则对阶跃扰动的响应示于图 8.16,图中包括了开环响应以便比较。扰动对闭环系统的影响明显小于对开环系统的影响。

只要作进一步的改进来改善系统动态响应,PI 控制器就能在不同的风况和运行条件下正确地将叶片定位。因此,复杂程度增加不太多,在高风速或低风速、结冰以及变桨机构有粘性轴承等情况下,叶片也能定位在任意期望的位置。相对于开环控制器,这是一个显著的改善。

### 8.5.3.3　共振

风力机由长的弱阻尼部件构成,这些部件会有振动,且工作在阵风、风剪切、塔影以及风力机其它部件的动态作用等都可能激发振动的环境下。控制系统需要设计为确保避免风力机在某些频率下激发振动,控制器不由于其自身运行结果在这些频率下激发风力机振动。控制系统也要设计为避免其中某一构件被众多可能的强迫作用激发振动。这种情况也许会容许出现在其它控制系统设计中。

前面例子中的变桨控制器对阶跃输入具有适当的抗扰动作用,这预示着阶跃变化以及运行条件不太剧烈的变化可以由变桨控制系统来补偿。对闭环系统的微分方程(式(8.12))或系统传递函数的分析表明,这一闭环系统有 6.76 rad/s(1.08 Hz)的自然频率和 0.24 的阻尼比(有关自然频率和阻尼比的资料参见第 4 章)。如果这一变桨控制系统经受一个正弦扰动,正

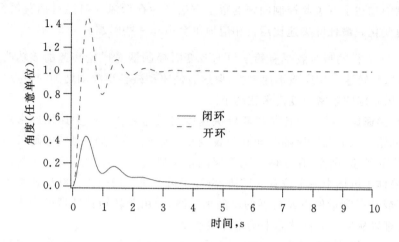

图 8.16　闭环和开环变桨系统对阶跃扰动的响应示例

如可能经受风剪切,其频率接近于闭环系统的自然频率,那么与其它扰动相比,系统的响应可能被显著放大。例如,系统对幅值为 1、频率为 1.04 Hz 的正弦扰动的响应示于图 8.17。

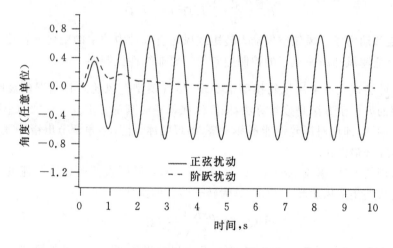

图 8.17　闭环变桨控制系统对单位正弦和阶跃扰动的响应

　　此闭环系统应付频率在系统响应频率附近扰动的能力明显地比应付阶跃扰动的能力逊色得多。响应的量值大小由扰动的频率和系统中的阻尼决定。不仅由扰动所诱发的桨角波动会磨损变桨机构,而且由叶片桨角振荡引起的气动力学振荡轴转矩可能在其它反馈路径上引入共振。这一控制系统例子特意设计为阐明这些问题。设计良好的控制系统会避免激发系统自然频率,甚至可以在这些频率下提供附加阻尼。

### 8.5.3.4　最佳叶尖速比控制问题

　　正如以前所讨论的,风电机组有时变速运行以减小载荷和实现低风速下能量捕获最大化。低风速下能量捕获最大化需要使风轮运行在最高效叶尖速比下(参见第 3 章)。Munteanu 等

(2008)的文献中描述了有关此控制问题的很多方法。为在低风速时能量捕获最大化,风轮转速必须随风速变化。最佳叶尖速比运行相应地也会引起一些问题:

- **权衡设计**  风力机的瞬时效率有赖于风速改变时控制器对风轮转速的成功改变。为得到最大效率,风轮转速变化应该迅速发生,但这有使驱动链转矩波动增加的缺点。$C_p-\lambda$ 曲线越平坦,对风跟踪的紧密程度需求就越小。

- **确定风轮叶尖速比**  叶尖速比是风轮叶尖速度与风速之比。叶尖速比通常难以精确地确定。因为风轮面积上湍流风随时间和位置变化。轮毂上风速的测量值测量不到未受干扰的自由风流的风速,因而,在任何情况下仅测量了风轮上一点的风速。在测量塔上的风速测量值仅采样了风场中一个位置的风速,离开了风力机一段距离。叶尖速度也可以从风轮转速、转矩或功率测量值以及机器的模型来推测,但由于转矩传感器的噪声及风轮模型不准确,可能难以从风轮运行状态来确定叶尖速度。

- **风轮能量**  风轮旋转过程中储存的能量在风轮减速时引起尖峰功率,会干扰风轮功率或转矩的测量,如果风轮减速太快也存在引起过功率的可能。正如公式(8.13)所描述的,由风轮储能的改变引起的风轮轴功率 $P_r$ 与风轮惯量 $J_r$ 和风轮转速 $\Omega$ 的变化有关。风轮转速变化越快,功率波动越大。

$$P_r = \frac{\mathrm{d}}{\mathrm{d}t}\left(\frac{1}{2}J_r\Omega^2\right) = J_r\dot{\Omega} \tag{8.13}$$

- **非线性的空气动力学**  风轮空气动力转矩或风轮空气动力功率的变化与转速有关,为高度非线性。对低速风和高速风下的控制通常均需要非线性控制器。

跟踪最佳叶尖速比通常用风轮模型来实现,尽管模型对风轮运行情况的反映可能很差。有时考虑采用的另一个方法是搜索算法,该算法在每一时刻都寻求找到最大功率的风轮转速。如果成功运用的话,即使对风轮性能不甚了解,出现结冰、叶片桨角调节出错等等,这一方法也将使风轮能量捕获最大化。

有一个常用的方法(参见 Novak et al. ,1995),不是试图直接确定叶尖速度,而是采用风轮模型来给定所期望的风轮转矩 $Q_{ref}$,其为转子转速的函数:

$$Q_{ref} = \frac{\rho\pi R^5 C_{p,\max}}{2\ (\lambda_{opt})^3}\Omega^2 \tag{8.14}$$

式中,$Q_{ref}$ 为期望的风轮转矩,$\rho$ 为空气密度,$R$ 为风轮半径,$C_{p,\max}$ 为风轮最佳叶尖速比 $\lambda_{opt}$ 下的风轮功率系数。

测量风轮转速,并不断地将发电机转矩设定到与当前风轮转速相应的风力机转矩。对于现有风速,如果风轮转速偏低,则将转矩值设低,使得风轮转速增加。对现有风速,如果风轮转速偏高,就将转矩值设高,使风轮减速以使其更高效。转矩指令要过滤以避免风轮的高速变化。

这一方法工作情况相当好,但为避免功率或转矩急剧波动,对不同风况,可能需要改变所采取的滤波措施。在风力机运行范围内,风轮功率随风轮转速改变,且其变化很大,需加考虑以控制功率和转矩波动。这需要知道叶尖速比。

Linders 和 Thiringer (1993)提出了一个由风力机模型和风力机功率测量值确定风轮叶尖速比的方法。一旦确定了运行叶尖速比,就可以从风轮模型确定由于风轮转速变化所引起的功率变化率。用功率或转矩测量值确定叶尖速比的难点在于,对应于任一 $C_p$,有两个叶尖速比。Linders 和 Thiringer 定义了一个单调函数,据此可以确定单值叶尖速比:

$$\frac{C_p(\lambda)}{\lambda^3} = \frac{P_r}{\frac{1}{2}\rho A \Omega^3 R^3} = \frac{P_{el}}{\eta \frac{1}{2}\rho A \Omega^3 R^3} \qquad (8.15)$$

式中,$P_r$ 为风轮功率,$P_{el}$ 为电功率,$R$ 为半径,$\eta$ 为驱动链效率,$\rho$ 为空气密度,$A$ 为风轮面积,$C_p$ 为叶尖速比 $\lambda$ 下的风轮功率系数。

功率对发电机转速的导数为:

$$\frac{dP_{el}}{d\Omega_{el}} = \left(\frac{dC_p(\lambda)}{d\lambda}\right)\frac{\eta \frac{1}{2}\rho A V^2 R}{np} \qquad (8.16)$$

式中,$\Omega_{el}$ 为发电机转速,$p$ 为发电机极数,$n$ 为齿轮箱齿数比。

于是,可以在风轮转速改变时对流入和流出风轮的功率建模,并将其从测量到的功率中减去来改善对机器的控制。

### 8.5.3.5 变速运行模式间的转换

变速风电机组设计中出现许多其它问题。一般来说,变速风电机组可能有三个不同的控制目标,取决于风速。在低风速到中风速,控制目标是维持恒定最佳叶尖速度,以得到最大空气动力效率,这是当风速变化时,通过改变风轮转速来达到。在中风速,如果风轮在达到额定功率以前已经达到了其额定转速,当功率变动时必须限制风轮转速,于是控制的目标为维持风轮转速近似恒定。在中风速到高风速,控制目标为维持恒定额定功率输出,当风的可利用功率增加到超过风力机的功率转换能力时需要这种控制。任何成功设计的控制系统,都必须使这些运行策略之间平滑转换。

这些常规控制目标同样适用于失速调节型和变桨调节型变速风力机。对变桨调节型风力机,可以改变桨角和发电机转矩这两个控制输入,而不仅仅是发电机转矩。在恒定叶尖速比和恒速运行期间,叶片桨角一般保持固定;但在恒功率运行期间,桨角可以用来控制风轮转速,而发电机转矩可以用来控制输出功率。在恒速运行期间,因为风速和风轮转速改变,发电机转矩和输出功率可能会有大的波动。在恒功率运行期间,因为控制目标是维持恒定额定功率,使得发电机功率和转矩波动最小。变桨控制器在维持风轮平均转速为额定转速中起主要作用。

风的波动使得实现在这些控制目标间转换的控制器难以顺利设计。在低风速恒定叶尖速度运行中,输出功率 $P$ 随风轮转速 $\Omega$ 改变的变化率即 $dP/d\Omega$ 相对较小。在中速风近似恒速运行中,$dP/d\Omega$ 可能相当大。在高风速中,$dP/d\Omega$ 应该是接近于 0。由于在中速和高速风下有两个控制输入(桨角和发电机转矩)而在低风速下仅有一个,以及在不同风速下控制器性能明显不同,波动的风速在设计欠佳的控制系统中会导致执行机构的急速动作和大的功率振幅。

下面给出介绍这些难点的例子。示例中采用带有图 8.18 所描绘的通用控制器结构的风电机组。该设计中,基于期望的发电机功率与转速关系曲线,将发电机期望的或者说"参考"功率设置为风轮转速的函数。

示例中风电机组的发电机期望功率与转速关系示于图 8.19 中(参见 Hansen et al., 1999)。在曲线较低部分的变速运行基于风力机风轮的空气动力特性,同时意图维持恒定叶尖速比。一旦发电机转速达到标称的额定转速 1000 r/min,期望的功率与转速曲线的斜率就非

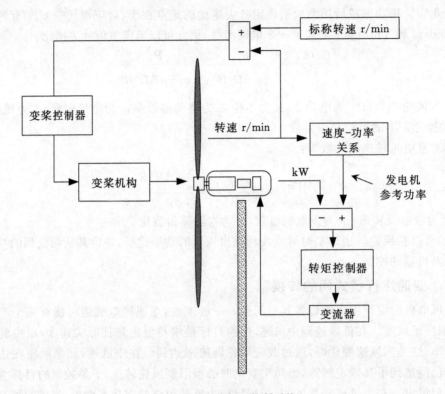

图 8.18　变速闭环控制系统

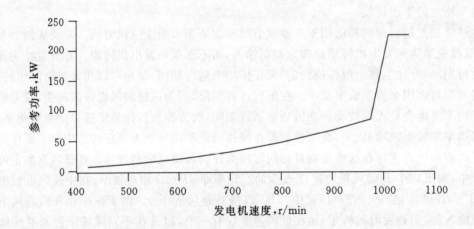

图 8.19　网侧功率-发电机转速控制关系示例（Hansen et al,1999）。

获 James & James（Science Publishers）Ltd. 和 A. D. Hansen,H. Bindner 以及 A. Rebsdorf 的允许转载

常陡峭。最后,一旦风力机功率达到 225 kW,控制目标就是在小的风轮转速变化下维持恒定功率。仅在恒功率运行期间,变桨控制环才设法将风轮转速控制为接近于额定风轮转速。

当风的波动使得发电机转速从超过标称的额定发电机转速降低到低于额定转速时,这一控制方法就会碰到困难。因为斜率（$dP/d\Omega$）的急剧变化,即使发电机转速小的变化也会引起

来自于发电机的功率指令大的变化。这引起了功率多达 150 kW 的突然急剧减小。通过限制所期望的发电机功率的容许变化率,已经对这一控制策略做了改进,其有明显地将功率限制在额定功率附近波动的作用,但也增加风轮转速的波动。减小发电机转矩波动并允许风轮转速在较大范围变化的合成效果是降低了功率波动和减小了驱动链载荷,而功率波动会影响电网。

### 8.5.3.6　风力机载荷及扰动

风电机组控制器的设计,需要得到影响所设计部件的扰动大小和频率特性的信息,这些信息影响到执行机构设计以及控制算法本身的设计。在第 4 和第 7 章可以找到风力机中载荷类型和起因的更多信息。

例如,变桨机构和变桨机构控制器的设计,需要知道此机构将要经受的载荷和扰动的大小和类别。知道在控制系统设计中哪种载荷重要哪种不重要,就确保了控制系统可接受且复杂程度尽可能小。

变桨系统的载荷和扰动包括:

- **重力载荷**　重力载荷包括叶片分布质量上的重力效应,其引起绕变桨轴作用的力矩。
- **离心载荷**　离心载荷包括叶片分布质量上的惯性力效应,其引起绕变桨轴作用的力矩。
- **变桨机构轴承摩擦力**　变桨机构轴承摩擦力与轴向载荷、变桨机构轴承上的摆动和挥舞力矩以及轴承设计有关。
- **执行机构转矩**　执行机构转矩必须从液压或电气系统经联轴器或齿轮转换而来。
- **气动俯仰力矩**　气动俯仰力矩与空气动力在叶片长度上的集总作用有关,包括叶片设计、叶片振动和弯曲、湍流、风剪切、偏风以及叶片旋转的影响。
- **风力机其它运动所引起的载荷**　风力机其它运动诸如风轮转速的改变、偏航运动以及塔架振动等可能被传递到叶片,并引起绕变桨轴作用的附加力矩。

在给定风力机的正常运行中,其中一些力矩对控制系统设计的影响并不显著。然而,在紧急变桨事件中或在非正常运行条件下,需要考虑每一个力矩的作用,以确保设计的控制系统在所有情况下都能工作。

变桨控制系统对这些载荷的响应由变桨执行机构系统(包括所有联轴器)的柔度和间隙、叶片的刚度、变桨轴承的柔度和游隙、执行系统的惯量、叶片惯量矩和变桨控制系统动态特性等决定。

研究表明(参见 Bossanyi and Jameison,1999),变桨轴承摩擦及叶片弯曲会显著影响总的扰动俯仰力矩。一般,滚柱型变桨轴承有非常低的摩擦系数,但净摩擦力也与轴承上的载荷有关。减小轴承磨损所需要的高预载荷以及轴承上来自叶片大的翻转力矩会引起难以想象的高俯仰力矩扰动。叶片变形会导致空气动力轨迹的明显移动,以及叶片区段的重心从叶片变桨轴明显移开。叶片段质心的移动会显著影响重力对俯仰力矩的作用。叶片运动也影响叶片惯量的极性力矩以及每一个叶片段的空气动力。已经证明,与采用刚性叶片相比,采用柔性叶片时,这些因素的合成作用将导致更高的俯仰力矩扰动。

### 8.5.3.7　以减小载荷为控制目标

通常,减小载荷也作为变速风电机组中的一个控制目标。例如,除了在额定风速以上控制风轮转速和发电机转矩,风电机组控制系统也设计为阻尼驱动链和塔中的共振。

### 控制驱动链扭转振动

在采用感应发电机的恒速风电机组中,发电机滑差(转差率)对驱动链振荡提供了相当大的阻尼量。在变速风电机组中,当发电机转矩固定时,驱动链只有非常小的阻尼,其结果就像两个大的质量(发电机和风轮)作用在一个柔性轴上。整体风轮第一阶扭转振动模态的作用可能像一个附加惯性质量通过扭转弹簧联接到了轮毂。最终,如果塔架左右振动第二阶模态被激发(其将引起塔顶的角位移),就会增添系统的附加旋转振荡。如果置这种非阻尼于不顾,就将会导致齿轮箱中大的转矩振荡(Bossanyi,2003)。控制驱动链扭转振动的一个方法是采用带通滤波器,其实际上是对驱动链添加具有一定大小和相位的小转矩纹波,抵偿风电机组其它动力学特性所激发的振动。

### 控制塔架的前后(纵向)振动

改变叶片桨角主要是试图控制风速在额定风速以上时的空气动力转矩,其对激发塔架振动的风轮推力也有显著作用。塔架振动(因此风轮来回移动)会影响从叶片看到的相对风速,并由此影响风轮转矩,因而,控制动作的效果会反馈回变桨控制系统。这一反馈通道应足够强健,这需要仔细设计控制器以避免加剧塔架振动或者使得变桨控制系统完全失稳(Bossanyi,2003)。解决此问题的一个方法与上面提到的解决扭转振动的方法相似,即采用调谐到塔架振动频率的滤波器,将任何控制动作在此频率下的相位偏移,有效阻尼塔架振动。另一个方法是用来自于塔架加速度计的信号作为控制系统和塔架阻尼算法的输入,此类方法已被证明对阻尼塔架振动第一阶模态非常有效。实施此方法时必须当心,要确保变桨控制系统的空气动力转矩控制和减小载荷这两个控制目标不发生冲突,因此需降低使两个目标都实现的企图。

### 叶片桨角独立控制

截至目前所描述的控制系统都假设叶片同样变桨,或者共同进行或者循环进行(与方位角有关)。对每一个叶片的桨角独立地进行控制,将允许风力机对风轮上湍流或者叶片污染等所引起的不对称载荷做出响应(例如,参见 Geyler and Caselitz,2007;Bossanyi,2003)。这提供了减小载荷另外的可能性,但要求更复杂的控制算法、更快的处理器和风轮不对称载荷的一些测量。可以用作控制输入的载荷有叶片根部弯矩、轴的弯矩或者偏航轴承力矩,但典型应变仪对这一类应用场合坚固性不够,而光学和固态应变仪的最新进步使得桨角独立控制更加可行。桨角独立控制的一些最有效方法,是将不对称载荷转换为平均载荷,加载在两个正交方向上,于是可以采用相当简单的控制算法来确定在这一新坐标系统中的控制动作,然后将其反转换为每一个叶片变桨执行机构的控制指令。已经证明,此方法得到的减小载荷的辅助效果比桨角成组控制要显著。

随着风电机组容量的增加,风轮上风速和风向的变化相应增加。此外,大型风力机运行在较上层的大气边界层区域,此处可能出现合并的、相干湍流结构和低水平射流。这些情况可能使疲劳损伤显著增加(Hand et al.,2006)。Hand 和 Balas(2007)的文章中描述了采用叶片桨角独立驱动以减缓由大气中大的粘附涡流引起的载荷的一个例子。作者指出,采用合适的传感器和大气涡流结构模型,叶片根部弯曲力矩可以减小 30%。

## 8.5.4  动态控制系统实现

动态控制可以用机械系统,用模拟电路,以数字电子形式,或者将这些形式结合来实现。机械控制系统一般仅用于相对较小的风电机组中。大多数风电机组采用某些模拟和数字电路的结合或仅用数字电路。下面给出这些系统及相关问题的例子。

### 8.5.4.1  机械控制系统

硬件动态控制系统采用联动装置、弹簧和配重以驱使系统输出对某些输入的响应。硬件控制系统的两个例子是将风力机对风的尾翼,和基于空气动力或风轮转速改变叶片桨角的变桨机构。Bergey Excel 风力机上采用的变桨系统即是机械控制系统的一个实例。

### 8.5.4.2  模拟电路控制系统

模拟电路也已经用于并且仍然用于控制系统的实现。模拟电路通常用作较大控制网络中的分布式控制器。一旦开发和验证了某一控制策略,就可以将其固化到电路板中,既牢固又容易制作。这些控制器可以独立于监测控制器运行,使得监测控制方案设计较为简单。采用模拟电路的一个缺点是控制策略的改变只能通过改变硬件来实现。

带有适当功率放大器和执行机构的电路可以用来控制风力机中的所有可控部件。线性动态控制器可以很容易地用电子器件来实现。例如,图 8.20 中的运算放大器电路,是具有公式(8.17)所给出微分方程的 PID 控制器的硬件实现(参见 Nise,1992):

$$g(t) = -\left[ K_P e(t) + K_D \dot{e}(t) + K_I \int e(t)\,\mathrm{d}t \right]$$
$$= -\left[ \left( \frac{R_2}{R_1} + \frac{C_1}{C_2} \right) e(t) + (R_2 C_1)\dot{e}(t) + \frac{1}{R_1 C_2} \int e(t)\,\mathrm{d}t \right] \tag{8.17}$$

式中,$g(t)$ 为控制器输出,$R$ 和 $C$ 为相应电路元件的电阻和电容,$e(t)$ 为输入到控制器的误差信号。

### 8.5.4.3  数字控制系统

到目前为止,所描述的控制系统一直为模拟控制系统。模拟控制系统对像力和电压这样的连续输入以连续的方式进行响应。许多现代动态控制系统用数字控制器实现。数字控制系统对周期性采样的数据作周期性响应,用数字计算机来实现。这些数字控制系统可能包括分散在风力机中并且与上位监测控制器按主-从方式通信的控制器,或者仅仅只有一个中央控制器处理众多监测和动态控制工作。数字控制策略相对容易升级更新,

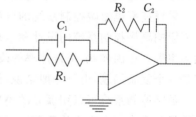

图 8.20  比例-积分-微分(PID)控制器示例。$C$,电容;$R$,电阻;1,2,电路元件

采用集中式处理技术的系统比硬件电路系统显著减少控制硬件和成本。数字控制系统也使非线性控制方法容易实现,与采用线性控制器的同样系统相比,这会引起系统性能的改善。

如图 8.21 中所描绘的,数字控制系统必须与模拟传感器、执行机构以及其它数字系统通信(参见 Astrom and Wittenmark,1996)。因而,中央处理单元(CPU)可能需要模拟到数字(A/D)转换器将来自于模拟传感器的输入转换为数字形式,或者需要数字到模拟(D/A)转换

器将数字控制指令转换为模拟电压经放大后提供给执行机构。根据信号传送距离以及所希望的对噪声免疫性的不同，可能需要采用不同的通信标准。

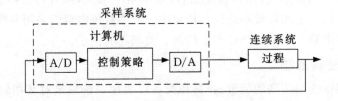

图 8.21　计算机控制系统示意图。A/D,模拟到数字转换器;D/A,数字到模拟转换器

　　数字控制系统不是连续系统，而是采样系统。采样及 A/D 转换器的动态特性带来了数字控制系统的许多特殊问题。由系统时钟所控制的采样速率会影响(1)所处理信息的频谱;(2)控制系统组件的设计以及(3)系统稳定性。

　　采样对所处理信息频谱的影响可以用考察一个正弦信号 $\sin(\omega t)$ 来说明，其中 $\omega$ 为正弦信号的频率，$t$ 为时间。如果以频率 $\omega$ 对这个信号采样，则对某一起始时间 $t_0$ 和整数 $i$,第 $i$ 个采样值在时刻

$$t_i = i\frac{2\pi}{\omega} + t_0 \tag{8.18}$$

采样。于是，每一个采样值 $s_i$ 为:

$$s_i = \sin\left[\omega\left(i\frac{2\pi}{\omega} + t_0\right)\right] = \sin(2\pi i + \omega t_0) = \sin(\omega t_0) \tag{8.19}$$

但 $\sin(\omega t_0)$ 为常量。因此，以信号频率对信号进行采样根本得不到该频率下有关信号波动的信息。事实上，在以频率 $\omega$ 对信息进行采样的系统中，将不会有频率在 $\omega_n = \omega/2$ 以上信号的有用信息，$\omega_n = \omega/2$ 称为奈奎斯特(Nyquist)频率(参见附录 C)。再者，除非输入信号用低于 $\omega_n$ 的截断频率滤波，否则信号中的高频信息将使所想要得到的较低频率信息失真。

　　采样速率也影响控制系统的设计。数字控制系统的动态性能与采样速率有关，因而采样速率影响顺序控制系统的设计和运行，包括控制器中常数和系统最终阻尼系数的确定、系统自然频率等。正因如此，采样速率的改变也可能会使一个稳定系统变成不稳定系统。稳定性可能是一个复杂问题，但是一般来说，如果采样速率降低太多，闭环数字控制系统将变得不稳定。

　　数字控制系统可以用孤立的小型单板计算机实现，或者用较大的工业计算机实现。单板计算机包含有一个中央处理单元，并且通常包含有模拟和数字输入输出。单板计算机足够小，易于在集散控制系统中与其它硬件套装，或者用作小型风力机的控制器。较大的工业计算机有供许多附加的通讯板及信号处理板的电源和插槽、保证环境清洁的过滤器和风扇、内存和数据存储器以及保护电子器件免受外部环境损害的机箱。

# 参考文献

Astrom, K. J. and Wittenmark, B. (1996) *Computer Controlled Systems*, 3rd edition. Prentice-Hall, Englewood Cliffs, NJ.

Bergey Wind Power, Inc. (2009) BWC Excel-R Description, http://www.bergey.com/, accessed 4/19/09.

Bianchi, F. D. de Battista, H. and Mantz, R. J. (2007) *Wind Turbine Control Systems*, Springer-Verlag London Limited, London.

Bossanyi, E. A. (2003) Wind Turbine Control for Load Reduction, *Wind Energy*, **6**(3), 229–244.

Bossanyi, E. A. and Jamieson, P. (1999) Blade pitch system modeling for wind turbines. *Proc. of the 1999 European Wind Energy Conference, Nice*, pp. 893–896.

Composite Technology Corp. (2009) *DeWind D8.2 Technical Brochure*. http://www.compositetechcorp.com/DeWind/Dewind_D8-2_A4_small.pdf. Accessed 4/20/09.

De LaSalle, S. A. Reardon, D. Leithead, W. E. and Grimble, M. J. (1990) Review of wind turbine control. *International Journal of Control*, **52**(6), 1295–1310.

Di Steffano, J. J. Stubberud, A. R. and Williams, I. J. (1967) *Theory and Problems of Feedback and Control Systems.* McGraw-Hill, New York.

Ecotécnia, (2007) *Ecotécnia 80 2.0 Características técnicas, 2007, Dossier_80_20_ES.pdf*. Ecotécnia, s.coop.c.l. Barcelona, Spain.

Freris, L. L. (Ed.) (1990) *Wind Energy Conversion Systems.* Prentice Hall International, Hertfordshire, UK.

Gasch, R. (Ed.) (1996) *Windkraftanlagen.* B. G. Teubner, Stuttgart.

Gasch, R. and Twele, J. (2002) *Wind Power Plants.* James and James, London.

Geyler, M. and Caselitz, P. (2007) Individual blade pitch control design for load reduction on large wind turbines, *Scientific Proceedings, 2007 European Wind Energy Conference,* Milan, pp. 82–86.

Grimble, M. J. De LaSalle, S.A. Reardon, D. and Leithead, W. E. (1990) A lay guide to control systems and their application to wind turbines. *Proc. of the 12th British Wind Energy Association Conference*, pp. 69–76, Mechanical Engineering Publications, London.

Hand, M. M. and Balas, M. J. (2007) Blade load mitigation control design for a wind turbine operating in the path of vortices. *Wind Energy*, **10**(4), 339–355.

Hand, M. M. Robinson, M. C. and Balas, M. J. (2006) Wind turbine response to parameter variation of analytic inflow vortices. *Wind Energy*, **9**(3), 267–280.

Hansen, A. D. Bindner, H. and Rebsdorf, A. (1999) Improving transition between power optimization and power limitation of variable speed/variable pitch wind turbines. *Proc. of the 1999 European Wind Energy Conference*, Nice, pp. 889–892.

Hau, E. (2006) *Wind Turbines: Fundamentals, Technologies, Application, Economics.* Springer-Verlag, Berlin.

Heier, S. (Ed.) (1996) *Windkraftanlagen im Netzbetrieb.* B. G. Teubner, Stuttgart.

Horowitz, I. M. (1993) *Quantitative Feedback Design Theory*, Vol. 1. QFT Publications, Boulder, CO.

Johnson, J. J., van Dam, C. P. and Berg, D. E. (2008) *Active Load Control Techniques for Wind Turbines*, Sandia Report SAND2008-4809. Sandia National Laboratories, Albuquerque, NM.

Kuo, B. C. and Golnaraghi, F. (2002) *Automatic Control Systems*, 8th edition. John Wiley & Sons, Inc., New York.

Linders, J. and Thiringer, T. (1993) Control by variable rotor speed of a fixed-pitch wind turbine operating in a wide speed range. *IEEE Transactions on Energy Conversion*, **8**(3), 520–526.

Ljung, L. (1999) *System Identification – Theory for the User.* Prentice-Hall, Upper Saddle River, NJ.

Mayadi, E. A. van Dam, C. P. and Yen-Nakafuji, D. (2005) Computational investigation of finite width microtabs for aerodynamic load control, *Proc. AIAA Conference Wind Energy Symposium,* Reno, NV. AIAA Paper 2005-1185.

Munteanu, I. Bratcu, A. I. Cutululis, N. and Changa, E. (2008) *Optimal Control of Wind Energy Systems.* Springer-Verlag London Limited, London.

Nise, N. S. (1992) *Control System Engineering.* The Benjamin/Cummings Publishing Company, Inc., Redwood City, California.

Nise, N. S. (2004) *Control System Engineering*, 4th edition. John Wiley & Sons, Inc., New York.

Novak, P. Ekelund, T. Jovik, I. and Schmidtbauer, B. (1995) Modeling and control of variable-speed wind-turbine drive-system dynamics. *IEEE Control Systems*, **15**(4), 28–38.

Vestas (2007) *V90-1.8 MW & 2.0 MW, Built on Experience*, ProductbrochureV9018UK.pdf. Vestas Wind Systems A/S, Denmark.

# 第 **9** 章
## 风力机的选址、
## 系统设计与集成

## 9.1 概述

在大型电网、独立的柴油机电网系统，或者带专用负荷的孤立电源的功率产出和消耗系统中，风力机是作为其中的一个组成部分运行的。把风电功率结合进这类系统的过程需要决定在什么地方安装风力机，与电力消耗系统的连接以及风力机的运行。同时风力机的设计、运行需要考虑风力机与所连接系统之间的各种相互作用。本章综述成功完成一个项目需要考虑的问题，特别是陆上风力机与大型电网相集成的问题。有关海上风力机集成与孤立电网系统，以及带专用负荷系统的连接问题将在第 10 章讨论。

风力机可以是单个机组的方式安装，也可以以大型阵列也即"风场"的方式安装。单台风力机及风场的安装都需进行大量的计划、协调及设计工作。出现错误的代价是巨大的。在风力机安装和连接到电气系统之前，需要确定风力机的准确位置。最基本的考虑是使能量捕捉最大，但是各种约束可能限制风力机的选址。9.2 节主要讨论接入大型电网的风力机、风场的选址问题。

一旦风力机的位置选定，风力机的安装以及风力机接入大电网就需要获得许可、场地准备、风力机安装与运行。这些内容在 9.3 节介绍。

风力机之间以及风力机与所连接的系统之间可能发生重要的相互作用。如果几台风力机的位置相互很接近，位于其它风力机下游的那些风力机的疲劳寿命和运行就可能受到影响。这些问题将在 9.4 节考虑。

最后，与大型电网连接的风力机既会对电网产生局部影响，还会在风电能量份额增大时，对电网的整体运行与控制造成影响。风能与现代电网系统集成所产生的局部影响及大范围整体影响将在 9.5 节讨论。

# 9.2　风力机的选址

## 9.2.1　风力机选址问题综述

风力机安装以前,需要确定风力机最合适的安装位置。选址研究的主要目的是确定一台(或多台)风力机的位置,以使净收益最大,同时使噪音、环境与视觉影响、能量总成本最小。选址研究的内容非常广泛,包括确定适合作为风力机场址的大片地理区域的风资源前景,直至决定风场中每一台风力机或多台风力机的位置(一般称为微观选址)。选择风场场址以及确定风力机的机位仅仅是项目开发过程的一个方面,开发过程还包括土地申请、获得批准、购电协议签署、金融和公众支持、采购风力机、风力机或风电场的安装(注意,安装和运行见 9.3 节)。

单台风力机或者与电网连接的大型风能系统的选址,可以分解成五个主要的阶段(见 Hiester and Pennell,1981;Pennell,1982;AWEA,2008a):

1. **确定需要进一步研究的地理区域**　使用风资源谱以及其它可用的风况数据,在感兴趣的区域内,确定平均风速较高的地区。根据各种类型风力机或正在设计的风力机的特性确定每种类型风力机最小的可利用风速;

2. **选择备选场址**　确定该地区中从工程及公众接受的角度看,适合安装一台或多台风力机的可能场址。如果备选地区的地形有大的变化,就需要进行详细的分析找出最好的地区。在这一阶段,地形上的考虑、生态观察、计算机模型都可以用于风资源评估。地理、社会、文化问题都在考虑之列;

3. **备选场址的初步评估**　在这一阶段,每一个备选风场按照它的经济潜力进行排序,对最可行的风场考查其对环境的影响、公众的接受程度、安全性以及运行问题,这些因素可能会对风力机场址选取产生负面影响。一旦选定最好的备选场址,就需要制定初步的测量计划;

4. **最终的场址评估**　对剩下的最好的备选场址,需要进行更全面的风资源测量。此时,除风速与主风向外,还需要测量风剪切和湍流;

5. **微观选址**　选定场址以后,或者做为最终场址评估的一部分是确定风力机的准确位置和它们的能量产出。这可以使用计算机程序来完成。计算机程序能够模拟影响能量捕捉的风流场,以及风力机之间各种气动相互作用(见 9.4.2 节)。地形越复杂,附近场址可用的数据越少,模型的精度越差。位于复杂地形区域的场址可能需要在几个位置进行详细的测量以确定当地的风流场,进行微观选址。

对场址适用性有负面影响的问题的评估内容包括:

* **经济性问题**　如像权益获得成本、能量生产成本、尾迹损失、地方税收、变电站成本等;

* **地形问题**　比如进场道路以及安置风力机场地上的地形坡度;

* **法律问题**　比如土地的所有权、相邻土地所有者的区域与权利划分问题(如风资源),以及存在的环境污染问题;

- **许可证问题** 比如所需的各种许可证、审批机构以前的规定、许可证限制和完成审批程序的时间;
- **地质问题** 与基础设计、雷电保护的接地阻抗及腐蚀的可能性有关;
- **环境问题** 比如环境敏感地区的存在、侯鸟飞行路径、濒危物种的存在;
- **公众的接受问题** 比如视觉和噪音污染,距居民区的距离,公共安全,与文化、历史、考古相关的重要地区的存在以及与微波及其它通讯用地的竞争和干扰;
- **安全问题** 与临近的居民区或徒步行进便道有关;
- **接入问题** 比如邻近输电线及输电线路的电压、电流处理能力。

## 9.2.2 风资源评估

对潜在项目场址的风资源评估是整个选址过程的核心。随着选址过程的深入,对风资源信息的要求就越来越详细。首先需要确定风大的区域。为了微观选址及对项目经济性进行评价,就需要对场址风资源在空间上的变化,以及特定的较长时间尺度上的变化有尽可能详细的了解。

有几种可能的方法来确定备选场址的风资源。它们各有其优缺点,因此,可以在选址的不同阶段,根据所需的信息选用不同的方法。这些方法包括(1)生态方法;(2)使用风谱数据;(3)计算模型;(4)中尺度气象模型;(5)统计方法;(6)长期特定场址数据采集。这些方法是在第 2 章内容的基础上构建的,它们介绍了产生表面水平风的气象学效应以及估计一个区域可利用风资源的方法。这里讲述的某些方法也可以用于对风资源的一般估计。

### 9.2.2.1 生态方法

由于高平均风速所产生的植被变化可以用于估计年平均风速,也可以对备选场址进行比较,即使这些场址没有可用的风数据。这些方法对于初始选址,或者对于那些可用数据很少的地理区域是非常有用的。这种技术在三类地区是很有效的(Wegley et al.,1980):沿海地区,能够形成很强的峡管效应的河谷和山峡地区,以及多山地区。

生态显示物在偏远的山区非常有用,这不仅因为在这些地方风数据很少,还因在这些地方风在小区域内的变化很大,难以进行描述。在风对植物生长的许多效应中,风对树木生长的效应对于选址阶段的风力勘探是最有用的(Hiester and Pennell,1981)。树木有两个优点:高度和附载了很多证据的长寿命期。研究工作已经获得了树变形和长期平均风速相关的许多指标。常用的三个指标是针叶树木的 Griggs-Putnam 指标,将在下面加以解释;针对阔叶树木的 Barsch 指标;以及变形率,阔叶树木和针叶树木均适用(关于这些指标更多的信息可参看 Hiester and Pennell,1981)。

例如(Putnam,1948;Wade and Hewson,1980),Griggs-Putnam 指标适用于针叶树木,它把树的变形分为八级(见图 9.1),从没有风效应(0 级)到形状像灌木那样显著横向生长(VII 级)。不同种类树木的 Griggs-Putnam 指标与树顶的平均风速的关系见表 9.1。

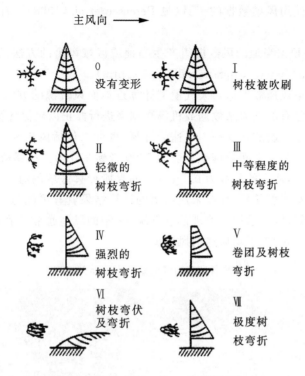

图 9.1　风导致树木变形的 Griggs-Putnam 指标(Wegley et al. , 1980)

**表 9.1　Griggs-Putnam 指标的量化**

| 变形形式<br>(Griggs-Putnam 指标) | 描述 | 树高/<br>m | 树顶的速度<br>m/s |
|---|---|---|---|
| 弯折(I) | 香油树没有树枝弯折 | 12.2 | 3.1~4.1 |
| 弯折(II) | 铁杉、白松和香油树轻微树枝弯折 | 12.2 | 3.8~5.2 |
| 弯折(III) | 香油树出现中等树枝弯折 | 9.1 | 4.7~6.3 |
| 弯折(IV) | 香油树出现强烈的树枝弯折 | 9.1 | 5.4~7.4 |
| 修剪(V) | 香油树、云杉及冷杉只能长到 1.3 米 | 1.2 | 6.3~8.5 |
| 刮跑(VI) | 香油树被刮跑 | 7.6 | 7.2~9.7 |
| 贴地(VIII) | 香油树、云杉及冷杉只能长到 0.3 米 | 0.3 | ＞7.9 |

### 9.2.2.2　使用风谱数据

正如第 2 章提到的,风谱数据(或者其它档案数据)可以用于决定当地的长期风况。以下介绍一些现有的风谱。

例如,欧洲风谱(Troen and Peterson,1989 and Peterson and Troen,1986)汇集了分布在欧洲的 220 个场址的数据,包括每一个场址的地形信息、风向分布和每个风向的威布尔参数。但是,地表粗糙度、地形以及邻近障碍物的效应已经从数据中剔除,以使数据反映基本的表面流动模式。欧洲风谱数据库常与 WA$^S$P(Wind Atalas Analysis and Application Program)计算机程序相结合,用于确定备选场址的风资源。WA$^S$P 是国际合作的欧洲风谱项目的一部分,该项目旨在提供一种使用风谱数据的工具（见 Petersen et al.，1988）。有关 WA$^S$P 程序的详情在下面介绍。

采用 WA$^S$P 程序根据当地的风数据组产生当地或区域风谱的方法已经在世界上许多国家得到了应用（见 http//www.windatlas.dk/index.htm）。

采用将已有的高空风速数据输入大气模型计算近地面风资源的方法，已经建立了许多风谱。对模化结果利用已有的气象站数据或机场数据来进行修正以确保计算尽可能准确。计算结果包括对离地面一定高度的长期平均风速的计算，也可以包括风玫瑰图和反映风速分布的威布尔参数的计算。数据的空间分辨率一般为 5000 米到 200 米。计算精度取决于地形、地图的分辨率以及模化方法，通常的量级为 0.5m/s。如果所计算区域的海拔、地面裸露程度或地表粗糙度与模型假设有显著差异，那么采用风谱的计算结果就有可能与实际情况有很大的差异，例如对于复杂地形地区。适用于地理信息系统（GIS）的风谱通常表示成数字形式。图 9.2 示出了波多黎各 50 米高度上平均风速的风谱图。

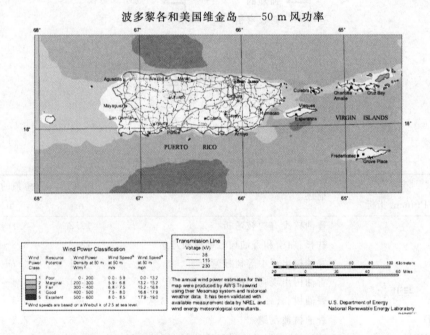

图 9.2　波多黎各的风地图（国家可再生能源实验室，2007）

### 9.2.2.3　基于局部数据的计算机模型

如果有当地的风数据，计算机模型可以用于计算当地的风流场，优化风场的风力机布置。这些计算机程序使用地形及表面粗糙度信息并结合附近的风数据进行计算。附近可用的数据越多，地形越平坦，预测就越准确。许多这样的程序已经商业化，它们各有优缺点。但是使用当地数据的计算机模型得到的风速空间分布，仅仅对于输入数据组的时间段有效。因此重要的是必须确保输入数据尽可能代表风场的风况。

有一族模型采用线性流动方程来计算目标场址或测风区域的风速，其中的一个模型就是 WA$^S$P。在确定特定场址的风况时，WA$^S$P 考虑了备选场址的大气稳定性、地表粗糙度、障碍物及地形的效应。线性化流动模型根据附近参考场址的情况,利用质量和动量守恒来确定备选场址的流场。WAS P 的优点之一是采用以备选场址为中心的极坐标网格来决定局部流场。这可以在备选场址周围提供较高的分辨率,可以预测整个风场的流场。它还可以使用风谱数据做为输入推算任一高度与任一位置的流场。其缺点是对于复杂地形,方法可能给出不准确的结果,而且它未考虑如像海风这样的热力驱动效应。

另一族模型采用更为复杂的非线性计算流体动力学模型。这些模型具有捕捉复杂地形流场更多特性的潜力,但它要求强大的计算机能力,且计算时间较长。这类程序的例子包括 WindSim 和 Meteodyn WT。计算采用三维网格,网格覆盖区域比所研究的风场大得多,而且伸入大气的高度也足够高,以保证能够捕捉到地形效应。为了减少计算时间,计算通常在较粗的网格上进行,然后其结果用做在目标场址上采用更细微、更小网格进行计算的初始流场。这些更为复杂的模型有许多可以调整的参数,这些参数的经验设定可以改进结果的精度。

### 9.2.2.4　中尺度气象模型的计算结果

中尺度气象模型的计算结果也可以从大气模拟公司得到。这些计算结果与前面提到的风谱结果类似,但是它们的分辨率可以相对于已有的风谱进行改进,开发商拥有的当地数据可以用于消除模拟结果的偏差。这些模型使用高空大气数据,这些数据能够外推至近地面区域以估计任一感兴趣高度的风速。这些模型的优点之一是归档的高空大气数据可以横跨几十年,因此计算结果代表了场址实际长期风速的计算值。中尺度大气运动是那些时间尺度上从几分钟到几天,空间尺度上从 1 千米到 100 千米的大气运动。同时这些尺度包括了气象前峰、陆地和海洋微风,甚至雷暴和龙卷风的运动尺度(Lutgens and Tarbuck, 1998),一般的模型分辨率并不反映所有这些细节。实际上,与所有流动模型一样,在评估结果的精度时,必须考虑地形数据、地表粗糙度信息、高空输入数据的分辨率和精度以及模型计算的分辨率和流动方程适用的分辨率。

### 9.2.2.5　统计方法

如果有备选场址的数据和附近场址长期的数据,统计方法就可以用于直接计算所测场址的长期风况。这些方法一般称为测量-相关-预测(MCP)方法。在风工程中,许多 MCP 方法得到应用或者被建议用于上述目的。其中一些方法建立同期数据集之间的关系,这一关系和参考场址的长期数据一起用于计算备选场址的长期特性。另外一些方法建立参考场址一定时段同期数据与长期数据之间的关系,然后把这种关系用于获得备选场址的短期数据,例如能够代表长期风况的一年的数据。MCP 方法也可以用来估计风向和风速特性。最后数据还可以分别按月或按风向扇区进行分析以改进对长期风况特性的估计。

用作长期参考的数据系列包括从机场获得的数据、气象探空气球数据、归档的高空大气数据(再分析数据)、以及气象站的数据。这些气象站通常由政府机构安装,用于支持风工程。采用这些数据系列时,需要对数据质量仔细评估。

各种 MCP 方法之间的主要区别是用来反映长期数据集的风速与风向与短期数据集的风速与风向相互关系的函数关系式。这种关系可以是一个很简单的比例关系、线性关系,也可以是一个非常复杂的非线性关系或概率关系。目前已得到应用的线性风速关系包括线性回归(参见 Derrick, 1993;Landberg and Mortensen, 1993;Joensen et al. ,1999)和"偏差"方法

(Rogers et al. ,2005)。Mortimer(1994)和 García-Rojo(2004)提出了概率算法。这些文献也提到了其它的方法,以下主要介绍其中的两种方法。

偏差法建立参考场址和备选场址的小时(或 10 分钟)平均风速数据集之间的线性关系。这种关系用于计算备选场址风速的估计值 $\hat{u}_c$。(∧ 表示估计值)如果参考场址的风速为 $u_r$:

$$\hat{u}_c = au_r + b \tag{9.1}$$

在这个关系中截距 $b$ 为备选场址小时平均风速标准偏差 $\sigma_c$ 与参考场址同期小时平均风速标准偏差 $\sigma_r$ 的比值:

$$b = \left(\frac{\sigma_c}{\sigma_r}\right) \tag{9.2}$$

而斜率 $a$ 是同期参考场址平均风速 $u_r$ 与备选场址平均风速 $u_c$,以及相应标准偏差的函数:

$$a = \left(u_c - \left(\frac{\sigma_c}{\sigma_r}\right)u_r\right) \tag{9.3}$$

公式(9.1)用于采用参考场址的所有小时平均风速数据集计算备选场址的长期风速。计算所得的风速再用来确定备选场址的长期风速统计值。

这个模型所选用的斜率和截距确保由同期测量数据计算所得的长期风速平均值和偏差值与测量数据是一致的。这就确保了不仅平均风速,而且也包括风速分布被正确模拟。偏差法在各种各样的场址已被证明能够正确预测长期风速的统计值(参见 Rogers et al. ,2005)。

条件概率分布也可以用于描述参考场址风速、风向与备选场址风速、风向之间的关系。例如,当参考场址风速、风向分别为 $u_r$ 和 $\theta_r$ 时,备选场址上特定的风速 $u_c$ 和风向 $\theta_c$ 的概率 $P(u_c,\theta_c)$ 为 $P(u_c,\theta_c|u_r,\theta_r)$。$P(u_c,\theta_c|u_r,\theta_r)$ 可以通过各个场址的同期数据来确定。这样备选场址风速和风向的长期概率分布 $\hat{P}(u_c,\theta_c)$ 可以通过对参考场址长期数据集所有 $u_r,\theta_r$ 出现频率中出现 $u_c,\theta_c$ 的概率进行求和来进行估计。这种方法的优点是它直接提供了备选场址长期风速分布和长期风向分布的估计,但是它不能提供对备选场址风速瞬时特征的估计。而这些瞬时特征在某些情况下可能是需要的,例如在研究备选场址风力机所发电能的时段定价时。

MCP 方法的精度取决于多种因素。首先,它假定长期参考场址数据和备选场址数据是准确的,很显然这些数据集的误差会导致预测的误差。其次,备选场址的数据集越长,结果越能准确代表长期的趋势。无论如何,备选场址的数据采集应该包含所有风速和风向的代表性数据。第三,参考场址数据应该能反映备选场址的气候特点。两个数据集之间的关系可能会受到日变化效应、气候模式到达两个场址的时间上的延迟,特殊的气候模式,两个场址的距离,稳定性差异,以及会造成特殊流动模式的场址地形效应的影响。最后,两个场址之间的关系在大于同期数据时间尺度上未知的随机或系统变化可能会在最终结果上引入附加的不确定度。在任何情况下,所得结果只对备选场址特定的测风塔位置和测量高度区域适用。如果由于地形原因这些预测不适用于附近建议的风力机安装区域,为了确定备选场址特殊的流动模式,更详尽的模型仍然是必须的。

### 9.2.2.6 特定场址的数据采集

确定一个场址长期风资源最好的办法是在感兴趣的准确位置进行测风。这些测量应包括风速、风向、风剪切、湍流强度以及温度(决定空气密度和结冰的可能性)。特定场址的长期测量是决定风资源的理想方法,但是非常耗时和昂贵。资源测量更详细的信息见第 2 章。

### 9.2.3　微观选址

微观选址是使用资源评估工具,确定一块土地上一台或多台风力机的准确位置,以使净收益最大。目前有许多计算机程序用于进行风力机的微观选址。用于微观选址的风场设计与分析程序使用潜在场址的风数据、风力机数据以及场址限制信息,确定在该场址的风力机优化布置。场址限制包括限制布置风力机的地区(例如,由于地质或环境原因),邻近风场某些地区噪音的限制等。场址信息通常采用数字化等高线地图提供。这些程序的输出包括风力机位置、噪音等值线,预测的能量捕捉等值线、各个风力机与整个风场的能量输出计算值,以及相关的经济性计算结果。有些风场优化程序还可从附近的各个位置确定风场的可视性,并可以优化风场布置,以达到除了使能量捕捉最大、噪声最小外,还可使视觉影响最小。

## 9.3　安装与运行问题

风电项目的安装是一个复杂的过程,涉及若干个步骤以及法律和技术方面的问题。过程以取得法定权利和许可证作为开始。一旦获得批准,就需要进行场址准备,并把风力机运到现场,进行安装。只有在风力机与电网连接并调试以后,才开始正常运行。这个时候业主才对风力机的安全运行及维护负责。业主可以是个人或公司、电力公司、地方政府或开发商。

### 9.3.1　预开发工作与许可证

开发过程的第一步包括取得土地所有权(如果项目拥有人并不拥有土地)和入网许可、开始安排购电协议(如电能不是就地消纳)以及取得许可证,也可能还包括寻找投资人。开发过程中这些法律与财务方面的绝大多数事务已经超越了本书的范围,但审批过程涉及到大量的工程问题,需要在这里阐述。

审批过程相对于不同的国家、不同的州甚至镇与镇之间有很大的不同。要尽可能确保土地被适当利用,而且风力机及风场的运行是安全的且对环境是友好的。一般来讲,必须获得的许可证包括下列相关的项目:建筑结构、噪音扩散、土地利用、电网连接、环境事项(鸟类、土壤侵蚀、水质、废物排放、湿地保护)、公众安全、职业安全、以及/或者有价值的文化和考古场址。关于环境问题更多的信息在第 12 章介绍。在审批过程中,风力机的技术认证也是重要的。许多国家的风电专业机构已经发布了审批过程中需要考虑的问题。比如在美国关于审批过程更多的信息可以在《风能设备许可审批,A 手册》(NWCC,2002)和《风能选址手册》(AWEA,2008a)中找到。

### 9.3.2　场址准备

一旦获得各种许可证,就要为风力机的安装、运行进行场址准备。可能需要修建道路;需要为风力机的交付、装配、安装清理场地;架设电线,建设基础。场址准备的范围和困难取决于场址的位置,与输电线路的接近程度,风力机设计和场址的地形。风力机基础设计(见第 6 章)需要针对特定的场址与特定的风力机。预计的风力机载荷、塔架设计、以及土壤参数(砂、基岩等)将决定所需基础的类型和尺寸。道路设计很大程度上取决于运输部件的重量和尺寸、地形、当地气候、土壤性质以及环境限制。很明显,崎岖的地形会使场址准备的所有方面变得困难而昂贵。

## 9.3.3 风力机的运输

接下来很大的困难是将风力机运到现场。为便于道路运输,小型风力机可安置在集装箱中。较大的风力机必须分段运输,现场组装。难以进入的偏远地区可能会限制风力机的尺寸或设计,或者需要昂贵的运输方法,比如直升飞机或特种车辆。

## 9.3.4 风力机装配和安装

如果风力机必须在现场进行装配与安装,与装配及安装有关的问题需要在设计阶段就加以考虑(见第 7 章),以减少安装费用。安装的难易取决于风力机的尺寸和重量、是否有合适的吊车、风力机的设计以及场址的可进入性。小型、中型的风力机一般只需要一台吊车就可以在现场装配。有些甚至可以在地面上装好,再用吊车将塔架和风力机做为一个整体吊装在基础上。在场址进入困难或者没有吊车的地方,比如在发展中国家,采用带有斜拉竖立塔架的风力机就有它的优点。此时,整个风力机和塔架都在地面上装配好,再用液压活塞或绞盘把塔架绕着铰链竖起来。这种安装方法使维护非常容易,因为风力机可以放倒到地面上进行维修。大型风力机的安装带来极大的技术挑战。每一段塔筒、叶片、机舱都很大很重。例如,一台3MW 的风力机其塔架、机舱、叶片的重量分别为 156、88 和 6.6 吨,常需要很大的吊车。为了便于安装,风力机也有设计成带有伸缩式塔架的,也有在塔架上装有提升装置的。此时,塔架不仅作为风力机的支架,也可作为吊车把塔架顶部放到塔架上。

## 9.3.5 电网联结

风力机-电网联结由电气导线、变压器以及保证并网和脱网的开关装置组成。所有这些设备必须在热力上达到额定规格,以承受预期的电流,电气导线的尺寸规格必须保证足以减少风力机与电网接入点(point of connection,POC)之间的电压降(见图 9.3)。电网接入点是一个常用名词,表示电网在风力机业主资产边界的接入点。另一个常用名词是公用耦合点(point

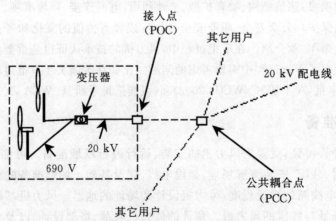

图 9.3 典型的电网联结图(电压为欧洲所用的电压)

of common coupling,PCC)。公用耦合点是其它用户与电网连接的最近点。有关风力机与电网联结的详细内容在 9.5 节讲述。一旦风力机安装完成并与电网连接即可投入运行。

## 9.3.6　调试

在风力机业主接管风力机运行之前,需要对风力机进行"调试"。调试包括:(1)进行合适的测试以确保风力机正常运行;(2)对风力机业主或运行人员进行维护与运行培训。调试过程的内容取决于风力机的技术复杂性和被前期设备运行所证明的设计成熟程度。对设计成熟的风力机的调试包括:润滑、电气、刹车系统的测试;操作人员培训;功率曲线认可;以及在各种风速下风力机的运行与控制试验。研究性调试或者样机调试是在运行风力机进行任何测试之前,在风力机空转(standing still)条件下,对各种子系统进行的测试(润滑与电气系统、变桨机构、偏航驱动、刹车等)。

## 9.3.7　风力机运行

成功的风力机或风场运行需要(1)监视风力机性能的信息系统;(2)了解降低风力机性能的因素;(3)使风力机产出最大化的措施。

风力机的自动运行需要一个为风力机业主和维护人员提供运行信息的监测系统。许多独立的风力机和在风场中的风力机都有通过电话连接线与远程监测系统进行通信的能力。这种远程监测(SCADA)系统(如第 8 章所述)接收来自各个风力机的信息,并把它显示在计算机屏幕上供系统操作员使用。这些数据可用来确定风力机捕捉的能量以及可利用率(风力机可用于产生功率的时间百分比)。

设计成熟的风力机的可利用率一般在 94% 到 97% 之间,但有时也会在 90% 以下(Johnson,2008)。计划和非计划维修、电网故障以及控制系统错误会使可利用率下降。例如,控制系统不能恰当地追踪风况的迅速变化,由于叶片结冰导致的不平衡,或者元件的瞬间高温导致控制器将风力机停机。控制器一般可以识别这些故障并恢复运行。反复的跳闸常导致控制器将风力机脱网,直到技术人员找到传感器异常读数的原因。这种情况也会导致可利用率下降。

风力机制造商提供表示风力机功率输出与风速之间函数关系的功率曲线(见第 1 章和第 7 章)。许多因素会使风场或风力机捕捉的能量少于根据提供的功率曲线和现场风资源得出的计算值。这些因素包括(Baker,1999)可利用率的降低;叶片污染和结冰导致气动性能恶化;偏航误差、响应风况的控制动作、风场风力机的相互影响(见 9.4 节)造成的出力降低。根据观察,叶片污染导致的气动性能下降达到 10%~15%。对污物累积敏感的叶型需要经常清洗或者用气动性能对污物、昆虫沉积不敏感的叶型替换。类似地,叶片结冰也会恶化气动性能。风向改变也会减少能量捕捉。在一些上风向风力机中,控制器可能要等平均偏航误差超过预先设定值后才调整风力机取向,结果在一定时间内风力机是在较大偏航误差情况下运行。这就会使捕捉的能量降低。湍流风会导致各种形式的跳闸。比如,在湍流风中,突然的高偏航误差可能会导致系统停机与再启动,这也会减少能量捕捉。在高风速下,阵风可能导致风力机因保护而跳闸,即使此时平均风速仍然在风力机的许可运行范围内。这些因素可能使能量捕捉比规划值减少 15%。运行人员不仅应该尽可能减少这些影响,还应在财务及计划评估时就预见到这些影响。

### 9.3.8 维护与修理

风力机部件需要定期维护与检查,以确保润滑油的清洁,密封性的良好和正常磨损部件的及时更换。监测系统反映的问题可能需要停机处理。

### 9.3.9 安全问题

最后,安装好的风力机需要为运行和维护人员提供一个安全的工作环境。风力机也需要设计和运行在这样的方式,即它对周围环境是无害的。安全问题包括这样一些内容:高电压接触保护、雷电对人员和风力机损伤的保护、风力机上的结冰效应和冰的脱落保护、提供安全的塔筒攀爬设备、为当地夜间飞行安全安装的风力机警示灯。维护和修理由现场人员和风力机维修商负责执行。

## 9.4 风场

风场有时也被称为风园(wind park),是指电气工程上和商业上紧密结合的在当地集中安装的成组风力机。这种电气工程和商业的结构有许多优点。有价值的风资源局限于一定的地域。在该地域安装多台风力机可以增加总的风能产出。从经济观点看,维护、修理设备及备件的集中有利于减少成本。对于超过 10 台或 20 台风力机的风场,可以雇用专业的维护人员,这样可以减少每台风力机的人力成本,为风力机业主节约费用。

最早的风场是 20 世纪 70 年代后期,首先在美国开发的,然后是在欧洲。近来风场已经在世界其它地方得到开发。特别是在印度、中国、日本以及南美洲和中美洲。

美国现存最早的风场密集地区在加利福尼亚。在第 1 章中讨论过,加州风场的兴起是由于多种经济因素导致,包括税收鼓励政策及新的常规能源的高成本。这些因素促进了加州风力机的蓬勃发展,发展始于 20 世纪 70 年代,1984 年后因经济因素变化趋于稳定。其结果是开发了加州的三个主要地区:(1)亚特蒙顿走廊(Altamont Pass),旧金山东部(east of San Francisco);(2)特哈治皮山区(Tehachapi mountains);(3)加州南部的圣乔诺走廊(San Gorgonio Pass)(见图 9.4)。第一批风力机遇到许多可靠性问题,但最近几年老的风力机已经被更大、更可靠的风力机替换,这就是风场的"更新"('Repowering')工程。在 20 世纪 90 年代,风场也在美国的中西部区域得到开发。大约自 2000 年以来美国风电持续以指数律关系增长,在中西部北部、德克萨斯和华盛顿州有大量的装机。到 2008 年底,美国风电装机容量超过 21GW,几乎都在风场(AWEA,2008b)。

欧洲的风场始于 20 世纪 80 年代晚期的丹麦。最近几年,由于独立的风力机和风场的开发,欧洲风力机的安装数量急剧增加,主要在丹麦、德国、西班牙、荷兰和英国。这些风力机大多数都在沿海地区。由于可用于风电开发的土地在欧洲变得越来越有限,较小的风力机都是装在内陆的山上以及主要在北海的离岸风场。到 2007 年底欧洲的风电装机容量超过 57GW,绝大多数在风场(EWEA,2008)。

图 9.4 加州圣乔诺走廊的棕榈泉风场(经 Henry Dupont 允许)

## 9.4.1 风场基础设施

除风力机与开关装置以外,风场有自己的配电系统、道路,数据采集系统及工作人员。

### 9.4.1.1 集电系统

风场集电系统运行的典型电压要比风力发电机组的端电压要高,以减少到电网接入点变电站线路的电阻损失。在电网接入点,整个风场也有开关装置。风场集电系统的电压水平取决于风力机与变压器之间的距离和电缆的成本。许多现代风力机带有一个安装在塔架基础上的变压器,但为了减少成本,邻近的低电压风力机成组以后可以共用一个变压器。在做决策时,在决定集电系统使用架空线还是地埋线时,成本也是应考虑的一个因素。欧洲和美国常用地埋线,它非常昂贵,特别是在崎岖的地区。印度常用架空线。

### 9.4.1.2 道路

风力机之间的通道、维修及与主高速公路的连接道路可能花费巨大,特别是在地形崎岖的环境敏感地区。道路建设必须遵循这样的原则,即对风景的干扰尽可能小,并不会产生土地侵蚀。坡度和弯曲度应足够平缓,保证重型设备能够运达风力机场址。在这一方面叶片或各段塔架的长度是重点考虑的问题。

### 9.4.1.3 控制、监视及数据采集系统

现代风场都具有控制各台风力机、显示与报告风场运行信息的系统。这些被称为 SCA-DA(监控和数据采集)的系统已在第 8 章介绍。SCADA 系统在计算机屏幕上显示运行信息。整个风场的、成组或单个风力机的信息都可以显示。一般地,这些信息包括风力机的运行状态、功率水平、总能量输出、风速风向、维护和修理记录。SCADA 系统也能显示功率曲线或者其它信息图形,允许系统操作员停机和重置风力机。现代风力机采用的新型 SCADA 系统可以显示油温、风轮转速、桨角等。SCADA 系统还可以向系统操作员提供风力机和风场的运行

报告,包括运行信息以及根据每台风力机能量产出和效用率时间表。

#### 9.4.1.4　工作人员

当风场安装的风力机达到一定的数量,配备专业的运行、维护人员(有时称他们为'windsmiths')就变得经济了。这些人员需要进行适当的培训,并配备合适的设备。

### 9.4.2　风场的技术问题

随着风力机的间距缩短,就会出现各种各样的技术问题。最重要的是如何确定风力机的安装位置以及风力机的间距(风力机的布置间距参考如图9.5所示)。如9.2节所提到的,风资源在整个风场内,由于地形效应是变化的。而且,由于位于其它风力机上风向的前几排风力机吸收了能量,下游风力机的来流风速就较低,且湍流会增加。正如本节所述,这些尾迹效应会减少能量产出,增加下风向风力机尾流诱导的疲劳。风力机间距也会影响风场功率输出的脉动。如9.5节所述,风场的功率脉动会影响与它相连的当地电网。本节介绍风场功率输出的脉动与风场风力机间距之间的关系。

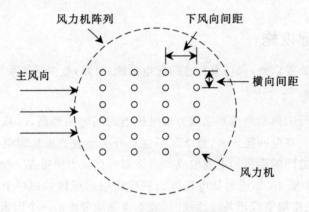

图9.5　风场风力机阵列图

#### 9.4.2.1　排列损失

风能来自风中动能的转换。这会导致风力机后面的风速降低,阵列中下游风力机的能量捕捉减少。因此,风场不可能产生100%的相同数量孤立风力机在同样主风向条件下产生的能量。这种能量损失就是"排列损失"。排列损失主要是下列因素的函数:

• 风力机的间距(下风向和横向);
• 风力机的运行特性;
• 风力机数量和风场容量;
• 湍流强度;
• 风向的频率分布(风玫瑰图)。

从风中吸收能量导致尾流中的风力机在主风向上接收的能量和风速减少。风力机尾流在经过一定的距离后,通过与周围流场交换动能,其能量得到补充。尾流的范围,也即它的长度和宽度主要取决于风轮尺寸和功率产出。

　　排列损失可以通过优化风场的几何布局来减小。风力机大小的不同分布、风场风力机分布的总体形状和规模、风场内风力机的间距都会影响尾流对能量捕捉的减小程度。

　　如果风场中有较强的湍流,风力机尾流和主风向风之间的动量和能量交换就会加剧。这会减少下游风速的损失,减少排列损失。一般湍流强度在 10%~15% 之间,但在水面上可以低到 5%,而在复杂地形可以高达 50%。由于风和转动风轮之间的相互作用,流过风场时湍流强度也会增加。

　　排列损失还是年风向频率分布的函数。风力机之间横向及下风向的距离会随风力机位置几何形状以及风向变化。因此,除风速和湍流数据之外,排列损失还需要根据代表性的年风向数据进行计算。

　　风力机排列的几何形状和环境湍流强度是影响排列损失最重要的参数。研究表明,对于在主风向下游间隔 8~10 倍风轮直径,横向间隔 5 倍风轮直径的风力机,排列损失一般都低于10%(Lissaman et al.,1982)。图 9.6 表示一个假想的 6×6 风力机阵列,下风向间隔 10 倍风轮直径的风力机排列损失。图形表明排列损失是横向间距和湍流强度的函数。图中给出了风只与风力机的行平行(风力机直接位于其它风力机的尾流中)以及风均匀来自所有方向两种风况的结果。

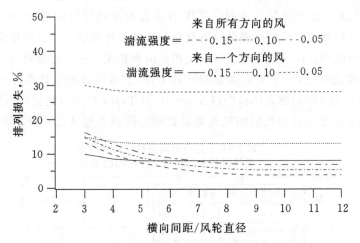

图 9.6　风场排列损失,经 BHR 集团有限公司允许

　　排列损失也可以表示成排列效率:

$$排列效率 = \frac{整个阵列的年度能量}{(单个孤立风力机的年度能量) \times (风力机总数)} \qquad (9.4)$$

可以看出排列效率等于 100% 减去以百分数表示的排列损失。

　　风场设计需要仔细考虑这些影响,以使能量捕捉最大。风力机间距较小时,场址布置的风力机就越多,但会减少风场内每个风力机捕捉的平均能量。

### 9.4.2.2　排列损失的计算-尾流模型

　　排列损失的计算要求知道风场内风力机的特性、位置、风况的信息,以及用于确定上游风力机对下游风力机影响的合适的风力机尾流模型。有几种建议的模型。它们分属下列几类:

- 表面粗糙度模型;
- 半经验模型;
- 涡粘度模型;
- 全"Navier-Stokes"方程解。

　　表面粗糙度模型是根据风洞试验数据建立的。第一个尝试用于描述排列损失的模型就是这一模型。Bossanyi等人(1980)综述了几种模型,并比较了它们的结果。这些模型假定风场上游的风廓线是对数风廓线。它们把风场的尾流效应看作是粗糙度变化,这一变化导致风场内风廓线的变化。改变后的风廓线被用于计算风力机能量产出时,整个风场的计算功率产出较低。这些模型通常是基于平坦地形上规则布置的风力机阵列。

　　半经验模型对单个风力机尾流中的能量损失做出了表述。所发展的模型例如有 Lissaman(Lissaman and Bates,1977),Vermeulen(Vermeulen,1980,Katic(Katic et al.,1986)的模型。这些模型根据对风力机尾流的简化假设(根据观察)和动量守恒定律得出。它们可能采用了一些从风洞模型试验数据或者风力机现场试验数据中推得的经验常数。它们对表述风力机尾流能量损失的一些重要特性很有用,因此对模化风场排列损失也很有用。

　　涡粘度模型基于简化的 N-S 方程解。N-S 方程是表述粘度和密度为常量的流体的动量守恒的方程。它们是一组三维微分方程。采用 N-S 方程来描述时间平均的湍流会产生湍流剪切力特征项。这些剪切力可以用涡粘度的概念与流动参数相联系。涡粘度模型采用了如像轴对称模型和解析模型这样的简化假设来确定相应的涡粘度。这个模型可对风力机尾流中风廓线做出相当准确的描述,而不需要大量的计算工作,它也可以用于计算排列损失。举例来说,有 Ainsle(1985 和 1986)建立的模型以及 Smith 和 Taylor(1991)建立的模型。

　　图 9.7 和 9.8 给出了风力机后的风速测量数据。图形也包括了一种涡粘度尾流模型的

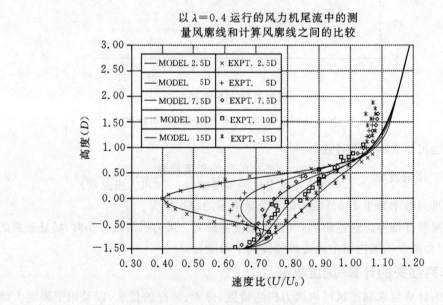

图 9.7　风力机下游轮毂高度上风廓线(Smith and Taylor,1991);

$\lambda$,叶尖速比;$U_0$,自由来流风速;$D$,风轮轮毂高度。经专业工程出版机构许可转载

结果。图 9.7 示出了在风力机后各种距离下(以风轮直径为度量)无量纲的垂直风廓线。由图可以清楚地看出风力机下游速度的降低和耗散。图 9.8 表示在同样条件下,轮毂高度上风廓线是至风轮平面距离的函数。在尾流的远端,可清楚地看到轮毂高度上的速度下降使速度分布呈高斯曲线形状。

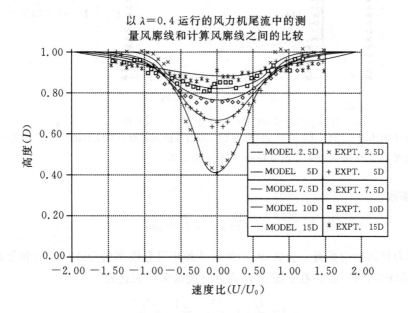

图 9.8　风力机下游轮毂高度上风廓线(Smith and Taylor,1991)

$\lambda$,叶尖速比。经专业工程出版机构许可转载

最后,求解一套完整的 N-S 方程有各种方法。这些模型需要大量的计算工作,还要采用其它的描述湍流动能传递和耗散的模型($k$-$\varepsilon$ 模型)以使求解收敛。这些模型最适合用于研究,对尾流特性进行详细描述,并用于指导开发更简单的模型。例如 Crespo 等的模型(Crespo et al.,1985,Crespo and Herandez,1986,Crespo et al.,1990,Crespo and Herandez,1993),Voutsinas 等以及 Sorensen 和 Shen(1999)的模型。

有几个因素会影响这些模型用于特定风场所得结果的精度。在计算风场功率产出时,必须决定如何处理多个尾流的重叠以及复杂地形效应对尾流衰变和环境风速的影响。上面提到的这些模型对其中一些问题进行了处理。通常是将多个尾流根据尾流中的能量进行组合,有些模型则假设速度线性叠加。复杂地形的效应可能很大(见 Smith and Taylor,1991),但处理更为困难并常常被忽视。

以下介绍一个常用于微观选址和风场出力预测的半经验模型(Katic et al.,1986),来说明这些模型的使用。这一模型试图分析流场中包含的能量,而忽略流场准确特性的细节。如图 9.9 所示,假定流场中有一个均匀一致的速度缺失,并且缺失随下游距离增加而减少。初始自由流速度为 $U_0$,风力机直径为 $D$。在风轮下游 $X$ 距离处的尾流速度为 $U_X$,直径为 $D_X$。尾流衰减系数 $k$ 表示尾流直径在下游方向增加的速度。

在这里以及其它的半经验模型中,初始无量纲速度缺失(轴向诱导因子)$a$ 假定是风力机

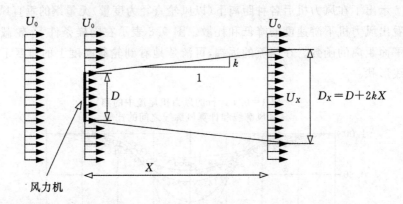

图 9.9 尾流描述示意图（Katic et al. ,1986）；$U_0$,初始自由流速度；$D$,风力机直径；$U_X$,距离 $X$ 处的
速度；$D_X$,距离 $X$ 处的尾流直径；$k$,尾流衰减系数

推力系数的函数：

$$a = \frac{1}{2}(1 - \sqrt{1 - C_T}) \tag{9.5}$$

式中 $C_T$ 是风力机的推力系数。公式（9.5）可以从理想贝兹模型的公式（3.16）和公式（3.17）导
出。假定动量守恒,可以推得在下游 $X$ 距离处速度缺失的表达式：

$$1 - \frac{U_X}{U_0} = \frac{(1 - \sqrt{1 - C_T})}{\left(1 + 2k\dfrac{X}{D}\right)^2} \tag{9.6}$$

模型假设相互作用尾流的动能缺失等于各个尾流能量缺失（用脚标 1,2 表示）之和。因此两个
尾流相互作用的速度缺失为

$$\left(1 - \frac{U_X}{U_0}\right)^2 = \left(1 - \frac{U_{X,1}}{U_0}\right)^2 + \left(1 - \frac{U_{X,2}}{U_0}\right)^2 \tag{9.7}$$

　　模型中唯一的经验系数是尾流衰变系数 $k$,它是几个因素的函数,包括环境湍流强度、风
力机诱导湍流和大气稳定性。Katic 指出在只有一台风力机在另一台风力机上游的情况下,
$k = 0.075$ 适用于上游风力机,而 $k = 0.11$ 则适用于下游风力机,该风力机受到更强湍流的影
响。他还指出,风来自多个方向的整个风场对 $k$ 值的微小变化相对并不敏感。在较窄的区域,
小的常数会得出较大的功率减少,而在较宽的区域,大的常数会得出较小的减小。在分析风场
各个方向来风在不同风速下的性能时,这种参数变化的净效应是很小的。

　　利用这个模型确定风场的出力的步骤如下：

1. 确定风力机的半径、轮毂高度、功率和推力特性；
2. 在一个可以旋转的坐标系上确定风力机的位置,以便能够对不同的风向进行分析；
3. 根据风向对场址风数据进行分仓,例如 45°宽的仓。根据风在每一个扇区出现的频率,确定
   每个仓上的威布尔参数；
4. 利用所有风速与风向逐级计算年平均风功率。推力系数根据每一台风力机的运行参数
   决定。

### 9.4.2.3  尾流湍流

风场内位于其它风力机下游的风力机由于上游能量产出会经历较强的湍流。风力机尾流不仅包括平均风速较低的区域，而且包括了由下列因素导致的旋转涡流：(1)流过风轮的风与风轮表面之间的相互作用；(2)在叶尖处叶片上下表面的不同流动模式。一般地，尾流中的湍流强度会大于环境湍流强度，在较远的尾流处，尾流核心湍流区周围，有一个环形的湍流相对较强的区域(由叶尖涡导致)。图 9.10 示出了在环境湍流强度为 0.08 的风场中，风力机风轮下游不同距离测得的湍流强度和计算得出的湍流强度。尾流湍流会加大材料的疲劳，减少风场中位于其它风力机下游的风力机的寿命(详见 Hassan et al.，1988)。由图 9.10 中可以看出风场下游区域增强的湍流减小了这些位置上风力机的能量捕捉。高湍流意味着速度更高的阵风，更极端的短期速度变化。在发生阵风时限制载荷的控制动作，经常导致风力机停机，减少了总的能量捕捉(Baker，1999)。

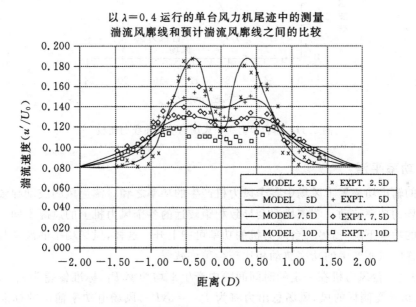

图 9.10  风力机下游的湍流强度(Smith and Talor，1991)；
$\lambda$，叶尖速比。经专业工程出版机构许可转载

### 9.4.2.4  风向扇区管理

由于尾流湍流以及它对风力机疲劳寿命的影响，在一些特殊的情况下，对来自某些方向的风，在一些特定位置上的风力机可能会停止运行以限制疲劳损伤。这种措施称为风向扇区管理。例如，在几乎是单一风向的风场，垂直于主风向排列的风力机可以靠得很近。当出现风沿着这种间距较小的排列平行吹来的罕见情况，风力机会每隔一台停机以限制风力机承受的湍流强度。

### 9.4.2.5  风场功率曲线

排列损失和尾流湍流影响的结果可用来对各台风力机在所有主要风速下的运行特性进行修正。当接近风力机阵列的风从零开始增加时，第一排风力机开始产生功率。功率产出会减

少第一排风力机后的风速,后面其它的风力机没有运行。随着风速增加,越来越多排的风力机将产生功率,直到所有的风力机都产生功率,前排风力机产生的功率最多。一旦风速达到额定风速,只有第一排风力机产生额定功率。只有当风速高到一定的程度,使风场中所有风力机的风速都超过额定风速,每一台风力机才都产生额定功率。因此,不仅风场总的能量产出低于各个独立风力机的总能量产出,而且能量产出做为风速的函数,整个风场的与单个风力机的有不同的函数关系(见图 9.11)。图中的例子假设所有风力机运行正常。如果有些风力机停止运行,有效的风场出力曲线就会下移。

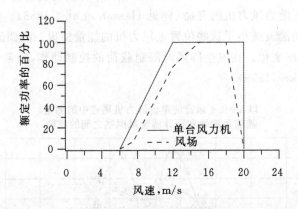

图 9.11 单台风力机与风场的功率曲线的比较

### 9.4.2.6 功率平滑

风场总的输出功率等于风场中各个风力机产生的功率之和。湍流风的波动导致每台风力机与整个风场的功率波动。湍流风况会导致相距较远的各个风力机上的风况不同。这意味着一台风力机的功率下降时,另一台风力机的功率可能上升。这样,风场功率的波动与所有风力机都承受同样的风所产生的功率波动相比较会稍许减弱。

例如,假定一台风力机在一定的时间间隔内产生平均功率 $P_1$,标准偏差为 $\sigma_{P,1}$。这样风场中 $N$ 台风力机承受同样的风,风场总出力将为 $P_N = NP_1$,风场电功率输出的标准偏差就是 $\sigma_{P,N} = N\sigma_{P,1}$。但是一般情况下,各个风力机上的风况并不是与其它风力机完全相关的,因此各台风力机并不都承受同样的风况。可以证明,如果 $N$ 台风力机承受的风的平均风速相同,但采用同样统计描述的湍流并不相关,那么 $N$ 台风力机平均功率输出仍然是 $P_N = NP_1$,但总功率的标准偏差却为:

$$\sigma_{P,N} = \frac{N\sigma_{P,1}}{\sqrt{N}} \tag{9.8}$$

因此,风场总的功率波动小于各个风力机单独的功率波动。这种效应称之为"功率平滑"。

事实上,风场中两台不同风力机位置上的风既不是完全相关的,也不是完全不相关的。相关程度取决于两个位置的距离以及风流场的时间、空间特性。下文推导了一个表达式,它将风场功率输出的变化表示成湍流长度尺度、风场安装的风力机的数量和间距的函数。假定所有风力机承受同样的平均风速,还假定每台风力机的功率在平均功率输出附近随风速线性变化。推导的依据见第 2 章。

风流场的时间特性用功率谱来表示,它把一个特定位置处波动风况的变化表示成频率的函数。如第 2 章所述,如果缺乏根据现场实际采集数据得到的功率谱,大气湍流常用冯·卡门功率谱来描述(Fordham,1985)。冯·卡门功率谱 $S_1(f)$ 定义为:

$$\frac{S_1(f)}{\sigma_U^2} = \frac{4\dfrac{L}{U}}{\left[1 + 70.8\left[\dfrac{Lf}{U}\right]^2\right]^{5/6}} \tag{9.9}$$

式中 $S_1(f)$ 是单独一点的功率谱,$L$ 是湍流的积分长度尺度,$U$ 是平均风速,$f$ 是频率(Hz)。

风的空间特性可用一个相关函数来表示。它是一个位置的功率谱幅值相对于另一个位置功率谱幅值的度量。严格地讲,如果使用冯·卡门谱,以贝塞尔函数(Bessel function)表示的相关表达式是最合适的。这样的表达式远比微观气象学中通常用于描述大气湍流的幂指数相关函数复杂得多(见 Beyer et al.,1989)。它由下式给出:

$$\gamma_{ij}^2(f) = e^{-a\frac{x_{ij}}{U}f} \tag{9.10}$$

式中 $\gamma_{ij}^2(f)$ 是 $i$ 点和 $j$ 点功率谱之间的相关值,$a$ 是相关性衰减系数,取值为 $50$,$x_{ij}$ 是 $i$ 点和 $j$ 点之间的间距,$U$ 是平均风速,$f$ 是频率(Hz)。相关性衰减系数取 $50$,对于风力机垂直于主风向成行排列的情况是最合适的(见 Kristensen et al.,1981)。公式(9.10)表明不同位置风力机所经历的风的相似性随着风力机之间的距离和湍流波动频率的增加而下降。低频(长时间尺度)和距离较近时两个位置的风是相似的,但高频(短时间尺度)和距离较远时,它们的差别则很大。

$N$ 个风力机位置的风总变化的谱 $S_N(f)$ 为(Beyer et al.,1989):

$$S_N(f) = S_1(f)\frac{1}{N^2}\sum_{i=1}^{N}\sum_{j=1}^{N}\gamma_{ij}(f) \tag{9.11}$$

其中 $\dfrac{1}{N^2}\displaystyle\sum_{i=1}^{N}\sum_{j=1}^{N}\gamma_{ij}(f)$ 称为"风场过滤器"。

波动风速的变化可通过对所有频率积分功率谱得到。需要指出总变化与采用常用方法由时间系列数据得到的值是一样的:

$$\sigma_U^2 = \int_0^\infty S_1(f)\,\mathrm{d}f \tag{9.12}$$

如果在平均功率水平上各个风力机的功率标准偏差可假定为 $k$ 乘以风速的标准偏差(也就是 $\sigma_P = k\sigma_U$),那么一台风力机引起的功率波动变化由下式给出:

$$\sigma_{P,1}^2 = k^2\int_0^\infty S_1(f)\,\mathrm{d}f \tag{9.13}$$

总功率波动变化由下式给出:

$$\sigma_{P,N}^2 = N^2 k^2\int_0^\infty S_N(f)\,\mathrm{d}f = k^2\int_0^\infty\left\{S_1(f)\int_i^N\int_j^N\gamma_{ij}(f)\right\}\mathrm{d}f \tag{9.14}$$

应用冯·卡门谱可得:

$$\sigma_{P,N}^2 = k^2\int_0^\infty\left\{\frac{4\dfrac{L}{U}}{\left[1+70.8\left(\dfrac{Lf}{U}\right)^2\right]^{5/6}}\sum_{i=1}^{N}\sum_{j=1}^{N}\exp\left(\frac{-25x_{ij}f}{U}\right)\right\}\mathrm{d}f \tag{9.15}$$

因此,一个风场总功率的变化随着风力机间距的增加而减小。相关性不好的风的高频部分对总变化减少的贡献要大于相关性较好的风的低频部分。利用公式(9.10)和(9.14)很容易看出,如果风力机之间的风完全相关(对所有的 $i,j$ 有 $x_{ij} = 0$),那么所有风力机的工作就相当于一台大功率风力机。同样如果 $N$ 台风力机的风完全不相关(当 $i = j$ 时 $x_{ij} = 0$,在其它情况下 $x_{ij}$ 等于无穷大)此时公式(9.8)适用。

作为例子,图 9.12 示出了在有 2 台或 10 台风力机情况下间距的影响,假定风力机沿主风向的垂直方向等距离成行排列。对该示例 $L = 100$ m 且 $U = 10$ m/s。该图表明功率变化减少的比例是横向间距的函数。功率波动的绝对水平取决于风力机的运行工况。对运行在额定功率的变转速风力机,风力机功率波动幅值与风速波动幅值之比 $k$ 接近为零,这表示功率波动很小且与湍流强度无关。对运行在湍流风况下低于额定功率的风力机,各台风力机的功率波动可能就较大,此时由于风场所有风力机功率的累计所导致的功率减少可能很大。

如前所述,风场中的风力机通常并不承受同样的平均风速或具有同样统计特性的湍流,但功率平滑效应仍然可以在风场运行数据中看到。因此,安装了大量风力机的风场可以减少电压波动以及由于单台风力机功率波动导致的其它负面效应(见 9.5 节)。

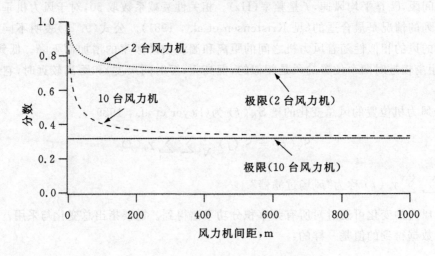

图 9.12 风场功率变化比例与风力机间距的函数关系

## 9.5 电网中的风力机与风场

风力机通过大电网提供电力,电网通常被认为是"刚性"的,也就是说,它完全不受所连接的载荷或发电设备影响。实际上,电网特性既会影响风力机,也会受风力机的影响。为了帮助理解这些效应,这里对电网和与电网连接的设备进行简要的描述。接着综述电网中风力机的电气特性以及可能影响风力机设备的电网-风力机之间的各种类型的相互作用。

### 9.5.1 电网

电网可以划分成四个主要部分:发电、输电、配电以及供电系统(见图 9.13)。发电系统过去主要由大型同步发电机组成,这些大型同步发电机由以化石燃料、核能燃料或水力作为能源的涡轮机驱动。这些发电机根据负荷的变化在发电站调节电压和功率因数,保持系统频率稳定。大型、集中式电厂中的发电机以高压(高达 25 000 V)生产电力。这些发电机向高压输电系统(110 kV 到 765 kV)输入电流,向广大地区分配电力。输电系统采用高压,以减少电力传输线上的损失。地区配电系统在较低的电压下(10~69 kV)运行,分配电力给邻近地区。在用户当地电压被再次降低,电力通过供电系统供给一个或多个用户。在美国工业用户一般采用 480V 的电力,而美国以及大多数世界其它地区商业或居民用户采用 120 V 或 240 V 的系统。欧洲工业负荷一般用 690 V 而居民负荷用 230 V 的系统。

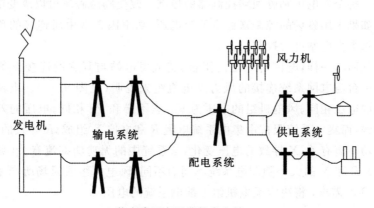

装有降压变压器的变电站

图 9.13　电网系统简图

电力负荷一词用来描述一种电力变换器或者一种吸取电力的特殊装置。在传输系统上的总电力负荷是许多波动的终端负荷之和。这些终端负荷的波动绝大多数是不相关的,因而在传输线上形成相当稳定的载荷,它随季节和一天的时间变化。配电和供电系统靠近消费负荷,远离大型发电机,因此受这些负荷变化的影响比较大。

具有可用风资源的区域通常不能使风力机很容易地接入高压输电系统。风力机更常见的是与配电系统相连接,更小的风力机会接入供电系统。

在电力网络中,发电机主要是同步发电机(见第 5 章),它们通常由蒸汽轮机、水轮机、燃气轮机、柴油机这样的原动机驱动。系统操作人员努力将电网频率和电压控制在标称值附近一个很窄的范围之内。工业化国家大型电网频率维持在小于额定值的 $\pm 0.1\%$ 的范围。配电站的电压允许的波动范围与所在国家有关,在 $\pm 5\%$ 到 $\pm 7\%$ 额定值之间,但允许的用户引起电压变化常常更小(Patel,1999)。

电网频率受系统中的功率潮流控制。任何给定发电机转子上的扭矩包括原动机的扭矩 $Q_{PM}$,由系统中负载产生的电气扭矩 $Q_L$,以及系统中其它发电机的电气扭矩 $Q_O$。转动惯量为 $J$,转速为 $\omega$ 的发电机的运动方程可以写成:

$$J\,\frac{\mathrm{d}\omega}{\mathrm{d}t} = Q_{PM} + Q_L + Q_O \tag{9.16}$$

系统中每一个发电机和系统中的其它发电机都是同步的。因此,如果式中的每一项代表系统所有惯量或载荷的和,则同样的运动方程可以表示整个系统的特性。

注意到功率等于扭矩乘以转速,可以导出下列的方程:

$$\frac{d\omega}{dt} = \frac{1}{J\omega}(P_{PM} + P_L + P_O) \tag{9.17}$$

式中,$P_{PM}$ 是原动机的功率,$P_L$ 是电气负载的功率,而 $P_O$ 是其它发电机的功率。

这样发电机转速(转速与电网的频率成正比)的变化表示成原动机输入功率、系统负荷以及来自其它连接设备功率流的函数。如果系统负荷变化,那么就必须调节来自原动机的功率流以进行补偿,保证系统频率稳定。

系统电压受每个发电机励磁回路控制器的控制。改变励磁磁场可以改变端电压以及负载的功率因数。如果采用磁场的控制来稳定系统电压,功率因数就由所连接的负载决定。电压以这种方式在每个发电站进行控制。

同其它电气回路一样,电网有一定的阻抗,造成发电站与其它所连接设备之间电压的变化。这可以用一台与电网系统连接的风力发电机组来说明(见图 9.14)。电网相电压为 $V_S$,假定与发电站的电压相同。风电机组的电压为 $V_G$,它不必和 $V_S$ 相同。电压的差别由集电系统电气阻抗所导致,而集电系统阻抗由集电系统电阻 $R$ 和电抗 $X$ 组成。$R$ 导致的电压变化,主要与系统中有功功率流有关;$X$ 导致电压变化,与系统中的无功功率流有关(见第 5 章有关电气名词的定义)。$R$ 和 $X$ 的大小随配电系统不同而不同、风电机组或风场所产生的有功功率 $P$ 和对无功功率 $Q$ 的需求,将决定风电机组上配电系统的电压。

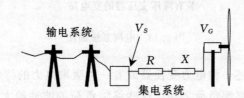

图 9.14 集电系统图;$R$,电阻;$X$,感抗;$V_S$ 和 $V_G$ 分别为
电网和风电机组的电压

发电机的电压可以由公式(9.18)决定(Bossanyi et al.,1998):

$$V_G^4 + V_G^2[2(QX - PR) - V_S^2] + (QX - PR)^2 + (PX - QR)^2 = 0 \tag{9.18}$$

在轻载回路中,电压差可近似按公式(9.19)确定:

$$\Delta V = V_G - V_S = \frac{PR - QX}{V_S} \tag{9.19}$$

可以看出,系统中的有功功率($P$)会造成电压增加,而系统设备消耗的无功功率($Q$)使电压下降。

这些电压的变化可能很大。采用装设有自动电压调节器(AVR)的变压器以便为终端用户提供相对稳定的电压。这些变压器在高压侧有多个抽头(tap)。根据需要,电流可以自动从一个抽头切换到另一个抽头。不同的抽头提供不同的变比,因此得到不同的电压(更详细的信息可参见 Rogers and Welch,1993)。

导致电压波动的同一电缆电阻也会消耗能量。集电系统中的电功率损失 $P_{LO}$ 可以表示成：

$$P_{LO} = \frac{(P^2 + Q^2)R}{V_S^2} \tag{9.20}$$

电网"强度"或者刚度可用配电系统的容错水平(fault level) $M$ 来反映。电网中任何位置的容错水平是系统电压与该位置出现短路时流过的电流乘积。利用上述的例子，如果在风力机处出现短路，故障电流 $I_F$ 就为：

$$I_F = \frac{V_S}{(R^2 + X^2)^{1/2}} \tag{9.21}$$

而容错水平 $M$（单位为 VA）就为：

$$M = I_F V_S \tag{9.22}$$

容错水平是电网强度的表示，较高的容错水平表示电网的强度较高。

## 9.5.2　风力机与配电系统的相互作用

配电系统中引入风力机有时会产生各种问题，这些问题会对联入电网的风功率的大小提出限制要求。但另一方面，视电网和风力机的情况而定，风力机的引入可能具有支撑和稳定当地电网的作用。风力机-电网之间的相互作用取决于所考虑的风力机以及风力机所联电网的电气特性。一些重要的特性前面已经作了解释。相互联接引起的问题包括稳态电压水平、闪变、谐波以及电网容量限制。本节主要讨论影响当地系统电压以及中—短期时间尺度上电流的相互作用。与整个系统控制有关的大问题将在 9.5.4 节和 9.5.5 节讨论。

### 9.5.2.1　与电网联接风力机的特性

风力机运行造成有功功率和无功功率的波动，可能产生电压和电流的瞬变或者电压和电流的谐波。如 9.5.4 节所述，它们会影响风力机-电网的相互作用。本节在第 5 章内容的基础上，讨论那些可能显著影响风力机-电网相互作用的风力机运行特性。

与电网联接的定转速风力机通常采用感应发电机。感应发电机向系统提供有功功率（$P$）并从系统吸收无功功率（$Q$）。有功功率和无功功率之间的关系是发电机设计方式和功率产出的函数。风力机运行时，有功功率和无功功率二者始终是波动的。当平均风速变化时，产生低频有功功率波动。而无功功率的需求基本保持不变或者在感应发电机整个运行范围内缓慢增加。因此，低频无功功率波动通常比低频有功功率波动小，但是由于风中的湍流、塔架阴影、以及传动链、塔架、叶片振动的动力学效应，有功功率和无功功率都会出现高频波动。

带同步发电机的风力机与带感应发电机的风力机运行方式不同。当它们以恒定电压与大型电力系统相联时，风力机中同步发电机的励磁磁场可以用来改变在线功率因数，从而根据需要控制无功功率。

变转速风力机通常在发电机和电网之间设有电力电子转换器。这些系统可以控制所发功率的功率因数和电压。与感应发电机相连的电力电子转换器也需要向风力机的发电机提供无功功率。事实上，这是通过在发电机的绕组中通入无功电流，维持发电机中的磁场来完成的。与电网相连的转换器元件一般可以以任何需要的功率因数向电网提供电流。这种能力在需要时可以用于改进电网运行。

当发电机与一个供电电源连接或解列时，就会发生电压波动，产生瞬态电流。如第 5 章解释的那样,在磁场被激励时,把感应电机与电网相连就会产生瞬态启动电流。如果发电机从远低于同步转速的转速进行加速(高滑差运行),就会产生大电流。这些大电流,可以使用限制发电机电流的"软启动"回路进行限制,但不能消除。如果感应电机从电网解列,当磁场衰减时,就会出现电压脉冲。相反,带同步发电机的风力机一般都不需要启动电流。通常在与电网连接以前,它们都必须由风力机风轮加速到运行转速。尽管如此,在连接和解列过程中,当定子磁场被激励和解除激励时,电压的瞬态变化仍然会出现。

### 9.5.2.2 稳态电压

风力机或风场的平均功率产出以及无功功率需求的变化会在相连的电网上产生准稳态电压变化。前面已经说明这些变化发生的时间为几秒或更长一点时间。配电系统的 $X/R$ 比值[①]以及发电机的工作特性(在典型运行水平上有功和无功功率数量)决定了电压波动的幅值。对于带感应发电机的典型定转速风力机,已经发现在 $X/R$ 大约等于 2 时电压波动最小。$X/R$ 比值的常用范围是 0.5 到 10(Jenkins,1995)。

电网越弱,电压波动越大。会导致风力机-电网出现有害相互作用的"弱"电网就是这样的电网,在这样的电网中风力机或风场的额定功率占系统容错水平很大的比例。很多研究指出,当风力机额定功率在系统容错水平 4% 之内时电压波动问题不大可能出现(Walker and Jenkins,1997)。德国限制可再生能源发电额定功率在 POC 占容错水平的 2%,而西班牙限制为 5%(Patel,1999)。

在电网连接处安装功率因数修正电容器可以减少系统电压的波动以及风力机的无功功率需求。功率因数修正电容器需要小心选择,以避免发电机的自激励。在电容器能够提供发电机所需的所有无功功率以及发电机与电网是解列的情况下,就可能出现发电机的自激励。在这种情况下,由功率因数修正电容器与发电机绕组组成的电容器-电感器回路就会谐振,并向发电机提供无功功率,可能产生很高的电压。

### 9.5.2.3 闪变

闪变被定义成发生的比稳态电压变化更快的对网络电压的干扰,并且这种干扰必须足够快、量值足够大,以至于使电灯的亮度明显变化。这些干扰产生的原因有风力机的并网和解列、双发电机风力机的发电机切换,以及定转速风力机由于湍流、风剪切、塔影、桨角变化造成的扭矩波动。人眼对频率大约为 10Hz 的亮度变化最为敏感。大型风力机叶片的通过频率通常接近 1~2 Hz 或者更小,但是即使在这些频率下,人眼能觉察 ±0.5% 的电压变化(Walker and Jenkins,1997)。由于风的湍流造成的闪变量值取决于发电机的有功功率与无功功率的关系曲线的斜率、风力机功率与风速的关系曲线的斜率、风速与湍流强度。一般来讲,定桨失速调节风力机的闪变问题其严重性比变桨调节风力机要小得多(Gardner et al.,1995)。变转速系统的电力电子装置一般并不能在网络中施加这样快速的电压波动,但在风力机并网和解列时仍然可能引起闪变。闪变并不损坏与电网相联的设备,但是,在电压波动较大的弱电网中,对其它用户而言可能是很讨厌的事情。许多国家都制定了量化闪变的标准以及对允许的闪变和电压阶跃变化的限制(例如,见 CENELEC,1993)。

---

① $R$,电阻;$X$,感抗。——译者注

### 9.5.2.4　谐波

变转速风力机的电力电子装置以几倍于电网频率的频率向配电系统输入正弦电压与电流（见第 5 章）。因为有些故障与谐波有关，电网公司对电力生产设备（比如风力机）引入系统的谐波有严格的限制。

系统任意一点波形畸变程度一般采用总谐波畸变（THD）来度量。THD 是电压波形基频幅值和各谐波幅值的函数。瞬态电压 $v$ 可以表示成基波电压 $v_F$（频率为基频的正弦电压）与附加的谐波电压 $v_H$ 之和。谐波电压是众多 $n$ 次（$n > 1$）谐波电压 $v_n$ 之和：

$$v_H = \sum_{n=2}^{\infty} v_n \tag{9.23}$$

各谐波电压 $v_n$ 由第 5 章定义的正弦和余弦谐波分量组成：

$$v_n = a_n \cos\left(\frac{n\pi t}{L}\right) + b_n \sin\left(\frac{n\pi t}{L}\right) \tag{9.24}$$

式中，$n$ 是谐波次数，$t$ 是时间，$L$ 是基频的半周期，$a_n$ 和 $b_n$ 是常数。这些谐波可以用幅值 $c_n$ 和相位 $\varphi_n$ 表示成正弦函数：

$$v_n = c_n \sin\left(\frac{n\pi t}{L} + \varphi_n\right) \tag{9.25}$$

其中：

$$c_n = \sqrt{a_n^2 + b_n^2} \tag{9.26}$$

而相位定义为：

$$\sin\varphi_n = \frac{a_n}{c_n}, \quad \cos\varphi_n = \frac{b_n}{c_n} \tag{9.27}$$

由 $n$ 次谐波产生的谐波畸变 $HD_n$ 定义为一定时间 $T$（基波周期的整数）内 $n$ 次谐波电压的均方根值与同样时间 $T$ 内基波电压 $v_F$ 的均方根值的比值：

$$HD_n = \frac{\sqrt{\dfrac{1}{T}\displaystyle\int_0^T v_n^2 \,\mathrm{d}t}}{\sqrt{\dfrac{1}{T}\displaystyle\int_0^T v_F^2 \,\mathrm{d}t}} \tag{9.28}$$

这样 THD 可以表示成（参见 Stemmler，1997，and Phipps，et al.，1994）：

$$THD = \frac{\sqrt{\displaystyle\sum_{n=2}^{\infty} \dfrac{1}{T}\int_0^T v_n^2 \,\mathrm{d}t}}{\sqrt{\dfrac{1}{T}\displaystyle\int_0^T v_F^2 \,\mathrm{d}t}} = \sqrt{\sum_{n=2}^{\infty} (HD_n)^2} \tag{9.29}$$

在美国和欧洲，许多电力公司都采用 IEEE 519 标准（ANSI/IEEE，1992）决定公共耦合点（PCC）的允许 THD。尽量减少这一点产生的谐波畸变，可将其他电力用户产生的谐波畸变减少到最低的程度。IEEE 519 决定的电压波形的允许 THD 列于表 9.2 中。对电流谐波的限制与此类似，所限制的参数是公共点的最大要求负载电流与最大短路电流的比值，详见 IEEE 519。

表 9.2 在公共耦合点(PCC)电压总谐波畸变(THD)的最大允许值

| 公共耦合点(PCC)电压 | 单个谐波,% | THD,% |
|---|---|---|
| 2.3~69 kV | 3.0 | 5.0 |
| 69~138 kV | 1.5 | 2.5 |
| >138 kV | 1.0 | 1.5 |

#### 9.5.2.5 电网容量限制

有时由于线路停运或天气炎热,电网的电流承载能力受到限制,此时电网的容量需要降低。在这种情况下,如果风很大,风力机可能会按地方电网要求限制出力。这可以通过只运行部分风力机或者减少所有风力机的功率输出来完成。

### 9.5.3 电网连接设备

风力机-电网连接设备有:将风力机或者风场与大型电网连接和解列的设备、监察电网或连接点风力机侧问题的设备、在不同电压等级的线路上传递功率的变压器。另外还有与每台风力机相连接的电气设备,这些设备已在第 5 章作了介绍。

- **开关设备** 开关设备用于风电场与电网连接或解列,一般包括电磁控制的大型接触器。开关设备应设计成在风力机出现问题或者电网失效时能够快速自动工作。

- **保护设备** 连接点的保护设备必须确保风力机产生的问题不影响电网,同样电网的问题不影响风力机。这种设备必须在风场短路或过电压时能够迅速解列。当电网失效或三相电网的一相部分或全部失电造成电网频率偏离额定频率时,风场也应从电网解列(见第 5 章)。保护设备由监测问题工况的传感器组成。传感器的输出控制磁接触器或如像可控硅整流器(SCRs)这样的附加固态开关。保护设备的整定和运行应与其它的当地设备协调,确保没有问题发生。比如,在电网瞬间失效时,风场解列反应必须足够快速,以防止电流流入失效电网,并保持足够长时间离网,保证其它电网故障被清除以后才进行再联网(Rogers and Welch, 1993)。

- **电气导线** 连接风场与电网的电气导线(电缆)通常用铝或铜制成,因为用于变压器和电网连接的电气导线它们的电阻要消耗能量。这些损失降低了系统的效率,如果导线或电缆太热还会造成故障。电缆的电阻随距离的增加线性增大,随导线截面积增加线性减小。从经济上考虑需要规定允许的电阻损失,考虑加大电缆增加的成本。

- **变压器** 变压站的变压器用于连接不同电压等级的电气回路。变压器运行的要求已在第 5 章介绍。通常,这些变压器备有自动电压控制装置,帮助维持系统电压。

- **接地** 风力机、风场以及变压站需要接地系统以保护设备,防止雷电破坏和对地短路。为大电流提供接地导电通道对于裸露的岩石和其它不导电土壤的地区来讲是个很大的问题,雷电冲击或故障在不同的位置形成很大的地面电位差别。这些电位差可能干扰电网保护设备并给人员造成伤害。

## 9.5.4　电网运行及控制

随着联接到电网的风力机数量的增加，它们对电网运行及控制的影响也随之增加。本节讲述典型电网运行的相关特性，而大量风力机与电网系统集成的效应在第 9.5.5 节讲述。

### 9.5.4.1　负载与电机特性

如前所述，电网公司需要以额定电压向所有的系统负载提供电力，各种大型原动机包括蒸汽轮机、燃气轮机、水轮机用于向发电机提供机械功率。理想情况下，发电机会紧密跟踪负荷的波动以减少电压和频率的波动。发电系统对发电机的电气需求（必须提供的负荷）在日和季节尺度上是波动的。一般地，负荷每天以类似的模式在早上增加在夜晚下降。日负荷模式随季节、周末和假日变化。图 9.15 给出了一个大型电网大致的负荷模式示例。负荷的幅值或平均值在这些时间尺度上也可能是变化的。从图 9.15 可以看出，系统负荷从不为零，总是围绕一个很少被超越的特定负荷范围波动。

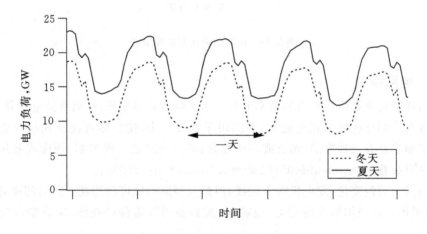

图 9.15　不同负荷水平的冬季和夏季电网负荷曲线示例

这种理论上的区域电力系统负荷历时曲线示于图 9.16。曲线给出了大于给定幅值负荷发生的时间百分数。可以看到整个时间范围内负荷至少是 8 GW。这一负荷称为基本负荷。在中间负荷所覆盖的时间范围内，必须以不同的功率提供大量的能量。这些负荷所对应的典型的日负荷波动范围可以在图 9.16 中看出。因此，峰值负荷是那些很少或不经常出现，也许只在夏季热天出现的负荷，示例中峰值负荷定为大于 20 GW 的负荷，仅占全年能量的 1.5%。

不同特性的发电机以不同的功率水平提供功率。核电、燃煤电站不能快速响应负荷变化，并且需要相当长的暖机和冷却时间。这种类型的电站用于带基本负荷。中间负荷电站采用能够快速改变发电功率的技术。水电站非常适合这个用途。峰值负荷电站需要能够非常快速地投入运行但利用时间很少。柴油发电机、燃气轮机发电机、抽水蓄能水电站常用作峰值负荷电站。峰值负荷电站一天可能只工作一个小时，并且只在某些季节工作。可以看到，每一个电力系统都必须拥有不同类型的发电机组，它们结合在一起可以提供可能要求的任何功率，并且其动力学性能可使系统电压及频率以足够快的速度加以控制。

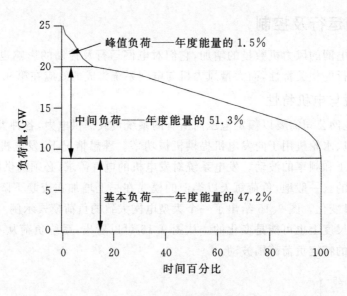

图 9.16　电网负荷历时曲线示例

### 9.5.4.2　电网控制

电网消耗的功率必须与发出的功率平衡。为了维持功率平衡,从而维持电网频率,电网运营商必须具有一部分这样的发电能力,专门用于改变出力,使其尽可能快和尽可能与负荷匹配。功率平衡主要有三种方法:调节或一次控制、负荷追踪或二次控制、调度或备用机组。更详细的信息可参看 Ackerman(2005)以及 Weedy and Cory(1998)。

由于白天负荷的变化,发电机需要在线,但是大型原动机可能要花一点时间准备发电。因此,一定数量的未被使用的发电能力,也就是"旋转备用",需保持在线,准备响应快速的负荷波动。

如果负荷与发出的功率不匹配,用于一次控制或调节的电站首先被调用以增加或减少功率输出。这些机组能在几秒到几分钟的时间内做出响应。保持旋转备用的发电机就属于这类机组。这些机器运行在输出功率最低或很低的情况下,此时它们的效率很低,但随时准备一有情况需要立即增加输出。调节一般是指锁定电网频率,如果频率开始下降则增加功率输出,而频率升高则降低功率输出。

负荷追踪或二次控制发电容量也用于帮助平衡负荷和发电,但是反应时间较长。这一类发电机的响应时间为几十分钟到几个小时。例如,如果平均功率需求正在增加时,为了停运那些执行调节功能快速追踪负荷波动的电站,就要调用负荷追踪发电机。当能量需求以最快速度变化时,这类负荷追踪机组的能力就将受到最大的挑战。电力系统负荷在一年中可能经历的最快速的增加叫做最大负荷变化率,一般以每分钟兆瓦来度量。这个最大负荷变化率越高,满足潜在负荷增量所需的控制容量就越多。在负荷快速减少时,负荷追踪也是困难的。能量需求减少时,为了避免不能接受的频率增加,发电量必须随之减少以保证随时与需求相匹配。在这些情况下,控制发电机必须在任何给定时间产生足够的功率,以使发电机可以通过减少功率输出来适应负荷的减少。在电网发生故障或负荷持续跌落时,控制发电机可能没有足够的减少发电量的裕度来维持功率平衡。

调度或备用机组调运是安排基本负荷、中间负荷以及峰值负荷发电以便在未来几个小时或几天,在需要时这些发电机组可被调运的控制过程。电网公司也试图确保当电力系统中最大的单台发电机组发生故障时有足够的备用机组来满足负荷需要。因此,任何一个电站的停运都不会使用户断电。对纵向集成的电网而言,调度计划是由电网公司制定的。在不是垂直垄断的电网系统内——也就是系统运行商并不拥有发电厂的系统内——电力生产商与系统运营商签订合同确定在各个时间尺度上所需的电力。在提前几天和几周的电力市场,电力生产商同意在未来几天或几周的特定时间以特定的定额提供电力。提前几小时的市场处理一天内预计电力消耗的偏差。有些电力系统,包括澳大利亚和美国部分州的系统,有小时层面的市场,在这一市场中,系统运营商为接下来每 15 或 30 分钟的电力进行招标。这种市场是负荷追踪控制的一种形式。

## 9.5.5　风力机与电网的集成

风力机与电网的集成会影响电网的控制以及旋转备用和备用机组的成本。这些成本可以通过提升风力机和风电场的控制能力、采用风预测、建立大的平衡电力区域以及能量存储来减少。

### 9.5.5.1　控制方面的影响

如果风力机的输出功率占电力系统负荷的很大比例时,则负荷与风能之间的差异被称为净负荷。净负荷必须由传统的发电机组提供,由于风的变化以及负荷自身的变化,净负荷可能大幅波动。如果风和负荷不相关,在任何给定时间内系统负荷的标准偏差为 $\sigma_{load}$,风电出力的标准偏差为 $\sigma_{wind}$,则净负荷标准偏差 $\sigma_{net}$ 为:

$$\sigma_{net} = \sqrt{\sigma_{load}^2 + \sigma_{wind}^2}$$

(9.30)

由于风电功率的变异性不但净负荷的变异性会增加,而且未来净负荷的不确定性也随之增加。备用机组的配置必须根据负荷和可用的风功率预测,以及这些相关因素的不确定性来决定。净负荷的不确定性和变异性增大就需要配置额外的旋转备用来处理比其它情况下在未来的一小时或一分钟之间更大的净负荷的增加或减少。

风变异性对系统运行成本的影响取决于系统所包含的常规电厂的混合份额及特性、燃料成本、风资源特性、风电场的地理分散性及特性以及调节环境。对大量风电场与电网系统集成的成本已经完成了许多的研究(见 DOE,2008 的概述)。这种影响取决于所考虑电网的类型。这些研究大致表明当风电容量达到系统负荷 20% 时,系统运行成本的增加低于 \$0.005/kWh。其中主要的成本用于配置额外的电站。负荷追踪和调节的成本一般占总成本的很小部分。

能量平衡出现在控制区域。如果平衡区域很大,而且风电场分布很广,总风能波动就会减小,对控制决策的影响就会减小。例如,对大量安装风电场的欧洲电力系统的研究表明,当风电的平均容量小于负荷的 20%,并且风电场地理上分布很分散时,并不需要附加的控制能力来支持风电。风力机分布在广大的区域对其输出功率具有很大的平滑作用(如 9.4 节解释)。200 MW 的风电场群测得的最大负荷变化率为 20 MW/min,由 10 到 20 MW 风场组成的

1000 MW 风电场群的最大负荷变化率只有最大 6.6 MW/min(Ackermann,2005)。

越来越多的精密控制用于并网风力机中。这些风力机有可能部分承担电网系统中常规调节和负荷追踪发电机的控制负荷,在这样的电网系统中风场的控制集成在电网控制系统中。这样的控制选项包括限制最大负荷变化率能力或者当风速增加或在较高风速下通过减小气动效率在有后备发电容量的状态下运行。

### 9.5.5.2 风功率产出预测

风能预测系统正越来越多地被集成,并安装在有大量风电场的电网控制系统中。这些预测在几种时间尺度上是很重要的。负荷的短期预测可以使调节控制设备提前准备负荷的增加或减少。对电网工况提前一天或两天的预测可使系统运营管理人员预先规划备用机组。

系统管理人员根据对以前功率需求的详细统计对系统负荷进行定期预测。对负荷的成功预测需要知道负荷变化的规律,如像对加热和照明需求的季节性变化及其气候的关系、居民和工业用电的日变化,以及虽小但统计上很有意义的短期负荷变化,如像超级玫瑰碗冠军赛的电视使用负荷。

对未来 6 到 36 个小时的风功率预测一般使用中尺度数值气象模型(numerical weather models,NWP)来预测风速,然后利用该区域所安装风力机的信息,以及最近和历史的风电功率产出信息来预测整个平衡区域的风电功率。这些预测因为以下几个因素而变得复杂:

- NWP 模型的空间和时间分辨率可能不足以准确预测快速运动气象系统的风速变化和时间,也不足以预测短距离风况有大幅变化系统的风速变化和时间;
- NWP 模型预测复杂地形地区以及特定地理区域的风速和风向变化可能会有困难;
- NWP 模型的预测结果的不确定性会随着时间尺度的增加而增加,不同的 NWP 模型得出不同的预测结果;
- 发电量与尾流损失有关,尾流损失对风向可能是敏感的;
- 低的风力机可利用率,由于传输限制所造成的功率缩减,以及由于结冰、高风速切出滞后,风向扇区管理,或其它可能限制功率的控制动作;
- 输出功率随空气密度而变化;
- 在额定风速以下的功率水平对风速十分敏感;
- 获得一定区域内所有风力机或风场的运行信息可能是困难的,因此预测可能基于一定数量的风力机样本;
- 未来风力机的可利用率是未知的。

由于这些原因,预测系统常综合应用以下数据,如当时的电流运行数据,历史运行数据,历史 NWP 预测结果与实测风速及风向之间的关系,NWP 历史预测结果与每个风场的实测发电量及功率曲线密度修正的关系,或者风速和功率的关系。

对电网管理人员最有价值的是对发电量突然变化的准确时间和数值的预测。这些预测对于空间和时间分辨率已给定的 NWP 模型是困难的。有时用综合预测技术来对发电及发电水平不确定度,或者通过该区域的时间做出更好的估计。综合预测结合了两个或更多的预测方法以弥补单个方法的不足。如果不同的方法差异很大,其误差又彼此不相关,这个方法就能得到比单个方法好得多的结果。在组合各种预测结果时,也可将各个预测方法的结果根据它们在整个时段内的特点进行加权。这些加权值可以根据季节、输入数据的特征，或者预测的时间范围有所变化。

### 9.5.5.3　电网渗透问题

电网渗透率的概念用于表征风电对电网贡献的特性。风功率的电网渗透率可以各种方式进行定义。容量渗透率定义为装机风功率与所联接最大电网负荷（大约等于所联接的总发电能力）的比例。瞬时渗透率为在给定时间的风电与此时的电网负荷的比例。能量渗透率是指在一定时期所消耗的风电发出电力（kWh）的比例。例如，丹麦风电的容量渗透率大约是10%，而平均的能量渗透率约为 20%。如前所述，如果风电场与电网控制系统集成，相邻控制区域可以利用多余能量、或者电网具有相当的存储能力就可以获得较高水平的能量渗透率。以丹麦为例，在负荷较低或高风速的时候，瞬时能量渗透率有时可达 100%。由于功率可以传输到邻近国家，所以这是完全可能的。能量存储技术将在第 10 章讲述。

## 参考文献

Ackerman, T. (Ed.) (2005) *Wind Power in Power Systems*. John Wiley & Sons, Ltd, Chichester.

Ainslie, J. F. (1985) Development of an eddy-viscosity model for wind turbine wakes. *Proc. 7th British Wind Energy Association Conference*. Multi-Science Publishing Co, London.

Ainslie, J. F. (1986) Wake modelling and the prediction of turbulence properties. *Proc. 8th British Wind Energy Conference*, Cambridge, pp. 115–120.

ANSI/IEEE (1992) *IEEE Recommended Practices and Requirements for Harmonic Control in Electrical Power Systems*. ANSI/IEEE Std 519–1992.

AWEA (2008a) *Wind Energy Siting Handbook*. American Wind Energy Association, Washington, DC.

AWEA (2008b) *AWEA Third Quarter 2008 Market Report*. American Wind Energy Association, Washington, DC.

Baker, R. W. (1999) Turbine energy shortfalls due to turbulence and dirty blades. *Proc. of the 1999 American Wind Energy Association Conference,* Burlington, VT.

Beyer, H. G., Luther, J. and Steinberger-Willms, R. (1989) Power fluctuations from geographically diverse, grid coupled wind energy conversion systems. *Proc. of the 1989 European Wind Energy Conference,* Glasgow, pp. 306–310.

Bossanyi, E., Saad-Saoud, Z. and Jenkins, N. (1998) Prediction of flicker produced by wind turbines. *Wind Energy*, **1**(1), 35–55.

Bossanyi, E. A., Maclean, C., Whittle, G. E., Dunn, P. D., Lipman, N. H. and Musgrove, P. J. (1980) The efficiency of wind turbine clusters. *Proc. Third International Symposium on Wind Energy Systems,* Lyngby, DK.

CENELEC (1993) Flickermeter – functional and design specifications. European Norm EN 60868: 1993 E: IEC686:1986 + A1: 1990. Brussels.

Crespo, A. and Herandez, J. (1986) A numerical model of wind turbine wakes and wind farms. *Proc. of the 1986 European Wind Energy Conference,* Rome.

Crespo, A. and Herandez, J. (1993) Analytical correlations for turbulence characteristics in the wakes of wind turbines *Proc. of the 1993 European Community Wind Energy Conference,* Lübeck.

Crespo, A., Manuel, F. and Herandez, J. (1990) Numerical modelling of wind turbine wakes. *Proc. of the 1990 European Wind Energy Conference,* Madrid.

Crespo, A., Manuel, F., Moreno, D., Fraga, E. and Herandez, J. (1985) Numerical analysis of wind turbine wakes. *Proc. of the Workshop on Wind Energy Applications,* Delphi.

Derrick, A. (1993) Development of the measure–correlate–predict strategy for site assessment. *Proc. of the 1993 European Community Wind Energy Conference*, Lübeck, pp. 681–685.

DOE (2008) *20% Wind Energy by 2030*, Report DEO/GO-102008-2567. US Department of Energy, Washington, DC.

EWEA (2008) *Delivering Energy and Climate Solutions, EWEA Annual Report 2007*. European Wind Energy Association.

Fordham, E. J. (1985) Spatial structure of turbulence in the atmosphere. *Wind Engineering*, **9**, 95–135.

García-Rojo, R. (2004) Algorithm for the estimation of the long-term wind climate at a meteorological mast using a joint probabilistic approach, *Wind Engineering*, **28**(2), 213–223.

Gardner, P., Jenkins, N., Allan, R. N., Saad-Saoud, Z., Castro, F., Roman, J. and Rodriguez, M. (1995) Network connection of large wind turbines. *Proc. of the 17th British Wind Energy Conference,* Warwick, UK.

Hassan, U., Taylor, G. J. and Garrad, A. D. (1988) The impact of wind turbine wakes on machine loads and fatigue. *Proc. of the 1998 European Wind Energy Conference,* Herning, DK, pp. 560–565.

Hiester, T. R. and Pennell, W.T. (1981) *The Meteorological Aspects of Siting Large Wind Turbines.* U.S. DOE Report No. PNL-2522.

Jenkins, N. (1995) Some aspects of the electrical integrations of wind turbines. *Proc. of the 17th BWEA Conference,* Warwick, UK.

Joensen, A., Landberg, L. and Madsen, H. (1999) A new measure–correlate–predict approach for resource assessment. *Proc. of the 1999 European Wind Energy Conference,* Nice, pp. 1157–1160.

Johnson, C. (2008) *Summary of Actual vs. Predicted Wind Farm Performance – Recap of WINDPOWER 2008*, Presentation at 2008 AWEA Wind Resource Assessment Workshop, Portland, OR. American Wind Energy Association, Washington, DC.

Katić, I., Højstrup, J. and Jensen, N. O. (1986) A simple model for cluster efficiency *Proc. of the 1986 European Wind Energy Conference,* Rome.

Kristensen, L., Panofsky, H. A. and Smith, S. D. (1981) Lateral coherence of longitudinal wind components in strong winds *Boundary Layer Meteorology* **21**(2), 199–205.

Landberg, L. and Mortensen, N. G. (1993) A comparison of physical and statistical methods for estimating the wind resource at a site. *Proc. 15th British Wind Energy Conference,* York, pp. 119–125.

Lissaman, P. B. S. and Bates, E. R. (1977) *Energy Effectiveness of Arrays of Wind Energy Conversion Systems.* AeroVironment Report AV FR 7050. Pasadena, CA.

Lissaman, P. B. S., Zaday, A. and Gyatt, G. W. (1982) Critical issues in the design and assessment of wind turbine arrays. *Proc. 4th International Symposium on Wind Energy Systems,* Stockholm.

Lutgens, F. K. and Tarbuck, E. J. (1998) *The Atmosphere, An Introduction to Meteorology.* Prentice Hall, Upper Saddle River, NJ.

Mortimer, A. A. (1994) A new correlation/prediction method for potential wind farm sites. *Proc. of the 1994 British Wind Energy Association Conference.*

NWCC (2002) *Permitting of Wind Energy Facilities, A Handbook.* Prepared by the NWCC Siting Subcommittee, National Wind Coordinating Committee, Washington, DC.

Patel, M. R. (1999) Electrical system considerations for large grid-connected wind farms. *Proc. of the 1999 American Wind Energy Association Conference,* Burlington, VT.

Pennell, W. R. (1982) *Siting Guidelines for Utility Application of Wind Turbines.* EPRI Report: AP-2795.

Petersen, E. L. and Troen, I. (1986) The European wind atlas. *Proc. of the 1986 European Wind Energy Conference,* Rome.

Petersen, E. L., Troen, I. and Mortensen, N. G. (1988) The European wind energy resources *Proc. of the 1998 European Wind Energy Conference,* Herning, DK, pp. 103–110.

Phipps, J. K., Nelson, J. P. and Pankaj, K. S. (1994) Power quality and harmonic distortion on distribution systems, *IEEE Transactions on Industry Applications*, **30**(2), 476–484.

Putnam, P. C. (1948) *Power from the Wind.* Van Nostrand Reinhold, New York.

Rogers, W. J. S. and Welch, J. (1993) Experience with wind generators in public electricity networks. *Proc. of BWEA/RAL Workshop on Wind Energy Penetration into Weak Electricity Networks.* Rutherford Appleton Laboratory, Abington, UK.

Rogers, A. L., Rogers, J. W. and Manwell, J. F. (2005) Comparison of the performance of four measure–correlate–predict algorithms. *Journal of Wind Engineering and Industrial Aerodynamics*, **93**(3), 243–264.

Smith, D. and Taylor, G. J. (1991) Further analysis of turbine wake development and interaction data. *Proc. of the 13th British Wind Energy Association Conference,* Swansea.

Sørensen, J. N. and Shen, W. Z. (1999) Computation of wind turbine wakes using combined Navier–Stokes actuator-line methodology. *Proc. of the 1999 European Wind Energy Conference,* Nice, pp. 156–159.

Stemmler, H. (1997) High power industrial drives. In Bose, B.K. (Ed.), *Power Electronics and Variable Frequency Drives, Technology and Applications.* IEEE Press, New York.

Troen, I. and Petersen, E. L. (1989) *European Wind Atlas.* Risø National Laboratory, Roskilde, DK.

Vermeulen, P. E. J. (1980) An experimental analysis of wind turbine wakes. *Proc. Third International Symposium on Wind Energy Systems,* Lyngby, DK, pp. 431–450.

Voutsinas, S. G., Rados, K. G. and Zervos, A. (1993) Wake effects in wind parks. A new modelling approach. *Proc. of the 1993 European Wind Energy Conference,* Lübeck, pp. 444–447.

Wade, J. E. and Hewson, E. W. (1980) *A Guide to Biological Wind Prospecting.* U.S. DOE Report: ET-20316, NTIS.

Walker, J. F. and Jenkins, N. (1997) *Wind Energy Technology.* John Wiley & Sons, Ltd, Chichester.

Weedy, B. M. and Cory, B. J. (1998) *Electric Power Systems*. John Wiley & Sons, Ltd, Chichester.

Wegley, H. L., Ramsdell, J. V., Orgill, M. M. and Drake, R. L. (1980) *A Siting Handbook for Small Wind Energy Conversion Systems*. Battelle Pacific Northwest Lab., PNL-2521, Rev. 1, NTIS.

WWEA (2008) *World Wind Energy Report 2008*. World Wind Energy Association, Bonn.

# 第 **10** 章

# 风能应用

## 10.1 概述

前面各章集中讨论在"典型"条件下与常规电网联接的风力机。这些讨论的前提是风力机的存在对电网的影响相对较小。风力机也可以用于其它的情况,此时风力机提供了能量需求的大部分份额。此外,随着越来越多的风力机加入常规电网,必须考虑风力机利用能量的最好方式。本章研究多个上述情况下的风能应用,包括分布式发电、混合电力系统、海上风能、恶劣气候条件下的安装、特殊目的应用、能量存储以及燃料生产。

分布式发电是指像风力机这样的发电机被联接到电压相对较低的配电系统上。这部分内容主要将在 10.2 节中讨论。

风力机可能被联接到较小的、孤立电网中或者在弱电网中提供较大份额的功率。如果这些系统包含其它的发电机、储能器或功率转换器,它们就是所谓的混合电力系统。在这些系统中风电、其它功率源以及任何系统负载彼此之间的影响可能很大。此时,需要了解这种情况下各个部件的特性,以便设计整个系统。这些内容将在 10.3 节介绍。

海上风力机具有许多独特的问题。陆上风力机和海上风力机最大的不同是它们的支撑结构以及设计必须考虑的因素。其它比较大的差异包括电力传输、安装、运行维护。海上风电与陆上风电在环境问题、选址及建设许可方面也有很大的不同。海上风能的内容见 10.4 节。

有关恶劣气候下的运行问题将在 10.5 节中讨论。包括低温天气、高温以及雷电。

风力机的特殊应用包括抽水、海水淡化、空间和水加热、制冰。这些应用将在 10.6 节介绍。

能量存储的方式很多,其中包括蓄电池、抽水蓄能、飞轮以及压缩空气。这四种储能方式将在 10.7 节中讨论。

风能可以用来生产燃料或改良低品质燃料。将在 10.8 节讨论制氢和制氨两种可能的应用。

## 10.2　分布式发电

分布式发电是指如风力机这样的发电机被联接到电压等级较低的配电系统中。如像第 9 章讨论的那样,配电系统的电压一般为 15 kV 或更低的量级。这些系统设计成接收一个方向的功率流。如果大量的风力机加入系统,当地电力公司其它的供电设备供电的变化就较大,某些情况下发电设备就可能向另一个方向供电。因此,对电力系统进行调整可能是必须的,以保证上述情况能够平缓发生,同时在电气故障时保护系统。Masters(2004)对这一问题作了详细讨论。有关分布式发电的问题与下节涉及的混合电力系统的问题有些类似。

## 10.3　混合电力系统

许多风力机并不是连接到大电网中,而是与小型、独立的柴油发电系统相连接,在这样的系统中,风力发电可能在总的发电中占有较大的份额。这样的系统称为风能/柴油动力系统(Hunter and Elliot,1994)。有时,也加入其它形式的可再生能源以补充风力发电。更广义地讲,包含常规能源及一种或几种可再生能源的系统称为混合电力系统。风力机与这些混合电力系统相集成将带来特殊的系统设计问题。本节概述其中最重要的一些问题。

风力机有时会与弱电网(也就是电压或频率不能在所有工况下保持相对稳定的电网)相集成。与孤立电网类似,为了帮助稳定这些电网可能需要增加其它部件。下面一节大多数内容也适用于这些情况。

许多孤立地区、海岛、发展中国家的社区与由柴油发电机供电的小型孤立电网相连接。它们按照容量排列,从相对较大的几兆瓦的海岛电网,到只有几个千瓦容量的系统。孤立的海岛电网工况变化非常大。一些孤立的电网为节省燃料仅仅由柴油发电机在白天的部分时间提供电力。有些系统中存在一种或两种高负荷,比如锯木厂或鱼加工厂,造成系统较大的电压波动。大型孤立电网以稳定的电压和恒定的频率提供动力。孤立电网一般是弱电网,其电压和频率很容易受到相连的负载和电源影响。

风力机和其它形式的可再生能源(包括风能、太阳能、生物质能和水电)可以集成进这些小型电网中。因为在大型电网中,"风电渗透率"和"可再生能源渗透率"用于表示系统中的风能或可再生能源相对于额定负荷的大小。在含有典型的并网型风力机情况下,风力机-电网的相互作用被限制在部分配电系统中。相反,孤立电网中的风力机可能显著地影响整个电网的运行。在高风电渗透率的混合系统中,风力机有时会产生比瞬时的系统负载更大的功率。这就要求常规发电机完全停机,或者接入附加载荷,以吸收多余的功率。因为在这样的电网中引入可再生能源会产生很大的影响,这些混合系统必须作为一个完整的相互作用的系统进行设计和分析。

这一节中将讨论与混合系统有关的几个问题。包括:

- 与柴油发电相关的电网问题的概述;
- 混合系统设计问题的概述;
- 完整的混合电力系统的部件介绍;

- 混合系统计算模型的信息。

## 10.3.1　独立的柴油发电电网

独立的柴油发电电网包括柴油发电机、电力分配系统、电气负载和一些系统监控设备。

### 10.3.1.1　柴油发电机

在独立系统中的发电机通常是柴油机直接带动同步发电机。交流电的频率由柴油机的控制器维持,在多台柴油机应用中则是由其中一台柴油机的控制器来维持。在常规交流系统中,有功功率和无功功率由同步发电机提供。这通过在发电机上加装电压调节器来完成。直流电网一般采用带有专用整流器的交流柴油发电机。

图10.1示出了一台典型的小型柴油发电机组的燃料消耗(包括数据的线性拟合),该机组可能用于现有的混合电网中。可以看出空载时的燃料消耗相对于满负荷燃料消耗要大一些。大型现代柴油机的相对空载燃料消耗比上述例子要低一些,但是低负荷时仍然消耗了大量的燃料。很明显,如果轻载时柴油发电机组能够停机,就可以节省相当多的燃料。

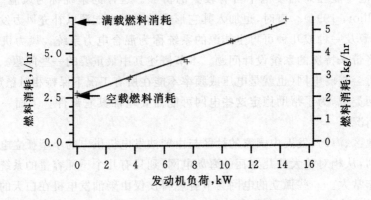

图10.1　柴油机的燃料消耗的线性拟合例子

偏远地区柴油常常很贵。这些柴油机常常运行在低负荷工况,燃料效率很低。降低负荷或者让柴油机停机可以减少燃料费用。这可能是引入可再生能源的目的,但是它也有负面的效果。减少柴油机的负荷会增加柴油机的维护要求,增加柴油机的磨损,从而减少柴油机的寿命。频繁的启动和停机会显著增加柴油机的磨损。为了改进整个系统的经济性,常常设定柴油机运行时需承担的最低负荷,同时还规定柴油机运行的最短时间。与空载运行,以及频繁启动和停机运行比较起来,这些措施会增加燃料消耗,但是这些措施可以减少柴油机的检修次数和延长零件的更换间隔,从而改进整个系统的经济性。

### 10.3.1.2　电气负载

在独立的交流系统中,电气负载主要有两种类型:阻抗负载和感抗负载。阻抗负载包括白炽灯、空间加热器和水加热器等。而带电动机的装置既是阻抗负载又是感抗负载。它们是交流系统中需要无功功率源的主要原因。直流电源只能供电于阻抗负载。直流负载可以有感抗部件,但只有在系统运行工况变化时,它才产生瞬态的电压和电流波动。

### 10.3.1.3　系统监控

在常规的柴油机动力系统中,系统监控可以是自动的,但一般需要一个系统操作人员,操作人员在预见到负荷变化时,启动、关停柴油发电机,让它们和其它运行的柴油机同步,并在需要的时候,进行机器维护。

## 10.3.2　混合系统设计问题概述

混合电力系统的设计取决于已有动力系统的特点、负荷的匹配以及可用的可再生资源。考虑这些限制,可有许多选择方案,包括风力机设计、风能渗透率,所包含的其它可再生动力系统,能量存储的数量,负载管理的特性。有关混合电力系统设计的问题概述如下。

### 10.3.2.1　电力负载和资源的匹配

混合电力系统设计的一个决定性因素是系统电力负载和混合系统产生的功率之间的相互关系。在短时间内,负荷需要等于系统产生的功率,以保证系统的稳定。为了长期提供这种一致的能量供给,混合系统需要长期的能量储存或者采用常规发电电源作为备用。

为了维持系统的稳定,功率流需要在短时间内达到平衡。电力系统的频率调整是系统内转动惯量、负荷波动、原动机及其控制系统的灵敏度的函数。原动机对功率流变化的响应越快,频率调整越好。在高渗透率系统中,原动机可能没有对功率流变化的响应能力。在这种情况下,就需要有附加的可控电源或者功率变换器用于控制系统频率。可以接入这些可能的负载以平衡功率流,用于短期存储和功率产出的子系统(几分钟至一小时的能量存储),或其它发电机都可以并入电网。在高渗透率系统中,常规发电机在可再生能源能够提供全部电力的情况下可以停运。在系统的惯性很小,又没有可以迅速可控的电源以控制频率的情况下,系统频率可能显著偏离设定点。

功率和能量流在较长时间段内,也应该保持平衡。如果一天中负荷峰值是在白天,而风只在晚上形成,那么风既不能为白天的负荷提供能量,也不能节约燃料。在这种情况下,就需要附加较长期的能量存储(几个小时到一天的存储系统)以存储风能备用。如果可再生电力的短缺时间太长,它将耗尽所有的能量存储,这就要求使用常规能源发电,并有能力为全部负荷提供能量。

根据上述考虑,很明显混合系统加上附加能量存储,以及可控的负载可能是有益的。能量存储在风能小于负荷时可以提供电力。风能大于负荷时,则存储能量或接入可控负载,吸纳多余功率。如果有许多电源和功率变换器,混合系统也需要一个监控系统(system supervisory controller,SSC)来管理系统各部件的功率流。

### 10.3.2.2　系统设计约束

许多因素会影响混合系统的设计特点,包括负载的性质、柴油发电机和配电系统的特性、可再生资源、燃料成本、拥有的维护人员、环境因素。

- **电力负载**　当地负载的幅值和时间曲线影响系统的额定功率,能量存储要求,及系统控制算法;
- **柴油发电机和配电系统**　在现有的电力系统中,任一现有发电系统的电气特性及燃料消耗会影响混合系统的经济性、设备的选择及控制系统设计。燃料成本是决定系统运行成本的

重要因素。在新的系统中,发电和配电系统可以与混合系统部件设计结合在一起进行;

- **可再生资源**　可再生资源的量值、变化及时间曲线,不论是风能、太阳能、水电、还是生物质能,都会影响可再生能源系统、控制策略及储能要求;
- **维护基础**　是否拥有受过培训的运行维护人员也会影响系统的长期运行能力、运行成本和安装成本;
- **场址条件**　场址约束,如地形特征、当地的恶劣气候条件以及场址的偏远会影响设备运达现场的能力、设备的设计要求以及系统的运行要求。

在与已有发电和配电系统相结合的项目中,系统的设计目标通常是减少燃料消耗使能量成本最低,提高整个系统能力,促使当地经济持续发展。新系统常常成为其它方案的替代方案,比如扩展电网。

### 10.3.2.3　混合电力系统设计准则

有许多因素会影响高渗透率混合电力系统的设计,为了优化系统成本和效率,许多部件的选择需要考虑。设计选择包括:风力机与太阳能电池板等的类型,容量及数量,瞬时和长期的能量存储能力,切入负载的容量,其它负荷管理策略的可能性,以及决定什么时间和如何使用各个系统部件的控制逻辑。因此,问题就变成了如何设计一个带有多个可控功率源和功率变换器的复杂动力系统的问题。负载可控的可能性将取决于所用负载管理方法是否与当地社区日常需求相适应。采用为混合系统设计发展的计算机模型对所有参数进行评估是最容易做的事情(见 10.3.4 节)。

通常,混合电力系统通过在现有的孤立电网中引入可再生电力进行开发,以减少高昂的燃料成本,并增加能量供应。在预测混合电力系统的性能时,值得考虑的是可能性的限制。在一个理想的柴油发电网中,柴油燃料消耗与所发出的电力成正比。因此燃料使用与负载成正比。如果加入可再生能源,就会减少由柴油发电机承担的负载。如果负载与可再生能源完全匹配,柴油机负荷可以减少到零。所有可再生能源发出的功率(一直到全部负荷)都能得到应用,但是任何多余的功率必须被吸收或者耗散掉。如果负荷与已有的可再生功率之间有时间上的不匹配,所利用的可再生能源更少。这给出了下述的准则:

**准则 1**:能够被应用的最大的可再生能源受负载限制;

**准则 2**:可再生能源的利用将进一步受到负荷与可再生能源之间时间上的不匹配的限制;

如果负载和可再生能源在时间上不匹配,利用能量存储可以增加可再生能源的使用。根据准则 1 和准则 2,使用存储对可再生能源利用的最大可能的改进,受可用的可再生能源与负载之间的不匹配的限制。

实际上,柴油发电机燃料的使用不是与负荷严格成正比的。柴油发电机的实际效率总是随负荷降低而降低。然而,包含储能的柴油发电机系统可以被优化,以改进它的效率。这就有了另外两条准则:

**准则 3**:对没有使用可再生能源的系统,改进控制或运行策略的最大可能收益是使系统趋近于理想柴油发电系统的燃料使用效果,即燃料的消耗与柴油机提供的负荷成正比;

**准则 4:**通过在经过优化的系统中使用可再生能源所能得到的最大燃料节约,不可能大于理想发电机的燃料节约,该发电机由于使用可再生能源其负载成比例地减少。

## 10.3.3　混合电力系统的部件

混合系统包括柴油发电机、可再生能源发电机、监控系统及可能的可控负载和能量存储设备。需要注意存储既是电源又是负载。为了使所有的子系统一同工作,还可能包括功率转换器或耦合的柴油机系统。图 10.2 给出了一个可能的混合系统简图。每一个部件的运行和部件之间的相互作用描述如下。

较大型系统(通常在 100 kW 以上)一般具有交流柴油发电机组、可再生电源以及负载,有时还包含能量存储设备。小于 100 kW 的系统能量存储设备,一般是交、直流部件组合的系统。

直流系统部件包括柴油发电机、可再生电源及存储设备。小的混合系统只供应直流负荷,一般小于 5 kW,已经在偏远场址用了许多年,用作通信中继站以及其它的低功率应用。

本节其余部分对许多这些部件作了详细描述。但是,蓄电池在本章最后的 10.7 节讨论。

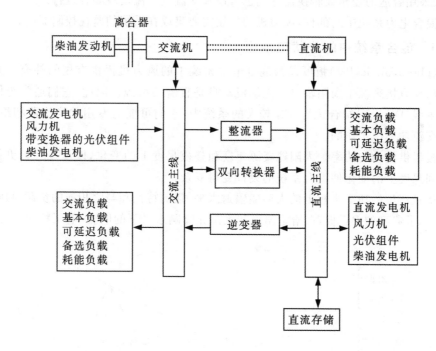

图 10.2　混合电力系统结构

### 10.3.3.1　混合系统中的柴油发电机

在常规的交流电力系统中,至少有一台柴油发电机连接到电网中,以整定电网频率,并提供无功功率。这个系统可以加以改进以使柴油发电机并不是必须的,但此时必须增加其它部件。这些其它的部件包括换流器、旋转转换器、同步电容器、离合器或其它的功率发生器,例如带同步发电机的风力发电机组。如第 5 章描述的那样,换流器是将直流电源变换成交流电源的装置(典型的固态电子装置)。旋转转换器有时可以用作机电换流装置。在这种情况下,它需要用单独的控制器来整定频率。同步电容器是一个与电网连接的同步电机,以由电网频率决定的转速旋转。它与电压调节器一起运行,为电网提供无功功率,但并不控制电网频率。无功功率也可以由连接在风力机上的同步发电机产生。

#### 10.3.3.2 混合系统中的风力机

用于较大的孤立交流电气系统中的风力机容量一般为 10kW 到 500kW。这个容量范围内的绝大多数风力机都是定转速风力机,使用感应发电机,所以要求外加无功电源。因此在混合系统中,至少有一台柴油发电机运行,或者系统中有单独的无功源时,它们才能够运行。风力机感应发电机的启动电流也需要系统提供。有些风力机使用同步发电机。如果它们采用变桨控制,它们就能够用于控制电网频率并提供无功功率。在这种情况下,即使没有柴油发电机在线,这些风力机也可以运行。其它风力机使用电力电子转换器。这些机器在没有柴油发电机时也能够运行。

有些风力机提供直流功率作为它们的主要输出。这些机组一般都是小容量的(10kW 或更小)。如采用合适的控制或转换器它们也可以和交流或直流负载联合运行。

作为混合电力系统中的部件,风力机的控制需要集成在系统的监视控制器内。

#### 10.3.3.3 混合系统中的光伏电池板

光伏(photovoltaic,PV)板可以为混合电力系统中的风力机提供有用的补充。光伏板所提供的电功率直接来源于太阳辐射。光伏板本身是直流功率源。因此,它们通常与储能和单独的直流主线(DC bus)结合运行。在较大的系统中,它们可能与专用的换流器相组合,实际上是作为交流功率源工作的。

光伏板提供波动的功率。太阳能资源年度和昼夜尺度上的变化,以及在气象更替和云层移动的时间尺度上的变化使混合系统的设计变得复杂。

由光伏板产生的功率由板上的太阳能辐射水平、板的特性和与之相连的负载电压来决定。图 10.3 表示了典型的 PV 板,在给定温度和太阳光曝晒水平下的电流-电压特性。可以看到,

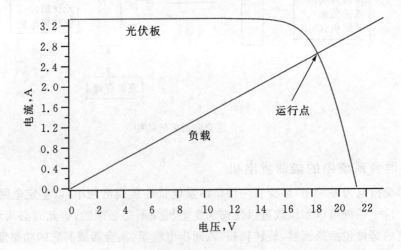

图 10.3 在给定的日照水平下,光伏板与负载的匹配

给定光伏板能有效工作的电压范围是十分有限的。为了增加输出电压,若干个光伏板被串联在一起。为了增加电流(在给定电压下的功率)若干个光伏板被并联在一起。光伏板所产生的功率很大程度上取决于它所连接的负载。特别是,光伏板的端电压和电流必须等于负载的电压、电流。一般光伏板和负载有不同的电流-电压关系。在任意给定的运行条件下,通常只有一个运行点,在该点光伏板和负载有同样的电压与电流。这一点就是光伏板和负载的电流-电压曲线的交点,如图 10.3 所示。

光伏板的功率等于电流乘上电压。最大功率点(此时功率最大)出现在稍小于开路电压(此时电压最高)处。光伏板与电池一起使用时最为有效,电池的额定电压应该接近最大功率点的电压。有时为了使光伏板的特性与负载匹配,使用功率调节设备(最大功率点追踪器或maximum power point trackers,MPPT)是有用的。这些电力电子转换器可以调节 PV 阵列的电压,使 PV 的功率最大,并将 PV 功率进行转换,使其电压变为直流负载或交流电网所要求的电压。这样的转换器的目的是不论辐射强度怎样,都使系统电气部分转换的功率最大。

### 10.3.3.4　可控负载

一种在混合电力系统中可能要求的,而在常规孤立系统中不常见的部件是耗能(dump)负载。耗能负载用来耗散网路中多余的功率。这种功率过多的情况可能在可再生能源功率过高而负载较低时出现。多余的能量会导致电网不稳。耗能负载可能是电力电子装置或者可切换的阻抗器。在某些情况下,多余功率的耗散可以不使用耗能负载来完成,比如使用叶片变桨来耗散多余的风功率。

负载管理也可以用于混合电力系统中增加或代替储能或代替耗能负载。例如,可供选择的负载是那些可利用多余功率的负载,否则,这些功率就只能浪费掉。例如多余能量可以直接用于空间加热,减少对其它燃料的需求。可延迟的负载是那些在某些时候必须提供,但精确时间可变通的负载。例如,水箱抽水,每天至少需要一次向水箱充水,抽水负荷必须满足,但是准确的抽水时间没有关系。在这种情况下,多余的能量就可以用于抽水。如果一天中没有多余的能量,就用蓄电池或柴油发电机提供能量以确保每天半夜水箱的水是满的。

### 10.3.3.5　功率转换器

对混合系统而言有两种形式的功率转换功能特别重要:整流和逆变(见第 5 章)。整流器广泛用于从交流电源向电池充电。逆变器用于从直流电源(如电池与光伏板)向交流负载供电。

如在第 5 章中提到的,绝大多数电子换流器属于两种类型之一:线换向(line commutated)或者自换向。线换向换流器要求有一条外部的交流线。因此,如果混合电力系统中的所有柴油发电机都关掉,它就不可能设定电网频率。自换向换流器依靠内部电子器件控制输出功率的频率。一般它不能与另一种整定电网频率的装置一起运行。有些换流器既可以行换向模式又可以自换向模式运行。它们是多功能的,但是也是目前最贵的。

旋转转换器是一种机电装置,可用作整流器或换流器。它是由一台交流机(通常是同步机)直接耦合一台直流机构成。每一台电机既可以作为发电机也可以作为电动机工作。如果一台机器作为电动机,另一台就是发电机,反之亦然。旋转转换器与固态功率转换器比较,其优点是一种充分发展的设备,一般十分坚固。主要缺点是效率较低,成本也比固态功率转换器大。

### 10.3.3.6 耦合的柴油机系统

在有些混合电力系统中,柴油发电机进行了改进,成为所谓的"耦合柴油机"。在这样的系统中,发动机和交流发电机并不是永久联接的,而是通过离合器耦合到一起。离合器可以根据需要啮合或脱开。如果离合器啮合,发电机按正常方式由柴油机拖动。如果离合器脱开,柴油发动机就停机,此时倘若发电机仍然与电网相连而且系统也还有其它电源,那么发电机仍会继续旋转。这种情况下,交流发电机作为一个同步电容器,提供无功功率。在其它电源是需要无功电源的感应发电机时,这个概念十分有用。

作为耦合柴油机的一种变型,柴油发动机通过离合器与旋转转换器耦合(见图 10.4)。这个概念与柴油发动机仅仅与自身的发电机关联,并配置一个分离的旋转转换器的方案比较,它的优点是能提供一种与旋转转换器结合更为高效的方法。

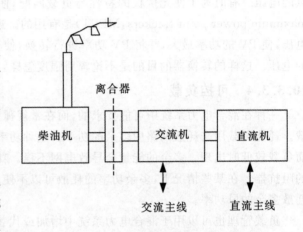

图 10.4　与旋转转换器耦合的柴油机

### 10.3.3.7 系统的监控

大多数混合电力系统都采用多种形式的控制。有些控制功能是由与系统部件相集成的专用控制器来执行的。典型的例子包括柴油机的调速器、同步发电机的电压调节器、风力机的监视控制器、电池组的充电控制器。整个系统的控制通过系统的监视控制(SSC)装置来完成。系统的监视控制器可以控制图 10.5 中的一些或者全部部件。这种控制一般认为是自动的,但现实中,有些功能是由操作人员来完成的。系统监视控制器的具体功能包括开启和关闭柴油发电机,调整它们的功率设定点,给蓄电池充电,分配功率给可控负载。系统的监视控制也可被集成至一个结合部件识别和联络系统("即插即用"技术),参见 Abdulwahid 等人(2007)文献中的介绍。

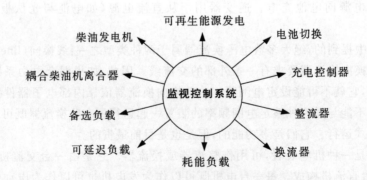

图 10.5　系统监视控制器的功能

## 10.3.4　混合系统模型

目前,已经开发出许多用于混合电力系统设计的仿真模型。例如,可参见 Infiels 等人(1990)以及 Manwell 等人(1997)的文章。一般可以把这些模型分为两大类:逻辑模型和动力学模型。

逻辑模型主要用于长期性能预测,确定部件容量,并为经济分析提供输入数据。一般它可以划分成如下三类:

- **时间系列(或准稳态)**:这种类型的模型要求变量,比如风速、日照强度、负载的长期时间系列输入;
- **概率**:这种类型的模型一般要求长期负载特性及资源数据(如月度或季节)作为输入。这种分析模型基于统计学模型技术的使用;
- **时间系列和概率**:正如名字所示,这类模型基于时间系列和统计方法的组合应用。

广泛使用的逻辑模型有 Hybrid2(马塞诸塞大学),HOMER(国家可再生能源实验室),以及 RETScreen(加拿大国家资源所)。

动力学模型主要用于部件设计、系统稳定性评估、确定功率品质。它们一般用于没有储能功能的混合电力系统,或者储能功能很小的系统,如飞轮。根据时间步长大小和模化部件的数量,它们可以分成下列三类:

- **动力学模型**:这种类型的模型基于运动的力学方程和功率平衡。它可以用于得到系统动力特性的初步近似结果,确定柴油机部件启动-停机特性这样的长期效应。
- **动力学与稳态电气模型**:这一类模型基于运动的力学方程和系统电气部件的稳态方程。它可以给出系统电气特性的初步近似结果。
- **动力学和电气模型**:这类模型基于系统机械和电气部件运动的动力学方程。它们用于研究系统的电气稳定性(毫秒尺度)及机械振动。

若干种风/柴系统的动力学仿真程序已经在几年前开发出来。它们一般都是针对特定的应用,在其它场合未被广泛采用。这些模型的一个例子是 RPM-SIM(国家可再生能源实验室)。

# 10.4　海上风能

海上风能顾名思义是指离岸安装在海洋(或湖中)的风力机产生的电能。可以看到,最近二十年对这一技术已给予很大的关注。这一技术发展的主要原因是由于缺乏风力资源良好的安装风力机的土地,特别是在北欧地区。

本节将回顾历史、技术现状以及最新的海上风能技术。与陆上风电系统类似,海上风能的内容十分广泛,包括技术、环境问题、经济等。

## 10.4.1　海上风能的历史及一般考虑

海上风力机的概念第一次由德国的 Hermann Honnef 在 20 世纪 30 年代提出(Dörner,

2009)。在 20 世纪 70 年代初就提出了在马塞诸塞海岸建设大型海上风电场的建议(Heronemus,1972),但一直没有开发。第一台实际的海上风力机 1991 年安装于瑞典,第一个真正意义上的海上风电场于 1992 年在丹麦靠近 Vindeby 的海岸浅水区(2～5 米)建成。Vindeby 风场距岸边大约 3 千米由 11 台 450 千瓦的机器组成,至今仍在运行。从那以后,海上风力机陆续在荷兰、英国、瑞典、爱尔兰、德国和中国安装。在 2002 年和 2003 年第一个大型海上风电场进行调试。丹麦的 Horns Rev 和 Nysted 风场成为欧洲最早的容量超过 100MW 的风场。到 2008 年底,海上风电场装机容量已超过 1000MW,绝大多数在欧洲。

海上风能具有若干有利的属性,包括:

- 可为大型项目风场提供更大的区域;
- 靠近城市和其它负荷中心;
- 与陆上风场相比一般具有较高的风速;
- 较低的特征湍流强度;
- 较低的风剪切。

同时也具有一些值得注意的挑战:

- 由于需要特殊的安装与服务船和设备以及较昂贵的支撑结构,所以项目成本较高;
- 更困难的工作条件;
- 更困难和昂贵的安装工艺;
- 由于维护进入受到限制,可利用率降低;
- 需要采用特殊的防腐措施。

海上风能需考虑的主要问题如下:

- 风资源;
- 海上风力机自身;
- 外部设计条件;
- 预期风场的特性;
- 海上风电场设计及布局;
- 海上风电场的运行与维护;
- 海上风电场的环境问题;
- 海上风能的经济性。

## 10.4.2 海上风力机及其支撑结构

海上风能项目的基本部件是海上风力机。它的定义是具有承受水动力载荷支撑结构的风力机(IEC,2009)。这种类型的风力机由下列部件组成(见图 10.6)。

- **风轮-机舱组件(rotor nacelle assembly,RNA)**  这是由风力机支撑结构托起的部分。包括:
  - \* 风轮——风力机的部件,由叶片和轮毂组成;
  - \* 机舱组件——风力机的部件,由塔架以上除风轮外的所有部件组成,包括传动链(主轴、联轴器、齿轮箱、发电机以及刹车)，机架，偏航系统，以及机舱外罩。

- **支撑结构**　由塔架、子结构、基础组成：
  - ＊塔架——联接子结构与风轮-机舱组件的支撑结构；
  - ＊子结构——支撑结构中从海床向上延伸联接基础与塔架的部分；
  - ＊基础——支撑结构中将作用在结构上的荷载传递到海床的部分。

### 10.4.2.1　海上风力机的支撑结构设计

海上风力机可以考虑几种不同的支撑结构设计。图 10.6 示出了其中的三种设计。最常用的支撑结构形式是单桩。单桩是直径为 2.5～4.5 米的钢管。单桩通常打入海床 10～20 米，但在坚硬的土壤或岩石上，钻孔可能是必须的。虽然需要重型打桩设备，但通常不需要海床整理。单桩可能不适合含有大型卵石的海床。

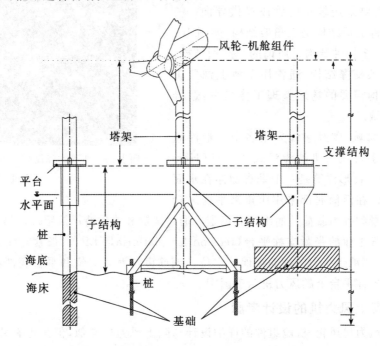

图 10.6　海上风力机部件(GL,2005)，获 Germanischer Lloyd 允许转载

　　第二种最常见的方案是重力结构。重力结构通过它们的总重量(包括压载物)和较大的底部面积达到稳定的目的。底部区域通过被动地改变传递到海底的负荷分布能够帮助克服风力机的倾覆力矩(玻璃酒瓶通过同样的原理获得稳定性)。重力结构由一个直径 12～18 米，重量为 500～1000 吨的圆形底座构成。与塔筒联接的内部结构位于圆形底座的中心。内部段可与外部结构联接在一起，也可彼此分离。如果外部结构相对于安装位置是浮动的，那么内部结构必须是分离的。最常用的重力结构用加强混凝土构造，但也有用钢结构的。在某些情况下，结构的顶部为锥形，以便于破碎浮冰。底部周围常用抛石进行护坡，以防止海流的冲蚀。混凝土重力结构的压载物总重量超过 1000 吨。实际重量取决于风力机和场地的特性。混凝土重力结构的重量随着水深的增加比例超过线性比例，因此这样的结构对深水项目缺乏吸引力。重

力结构沉入就位之前海底必须进行整理。这种整理主要是使结构就位的场地均匀一致并保持水平。这项工作一般采用挖掘船。

钢制重力结构由与平置于海床上钢箱焊接的垂直向上的圆柱形钢管构成。这些结构比相应的混凝土结构更轻。它们就位后，会装满密实的压载物。由于这种结构压载之前的重量不会随着水深迅速增加，因此与混凝土重力结构相比它较适合于较深的海域。由于重量较轻，运输也较为容易。

多构件支撑结构一般是将三到四根倾斜的管件与中心管件焊接，然后用平直的较小构件将管件彼此联接。此外，由于使用相对较小的桩基来使结构就位，需要采用较短的管段提供导向。一种典型的多构件支撑结构是三角架结构，如图 10.6 所示。另一种多构件结构是所谓的"套"型结构。这是一种四支架支撑结构，通常用于海上油气工业。多构件结构需要的场地整理工作最少，适合水深较大的区域。

对较深的海域，曾经建议采用多个柱形浮筒来支撑一台或多台风力机的漂浮式风力机(Heronemus,1972)。柱形浮筒是一个垂直漂浮在水面上的封闭圆筒。在浮筒底部采用压重来平衡风轮

图 10.7　支撑在浮筒(左)和张紧支柱平台上的风力机(右)(NREL)

机舱组件的重量和推力载荷从而维持其稳定。通过锚链和锚保持浮筒定位。另一种概念是用于深水海洋油气工业的张紧支柱平台(tension leg platform，TLP)。张紧支柱平台是一个漂浮平台，它由下部承受张力的钢筋束保持定位。钢筋束与海底的锚和平台底部相联接。安装在浮筒和张紧支柱平台上的风力机示于图 10.7。

### 10.4.2.2　海上风力机的设计考虑

现在海上风力机风轮-机舱组件的详细设计与陆上风力机类似，但是也有几个大的区别。这些区别主要与海上风力机在海洋环境下承受的不同外部条件有关。这些条件在 10.4.4 节介绍。支撑结构的设计与陆上风力机不同，在海底安装的支撑结构要承受得住海浪的作用，同时漂浮支撑结构还须设计成尽可能减小海浪周期激励力和风力机动态作用力之间的相互作用。在海底安装的海上风力机支撑结构设计主要考虑因素是水深、海底土壤的特性以及气象/海洋设计条件。最后，风力机塔架需要足够高，保证叶片和预计最高的海面(包括波浪和潮汐)具有一定的间距。

对海上风力机支撑结构更进一步的讨论超出了本书的范围。对于更深入的讨论，读者可以参考国际电工委员会的海上风力机标准(IEC,2009)以及德尔夫特(Delft)技术大学和其它大学许多相关的博士论文。包括 Kuhn(2001)，Cheng(2002) van der Tempel(2006)，以及 Veldkamp(2006)。

### 10.4.3　海上风资源

海上风资源是使海上风能具有吸引力的关键因素之一。吹过开阔水面的风速总是较高，具有较小的风剪切，固有特征湍流比相邻陆地上的风小。此外，平均风速随距海岸的距离增加而增大（直到大约相距 50 千米）。同时，风剪切和湍流强度减小。例如图 10.8 示出了马塞诸塞州海岸的平均风速和平均风功率密度。正如所看到的，平均风速从岸上的小于 7 m/s 增加到近岸的 7.5 m/s，在开阔海面则超过 9 m/s。

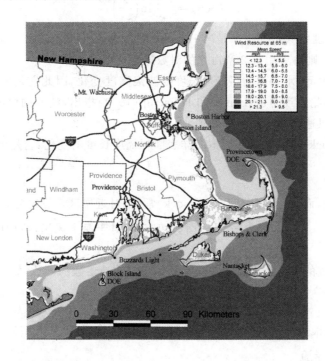

图 10.8　马塞诸塞州的海上风资源（Massachusetts Technology Collaborative）

风速越高能量产出也越高。例如在其它条件相同的情况下，典型的兆瓦级风力机在 7m/s 风况的容量因子大约为 29%，但在平均风速 8m/s 时能多产生 28% 的能量，而在平均风速 9m/s 时多产出 53% 的能量。

一般情况下，较低的风剪切也意味着海上风力机的塔架比陆上风力机的塔架要低。塔架高度的减小某种程度上补偿了在水下所要求的大得多的支撑结构。

海上风湍流减小的效应一般是有益的，但并不总是如此。从正面上讲，风力机一般在湍流较小的风中具有更好的性能。但从另一方面讲，较小的湍流意味着下游尾流要比在湍流较大的风中花较长的时间来恢复速度。因此风力机之间的间距可能比陆上更大。风场内多个风轮的运动所产生的湍流使整个问题变得更为复杂。

较高的风速、较低的剪切、较低的湍流是相关的现象并且是由于水面比陆地平滑得多所引起。这种平滑性是风吹过量级为 0.0002m 较小表面粗糙度表面时出现的物理特性。读者可以参看 Barthelmie 等人（1996）的文献。然而与陆地相反，水的表面粗糙度会随时间变化，特别是它是波浪高度的函数。这一点在下面详细讨论。

下面对海上风特有的某些特性作一概述。

### 10.4.3.1 海上风剪切

水面上风速随高度的变化(风剪切)一般采用第 2 章介绍的对数方程模拟。作为初步近似,假设水面是具有中性稳定性的均匀一致的表面。在高度 $z$ 处,平均风速 $U(z)$ 由下式表述:

$$U(z) = \frac{U_*}{\kappa} \ln\left(\frac{z}{z_0}\right) \tag{10.1}$$

式中,$U_*$ 是摩擦速度(见第 2 章),$\kappa$ 是冯·卡门常数($\kappa = 0.4$),而 $z_0$ 是粗糙度长度。如果参考高度 $z_r$ 的风速已知,则可采用第 2 章讨论的对数风剪切模型。

对任意给定的时间,水表面的粗糙度长度随波浪高度变化,因此它是风速和吹程(离海岸的距离)的函数。与此一致的是,Lange 和 Hojstrup(1999)指出,波罗的海的粗糙度长度在整个用于功率产出的风速范围内随风速增加。

夏洛克(Charnock)模型常用于模拟海洋表面粗糙度长度的变化,它是风速的函数:

$$z_0 = A_C \frac{U_*^2}{g} \tag{10.2}$$

式中,$g$ 是重力常数,而 $A_C$ 是夏洛克(Charnock)常数,对近岸区常假定为 0.018。摩擦速度在第 2 章定义成 $U_* = \sqrt{\tau_0/\rho}$,其中 $\tau_0$ 是表面剪切应力,对于海上风场,剪切应力又与风速和波浪高度有关。

估计粗糙度长度的另一个更直接方法是认为它是波浪参数的函数,如公式(10.3):

$$\frac{z_0}{H_s} = 1200 \left(\frac{H_s}{L_P}\right)^{4.5} \tag{10.3}$$

式中,$H_s =$ 有效波浪高度,而 $L_P =$ 峰值期间波浪长度(参见 10.4.5 节)

### 10.4.3.2 海上湍流

由于海上表面粗糙度较小,垂直温度梯度较低,因此海上的湍流强度比陆上要低。因为水的比热高,所以水温相对恒定,这样海上的温度梯度较小。此外,阳光能渗透进水中几米深。而在陆地,阳光只能加热土壤的最表层,热聚集在表面。海上湍流强度也随高度下降。

然而,如前所述虽然海上风场的固有湍流强度可能比陆上风场要低,但是一旦风场建成,平均湍流强度可能会大幅增加。这是由于风力机运行以及所产生尾流引起的。

## 10.4.4 气象-海洋学(海洋气象学)外部设计条件

对于陆上风力机设计,要考虑的主要外部条件是风速。但对于海上风力机,海浪也是相当重要的条件,对于支撑结构的设计尤其重要。影响风力机设计的风况参数在第 7 章讨论过。其它的因素也很重要。本节集中讨论波浪。以下简要介绍其中的几个因素。

### 10.4.4.1 波浪

首先,应该指出绝大多数的浪是风引起的。风吹过海面时的剪切力导致表面的一部分水运动。这种运动最终变成周期性波浪。在深水区以及在相对较低风速影响下,浪的运动非常规律。在较高风速的情况下,运动变得非常复杂。

　　有些专业术语是非常有用的。"海"是指浪形成的环境;"海洋状态"是指用波浪高度、周期和方向描述的海洋特性;"完全发展的海洋状态"表示风输入的能量等于波浪平息时耗散的能量。

　　波浪一般分成三类:(1)规则波浪;(2)不规则波浪;(3)随机波浪。最容易描述的波浪是规则波浪,也被称为一阶、小幅值波浪或 Airy 波浪。它们的性能首先由 G. . B. Airy(Airy,1945)描述..

　　下面总结波浪最重要的特点。关于波浪更多的信息可以在如像《海岸工程手册》(US-ACE,2002)或者 Ochi(1998)文献中找到。

### 规则(Airy)波浪

　　Airy 模型最适用于深水涌浪,但它也提供讨论复杂波浪特性的一个有用和完善的起点。Airy 模型中水的运动示于图 10.9。

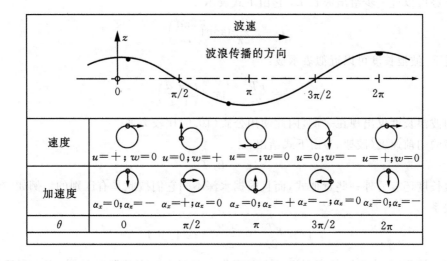

图 10.9　Airy 波的微团运动(USACE,2002)

　　Airy 模型一些关键参数如下:

- 波浪廓线由 $\zeta = \hat{\zeta}\cos(kx - \omega t)$ 表示,其中 $\hat{\zeta}$ 是波浪的幅值(1/2 的波浪高度 $H$);
- 波数 $k$,$k = 2\pi/L$ 其中 $L =$ 波长;
- 角频率为 $\omega = 2\pi/T$,其中 $T =$ 波浪周期;
- 水微团轨迹是半径 $= \hat{\zeta}e^{kz}$ 的圆形轨道,此处 $z$ 是从平均水位向上计算的距离;
- 波浪顶部和底部的压力分别为 $p_c = \rho_w g\hat{\zeta}e^{kz} - \rho_w gz$ 和 $p_t = -\rho_w g\hat{\zeta}e^{kz} - \rho_w gz$。其中 $\rho_w$ 是水的密度,而 $d$ 是相对于平均水位的水深;
- 波速 $c$ 为波峰运动的速度。

　　Airy 模型的假定包括:

- 水是均质各向同性且不可压缩的;

- 表面张力忽略不计;
- 忽略科里奥利效应;
- 自由表面的压力是常数;
- 粘性忽略不计;
- 波浪不与水的其它运动相互作用;
- 流动是无旋的;
- 海床表面处无速度;
- 波浪的幅值小,波形不随时间与空间变化;
- 波浪是长峰脊的(二维的)。

根据 Airy 模型,波的运动可以用速度势 $\Phi$ 来表述,可以如下表示:

$$\Phi(x,z,t) = \frac{\hat{\zeta} g}{\omega} \frac{\cosh(k(z-d))}{\cosh(kd)} \cos(\omega t - kx) \tag{10.4}$$

利用速度势可以进一步给出波长 $L$,它由下式表示:

$$L = \frac{gT^2}{2\pi} \tanh\left(\frac{2\pi d}{L}\right) \tag{10.5}$$

很多情况下,波浪长度可以近似表示成:

$$L = \frac{gT^2}{2\pi} \sqrt{\tanh\left(\frac{4\pi^2 d}{T^2 g}\right)} \tag{10.6}$$

上式中的波浪长度仅出现在一侧,因此使用公式(10.6)比较方便。

波浪的向前速度(波速 $c$)由下式给出:

$$c = L/T \tag{10.7}$$

波浪长度还有另外一些近似式,而且根据水深不同它们彼此是有区别的。例如,在深水中有下列关系:

$$L = \frac{gT^2}{2\pi} = \frac{9.8}{2\pi} T^2 \approx 1.56 T^2 \tag{10.8}$$

根据水深不同,水微团的实际运动也会变化。在深水中它的路径是圆,当水深逐渐变浅,路径变成椭圆。

水的速度和加速度常常是有用的,特别是在计算受力时。对 Airy 波浪,它们的水平分量 $U_w$ 和 $\dot{U}_w$ 为:

$$U_w = \frac{H}{2} \frac{gT}{L} \frac{\cosh[2\pi(z+d)/L]}{\cosh(2\pi d/L)} \cos(\theta) \tag{10.9}$$

$$\dot{U}_w = \frac{H}{2} \frac{gT}{L} \frac{\sinh[2\pi(z+d)/L]}{\cosh(2\pi d/L)} \sin\theta \tag{10.10}$$

### 其它形式的波浪

还有几种其它类型的波浪和波浪模型。在某些情况下,波浪接近上述规则的 Airy 波浪,但它的廓线并不是正弦波。模化它们的方法包括:斯托克斯波浪(不同阶的)、Cnoidal 波浪和 Boussinesq 波浪。其它类型波浪还有:(1)不规则波浪;(2)随机波浪;(3)断裂波浪;以及(4)极限波浪。不规则波浪是那些不具有单一波浪长度和一致高度的波浪。随机波浪是不重复的不规则波浪。断裂波浪是波浪底部不能支撑波峰,而导致断裂的波浪。极限波浪是相对较高但比较稀少的波浪。图 10.10 表示出了某些类型波浪的截面。下面较详细地讨论随机波浪,简要介绍断裂波浪和极限波浪。其它波浪模型的详细讨论超出了本书的范围。

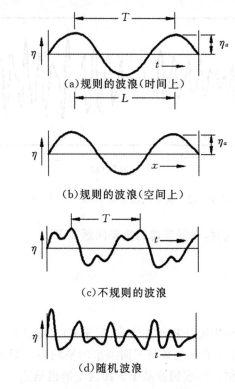

（a）规则的波浪（时间上）

（b）规则的波浪（空间上）

（c）不规则的波浪

（d）随机波浪

图 10.10　各种类型的波浪（USACE,2002）

(ⅰ)随机波浪

　　来自不同方向、距离和来源的波浪组合后就产生了随机波浪,如图 10.11 所示。随机波浪

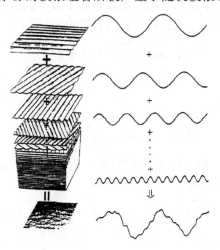

图 10.11　随机波浪的形成（USACE,2002）

对海上风能是重要的,因为它可能对支撑结构的设计产生重要影响。特别是需要考虑波浪频率和结构固有频率之间的关系。随机波浪与规则波浪不同,它的任一给定的波浪链都具有不同高度和波长。如图 10.12 所示。

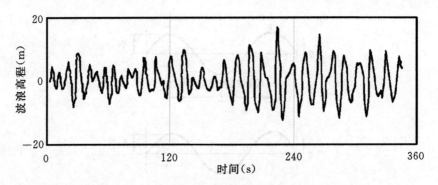

图 10.12  典型的波浪链(USACE,2002)

在描述随机海洋状态特点时,需要考虑的重要问题如下:

- 各种不同的波浪高度;
- 峰值周期;
- 波浪高度的分布。

对随机海洋状态的分析利用统计和谱方法(见附录 C)。海洋状态的基本特性是各种波浪高度 $H_s$。历史上,海员根据船上看到的最高三阶波浪的平均高度对此进行估计。而现在则取海洋表面高度标准偏差的四倍。标准偏差基于下面讨论的谱描述。

峰值周期 $T_P$ 是与能量最大波浪有关的波浪周期。严格地讲,它是频率 $f_P$ 的倒数,在该频率下波谱达到它的最大值(见下)。峰值波浪长度 $L_P$ 是与峰值周期有关的波浪长度。

波谱方法假定海洋特性可以用一个波谱来描述。波谱 $S(f)$ 是以频率表示的能量密度。它们建立了波浪能量(它是海平面到平均水面位移的平方)与频率的关系。与谱准则一样,波谱沿整个频率积分就等于方差 $\sigma_H^2$,如公式(10.11)所示。

$$\sigma_H^2 = \int_0^{H_{max}} S(f)\mathrm{d}f \tag{10.11}$$

式中 $H_{max}$ = 最大波浪高度。

因此有效波浪高度定义成:

$$H_s = 4\sigma_H = 4\sqrt{\int_0^{H_{max}} S(f)\mathrm{d}f} \tag{10.12}$$

最常用的波谱是 Pierson-Moskowitz(PM)谱。它最适用于深水,也常用于其它的情况。Pierson-Moskowitz 谱由下式给出:

$$S_{PM}(f) = 0.3125 \cdot H_s^2 \cdot f_p^4 \cdot f^{-5} \cdot \exp\left(-1.25\left(\frac{f_p}{f}\right)^4\right) \tag{10.13}$$

式中:

$H_s$ = 有效波浪的高度 m;

$f_p$ = 峰值频率( $= 1/T_p$ )Hz；

$f$ = 频率 Hz。

图 10.13 示出了 $H_s$ 等于 2.25，而 $T_p$ 等于 7.13s 海洋状态的 PM 谱。

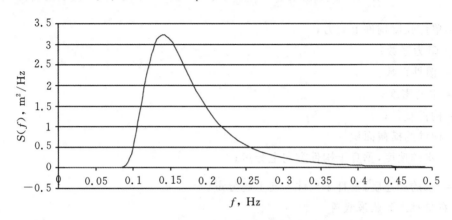

图 10.13　Pierson-Moskowitz 谱的例子

　　另一个常用的谱是 JONSWAP 谱。这个谱是 Pierson-Moskoeitz 谱的修正。它更适合于吹程受限情况下的开发中海区。该谱与 PM 谱比较，在具有同样能量的风暴情况下，形成峰值较高和较窄的谱。因此，JONSWAP 谱常用于极端事件分析。关于这种谱更详细的讨论可以查看 USACE(2002)。

( $ii$ )断裂波浪

　　至此，我们只考虑了非断裂的波浪。对于某些应用，特别是在浅水中可能更多的是断裂波浪。断裂波浪是指那些底部不再能支撑顶部，从而造成断裂的波浪。在浅水中如果波浪的高度大于水深的 0.78 倍，就会出现断裂波浪。详细介绍可参见 Barltrop and Adams(1991)。断裂波浪产生的力比同样高度的非断裂波浪要大许多。Wienke(2001)对这种现象进行了详细解释。

( $iii$ )极限波浪

　　正如在第 2 章中讨论的那样，在设计风力机风轮和其它主要部件时，重要的是对预计的最高风速做出估计。类似地，必须知道给定风场在一定时间周期内可能的最大波浪高度。这样的估计与支撑结构的设计有关。特别关注的最大值包括：(1)在一定海洋状态下的最大波浪高度；(2)在 1 年或 50 年这样长时期内最大的波浪高度。可以通过研究时间域内的波浪链来估计最大波浪高度。瑞利分布(见第 2 章)可以用于模拟在一定海洋状态下不同高度波浪出现的频率。可以估计波浪的总数(基于平均波浪周期)，然后用累积概率来估计波浪高度。例如，如果在某一海洋状态下有 1000 个波浪，而最高的波浪是超过 0.1% 的值。对较长的时期，如 50 年，极限波浪高度可以采用坎贝尔(Gumbel)分布来估计在较短时期(至少 1 年，最好更长)高波浪出现的次数来确定极限波浪高度。有关这种分布更多的讨论参见第 2 章或 Gumbel(1958)。

**来自波浪的力**

　　当波浪撞击结构，它就会在结构上产生粘性阻力和惯性力。通常用 Morison 方程计算这些力。对柱形构件 Morison 方程为：

$$\hat{F} = \frac{1}{2}C_d\rho_w D\,|U_w|U_w + C_m\rho\,A\dot{U}_w \qquad (10.14)$$

式中：

$\hat{F}$ = 单位长度构件上的力；

$C_d$ = 阻力系数；

$C_m$ = 惯性系数；

$\rho_w$ = 水的密度；

$D$ = 构件直径；

$A$ = 构件的横截面积；

$U_w$ = 水的速度，垂直于构件方向上分量；

$\dot{U}_w$ = 水的加速度，垂直于构件方向上的分量。

(iv)作用在单桩上的波浪载荷

因为此时可以采用封闭形式的方程来描述这些力，研究 Airy 波浪作用在细长单桩上的力和力矩很有意义。一般情况下，力和力矩的计算并不如此简单。

根据 Airy 模型，波浪作用在水深 $d$，直径 $D$ 的单桩上的最大惯性力和阻力如下(见 van der Tempel，2006)：

$$F_I = \rho_w g\,\frac{C_m\pi D^2}{4}\hat{\zeta}\tanh(kd) \qquad (10.15)$$

$$F_D = \rho_w g\,\frac{C_d D}{2}\hat{\zeta}^2\left[\frac{1}{2} + \frac{kd}{\sinh(2kd)}\right] \qquad (10.16)$$

同样，惯性力和阻力在海底造成的力矩为：

$$M_I = \rho_w g\,\frac{C_m\pi D^2}{4}\hat{\zeta}d\left[\tanh(kd) + \frac{1}{kd}\left(\frac{1}{\cosh(kd)} - 1\right)\right] \qquad (10.17)$$

$$M_D = \rho_w g\,\frac{C_d D}{2}\hat{\zeta}^2\left[\frac{d}{2} + \frac{2\,(kd)^2 + 1 - \cosh(2kd)}{4k\sinh(2kd)}\right] \qquad (10.18)$$

### 10.4.4.2 风/波浪的相关性

正如前面所指出的，在海上风力机设计时风和波浪是需要主要考虑的外部条件。了解一定速度的风和一定高度的波浪同时发生的特性也同样重要。最简单的假设是认为最大的波浪与最高风速同时发生。但这一假设可能产生误解。较好的方法是采用在所有可能条件下风和浪出现的组合概率来描述同时发生的特性。这种特性采用数据的扇区图来表示较为方便，如图 10.14 所示。

统计模型可以用于描述风/波浪的相关性。一种方法如公式(10.19)所示，它给出了风速 $U$，有效波浪高度 $H_s$，以及峰值周期 $T_p$ 出现的组合概率表达式。

$$f_{U,H_s,T_p}(u,h,t) = f_{U_w}(u)f_{H_s\,|\,U}(h\,|\,u)f_{T_p\,|\,H_s,U}(t\,|\,h,u) \qquad (10.19)$$

换句话说，风速、浪高、峰值周期的组合概率密度函数由风速的概率密度函数、给定风速下浪高的条件概率密度函数、以及在给定浪高和峰值周期下的波浪周期的组合概率密度函数的乘积来表示。假定公式(10.19)右侧所有的上述密度函数都可以找到一个适当的函数,那么就可以得到风速、浪高和峰值周期组合概率密度函数的表达式。需要注意,$U_1$ 和 $U_2$ 之间风速,$H_{s,1}$ 和 $H_{s,2}$ 之间浪高,$T_{P,1}$ 和 $T_{P,2}$ 之间波浪周期出现的概率由积分公式(10.20)给出:

$$P(U_1 < u \leqslant U_2, H_{s,1} < h \leqslant H_{s,2}, T_{P,1} < t \leqslant T_{P,2}) = \int_{U_1}^{U_2} \int_{H_{s,1}}^{H_{s,2}} \int_{T_{P,1}}^{T_{P,2}} f_{U,H_s,T_P}(u,h,t) \mathrm{d}u\mathrm{d}h\mathrm{d}t$$

$$(10.20)$$

| 浪高 $H_s$ (m) | NOAA44013 浮标 1984～2004 | | | | | | |
| | 风速(m/s) | | | | | | 总计 |
| | 0～5 | 5～10 | 10～15 | 15～20 | 20～25 | >25 | |
|---|---|---|---|---|---|---|---|
| 0～1 | 53 235 | 48 019 | 5 518 | 92 | 1 | 0 | 106 865 |
| 1～2 | 7 041 | 13 319 | 8 063 | 660 | 9 | 0 | 29 092 |
| 2～3 | 815 | 2 502 | 2 446 | 310 | 4 | 0 | 6 077 |
| 3～4 | 69 | 413 | 1 058 | 240 | 5 | 0 | 1 785 |
| 4～5 | 13 | 55 | 302 | 206 | 9 | 0 | 585 |
| 5～6 | 1 | 10 | 74 | 144 | 16 | 1 | 246 |
| 6～7 | 0 | 0 | 11 | 62 | 17 | 0 | 90 |
| 7～8 | 0 | 0 | 0 | 20 | 6 | 0 | 26 |
| 8～9 | 0 | 0 | 0 | 1 | 1 | 0 | 2 |
| >9 | 0 | 0 | 0 | 0 | 1 | 0 | 1 |
| 总计 | 61 174 | 64 318 | 17 472 | 1 735 | 69 | 1 | 144 769 |

图 10.14　NOAA 4413 号浮标处有效浪高和平均风速的出现次数

有关这些方法的更进一步的讨论超出了本书的范围。然而,应当指出,由于风力机对外力响应的非线性特性,结构载荷的分布可能不同于风速和波浪随时间的分布。这一问题更详细的信息参见 Cheng(2002)。

### 10.4.4.3　其它海洋气象学设计条件

前面的讨论只关注了风和浪,对海上风力机特别是支撑结构设计的影响。此外,还必须考虑海流、潮汐、浮冰、海水盐度、温度以及各种其它因素的影响。有关这些问题更详细的信息参见 IEC(2009)。

### 10.4.4.4　海上海洋气象数据的收集

收集海上风、波浪以及其它海洋气象数据是一个内容广泛的主题,但它超出了本书的范围。对一些相关内容的综述见 Manwell 等人(2007)的文献。

## 10.4.5　海上电力传输

将海上风力机发出的电力传输到岸上需要水下电缆。水下电力传输要求特别注意各种技术和经济问题,包括:

• 传输电压;

- 电力损失；
- 电缆电气特性和成本；
- 埋缆技术和成本。

如果电力传输电缆设计得不合适可能会产生很大的能量损失。对于短距离，中等电压的交流电缆是合适的。长距离电力传输要求粗导线和高电压。对于特长距离，建议采用高电压直流（HVDC）输电。例如，研究表明，三相交流电力输送系统，当传输距离超过 50 千米时，可能有 30% 的损失。与之相对比的同样距离高压直流传输系统传输损失则只有 13%（Westinghouse Electric Corp. , 1979）。

电力系统的设计人员需要考虑开关柜，变压器，不同传输电压的电缆的成本，以及最经济有效的绝缘类型与电缆的电容。海上风场的场内传输电压受开关柜与变压器容量和成本的影响被限制在 33kV。这些设备的成本在容量超过一定数值时会迅速增加（Gardner et al. , 1998）。如果有独立的变压器平台，连接海岸的电缆电压可以高达 150kV。可能的电缆绝缘技术包括：交叉链接聚乙烯（XLPE）、乙烯、丙稀橡胶（EPR）、自含流体充注（SCFF）绝缘。交叉链接聚乙烯（XLPE）广泛应用于陆上（因此，较为便宜），但是用于水下，需要有防水层保护。乙烯、丙稀橡胶（EPR）不需要金属外壳，可以用于水下（Grainger and Jenkins, 1998）。高压自含流体充注（SCFF）绝缘电缆有铜芯导线，四周由石油输送管或者木浆纸绝缘层包裹，外层包裹钢丝或橡胶进行保护（Fermo et al. , 1993）。最后电力线的容抗应足够大，以提供无功功率或产生风力机电机的自激励，这一问题需要加以考虑。

仔细规划电力电缆的安装，对于减少电缆的寿命期成本非常重要。电缆铺设船和设备昂贵，并且电缆要经受损伤。最大的破坏来自抛锚和捕鱼，因此电缆理想地应埋入海底至少 1 米。另一个危险，是运动的沙浪，它能在几周内将电缆的掩盖层掀开。电缆可能需要埋入 2～3 米深以避免浪的作用。电缆被岩石磨损也是一个问题，可能需要电缆的铠装保护、掩埋或者二者结合。

好的电缆设计必须在昂贵的电缆安装和掩埋成本与故障和维修成本之间找到恰当的平衡。掩埋方法包括开沟、气吹、水喷射、挖掘及割岩。有各种的掩埋机械：塔式、自由浮动式、可跟踪的遥控装置（remotely operated vehicles, ROVs）。开沟一般适用于粘土沉积的长距离平坦路径。喷射工具运用在沙土区工作，并且短期运行较便宜。有些机械可以根据海床条件更换工具。电缆可以直接放在海床上（不掩埋），边铺设边掩埋，也可以先铺设然后掩埋（铺后掩埋）。电缆安放和掩埋方法的选择取决于长度、水深、土壤特性及现有设备。电缆铺设船应该具有良好的停泊和控制系统，甲板面积足够安放电缆、设备及人员居住用具。一个项目可能需要针对不同技术和地区的不同的铺设船。对某些项目可能需要特殊目的的电缆铺设船。一个好的设计需要对路径、坏天气的应对计划进行评估调查。最后，系统和路径需要设计成适合于经济适用的维修。电缆安放必须使损坏部分易于识别和确定位置，并能在海洋环境下联接。Martinze de Alegria 等人（2009）给出了海上风电系统电缆关键问题的总结。

## 10.4.6　海上风场的设计问题

海上风场选址要求考虑各种各样的问题，包括许可审批要求、航线、捕鱼区、鱼类、鸟类繁殖和捕食习性、现有的水下通信及电缆、视觉关注（近海风场）、风暴时的潮水、海浪、海床特性、水下暗流、水下考古场址、指定的海事避难所、竞争性用途(娱乐、国防)、已有的建筑基础和平台区域(电缆铺设船、基础建设设备、安装驳船)以及维修运输。

海上风电场风力机的布置对经济性有重大的影响。经济性问题将在第 11 章详细讨论,但经济性问题与能量产出有关,当然也就和布置有关。例如,如果风力机相距太近,尾流就会减少总能量产出。另一方面,如果风力机相距过远,电缆将会更长,风电场内电力网络的成本就会较高。同样,如果风力机选址远离海岸,风速以及能量产出就会相对较高,但是,由于输送电力到岸的电缆较长,并且水深可能增大,使支撑结构成本增大,这会抵消能量产出增大的收益。关于这一问题更详细的信息见 Elkinton(2007)。

### 10.4.7　海上风电场场址调研

海上风电场建设以前,一般会有大量的可行性研究及许可审批工作。这些工作要求进行大量的调研。除去海洋状态参数的测量之外,以下内容的许多或全部也可能需要调研:

- 水深测量;
- 海底成像;
- 海底土层断面声学测量;
- 地磁探测;
- 振动采样;
- 地勘钻孔。

水深测量是指对水深度的测量。一种称为回声探测仪的装置可以用于这个测量。这些测量结果应该比海图提供的信息更为准确。

海底成像采用侧向扫描声纳完成。目的是确定海底表面可见的情况,比如沉船,它会影响风力机的布置。

海底土层断面声学测量是初步地质研究的一部分,目的是弄清海底以下土壤的性质。特别是,它可以帮助识别不同性质过渡区的性质和深度,比如沙土和岩石之间过渡区。顾名思义,这种方法利用声波。声音由一个拖拽在船后面的发声器发出。声音穿透到不同深度的土壤,部分声音被反射回来。反射回来的声音信号经过处理提供土壤的信息。典型的土层断面示于图 10.15。

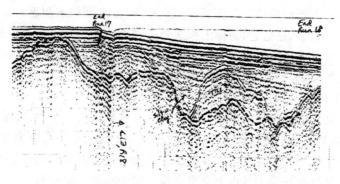

图 10.15　典型的土层断面

地磁探测用于确定感兴趣区域是否存在磁性材料。这样的金属材料可能来源于沉船或未探测出的矿床。

振动采样是寻找海底土层沉积物原始芯样的方法。使用这种方法获得的这些芯样靠近海床,在几米的量级范围。振动采样研究芯样用于研究电缆建议的路径。

土壤样本用于最终决定支撑结构的设计。这些样本由海上钻探装置获得。如果可能,海上钻探装置钻孔需获得相关结构整个长度上的土样。至少应到海床基岩。

### 10.4.8　海上风能的其它考虑

海上风能的其它需要考虑的问题包括运行维护、经济性以及环境问题。运行维护十分重要,其中可能包括专用船舶及其它装置,其成本都十分昂贵。这些内容超出了本书的范围。有关海上风能经济性的部分问题在第 11 章讨论,环境问题在第 12 章阐述。

有关海上风能技术更多的信息可以在如像 Musial(2007)以及 Twidell 和 Gaudiosi(2009)这样的文献中找到。

## 10.5　恶劣气候下的运行

恶劣气候下运行需对风力机设计加以特殊的考虑。恶劣气候包括不寻常的极端风速、高杂质和高湿度、很高或很低的温度以及雷电。

炎热气候的高温和高湿度会引起若干问题。高温会使润滑剂稀释,使电子设备运行退化,还可能由于热膨胀影响机械系统运动。水份和湿气会腐蚀金属使电子设备运行老化。湿度问题可能要求使用干燥剂、除湿机,并改进密封系统。所有这些问题采用针对风场的设计都是可以解决的,但是这些都必须在风力机安装到现场之前预见到。

在低温下运行也会导致特殊的设计问题。有一些风力机已经被安装在世界上气候寒冷的地区,包括芬兰、魁北克北部、阿拉斯加以及其它欧洲、北美以及南极洲寒冷地区。经验表明,因为传感器和风力机的结冰、材料在低温下的性能、冻土层和雪等原因,天气寒冷地区会对风力机提出许多重要的设计和运行要求。

寒冷气候下风力机结冰是个重大问题。结冰有两种形式:光冰和霜冰。光冰是雨在冷表面冻结形成的,在接近 0℃下发生。光冰通常是透明的,并形成大面积冰层。霜冰是当空气中的过冷水滴接触冷的表面形成的。气温低于 0℃时,就会发生霜冰积聚。冰积聚在气动表面使风力机性能下降,而在风速仪、风向标上积聚会造成这些传感器或者不发出信息,或者出现错误信息。结冰还会造成风轮不平衡,气动刹车失灵,压坏动力线,掉落的冰块还会造成人员伤害。为了解决这些问题,已作了几种尝试,包括利用特殊的叶片涂层(Teflon®,黑漆)以减少冰的形成,采用加热系统、电动或气动装置去除积聚冰层。

寒冷的气候也会影响材料性能。冷的气候会减少橡胶密封的弹性,造成泄漏,减少间隙,降低断裂强度,增加润滑油的粘度。这些会造成机械故障或从电磁线圈到齿轮箱的任何部件出现问题。设计用于寒冷气候运行的大多数风力机都采用了对关键部件进行加热的加热器,以确保正确运行。材料在寒冷天气也会变得更脆。对于寒冷气候运行,零件的许用强度可能需要减小,或者要求采用一些特殊的材料,以保证零件在低温条件下正常运行,保证合适的疲劳寿命。

风力机的安装运行可能会受到寒冷气候条件的影响。风场的道路可能受到厚的积雪的严格限制。结果可能使由风力机问题造成的停机时间加长,维修推迟或维修费用增加。在冻土区安装,风力机安装季节可能被限制在冬天,此时,冻土层完全冻结,运输容易。

关于风力机在寒冷地带运行的更多信息可以在前七届 BOREAS 会议材料中找到。这些会议特别关注寒冷气候下的风能。会议定期在欧洲北部举行,可在互联网上查阅许多这些会议的论文。

最后,许多地区经常有雷电。雷电在传导至地面时,可能会损坏叶片、机械和电气部件。防雷电保护设计包括提供:阻抗非常低的电气通道至地面,使雷电绕过风力机的重要部件;采用电压冲击保护器保护电器;设计低阻抗的接地系统(IEC,2002)。

## 10.6 特殊的应用

历史上风能用于广泛的特殊目的应用,从磨面到锯木以及其它许多应用。最近至少有四个方面的特殊应用或研究。它们包括抽水、脱盐淡化、加热和制冰。本节讨论这四个方面的应用。

## 10.6.1 风力机抽水

全世界有数百万人不能获取他们全部所需的水。其中许多情况是井里或地层中有水,但必须从这些水源中把水抽出来才能用。风力用于抽水已经有几百年,而且目前仍然在这一方面发挥着重要的作用。历史上风力水泵纯粹是一种机械装置。但目前虽然机械抽水仍然是一种可行的选择,但也有几种其它可能的方案,包括风力/电力水泵以及在混合电力系统中的常规水泵。

风力水泵有四种主要的应用形式。它们是:(1)家庭用水;(2)灌溉用水;(3)牲畜用水;以及(4)排水。还有一种可能是用于海水淡化中的高压抽水,但这项内容在 10.6.2 节中讨论。

风力抽水的基本介绍可以在 Manwell(1988)中找到。对这一专题的深入讨论可参见 Kentfield(1996)。关于水泵更详细的内容一般可以在 Franenkel(1997)中找到。在 20 世纪 80 年代,荷兰致力于开发研究"高转速"机械抽水风车取得了很大的进展。执行这项工作的是发展中国家风能顾问组(Consultancy for Wind Energy in Developing Countries,CWD)。这项工作的其中一些研究结果仍然有用(见 Lysen,1983)。下面综述主要的问题。

### 10.6.1.1 机械抽水

最常见的抽水形式是完全机械式。风力抽水至少包括下列部件:(1)风轮;(2)塔架;(3)机械泵;(4)机械连接件;(5)井或其它水源;以及(6)供水系统(管路)。通常,某些储水装置也会出现在风力抽水系统中。根据不同的应用,水箱、水池、水库也可以用来储水。典型的机械水泵简图见图 10.16。

机械式风力抽水设计主要关心的问题包括:(1)风轮选择或设计;(2)泵的选择;(3)风轮和泵的匹配;以及(4)安全运行和在大风时停机或叶片收叠。这些任务都需要根据风资源可能的特性来执行。风车水泵历史上一直是活塞式。它们相对较为简单,用于这个目的非常合适,并且可以直接投入工作。早期一些泵的设计采用阿基米德螺杆,近代更为先进的腔室泵已用于某些风力抽水应用中。由于离心泵需要很高的工作转速,历来未被用作风力机械水泵。

就其特性来讲,风力抽水要求相当高的力矩,较低的工作转速。因此,风力机风轮一般设计成在相对较低的叶尖速比情况下具有最大的功率系数。这就意味着风轮将具有相当高的实度。由于转速低,阻力并不会成为风轮性能的主要影响因素,这样,叶型可以采用简单的形状。

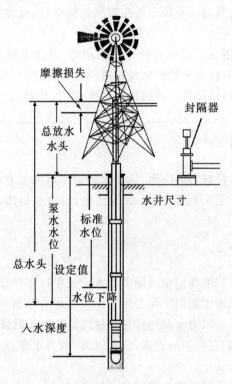

图 10.16　机械抽水风车(Manwell,1988)

**水量要求**

家用和农业都可能用水。排水也可能需要抽水。家庭用水量很大程度上取决于使用的各种设施。在世界很多的农村社区村民每天典型用水量为 15~30 升。如果有室内管线,水的消耗可能更高。例如,厕所冲水每次耗水 6~25 升(取决于设计),淋浴可能耗水 100 升或更多。

农业用水包括牲畜用水和灌溉用水。基本的牲畜用水需求范围是从鸡或兔子每天 0.2 升到奶牛的每天 135 升变化。灌溉需求估计更为复杂,取决于各种气候因素和谷物类型。灌溉用水需求大约等于种植所需水量和下雨所提供的水量之差。各种方法可以用于估计例如风和日照引起的蒸发率。这些蒸发率和植物生长周期内不同阶段的种植要求有关。例如在半干旱地区,每公顷蔬菜水果的灌溉要求为每天 35 000 升,而每公顷棉花为每天 100 000 升(Manwell,1988)。

排水要求与农场很有关系。典型的日排水量为每公顷 10 000 升到 50 000 升。

为了估计水量要求,可以先确定每个用户的用水量,然后把它们加在一起得到总水量。最好能得出月度的用水量,这样就能很方便地把这种需求与风资源联系在一起。

## 水量-抽水功率

抽水所需的功率与密度(近似为 1000 kg/m³)、重力加速度、总抽水水头(m)以及水的容积流量(m³/s)成正比。功率则与抽水效率成反比。因为 1 立方等于 1000 升,抽水功率 $P_p(W)$ 用公式表示为:

$$P_p = \frac{\rho_w g z \dot{V}}{\eta_{pump}} \tag{10.21}$$

式中, $\rho_w$ = 水的密度, $g$ = 重力加速度, $z$ = 抽水水头, $\dot{V}$ = 水的容积流量, $\eta_{pump}$ = 泵的机械效率。

## 泵与风轮的连接

对于任意给定的风速,风轮产生的功率必须与抽水功率匹配。因此:

$$C_p \frac{1}{2} \rho \pi R^2 U^3 = \frac{\rho_w g z \dot{V}}{\eta_{pump}} \tag{10.22}$$

抽水流量 $\dot{V}$ 是活塞行程容积(行程长度乘以抽水面积)和抽水速度(行程长度乘以泵曲轴的角速度)乘以泵的容积效率的函数:

$$\dot{V} = \eta_{vol} s_{pump} \frac{\pi}{4} D_{pump}^2 \frac{\Omega}{2\pi g_r} \tag{10.23}$$

式中, $\eta_{vol}$ = 泵的容积效率, $s_{pump}$ = 活塞的行程, $D_{pump}$ = 活塞的直径, $g_r$ = 风轮转速和曲轴转速的比值。

以叶尖速比、风速和风轮直径来表示:

$$\dot{V} = \eta_{vol} \frac{s_{pump}}{8} D_{pump}^2 \frac{\lambda U}{g_r R} \tag{10.24}$$

由此可得设计风速:

$$U_d = \frac{\eta_{vol} s_{pump} D_{pump}^2 \lambda_d \rho_w g z}{4 C_{P,\max} \eta_{pump} \rho \pi R^3 g_r} \tag{10.25}$$

假设水泵力矩是常量而且叶尖速比与力矩系数的关系是线性的,就可以得到风力抽水性能一些方便的数学表达式,详情参见 Lysen(1983)。

## 启动力矩

设计风力水泵的一个重要内容是确定风轮的启动力矩。对于活塞泵,运行力矩,包括启动力矩,随作用在活塞上的力,以及与活塞连杆上升和下降时对应的曲轴位置和长度而变化。根据水的重量和活塞的面积可得作用在活塞上的力 $F_p$:

$$F_p = \rho_w g \pi \frac{D_{pump}^2}{4} z \tag{10.26}$$

当曲轴和连杆垂直时力矩最大,因此:

$$Q_{p,\max} = \frac{s_{pump}}{2} F_p = \frac{s_{pump}}{2} \rho_w g \pi \frac{D_{pump}^2}{4} z \tag{10.27}$$

可以确定,最大力矩等于 $\pi$ 乘上平均力矩。

**控制与高风速保护**

在设计机械水泵风车时,需要考虑两个主要的控制问题:(1)偏航控制和(2)高风速保护。绝大多数机械水泵风车采用尾翼使风轮对风。尾翼与风轮平面垂直。当风向发生变化时,在尾翼侧面阻力产生的力矩作用下,尾翼完成上述功能要求。高风速下的保护是使风轮平面与风向不垂直。保护作用的效果必须大于尾翼通常的作用效果,从而使风轮向相反方向偏转。保护效应通常是使风轮与偏航轴有一偏移来产生。高风速下作用在风轮上的推力试图使风轮保持在正常风况下的位置,设计中采用弹簧或重力机构。一些可能的结构在 Le Gouriere (1982)的文献中有说明。

### 10.6.1.2　风电水泵

在某些需要水而机械抽水又不适合的情况下,风电水泵可能更为合适。例如,在井附近位置风资源很低,但离井不远的地方风很大的情况。

在风电水泵中,风力机实质上就是用于偏远地区的常规风力发电机组。只是它发出的电能不用于电池充电或供应交流电网,而是直接供水泵使用。

用于风电抽水的风力机一般采用永磁交流发电机。水泵是离心式,由传统的感应电动机驱动。风力机的发电机一般直接与水泵马达连接。在这种情况下并不采用电池或功率转换器如逆变器。压力和/或浮子开关以及微控制器用作控制手段。有了合适的控制,风力机和水泵就可以在一定转速范围内工作。有些风电抽水系统甚至既可以抽水又可以用于电气化。关于风电抽水的一种应用方法的细节在 Bergey(1998)的文献中介绍。

### 10.6.1.3　混合电网水泵

风能也可以用在混合电力系统中抽水。这种情况下抽水的技术问题基本与传统电网系统中的情况一样。唯一的区别是抽水可以和储水结合,以便于负荷管理,从而更有效地利用风能资源。

## 10.6.2　风电咸水淡化

世界很多地方没有饮用水源,然而,其中很多地方是有半咸水或咸水的,它们可以通过淡化转化成饮用水。淡化是个能量集中消耗的过程,通常没有经济的常规能源来供应淡化过程。很多情况下,风能是一个较好的能源。

淡化常常通过热力过程或者薄膜处理来完成。最常见的方法是反渗透(reverse osmosis,RO)或蒸发压缩系统。近几十年薄膜技术的发展逐渐使得反渗透(RO)技术在淡化上更加具有吸引力,而与用什么样的能源无关。下面一节讨论反向渗透淡化。

### 10.6.2.1　反向渗透淡化的原理

反向渗透是个过滤过程,它利用一个半渗透薄膜允许水通过,同时去除盐分。渗透是自然发生的现象,可以用统计热力学来解释。如果用半渗透薄膜将一定体积的纯水和盐溶液隔开,结果纯水会逐渐流入盐溶液中。如果在盐溶液侧加上一定的机械压力,水就会被强制从相反方向通过薄膜。结果纯水可以收集在另一侧。这和通常的渗透过程是反向的,这就是反向渗透名称的由来。

强制一种溶液通过半渗透薄膜所要求的压力称为渗透压力。对于低浓度的溶液,渗透压

力 $p_{\pi}(P_a)$ 可以通过下列公式计算(称为莫斯(Morse)方程):

$$p_{\pi} = iS\rho_w R_u T/M \tag{10.28}$$

式中,$i$ = 冯·霍夫因子(近似等于 1.8),$S$ 为盐度(g/kg),$\rho_w$ 为水的密度(kg/m³),$R_u$ 是通用气体常数(8.314 47 J/(mol K)),$T$ 是绝对温度(K),而 $M$ 是盐的克分子量(58.5 g/mol)。

海水的盐度随地区不同变化。典型的值为每千克水 35 克盐。例如,假设海水的密度和温度分别为 1020 kg/m³ 和 20℃,该盐度值下相应的渗透压力约为 2.7 MPa。这意味着在水渗入薄膜之前供水压力必须超过大气压力的 26 倍。

淡化海水所需的功率主要是使水通过薄膜的压力和渗透流量的函数。大约有 7% 进入系统的水渗透通过薄膜。剩下的水继续通过系统,形成浓缩的盐水。将盐水和淡化水抽出要消耗功率,因此通过薄膜的压力必须高于渗透压力以保证合理的流量。一般至少是渗透压力的两倍。通常其数值为 5~7 MPa(Thompson,2004)。结果是单位渗透量所耗费的功率要比根据渗透流量和渗透压力预计的功率大。总的比功 $w_{desal,tot}$ (单位 kWh/m³)可以通过下列公式确定:

$$w_{desal,tot} = \frac{(\Delta p_{L,1} + \Delta p_{L,2} + \Delta p_H) + \Delta p_{RO} f_p + \Delta p_B (1 - f_p)}{(f_p)(3600)} \tag{10.29}$$

式中,$\Delta p_{L,1}$,$\Delta p_{L,2}$,$\Delta p_H$ 分别为第一级和第二级低压给水泵的压力升高,以及高压给水泵的压力升高;$\Delta p_{RO}$ = 薄膜两侧的压力降低(大约是两倍的渗透压力);$\Delta p_B$ = 经过盐水泵的压力升高;$f_p$ = 渗透比例。(所有压力的单位都是 kPa。3600 是将 kJ/m³ 转换成 kWh/m³ 的转换系数)。参见图 10.17。

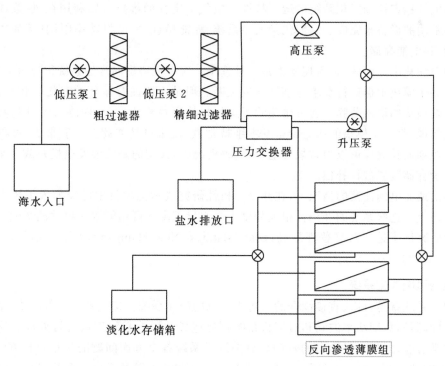

图 10.17　海水淡化

现在典型反向渗透系统生产纯水的实际净耗功根据系统设计的不同在 3 到 5 kWh/m³ 之间(假设输入水的盐度为 35 g/kg)。这至少是只考虑渗透压力预计耗功的 4 倍。

### 10.6.2.2 风能咸水淡化系统的应用

风作为动力的淡化系统可在下面四种形式得到应用:(1)大型中心电网;(2)中心电网的配电系统;(3)混合电力系统网络;或(4)直接连接的系统。

第一类系统原理上与常规电网系统连接的淡化系统基本一样。在风力机电压达到传输电压等级时,风力机与淡化工厂之间一般有一定的距离。如果淡化工厂靠近发电厂,那么它就具有某些配电系统等级淡化系统的特点(见下)。除此之外,这些系统与常规淡化系统比较,会存在一些实际的问题(如果有的话)。

#### 配电系统等级的淡化系统

这一类的系统是指风力机和淡化工厂都被连接到配电系统,它的电压是配电电压(一般为 13 kV 或更低)。在这些系统中,会产生一些与所连系统发电容量有关的技术问题,因此,实际上构成了可能安装发电容量的上限,或者在高发电低负荷时系统可能输出功率的上限。在实践中,这一限制以及技术都是可以调整的。这类系统中经济性的因素也很重要。至少从原则上讲,这类系统内的社区有时可能需要:(1)采购或销售电力;(2)生产淡水;(3)采购或销售水;(4)即时分配水;(5)存储或分放水。在任何给定的时间,都必须作出上述相关的决定。

#### 风力混合淡化系统

这类系统包括那些在岛上和在孤立社区的系统。这类系统可能会有很大的技术问题,影响电网的电气稳定性和淡化系统的运行特性。电气稳定性的维持可以利用在风/柴或混合电力系统中常用的设备来完成。它们包括监控系统、耗能负载、发电机功率限制(例如风力机的桨角控制)和电能存储。

特别对淡化工厂而言,负荷控制也是一种选项。对多模块反向渗透系统很有可能这样做,一个或者多个模块根据运行要求分别开通或关断。但是应该注意循环的变化要相对慢一些,保证不影响模块的渗透薄膜。通常希望除了运行模块数量变化外,反向渗透组件仍然正常运行。也就是说,每一个模块的压力希望基本维持常数,流量也是如此。一般来讲,可再生能源发电机的短期波动效应可以由常规发电机(这种情况下,典型的是柴油发电机),或者某种形式的功率平滑存储装置进行补偿。

在自治或非电网连接的情况下,在几个分析性研究或示范项目中已经加入了风力驱动的反向渗透系统。这些系统的经济性很大程度上受水量需求和可用能源一致性的影响。这种系统最新的研究例子是在新汉普郡星岛(Star Island in New Hampshire)上实施的项目(Henderson et al.,2009)。

#### 直接连接的风能淡化系统

第四类系统就是自由、直接耦合的可再生发电的淡化系统。这类系统一般较小,某些情况下最大的问题是,短期功率波动和对淡化系统可能造成的影响必须直接进行处理。这些问题技术上非常有趣,但超出了本书的范围。有关这类系统各个方面问题的讨论可以在 Miranda 和 Infield(2002),Thompson 和 Infield(2002),Fabre(2003),以及 Carta 等人(2003)的文章和报告中找到。反向渗透与风力机直接联系的系统也在 20 世纪 80 年代由 Warfel 等人(1988)

的文献中进行了研究。

### 10.6.2.3 淡化工厂描述

典型的淡化工厂简图示于图 10.17。如图所示，它包括了几台泵、过滤器、热交换器以及反向渗透模块组。每一个模块包含一个缠绕式半渗透薄膜。纯水可以通过薄膜。剩余溶液继续流到盐水排放口。

大多数海水反向渗透系统设计成单级式，每个压力仓带 5 到 8 个薄膜部件（Wilf and Bartels，2005）。增加每个仓的部件数量具有明显的成本优势。对一个典型的结构，每个压力仓带 6 个部件的反向渗透系统的压力仓数量比带 8 个部件的要多 33%。可安装在压力仓中的薄膜部件的实际数量是每个薄膜独有的特征。

如果入口的水质不进行适当的过滤，反向渗透薄膜很容易失效和过度污染。因此，一般在薄膜的上游安装采用管壳式过滤器的预处理系统。低压泵用于使水流过过滤器。过滤器的目的是去除会损坏薄膜的所有杂质。但管壳式过滤器对去除如像油这样的污染物不够有效。

为了减少淡化系统所需的能量，可以采用一个能量回收装置。有些渗透系统使用与发电机连接的 Pelton 水力透平，它给高压泵提供功率。另一种方法是使用压力交换器。这种装置利用高压排放的盐水直接使进口的给水增压（Andrew et al.，2006）。

### 10.6.3 风能加热

风能可以用于空间加热、家用热水或其它类似用途。一个概念性方案于 20 世纪 70 年代提出，称为"风炉"（Manwell and McGowan，1981）。在这个方案中，专门特殊设计的风力机用于向住宅供热。风力机的电能用装在水箱内部的电阻加热器上耗散掉。热水从储水箱循环到房间需要热量的其它地方。目的是直接提供热量，而不是与电力系统的动力线连接。其优点是在切入风速至额定风速整个运行范围内风力机可以在恒定的叶尖速比下运行（因此可以获得最大功率系数），而不需要中间的功率转换器。丹麦 20 世纪 80 年代研究过所谓的"Windflower"的类似概念，20 世纪 90 年代在保加利亚至少安装过一个风力加热系统。芬兰也做过这方面概念性的研究工作。尽管有这些尝试，基于特殊风力机的风力机加热系统并没有得到广泛应用。

然而，各种风力加热概念得到了广泛的应用，特别是在混合电力系统中。在这些情况下，常规的风力机用于提供常规的电力负荷，同时也用于提供空间加热和家用热水。此时，加热通常具有某种形式的热存储功能，因而加热系统可以起到负荷管理的作用。当风力机的能量多余时，多余的部分就用于加热热存储介质。需要加热时，如果风能足够，可以直接用风力机电力来加热，也可以使用存储的热量。混合电力系统利用风能供热和电力的例子是 Tanadgusix（TDX）公司在阿拉斯加圣保罗岛的项目（Lyons and Goodman，2004）。

在带存储的加热系统中，热一般存储于水中或陶瓷中。Johnson 等人（2002）介绍了一种带加热和陶瓷热存储的风/柴系统。在这个概念中，所采用的分布式控制器可使风电电力和存储加热要求之间的匹配更为方便。

需要记住的一点是，风电机组电能转换为热的转化效率基本上是 100%。如果热是期望的产品，风电就可以用来生产它。另一方面，电具有很高的使用价值（从热力学意义上讲）。因此，可以通过采用热泵使电产生的热量多于电简单耗散产生的热量。只是多的热量是热泵储热介质温度的函数。储热介质可以是空气、土壤、或者水井里的水。电转换成热的性能系数(输出的热与输入的电之比)取决于储热介质的性质、温度以及热泵的设计,其范围为 2.0～5.0。很明显,在系统中采用热泵利用风电的效益比使用电阻器更高。然而,采用热泵是否具有经济意义取决于热泵的成本以及在一年期间额外增加的总有用能量的成本。

### 10.6.4　风能制冰

风能可以用于制冰。这个概念的前提与风能直接用于满足某种特殊需求有些类似。这里的特殊需求为制冰、或由此获得的制冷能力。

风能制冰的原理是用来自风能的电力驱动朗肯循环冷冻机。冰既可以分批生产也可以连续生产。如果分批生产,在取走冰时过程就必须中断。理想情况下,风力机风轮和冷冻压缩机应该变转速运行。这有利于使风能转换成机械能的转换效率最大,并且不必维持电流的恒定频率。

据作者所知,已建的风力驱动制冰系统都是试验性质的。美国至少建有一个(Holz et al.,1998),另一个于 20 世纪 80 年代在荷兰建成。

## 10.7　能量存储

能量存储可以在风能系统中起到很好的作用,特别是那些能源需求的较大份额由风能提供的系统。能量存储可以帮助克服能源需求和可用风能之间的不匹配。可以考虑的能量存储方式有许多种,包括蓄电池、压缩空气、飞轮、以及抽水蓄能装置等等。制氢也可以用于存储,但由于氢具有燃料性质,将在后面一节中讨论。有两个特性是我们感兴趣的:(1)单位成本所能存储能量的数量;(2)吸收或者传递能量的速率(即功率)。存储的时间尺度也十分重要——它是用于处理秒、分、小时、或天等哪个时间尺度数量级上的波动? 比如,抽水蓄能装置一般用于满足电负荷的日变化;蓄电池对处理分到小时尺度的变化最为有效;风轮用于平缓秒、分级的功率波动。现在,风能应用中最常用的存储介质是蓄电池,但对压缩空气储能和飞轮有了一些新的想法。抽水蓄能装置在某些场合仍然具有吸引力。因此本节其余部分集中讨论这四项内容。关于能量存储更详细的信息可以在 Ibrahim 等人(2008)和 Baxter(2006)的文献中找到。

### 10.7.1　电池储能

电池储能在小型混合电力系统中是非常普遍的,偶尔也用于大型电网系统。电池被证明是最有用的能量存储介质,主要是由于使用方便和成本低。电池存储系统是模块化的,多个电池可以存储大量的能量。最常用的是铅酸电池,偶尔也使用镍镉电池。电池是直流装置,因此交流系统中的能量存储需要功率转换器。

电池的一个重要特性是它的端电压,它随充电的状态和电流改变。充-放电过程典型的电池、电压曲线示于图 10.18。如图所示,电池放电时端电压下降。开始充电时,端电压跃增到高于额定原电池电压的一个值。原电池完全充电后,在气体发生以前(原电池中产生氢气),端电压甚至增加很多,然后端电压趋于稳定。

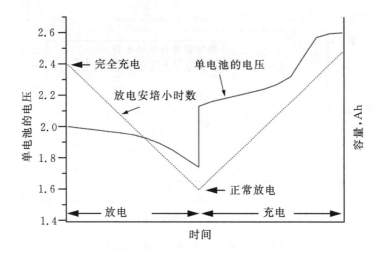

图 10.18　典型的电池电压和容量曲线（Fink and Beaty, 1978），获 McGraw-Hill Companies
允许转载

电池性能的许多特性会影响它在电力系统中的使用（见 Manwell and Gowan, 1994）。这
些特性简述如下。随后对其中一些特性作更详细的介绍。

- **电池容量**　电池的有效容量是电流的函数，因此现有可用存储是储能使用率的函数；
- **端电压**　端电压是充电状态及电流水平的函数，影响到储能电池和系统其它部分之间电力
  传输回路的运行；
- **效率**　电池效率并不是 100%。可通过智能控制器的作用将电池损耗减少到最小，但绝大
  部分损耗是由于放电和充电过程中的电压差造成的，这是电池工作的固有特点；
- **电池寿命**　电池的使用寿命是有限的。电池寿命是充-放电循环深度和次数的函数，也和
  电池设计有关；
- **温度影响**　电池容量和寿命也是温度的函数。电池的可用容量随温度降低而减小。一般
  来说，0℃时的电池容量仅为室温时的一半。在室温以上，电池容量稍有增加，但电池寿命
  急剧缩短。

### 10.7.1.1　电池容量和电压

总的电池容量用安培一小时 Ah（充电单位）或 kWh 表示。额定电池容量是以额定电流
放电直到每个单电池电压降到 1.75 伏（对 12 伏电池为 10.5 伏）时的放电 Ah 数。电池可用
容量取决于充电或放电速率。高的放电速率导致较早的电池衰竭。电压很快下降，不再有可
用的能量。在低的放电速率下，在电压下降之前电池可以提供更多的能量。在高的充电速率
下，只需要一小会儿，端电压就会迅速增加。较慢的充电速率可使电池充进更多的电量。图
10.19 给出了电池可用容量和放电速率之间的关系。本例中，电池能够储存的容量以 50% 的
关系随电流变化。

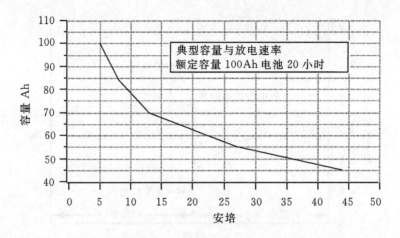

图 10.19　电池容量和放电速率的曲线

## 电池容量模型

如前所述,已经知道充放电时的电池容量随着充电与放电速率的增加而减小。假设一部分充电是"可用的"(也就是可以立即获得的)而一部分是"受约束的",这种特性可以模拟。受约束的充电量可以在与一速率常数 $k$ 成正比的某一速率下得到释放。电池动态模型反映了这些假设,并可以用于模拟电池容量和电压(Manwell and McGowan,1993;1994)。在这个模型中,电池在任何时候的总充电量 $q$ 是有效充电量和受约束充电量之和。这个模型最初是为铅酸电池开发的,但它也可以适用于其它形式的电池。根据这个模型,在电流为 $I$ 时最大的视在容量 $q_{max}(I)$ 由下式给出:

$$q_{max}(I) = \frac{q_{max}kct}{1 - e^{-kt} + c(kt - 1 + e^{-kt})} \tag{10.30}$$

式中,

$t =$ 充电或放电时间,由 $q_{max}(I)/I$ 确定,hrs;

$q_{max} =$ 最大容量(在无限小电流情况下),Ah;

$k =$ 速率常数,hrs$^{-1}$;

$c =$ 有效充电容量和总容量的比率。

三个常数 $q_{max}$,$k$ 和 $c$ 可以通过生产商给出的数据或试验数据导出,如 Manwell 等(1997)所述。

## 电池电压模型

电池端电压 $V$ 是充电状态和充电电流的函数,可以利用如图 10.20 所示的等效电路,以及公式(10.31)和(10.32)来建模。公式(10.31)用内电压 $E_0$ 和内电阻 $R_0$ 来描述端电压。公式(10.32)将电池的内电压与它的充电状态联系在一起。

$$V = E - IR_0 \tag{10.31}$$

$$E = E_0 + AX + CX/(D - X) \tag{10.32}$$

式中,

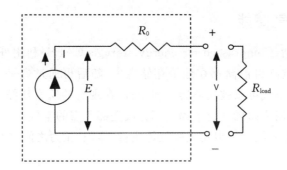

图 10.20　电池等效电路

$E_o$ = 完全充电/完全放电时电池的内电压(在任一初始瞬态以后);

$A$ = 反应充电状态时电池内电压初始线性变化的参数。"$A$"一般放电时为负数,充电时为正数;

$C$ = 反应电池逐渐放电/充电时电池电压减小/增加的参数。$C$ 在放电时为负数,在充电时为正数;

$D$ = 反应电池逐渐放电/充电时电池电压减小/增加的参数。$D$ 为正数,一般近似等于 1.0;

$X$ = 给定电流下的正则化容量。

充电时正则化容量 $X$ 用电池充电时的充电量来定义:

$$X = q/q_{max}(I) \tag{10.33}$$

恒定电流放电时,$X$ 用被消耗的电量定义:

$$X = (q_{max}(I) - q)/q_{max}(I) \tag{10.34}$$

### 10.7.1.2　电池效率

电池效率有两种度量方式。库仑效率是指在一个完整的充电-放电循环中放电时电池释放出的电量与充电时电池充入的电量的比值。一般的库仑效率范围为 90%～100%。充电电流越低,库仑效率越高(并且气体生成降低)。第二种效率是能量效率。能量效率是指在一个完整的充电-放电循环中电池输出的能量与输入电池的能量的比值。能量效率反映较低的放电电压和充电需要的较高电压。能量效率按照运行条件通常在 60%～90% 之间。

### 10.7.1.3　电池寿命

与其它存储介质不同,电池容量随着使用会下降。当电池容量降低到额定容量的 60% 时,通常就认为它已经处于耗尽状态了,电池寿命一般用在电池达到某一放电深度条件下的充电放电循环次数来表示。通常对给定的电池,循环放电深度越深,电池寿命越短。循环寿命还取决于电池结构。长循环寿命电池可以持续 1500～2000 次深度放电循环,但是汽车用电池只能深度放电 20 次。电池寿命有时可以利用为材料疲劳发展出来的技术进行模化。有关电池寿命更多的信息参见 Wenzl 等人(2005)的文章。

## 10.7.2 压缩空气储能

压缩空气能量存储(Compressed air energy storage,CAES)利用外部电源,如风力机,驱动空气压缩机。压缩空气再被储存在地下存储室中,随后再通过透平/发电机向电网回供电力。从原理上讲,压缩空气可以被气体透平利用,但在现有的所有压缩空气能源存储(CAES)系统中,压缩空气只是用来向燃气透平提供部分或全部所需的空气。

压缩空气储能的中心问题可以用反映气体质量、体积、压力之间关系的理想气体定律来说明。对空气,公式为:

$$pV = mR_aT \tag{10.35}$$

式中,$p$ = 压力(kPa),$V$ = 体积(m³),$m$ = 质量(kg),$R_a$ = 空气的气体常数(0.287 kPam³/kg K),而 $T$ = 温度(K)。

理想的压缩机和透平是绝热的。这就意味着压缩或膨胀过程中没有热量输入或输出。(严格地讲,理想的装置实际是等熵的,因此过程既是可逆的,也是绝热的。)公式(10.36)给出了等熵压缩或膨胀过程温度和压力的关系,公式(10.37)给出了过程输出的等熵功(按惯例,输入功取负值)。

$$T_{2s} = T_1 \left(\frac{p_2}{p_1}\right)^{(k-1)/k} \tag{10.36}$$

$$w_s = \frac{kR_aT_1}{k-1}\left[1 - \left(\frac{p_2}{p_1}\right)^{(k-1)/k}\right] \tag{10.37}$$

式中,$k$ 是定压比热与定容比热的比值(室温时 $k$ 等于 1.4,其它温度下稍有变化),$w$ 是装置的输出比功(kJ/kg),下标 1 和 2 分别表示装置的进口和出口。下标"$s$"表示等熵过程。

需要指出的是,空气的温度在压缩时会升高,膨胀时会降低。一旦空气压缩,温度就上升,空气就会向四周散发热量。如果散热持续下去,空气温度就会等于环境温度。所导致的能量损失将是压缩过程给予空气能量的很大一部分。这种"损失"的能量必须在透平膨胀之前得到补充,例如通过燃烧天然气来加热空气。总体效果是能量存储与利用过程的效率大大下降。有几种方法可以减少热量损失,比如采用绝热压缩机和透平(或近似采用多级),热存储,以及再发电。在这个概念中,热量从压缩机中取出,先进行临时性存储,然后在空气进入透平之前再传回空气。但这仍然会有损失,同时也会增加系统的复杂性。在很大的空气存储室中,表面面积(热损失发生的地方)与其体积比较相对较小,因此如果存储时间较短,热损失的影响就会减小。

在实际现有的压缩空气能量存储(CAES)系统中,空气在夜间或者其他电力需求较低时被压缩存储。在白天或者其他电力需求较高时,压缩空气被释放出来提供给燃气透平。典型的燃气透平可能利用其所产生功率的大约 50% 来运行自身的压缩机。由于可以使用存储的压缩空气,燃气透平产生同样功率时消耗的燃料显著减少。

图 10.21 是一个使用开式循环燃气透平的 CAES 系统的简图。如图所示,在"1"处空气进入压缩机(由电动机驱动),被压缩至压力与温度较高的状态"2",然后存储在气腔室中。然后空气进入燃烧室,与燃料(天然气)混合。燃料燃烧使透平入口"3"的温度增加。透平从燃气中吸收的大量能量转化成轴功。在过程的这一部分压力和温度降低,在"4"处排除乏气。在常

规条件下(即没有风力机),大量轴功用于驱动压缩机,剩下的用于驱动发电机。

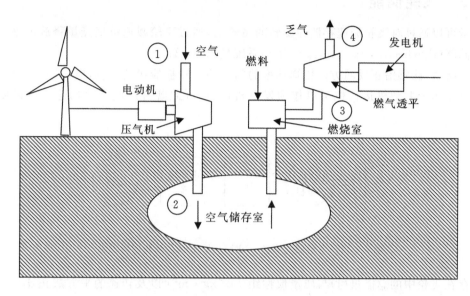

图 10.21　采用燃气透平的 CAES 简图

对于理想的常规燃气透平(没有 CAES),效率是状态点"3"和"4"压力比值的函数,如公式(10.38)所示。

$$\eta_{th,Brayton} = \frac{w_{net}}{q_{in}} = 1 - \left(\frac{p_3}{p_4}\right)^{\frac{k}{k-1}} \tag{10.38}$$

式中,$w_{net}$ = 透平的净输出比功;$q_{in}$ = 燃烧室的热量输入;$p_3$ 和 $p_4$ 分别是点"3"和"4"的压力。

上述讨论假定是一个理想的 Brayton 循环。特别地这意味着压缩机和透平是等熵的,热量传输发生在等压情况下。对实用的压比范围,理想 Brayton 循环可能得到的最高效率大约是 60%。实际的燃气透平效率要低一些,一般在 35%~40% 范围。有关这个循环的详细内容可参见如 Cengel 和 Boles(2006)的热力学教科书。

净比功可以表示成如公式(10.39)所示,它更为清楚地表明了透平的功 $w_{turb}$ 和压缩机的功 $w_{comp}$(它是负值),也包括了透平和压缩机的效率($\eta_{turb}$ 和 $\eta_{comp}$)。对 CAES 系统,净比功将增加,因此视在效率也将增加。

$$w_{net} = w_{comp} + w_{turb} = \frac{kR_a T_1}{\eta_{comp}(k-1)}\left[1 - \left(\frac{p_2}{p_1}\right)^{\frac{k-1}{k}}\right] + \eta_{turb}\frac{kR_a T_3}{k-1}\left[1 - \left(\frac{p_4}{p_3}\right)^{\frac{k-1}{k}}\right] \tag{10.39}$$

第一座商业规模的压缩空气储能站于 1978 年在德国的 Huntorf 建成,容量为 290MW。第二个储能站容量为 110 MW 于 1991 年在阿拉巴马的 McIntosh 建成。这个储能站的存储室是一个废弃的盐洞,容积为 183 000 $m^3$,位于地下 457 m。充满时空气压力为 7.48 MPa,"空置"时压力为 4.42 MPa。

按目前的设计水平,CAES 过程的压缩阶段实际上远不是等熵过程,主要是由于压缩空气在存储室中的热量损失(如前所述)。热量损失需要燃烧燃料来进行补偿。改进压缩空气能量存储效率的一种方法是使过程的空气压缩部分尽可能接近等熵,Bullough 等人(2004)对此作了介绍。

### 10.7.3 飞轮储能

能量可以通过对飞轮加速存储在旋转的飞轮上,通过飞轮减速可把能量释放出来。典型的飞轮储能(flywheel energy storage,FES)系统见图 10.22。

如图所示,能够沿正反两方向传递功率的两个功率转换器接到电机,电机则与飞轮相连。电机既可以作为电动机运行也可以作为发电机运行,因此既可以使飞轮加速也可以使飞轮减速。

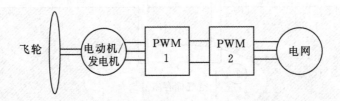

图 10.22　飞轮储能系统;PWM＝采用脉宽调制的转换器

储存在飞轮中的总能量(J)与质量惯性距 $I_{Rot}$(kg · m²)以及转速的平方成正比。可用的能量容量 $E$ 受允许的转速 $\Omega_{min}$ 和 $\Omega_{max}$(rad/s)的限制,如公式(10.40)所示。FES 一周的效率大约是 80%～90%。

$$E = 0.5 I_{Rot} (\Omega_{max}^2 - \Omega_{min}^2) \tag{10.40}$$

飞轮一般用复合材料制造。为了减少飞轮自身所用材料,FES 系统设计成飞轮可在实际可行的高转速下运行。转速的量级是 20 000～50 000 r/m。通常飞轮运行在接近真空的环境内以减小损失。限制因素之一是高旋转速度下高的内应力。

飞轮储能装置已经在一些风/柴系统中得到成功应用,如苏格兰费尔岛的案例(Sinclair and Somerville,1989)。随后西班牙开展了 FES 系统的研究(Iglesias et al.,2000)。

### 10.7.4 抽水蓄能

将水从低处水库抽到高处水库可以存储能量。让水流经水力透平返回低水位水库,存储的能量得以释放。水泵和透平实际上可以是同一装置,但可以在不同的水流方向下工作。能量存储与利用过程的效率根据系统细节的不同在 65%～80% 范围。图 10.23 展示了典型的抽水蓄能系统(Pumped Hydroelectric energy storage System,PHS)。

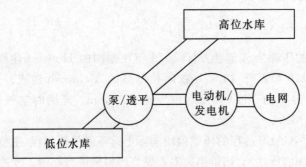

图 10.23　抽水蓄能系统

高出参考高度 $z(m)$ 体积为 $V(\mathrm{m}^3)$ 的水库能够储存的能量 $E(\mathrm{J})$ 为：

$$E = V\rho_w g z \qquad (10.41)$$

式中，$\rho_w$ 为水的密度（$\mathrm{kg/m^3}$），$g$ 为重力常数（$\mathrm{m/s^2}$）。

抽水蓄能已在许多地方作为大规模储能得到应用。例如马萨诸塞州 Northfield 的抽水蓄能电站运行于康涅狄格河与高出地面 244 m 的山顶水库之间，它能够存储 $21.2 \times 10^6$ $\mathrm{m^3}$ 水。有效的能量存储容量大约为 14 000 MWh，储能站能提供高达 1080 MW 的功率。至少有一个建成的抽水蓄能电站与风/柴系统一起运行。它位于靠近苏格兰海岸的福腊岛（Somerville，1989）。

## 10.8　燃料生产

### 10.8.1　氢

由风力机发出的电能可以通过水的电解用于生产氢。基本关系是：

$$\mathrm{H_2O} \rightarrow \mathrm{H_2} + \frac{1}{2}\mathrm{O_2}, \quad \Delta H = 286 \ \mathrm{kJ/mol\,H_2O} \qquad (10.42)$$

式中，$\Delta H$ = 焓的变化量，mol = 克分子重量。

生产出的氢可以储存在罐中，一般是压缩氢气，但有时也可以是液体。氢可以用作燃料，或在随后再转化为电。氢的能量含量理论上与水电解所需的能量相同，也就是 286 kJ/mol。考虑到氢的分子量为 2.016，所以能量转换率为 142 kJ/g（39.4 kWh/kg）。从质量角度看，氢具有很高的能量密度，但从体积角度看，能量密度又很低。因为气体的体积随压力和温度的改变变化很大，一般以"标准"状态下，也就是 0℃ 与一个大气压（101 kPa）下的特性作为参考。在这个条件下，氢的比容（密度倒数）是 11.11 $\mathrm{Nm^3/kg}$，其中 $\mathrm{Nm^3}$ 是指标准立方米。因此标准状态下氢的能量含量为 3.55 $\mathrm{kWh/Nm^3}$。因为氢的密度很轻，所以储存之前应该压缩。

使用与电网连接的风电机组生产、压缩及储存氢的简图见图 10.24。图中，风力机可以提供电力给氢系统，也可以提供给电网。此外，电网也可以用于提供电力供应。对作为能量载体的氢的讨论见 Bossel（2003）的文献。

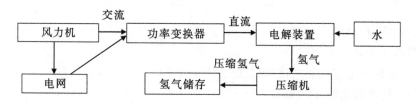

图 10.24　风力/氢生产系统

#### 10.8.1.1　水的电解

在电解过程中，直流电压施加在浸入水和电解质溶液中的两个电极上。一般用氢氧化钾作电解质，尽管在某些情况下氢氧化钠、硫酸或常用的盐（氯化钠）也可以用作电解质。电解质可促进电流通过溶液。电极一般用镍构成，虽然其它材料也可以用作电极。电极之间的电压差的量级是几伏。例如在某一例子中，两个电极之间的理想电压差是 1.23 V。但在实践中实际值更高一些,一般在 1.76 V 左右。这一电压差的增加是电到化学能的转换效率小于100%的主要原因。现在,实际的电解装置效率为 65%~75%。

电解过程中,负极(阴极)为带正电氢离子提供电子,形成氢气 $H_2$。类似地,正极(阳极)接收由带负电的氢氧离子发出的电子,产生氧气 $O_2$。完整的过程还涉及几个其它的步骤,包括保持氢氧的分离,把气体从氢氧化钾中分离出来,氢的脱氧和干燥。包含部分辅助部件的典型的电解过程示于图 10.25。

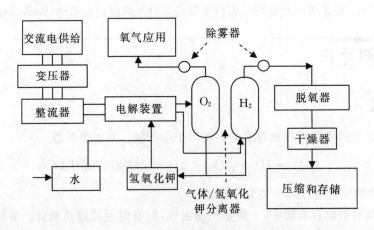

图 10.25　氢电解过程

### 10.8.1.2　氢的储存

氢气的密度很低,因此为了存储或运输应该先压缩。储存罐的压力范围为 20~40 MPa。氢气的压缩需要大量的能量。需要的能量取决于所用过程的类型以及压缩机的效率。过程介于绝热和等温之间。

绝热压缩的比功 $w_{comp}$(kJ/kg) 为:

$$w_{comp} = \frac{p_0 v_0 k/(k-1)}{\eta_{comp}}\left[\left(\frac{p_f}{p_0}\right)^{\frac{k-1}{k}} - 1\right] \tag{10.43}$$

式中,

$p_0 =$ 初始压力,kPa;

$p_f =$ 最终压力,kPa;

$k =$ 定压比热与定容比热之比(对氢而言为 1.407);

$v_0 =$ 氢气的初始比容,$m^3/kg$;

$\eta_{comp} =$ 压缩机效率。

等温压缩的比功 $w_{c,isothermal}$,(kJ/kg)为:

$$w_{c,isothermal} = \frac{p_0 v_0 \ln\left(\frac{p_f}{p_0}\right)}{\eta_{compressor}} \tag{10.44}$$

举例来说,考虑在 25℃初温下从 100 kPa 压缩到 40 MPa 的过程。绝热比功大约是19.5 kJ/g,大约为氢所含能量的 14%。在同样条件下等温压缩过程要消耗 7.4 kJ/g 或 5%的能量。

氢为了存储也可以液化,但对固定式应用不这样做。因为液化所需的能量很大,一般至少是氢中能量的 30%。

氢还可以以金属氢化物的形式存储,但目前认为对于固定式应用是不实际的。

### 10.8.1.3　氢的使用

一旦生产出来,氢就可以作为能源使用。基本上有两种主要使用方式。一种是使用氢作为交通运输燃料。另一种是使用氢作为发电燃料。下面分别讨论。

**氢作为交通燃料**

过去几年对利用氢作为交通运输燃料已给予了很大的关注。其目的是利用氢替代化石燃料。这意味着氢应由非化石能源获得,比如风能,这样碳的负面影响就不会只是在能量循环中换个地方产生而已。关于氢作为交通运输燃料的详细讨论超出了本书的范围,这里只作简要的阐述。

目前,大多数有关氢作为交通运输燃料的应用集中在公共运输上,特别是公交车。这是因为氢的密度低,需要用加压的罐子储运。例如,欧洲清洁城市交通(Clean Urban Transport for Europe,CUTE)是欧盟的一个项目,其目的是在几个欧洲城市公交车上作出氢的应用示范。在每一个城市建立了不同的氢生产和加装设施。更多的信息可以在 http://www.global- hydrogen-bus-platform.com/Home 找到。

氢也可以在传统的内燃(internal combustion,IC)发动机上使用或也可以用于燃料电池(见下)。如果使用内燃发动机,公交车就非常类似通常的公交车(除了氢储存罐)。如果使用燃料电池,燃料电池产生的电力用于驱动电动机,电动机再驱动车轮。

**氢用于发电厂**

如果氢用于发电厂,整个过程的总体变化是利用氢作为可逆的能量存储介质,类似于电池、抽水蓄能电站或压缩空气储能。就像其它的能量存储方案一样,关键问题就是存储与利用过程的效率和过程的经济性问题。正如下面所述,氢存储与利用过程的效率相当低,目前在30%以下(除去联合循环电站中氢作为燃料使用外)。经济性现在仍然不具有吸引力。

氢用于发电有两种基本的方法:(1)燃气轮机发电;(2)燃料电池。

*(i)燃气轮机发电*

氢可以在传统的燃气轮机中应用(也许需要稍加改造),使用方法类似于天然气。氢既可以直接应用也可以与天然气混合。燃气轮机按照 Brayton 循环工作,已在前面 10.7.2 节讨论过。还需指出,实际燃气轮机的效率范围是 35%～40%。

如果使用燃气轮机发电机组,考虑电解装置(65%～75%)、氢的压缩(85%～95%)、燃气轮机(35%～40%)、发电机(95%)的效率,氢存储与利用过程的效率为 18%～27%。如果氢是在联合循环电厂中作为燃料可以获得较高的效率。这种电厂的效率高达 60%,使得总效率达到 31%～41%。氢存储与利用过程的效率即使是在最好的情况下也是很低的。因此整个系统的投资成本和氢生产过程的电价都必须很低,才会使这一方法成为经济上具有吸引力的能量存储方法。

*(ii)燃料电池*

燃料电池可用来直接将氢转化成电。从概念上讲,它可以被视为电解的反过程。实际上,燃料电池有各种不同的设计。现有的氢燃料电池的类型有:(1)质子交换膜(proton exchange membrane,PEM);(2)磷酸;(3)碳酸盐溶液;(4)碱性;(5)固体氧化物。氢能转换成电能的转换效率根据燃料电池的类型以及运行细节为 50%～60%。前例中用燃料电池取代燃气轮机将导致存储与利用过程效率为 28%～43%,得到明显的改善。有关燃料电池的深入讨论超出了本书的范围,有关这方面更详细的内容读者可以参阅其它资料,如 Larminie and Dicks(2003)的文献。

## 10.8.2　氨

氨是另一种可以利用风能生产的燃料。生产过程包括将前述产出的氢通过下列反应转化成氨:

$$3H_2 + N_2 \rightarrow 2NH_3 \tag{10.45}$$

氨的某些特性使它比氢更方便使用。例如它可以在较低的压力和较高的温度下液化,比如在 1 MPa 与环境温度下,或 100 KPa,−28℃下。在液体状态下,它的体积能量密度比液态氢大约大 50%,是 70 MPa 压力下氢的能量密度的两倍。氨在许多方面与丙烷不相上下。

氨也可以在内燃机中直接燃烧,或者直接用在碱性燃料电池中。如果需要,比如在 PEM燃料电池中也可以用作氢源提供氢。

氨还可以采用 20 世纪初期德国人发明的 Haber-Bosch 过程通过氢来制取。该过程基本上是使氢气和氮气流过铁催化剂生成氨。

生产氨的过程是一个放热过程。因此,必须除去多余的能量,否则会导致总体效率的下降。转化一摩尔氢($H_2$),这一过程释放出 30.8 kJ 的能量。这大约是氢中能量的 10%。此外,氮气必须预先从空气中分离出来。这一过程的能量消耗并不像其它过程那样大,但也需要考虑。

氨也有一些缺点。例如,它释放到空气中是有毒的。它还容易溶于水。这一特性在设计处理和存储氨的设备时必须加以考虑。

关于氨作为可能的燃料源更为详细的信息可以在 Leighty 和 Holbrook(2008)以及 Thomas 和 Parks(2006)的文献中找到。

---

# 参考文献

Abdulwahid, U., Manwell, J. F. and McGowan, J. G. (2007) Development of a dynamic control communication system for hybrid power systems. *Renewable Power Generation*, **1**(1), 70–80.

Airy, G. B. (1845) On tides and waves. *Encyclopedia Metropolitana*, **5**, 241–396.

Andrews, W. T., Shumway, S. A. and Russell, B. (2006) *Design of a 10,000 cu-m/d Seawater Reverse Osmosis Plant on New Providence Island, The Bahamas*. DesalCo Limited.

Barltrop, N. D. P. and Adams, A. J. (1991) *Dynamics of Fixed Marine Structures*. Butterworth Heinemann, Oxford.

Barthelmie, R. J., Courtney, M. S., Højstrup, J. and Larsen, S. E. (1996) Meteorological aspects of offshore wind energy: observations from the Vindeby wind farm. *Journal of Wind Engineering and Industrial Aerodynamics*, **62**(2–3), 191–211.

Baxter, R. (2006) *Energy Storage: A Non-Technical Guide*. Penwell Books, Tulsa.

Bergey, M. (1998) Wind electric pumping systems for communities. *Proc. First International Symposium on Safe Drinking Water in Small Systems,* Washington (also available at http://www.bergey.com/School/NSF.Paper.htm).

Bossel, U. (2003) The physics of the hydrogen economy. *European Fuel Cell News*, **10**(2), 1–16 (Also available from http://www.efcf.com/reports/E05.pdf.)

Bullough. C., Gatzem, C., Jakiel, C., Koller, A., Nowi, A. and Zunft, S. (2004) Advanced adiabatic compressed air energy storage for the integration of wind energy. *Proc. of the 2004 European Wind Energy Conference*, London (also available at http://www.ewi.uni-koeln.de/ewi/content/e266/e283/e3047/EWECPaperFinal2004_ger.pdf).

Carta, J. A., González, J. and Subiela, V. (2003) Operational analysis of an innovative wind powered reverse osmosis system installed in the Canary Islands. *Solar Energy*, **75**(2), 153–168.

Cengel, Y. and Boles, M. (2006) *Thermodynamics: An Engineering Approach*, 6th edition. McGraw Hill, New York.

Cheng, P. W. (2002) *A Reliability Based Design Methodology for Extreme Responses of Offshore Wind Turbines*. PhD dissertation, Delft University of Technology.

Dörner, H. (2009) *Milestones of wind energy utilization 1*. Available at: http://www.ifb.uni-stuttgart.de/~doerner/ewindenergie1.html. Note: a better reference (but harder to find and in German) is: Honnef, H. (1932) *Windkraftwerke*. Friedr. Vieweg & Sohn Akt.-Ges., Braunschweig.

Elkinton, C. N. (2007) *Offshore Wind Farm Layout Optimization*. PhD dissertation, University of Massachusetts, Amherst.

Fabre, A. (2003) Wind turbines designed for the specific environment of islands case study: experience of an autonomous wind powered water desalination system on the island of Therasia, Greece. *Proc. International Conference RES for Islands, Tourism, and Desalination*, Crete, Greece.

Fermo, R., Guida, U., Poulet, G., Magnani, F. and Aleo, S. (1993) 150 kV system for feeding Ischia Island. *Proc. Third Conference on Power Cables and Accessories, 10 kV–500 kV*, London, UK.

Fink, D. and Beaty, H. (1978) *Standard Handbook for Electrical Engineers*. McGraw-Hill.

Fraenkel, P. (1997) *Water-Pumping Devices: A Handbook for Users and Choosers*. Intermediate Technology Press, Reading.

Gardner, P., Craig, L. M. and Smith, G. J. (1998) Electrical systems for offshore wind farms. *Proc. 1998 British Wind Energy Association Conference*. Professional Engineering Publishing Limited, UK.

GL (2005) *Guidelines for the Certification of Offshore Wind Turbines*. Germanischer Lloyd, Hamburg.

Grainger, W. and Jenkins, N. (1998) Offshore wind farm electrical connection options. *Proc. British Wind Energy Association Conference*. Professional Engineering Publishing Limited, UK.

Gumbel, E. J. (1958) *Statistics of Extremes*. Columbia University Press, New York.

Henderson, C. R., Manwell, J. F. and McGowan, J. G. (2009) A wind/diesel hybrid system with desalination for Star Island, NH: feasibility study results. *Desalination*, **237**, 318–329.

Heronemus, W. E. (1972) Pollution-free energy from offshore winds. *Proceedings of 8th Annual Conference and Exposition, Marine Technology Society*, Washington, DC.

Holz, R., Drouihlet, S. and Gevorgian, V. (1998) Wind-electric ice making investigation, NREL/CP-500-24622. *Proc. 1998 American Wind Energy Association Conference*, Bakersfield, CA.

Hsu, S. A. (2003) Estimating overwater friction velocity and exponent of power-law wind profile from gust factor during storms. *Journal of Water, Port, Coastal and Ocean Engineering*, **129**(4), 174–177.

Hunter, R. and Elliot, G. (Eds) (1994) *Wind–Diesel Systems*. Cambridge University Press, Cambridge, UK.

Ibrahim, H., Ilincaa, A. and Perron, J. (2008) Energy storage systems – characteristics and comparisons. *Renewable and Sustainable Energy Reviews*, **12**, 1221–1250.

IEC (2002) *Wind Turbines – Part 24: Lightning Protection, IEC 61400-24 TR* 1st edition. International Electrotechnical Commission, Geneva.

IEC (2009) *Wind Turbines – Part 3: Design Requirements for Offshore Wind Turbines, 61400-3*. International Electrotechnical Commission, Geneva.

Iglesias, I. J., Garcia-Tabares, L., Agudo, A., Cruz, I. and Arribas, L. (2000) Design and simulation of a stand-alone wind-diesel generator with a flywheel energy storage system to supply the required active and reactive power. *Proc. IEEE Power Electronics Specialists Conference*. IEEE Power Electronics Society, Washington (also available from: http://www.cedex.es/ceta/cetaweb/info_fisicas/almacenador_-pesc00.pdf)

Infield, D. G., Lundsager, P., Pierik, J. T. G, van Dijk, V. A. P., Falchetta, M., Skarstein, O. and Lund, P. D. (1990) Wind diesel system modelling and design. *Proc. 1990 European Wind Energy Conference*, pp. 569–574.

Johnson, C., Abdulwahid, U., Manwell, J. F. and Rogers, A. L. (2002) Design and modeling of dispatchable heat storage in remote wind/diesel systems. *Proc. of the 2002 World Wind Energy Conference*, Berlin. WIP-Munich.

Kentfield, J. (1996) *The Fundamentals of Wind-Driven Water Pumpers*. Gordon and Breach Science Publishers, Amsterdam.

Kühn, M. (2001) *Dynamics and Design Optimisation of Offshore Wind Energy Conversion Systems*. PhD dissertation, Delft University of Technology, Delft.

Lange, B. and Hojstrup, J. (1999) The influence of waves on the offshore wind resource. *Proc. 1991 European Wind Energy Conference,* Nice.

Larminie, J. and Dicks, A. (2003) *Fuel Cell Systems Explained,* 2nd edition. John Wiley & Sons, Ltd, Chichester.

Le Gouriere (1982) *Wind Power Plants: Theory and Design.* Pergamon Press, London (now Elsevier, Amsterdam).

Leighty, W. and Holbrook, J. (2008) Transmission and firming of GW-scale wind energy via hydrogen and ammonia. *Wind Engineering,* **32**(1), 45–65.

Lyons, J. and Goodman, N. (2004) TDX Power: St Paul Alaska operational experience. *Proc. 2004 Wind-Diesel Workshop,* Anchorage (available from http://www.eere.energy.gov/windandhydro/windpoweringamerica/pdfs/workshops/2004_wind_diesel/operational/st_paul_ak.pdf).

Lysen, E. H. (1983) *Introduction to Wind Energy.* Consultancy Wind Energy in Developing Countries, Amersfoort, Netherlands (also available at http://www.uce-uu.nl/?action=25&menuId=4).

Manwell, J. F. (1988) *Understanding Wind Energy for Water Pumping.* Volunteers in Technical Assistance, Arlington, VA, (also available at http://www.fastonline.org/CD3WD_40/VITA/WINDWATR/EN/WINDWATR.HTM).

Manwell, J. F. and McGowan, J. G. (1981) A design procedure for wind-powered heating systems. *Solar Energy,* **26**(5), 437–445.

Manwell, J. F. and McGowan, J. G. (1993) Lead acid battery storage model for hybrid energy systems. *Solar Energy,* **50** (5), 399–405.

Manwell, J. F. and McGowan, J. G. (1994) Extension of the Kinetic Battery Model for Wind/Hybrid Power Systems. *Proc. 1994 European Wind Energy Conference,* Thessaloniki.

Manwell, J. F., Elkinton, C., Rogers, A. L. and McGowan, J. G. (2007) Review of design conditions applicable to offshore wind energy in the United States. *Renewable and Sustainable Energy Reviews,* **11**(2), 183–364.

Manwell, J. F., Rogers, A., Hayman, G., Avelar, C. T. and McGowan, J. G. (1997) *Hybrid2–A Hybrid System Simulation Model, Theory Summary.* NREL Subcontract No. XL-1-11126-1-1. Dept. of Mechanical and Industrial Engineering, University of Massachusetts, Amherst.

Martínez de Alegría, I., Martín, J. L., Kortabarria, I., Andreu, J. and Ereño, P. I. (2009) Transmission alternatives for offshore electrical power. *Renewable and Sustainable Energy Reviews,* **13**, 1027–1038.

Masters, G. (2004) *Renewable and Efficient Electric Power Systems.* Wiley-IEEE Press, Chichester.

Miranda, M. S. and Infield, D. (2002) A wind powered seawater reverse-osmosis system without batteries. *Desalination,* **153**, 9–16.

Musial, W. (2007) Offshore wind electricity: a viable energy option for the coastal United States. *Marine Technology Society Journal,* **41**(3), 32–43.

Ochi, M. K. (1998) *Ocean Waves – The Stochastic Approach.* Cambridge University Press, Cambridge.

Sinclair, B. A. and Somerville, W. M. (1989) Experience with the wind turbine flywheel combination on Fair Isle. *Proc. 1989 European Wind Energy Conference,* Glasgow.

Somerville, W. M. (1989) Wind turbine and pumped storage hydro generation in Foula. *Proc. 1989 European Wind Energy Conference,* Glasgow.

Thomas, G. and Parks, G. (2006) *Potential Roles of Ammonia in a Hydrogen Economy.* USDOE Hydrogen Energy Program, available from http://www.hydrogen.energy.gov/pdfs/nh3_paper.pdf.

Thompson, A. M. (2004) *Reverse-Osmosis Desalination of Seawater Powered by Photovoltaics Without Batteries.* PhD dissertation, Loughborough University.

Thompson, M. and Infield, D. (2002) A photovoltaic-powered seawater reverse-osmosis system without batteries. *Desalination,* **153**, 1–8.

Twidell, J. and Gaudiosi, G. (2009) *Offshore Wind Power.* Multi-Science Publishing Co. Ltd, Brentwood, UK.

USACE (2002) *Coastal Engineering Manual, CEM M 1110-2-1100.* US Army Corps of Engineers (USACE), Washington (also available from http://chl.erdc.usace.army.mil/chl.aspx?p=s&a=PUBLICATIONS;8).

van der Tempel, J. (2006) *Design of Support Structures for Offshore Wind Turbines.* PhD dissertation, Delft University of Technology, Delft.

Veldkamp, D. (2006) *Chances in Wind Energy: A Probabilistic Approach to Wind Turbine Fatigue Design.* PhD dissertation, Delft University of Technology, Delft.

Warfel, C. G., Manwell, J. F. and McGowan, J. G. (1988) Techno-economic study of autonomous wind driven reverse osmosis desalination systems. *Solar and Wind Technology,* **5**(5), 549–561.

Wenzl, H., Baring-Gould, I., Kaiser, R., Liaw, B. Y., Lundsager, P., Manwell, J. F., Ruddell, A. and Svoboda, V. (2005) Life prediction of batteries for selecting the technically most suitable and cost effective battery. *Journal of Power Sources,* **144**(2), 373–384.

Westinghouse Electric Corp. (1979) *Design Study and Economic Assessment of Multi-unit Offshore Wind Energy Conversion Systems Application.* DOE WASH-2830-78/4.

Wienke, J. (2001) *Druckschlagbelastung auf Schlanke Zylindrische Bauwerke durch Brechende Wellen.* PhD dissertation, TU Carolo-Wilhelmina zu Braunschweig, Braunschweig.

Wilf, M. and Bartels, C. (2005) Optimization of seawater RO systems design. *Desalination*, **173**, 1–12.

# 第 **11** 章

# 风能系统的经济性

## 11.1 引言

前面各章主要强调的是风力机及其相关系统的技术和性能。如在这些章节中讨论的，风力机要想成为一个可行的有竞争力的能量生产机械，它必须：(1)能够产生能量；(2)坚固不易损坏；(3)经济有效。

假设已经设计出一个能够可靠生产能量的风能系统，则应该可以预测该系统的年能量产出。利用这个结果以及生产、安装、运行、维护、财务成本，就可以确定成本效益。如图 11.1 所示，在讨论风能经济性时，重要的是分别处理风能生产成本及所生产能量的市场价值（它的货币价值）。风能的经济可行性取决于这两个变量的对比，也就是说在采购风能系统之前，其市场价值必须超过其成本才是经济上合理的。

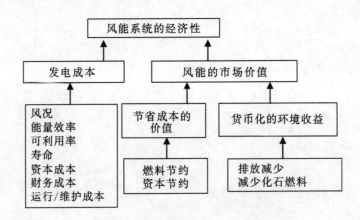

图 11.1　风能系统经济性的组成部分

风能的经济性与应用有关。并网型风力机对世界能量供应的贡献可能大于孤立运行风力机的贡献(EWEA,2004)。因此，本章主要讨论的是向主电网用户提供电力的风力机系统。

但是其中许多内容同样可以用于与电网隔离的小型或中型风能系统。

　　本章集中讨论大型风能系统的经济性,首先介绍如图 11.1 所示的各个内容。然后在11.3 节、11.4 节中详细讨论风能系统的资本,运行、维护成本。11.5 节、11.6 节讨论风能的价值以及用于确定风能系统经济可行性的各种经济性分析方法。这些方法包括简化的计算方法以及详细的寿命周期成本模型。本章最后一节介绍包括风能系统的市场考虑。

## 11.2　风能系统经济性评估概述

　　本节讨论风能系统的总体经济性,包括的内容如图 11.1 所示。

### 11.2.1　并网风力机的发电成本:概述

　　风力发电系统总发电成本由下列因素决定:

- 风况;
- 风力机的能量捕捉效率;
- 系统的可利用率;
- 系统的寿命;
- 资本成本;
- 财务成本;
- 运行、维护成本。

　　前两个因素在以前的章节中已经讨论过。其余的因素综述如下。正如第 2 章指出的那样,风资源的长期变化可能导致发电产出和发电成本上的不确定性(Raftery et al.,1999)。因此这些内容应在详细的经济性分析中加以考虑。

#### 11.2.1.1　可利用率

　　可利用率是风力机在一年中能够生产电力的时间比例。风力机不可用时间包括定期停机维护时间和非计划维修停机时间。可利用率的可靠数据只有在大批风力机经过多年运行具有实际运行数据后才能确定。到 20 世纪 90 年代中期,只有美国和丹麦有足够的数据提供这样的信息。例如,如图 11.2 所示,到 20 世纪 80 年代末,美国最好的风力机运行 5 年后可利用率达到 95％(WEC,1993)。最近的数据表明,目前的可利用率约为 97％～99％。

#### 11.2.1.2　系统的寿命

　　通常将风能系统的设计寿命视为经济寿命。在欧洲,20 年的经济寿命常用于进行风能系统的经济性评估(WEC,1993)。这是遵从丹麦风力机制造商协会的建议(Danish Wind Industry Association,2006),建议指出采用 20 年的设计寿命是一个有用的经济性折衷办法,用来指导工程师进行风力机部件开发。

　　随着现在风力机设计的改进,美国的详细经济性研究,采用 30 年的运行寿命(DOE/EPRI,1997)。这种假定要求对风力机进行恰当的年度维护,10 年后对风力机进行大修并更

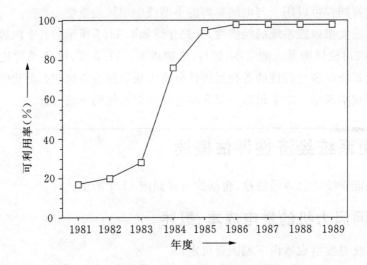

图 11.2　加州最好风力机的可利用率(WEC, 1993),

获 World Energy Council, London 许可转载

换关键部件。

### 11.2.1.3　资本成本

关于风能系统资本成本确定的详细过程在 11.3 节给出。资本(或总投资)成本的确定一般包括风力机的成本和其余的装机成本。风力机的成本变化很大。例如,图 11.3 给出了丹麦风力机产品(不包括安装)成本范围(丹麦风工业协会,Danish Wind Industry Association, 2006)。如图所示,每一种额定容量的发电机的成本变化很大。这可能是由于不同的塔架高度和/或不同的风轮直径所致。

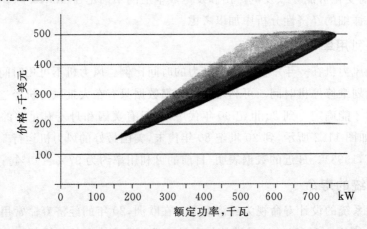

图 11.3　丹麦风力机成本(2006)与额定容量的关系:"价格香蕉"。

(丹麦风工业协会 Danish Wind Industry Association,2006)。

获 Danish Wind Industry Association 许可转载

在一般性经济研究中,风力机的装机成本常常定义为单位风轮面积的成本或单位额定功率的成本。图 11.4 和图 11.5 给出了两种形式定义的风力机成本的例子。图 11.4 给出的是美国和欧洲商用和早期试验用机器的单位风轮面积的比成本(Harrison et al.,2000)。应该注意到所有样机的生产成本都远大于商业化或大批量生产的成本。

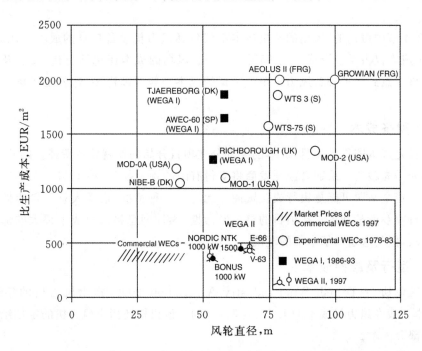

图 11.4 大型风力机单位风轮面积的成本(Harrison et al.,2000)

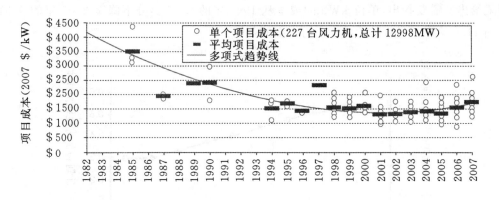

图 11.5 美国风力机的装机成本(Wiser and Bolinger,2008)

将风力机成本定义为经常使用的单位额定输出功率的风力机装机成本是大型常规能源电站的常用方法。对用于风场的商用风力机而言,从 20 世纪 80 年代起单位功率的成本持续下降。但 2003 年以来,主要由于原材料(如钢、铝及铜)和能源输入的提高,风力机成本有所增加。这可在图 11.5 中看出,图中美国风力机成本($/kW)表示为时间的函数(Wiser and Bolinger,2008)。根据欧洲风能协会近期的报告(EWEA,2008)预计风力机的资本成本不久将会持续下降。

其它一些研究者测算了从 1997 年到 2030 年大型风场的资本数据。例如美国能源部(DOE)和电力研究所(EPRI)测算的成本从 1997 年的 1000 美元/千瓦减少到 2030 年的 \$635/kW。

如 11.3.4 节中讨论的,风场的装机成本不仅包括风力机设备自身的成本。比如,在发达国家,风力机成本仅占总投资成本的 65%~75%。风场的成本还包括土建、安装及电网接入成本。也应该注意到单独一台风力机单位千瓦的成本一般要高许多,这就是风场开发优先的原因。

### 11.2.1.4 财务成本

风能项目是资本密集型项目,成本的大部分在项目开始初期就要花费掉。因此,采购和安装费用大部分是靠融资。采购者或开发商将支付有限的预付款(大约 10%~20%),其余的靠筹措(借贷)。资金来源可能是银行或投资商。无论哪一种情况,借款人总是希望借款获得收益。对于银行收益就是利息。在项目的整个寿命期,累计利息将占总成本很大的部分。也有其它融资方法,但是这超出了本书的范围。

### 11.2.1.5 运行及维护成本

丹麦风工业协会(Danish Wind Industry Association,2006)指出风力机的年运行维护(O&M)成本一般在风力机成本的 1.5%到 3%之间。该机构还指出风力机的定期维修是维护成本的主要部分。

对运行和维护成本的计算,许多作者更喜欢采用单位 kWh 的成本。图 11.6 给出了美国研究的结果(Chapamn et al. ,1998),其中非计划停机和预防性维护(U&PM)成本以时间的函数形式给出。需要指出,单位 kWh 的成本从 1997 年的 0.55 美分下降至 2006 年的 0.31 美分。图 11.4 给出了运行维护成本更为详细的范围。

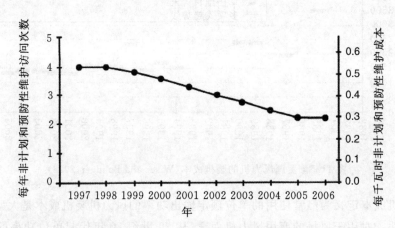

图 11.6　预计的运行维护成本(Chapman et al. ,1998);U&PM 非计划和预防性维护

## 11.2.2　并网风能的价值：概述

风能的价值取决于应用以及产生同样数量能量的替代措施成本。为了确定这个价值，可以考虑"市场愿意负担的价格"这样一个问题。例如，生产商在找到买家之前进行询价并进行调整（达成协议价格）的过程。另一种方法是买家如电力公司可能要求通过竞争投标，在合格的投标人中选择最低报价者提供电力。

对于电力公司，风能的价值主要是节省燃料费用或提供可能被延迟的新增发电系统的容量。然而，风电对于整个社会环境效益是十分巨大的。如果将这些效益货币化，就会对电力的市场价值有显著影响。确定风能价值的详细内容（包括货币化环境效益）在 11.5 节中介绍。

## 11.2.3　经济分析方法：概述

风能系统可以被认为是一种能够带来收益的投资。经济分析的目的是评估风能项目的赢利能力并与其它投资方案进行比较。其它投资方案可能包括其它可再生能源发电系统（例如，光伏发电）或常规化石燃料系统。这种分析需要对风能系统资本成本和运行维护成本进行估计，并涉及下面将要讨论的其它参数。

在 11.6 节中，讲述三种形式的总体经济性分析方法：

- 简化模型；
- 详细的寿命-循环成本模型；
- 电力公司的经济模型。

每一种经济性分析技术都需要对一些关键性的经济参数有自己的定义，它们各有各的优缺点。

## 11.2.4　市场考虑：概述

现在，发电系统用风能的市场迅速膨胀。全球市场需求已经从 1990 年的约每年 200 MW 增加到 2008 年的每年 10000 MW。在 11.7 节中要讨论的关于风能系统市场考虑的问题，包括下述内容：

- 风能系统的潜在市场；
- 市场发展的障碍；
- 市场开发的激励。

# 11.3　风能系统的资本成本

## 11.3.1　一般考虑

风能系统资本成本的确定仍然是风能工程中很有挑战性的问题之一。这个问题之所以复杂，是因为风力机生产商并不是特别希望外界尤其是他们的竞争者了解自己的成本数据。对风力机研究和项目开发成本进行比较特别困难,因为开发成本不可能是前后一致的。同样,除去风力机外其它成本是与场址相关的。这个问题使资本成本估计更为复杂,并且对于海上风电更为突出,海上风电的安装成本可能相对于风力机成本是较大的一块。

在确定风力机自身的成本时,必须区别下列几种类型的资本成本评估:

- **风力机现在的成本** 对于这种类型的成本估计,开发商或者工程师可以同感兴趣的风力机生产商联系,获得正式的报价。
- **风力机将来的成本** 对于这种类型的成本估计(依据现在的风力机制造水平),有几种可用的方法,它们分别为:(1)历史趋势;(2)学习曲线(见下一节);(3)对现在设计的详细分析(包括整机和部件),以决定哪些成本可以降低。
- **新型风力机(以前未生产过的)的成本** 这种类型的成本估计非常复杂,因为它首先必须有新风力机的初步设计,必须获得各个部件的价格估计和报价。总的资本成本估计也必须包括如设计、制造、测试等其它成本。
- **新型风力机批量化生产的成本** 这种类型的成本估计是第二种和第三种类型成本估计的综合。

因为第一种类型的成本估计很容易得到,接下来的讨论将集中于用后三种成本估计的信息。

现在,世界范围内关于风力机制造、安装、运行的实践已得出一些数据和分析工具,它们可以用于风力机和/或者风场安装所需要的配套部件的资本成本估计。例如根据各种简化的比例技术,已经有许多种风力机资本成本估计方法。它们通常综合利用给定风力机的实际成本数据以及根据风力机的特征尺寸(比如,风轮直径)确定的关键零部件的经验成本方程。同样形式的广义比例分析方法已经用于预测风场成本。

以下对运用学习曲线预测风力机的资本成本进行简要讨论以后,将介绍如何评估风力机的资本成本以及风力机与风场其它部件相结合的资本成本。

## 11.3.2 运用经验(学习)曲线预测资金成本

风力机部件或系统成批量生产时,成本会有所下降,其值在资本成本估计中是一个未知数,可以运用经验(或学习)曲线概念来预测零部件批量生产时的成本。经验曲线的概念是根据主要工业领域超过 40 年的降低生产成本的研究过程建立的(Johnson, 1985; Cody and Tiedje, 1996)。

经验曲线给出了目标成本 $C(V)$ 与累积生产数量的经验关系。它可以表示成:

$$\frac{C(V)}{C(V_0)} = \left(\frac{V}{V_0}\right)^b \qquad (11.1)$$

式中,指数 $b$ 是学习参数,为负值,而 $C(V_0)$ 和 $V_0$ 分别对应于在任意初始时间的成本和累积数量。根据公式(11.1),如果累积生产数量增加一倍,就会使目标成本与初始成本的比率减小至 $s$,$s$ 称为进步比率,此处 $s = 2^b$。进步比率表示成百分数,是导致成本降低的技术进步的度量。

这种关系的图例示于图 11.7,它给出进步比率为 $70\% \sim 95\%$ 的正则化成本 $C(V_0) = 1$ 的图线。如图所示,给定初始成本和估计的进步比率,就可以估计出十分之一、百分之一的成本,或者目标生产任何计价单位的成本。

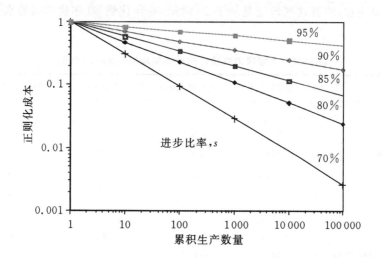

图 11.7　各种进步比率下的正则化成本与累积生产数量

经验显示,$s$ 的范围为 70%～95%。例如 Johnson(1985)对电力生产给出的 $s$ 值为 95%,对飞机装配为 80%,对手持计算器生产为 74%。风力机各个部件预计有不同的进步比率。也就是说,如像叶片、轮毂这样的部件对所有的风力机都是一样的,它有较小的进步比率 $s$。但是发电机可能代表了成熟的技术,它具有较大的进步比率。对风力机来讲,Neij(1999)给出了各种尺度风力机的进步比率。风电场全球范围内的经验曲线最近的总结资料已由 Junginger 等人(2005)给出。

## 11.3.3　风力机的成本

### 11.3.3.1　历史回顾

一种估计新设计风力机资本成本的方法是使用较小的已有风力机成本数据,把它们正则化为机器尺寸参数。常用的参数是单位千瓦额定功率的成本或者单位风轮直径面积的成本。虽然这种方法可以用于发电系统或规划研究,但对于新设计风力机的特殊设计细节及潜在的成本减少,它给出的信息还是太少。

更基础的确定风力机资本成本的方法是把机器分成各种部件,并确定每一个部件的成本。这种方法相当于一项主要的工程任务,但是,在公开的文献中,这样的研究相对较少。其中使人感兴趣的例子有美国关于 200kW 概念机的研究(NASA,1979),关于 MOD2 的工作(Boeing,1979)以及 MOD5A 机器的研究(通用电气公司,1984)。最新的工作是美国 NREL 资助的 WindPact(Wind Partenerships for Advanced Component Technology)项目(http//www.nrel. gov/wind/advanced_technology. html),该项目完成了许多包含估计风力机部件和风力机成本方法的报告(如 Fingersh et al. 2006)。

这一类详细研究的结果很大程度上取决于风力机、设计假设以及经济性分析方法。如表 11.1 所归纳的那样,如果部件成本被表示成百分比的话,可以进行一些大型风力机之间有意义的比较。需要注意,所有这些研究是基于 20 世纪 50 年代到 80 年代期间的水平轴风力机完成的。

**表 11.1　大型风力机预计的成本构成(Johnson, 1985)**

| 技术参数或成本 | 英国设计 | Smith-Putnam | P. T. Thomas | NASA MOD-X |
|---|---|---|---|---|
| **技术参数** | | | | |
| 风轮直径(m) | 68.6 | 53.3 | 61 | 38.1 |
| 额定功率(kW) | 3670 | 1500 | 7500 | 200 |
| 额定风速(m/s) | 15.6 | 13.4 | 15.2 | 9.4 |
| 生产的数量 | 40 | 20 | 10 | 100 |
| **部件成本(%)** | | | | |
| 叶片 | 7.4 | 11.2 | 3.9 | 19.6 |
| 轮毂、轴承、主轴、机舱 | 19.5 | 41.5 | 5.9 | 15.2 |
| 齿轮箱 | 16.7 | 9.5 | 2.3 | 16.5 |
| 发电机及安装 | 12.5 | 3.5 | 33.6 | 7.6 |
| 控制 | 4.4 | 6.5 | 8.3 | 4.4 |
| 塔架 | 8.1 | 7.7 | 11.2 | 20.6 |
| 基础及现场工作 | 31.4 | 16.6 | 20.3 | 16.1 |
| 工程 | | 3.6 | 14.5 | |

第 4 列的数据总结了 1980 年 NASA 根据 MOD-0 和 MOD-0A 机器的经验对 200 kW 水平轴风力机(MOD-X)的研究结果。这一概念设计的特点是:二只变桨控制叶片、挠性翘铰轮毂、自由偏航系统。风轮连接在三级平行轴齿轮箱的低速轴上,同步发电机转速为 1800 r/m,额定功率为 200 kW。1979 年 NASA 的研究与较早的三个研究之间的主要区别是零部件硬件及分析技术上的进步。

要更进一步地了解现代风力机设计各部件成本比例的差别,可以参看 Hau 等人(1993)的教材。根据此书,图 11.8 给出了三种欧洲大型风力机主要部件的资本成本分解,可以看出部件成本比例的显著差别。

### 11.3.3.2　详细的资金成本模型

为了对水平轴风力机的资本成本进行量化,桑得兰(Sunderland)大学开发了水平轴风力机的详细成本模型(Hau et al., 1996; harrison and Jenkins, 1993; and Harrison et al., 2000)。如给出所建议风力机(双叶片或者三叶片)的主要技术数据,并采用一些基本的设计选项,计算机程序就能够提供特定风力机设计的资本成本估计。模型运算的主要特点(以重量为基础)简要表示于图 11.9 中。

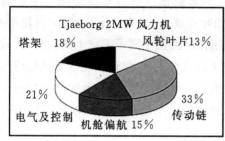
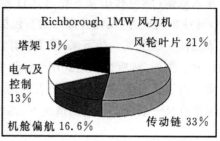
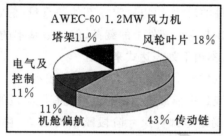

图 11.8 20 世纪 90 年代欧洲风力机生产成本分解(Hau et al.，1993)，
获 Springer-Verlag GmbH and Co. 允许转载

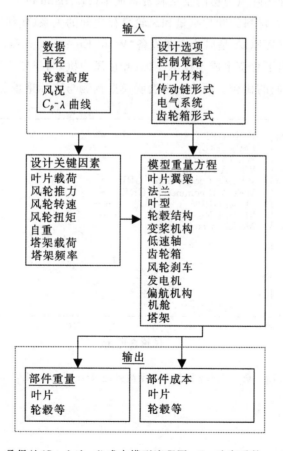

图 11.9 桑得兰(Sunderland)成本模型流程图；$C_p$，功率系数；$\lambda$，叶尖速比

　　基于输入数据,模型利用基本原理来计算对所研究机器成本最重要的一些影响。如图 11.9 所示,这些影响成为"设计关键因素",包括如叶片载荷、风力机水平推力、齿轮箱要求、发电机规范等这样一些变量。接下来,模型计算作用在风力机主要子系统上的载荷,大致确定主要部件的尺寸。例如,解析性表达式用于计算低速轴的直径,以保证轴能承受风轮施加的扭矩和轴向载荷。对于更复杂的部件,解析表达式就不足以反映实际情况,此时可根据所受的载荷查相关的零部件尺寸表。在一定的情况下,部件被赋予一个复杂性等级以反映制造过程涉及的工作量。

　　根据计算出的每一个部件的尺寸,可以确定零部件的重量(假定材料密度已知)。应该注意到有些重量用于计算作用在其它零部件上的载荷,但是最基本的目的是用于计算风力机的成本。然后,每个子系统的成本由下列表达式来确定

$$\text{成本} = (\text{标定系数}) \times (\text{重量}) \times (\text{单位重量成本}) \times (\text{复杂性因子}) \qquad (11.2)$$

　　标定系数对每一个子系统是一个常数。它通过对现有风力机的成本和重量数据进行统计分析得到。复杂性因子是在确定零部件尺寸阶段赋予的数值,它反映子系统组成所需的工作量。

　　风力机总的资本成本通过每个子系统的估计成本累加得到。为了验证模型的成本预测结果,程序被用于预测各种实际风力机的重量和资本成本(Harrison et al.,2000)。图 11.10 给出了模型预测的采用三种材料的叶片重量和风轮直径之间的关系(实线或虚线)以及各种运行风力机的叶片重量数据(WEGA 是风能主要设备"Wind Energie Grosse Anlagen"头一个字母的缩写)。图 11.11 给出了总资本成本预测(对三叶片风力机)与早期小型风力机、现代大型风力机的实际生产成本之间的比较。两个图都表明模型预测与实际重量及成本数据符合良好。

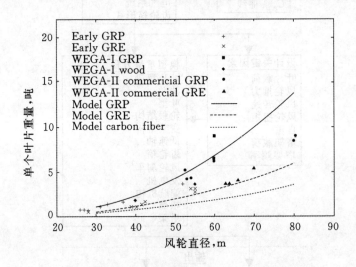

图 11.10　桑得兰成本模型重量预测验证(Harrison et al.,2000)

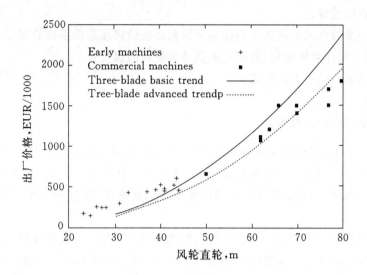

图 11.11　桑德兰风力机成本预测的验证(Harrison et al.，2000)[①]

### 11.3.3.3　海上风力机的资本成本

海上风力机的资本成本总是比陆上风力机的大，Opti-OWECS 项目(Kuhn et al.，1998)提出了海上风力机的结构和经济性优化的设计方法，该设计方法考虑了风与确定设计强度的波浪载荷之间的关联性。单位千瓦的成本差异一般在 25％ 到 3 倍之间，具体取决于离岸距离、水深、环境条件、土壤类型、技术成熟度以及项目容量这样一些因素。但可以预计，海上风力机的资本成本可以通过优化风力机得以减少。

海上风力机及海上风电场更为详尽的成本可以在欧洲风能协会最近的出版物中找到(EWEA，2009)。

## 11.3.4　风场成本

整个系统的资本成本，或者装机资本成本所要考虑的不止风力机的成本。比如，风场的装机资本成本可能包括下列内容(NWCC，1997)：

- 风资源评估和分析；
- 许可申请、调查及融资；
- 进场道路建设；
- 风力机基础建设、变压器基础建设、变电站基础建设；
- 风力机及塔架运输到现场及安装；
- 风速、风向测量塔的建设及安装；
- 集电系统包括从风力机到箱式变压器，从箱式变压器到升压站的输电线的建设；

---

①纵坐标 1000 估计是 1000W。——译者注

- 运行维护设备的建设;
- 支持控制命令及每台风力机到中心控制室的数据流的风场通信系统的建设及安装;
- 功率测量、风力机计算机控制、数据显示及采集设备的提供;
- 所有系统正确运行的检查和集成;
- 调试和试运行;
- 最终移交给业主或运行机构。

对于上述每一项成本的详细讨论超出了本书的范围,下面给出几个例子,来说明这些成本在现代风场中是如何分配的,典型的成本分解(欧洲陆上中型风场)在表 11.2 中给出(EWEA,2009)。除了风力机之外(包括塔架),主要的成本包括基础、道路与主电网连接的相关成本,以及财务成本。

另一个例子(DOE/EPRI,1997)是针对大型风场的(50 台风力机的规模),表 11.3 列出了 1997 年的一个基本设计案的数据,正则化到 $ /kW 以及以总成本的百分数表示的结果。

**表 11.2　风场资本成本分解(EWEA,2009)**

| 项目 | 总成本的百分比 |
| --- | --- |
| 风力机 | 68 到 84 |
| 基础 | 1 到 9 |
| 电气安装 | 1 到 9 |
| 电网连接 | 2 到 10 |
| 土地 | 1 到 5 |
| 财务成本 | 1 到 5 |
| 道路建设 | 1 到 5 |
| 咨询 | 1 到 5 |

**表 11.3　50 台风力机风场的资金成本分解(DOE/EPRI,1997)**

| 项目 | 成本( $ /kW) | 总成本的百分比 |
| --- | --- | --- |
| 风轮装配 | 185 | 18.5 |
| 塔架 | 145 | 14.5 |
| 发电机 | 50 | 5.0 |
| 电气、电子及控制装置与仪表 | 155 | 15.5 |
| 传输、传动链及机舱 | 215 | 21.5 |
| 平衡站 | 250 | 25.0 |
| 总装机成本 | 1000 | 100.0 |

从这些风场成本的例子,以及其它项目的数据可以看出,在工业化国家假定风力机和塔架成本大约占总资本成本的 65%～75% 是合理的,但在发展中国家,对成本分解略有不同,根据项目的数据,基础、安装及电网连接成本大约占总资本成本的 30% 到 50%(WEC,1993)。

Fuglsang 和 Thomsen(1998)研究了通过优化风力机设计来减少海上风场成本的可能性。他们的结论认为通过优化风力机塔架高度、直径、额定功率、风轮转速、风力机间距,即使海上风场的能量成本只比相当的陆上独立风力机大约高 10%。安装成本虽然高于陆上风场,但是模型计算表明,由于风资源更好,海上风力机会多产生超过 28%的能量。

陆上风场和海上风场成本的主要差别是由于支撑结构和电网联接造成的(EWEA,2009)。例如,表 11.4 给出了典型的欧洲海上风场(Horns Rev and Nysted)平均投资成本的分解。如表所示,支撑结构和电网联接成本每一项都大约占总成本的 21%,因此海上风场要昂贵许多。

表 11.4　Horns Rev 和 Nysted 海上风场的平均投资成本(EWEA,2009)

| 项目 | 成本(1000 €/MW) | 总成本的百分比 |
| --- | --- | --- |
| 风力机(含运输和安装) | 815 | 49.0 |
| 变电站和到陆上的电缆 | 270 | 16.0 |
| 风力机之间的组网 | 85 | 5.0 |
| 支撑结构 | 350 | 21.0 |
| 设计和项目管理 | 100 | 6.0 |
| 环境分析 | 50 | 3.0 |
| 其它 | 10 | <1.0 |

# 11.4　运行及维护成本

除了风力机采购和安装成本,运行维护(O&M)成本是最重要的成本来源。如果风场所有人试图再融资或者卖掉这个项目,那么项目的运行维护成本就是特别重要的。运行成本可能包括风力机的保险、税收以及土地租赁费用,而维护成本通常包括下面一些内容:

- 日常检查;
- 定期维护;
- 定期测试;
- 叶片清洗;
- 电气设备维护;
- 不定期维护。

过去某些时候,在役风力机的运行维护成本预测曾被认为有些猜测性(Freris,1990)。根据加利福尼亚风场的经验(Lynnette,1986),丹麦风工业协会(Danish Wind Industry Association,2006)的信息,以及美国的研究(DOE/EPRI,1997),目前这种猜测性减少了。但是正如以下要讨论的,现在的数据显示,风力机运行维护成本仍然有很宽的范围。这种差异可能取决于风场的容量。

运行和维护成本可以划分成两类:固定的和变化的成本。固定的运行维护成本是与风场运行水平无关的年度费用。不管发多少电,它必须支付(一般以装机单位千瓦的费用 \$/kW 或者风力机资金成本的百分比来表示)。变化的运行维护成本是直接与风场发电量有关的年度成本(一般表示成 \$/kWh)。或许最好的运行维护成本估计方法是上述两类成本的组合。

1987 年 EPRI(Spera,1994)关于加利福尼亚风场成本研究中包含了一个运行维护数据的例子。该研究估计的变化的运行维护成本范围在 $0.008\sim0.012$ \$/kWh 之间(1987 年的美元)。研究中发现对于小型风力机(小于 50kW)运行维护成本比中型风力机(小于 200kW)要高。这项研究得出的运行维护成本的大致分配如表 11.5 所示。

**表 11.5　运行维护成本的分解(Spera, 1994)**

| 成本项目 | 成本百分比 |
|---|---|
| 人工 | 44 |
| 零件 | 35 |
| 运行 | 12 |
| 器材 | 5 |
| 设备 | 4 |

丹麦风工业协会(Danish Wind Industry Association,2006)对安装在丹麦的 5000 台风力机的数据进行了归纳,发现新一代的风力机比老一代的风力机具有相对较低的修理维护费用。特别是,较老的风力机(功率从 $25\sim150$ kW)年维护费用平均大约为原先风力机资本成本的 3%。而较新的风力机,估计的年运行维护费用约为原先资本成本的 $1.5\%\sim2\%$,或近似为 \$0.01/kWh。德国 Germanischer Lloyd(Nath,1998)得出的运行维护费用随机器运行年限的变化具有同样的趋势,然而运行维护成本的变化大得多,是风力机价格的 $2\%\sim16\%$。另一些欧洲研究人员指出,对于大型风力机,维护费用低于 \$0.006/kWh 是可能的(Klein et al.,1994)。

预测风力机维护费用随时间增加的方法已经被开发出来(Vachon,1996)。Vachon 使用统计方法来模化零件失效(维护成本)与时间的函数。根据现场实际数据,表 11.6 给出了丹麦能源协会的研究结果(Lemming et al.,1999),它显示风能系统的运行维护成本(表示成风场安装总成本的百分比)随风力机容量和年限的变化。重要的是要注意到预计的成本随风力机年限增加。

**表 11.6　作为容量和年限函数的总运行维护成本的比较(Lemming et al., 1999)**

| 风力机容量 | 风力机运行年限 | | | | |
|---|---|---|---|---|---|
| | 1～2 | 3～5 | 6～10 | 11～15 | 16～20 |
| 150 kW | 1.2 | 2.8 | 3.3 | 6.1 | 7.0 |
| 300 kW | 1.0 | 2.2 | 2.6 | 4.0 | 6.0 |
| 600 kW | 1.0 | 1.9 | 2.2 | 3.5 | 4.5 |

注意:运行维护成本表示成风力机总安装成本的百分比

海上风能系统的运行维护成本要比陆上风场高出许多。这项内容在 Eecen 等人(2007)和 Rademakers 等人(2003)最近的技术报告中进行了详细的讨论。

## 11.5　风能的价值

### 11.5.1　概述

评价风能价值的传统方法是把它等同于由于使用风能替代其它可能的能源所导致的直接节约。这种节约常称为"节省成本"。节省成本主要来自常规发电厂消耗燃料的减少。它们也可能来自发电厂总常规发电能力的减少。这一部分的详细讨论见 11.5.2 节。

随着过去几十年风力机设备自身成本的降低,在某些地区,风能可能已经成为增加发电量的最经济的发电方式。但是,如果只按节省成本来评价风能的价值,将使得许多潜在的风能应用变得不经济。

只从节省成本的角度来评价风能的价值,忽略了由于使用风力发电所带来的重大环境效益。这种环境效益是由于风力发电不会造成大量的空气排放污染物所带来的,特别是氮和硫的氧化物以及二氧化碳。排放物的减小带来了各种健康效益。减少了大气中化学物质的浓度集聚,这种化学物质的集聚会造成酸雨和全球变暖。

把风能的环境效益转换成货币形式是困难的。虽然如此,但这样做的效果是很有意义的。因为,一旦这样做了,许多项目就具有经济性。

把环境效益结合进风能市场是通过两个步骤来完成的:(1)量化环境效益;(2)把这些效益"货币化"。量化环境效益就是要确认由于风能应用所带来的净正面效益。货币化则是给出这些效益的财务价值。这样就可使项目的开发商、预计的所有人得到财务回报。货币化通常由政府法规完成。处理时常常将减少污染物排放的替代措施的成本(比如:燃煤电厂的洗煤装置)作为货币价值。11.5.3 节将更详细地介绍风能的环境效益以及这些效益的货币化结果。

这种考虑环境效益方法的结果产生了风电项目的两类潜在收益:(1)基于节省成本的收益;(2)基于货币化环境效益的收益。图 11.12 示出了这两种收益可能的相对值。对于图中所示的情况,包括货币化环境效益("避免的污染")在内的风能收益大约比只考虑节省燃料和装机得出的收益增加 50% 以上。

由于风能的环境效益是十分真实的,在经济性评估中考虑这些效益的影响极大,许多国家颁布了法律、法规来规范这个过程。这些在 11.7.4 节中讨论。

根据节省成本以及货币化的环境效益来计算收益对特定项目的经济性评估的影响程度,取决于那些被归入"市场应用"的内容以及项目或者开发商与市场应用的关系。11.5.4.1 节和 11.5.4.2 节描述了各种市场应用以及常见的各类项目所有人和开发商。11.5.4.3 节总结了风能项目可得到的最常见的收益来源。然后,给出了一些假设的例子以显示可能导致的价值差别。

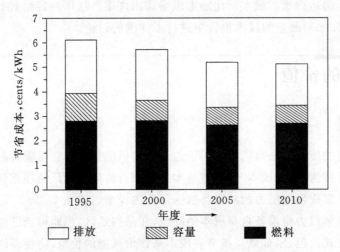

图 11.12 1995～2010 年荷兰风能的节省成本(WEC,1993),获 World Energy Council, London 许可转载

## 11.5.2 基于风能价值的节省成本

正如上面指出的,评估风能价值的传统方法,特别是对电力公司,是基于节省的燃料和装机成本来计算的。下面进行详细的讨论。

### 11.5.2.1 燃料节约

在发电系统中并入风力发电机组可以减少其它发电厂化石燃料的需求。粗看起来计算燃料的节约非常简单,但是并不是普遍如此。节约的燃料的种类和数量取决于这样一些因素,比如不同的化石燃料电厂与核电厂在发电系统中的组合,所要求的"旋转备用",化石燃料设备的运行特性(比如效率和热耗,是它们设备负荷的函数)。

电力系统必须作为一个整体进行模化以估计所节省的燃料消耗,图 11.13 总结了荷兰截

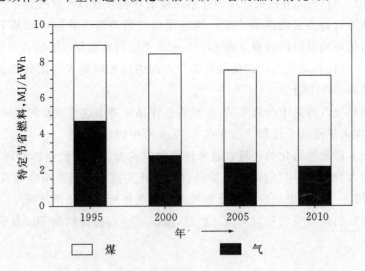

图 11.13 荷兰的比节省燃料消耗(WEC,1993),获 World Energy Council, London 允许转载

至 2010 年的研究结果(WEC,1993)。图中,特定量节省的化石燃料如预计那样是下降的,这是因为风力发电容量的增加,以及新一代化石燃料电厂具有更高的发电效率。

### 11.5.2.2　容量值

风能系统的容量值(或信用)简单地定义成"如果去除风电装机,为满足用户需要,维持供电能力所必须增加的常规发电设备的容量"(Tande and Hansen,1991)。虽然这一概念很简单,一些作者还是指出在确定风能系统容量值的几个问题上仍然产生了较多的争议。

在某种极端情况下,如果电力公司完全确定风电场将在峰值负荷时段产生全部额定功率,它的容量值就将等于它的额定功率。在另一种极端情况下,如果电力公司确定在峰值负荷时段,风电场不可能运行,那末它的容量值就是零。对于电力公司,风电场的容量值越高,所要求新的发电容量越小。实际上,风电场的容量值一般是在零和系统电力需求较高时段内平均发电量之间。实际值取决于风能资源和电网需求随季节变化的吻合程度。计算容量值有两种主要的方法(Walker and Jenkins,1997):

1. 在几年时间内对风电系统在峰值负荷时对电力公司的贡献进行评估,这段时间的平均功率定义为容量值;

2. 首先,在系统没有风电的情况下,计算负荷概率损失(loss of load probability,LOLP)或者负荷期望损失(loss of load expectation,LOLE)(Billinton and Allan, 1984)。随后将常规电厂容量扣除某一数值,再计算上述参数,使所得 LOLP 与无风电时的 LOLP 相等,所扣除的常规电厂容量,即是风电系统的容量值。

两种方法给出类似的结果。对于小渗透率的风电系统,容量值一般接近风电系统的平均输出。

Voorpools 和 D'haeseleer(2006)的文章给出使用解析公式的第一种方法的例子。容量值更普遍的计算方法是第二种方法(一般采用统计技术)。如图 11.14 所示,由两个独立研究确

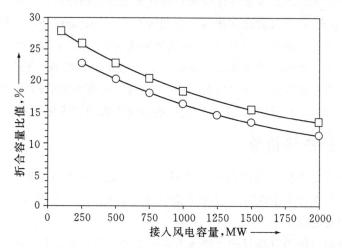

图 11.14　荷兰的折合容量比值(%)与接入风电容量的关系(WEC,1993),
获 World Energy Council, London 许可转载

定的荷兰风电的容量值(WEC,1993),可以认为是风电向电网输送的总功率的函数。对额定容量为 1000 MW 的风电系统,折合容量值预计值在 16%~18% 之间变化(或相当于 160~180 MW 的常规发电容量)。

一些研究得到的容量值为百分之几到接近 30%~40%。大多数研究者得到的容量值处于中间范围,他们建议通过预定的步骤来导出可再生能源的部分容量值(Perez et al.,1997)。在美国正如 Milligan 和 Porter(2005)所评述的,风电容量值的确定与地区有关,根据地区对容量储备要求和容量资源定义的不同,容量值可以在很大范围内变动。

### 11.5.3 风能的环境价值

风力发电最基本的环境价值是风电抵消了常规化石燃料电厂的排放物。这些排放物包括二氧化硫($SO_2$)、氮氧化合物($NO_x$)、二氧化碳($CO_2$)、颗粒和灰渣。由于使用风能所减少的排放数量取决于风能所替换的电厂类型以及现在各种化石燃料电厂所安装的特殊排放控制系统。对电站规模能源系统这类外部成本(没有在项目成本中考虑的成本)的详细综述可参看欧盟委员会的报告(Bickel and Friedrich,2005)。

对如何确定风能系统减少排放的价值,已经进行过许多研究(欧洲风能协会 EWEA,2004)。一般地,根据国家和地区的不同,单位发电量所避免的排放数量会有很大的差异。这取决于各类常规发电机组的组合情况和各个机组排放控制的状态。例如,在美国单位千瓦时发电产生的二氧化碳排放大约是 607.8 千克,二氧化硫是 3.4 千克,氮氧化合物为 1.61 千克(Reeves,2003)。

现在,还没有一个标准的方法来计算风能系统所避免的排放。如上述 11.5.1 节所提到的,绝大多数方法是将其它方法减少同等数量排放物所需的成本作为参考。

风力发电除了直接的环境效益外,还有其它的效益。这些效益包括改善公众健康以及减少化石燃料进口所带来的政治效益。这些来自各种发电形式的效益(以及相应的成本)都被当作"能量生产的社会成本"。有关这方面最早的研究在 Hohmeyaer(1990),WEC(1993)和 Gipe(1995)的文献中进行了综述。一般地,研究结果表明常规电厂具有较高的社会成本或者较高的"外部"成本。至今如何将减少排放的价值准确货币化仍然没有一致的办法。然而,在一些国家将外部成本考虑在对风能开发的激励中,比如可再生能源配额标准、税收补偿或保证电价。这些主要在 11.7.4 节中讨论。下面讨论这些激励措施的货币化结果。

### 11.5.4 风能的市场价值

风能的市场价值是出售风能将会得到的回报总量,或者使用风力发电可以避免的付出。这种价值的"取得"很大程度上取决于三个方面的考虑:(1)"市场应用";(2)项目业主或开发商;以及(3)所得回报的类型。

市场应用会影响可能建设项目的类型及节省成本的量值。业主与市场应用的关系将决定所节省成本在电能销售中是直接还是间接计算。回报的类型基本分为两类。第一类包括出售的电量及减少的购电量,以及它们相应的市场价值。第二类包括那些货币化的从政府政策中得到的环境效益回报。下面简要讨论上述所有问题。

### 11.5.4.1 市场应用

市场应用指的是风电项目所在的系统。例如,欧洲风能市场的发展已在欧洲风能协会最近的出版物(EWEA,2004)第五卷中作了介绍。最常见的市场应用包括:(1)传统的电力企业;(2)改组的电力企业;(3)用户拥有的发电能力;(4)偏远地区电网以及(5)与电网无关的应用。市场应用与项目开发商或所有人的关系对确定收益有重要的影响,该收益是以发电成本节省或能量销售形式出现。

#### 传统的电力企业

传统的电力企业是指发电、输电、配电及售电企业。它们可能是私营的,也可能是公众拥有的。如果是私人拥有的,它们就被视为一个"自然垄断"企业,通常受州或国家政府管制。虽然大多数传统的电力企业至少要发出它们售出电力的一部分,但许多电力企业也从其它电力公司购电。两种公众拥有的电力企业是(1)市营电力公司和(2)乡村电力合作企业。这些电力企业由城镇及用户(此时,称为合作企业)拥有和运行。它们通常从大型公众拥有的发电企业购买它们所需的大部分或全部电力,如像美国南部的田纳西谷管理局(Tennessee Valley Authority)。

#### 改组的电力企业

最近几年,许多电力公司都进行了"改组"和"市场化"。它们一般被拆解成三个部分:(1)发电公司;(2)"线路"公司;及(3)售电公司。线路公司仅仅在划定的服务地域拥有和维护输电、配电线路。它不拥有发电能力(至少在其服务的地域)。发电公司是独立的。售电公司自身不必拥有发电能力,只是从发电公司那里采购能源,"租用"线路传送电力,向它的客户销售电力。客户基本可以自由地选择供应商(售电公司)。售电公司有时可以为感兴趣的客户提供带特殊品质的电力"产品"。这些客户可能对可靠性、可中断性、燃料来源有特殊的要求。系统的正常功能由"独立的系统运营商"(independent system operator,ISO)维护,它们管理能源的采购、销售过程。线路公司通常仍然是受管制的。

#### 用户自有的发电能力

无论是传统的或者市场化的电力公司的用户,可能都希望自行生产一部分电力。这种情况下客户可以采购风力机,把它连到当地配电线路上,通常在计量器自己一侧进行连接。因此客户自有的发电能力也就被称为"计量器后"发电能力。这样做究竟多大范围是可能的或经济上值得的,很大程度上取决于所在地区特有的法律及规定。在这类项目中,能量绝大多数用于减少电力采购,在某些情况下,剩余的电量出售给电网。

#### 偏远电力系统

偏远电力系统在很多方面都与大型电力企业类似。主要区别是:(1)它们所采用的发电类型(一般为柴油机);(2)它们不能与任何其它电力企业交换电力。如果风力机加入这样的系统。它们就构成了在第 10 章中已经讨论过的混合电力系统。

**独立电网的系统**

独立电网的风能系统通常由风力机、储能电池、功率转换器以及电力负载组成。通常它们相对较小且是自给自足的。它们可以作为与电力公司联网的替代手段或者代替柴油或汽油发电机。

### 11.5.4.2 风电项目的所有人或开发商

所有人或开发商的性质,以及它们与市场应用的关系将显著影响取得的回报类型。所有人或开发商的类型包括:(1)传统的电力企业自身;(2)独立发电商;(3)希望减少电力采购的电力用户;(4)负责孤立电力系统的企业;或者(5)在与电网无关的应用中,需要电力的个别用户。

**传统的电力企业**

传统的电力企业开发并拥有它们自己的风力发电能力。这些风力发电可以节约一部分燃料或者减少从其它电力企业采购电力。风电项目也可以提供一定的容量值,如 11.5.2.2 节所述。

**独立的电力生产商**

独立的电力生产商(Independent power producers,IPPs)拥有并运行它们自己的发电厂,向电力企业销售电力。它们可以以传统电力企业的方式运行,也可以按照市场化电力企业的方式运行。风电项目独立的电力生产商除了由于风电是不可控的(也就是,它不能根据意愿开停)可能受到不利影响之外,其它方面与其它发电企业类似。但是,它能从化石燃料发电不享有的激励政策中得到收益。它们通常要求多年的合同("购电协议"或 power purchase agreement,PPA)以确保收入。PPA 的细节在决定一个项目是否经济时是十分重要的。

**用户自有的发电能力**

用户一般是(但并不总是)电表后风电项目的所有人或开发商。典型的例子包括居民用户、农场主以及小企业。

### 11.5.4.3 收益类型

正如上面描述的,现在基本上有两种可能的收益方式,即基于节省成本的收益和货币化的环境效益。第一类包括:(1)采购电量、燃料、主要设备或其它花费方面的减少(节省成本自身);(2)出售电量(它的价格将反映节省成本)。第二类包括:(1)出售可再生能源证书;(2)税收方面的收益;(3)高于市场价格的保证电价;以及(4)净计量。

**采购减少**

如果风力机所有人即是传统发电商,风电项目的收益实际上就是节省的收益。对于传统发电企业或偏远电力系统的管理者来讲,收益可能反映在燃料和采购电量的减少、其它发电设备运行维护费用的减少,以及对其它发电设备的替换与更新费用的可能节省上。节约的价值("节省成本")的范围一般大约在 \$0.05～\$0.08/kWh 之间(2008 年),其值取决于燃料来源和所采用的常规发电方式。对于偏远电力系统,节省成本可在 \$0.20～\$0.60/kWh 之间。对于电表后项目的所有人,减少采购的价值是电力的零售价格。其值远高于趸售价格(在传统

电力企业为 $0.15/kWh 左右,而偏远电力系统中为 $0.40/kWh 或更高)。

## 电力销售

独立发电企业通常通过把电力销售给电网获得收益。理想情况下,电价会在长期合同中规定。对于收购这部分电力的电力企业来讲,正如以前所述,价格接近预计的能源"节省成本"。合同价格一般是可调度发电中最高的。如果风电出力在某种程度上能够预测,风电项目的运营商还可能得到更好的价格。电力也可以逐日出售("现货市场")但价格一般最低。在某种情况下,独立发电企业可以向客户出售"绿色电力"得到更多的回报,以确保电力来源于对环境更友好的资源。

## 可再生能源证书

过去几年,出现了一些新的激励措施以推动在市场化的电力企业中引入更多的可再生能源。其中一种激励措施就是所谓的可再生能源或者"绿色"能源证书。在这个激励措施实施的系统中,认为所希望的"绿色"属性可以从能源自身中分离出来,并将其价值赋予证书。这样证书就有了价值,一般在每千瓦时几个美分左右。这样的证书可以用来保证"可再生能源配额标准"(renewable portfolio standards, RPS)的实施。风电项目获得的证书份额与它发出的电量成正比。证书可以出售,其收入可以增加出售电力获得的收益。详情见 11.7.4 节。

## 税收收益

多年来各种各样的税收补偿用于鼓励风电的开发。有一段时间,投资税收补偿被广泛采用。这为项目开发商提供了一种收益来源,这种收益是基于项目成本,而不是基于项目产出。现在,更普遍的激励措施是产品税收补偿。它基于实际能量产出,一般的数值(以美元计)大约为 $0.02/kWh。

## 高于市场价格的保证

在有些国家,例如德国、西班牙,为风力发电提供较高的市场保证价格。这种方案就是所谓的"固定电价"(见 Ringel, 2006 以及第 11.7.4 节)。这种措施的作用类似前面描述的能量销售办法。区别是由政府设定的价格高于常规能源出售给电力市场的价格。这种情况下陆上风能的价格一般接近于零售价格。

## 净计量

小型计量器后发电企业面临的情况实际上比出现之初稍微复杂一些。由于风况和负荷的变化,它可能经常处于这样一种状态,即使平均出力比平均负荷低许多,但来自风力机的瞬时出力可能大于负荷。根据发电企业的规定以及计量的类型,运营商得到的超出负荷的这部分电力收益很小甚至没有收益。这将严重影响发电的有效平均价值。

针对这种情况,对小型发电提供了另外的鼓励政策,美国的几个州颁布了"净计量"的规定。在这些规定中,关键的提法是净能量,净能量是指一定时间内(一般为一个月或更长)与电力消耗相比较所多发出的能量。只要净发电少于消耗,所有电力将按零售定价。超过消耗的那部分电力按照适用于独立发电企业的相关规定处理。2009 年,超过 40 个州以及哥伦比亚区已实行了净计量规定,要求电力公司采购经该规定认证的系统所发出的电力。通常净计量

规定适合于相对较小的发电机组(50kW 或更小),尽管新泽西界州的限值要大许多,为 2MW
(参见 http://www.windustry.org)。

#### 11.5.4.4 例子

很显然,一个风力发电机组可获得的价值或收益的范围是很广泛的,取决于它应用的详情。下面是一些假设的例子:

1. 一个采用燃煤发电的私营发电企业,燃料成本为 $0.03/kWh 并且不需要新的容量。在它运行所在的州没有货币化的环境效益。风能的价值就是节省的燃料成本,或者说就是 $0.03/kWh。
2. 在具有市场化企业的州,风电项目开发商可以 $0.03/kWh 的价格向电网出售它的电力。州提供可再生能源证书,企业可以 $0.035/kWh 的价格出售可再生能源证书,还可以从联邦产品税补偿中得到好处,价值为 $0.019/kWh。这样它的风电的总价值就是 $0.084/kWh。
3. 市政电力企业以固定价格 $0.07/kWh 购买所有电力。风能的价值就为节省的能源采购的费用,或 $0.07/kWh。
4. 一个农场主正在考虑是否安装一台 50kW 的风力机,生产农场的部分电力。现在的电价为 $0.15/kWh。他可以从净计量及产品税补偿得到 $0.019/kWh 的好处。这样风力发电的价值就应该为 $0.169/kWh。

# 11.6  经济性分析方法

正如以前指出的,风能系统可以视为产生收益的投资。经济性分析用于评估风能项目的利润并与其它投资进行比较。如果对资本成本和运行维护成本有一个可靠的估计,经济性分析方法是适用于风能系统的。这样一些方法总的目的不仅用于确定给定的风能系统设计项目的经济性能,而且可用于与常规及其它可再生能源系统进行比较。本节介绍三种经济性分析方法。它们是:

- 简化模型;
- 寿命周期成本模型;
- 电力企业经济性模型。

每一种经济性分析方法都有自己的关键经济参数的定义以及它特有的优点和缺点。

正如 11.5.4 节所讨论的,重要的是确认谁是业主或开发商以及预计的能源市场价值。根据不同的应用,下面讨论的一种或几种经济性评估方法可能是适用的。

## 11.6.1  简化的经济性分析方法

针对风能系统的可行性初步估计,最好有一种方法能够快速确定它的相对经济性收益。这样的方法应该容易理解,没有过多的经济性变量,易于计算。常用的两种方法是:(1)简单偿还法和(2)能源成本法。

#### 11.6.1.1　简单偿还周期分析

偿还计算是将收益与成本进行比较,决定偿还初始投资所需的时间。偿还周期(年)等于风能系统总资本成本除以来自发电的平均年收益。最简单的形式(简单偿还周期),可表示成如下公式:

$$SP = C_c/AAR \tag{11.3}$$

式中,$SP$ 是简单偿还周期,$C_c$ 是装机资本成本,$AAR$ 是平均年收益(Average annual return)。后者可以表示成:

$$AAR = E_a P_e \tag{11.4}$$

式中,$E_a$ 是年能量产出(kWh/年),$P_e$ 是电价($/kWh)。因此简单偿还周期可以写成:

$$SP = C_c/(E_a P_e) \tag{11.5}$$

考虑下面的例子:$C_c = \$50\,000, E_a = 100\,000$ kWh/yr,$P_e = 0.10\,\$/kWh$。那么 $SP = 50\,000/(100\,000 \times 0.10) = 5$ 年。

应该指出的是,简单偿还周期计算忽略了许多对系统的经济成本有效性有重大影响的因素。这些因素包括燃料和贷款成本的变化、资本成本的贬值、运行维护费用、电价变化以及系统的寿命。有些作者试图在计算简单偿还周期时,把其中的一些因素包含进去。例如,一位作者(Riggs,1982)将资本成本除以净年度节约费用得到简单偿还周期。

#### 11.6.1.2　能源成本分析

能源成本(cost of energy,$COE$)定义为风能系统所产生的单位能量的成本($/kWh)。也就是

$$能源成本 = (总成本)/(所产生的能量) \tag{11.6}$$

根据以前的术语,$COE$ 最简单的计算式如下:

$$COE = [(C_c \times FCR) + C_{O\&M}]/E_a \tag{11.7}$$

式中,$C_{O\&M}$ 是平均年运行维护成本,而 $FCR$ (fixed charge rate)为固定的费率。固定费率是一个术语,用来反映要付的利息或者节约的钱产生的利息价值。对电力企业,$FCR$ 用于债务、投资成本、税收等(见 11.6.3 节)的平均年度费率。

采用上述例子中的数值,假定 $FCR = 10\%$ 及 $C_{O\&M} = 2\% \times C_c = \$1000/yr$:

$$COE = [(50\,000 \times 0.10) + 1000]/100\,000 = \$0.06/kWh$$

简化计算基于几个关键的假设,大多数假设忽略了货币的时间价值。下一节将讨论这些假设。

### 11.6.2　寿命周期成本法

寿命周期成本法(Life cycle costing,LCC)是广泛应用于能源生产系统的、基于货币"时间价值"原理的经济性评估方法。寿命周期成本法把整个寿命内发生的费用和收益归结为一个单独的参数(或系数),以便于做出一个以经济性为基础的选择。

在分析未来的现金流时,需要考虑货币的时间价值。一定数量的货币可通过投资赚取一定利息使货币数量增加。当然,货币也有可能由于通货膨胀造成物价上升,在一定时间后价值

减少,使单位货币购买力减少。只要通货膨胀率等于一定数目投资的回报率,购买力就不会减少。通常情况下,二者是不相等的,那么一定数量的货币就可以增值(如果投资回报率大于通货膨胀率)或者贬值(通货膨胀率大于投资回报率)。

寿命周期成本分析概念基于机构在分析投资机会时所采用的会计原理。这些机构通过正确判断资本使用的收益和成本,寻求投资回报(return on investment,ROI)最大化。其办法之一就是采用循环寿命成本法计算机构的各种投资机会的投资回报(ROI)。

为了计算风电系统的投资价值,寿命周期成本法的原理可以用于计算它的成本和收益,亦即预计的现金流。成本包括与采购、安装、运行风力机系统有关的费用(见 11.3 节和 11.4 节)。风电系统的经济收益包括使用或出售所发的电力以及税收节约或其它财务方面的激励收益(见 11.5 节)。成本以及收益二者在整个时间内是变化的。寿命周期成本法的原理可以考虑随时间变化的现金流,并把它们归结到一个共同的时间基点上,从而使得风能系统能够以内部一致的方式与其它能源系统进行比较。

寿命周期成本方法,正如这一节所描述的,对货币采用通胀和利息两个参数,利用基于“货币时间价值”的模型预计在未来任何时候投资的“现值”。以下介绍在寿命周期成本分析中应用的重要变量和定义。

### 11.6.2.1 寿命周期成本的概念和参数的定义及概述

在寿命周期成本分析中使用的关键概念和参数包括:

- 货币的时间价值和现值因子;
- 基准化(Levelizing);
- 资本恢复因子;
- 净现值。

对它们的简要介绍如下。

**货币的时间价值和现值因子**

在将来将要支付(或花费的)单位现金的价值与它现在的价值并非具有同等价值。这即使是在没有通货膨胀的情况下也是真实的,因为单位现金可以用于投资带来利息,因此它的价值由于利息得到增加。例如,假设现值为 $PV$(present value)的一定数量的资金(有时也称为现价)以利率(或贴现率)$r$(表示成比例数)投资,以年复利计算(注意在经济性分析中贴现率定义成货币的机会成本,是可以预期得到的另一个最好的回报率)。在第一年底价值增加到 $PV(1+r)$,第二年以后变成 $PV(1+r)^2$,依次类推。因此 $N$ 年以后的期值 $FV$(future value)就是:

$$FV = PV(1+r)^N \tag{11.8}$$

比值 $PV/FV$ 定义成现值因子 $PWF$(present worth factor),由下式给出:

$$PWF = PV/FV = (1+r)^{-N} \tag{11.9}$$

出于直观说明的目的,表 11.7 给出了 $PWF$ 的数值。

**表 11.7　贴现率 $r$ 年数 $N$ 的现值因子**

| 贴现率 $r$ | 年数 $N$ | | | | | |
|---|---|---|---|---|---|---|
| | 5 | 10 | 15 | 20 | 25 | 30 |
| 0.01 | 0.9515 | 0.9053 | 0.8613 | 0.8195 | 0.7798 | 0.7419 |
| 0.02 | 0.9057 | 0.8203 | 0.7430 | 0.6730 | 0.6095 | 0.5521 |
| 0.03 | 0.8626 | 0.7441 | 0.6419 | 0.5537 | 0.4776 | 0.4120 |
| 0.04 | 0.8219 | 0.6756 | 0.5553 | 0.4564 | 0.3751 | 0.3083 |
| 0.05 | 0.7835 | 0.6139 | 0.4810 | 0.3769 | 0.2953 | 0.2314 |
| 0.06 | 0.7473 | 0.5584 | 0.4173 | 0.3118 | 0.2330 | 0.1741 |
| 0.07 | 0.7130 | 0.5083 | 0.3624 | 0.2584 | 0.1842 | 0.1314 |
| 0.08 | 0.6806 | 0.4632 | 0.3152 | 0.2145 | 0.1460 | 0.0994 |
| 0.09 | 0.6499 | 0.4224 | 0.2745 | 0.1784 | 0.1160 | 0.0754 |
| 0.10 | 0.6209 | 0.3855 | 0.2394 | 0.1486 | 0.0923 | 0.0573 |
| 0.11 | 0.5935 | 0.3522 | 0.2090 | 0.1240 | 0.0736 | 0.0437 |
| 0.12 | 0.5674 | 0.3220 | 0.1827 | 0.1037 | 0.0588 | 0.0334 |
| 0.13 | 0.5428 | 0.2946 | 0.1599 | 0.0868 | 0.0471 | 0.0256 |
| 0.14 | 0.5194 | 0.2697 | 0.1401 | 0.0728 | 0.0378 | 0.0196 |
| 0.15 | 0.4972 | 0.2472 | 0.1229 | 0.0611 | 0.0304 | 0.0151 |
| 0.16 | 0.4761 | 0.2267 | 0.1079 | 0.0514 | 0.0245 | 0.0116 |
| 0.17 | 0.4561 | 0.2080 | 0.0949 | 0.0433 | 0.0197 | 0.0090 |
| 0.18 | 0.4371 | 0.1911 | 0.0835 | 0.0365 | 0.0160 | 0.0070 |
| 0.19 | 0.4190 | 0.1756 | 0.0736 | 0.0308 | 0.0129 | 0.0054 |
| 0.20 | 0.4019 | 0.1615 | 0.0649 | 0.0261 | 0.0105 | 0.0042 |

## 基准化

　　基准化是一种成本或收益的表示方法,它将一次发生或在不规则时间间隔内发生的成本或收益等效成规则时间间隔的支付。下面的例子说明这种变换的一种好方法(Rabl,1985)。假设一笔贷款安排成按若干月或年分期归还。也就是现值 $PV$ 的贷款是每年支付 $A$,$N$ 年归还。为了决定 $A$ 的计算公式,首先考虑对一笔现值为 $PV_N$ 的贷款,在第 $N$ 年年底,以一次支付 $F_N$ 的方式归还。其 $PV_N$ 加上 $N$ 年利息,付款为:$F_N = PV_N (1+r)^N$。换句话说,贷款 $PV_N$ 等于将来付款 $F_N$ 的现值;$PV_N = F_N (1+r)^{-N}$。

　　将要以等额方式 $N$ 年归还的一笔贷款可以被认为是 $N$ 个对各个年贷款的总和,第 $j$ 次贷款是在第 $j$ 年底将要归还的份额 $A$。因此贷款的值 $PV$ 等于所有还款现值的总和:

$$PV = \frac{A}{1+r} + \frac{A}{(1+r)^2} + \ldots + \frac{A}{(1+r)^N} = A \sum_{j=1}^{N} \frac{1}{(1+r)^j} \tag{11.10}$$

或者采用几何级数公式:

$$PV = A[1 - (1+r)^{-N}]/r \tag{11.11}$$

应该注意的是这个公式非常通用,它将任何单个的现值 $PV$ 与等额年度还款 $A$、给定利率或贴现 $r$ 以及支付次数(或年数)$N$ 等因素联系起来。同时需要指出,当 $r = 0$,$PV = A \times N$。

### 资本恢复因子

资本恢复因子(capital recovery factor,CRF),用于确定当贴现率和支付次数已知时,为达到所要求的给定现值,每一个将来支付的数量。资本恢复因子定义成 $A$ 与 $PV$ 的比值,利用公式(11.11)有下式:

$$CRF = \begin{cases} r/[1 - (1+r)^{-N}], & \text{如果 } r \neq 0 \\ 1/N, & \text{如果 } r = 0 \end{cases} \tag{11.12}$$

资本恢复因子的倒数有时定义为系列现值因子 $SPW$(series present worth factor)。

### 净现值

净现值(net present value,$NPV$)定义为所有相关现值的总和。根据公式(11.8),第 $j$ 年的将来成本 $C$ 的现值:

$$PV = C/(1+r)^j \tag{11.13}$$

这样,$N$ 年期间每年支付成本 $C$ 的净现值 $NPV$ 之和为:

$$NPV = \sum_{j=1}^{N} PV_j = \sum_{j=1}^{N} \frac{C}{(1+r)^j} \tag{11.14}$$

如果成本 $C$ 以年率 $i$ 贬值,第 $j$ 年的成本变成:

$$C_j = C(1+i)^j \tag{11.15}$$

因此净现值 $NPV$ 就变成:

$$NPV = \sum_{j=1}^{N} \left(\frac{1+i}{1+r}\right)^j C \tag{11.16}$$

正如下节将要讨论的,$NPV$ 可以在进行投资选项比较时,用来评价项目的经济价值。

### 11.6.2.2 寿命周期成本分析的评估准则

在本章的开始部分,引入了两个经济性参数,即简单偿还周期和能源成本。这些参数可以用于风能系统的初步经济性分析。采用寿命周期成本分析可以使用几个其它品质的经济因素或参数来评估风能系统的可行性。在这些参数中,包括成本或节省的净现值以及基准化的能源成本。

### 成本或节省的净现值

在运用寿命周期成本分析法进行不同投资选项比较时,一个特殊参数的净现值一般用来度量项目的经济价值。需要注意,重要的是清楚地定义 $NPV$,因为以前有许多研究者用"净现值"来定义各种各样的寿命周期成本分析参数。首先,可以定义节省型净现值 $NPV_S$ 如下:

$$NPV_S = \sum_{j=1}^{N} \left(\frac{1+i}{1+r}\right)^j (S-C) \tag{11.17}$$

式中,$S$ 和 $C$ 表示项目寿命期内年度总节省和总成本($S-C$ 是年度净节省)。

　　在采用这个准则对各种系统进行评估时,应该寻找 $NPV_S$ 值最大的系统。在实际应用中可以用列表的形式来评价年总节省($S$)和总成本($C$),并计算年基准化价值的总和。但是,正如下一节将要说明的,采用封闭形式的解析表达式来直接计算净现值也是可能的。这些表达式对于风能系统的一般化参数研究是有价值的工具。

　　如果只考虑各种成本因素,那么可以运用成本净现值 $NPV_C$。它是能源系统基准化成本的总和。对于这种形式的参数,在比较几个不同的系统时,$NPV_C$ 最低的设计是最好的。

　　以一个风能系统的成本为例,成本的净现值可以通过计算系统寿命期每一年的总成本得到。然后年成本被基准化为起始年,再求和。如果假设寿命期总的能源通胀率是常数,系统贷款以等额偿还,$NPV_C$ 可以用如下公式计算:

$$NPV_C = P_d + P_a Y\left(\frac{1}{1+r}, N\right) + C_C f_{OM} Y\left(\frac{1+i}{1+r}, L\right) \tag{11.18}$$

式中:

　　$P_d$ ＝系统成本的预付款;

　　$P_a$ ＝系统成本的年支付额＝$(C_C - P_d)CRF$;

　　$CRF$ ＝基于贷款利率 $b$,而不是 $r$ 的资本恢复系数;

　　$b$ ＝贷款利率;

　　$r$ ＝贴现率;

　　$i$ ＝总通胀率;

　　$N$ ＝偿贷年限;

　　$L$ ＝系统的寿命期;

　　$C_C$ ＝系统的资本成本;

　　$f_{OM}$ ＝年运行维护成本的比例(相对系统资本成本)。

　　变量 $Y(k,l)$ 是一个用于获得系列支付款额现值的函数。它由下式确定:

$$Y(k,l) = \sum_{j=1}^{l} k^j = \begin{cases} \dfrac{k-k^{l+1}}{1-k}, & \text{如果 } k \neq 1 \\ l, & \text{如果 } k = 1 \end{cases} \tag{11.19}$$

## 基准化的能源成本

　　基准化能源成本 $COE_L$ 的最基本的形式被定义为风能系统年基准化成本的总和与年度产能的比值。就是:

$$COE_L = \frac{\sum(\text{基准化年度成本})}{\text{年能量产出}} \tag{11.20}$$

这种形式的定义一般用于计算电力企业的能量成本。基准化的能源成本定义为能源的价值($/kWh)。如果系统寿命期内此值不变,就可以得到成本净现值(如同通过公式(11.18)计算的值)。利用这个基础,$COE_L$ 由下式给出:

$$COE_L = \frac{(NPV_C)(CRF)}{\text{年能量产出}} \tag{11.21}$$

注意,此处资本恢复系数 $CRF$ 基于系统的寿命 $L$ 和贴现率 $r$。在这个基础上,基准化的能源成本乘以年发电量将等于分期偿还能源系统成本净现值的年度贷款偿还额。

**其它寿命周期分析的经济参数**

有几个其它的经济性能因子或参数可以用来评估以能源系统性能为基础的寿命周期。最常用的两个参数是内部收益率(internal rate of return, $IRR$ )以及利润成本比($B/C$)。它们的定义为:

$$IRR = NPV_S \text{ 等于零时的贴现率值} \tag{11.22}$$

$$B/C = \frac{\text{所有收益(收入)的现值}}{\text{所有成本的现值}} \tag{11.23}$$

电力企业和公司常用 $IRR$ 来评估投资,它是盈利能力的度量。$IRR$ 越高,所考察的风能系统的经济性能越好。

一般来讲,收益成本比大于 1 的系统就是可以接受的,$B/C$ 值越高越好。

## 11.6.3  用于电力企业的风场经济性分析

从发电或者电力企业的角度来讲,能源成本以前的定义可以用于对风场系统企业发电成本的初步评估。在这种应用中,$COE$ 可以通过下式计算:

$$COE = \frac{\left[ (C_C)(FCR) + C_{O\&M} \right]}{\text{年发电量}} \tag{11.24}$$

式中,$C_C$ 是系统的资本成本,$FCR$ 是固定支付率(是一个现值因子,包括企业负债、股权成本、州和联邦税收、保险以及财产税),$C_{O\&M}$ 是年运行维护费用。

在美国,电力企业和风能工业中一般使用下列两种方法中的一个来估计一个企业规模风能系统的 $COE$ (Karas, 1992):(1)电力研究所技术分析组(EPRI TAG)的方法(EPRI, 1979;1989),或者(2)现金流方法(cash flow method, CFM)。以下简要介绍这两种方法。

### 11.6.3.1  EPRI TAG 方法

该方法使用一个基准化的能源成本(cost of energy, $COE$ ),对于风能系统最简单形式的 $COE$ ($/kWh)由下式计算:

$$COE = FCR \left( \frac{\overline{C_C}}{8760 \times CF} \right) + \overline{C}_{O\&M} \tag{11.25}$$

式中:

$\overline{C}_C$ =用额定功率正则化构建一个电厂的总成本($/kW);

$CF$ =容量系数;

$\overline{C}_{O\&M}$ =用单位能量正则化的运行维护成本($/kWh)。

由于这种方法使用一个基准化的能源成本,它能够适用于多种技术,包括在常规电厂(带附加的燃料成本)用作一个有用的比较指标。EPRI TAG 方法的一些限制包括:

- 它假设贷款期等于电厂的寿命;
- 它不便于考虑变化的投资新企业的回报(equity return),变化的债务偿还,或变化的成本。

第二个限制一般就排除了独立发电商(independent power producers, IPPs)使用这种方法,许多风场项目即属于独立发电商范围。

### 11.6.3.2　现金流方法(CFM)

现金流方法是基于财务表格的应用,它要求输入项目寿命期内每年的估计收入和花费。能源成本通过下面的步骤计算:

- 确定电厂及运行的各种成本(比如:电厂建设、运行和维护、保险、税收、土地、电力传输、管理成本等);
- 预估电厂服役寿命期内每年的上述各种成本;
- 计算每年的折旧、债务费用、股权收益以及税收;
- 利用企业的资金成本将得出的现金流折算为现值(按照有关管理机构的规定);
- 确定等额支付款(年金)并用以将成本基准化,等额支付款的现值等于以前计算的各种结果。

现金流方法考虑了成本、运行和经济数据预计相对实际的变化,如像价格提高、通胀、利率变化等。用于评估股权结构和融资对企业规模风电系统的影响的几种现金流模型的详细描述由 Wiser 和 Kahn(1996)给出。

Karas(1992)指出 COE 估计可用许多方法确定。他的算例表明风能系统的 COEs 对实际电厂的成本和运行假定非常敏感,特别是对容量系数和电厂的安装成本。

无论计算基准化或者其它形式的 COE 采用的是何种方法,应该强调的是,根据所用的假设,一个电厂可有几个同样有效的 COEs。因此,重要的是在确定风能系统任意一种能源成本时,术语、参数决定方法以及所作的假设都应该清楚说明。

## 11.6.4　经济敏感性分析

在前面各节中已经描述了几种决定经济性能参数(如能源成本)的方法,这些方法可以用于评估各种风能系统,或者与其它形式的动力系统进行性能比较。但在实践中,很快就认识到有许多机器性能和经济性输入变量都可能影响所计算的参数值。此外,许多输入参数潜在的变化或者不确定度范围可能是很大的。

完整的风能系统的经济性研究应包括一系列对所计算的输出变量的敏感性研究。精确地说,就是将所关心的每一个参数在某一中间值或"最好估计值"附近变化,然后计算所希望的收益数值(如能源成本)。计算在假设的参数变化范围内反复进行。例如,下面的经济性和性能变量应该是可变的:

- 电厂容量因子(或现场的平均风速);
- 风力机的可利用率;
- 运行和维护成本;
- 资本或装机成本;
- 系统和部件的寿命;

- 贷款归还的年限;
- 利率和贴现率。

这种形式的计算结果常常以图形的方式进行处理。这可以通过使用"蜘蛛"或"星"图来完成,如图 11.15 所示,该图表示了给定参数的变化会给能源成本带来多大的变化影响(以百分比表示)。这种形式的图形明显地表明,一些较重要变量的影响可以用较陡的直线描述。但应指出,将所有的参数都变化同样的百分比可能是不合理的,因为有些参数可能知道得十分准确(Walker,1993)。

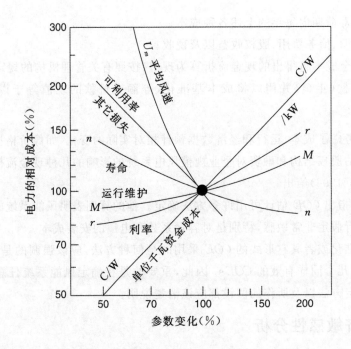

图 11.15　发电成本对各种参数的敏感性(Freris,1990),获 Pearson Education Limited 许可转载

# 11.7　风能市场考虑

## 11.7.1　概述

风能系统存在一个很大的、潜在的、世界范围的市场。本节回顾风能系统的市场考虑。有三个主要的问题需要考虑:

1.风能系统的潜在市场;

2.市场扩张的障碍;

3.市场开发的激励。

关于这些问题有许多公开的技术文献,特别是电力企业或风场的应用方面文献。(例如

OECD/IEA，1997；EWEA，2004）。对于小型、离散式混合风能系统的潜在市场在最近的研究中也有所涉及（见 WEC，1993）。关于市场问题（对企业规模的系统）的部分研究工作综述如下。

## 11.7.2　企业规模风能系统的市场

本节介绍了国际及美国的企业规模风能系统市场项目的总体情况。

### 17.7.2.1　国际风能市场

预测世界范围风电装机容量发展的长期趋势是复杂的事情。例如欧洲风能协会即使作为风电提倡者，它所作的预测（EWEA，2004）还是大大低估了欧洲风电的发展。近来，一些组织对世界大部分地区及欧洲的风电装机的增长进行了长期详细预测。图 11.16 汇总了世界范围风电装机容量增长的预测（Molly，2004）。汇总的信息来自下列组织：

1. BTM 咨询公司。这家丹麦咨询公司具有对世界和欧洲未来风电市场进行合理、准确评估的长期记录（EWEA，2004）。它预计 2013 年底风电装机容量将达到 235 000 MW；

2. DEWE（Deutsches Windenergie-Institut，德国风能研究所）。这家德国咨询机构通过对几百家风电公司的年度统计作出估计；

3. HSH Nordbank。这家德国咨询公司根据自己在 2002 年和 2004 年完成的研究进行估计；

4. 欧洲风能协会（EWEA，2004）。EWEA 根据两种不同的方案进行估计：（1）常规的情况；（2）先进的情况（来自于它所编著的 *Wind Force 12 Study*）。

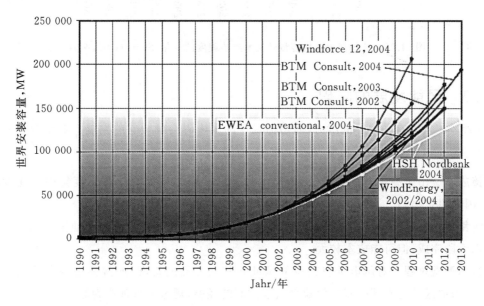

图 11.16　预测的世界累计装机容量（Molly，2004），获 DEWI magazine 许可转载

### 11.7.2.2　美国的风能市场

国家可再生能源实验室就联邦政策对美国风电市场的影响进行了研究（Short et al.，

2004),它是关于美国风能市场预测的最新例子。在这项研究中考虑三种技术进步的前景对风能市场增长进行预测。

- 不考虑研发的案例(没有风力机性能和成本的改进);
- 基本案例(预计33%的项目成本改进和50%的容量因子改进);
- 充分考虑研发的案例(预计风力机成本和性能有最大的改进)。

研究结果汇总于图11.17(中间的曲线代表基本案例)。可以看出,预测的美国风能市场很不相同。例如,在不考虑研发的案例中到2050年预计风电装机容量为20 GW,而在充分考虑研发的案例中到2050年预测的风电装机容量达310 GW。

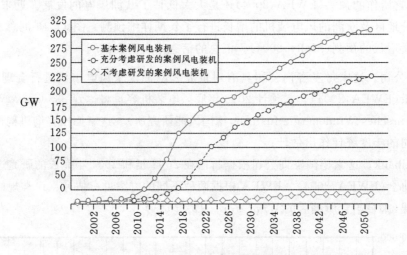

图11.17　美国风电装机容量随技术进步程度的变化(Short et al. ,2004)

### 11.7.3　风能发展的障碍

尽管风能发展有着很好的潜力,但是仍然有许多障碍会延缓它的发展。对企业规模风能发展的障碍可以划分成如下几类:

- **直接成本**　由于高投资成本的结果,风电最大的缺点是它的总成本高度集中在建设的初期,因而投资很高。
- **系统集成**　对于低渗透率的系统而言,风电集成进电力系统可以很方便地采用现有的工程技术手段完成,但可能成本较大。
- **规范和管理过程**　对风电项目建设的场址和其它方面的批准,通常都由现有的机构执行(比如当地区域管理部门),它们缺少风电方面的经验,规范和管理成为瓶颈。
- **环境影响**　所有风电项目都会对环境造成影响(将在第12章中讨论),所产生的障碍必须克服。
- **电力系统规划**　在有些电力系统中引入大型风电的一个障碍是,对电力系统来讲风电是个新鲜事物,电力公司缺少合适的规划经验。另一些电力公司可能在其服务区域可能已经有了风力发电,但在它们需要考虑采取附加措施之前(比如预报或短期能量存储),它们还不清楚系统能再融入多少风能。

有关风能发展的潜在障碍的更多详情可以在 OECD/IEA(1997)中找到。该文献的作者得出的结论是,与其它可再生能源技术所面临的市场障碍相比较,风能利用方面的障碍是比较小的。他们也指出,关键问题仍然是风能相对于其它能源的成本较高。

## 11.7.4　风能发展的激励措施

在那些对风电市场发展有各种激励措施的国家已经装有大量的风力发电机组。这些措施或者是财务上的激励(如投资税收补偿、生产税补偿或保证价格),或者是强制选项(如可再生能源配额和净计量)。如第 11.5 节所述,这些都是把风能的环境效应货币化的机制。这样的激励措施造成了巨大的影响,这些国家包括欧洲的一些国家(丹麦、德国、西班牙、荷兰和英国)以及美国。有关前三个国家各种激励措施的详细情况可参见文献 OECD/IEA(1997)。

欧洲完成了许多国家资助的项目。许多不同的激励措施得到应用,不同国家、不同时期的经济支持力度有很大的不同。最常用的一些激励措施如下(EWEA,2004):

- 公共基金对研发项目的支持;
- 公共基金对示范项目的支持;
- 投资成本的直接支持(按总成本的%或按单位 kW 装机);
- 通过对风电实行保证价格进行支持(如固定电价);
- 融资上的支持——特别贷款、优惠利率等;
- 税收激励(如生产税补偿、优惠的折旧)
- 使用可再生能源或"绿色"能源证书。

对德国最近执行的规定和制度措施应特别加以关注。德国的系统为风力发电装机容量的迅速增加提供了一套系统的政策。其中,德国系统为风力发电规定了高于市场价格的电价保证(固定电价)。这些措施进一步的详情见 Gutermuth(2000)。德国固定电价激励政策的一个使人感兴趣的特点是在项目寿命周期内实施两个电价。在初始阶段,电价较高且是风力机发电量的函数。这样的电价设定保证在德国绝大多数地方的风力机都是经济的。双电价政策的效果是在作出风电项目开发决定之前,不必进行大规模的场址调研。同样,在欧盟固定上网电价和绿色证书都被用作激励风电开发的政策(见 Ringel,2006)。

在美国绝大多数的风电开发发生在加利福尼亚的风场,以响应联邦和州的法律,这些法律提供了一个市场和优惠的税收鼓励,它吸引了私人资本。对风电场的激励由三个独立却一致的联邦政府法规和一个由加利福尼亚州政府通过的法规来实施。它们分别是 1978 年的公共事业管理政策法规(Public Utilities Regulatory Policies Act,PURPA),1980 年的原油暴利法规,1981 年的经济复苏税收法规,以及加州税收补偿法规。这些激励措施或者是投资形式,或者是产品税收补偿。

现在,美国风能发展的主要激励措施是在国家能源政策法规下的产品税补偿,以及按计划实施的可再生能源配额标准(renewable portfolio standards,RPSs)。RPS 是确保在能源供应商(州或联邦)的能源生产供应份额中可再生能源发电最低份额的一项政策机制。可再生能源配额标准的法规已经被美国的许多州、几个欧洲国家和澳大利亚采用(见 Berry and Jaccard，2001)。正在一些州得到应用的有特色的措施是一种追踪和计算可再生能源发电的方法，就是可再生能源或"绿色"能源证明书。这些证明书将一定比例发电量颁发给发电商可以进行交易。已经采用基于 RPS 证书的州是马萨诸塞州。详情可以在 http://www.state.ma.us/doer/rps/中找到。

加拿大和美国的一些州也正在考虑固定电价。参见 Rickerson 等人(2008)的文献。

# 参考文献

Berry, T. and Jaccard, M. (2001) The Renewable Portfolio Standard: Design Considerations and an Implementation Survey. *Energy Policy*, **29**, 263–277.

Bickel, P. and Friedrich, R. (2005) *ExternE Externalities of Energy – Methodology 2005 Update*, European Commission Report EUR 21951.

Billinton, R. and Allen, R. (1984) *Reliability Evaluation of Power Systems*. Plenum Press, New York.

Boeing (1979) MOD-2 Wind Turbine System Concept and Preliminary Design Report. *Report No. DOE/NASA 0002-80/2*, Boeing Engineering and Construction Co.

Chapman, J., Wiese, S., DeMeo, E. and Serchuk, A. (1998) Expanding Windpower: Can Americans Afford It? *Renewable Energy Policy Project, Report No. 6*. Washington, DC.

Cody, G. and Tiedje, T. (1996) A learning curve approach to projecting cost and performance in thin film photovoltaics. *Proc. 25th Photovoltaic Specialists Conference. IEEE*, pp. 1521–1524.

Danish Wind Industry Association (2006) *Guided Tour on Wind Energy*. Available at: http://www.windpower.org/en/tour.htm.

DOE/EPRI (US Department of Energy/Electric Power Research Institute) (1997) *Renewable Energy Technology Characterizations*. EPRI Report: TR-109496, EPRI, Palo Alto, CA.

Eecen, P. J. *et al.* (2007) Estimating costs of operation and maintenance of offshore wind farms. *Proc. 2007 European Wind Energy Conference,* Milan.

EPRI (Electric Power Research Institute) (1979) *Technical Assessment Guide*, Vols 1–3. EPRI Report: EPRI-PS-1201-SR, EPRI.

EPRI (Electric Power Research Institute) (1989) *Technical Assessment Guide*, Vol 1, Rev. 6. EPRI Report: EPRI P-6587-L, EPRI.

EWEA (2004) *Wind Energy, The Facts*, Vols 1–5. European Wind Energy Association, Brussels.

EWEA (2008) *Pure Power: Wind Energy Scenarios up to 2030*. European Wind Energy Association, Brussels.

EWEA (2009) *The Economics of Wind Energy*. European Wind Energy Association, Brussels.

Fingersh, L., Hand, M. and Laxon, A. (2006) *Wind Turbine Design Cost and Scaling Model*. NREL Report: NREL/TP-500-40566. National Renewable Energy Laboratory, Golden, CO.

Fox, B. *et al.* (2007) *Wind Power Integration: Connection and System Operational Aspects*. The Institution of Engineering and Technology, London.

Freris, L. L. (1990) *Wind Energy Conversion Systems*. Prentice Hall, New York.

Fuglsang, P. and Thomsen, K. (1998) *Cost Optimisation of Wind turbines for Large-scale Off-shore Wind Farms*. Riso National Laboratory, Roskilde, Denmark.

General Electric Company (1984) *MOD-5A Wind Turbine Generator Program Design Report – Vol II, Conceptual and Preliminary Design*. Report No. DOE/NASA/0153-2, NTIS.

Gipe, P. (1995) *Wind Energy Comes of Age*. John Wiley & Sons, Inc., New York.

Gutermuth, P-G. (2000) Regulatory and institutional measures by the state to enhance the deployment of renewable energies: German experiences. *Solar Energy*, **69**(3), 205–213.

Harrison, R. and Jenkins, G. (1993) *Cost Modelling of Horizontal Axis Wind Turbines*. UK DTI Report ETSU W/34/00170/REP.

Harrison, R., Hau, E. and Snel, H. (2000) *Large Wind Turbines: Design and Economics*. John Wiley & Sons, Ltd, Chichester.

Hau, E., Langenbrinck, J. and Paltz, W. (1993) *WEGA Large Turbines*. Springer-Verlag, Berlin.

Hau, E., Harrison, R., Snel, H. and Cockerill, T. T. (1996) Conceptual design and costs of large wind turbines. *Proc. 1996 European Wind Energy Conference,* Göteborg, pp. 128–131.

Hohmeyer, O. H. (1990) Latest results of the international discussion on the social costs of energy – how does wind compare today? *Proc. 1990 European Wind Energy Conference,* Madrid, pp. 718–724.

Johnson, G. L. (1985) *Wind Energy Systems.* Prentice-Hall, Englewood Cliffs, NJ.

Junginger, M., Faaij, A. and Turkenburg, W. C. (2005) Global experience curves for wind farms. *Energy Policy*, **33**, 133–150.

Karas, K. C. (1992) Wind energy: what does it really cost? *Proc. Windpower '92*, American Wind Energy Association, Washington, DC, pp. 157–166.

Klein, H., Herbstritt, M. and Honka, M. (1994) Milestones of European wind energy development – EUROWIN in Western, Central, and Eastern Europe. *Proc. 1994 European Wind Energy Conference,* Thessaloniki, pp. 1275–1279.

Kühn, M., Bierbooms, W. A. A. M., van Bussel, G. J. W., Ferguson, M. C., Göransson, B., Cockerill, T. T., Harrison, R., Harland, L. A., Vugts, J. H. and Wiecherink, R. (1998) *Opti-OWECS Final Report*, Vol. 0–5. Institute for Wind Energy, Delft University of Technology, Report No. IW-98139R.

Lemming, J., Morthorst, P. E., Hansen, L. H., Andersen, P. and Jensen, P. H. (1999) O&M costs and economical life-time of wind turbines. *Proc. 1999 European Wind Energy Conference*, pp. 387–390.

Lynnette, R. (1986) *Wind Power Stations: 1985 Performance and Reliability*. EPRI Report AP-4639, EPRI.

Milligan, M. and Porter, K. (2005) *Determining the Capacity Value of Wind: A Survey of Methods and Implementation.* NREL/CP-500-38062. National Renewable Energy Laboratory, Golden, CO.

Molly, J. P. (2004) Market prognosis 2008, 2012, and 2030. *DEWI Magazine*, **25** (August), 33–38.

NASA (1979) *200 kW Wind Turbine Generator Conceptual Design Study.* Report No. DOE/NASA/1028-79/1, NASA Lewis Research Center, Cleveland, OH.

Nath, C. (1998) *Maintenance Cost of Wind Energy Conversion Systems.* Germanischer Lloyd, available at: http://www.germanlloyd.de/Activities/Wind/public/mainten.html.

Neij, L. (1999) Cost dynamics of wind power. *Energy*, **24**, 375–389.

NWCC (1997) *Wind Energy Costs*. Wind Energy Series Report No. 11. National Wind Coordinating Committee, Washington, DC.

OECD/IEA (1997) *Enhancing the Market Deployment of Energy Technology: A Survey of Eight Technologies.* Organisation for Economic Co-Operation and Development, Paris.

Perez, R., Seals, R., Wenger, H., Hoff, T. and Herig, C. (1997) Photovoltaics as a long-term solution to power outages case study: the great 1996 WSCC power outage. *Proc. 1997 Annual Conference, American Solar Energy Society*, Washington, DC, pp. 309–314.

Rabl, A. (1985) *Active Solar Collectors and Their Applications*. Oxford University Press, Oxford.

Rademakers, L. W. M. M. *et al.* (2003) Assessment and optimisation of operation and maintenance of offshore wind turbines. *Proc. 2003 European Wind Energy Conference*, Madrid.

Raftery, P. *et al.* (1999) Understanding the risks of financing wind farms. *Proc. 1999 European Wind Energy Conference*, Nice, pp. 496–499.

Reeves, A. (2003) *Wind Energy for Electric Power: A REPP Issue Brief*. Renewable Energy Policy Project, Washington, DC.

Rickerson, W., Bennhold, F. and Bradbury, J. (2008) *Feed-in Tariffs and Renewable Energy in the USA: A Policy Update*. Heinrich Böll Foundation North America, Washington, DC.

Riggs, J. L. (1982) *Engineering Economics*. McGraw-Hill, New York.

Ringel, M. (2006) Fostering the use of renewable energies in the European Union: the race between feed-in tariffs and green certificates. *Renewable Energy*, **31**, 1–17.

Short, W., Blair, N. and Heimiller, D. (2004) *Projected Impact of Federal Policies on US Wind Market Potential.* NREL/CP-620-36052. National Renewable Energy Research Laboratory, Golden, CO.

Spera, D. (Ed.) (1994) *Wind Turbine Technology*. American Society of Mechanical Engineers, New York.

Tande, J. O. G. and Hansen, J. C. (1991) Determination of the wind power capacity value. *Proc. 1991 European Wind Energy Conference*, Amsterdam, pp. 643–648.

Vachon, W. A. (1996) Modeling the Reliability and Maintenance Costs of Wind Turbines Using Weibull Analysis. *Proc. Wind Power 96*, American Wind Energy Association, Washington, DC, pp. 173–182.

Voorspools, K. R. and D'haeseleer, W. D. (2006) An analytical formula for the capacity credit of wind power. *Renewable Energy*, **31**, 45–54.

Walker, J. F. and Jenkins, N. (1997) *Wind Energy Technology*, John Wiley & Sons, Ltd, Chichester.

Walker, S. (1993) Cost and Resource Estimating. *Open University Renewable Energy Course Notes – T521 Renewable Energy*.

WEC (1993) *Renewable Energy Resources: Opportunities and Constraints 1990–2020*. World Energy Council, London.

Wiser, R. and Bolinger, M. (2008) *Annual Report on U.S. Wind Power Installation, Cost, and Performance Trends: 2007*. U.S. Department of Energy Report.

Wiser, R. and Kahn E. (1996) *Alternative Windpower Ownership Structures: Financing Terms and Project Costs.* Lawrence Berkeley National Laboratory Report: LBNL-38921.

# 第 **12** 章

# 风能系统:环境问题与影响

## 12.1　引言

本章将评述配置单台风力机或多台风力机风场的环境问题,风能的发展对环境有利有弊,其利为:风能通常是环境友好型,尤其与大型常规火电厂的污染物排放相比。例如,常规燃煤和煤气电厂(德国能源结构)总排放物(氧化硫、氧化氮和二氧化碳)与风能系统的比较见表12.1(Ackerman and Soder,2002)。其中风能系统的平均风速为 6.5 m/s。

如表 12.1 所示,风能系统的风塔(或直接)排放通常很小(比常规电厂的小 1～2 个数量级)。同时,风力机的实际生产以及风力机系统与风场的安装和施工过程的间接排放也很小。

各种排放污染物引起社会总成本是难以计量且有争论的,一种计算风能所带来的环境收益的方法是确定其所能避免的由其它能源带来的污染排放。这些收益通常根据发电量(MWh)而不是装机容量(MW)来计算,然而,根据装机容量来计算确实有其好处,尤其是所需的燃料和给水系统的基础设施的影响可以不用另外考虑(Connors,1996)。

表 12.1　燃煤与煤气电厂烟囱排放物和风能排放物的比较($kg/GWh$,对 $CO_2$ 为 $t/GWh$)

| 污染物 | 常规燃煤 | 煤气(CCGT) | 风能 |
|---|---|---|---|
| 二氧化硫 | 630～1370 | 45～140 | 2～8 |
| 二氧化氮 | 630～1560 | 650～810 | 14～22 |
| 二氧化碳 | 830～920 | 370～420 | 10～17 |

在一份全球风能理事会(Global Wind Energy Council)和国际绿色和平组织(Greenpeace International)(2006)提供的全面报告中强调,应对全球气候变化的迫切需求是风力发电发展的主要推动力。此份报告中指出:"这是目前公认的全世界面临的最大环境威胁。联合国政府间气候变化委员会预计在下一个世纪中地球平均温度将会上升 5.8℃。并预测这将导致大范围的气候变化,包括极地冰盖的融化、低洼地区的洪水、风暴、干旱以及气候模式的剧烈变化。

导致气候变化的原因是大气中过度累积的温室气体，这一趋势受全球不断增长的工业化推动。在能源消费中罪魁祸首是化石燃料，它燃烧所产生二氧化碳是主要温室气体之一。"

除了与电力系统排放物有关的环境问题之外，涉及到风能系统产品和设备制造的能源需求问题也是近期备受关注的话题。确定一套风力机系统的能源需求须对建造系统所需设备及其相应能量消耗进行详细分析。寿命周期分析模型（life cycle analysis，LCA）已广泛应用于这种类型的分析。使用这种分析模型的研究案例有 Schleisner（2002）的风场分析（陆上和海上），以及 Lenzen 和 Munksgaard（2002）的风力机分析。

许多出版物已经就风力发电对环境的影响做出了积极评价（例如，参见 National Academy of Sciences，2007；欧洲风能协会（EWEA）的第 4 卷，2004；以及可再生能源政策项目（REPP，2003）。因为全世界有越来越多的风力机和风场在进行规划或安装，其对环境影响的重要性日益显著。另一方面，它们对环境的一些负面影响也已显现，尤其是在人口稠密地区或风景区。由于对环境的潜在负面影响而引起的强烈反对意见，已使得一些可能的风能利用项目被延期或否定。

本章将讨论单台风力机或风场配置对环境的潜在负面影响（同时考虑其正面影响）。应该注意到，风能系统工程师的目标是使正面影响最大化，同时尽量减少负面影响，除了考虑它们在风能系统选址过程中的重要性之外，还要考虑与前面章节讨论过的许多风力机设计问题直接相关的潜在环境的负面影响。采用合理设计的风力机和风能系统，可使不利的环境因素减至最小。

风能的潜在负面影响可分为：

- 鸟类/蝙蝠和风力机的相互作用；
- 风力机的视觉影响；
- 风力机噪声；
- 风力机的电磁干扰；
- 风能电力系统的土地利用影响；
- 其它需考虑的影响。

对于陆上风能系统而言，前三个方面涵盖了大多数影响风能系统应用的主要环境问题，然而其它方面也很重要并且不容忽视。例如，许多此类问题与风力发电的公众认可度有关。此专题的讨论已超出了本书的范围。关于此重要专题的综述可参看 Devine-Wright（2005）、Johansson 和 Laike（2007）。

对于海上风能系统而言，还必须考虑对海洋环境和海洋生物造成的环境影响（包括频危物种）。因此对于海上风场，鸟类、鱼类、海洋哺乳动物以及深海动植物的环境问题必须重视。截至目前，除了近期一些德国（参见 Köller et al. ，2006）和丹麦（Operte A/S，2006）的研究成果外，已发表的关于海上风场环境影响的研究成果还很有限。在丹麦的研究中，一项对丹麦两座海上风场的综合研究表明，风场对鸟类、鱼类和哺乳动物的环境影响是很小的。

下一节的重点将是陆上风能系统，同时还需指出的是，它与海上风能系统的环境评估有许多相似之处。

本章将讨论下列各种环境影响的一般性问题:

- 问题的定义;
- 问题的来源;
- 问题的量化或度量;
- 环境评估示例;
- 研究问题的参考方法或工具。

这些问题大多必须在风能项目申请阶段阐明,此外,根据特定场所的环境评估规则,对这些问题需更详细调研和环境影响说明。本章内容不可能全部概述这方面的规章和法规,然而若有可能,读者可以参考这方面的相关文献。

## 12.2 鸟类/蝙蝠和风力机的相互作用

### 12.2.1 问题综述

80 年代后期在美国出现了鸟类与风能系统互相作用的环境问题。例如,当时发现鸟类,尤其是受联邦保护的金鹰和红尾隼,不断因加州埃尔塔蒙特山口风场的风力机和高压线而死亡。这一消息招致许多环保活跃分子对埃尔塔蒙特山口风能开发的反对,同时也引起了推动制定联邦物种保护法的美国鱼类和野生植物协会的关注。

在美国,对这个课题的研究引发了关于美国境内风力机致死鸟类数量与其它人类活动致死鸟类数量比较的问题(National Academy of Sciences,2007)。研究人员指出在若干重大保护区由风力机致死的鸟类数量只占人为致死鸟类总量的一小部分,在 2003 年少于 0.003%。他们的保留意见强调了当地和暂时的因素对评估风力机对鸟类种群的影响的重要性,其中包括对当地地理因素、鸟类的季节性迁移数量以及濒危物种的考虑。

另一种考虑风力机对鸟类影响的方法称为每千瓦时死亡数量法。这种方法在当今风力发电总量增长并且开始显著影响到其它能源的发电量之时特别恰当。Sovacool(2009)已对此题目进行了研究,其中考虑了能量生产过程的各方面因素,从采矿、建设到电厂运行,根据这项研究,与风力机相关的每千瓦时死亡数量约为 0.3~0.4。相比之下,与核电的死亡数量大致相等,而化石燃料发电的死亡数量则高出很多,每千瓦时死亡数量约为 5.2。这说明,风能逐渐取代基于化石燃料的电力,对鸟类数量的整体影响是正面的。

与风力机对鸟类不利影响有关的两个最基本问题是:(1) 风力机直接或间接引起的鸟死亡数量;(2) 违反鸟类迁移条约法或濒危物种法。然而,这些关注并非仅限于美国,在世界其它地区也有鸟类死亡问题,例如在欧洲,所报导的主要的鸟类死亡发生在西班牙 Tarifa(鸟类越过地中海的主要迁移点)以及北欧的某些风电场。风能发展对鸟类产生不利影响的方式有(Colson,1995):

- 鸟类触电和碰撞死亡;

- 改变鸟类觅食习惯;
- 改变鸟类迁徙习惯;
- 减少鸟类栖息地;
- 干扰鸟类饲养、筑巢和觅食。

相反的,作者同时也指出风能发展对鸟类有如下好处:

- 保护土地避免失去大量栖息地;
- 为栖息和追逐提供场所;
- 在塔架和辅助装置上提供和保护鸟巢;
- 保护或扩展捕食地;
- 保护鸟类避免任意的袭扰。

目前,鸟类对风电工业的长期影响尚不清楚。问题可能发生在大量鸟类聚集或迁徙的区域,如在 Tarifa,或濒危物种受影响的埃尔塔蒙特山口(NWCC,2002)。然而可能有很多地方,由于它们的一些特征适合建立风场,也可能恰好吸引鸟类。例如,因为山脉间的山口提供了一个风通道,故山口时常是多风的,同样,它们往往会成为迁徙鸟类喜欢的路线。

与蝙蝠有关的环境问题于上世纪 90 年代末出现在美国,有报道称在 Appalachian 山脊顶部的蝙蝠常被风力机打死。从那时起,关于到这一问题的少量研究已经在美国和欧洲展开(例如,AWEA/Audubon,2006;Rodriques et al. ,2006)。这些确定了关于风力机对蝙蝠环境影响需要研究的问题:

- 方法的发展;
- 死亡率和种群的影响;
- 迁徙和/或回避;
- 碰撞;
- 干扰、障碍效应。

在前述全球风能理事会和绿色和平组织的报告(2006)中指出,尽管存在关于风场周围蝙蝠死亡的报道(主要在美国),但研究表明风力机不会对蝙蝠种群构成严重威胁。应该指出,与鸟类研究相同,关于蝙蝠的研究也需要在风场规划与选址过程中考虑。

以下介绍对鸟类环境影响的关键因素,包括问题的特点、缓解的方法和评估问题的可用资料。应该指出的是,以下章节研究对鸟类的影响,但其大部分内容也同样适用于蝙蝠。

## 12. 2. 2　问题的特点

栖息地与鸟类之间有着密切的关系,许多鸟类需要特有的栖息地且对栖息地变化特别敏感;此外,风场与风力机的布置也有相应的紧密关系,特别是与风况有关。欧洲(Clausager and Nohr,1996)和美国(Orloff and Flannery,1992)对鸟类影响的研究通常分为以下二类:(1) 直接影响,包括碰撞的风险;(2) 间接影响,包括来自风力机的其它干扰(如噪音)。这些影响会导致鸟类部分或全部迁出其栖息地,以及栖息地退化或被破坏。

碰撞风险是最明显的直接影响，许多研究都专注于这一问题。这些研究包括估计与风轮或相关结构相撞的鸟的数量，发展碰撞范围的分析方法。间接影响包括：

- 对鸟类饲养的干扰；
- 对鸟类栖息和觅食的干扰；
- 对鸟类迁徙和飞行的干扰。

## 12.2.3　缓解方法和个案研究

### 12.2.3.1　缓解方法

近期的若干研究提出了一些减少风力机系统对鸟类影响的措施，最详细的研究已在加州进行且获得加州能源委员会（California Energy Commission）和美国风能协会（American Wind Energy Association）支持。以下是这些研究中典型的缓解措施（Colson, 1995；Wolf, 1995）：

- **避开迁移走廊**　当风场选址时，应该考虑避开主要的鸟类迁移走廊和鸟类集中地区，除非有证据表明，由于当地鸟类的飞行模式、鸟类飞行稀少的特定区域或其它因素，鸟类死亡风险是低的。
- **采用少而大的风力机**　对所需的能源容量，采用数量较少而功率更大的风力机要好于多而小的风力机，从而减少风场中建筑物数量。
- **避开小范围栖息地**　在为各个风力机选址时，应避开小的栖息地或飞行区域。
- **改变塔架设计**　若可能，应采用栖息处少或没有的塔架代替有水平构件的桁架塔架，优先采用无拉索固定的气象杆和电线杆，同时，已有的桁架塔架需要改造以减少栖息机会。
- **移动鸟巢**　经代理商同意，在构件上发现的猛禽鸟巢应搬移至适当的栖息地，以远离风能设备。
- **捕食地管理**　若合适，捕食地管理应该是研究的一个选项，一个人性化的设想是设置活兽陷阱，使现有的风场不发生捕食活动。
- **地埋电缆**　可能的话，公用电缆应该埋于地下，新的架空配电线应设计成能避免鸟触电，现有的设备应该采用能显著减少鸟触电的技术。
- **特定场地缓解研究**　应该考查鸟与风能设备互动的起因和结果，确定鸟类碰撞方式，以及经过验证和实践的适当缓解方法。
- **选择栖息地的保护**　有益于物种的栖息地环境应该受到保留，以便保护它们不受其它干扰，使更多的土地免于受到破坏。

### 12.2.3.2　个案研究

目前有许多技术报告和文章研究特定场址风力机系统对鸟类潜在的或实际的环境影响，虽然详细介绍这些内容已超出本书的范围，以下仍然列出较合适的个案（及其特殊应用）：

- **美国的研究**　应用于 Altamont 山口和 Solano 县风场，包含在加州能源委员会的技术报告中(Orloff and Flannery,1992)。Sinclair(1999)与 Sinclair 和 Morrison(1997)的文献对 2000 年前美国鸟类的研究项目作了概述。同时,Goodman(1997)对在佛蒙特州 6MW 风场的鸟类研究和其它环境问题作了综述。一项由国家可再生能源实验室赞助的研究对美国国家风力技术中心风场的鸟类和蝙蝠的习惯和死亡数量进行了评估,由 Schmidt 等(2003)对该研究作了介绍。

- **欧洲的研究** Gipe(1995)提供了 1996 年前欧洲的鸟类环境影响综述,另外在 Clausager 和 Nohr(1996)以及 Still 等(1996)的文献中也给出了欧洲的对鸟类环境影响的典型事例(尤其在丹麦和英国)。一份由国际鸟协会(2003)出具的报告综述了关于风场对鸟类影响的许多欧洲个案研究(包括一些海上风场)。

### 12.2.4 对鸟类影响的环境评估方法

前述的风能系统对鸟类环境影响的个案研究表明,这类研究需要特殊的专业人员和细致的工作,并且会给潜在风场增加成本和开发时间。美国和欧洲的研究简介可分别在(NWCC,2001)和(Birdlife International,2003)中找到。如前所述,在加州能源委员会的技术报告书(Orloff and Flannery,1992)有这类研究过程的代表性案例。一般,此类研究可分为两部分:(1) 研究区域的完整定义;(2) 对鸟类危险的评估。

第一部份主要包括风场的地形详细确定和风力机布置规划。此外,当采用不同类型的风力机和塔架时,重要的是将它们归类。例如,图 12.1 列举了 20 世纪 80 年代安装在加州埃尔塔蒙特山口的八类风力机。这阶段的另一部分工作包括研究风场选择,并在这些风场中详细收集鸟与风力机互相作用的数据。

第二部份是较详细的鸟类风险评估研究,通常包含完成这一任务的综合方法。在美国,一些发起人包括国家可再生能源实验室(National Renewable Energy Laboratory,NREL)和国家风能协调委员会(National Wind Coordinating Committee,NWCC)鸟类分会近期在开发此类方法。此项工作的目标是发展一个标准方法来确定由于风力机设备而导致鸟类死亡的因素,以及减少伤亡的科学方法。下面归纳了一些已用于此类工作的方法、测量方法和关系式(度量体系)(Anderson et al. ,1997;NWCC,1999):

1. **鸟利用计数** 在这一部分的研究中,一个观测者记录了鸟在一定区域内的位置、行为和数量。这项工作使用标准方法,并重复进行,所以结果可与其它研究中的鸟利用计数比较。需要记录的鸟行为包括:飞行、栖息、翱翔、追逐、觅食和在风场结构 50 米或更近的范围内的活动。

2. **鸟类利用率** 鸟利用率(以鸟利用计数为基础)定义为在特定区域一定时间内或一定时间和区域内鸟利用该区域的数量,两种鸟利用率定义如下:

$$鸟利用率 = \frac{观测到鸟的数量}{时间} \tag{12.1a}$$

或

$$鸟利用率 = \frac{观测到鸟的数量}{时间 \times 面积} \tag{12.1b}$$

风力机种类： 三叶片-桁架（下风向）
塔高： 60～80 英尺
风轮直径： 59 英尺
说明： 下风向，自由偏航
风力机数量： 3359（1989 年），3640（1990 年）

三叶片-桁架（上风向）
45～80 英尺
50～56 英尺
上风向
248

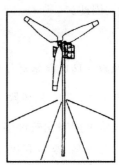

三叶片拉索管塔架
40～60～80 英尺
33～80 英尺
下风向
1559

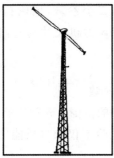
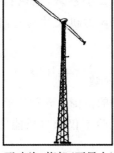

风力机种类： 两叶片-桁架（下风向）
塔高： 80 英尺
风轮直径： 54 英尺
说明： 下风向，自由偏航
风力机数量： 346

中等钢管
100～150 英尺
50～82 英尺
上风向
1421

大型钢管
82 英尺
102 英尺
上风向
135

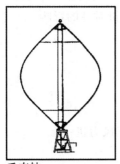

风力机种类： 垂直轴
塔高： 90～106 英尺
风轮直径： 56～62 英尺
说明： 一
风力机数量： 169

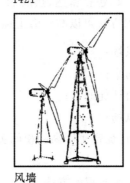

风墙
140 英尺
59 英尺
下风向，自由偏航
103

图 12.1　在埃尔塔蒙特山口的八种风力机（Orloff and Flannery,1992）

3. **鸟死亡率** 鸟死亡率定义为观察到的单位探查面积内鸟死亡数量(同样以鸟利用计数为基础)。因此:

$$鸟死亡率 = \frac{鸟死亡数量}{探查的面积} \tag{12.2}$$

4. **鸟风险** 鸟风险是对使用特定区域内鸟被杀可能性的度量。它定义为:

$$鸟风险 = \frac{鸟死亡率}{鸟利用率} = \frac{鸟死亡数量 / 观测的面积}{观测鸟的数量 / 时间或时间与面积} \tag{12.3}$$

鸟风险可用来比较许多不同因素的风险差异,如到风能设备的距离、物种与种类及所观察到的各种鸟、季节和风力机的结构型式,它可用来比较在风资源区域内风能设备和其它设备的风险,如高速公路、电力线、电视和无线电发射塔架。

5. **风轮扫掠面积** 在这一范畴内,对于不同风力机尺寸和设计的影响定义了两种度量方法。第一个参数为风轮扫掠时数,定义为:

$$风轮扫掠时数 = [风轮扫掠面积(\mathrm{m}^2)] \times 运行小时数 \tag{12.4}$$

这个参数综合了风轮的面积大小与运行时数。第二个参数,风轮扫掠小时风险(rotor swept hour risk,RSHR)用来比较不同风轮扫掠面积或风力机尺寸与它们运行时间的风险,被定义为:

$$风轮扫掠时数风险 = \frac{1}{风轮扫掠时数} \times 鸟风险 \tag{12.5}$$

关于使用这些度量方法实例的详细讨论超出了本书的范围。希望它们中的大多数会在将来的研究中应用,从而发展出度量鸟风险的方法,这些风险不仅来自风能系统,还包括其它人为影响,如建筑物和高速公路(NWCC,2001;2002)。

与美国的情况一样,欧洲研究人员主要着重于陆上风力机对鸟影响的研究,而最近的一些研究(参见 Köller et al.,2006)已考虑到海上风场对各种鸟的影响。此项研究还综述了研究风场附近鸟迁徙的各种新技术成果,包括雷达、热成像、摄像机的应用以及麦克风技术。与陆上风场类似,Köller 等人指出下列方法可以减轻海上风力机对鸟的影响:

- 放弃密集迁徙通道区域的风场;
- 风力机排列与主要迁徙方向平行;
- 风场之间有几千米宽的自由迁徙通道;
- 不在休息和觅食区域建设风场;
- 在天气恶劣、能见度差以及迁徙密集度高的夜间关停风力机;
- 避免大规模连续照明;
- 采取能使风力机更容易被鸟类辨识的方法。

综上所述,需要指出的是,即使初始的研究表明风能项目似乎不会严重影响鸟类数量,可能需要更进一步的研究来确认这一结论。这些研究包括:在项目开始前,监测鸟类原有数量和行为,在建造和运行初期同时观察控制区域和风场的鸟类数量和行为。在某些情况下,运行期间监测可能需持续数年。例如,美国国家科学院(National Academy of Sciences,2007)介绍了在计划的和现有的风力发电设施处鸟类和蝙蝠死亡率的定量预测工具。

# 12.3　风力机的视觉影响

## 12.3.1　综述

美学问题往往是人们关注风能项目的主要原因。然而,正如美国国家科学院(National Academy of Sciences,2007)指出的那样,很少有管理规程恰当地提出美学问题。风力发电可感知的不利环境因素之一和公众最关心的问题是其可见性(Gipe,1995;Pasqualetti et al.,2002)。与其它环境影响相比,风力发电的视觉影响是最无法量化的,例如,公众的感觉会随着技术知识、风力机选址和许多其它因素而变化。虽然对风景的评估是有些主观的,但此领域的专业人员被训练成能对视觉影响进行判断,这种能力基于他们有关视觉构成特性方面的知识,并能识别诸如视觉清晰度、和谐、平衡、焦点、有序和层次等元素(Stanton,1996)。

风力机要置于充分开阔的场所以减少成本。对一个风能工程师而言,在设计的初期阶段意识到必须考虑风力机或风场的视觉外观也十分重要。例如,视觉影响的程度会受风景类型、风力机的数量和设计、布置型式、颜色和叶片数量影响。

## 12.3.2　问题的特征

视觉或美学资源指的是一个环境能引起公众视觉兴趣的自然和文化特征。风能项目与项目选址特性的视觉相容性评估可以基于计划项目模拟场景与选址的环境特征比较。就此而言,要考虑下列参数和问题:

- **考察点变化**:项目是否会显著改变现有项目背景(通常称为考察点),包括任何自然地形或风景的变化?
- **考察点的一致性**:项目是否会显著改变现有考察点的自然环境对视觉有益的形态、线条、色调及结构?
- **考察点降级**:项目是否会显著降低考察点视觉质量,影响该地区的使用或视觉感受,破坏或阻挡有价值的视觉资源风景?
- **与公众偏爱相冲突**:项目是否与已明确显示的公众对视觉和环境资源的偏爱相冲突?
- **准则的相容性**:项目是否与视觉质量相关的当地目标、政策、标志或准则相一致?

视觉影响评估的范围取决于在特定的场地是否安装一台或多台风力机,视觉的影响不直接与开发风场中的风力机数量成比例。然而,单台风力机和风场产生的视觉影响差别很大,即单台风力机只是它本身和风景之间有视觉关系,但一个风场就有各台风力机之间以及风力机和风景之间的视觉关系(Stanton,1996)。

一个重要任务是对计划的风能系统场地特性进行说明,作为此方法的一个示例,图 12.2 表示了已应用于英国风场的设计原则(Stanton,1994)。需要注意的是,尽管视觉影响研究是基于广泛已知和承认的原则(如图 12.2 所归纳的),但是所做判断实质上是主观的。

| | | |
|---|---|---|
| | 和谐和清晰 | • **清晰**——眼睛在视觉形式上感到清晰,眼睛必须告知一个设计所传达的信息。<br>• **和谐**——指一个安静完整的感觉,产生对立形式与力相互补偿的平衡感觉。 |
| 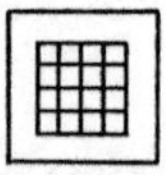 | 有序 | • **有序**是指眼睛能够清楚地感知到结构中力的平衡,此时外形的运动方向或其理想形状(或位置)关系的本质是很清楚的。 |
| 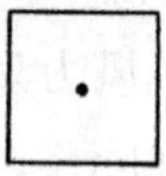 | 点 | • 点传统上用来标定空间的一个位置,也就是界标。<br>• 点没有长度、宽度或深度,故它是静止、无方向和集中的。<br>• 在环境的中心,点是稳定和静止的,统治了点周围的环境元素并俯临整个场地。 |
| 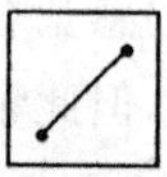 | 线和边界 | • 两点确定一条线,尽管点给定线的长度是有限的,但它也可认为是无限长轴的一部分。<br>• 线用来描述点的运动轨迹,能够表示运动、方向和增长。<br>• 线与其它视觉元素组合、连接、支撑和相交时,它给出平面表面的形状、连接方式和边界,边界是形成两个形象间边界的线元素;它们也许是界线,与相邻的区域有一些交叉,也许是两个区域的接缝、交线;这些边界元素是地形的重要构成特征,特别是在将各个区域连接在一起时产生作用,如城市边界由水或墙区分。 |
|  | 平行线 | • 两条**平行线**可以在视觉上描述一个面,在它们之间可以展开一个透明空间薄膜来确定视觉关系,两条线越近,它们所表达的区域感觉越强。 |
| 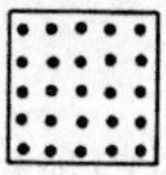 | 阵列 | • 阵列鼓励观测者将注意力均匀分布在整个区域。<br>• 三维阵列产生点和线的空间网络,在这种形式框架下,任何数量的样式和空间都可在视觉上加以组织。<br>• 组织能力或阵列产生于所组织元素的展示形式的规律性和连续性;它建立参考点形成的一个稳定组合或区域,参考点特征在大小上相同,在形式和功能上相关。 |
| 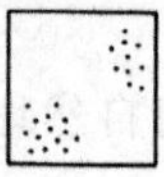 | 簇/组 | • **成组**——用来将多个视觉信息根据其相近性组织和构造成可以理解的视觉形式。<br>• **成簇**——由大小、形状和功能相当的形式组成,这些形式因其相近和相似的视觉特性有序组成相关的、非分级的构成。<br>• 缺乏内在的自然本质和图形上的规律时,成簇可将各种形式、形状、大小和方向足够灵活地组合起来。 |
|  | 韵律/重复 | • **韵律**指线、形状、形式或颜色有规律或协调地再现,它作为最有效的图案之一,可形成重复的基本意义,在一个布局、构成形式和空间中产生统一性。<br>• 在**重复**中,每一个元素的优美比例和可保证的预期有潜意识的规律,相同的形状和间隔形成整体,同时保持一段距离上视觉变化的趣味性。 |
| 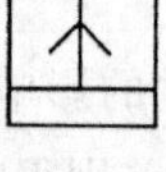 | 形状 | • 几何形状看起来完整的、不被偶然性所破坏、别具一格且普遍可理解,甚至几何形状在本质上如水晶那样,拥有永恒的外表,它给人的印象是创意而不是生长。<br>• 相似的形状在结构上很吸引人,简单形式的局部、角度和方向清晰有序,令人过目不忘,且容易识别其品质。<br>• 形状安置得越垂直或水平,则显得较平稳或永久。若形状处于倾斜位置,则看起来在运动、处于暂态的和有活力。<br>• 径向形式将直线性和向心特性结合在单个构图中,其核心可以是组织构图的象征中心或功能中心。 |

图 12.2　对风场开发有重要作用的基本设计原则(Stanton,1994),获 Mechanical Engineering Publications Ltd 许可转载

## 12.3.3　风能系统视觉影响最小化设计

在美国和欧洲，许多著作建议对风能系统采取设计以最小化其视觉影响（例如，Ratto and Solari，1998；Schwartz，2005）。在多数情况下，此课题的主观性会显现，并且研究人员之间存在观点上的重大差别。与此问题有关的一个实例就是风力机颜色的选择（Aubrey，2000）。为了降低风能系统的视觉影响，以下介绍以往所采用的设计策略的两个例子（一个来源于美国，另一个来自欧洲）。

### 12.3.3.1　减缓视觉影响的美国风场设计策略

美国完成的研究（National Academy of Sciences，2007）提出了许多降低风能系统对环境影响的策略，它们包括：

- 利用当地地貌尽量减小维护便道及其入口的可见性，并保护土地免受侵蚀。采用轮廓低、不显眼的建筑设计，从而尽量减少在农村或偏远地区风场城市化的外观或工业特征；
- 采用统一的颜色、结构类型及表面处理，尽量减少开阔敏感区域内工程项目的可见度。但需要注意的是，采用不显眼的设计及颜色可能与减少鸟类碰撞的要求有矛盾，并且还可能与飞机飞行安全所要求的明显标志产生直接冲突；
- 为地上电力设备精心选择线路、支撑结构类型，以及安装的方法、模式与类型（地下或是地上）。在多台发电机组紧密布置在一起的区域，将电力线和道路合并在一条通路、沟槽或廊道上，此法比为每个发电机提供独立接口影响小；
- 控制各个风力机上商标或围栏和其它设备上广告的标注位置，限制其大小、颜色和数量；
- 禁止除飞机安全飞行所需之外的一切灯光，在黑暗环境中防止光污染。这样可能偶然减少夜间捕食动物的碰撞，此类动物会捕食被灯光吸引的昆虫。
- 控制不同类型风力机的相对位置、密度和几何布局以尽量减少其视觉影响和冲突。不同类型的风力机以及那些旋转方向相反的风力机可以通过缓冲区域隔开，应尽量避免或减少不同类型风力机的混合布置。

### 12.3.3.2　欧洲风场视觉影响设计特点

在最近的欧洲研究工作中，对计划开发风场的视觉影响评估已成为了一个重要设计步骤。此类研究的一个例子可用以下的风场设计特点予以概括（摘引自英国 Stanton（1994；1996）的研究）：

- 风力机类型；
- 叶片数量；
- 机舱和塔架；
- 风力机尺寸；
- 风场规模；
- 风力机间距和布局；
- 颜色。

应注意此项研究补充了 Stanton 先前描述过的景观特色的类型。同样,这个例子的主观性也应注意。

其它具有代表性的欧洲视觉研究在下列科技论文中作了介绍:

- Möller(2006):丹麦;
- Hurtado 等(2004):西班牙;
- Bishop 和 Miller(2007):海上风场。

## 12.3.4 视觉影响研究的方法

在美国和欧洲,人们可以在大量参考资料和手册中找到使风力机和风场视觉环境影响最小化的设计导则(例如,参见 Ratto and Solari,1998;Schwartz,2005)。一些最具代表性的例子概述如下。

### 12.3.4.1 美国的视觉影响研究方法

在一本关于风能设备许可的手册(NWCC,1998;2002)中包含了此主题的丰富资料。此外,此手册还包含了许多具有潜在用途的额外信息,其涉及视觉影响以及环境影响评估的许多其它内容。例如,作者指出一个有价值的研究工具是准备使用视觉模拟,该工具可用于评估设计项目对敏感视觉资源的影响。

Goodman(1997)给出了另一个关于视觉研究方法的很好信息资料。该文记述了一个建在佛蒙特州农村的风场对环境的影响,并总结了减少一个 6MW 风场对环境影响的方法。

美国国家科学院(National Academy of Sciences,2007)给出了一个极好的视觉评估方法的综述。在这一文献中,作者总结了相关步骤以及形成美学影响评估基础的基本视觉原则。例如,基本的步骤包括以下内容:

- 项目描述;
- 项目可见度、外观以及景观范围(包括视觉模拟);
- 风景名胜资源的价值和敏感等级;
- 美学影响的评估;
- 减少影响的技术;
- 可接受性或不适当美学影响的确定。

### 12.3.4.2 欧洲的视觉影响研究方法

正如许多文献对此专题的讨论,许多欧洲国家已对风力机和风场的视觉影响进行了有意义的研究。英国开展了大量的研究工作。例如,前面已提及的 Stanton(1994;1996)的视觉影响评估研究。

在欧洲,研究人员已开发出一些非常先进和有用的技术,这些技术可用于说明一个潜在风场设备的视觉侵扰。此外,其中许多已成功用于实际的风场开发项目(参见 Ratto and Solari,1998)。例如,一个基于地形信息和风力机设计特点的数字计算机技术。采用这项技术,就可能在一张地图上绘出"视觉影响区域",从而说明开发项目可能被看见的区域。这项技术的一个缺点是它没有考虑到当地的屏蔽(如建筑物或树木),因此得出的结果是一种最坏的图像。

Kidner(1996)给出了一个使用此项技术的实例，该实例应用了地理信息系统（geographical information systems，GIS）。

另一种方法（参见 Taylor and Durie，1995）基于照片合成技术。即使用了在距计划场址不同距离的关键地点拍摄的全景照片，并且在照片中叠加适当比例的风力机。这项技术的局限是风能系统的可视度会随一天时间、季节和某些天气条件而变化，尤其是当风力机叶片转动时。

第三种方法试图克服上述方法的某些缺点，即先作出一个计划场址的视频剪辑，然后在背景上叠加旋转的风力机（Robotham，1992）。虽然此方法创建了一个最有效的视觉效果，但较之其它两种方法而言成本较高。如今，一些商业软件包已具有这些部分或全部功能。

# 12.4　风力机的噪声

## 12.4.1　问题综述

与风力机噪声相关的问题已成为风能工程中开展研究较多的环境影响之一。噪声水平可以测定，但与其它环境问题相同，公众对风力机噪声影响的感知是带有一定主观性的判断。

噪声的定义是一切不需要的声音。噪声问题取决于强度等级、频率、频率分布以及噪声源类型；背景噪声等级；发射体和接受体之间的地形；噪声接受体的特性。噪声对人的影响可分为三大类：

- 主观影响，包括烦恼、噪扰、不满；
- 对诸如演讲、睡觉、学习等活动的干扰；
- 生理影响，如焦虑、耳鸣（耳中的鸣响）或听力丧失。

几乎在所有情况下，与环境噪声相关的声级所产生的影响只在前两类范畴中，工厂中的工人和在机场周围工作的人可能经历第三类噪声影响。一种噪声是否令人反感取决于噪声的类型（参看下一节）、当时的情况以及听到噪声的人（或受体）的敏感程度。主要因为个人对噪声容忍能力差异很大，所以没有完全令人满意的方法去衡量噪声的主观影响，或对焦虑和不满的相应反应。

风力机运行时产生的噪声在等级和性质上与多数大型发电站有很大不同，可被归类为工业噪声源。风力机常安装在农村或偏远地区，且具有相应的环境噪声特点。此外，虽然噪声可能是居住在风力机附近公众所关注的问题，但是大部分风力机发出的噪声均被环境或风本身的背景噪声所掩盖。

随着技术的进步，风力机产生的噪声越来越小。例如，随着叶片翼型和风力机运行策略的改进，更多的风能转化为旋转机械能而非噪声。然而即便是设计良好的风力机也会产生一些噪声，这些噪声来自齿轮箱、刹车盘、液压部件，甚至电子设备。

与风力机噪声的潜在环境影响相关的重要因素如图 12.3 所示（Hubbard and Shepherd，1990）。需要指出，声技术基于以下主要因素：噪声源、传播路径和接受体。以下各节中，在简要介绍声音及其测量的基本原理后,将综述风力机噪声的产生、预测、传播以及减少噪声的方法。

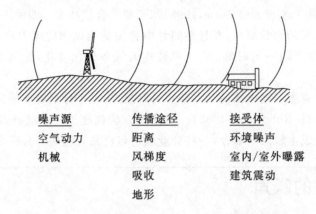

| 噪声源 | 传播途径 | 接受体 |
|--------|----------|--------|
| 空气动力 | 距离 | 环境噪声 |
| 机械 | 风梯度 | 室内/室外曝露 |
| | 吸收 | 建筑震动 |
| | 地形 | |

图 12.3  风力机噪声评估因素(Hubbard and Shepherd,1990)

## 12.4.2  声音和噪声的基本原理

### 12.4.2.1  声音和噪声的特性

声音有许多产生机理,并总是与快速、小尺度压力脉动(在人耳中产生感觉)相关。声波用波长 $\lambda$、频率 $f$ 和声速 $c$ 表征,此处 $c$ 与 $\lambda$ 和 $f$ 相关:

$$c = f\lambda \tag{12.6}$$

声速是传播声音介质的函数,并且传播速度通常随介质密度的增大而加快。声音在大气中的速度约为 340 m/s。

声音频率决定人们听到的"单音"或音高,在多数情况下对应音阶中的各个单音(中音 C 是 262Hz)。倍频程表示某一频率的声音和为其频率两倍声音之间的频率范围。人的听力频率范围很广,通常从 20Hz 到 20kHz(约 10 倍频程)。日常生活中听到的声音通常不是单一的频率,而是由众多声源的众多频率混合而成。

当声音不被需要时就变为噪声。声音是否被认为是一种噪声取决于其对主观因素的反映,例如声音的等级和持续时间。目前有许多被定义的物理量使得声音的比较和分类成为可能,同时还为人类对声音的认知给出了指标。在许多相关的教科书中对此作了介绍(如风力机噪声可参看 Wagner et al.,1996),以下各节中将综述这些物理量。

### 12.4.2.2  声功率和声压测量尺度

区分声功率级和声压级很重要。声功率级是声源的一个属性,它表示了声源发出的总声功率。声压级是在给定观测者位置声音的一个属性,并且能够在此位置用麦克风进行测量。在实际中,声量的大小以对数形式给出,用分贝(dB)表示声音高于或低于一个零参考等级声音的程度。例如,用常规符号表示,0 dB 声功率强度会在距离 1 m 处产生 0 dB 的声压级。

由于人耳可感受的声压范围很广(一个正常人比率为 $10^5$ 或更多),因此声压是一个不方便用图表表示的量。此外，人耳对声压的响应不是线性的，为了估计其大小，用来表征声功率或声压的尺度是对数的（参见 Beranek and Ver,1992）。

声源的声功率级，$L_W$ 的单位是分贝（dB），由下式给出：

$$L_W = 10\lg(W/W_0) \tag{12.7}$$

式中，$W$ 为声源声功率；$W_0$ 是参考声功率（通常为 $10^{-12}$ W）。

噪声的声压级，$L_P$ 的单位是分贝（dB），由下式给出：

$$L_P = 20\lg(p/p_0) \tag{12.8}$$

式中，$p$ 是瞬时声压；$p_0$ 是参考声压（通常在空气中为 $20\times10^{-6}$ Pa,在水中为 $1\times10^{-6}$ Pa）[①]。

低频噪声在过去受到风电工业关注，并定义如下：低频压力振动通常分为低频声和次声，低频声通常在人类听觉可感知的底线附近（10～100 Hz），而次声则低于人类听觉可正常感知的底线。通常情况下低于 20 Hz 的声音被认为是次声，尽管这仍在有些人的感知范围内。这也是最难测量和评估的噪声类型（BWEA,2005）。

次声总是存在于环境之中并且有多种来源，包括大气湍流、通风设备、海边的海浪、远处的爆炸、交通、飞机以及其它机械。次声比频率较高的声音传播得更远（即耗散水平较低）。人类对次声和低频声音感知的一些特征如下：

- 低频声和次声（2～100 Hz）作为一种听觉和触觉的混合物被感知。
- 较低的频率必须在一个较高的量级（dB）下被感知（例如，10 Hz 时听力阈值在 100 dB 左右，而 50 Hz 时在 40 dB 左右）。
- 低于 18 Hz 左右的音调无法被觉察。
- 可能会感觉次声不来自于一个特定位置，因为它的波长较长。

人类对次声的主要反应是烦恼及其导致的副作用。烦恼的程度取决于次声的其它特性，包括强度、随时间的变化（如脉冲）、最大音量、周期性等。次声有三种烦恼机理：

- 一种静态压力的感觉；
- 在中等和较高频率下的周期性遮掩效应；
- 强烈低频成分引起门窗的拍击等。

按照总的声音效果，图 12.4 给出了一些基于分贝尺度的各种声压级噪声的例子。引起人耳痛觉阈值约为 200Pa,相当于 140dB 声压级。

### 12.4.2.3　声音或噪音的测量

声压级采用声级计测量，这些设备利用一个麦克风将压力变化转化为电压信号，然后记录在声级计中（以分贝为单位）。分贝尺度是对数的，并具有以下特点（NWCC,2002）：

- 除非在实验室条件下，1 dB 的声级改变是无法被察觉的；
- 在实验室外，3 dB 的声级改变被认为是几乎难以辨别的；

---

[①]　此处原书似有误，已改正。——译者注

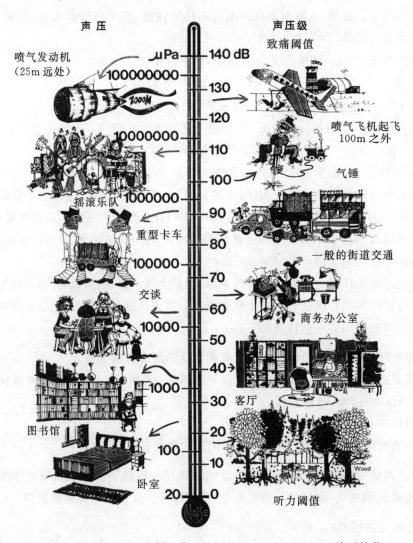

图 12.4　声压级(SPL)实例。获 Bruel and Kjaer Instruments 许可转载

- 5 dB 的声级改变通常会引起一个明显的群体反应;
- 10 dB 的增量使主观听觉响度大致增加一倍,总会招致负面的群体反应。

　　将所有频率归并为单一的加权读数的声级测量被定义为一个宽频带声级(参见 12.4.3 部分)。为了测定人耳对噪声改变的反应,声级计通常配备较低频率加权较小的滤波器。如图 12.5 所示,称为 A、B 和 C 的三个滤波器可实现此功能。也有专为次声波设计的 G 加权尺度 (BWEA,2005)。最常见的用于环境噪声评估的尺度是 A 尺度,利用滤波器进行的测量以 dB (A)为单位,Beranek 和 Ver(1992)讨论了这些尺度的细节。

　　一旦 A 加权声压测量超过一段时间,就可能得出时变声音的多个统计描述,并且对夜间噪声等级具有更大敏感性做出解释。通常的描述符有:

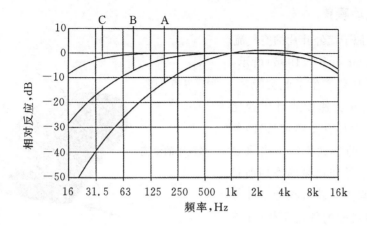

图 12.5  A、B 和 C 频率加权尺度的定义(Beranek and Ver,1992)

- $L_{10}$、$L_{50}$、$L_{90}$。分别表示超时为 10％、50％ 和 90％ 的 A 加权噪声等级。在测量期间 $L_{90}$ 通常作为背景噪声等级；

- $L_{eq}$(等效噪声等级)。平均 A 加权声压级,其总能量与测量期间变化声级的能量相等；

- $L_{dn}$(昼夜噪声等级)。测量期为 24 小时,但对在夜间 10 点和早晨 7 点之间测得的等级附加 10dB 之后而获得的平均 A 加权噪声等级。

## 12.4.3  风力机噪声机理

风力机运行时可产生四种类型的噪声:音调型、宽频带型、低频型以及脉冲型。对它们的描述如下:

- **音调型**  音调噪声定义为具有离散频率的噪声。它是由风力机部件如啮合齿轮、非线性边界层的不稳定性与风轮叶片表面的相互作用、钝尾缘的漩涡脱落或越过孔或缝隙的不稳定流造成的；

- **宽频带型**  这是一种频率大于 100Hz 的声压连续分布为特征的噪声。它常由风力机叶片和大气湍流的相互作用造成,并且也被描述为一种典型的"嗖嗖"或"嘶嘶"声；

- **低频型**  它描述了频率在 20 到 100Hz 范围内主要与下风向风力机有关的噪声。它产生于风力机叶片遭遇局部气流缺失的时刻,这些缺失源自塔架尾流、其它叶片的尾流脱落等；

- **脉冲型**  振幅随时间变化的短暂脉冲或重击声是此类噪声的特征。它们可能由于风力机叶片和下风向风力机塔架尾流的相互作用引起,或由于叶尖扰流器或执行器的突然操作引起。

运行中的风力机发出噪声的原因可分为两大类:(1)空气动力学原因和(2)机械原因。气动噪声由叶片上的气流产生。机械噪声的主要来源是齿轮箱和发电机。机械噪声沿风力机结构传输并从其表面发射。以下简要介绍这些噪声的机理,更详细的阐述可参看 Wagner 等(1996)的资料。

### 12.4.3.1 气动噪声

气动噪声来源于流经叶片的空气流。如图 12.6(Wagner et al.,1996)所示，大量复杂的流动现象产生了此类噪声。此类噪声通常随叶尖速度或叶尖速比的增大而增大。它具有宽频带特性，并且是风力机噪声的最大来源。当风是湍流时，叶片由于受变化风的作用而抖动，会发出低频噪声。若风在冲击叶片前被环绕或流过塔架的气流干扰(在下风向风力机中)，那么每当叶片经过塔架的"塔影"时，将产生一个脉冲噪声。

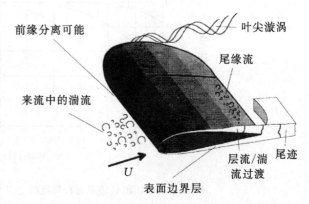

图 12.6 风轮叶片绕流示意图(Wagner et al.,1996);U 风速。获 Springer-Verlag GmbH and Co. 允许转载

气动噪声的各种机理列于表 12.2 中(Wagner et al.,1996)，它们被分为三类:(1)低频噪声;(2)来流湍流噪声;(3)翼型自身噪声。有关风力机气动噪声产生特性的详细讨论不属于本书的范围。

**表 12.2　风力机气动噪声机理(Wagner et al.,1996)。获 Springer-Verlag GmbH and Co. 许可转载**

| 类型或说明 | 机理 | 主要特点和重要程度 |
| --- | --- | --- |
| **低频噪声** | | |
| 稳定厚度噪声;稳定加载噪声 | 叶片旋转或升力面旋转 | 频率与叶片通过频率相关，在现今采用的转速下并不重要 |
| 不稳定加载噪声 | 叶片通过塔架的速度缺失区或尾流 | 频率与叶片通过频率相关，在上风向风力机情况下较小/可能对风场起作用 |
| **来流湍流噪声** | 叶片与大气湍流的相互作用 | 对宽频带噪声有贡献;尚未完全量化 |
| **翼型自身噪声** | | |
| 尾缘噪声 | 边界层湍流与叶片尾缘的相互作用 | 宽频带型，高频噪声的主要来源(770 Hz<$f$<2 kHz) |
| 叶尖噪声 | 叶尖湍流与叶尖表面的相互作用 | 宽频带型，尚未被完全了解 |
| 失速、气流分离噪声 | 湍流与叶片表面相互作用 | 宽频带型 |
| 层流边界层噪声 | 非线性边界层的不稳定性与叶片表面相互作用 | 音调型，可避免 |
| 钝尾缘噪声 | 钝尾缘的漩涡脱落 | 音调型，可避免 |
| 气流流过孔、缝隙和凸起物的噪声 | 流过孔和缝隙的不稳定剪切流，凸起物后的漩涡脱落 | 音调型，可避免 |

### 12.4.3.2　机械噪声

机械噪声源自机械零件间的相对运动，及其造成的动态响应。此类噪声的主要来源包括：

- 齿轮箱；
- 发电机；
- 偏航驱动装置；
- 冷却风扇；
- 辅助设备（如液压设备）。

由于发出的噪声与机械旋转及电器设备有关，其噪声特点倾向于是音调型（具有常见的频率），虽然它可能含有宽频带型的成分。例如，轴和发电机的旋转频率，以及齿轮啮合频率会产生单调音。

此外，轮毂、风轮和塔架可起扬声器的作用，传播并发射机械噪声。噪声的传播途径为空气中传播（a/b）或结构中传播（s/b）。空气中传播是指噪声从部件表面或内部直接传播到空气中。结构中传播的噪声在发射至空气中之前在其它结构组件中传播。例如，图 12.7 中表示了在一个 2MW 风力机下风向位置处（115m）测定的各个部件传播途径的类型以及声功率级

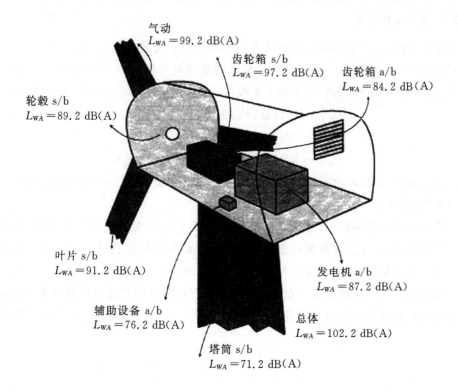

气动
$L_{WA} = 99.2\ \mathrm{dB(A)}$

齿轮箱 s/b
$L_{WA} = 97.2\ \mathrm{dB(A)}$

齿轮箱 a/b
$L_{WA} = 84.2\ \mathrm{dB(A)}$

轮毂 s/b
$L_{WA} = 89.2\ \mathrm{dB(A)}$

叶片 s/b
$L_{WA} = 91.2\ \mathrm{dB(A)}$

发电机 a/b
$L_{WA} = 87.2\ \mathrm{dB(A)}$

辅助设备 a/b
$L_{WA} = 76.2\ \mathrm{dB(A)}$

总体
$L_{WA} = 102.2\ \mathrm{dB(A)}$

塔筒 s/b
$L_{WA} = 71.2\ \mathrm{dB(A)}$

图 12.7　风力机部件和总声功率等级（Wagner et al.，1996）；$L_{WA}$，按 A 加权声功率级测定；a/b，空气中传播；s/b，结构中传播。获 Springer-Verlag GmbH and Co. 允许转载

(Wagner et al.,1996)。需要指出,机械噪声的主要来源是齿轮箱,它从机舱表面和机器外壳向外传播。

## 12.4.4 风力机噪声预测

### 12.4.4.1 单台风力机

在预期的运行条件下,对单个风力机噪声的预测是环境噪声评估的一个重要组成部分。考虑到问题的复杂性,风力机噪声预测不是一个简单的工作,它取决于可利用的研究方法和时间,并且相当复杂。麻烦的问题是,近年来风力机技术和设计已稳步提高,因此基于实验现场运行机组数据的预测技术可能不足以反映先进的风力机。

尽管存在这些问题,研究者们已为单个风力机噪声预测开发出了分析模型和计算程序。通常这些模型可分为以下三类(Wagner et al.,1996):

- **第1类** 此模型给出了一个总体声功率级的简单估计,以此作为风力机基本参数(如风轮直径、功率和风速)的函数。它是经验方法,且简单易用;
- **第2类** 此模型考虑了前述三种噪声机理,并反映了当前风力机的技术水平;
- **第3类** 此模型利用改进的模型描述了噪声产生机理,并且使其与风轮几何外形和空气动力学的详细描述相关联。

对于第1类模型,已有各种用来估计声功率级的经验公式。例如,基于截至1990年的风力机技术,Bass(1993)指出,一条有用的经验法则是将风力机额定功率的$10^{-7}$作为发射的声功率。为了预测声功率级,其它三个第1类模型的例子可表示为公式(12.9)至(12.11)。

$$L_{WA} = 10(\log_{10} P_{WT}) + 50 \tag{12.9}$$

$$L_{WA} = 22(\log_{10} D) + 72 \tag{12.10}$$

$$L_{WA} = 50(\log_{10} V_{Tip}) + 10(\log_{10} D) - 4 \tag{12.11}$$

式中,$L_{WA}$是总体A加权声功率级;$V_{Tip}$是风轮叶片叶尖速度(m/s);$D$是风轮直径(m);$P_{WT}$是风力机额定功率(W)。

前两个公式是最简单的(目前是最不精确的,因为它们是为旧机型所开发的)预测给定风力机噪声等级的方法,它们只根据给定风力机的额定功率或风轮直径预测声级。最后一个公式说明了一个经验法则,即气动噪声与叶尖速度的五次方。

第2类和第3类模型的复杂性在表12.3中有所说明,其中对这两种模型要求的输入做了归纳。所有这些模型的详细讨论已超出了本节的范围,而在Wagner等人(1996)的资料中有所介绍。

**表 12.3　第 2 类和第 3 类噪声预测模型的典型输入数据(Wagner et al. ,1996)。获 Springer-Verlag GmbH and Co. 许可转载**

| 参数分组 | 参数 | 第 2 类 | 第 3 类 |
|---|---|---|---|
| 风力机结构 | 轮毂高度 | X | X |
| | 塔架类型(上风向或下风向) | | X |
| 叶片与风轮 | 叶片数量 | X | X |
| | 弦长分布 | (X) | X |
| | 尾缘厚度 | (X) | X |
| | 半径 | X | X |
| | 翼型形状 | (X) | X |
| | 叶尖形状 | (X) | X |
| | 扭转分布 | (X) | X |
| 大气 | 湍流强度 | X | X |
| | 地面粗糙度 | X | X |
| | 湍流强度谱 | | X |
| | 大气稳定性参数 | | X |
| 风力机运行 | 旋转速度 | X | X |
| | 风速,可选择的:额定功率、额定风速、切入风速 | X | X |
| | 风向 | | X |

#### 12.4.4.1　多台风力机

凭直觉人们会预测在一个特定地点将风力机数量增加一倍,会使输出的声能增加一倍。不过由于分贝尺度是对数的,用于两个声压级相加的公式如下:

$$L_{total} = 10 \lg(10^{L_1/10} + 10^{L_2/10})  \tag{12.12}$$

这个公式有两个重要含义:

- 等值的声压级相加会使提高噪声等级 3 dB;
- 如果$(L_1 - L_2)$的绝对值大于 15 dB,较低等级相加的影响可忽略。

这种关系可推广至为 $N$ 个噪声源:

$$L_{total} = 10 \lg \sum_{i=1}^{N} 10^{L_i/10}  \tag{12.13}$$

### 12.4.5　风力机噪声传播

为了预测与已知功率级声源有一定距离处的声压级,必须考虑声波如何传播。Beranek 和 Ver(1992)对声音传播的一般细节进行了讨论。对于一台独立风力机的情况,若假设为球面传播可以计算出声压级,这意味着每增加一倍距离声压级将降低 6 dB。若声源在一个理想的平坦反射面上,则需采用半球面传播假设,据此每增加一倍距离声压级降低 3 dB。

此外,大气吸收效应和地面效应都依赖于频率以及声源到观察者的距离,这些都要加以考察。地面效应是地面反射系数和发射点高度的函数。

风力机噪声也具有一些特点(Wagner et al.,1996)。首先,其声源高度通常比常规噪声声源高出一个数量级,致使噪声屏蔽显得不太重要。此外,风速大小对产生的噪声有强烈影响。同时,主风向也可造成上风向和下风向位置声压级之间的较大差异。

一个准确的噪声传播模型的研究通常必须考虑以下因素:

- 声源特性(例如,方向性、高度等);
- 声源与观测者之间的距离;
- 空气吸收;
- 地面效应(即地面上声音的反射,它与地形覆盖物、地面属性等有关);
- 复杂地形的传播;
- 天气效应(即风速或温度随高度的变化)。

包括所有这些因素的复杂传播模型的讨论已超出本书的范围。Wagner 等人(1996)在这方面给出了详细讨论。以估计噪声,可采用一个在反射面上半球形噪声传播的简单模型(考虑空气吸收)计算,其计算式如下:

$$L_P = L_W - 10\lg(2\pi R^2) - \alpha R \tag{12.14}$$

式中,$L_P$ 是声压级(dB);$R$ 是距噪声源的距离;$L_W$(dB)是噪声源的发射功率级;$\alpha$ 是与频率相关的声音吸收系数。

应用该公式时,既可使用宽频带声功率级,也可使用声音吸收系数[$\alpha = 0.005\text{dB(A)m}^{-1}$]的宽频带计算,或更适合用倍频带功率和声音吸收数据的倍频带。

## 12.4.6 风力机降噪方法

风力机可通过设计或改进来降低机械噪声。其措施包括轮齿的特殊处理,采用低转速冷却风扇,在机舱中而不是地面安装相关部件,机舱加装挡板和隔音设备,主要部件采用隔振器和柔性支架,风力机设计成可防止噪声传至整体结构。同时,正如 NWCC(2002)所指出,近期开发或售出的有限个下风向风力机已采用了降低低频噪声的设计(例如,增加了风轮到塔架间的距离)。

如果一台风力机的设计采用了适当的设计程序(如第 6 章和第 7 章所述),则新型降噪翼型很有可能被使用,那么机械噪声发射将不再是一个问题。总之,设计师们设法减少风力机的噪声时必须更关注进一步降低气动噪声。先前曾指出,对风力机而言,以下三种气动噪声产生的机理很重要(假设由于裂缝、孔、钝尾缘、控制面等造成的音调噪声可通过适当的叶片设计避免):

- 尾缘噪声;
- 叶尖噪声;
- 来流湍流噪声。

对这三方面的综述已超出了本书的范围,读者可再次参考 Wagner 等人(1996)的资料。应该指出,现代风力机噪声已通过许多途径得到降低,包括采用较低的叶尖速比、较小的叶片攻角、上风向设计以及最近采用的特殊改进的叶片尾缘。

## 12.4.7 噪声的评估、标准及法规

适当的噪声评估研究应该具有以下四种主要类型的信息：

- 对已有的环境背景噪声等级的估计或调查；
- 对风场和风场附近风力机的噪声等级的预测（或测量）；
- 对声音传播模型的识别（声音模拟软件将包含一个传播模型）；
- 对风力机噪声等级可接受性的评估，即将所关注位置上计算得到的来自风力机的声压级与背景声压级进行比较。

目前已有用于测量大型风力机声压级的标准，以及国家和地方的可接受噪声功率等级的标准。目前没有小型风力机声音测量的标准，但国际电工委员会（IEC）和美国风能协会（AWEA）正在制定这种标准。

国际公认的用于测量大型风力机声功率级的标准是 IEC 标准：61400-11：风力机发电机系统——第 11 部分：噪声测量技术（IEC，2002）。这一标准规定了：

- 用于测量声音（及相应的风速）的仪器的质量、类型和校准要求；
- 测量的地点和方式；
- 数据处理和测量报告。

这一标准要求测量宽频带声音、在三分之一倍频带内的声级和音调。这些测量都是用来确定机舱处风力机的声功率级，以及存在任何特殊的主要声音频率。当 10m 高处风速为 6、7、8、9 和 10m/s 时进行测量。按 IEC 标准生产风力机的制造商能够提供这些风速下的声功率级测量值，这些测量值由有资质的检测机构得出。噪声方向性、低频噪声（20～100Hz）以及次声（<20Hz）的测量是非强制的。

截至目前为止，还没有关于声压级的公认的国际噪声标准或法规。然而在大多数国家，噪声法规规定了人们可能受到的噪声上限，这些限制取决于不同国家，且白天与黑夜不同。表 12.4 所示为欧洲规定的噪声标准（Gipe，1995）。

**表 12.4　等效声压级的噪声限制，$L_{eq}$[dB(A)]：欧洲国家（Gipe，1995）**

| 国家 | 商业区 | 混合区 | 居民区 | 农村 |
| --- | --- | --- | --- | --- |
| 丹麦 | | | 40 | 45 |
| 德国 | | | | |
| 白天 | 65 | 60 | 55 | 50 |
| 夜晚 | 50 | 45 | 40 | 35 |
| 荷兰 | | | | |
| 白天 | | 50 | 45 | 40 |
| 夜晚 | | 40 | 35 | 30 |

在美国，虽然没有正式的联邦噪声法规，但美国环保署（Environmental Protection Agency，EPA）已建立了相关噪声准则。许多州有噪声法规，并且许多地方政府制定了噪声条例。关于风力机的此类条例（加州）的例子，可在风能设备许用手册（NWCC，1998）的第 1 版（*Permitting of Wind Energy Facilities：A Handbook*）中找到。

还需指出的是，强加一个确定的噪声等级标准可能不会阻止噪声投诉。这是由于风力机宽频带背景噪声与背景噪声等级变化相比较的相对等水平引起的（NWCC，1998）。也就是说，如果出现音调噪声，则需要更高等级的宽频带背景噪声来有效地掩盖此音调。于是社会噪声标准通常对单音调噪声规定了补偿要求，往往是 5dB(A)。因此，如果一台风力机满足了一个 45dB(A) 的声功率限制要求，但是产生了一个很强的哨声，则将从该限制中减去 5dB(A)，这促使该风力机必须满足实际为 40dB(A) 的限制。

风力机标准或法规规定的噪声测量技术的介绍已超出了本书的范围，有关这些技术的综述可在 Hubbard 和 Shepherd(1990)，GL(1994) 以及 Wagner 等人(1996) 的文献中找到。

# 12.5 电磁干扰的影响

## 12.5.1 问题综述

电磁干扰 EMI 是一种电磁扰动，它可中断、妨碍或降低电子或电气设备的有效性能。通过电磁干扰（Electromagnetic interference，EMI），风力机可能对若干对于人类活动很重要的信号产生负面影响，诸如电视、无线电、微波/无线电固定线路、移动电话以及雷达（参见 National Academy of Sciences，2007）。

风力机对入射电磁波形成障碍，电磁波可能被风力机反射、散射或衍射。简图如图 12.8 所示（Wagner et al. ，1996），当一台风力机放置在一台收音机、电视机、雷达或微波发射器与接收器之间时，它有时可能以这种方式反射部分电磁辐射，即反射波干扰到达接收器的初始信号。这将导致接收到的信号被严重扭曲。

对风力机造成的电磁干扰（EMI）范围产生影响的一些关键参数包括：

- 风力机类型（即水平轴风力机或垂直轴风力机）；
- 风力机尺寸；
- 风力机转速；
- 叶片结构材料；
- 叶片角度与几何形状；
- 塔架几何形状。

实际上，叶片结构材料和转速是关键因素。例如，拥有旋转金属叶片的老式水平轴风力机会对其周围区域的电视造成干扰。如今，风力机的电磁影响较小，因为大多数叶片由复合材料制成。然而，大部分现代风力机叶片表面都有防雷保护，这会导致一些电磁干扰。

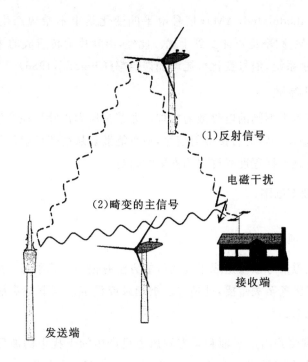

图 12.8　被风力机散射的电磁信号 (Wagner et al. ,1996)。

获 Springer-Verlag GmbH and Co. 允许转载

## 12.5.2　风力机电磁干扰的特征

### 12.5.2.1　电磁干扰的机理

　　风力机电磁干扰有多路径效应。如图 12.8 所示,一台风力机装置附近存在两条连接发射器和接收器的传输路径。多路径情况出现在许多电磁传输中(由大型建筑或其它结构造成)。然而风力机独有的特点是叶片旋转,这将造成短时间间隔内次生的或散射的路径长度的变化。因此,接收器可能同时获得两个信号,由于信号的延迟或失真随时间变化,次生信号将造成电磁干扰。

　　在风能项目范围,需指出的是(National Academy of Sciences,2007),电磁干扰往往被认为与下列电信设备有关:

- 电视广播传输(约 50 MHz~1 GHz);
- 无线电广播传输(约 1.5 MHz[AM]和 100 MHz[FM]);
- 微波/无线电"固定线路"(约 3~60 GHz);
- 移动电话(约 1 或 2GHz);
- 雷达。

　　信号变异的改变所带来的影响取决于调制方式,即对所接收信息的编码方式。例如,对于调幅信号(amplitude modulated,AM),信号电平的变化是很不希望产生的。调频信号(frequency modulated,FM)频率也可能受到干扰。此外,由叶片旋转造成的多普勒频移可能会干扰雷达,并且对于数字系统,信号变化可能增加误码率(Chignell,1986)。

### 12.5.2.2 风力机参数

风力机可以具有若干不同的电磁散射机理。尤其是风力机叶片在产生电磁干扰方面会发挥重要作用,它们可能在旋转时直接散射信号,也可能散射从塔架反射的信号。

风力机造成的电磁干扰程度受许多因素影响,包括:

- 无线电信号的宽频率范围;
- 各种调制方式;
- 风力机参数的大范围变化。

风力机能调制电磁信号以及造成干扰的可能方法有很多。几乎每个风力机系统的设计参数都可能对一个特定服务至关重要,此情况已被记录或设定。以下是对最重要的设计变量总的评估(Chignell,1986):

1. **风力机类型** 已观测到由水平轴和垂直轴风力机产生的干扰中的波形不同。在此方面的大多数研究集中在电视干扰(television interference,TVI)效应上;

2. **风力机尺寸** 整体尺寸,尤其是风轮直径对可能发生干扰的无线电频带的形成十分重要。具体来说,风力机越大,频率越低,高于此频率的无线电服务可能受到影响。也就是说,大型风力机将会影响高频(HF)、特高频(VHF)、超高频(UHF)和微波频带,而小风力机可能只会恶化超高频和微波传输;

3. **转速** 风力机转速和叶片数量决定干扰无线电或通信信号的调制频率。若其中一个频率与无线电或通信接收器的关键参数一致,则干扰增加;

4. **叶片结构** 叶片横截面和材料十分重要。例如,已经得出以下观察结果:
   - 叶片几何结构应简单;最好是一种简单曲线组合,从而避免尖锐的角和边缘;
   - 一般来说,来自玻璃纤维或木质叶片的散射少于来自金属结构的叶片。无线电波可部分穿透玻璃纤维,而木材可吸收它们,从而避免能量散射;
   - 玻璃纤维叶片的任何附加金属结构,如避雷导线或金属叶根都可能会抵消叶片材料优点,复合结构的散射问题较全金属叶片更为严重。为了避免此问题,金属组件应避免尖锐的边缘或角。

5. **叶片角度与几何形状** 在较大的风力机中,对于微波信号,叶片角度确定了一特定区域,此区域发生的干扰变得如此密集以至于风力机偏航、叶片扭曲和桨角的小变化连同倾斜角、锥角及摆动角一起显得十分重要;

6. **塔架** 塔架也能散射无线电波,并且在风力机旋转时,叶片可以"砍劈"这一信号。塔架的几何形状应保持简单,但如果一个复杂桁架结构是必要的,仔细选择角度可减轻其影响。然而,值得注意的是 Sengupta 和 Senior(1994)并未发现塔架是电磁干扰的重要来源。

#### 12.5.2.3　风力机潜在的电磁干扰效应

风力机产生的电磁干扰对电磁(EM)信号能够产生干扰,必须满足下列条件:

* 电磁传输必须存在;
* 风能系统必须改变电磁信号;
* 电磁接收器必须处于受风力机影响的区域;
* 电磁接收器必须对改变后的信号敏感。

以下根据美国(Sengupta and Senior,1994)和欧洲(Chignell,1986)的电磁干扰试验、现场经验以及分析模型,综述风力机电磁干扰对各种电磁传输的影响:

* **电视干扰**　大多数有关风力机电磁干扰的报告都会关注电视服务。风力机干扰电视的特点是视频失真,失真通常以图像跳动形式发生,并与叶片通过频率(风轮转速乘以叶片数量)同步。大量关于此问题的工作已在美国和欧洲展开,其目的是为了量化这种影响;
* **调频无线电干扰**　调频广播接收的影响仅在实验室模拟中观察到。它们以一种叠加在调频声音上的背景"嘶嘶声"的形式出现。此项工作的结论是:风力机电磁干扰对调频接收的影响可以忽略(在距风力机几十米范围内除外)。
* **对航空导航与着陆系统的干扰**　对 VOR(VHF omnidirectional ranging,特高频全向导航)和远程导航 LORAN(a long-range version of VOR,远程型 VOR)系统的影响已通过分析模型进行了研究。特高频全向导航研究结果表明,停止的风力机可使 VOR 产生的导航信息引起错误。然而当风力机运行时,潜在的干扰影响显著减少。值得注意的是,现行的联邦航空管理局规则禁止 VOR 站一千米范围内建造尺寸与风力机相近的建筑物。对于运行在很低频率的 LORAN(远程导航)系统,通信性能下降不太可能会发生。其前提是使风力机不靠近发射器或接收器;
* **对雷达的干扰**　航空和/或防空雷达的干扰最近已成为风力机选址的一个问题(例如,参见 US Department of Defense,2006)。这方面的工作已表明在某些风场,风力机能够直接或通过多普勒效应干扰民用或军用雷达;
* **对微波通信的干扰**　分析研究已表明,电磁干扰效应会模糊用于一般微波传输系统的调制;
* **对移动电话的干扰**　由于移动电话是设计在移动的环境中工作,因此它对风力机产生的电磁干扰相对不敏感;
* **对卫星服务的干扰**　利用地球静止轨道的卫星服务不太可能受到影响,这是由于在大多数纬度的仰角以及天线增益的缘故。

### 12.5.3　风力机电磁影响的预测:分析模型

#### 12.5.3.1　综述

Sengupta 和 Senior(1994)对分析无线电信号与风力机电磁干扰的各种通用模型做出了

最详细总结。在这份报告中，作者总结了 20 多年中与此类专题直接有关的工作，并以大型风力机系统为重点。具体而言，他们已为风力机产生电磁干扰的机理开发出了一个通用分析模型。他们的模型基于图 12.9 所示的示意系统，该图表明了风力机能产生电磁干扰的现场条件。如图所示，一台发射器 $T$ 向两台接收器 $R$ 和一台风力机 $WT$ 发出直接信号。风力机的旋转叶片既散射信号也传输散射信号。因此，接收器可能同时获得两个信号，由散射信号产生的电磁干扰，因为它存在时间延迟或失真。以类似镜面反射的方式，被反射的信号被定义为背向散射（约占风力机周围 80％ 的区域）。类似于阴影的信号散射被称为向前散射，且约占风力机周围区域的 20％。

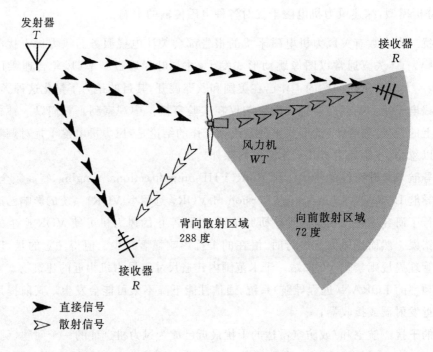

图 12.9　风力机产生电磁干扰的模型结构（Sengupta and Senior，1994）。获 American Society of Mechanical Engineers 允许转载

对此分析的更多细节读者可参看 Sengupta 和 Senior（1994）的文献，该书对信号功率干扰（以调制指数表达）和信号散射比率等电磁干扰的重要参数开发了解析表达式。此书也介绍了各种风力机风轮的散射分析模型。他们的方法是为水平轴和垂直轴风力机风轮开发出简化、理想的模型，并且将模型预测的信号散射与实际测量的散射作比较。这种方法可用来说明风力机电磁干扰的基本原理，并为估计实际情况下潜在干扰的量级提供有用的计算式。有关此方法的一个实例包含在他们的报告中，这些报告旨在评估大型和小型风力机的电视干扰（Senior and Sengupta，1983；Sengupta et al.，1983）。

### 12.5.3.2　简化分析

目前，前面介绍的由美国研究人员开发的通用的乃至专用的模型，不容易被风能系统设计者使用。然而,简化模型则可被用于预测来自风力机的潜在电磁干扰问题。例如,Van Kats 和 Van Rees(1989)开发出一种简单的风力机电磁干扰模型,此模型可用于预测电磁干扰对电视广播接收的影响。总之,采用此模型可计算出风能系统周围区域超高频电视广播接收的信号干扰比($C/I$),计算值可用来评估电视画面质量。

　　模型的一般几何模型和术语定义表示在图 12.10 中。此模型假设风力机作为入射电磁波的障碍物,且充当二次辐射源。

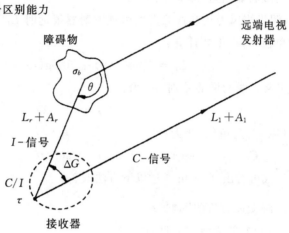

$L_1 + A_1$　：发射器-接收器路径损失($C$-signal)

$L_2 + A_2$　：发射器-障碍物路径损失

$L_r + A_r$　：障碍物-接收器路径损失($I$-signal)

$C/I$　：接收器处信号干扰比

$\tau$　：接收器处时间延迟

$\sigma_b$　：障碍物的双基地雷达横截面

$\Delta G$　：接收天线的信号区别能力

图 12.10　障碍物产生的电磁干扰路径几何模型(Van Kats and Van Rees,1989)。获 Institution of Electrical Engineers 允许转载

　　在此模型中,次反射场在环境中的传播取决于下列因素:

- 障碍物相对于信号波长 λ 的大小和形状;
- 风力机部件的绝缘与导电性能;
- 叶片和风力机结构相对于入射波定位的位置。

　　因为风力机叶片是连续运动的,所以其反射和散射电磁场的影响较复杂。因此,这些场的计算需要经验公式。为了近似估计系统的性能,此模型基于雷达技术,该技术中以障碍物的(收发分置)雷达横截面 $\sigma_b$ 为特征。(此变量定义为一个各向同性辐射体的假想面,从此假想面接收到的功率与障碍物实际接收的功率一致)。通常,$\sigma_b$ 是绝缘特性、障碍物几何外形以及信号波长的函数。

　　当风力机对无线电波的影响用 $\sigma_b$ 模拟时,由此得出风力机周围区域信号干扰比 $C/I$ 的表达式。应当指出的是,对每个具体的无线电业务(例如,移动无线电通信、微波通信等),需要用不同的 $C/I$ 比进行可靠的计算。使用图 12.10 所示的假设几何模型和术语,距风力机 $r$ 远处的 $C/I$ 比可由分别计算期望信号的强度 $C$ 以及干扰信号的强度 $I$ 来决定。期望信号可表示为:

$$C = P_t + (L_1 + A_1) + G_r \tag{12.15}$$

式中,$P_t$ 是发射器功率;$L_1$ 是发射器和接收器之间的自由空间路径损失;$A_1$ 是发射器和接收器之间的附加路径损失;$G_r$ 是接收器增益。采用与声学测量类似的方式,信号强度以分贝(这里,dBW 或超过 1W 的 dB)表示。不期望的干扰信号 $I$ 为:

$$I = P_t - (L_2 + A_2) + 10\log(4\pi\sigma_b/\lambda^2) - (L_r + A_r) + G'_r \tag{12.16}$$

式中,$L_2$ 是发射器和障碍物之间的自由空间路径损失;$A_2$ 是发射器和障碍物之间的附加路径损失;$L_r$ 是障碍物和接收器之间的自由空间路径损失;$A_r$ 是障碍物和接收器之间的附加路径损失;$G'_r$ 是接收器增益(障碍物路径)。

然后,假设当风力机和接收器离电视发射器很远时 $L_1 = L_2$。在上式中,自由空间损失 $L_r$(以 dB 为单位)可由下式计算:

$$L_r = 20\log(4\pi) + 20\log(r) - 20\log(\lambda) \tag{12.17}$$

如果定义天线的增益差别 $\Delta G$ 为:

$$\Delta G = G_r - G'_r \tag{12.18}$$

则 $C/I$ 比(以 dB 为单位)变为:

$$C/I = 10\log(4\pi) + 20\log(r) - 20\log(\sigma_b) + A_2 - A_1 + A_r + \Delta G \tag{12.19}$$

从此公式可看出,$C/I$ 可通过以下方法改善:

- 减小 $\sigma_b$(降低风力机的影响);
- 增大 $\Delta G$(更好的天线方向性);
- 增大干扰路径的附加路径损失 $A_2 + A_r$;
- 减小直接路径上的附加路径损失 $A_1$。

这些参数的控制很大程度上取决于接收器相对于风能系统的位置。一般而言,以下两种情况是可以区分的:

1. 期望信号($C$)与干扰信号($I$)之间有显著的延迟时间。接收器位于风力机和发射器之间的区域。在此区域,干扰信号来自风力机的反射与散射(背向散射区域);
2. 期望信号($C$)与干扰信号($I$)之间无延迟时间。这种现象发生在从发射器位置看,接收器位于风力机背后的区域。在此区域,干扰信号仅由风力机处的散射或折射造成(向前散射区域)。

在公式(12.19)中,风力机与接收器之间的距离 $r$ 可被视为一个变量。如假设系数 $A_1$、$A_2$ 和 $A_r$ 为常数,$\Delta G = 0$ 且风力机的 $\sigma_b$ 已知,则可计算 $r = f(C/I)$。

当 $C/I$ 被定义为一项特定无线电服务所需的信噪比时,可绘出一条随风力机周围半径 $r$

变化的曲线。曲线内区域的 $C/I$ 不满足要求。因此，使用这种方法，可得出针对电视接收电磁干扰的单个风力机选址标准，条件是：

- 电视接收所需的 $C/I$ 已知（实验确定的此比率的例子已在原始资料中给出）。
- 风力机在收发分置横截面上的 $\sigma_b$ 已知（同样，实验确定的向前和背向散射区域中此参数的例子已在原始资料中给出）。

## 12.5.4　评估方法与缓解措施

从上述讨论中可以看出，目前为风能系统设计者提供有关电磁干扰问题的全面的技术指导是不可能的。因此，问题都是针对具体场地而提出的。在欧洲，国际能源机构（International Energy Agency，IEA）专家小组推荐了一套临时评估程序，该程序可用于确定特定场地何时可能出现电磁干扰。此程序被视为一种警示可能出现问题的方法，但是，目前处理此类情况时并不推荐采用。

在初始阶段，必须确定在被风能系统占据的空间里存在某个无线电服务——这意味着识别无线电发射器。理想情况下，每个区域会有一个所有发射器的中央记录器，供风能系统设计人员使用，但通常并非如此。IEA（国际能源机构）建议，解决办法有：无线电管理机构咨询，在当地和适当的地图上观测，以及监测实际存在的无线电发射器的现场调研。另外，此调研时间应足够长，以观察只出现在部分时间的服务，并且应注意移动用户的要求，包括紧急服务、飞机、船舶及公共设施。

一旦现有的无线电服务被识别且将发射器标记在地图上，则干扰区域就可确定。这可能是此过程中最复杂的一部分，因为目前仅有 Sengupta 和 Senior(1994) 的文献描述的详细分析或实验测量技术是可用的。该过程的下一部分是确定是否有无线电服务的接收器会出现在干扰区域内。对电视广播而言，这本质上意味着确定这一区域是否有任何住宅。如果存在接收器，应寻求进一步的建议。值得注意的是，此类接收器的存在并不一定意味着将会出现电磁干扰问题。这同时取决于无线电服务是否适应其信号等级的重大变化。

对于航空雷达系统而言，目前确定的能完全消除风力机对雷达影响（当其发生时）的手段是（US Department of Defense,2006）：

- 移动风力机；
- 降低风力机高度；
- 重新安置受影响的雷达。

然而根据此参考资料，目前可用各种技术改造方法使问题得到更加全面的解决。它们包括：

- 现有雷达的软件升级；
- 采用与图像识别有关的处理滤波器；
- 更换老化雷达。

这一领域的最新研究(参见 Watson,2007)已证明风力机对雷达系统的潜在影响可通过使用各种技术进行模拟。除了上述提到的技术改造之外,此文献还指出了许多降低风力机对雷达影响的新技术(例如,屏蔽优化、数据融合、隐身叶片以及先进的处理系统)。

## 12.6 土地利用的环境影响

### 12.6.1 综述

风力机选址时要考虑许多土地使用问题,其中一些涉及政府规定和允许(诸如,区域规划、建筑许可以及航空当局的批准)。其它问题可能不受规定管制,但会影响公众的接受性。以下是一些土地利用的主要问题:

- 单位能量输出的实际用地或单位土地发电容量;
- 受风场潜在干扰的土地数量;
- 非排它性的土地使用和兼容性;
- 乡村保护;
- 风力机密度;
- 通道、土壤侵蚀以及粉尘排放。

对这些因素的详细讨论已超出了本文的范围。Gipe(1995)对这些问题作了综述(以及其它土地利用注意事项)。下节介绍最常见的风能系统土地利用的注意事项,以及用来减少与风力机土地利用有关的环境问题的策略。

### 12.6.2 土地利用注意事项

与其它电厂相比,风力发电系统有时被认为是土地侵扰而不是土地集约。由视觉冲击造成的主要侵扰影响已在 12.3 节中介绍。就单位功率容量所需土地范围而言,风电场较其它大多数能源技术需要更多土地。另一方面,虽然风能系统设施可能延伸至一片大的地理区域,但风力机与配套设施的实际占地是土地的一小部分。

例如在美国,风场系统设施可能只占总面积的 3%～5%,剩余部分可用作其它用途。在欧洲,实际设施的土地使用比例比美国加州风场的小。例如,英国风电场开发人员发现,通常情况下仅有 1% 的风电场土地被风力机、变电站和通道所占用。此外,在许多欧洲项目中,风场土地直至塔架所占土地都被耕种。当重型设备需要进入时,则在耕地上铺设临时道路。因此,欧洲风场只占用 1%～3% 的可用土地。

当需要确定风场系统实际土地使用量时,也必须注意风力机间距和布局的影响。风电场每兆瓦装机容量占地 4～32 公顷(10～80 英亩)。加州风场的风力机排列密集,每兆瓦装机容量占地为 6～7 公顷(15～18 英亩)。典型的欧洲风场风力机的间距较大,通常每兆瓦装机容量占地 13～20 公顷(30～50 英亩)(Gipe,1995)。

由于风力发电受所要求的地区限制（该地区天气模式需能提供长期稳定的风资源），所以风力发电在美国的发展主要集中在农村和相对开阔的地区。这些土地往往用于农业、放牧、娱乐、空旷地、风景区、野生动物栖息地以及森林经营。风能发展总体上与风场的农业或放牧是相容的。在欧洲，由于人口密度较高，土地需求竞争激烈，因而风电场的面积较小。

风电场的开发可能影响到风场或其附近区域的其它用途。例如，一些强调荒野价值及致力于保护野生动物（如鸟类）的公园和娱乐用地可能不适合与风电场发展。其它土地用途，如空旷地保护、种植经营或非荒野地娱乐设施可能与风电场发展是相容的，这取决于相互间距要求和当地开发的性质。

总之，可能决定土地利用影响的因素包括：

- 现场地形；
- 风力机的大小、数量、输出功率以及间隔；
- 道路位置及设计；
- 配套设施布置（统一或分散）；
- 电线布置（在空中或地下）。

## 12.6.3　土地利用问题的缓解

有各种各样的措施可用于确保风能项目与多数现存和计划的土地用途相容和一致，其中许多涉及风电场布局和设计。例如，当风能开发项目位于或靠近娱乐或开阔风景区时，一些审批机构已规定了旨在"弱化"项目工业性质的要求。正如美国国家风能协调委员会准许手册（NWCC,1998）第一版所规定的，包括以下内容（再次指出许多为考虑视觉影响得出的结果）：

- 选用结构支撑细小的设备，如拉索；
- 要求电线置于地下；
- 要求维修设备不安置在现场；
- 集中位于风力机塔架或基础基座上的设备；
- 集中风电场区域内的建筑物；
- 要求使用更有效或更大的风力机，从而尽量减少达到给定电量输出所需要的风力机数量；
- 选择风力机间距和类型，从而减小风力机密度并且避免出现"风墙"；
- 采用无路的结构及维修技术以减少临时和永久性土地损失；
- 限制大多数车辆在现有通道上行驶；
- 限制新通道的数量与宽度，并且避免或尽量减少挖、填施工；
- 限制风力机和输电塔布置在具有陡峭、开阔地形的区域以减少挖、填施工。

从土地利用观点出发，这样的全面要求实际上是"理想"风场的目标，并且当审批机构在决定其中那些要求应被用于特定风场时，应该考虑以下几点：

- 与特定策略有关的花费；

- 影响的类型和等级；
- 利用土地的目的；
- 任何潜在土地利用不一致或不相容的重要性；
- 可能的替代方案。

上述的许多要求已被用在欧洲的风力发电项目中。这些项目往往位于乡村或农业区域，并且通常由单个分散的机组或小规模风力机群构成。在少数欧洲国家，风力机被置于堤坝或沿海滩的防洪堤或近海。选址于农场区域的风力机设置也要尽量减少对种植模式的干扰，并且永久性子系统应集中在场地边缘、灌木篱笆中或沿着农场的道路上。通常情况下，不建造通道或用可移动的缓冲垫或格栅实施安装和定期维修。

在美国，其它与风场选址有关的土地利用策略包括使用缓冲区和间距把项目从其它可能敏感的或不相容的土地用途中分离出来。这种分离的程度是不一定的，取决于该区域土地利用的目的以及其它方面，如视觉方面、噪声及公共安全。此外，在一些风场项目中，临近地产的资源经营者已确立了一些租赁或许可条件，即某一地点的风场开发不会阻碍其临近场所的风力资源利用。

## 12.7 其它环境问题

本节将介绍一些评估风能系统环境影响时应考虑的其它一些问题，包括安全、对动植物的普遍影响以及阴影闪烁。

### 12.7.1 安全

#### 12.7.1.1 存在的问题

安全问题包括公共安全和职业安全。这里的讨论主要集中在公共安全方面(虽然也包括一些职业安全问题)。有关风电工业中职业安全的综述包含在 Gipe(1995)的书中。

在公共安全领域，与风能系统相关的主要问题是风轮的转动及公众能够接近区域的工业设备。此外，根据场址位置不同，风能系统设备也可能增加火灾隐患。以下公共安全方面的问题很重要：

- **叶片甩落** 风力机的一个主要安全隐患是叶片或其碎片可能从旋转的风轮上甩落。风力机的拉索或其它支撑结构也可能损坏。风力机机舱罩和风轮轮毂罩也可能被吹落。实际上，这些事件十分罕见且通常发生在极端风况下，此时其它建筑物也会受影响。叶片或风力机部件被甩出的距离取决于许多参数(如风力机尺寸、高度、损坏零件的尺寸、风况、地形等)。Larwood(2005)和 Madsen 等人(2005)给出了叶片甩落计算的实例。
- **冰块跌落或甩落** 当低温和降水导致风力机叶片结冰时可能发生安全问题。随着叶片升温，融化后的冰可能掉落到地面或被旋转的叶片甩出。从机舱或塔架上掉落的冰可能对风力机正下方的人造成威胁。此问题已在一个 NWCC 选址研究会议(NWCC,2005)中有所评述,Bossanyi 和 Morgan(1996)综述了此问题安全方面的详细技术评论。

- **塔架故障**　若风轮翻转或未及时检测出问题时,风力机塔架或拉索的完全失效常导致风力机整体坠地。较高的冰载荷、不良的塔架或基础设计、腐蚀以及狂风可能增大潜在安全风险。

- **嬉玩者的伤害**　尽管风能系统选址常位于乡村地区,但它们通常在公路上可以看见,并且对公众相对开放。因为与风力机场所有关的技术和设备新颖且不同寻常,所以对好奇的人群很有吸引力。试图爬上塔架或打开通道门、电器面板的人可能会受伤,这些伤害来自运行中的运动设备、电气设备或许多其它危险状况。

- **火灾隐患**　干旱地区具有风场开发的良好选址条件,如高平均风速、低矮的植被、树木稀少等,这同样可能在干旱月份造成潜在高火灾隐患。特别薄弱的场址是那些位于旱地粮食种植区域或自然植被生长失控且可用作燃料的区域。此类场所的火灾归因于众多原因造成的火花或火苗,包括:不符合标准的机械保养、违规焊接、电线短路、设备撞击电源线及闪电。

- **工伤隐患**　对于任何工业活动,均存在人员受伤或死亡的可能性。目前还没有风电设备工伤和其它产能设备工伤的比较数据。然而,目前已有数起与风力机安装和维修相关的死亡事例(参见 Gipe,1995)。

- **电磁场**　电场和磁场由电流流过导体(如传输线)产生。磁场在导体周围空间产生,且其强度随距离增加迅速减小。近年来,一些公众人士一直关注电磁场对健康的影响。

### 12.7.1.2　减小公众健康安全风险

以下介绍如何减小前述公众健康安全风险的方法:

- **叶片甩落**　减小叶片甩落可能性的最佳方法是应用可靠的工程设计,并实施高质量的控制。如今,预期的叶片甩落情况十分稀少。例如,风力机上的制动系统、变桨控制以及其它速度控制应防止超出设计极限。因为关于叶片甩落和结构失效的安全问题,许多审批机构已将风力机同住宅区、公共交通路线以及其它用于安全缓冲区或间隔地带的土地分开。美国典型规章的例子包含在美国国家风能协调委员会许可手册的第一版中(NWCC,1998)。

- **冰块跌落或甩落**　为减少对工人的潜在伤害,在工人培训和安全计划中应包括关于叶片甩落与冰甩落隐患的内容。此外,项目经营者应不允许工作人员在大风和结冰情况下接近风力机。

- **塔架故障**　根据现代安全标准设计的风力机不太可能出现结构完全失效(参见 7.4 节)。将风力机竖立在距已有建筑至少等于塔架高度加上风轮半径的距离之外,可使安全性提高。

- **嬉玩者的伤害**　许多司法管辖区要求风能项目周边设立围栏并张贴告示以防止非法进入现场。另一方面,其它司法管辖区更倾向于土地无围栏,尤其是对远离繁忙公路的区域,以使区域显得开阔并且保持相对的自然特征。许多司法管辖区要求开发者在有围栏区域的边界周围指定间隔内设置 24 小时免费紧急电话的标志,若无围栏,则标志需遍及整个风场。此外,出于负责任要求塔架和电气设备入口需上锁,并且需在塔架、电器面板及工程入口处设置警告标志。

- **火灾隐患** 一个最有效的避免火灾隐患的方法是将所有线路置于风力机和项目变电站之间的地下。在火灾多发地区,许多机构为存在火灾隐患的项目建立了许可条件,并且要求具有相应的火灾控制规划。此外,大多数机构要求制定防火规划和培训方案,进一步减少火灾向项目区域外发展并蔓延至周围地区的可能性。

- **工伤隐患** 为了尽量减少工伤事故,风能项目应该遵守现有的风力发电场建设和运行的工人保护规定。

- **电磁场** 考虑到大多数风场处于农业地区以及在一般风场传输的功率等级相对较低,此类安全问题可能不是一个主要的公众安全隐患。在美国,一些州已试图通过规定场强度界限,以使风场电磁场强度受限于现存输电线的场强度之下,场强度界限定在新线路有权使用的范围内或边缘上。

## 12.7.2 对动植物的影响

### 12.7.2.1 存在的问题

由于风力机场址通常位于未开发的或用于农牧业的乡村地区,它们可能直接或间接地影响生物资源(对于鸟类的影响已在 12.2 节中讨论过)。例如,由于风场建设常包括建造出入通道和使用重型设备,因此在这一阶段最可能对动植物造成影响。

还应指出的是,人们关注的生物资源包括在一个区域生存、利用或穿行这一区域的各种各样的动植物。此外还包括支持生物资源的栖息地,包括自然特征,如土壤和水,以及维持现存群体的生物组成。其范围包括细菌和真菌直至食物链顶端的食肉动物。

若存在对动植物的影响或冲突,则取决于现有的植物和动物以及风能设备的设计和布局。在某些情况下,审批机构可能因为对这些资源造成的不利后果而劝阻或阻止开发。假如没有易损资源,或不利影响可被避免或减轻,则允许开发继续进行。

### 12.7.2.2 缓解措施

关于场址处动植物的一个重要考虑是潜在的栖息地丧失。许多物种受国家或州法律保护。因此在项目早期规划阶段与生态或生物专家协商是很必要的,从而确保敏感区域不被干扰,并采取适当的缓解措施。所有调查工作都应在一年中的合适时间实施,以便考虑到一些潜在生物影响的季节性。

风能系统开发者需要会见当地分区或规划部门以及相关的生态/生物顾问,以便讨论建设周期、风力机通道及布置,从而避开濒危物种或栖息地。此外,可能要有持续监控的要求或在建设周期和风能系统寿命期内的总体生态治理计划。

### 12.7.3  阴影闪烁和闪光

#### 12.7.3.1  存在的问题

当风力机风轮上的转动叶片投下运动阴影时，会发生阴影闪烁，闪烁效应可能打扰住在风力机附近的居民。以类似的方式，阳光可能被有光泽的叶片表面反射，从而造成"闪光"效应。在美国这种影响并未被视作一个实际的环境问题。而在北欧此问题比较严重，这是由于纬度、冬季太阳的低角度以及居民建筑与风力机非常靠近的原因。阴影闪烁(以及对地形的阴影计算)可被分析建模，并且已有几个可用的商业软件包(参见 National Academy of Sciences，2007)。

如图 12.11 所示的计算结果，表示了一个丹麦风场的年阴影闪烁效应持续时间(EWEA，2004)。此图中有两栋住宅被标记为 A 和 B，它们与图中心的风力机距离分别为 6 和 7 个轮毂高度。此图显示 A 住宅每年将有五小时处在风力机阴影中，而 B 住宅每年将有 12 个小时在阴影中。需要注意的是，此类计算的结果随不同地理区域而变化，这些区域的差异源于不同的云量及纬度。

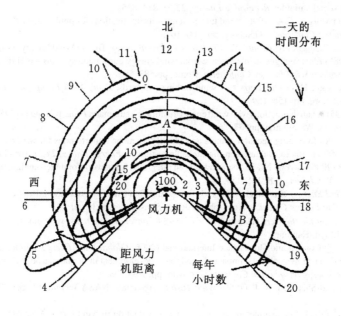

图 12.11  阴影闪烁计算图(EWEA，2004)；A，B 为房屋位置

#### 12.7.3.2  缓解措施

在最坏的情况下，闪烁仅发生在很短的一段时间内(在冬季的 10～14 周内每天约 30 分钟)。在欧洲，一个推荐的解决方案是在此时间内令风力机停机，而另一个方案是仔细地为风力机选址，充分考虑对附近住宅的阴影路径。使用无反射、无光泽叶片以及仔细选址，可以防止闪光效应。

丹麦使用的一份通用准则规定，风力机和最近的建筑之间最小距离为 6 到 8 倍的风轮直径。在图 12.11 所示的任何扇区中位于距风力机 6 倍风轮直径（对一个 600 kW 的风力机而言约 250 m）处的房屋每年有两个持续五周的时期将受到阴影闪烁影响（EWEA，2004）。

# 参考文献

Ackerman, T. and Soder, L. (2002) An overview of wind energy – status 2002. *Renewable and Sustainable Energy Reviews*, **6**, 67–128.

Anderson, R.L., Kendall, W., Mayer, L.S., Morrison, M.L., Sinclair, K., Strickland, D. and Ugoretz, S. (1997) Standard metrics and methods for conducting avian/wind energy interaction studies. *Proc. 1997 American Wind Energy Association Conference,* Austin, pp. 265–272.

Aubrey, C. (2000) Turbine colors...do they have to be grey? *Wind Directions*, March, 18–19.

AWEA/Audubon (2006) Understanding and resolving bird and bat impacts. *Workshop Proceedings,* January.

Bass, J. H. (1993) Environmental aspects – noise. In course notes for *Principles of Wind Energy Conversion*, L. L. Freris (Ed.), Imperial College, London.

Beranek, L.L. and Ver, I.L. (1992) *Noise and Vibration Control Engineering: Principles and Applications*, John Wiley & Sons, Ltd, Chichester.

Birdlife International (2003) *Wind farms and Birds: An Analysis of the Effects of Wind farms on Birds, and Guidance on Environmental Assessment Criteria and site Selection Issues.* Council of Europe Report T-PVS/Inf (2003) 12.

Bishop, I. D. and Miller, D.R. (2007) Visual assessment of off-shore wind turbines: The influence of distance, contrast, movement and social variables *Renewable Energy*, **32**(5), 814–835.

Bossanyi, E.A. and Morgan, C.A. (1996) Wind turbine icing – its implications for public safety *Proc. 1996 European Union Wind Energy Conference,* Göteborg, pp. 160–164.

BWEA (2005) *Low Frequency Noise and Wind Turbines Technical Annex.* British Wind Energy Association, London.

Chignell, R.J. (1986) Electromagnetic interference from wind energy conversion systems – preliminary information. *Proc. 1986 European Wind Energy Conference,* Rome, pp.583–586.

Clausager, I. and Nohr, H. (1996) Impact of wind turbines on birds. *Proc. 1996 European Union Wind Energy Conference,* Göteborg, pp. 156–159.

Colson, E. W. (1995) Avian interactions with wind energy facilities: a summary. *Proc. Windpower '95,* American Wind Energy Association, Washington, pp. 77–86.

Connors, S. R. (1996) Informing decision makers and identifying niche opportunities for windpower: use of multi-attribute trade off analysis to evaluate non-dispatchable resources. *Energy Policy*, **24**(2), 165–176.

Devine-Wright, P. (2005) Beyond NIMBYism: towards an integrated framework for understanding public perceptions of wind energy. *Wind Energy*, **8**, 125–139.

EWEA (2004) *Wind Energy, The Facts,* Vols. 1–5. European Wind Energy Association, Brussels.

Gipe, P. (1995) *Wind Energy Comes of Age.* John Wiley & Sons, Ltd, Chichester.

GL (1994) *Regulation for the Certification of Wind Energy Conversion Systems*, supplement to the 1993 edition, Germanischer Lloyd, Hamburg.

Global Wind Energy Council and Greenpeace International (2006) *Global Wind Energy Outlook 2006.*

Goodman, N. (1997) The Environmental impact of windpower development in Vermont: a policy analysis. *Proc. 1997 American Wind Energy Association Conference,* Austin, pp. 299–308.

Hubbard, H. H. and Shepherd, K. P. (1990) *Wind Turbine Acoustics.* NASA Technical Paper 3057 DOE/NASA/20320-77.

Hurtado, J.P. *et al.* (2004) Spanish method of visual impact evaluation in wind farms. *Renewable and Sustainable Energy Reviews*, **8**, 483–491.

IEC (2002) *Wind Turbines – Part 11: Acoustic noise measurement techniques, IEC 61400-11*, 3rd edition. International Electrotechnical Commission, Geneva.

Johansson, M. and Laike, T. (2007) Intention to respond to local wind turbines: the role of attitudes and visual perception. *Wind Energy*, **10**, 435–451.

Kidner, D. B. (1996) The visual impact of Taff Ely wind farm – a case study using GIS. *Wind Energy Conversion 1996*, British Wind Energy Association, London, pp. 205–211.

Köller, J, Köppel, J. and Peters, W. (2006) *Offshore Wind Energy Research on Environmental Impacts.* Springer, Berlin.

Larwood, S. (2005) *Permitting Setbacks for Wind Turbines in California and the Blade Throw Hazard.* California Wind Energy Collaborative Report: CWEC-2005-01, Sacramento.

Lenzen, M. and Munksgaard, J. (2002) Energy and $CO_2$ life-cycle analyses of wind turbines – review and applications. *Renewable Energy*, **26**, 339–362.

Madsen, K.H., Frederiksen, S.O., Gjellerup, C. and Skjoldan, P.F. (2005) Trajectories for detached wind turbine blades. *Wind Engineering*, **29**(2), 143–154.

Möller, B. (2006) Changing wind-power landscapes: regional assessment of visual impact on land use and population in Northern Jutland, Denmark. *Applied Energy*, **83**(5), 477–494.

National Academy of Sciences (2007) *Environmental Impacts of Wind-Energy Projects*. National Academic Press, Washington.

NWCC (1998) *Permitting of Wind Energy Facilities: A Handbook*. RESOLVE, National Wind Coordinating Committee, Washington. Available at: http://www.nationalwind.org/publications/siting/nwcch1.pdf.

NWCC (1999) *Studying Wind Energy/Bird Interactions: A Guidance Document*. RESOLVE, National Wind Coordinating Committee, Washington.

NWCC (2001) *Avian Collision with Wind Turbines: A Summary of Existing Studies and Comparison to Other Sources of Avian Collision Mortality in the United States*. RESOLVE, National Wind Coordinating Committee, Washington.

NWCC (2002) *Permitting of Wind Energy Facilities: A Handbook*. RESOLVE, National Wind Coordinating Committee, Washington.

NWCC (2005) *Proceedings: Technical Considerations in Siting Wind Developments*. RESOLVE, National Wind Coordinating Committee, Washington.

Operate A/S (2006) *Danish Offshore Wind: Key Environmental Issues*. Report for DONG Energy, Vattenfall, Danish Energy Authority, and Danish Forest and Nature Agency.

Orloff, S. and Flannery, A. (1992) *Wind Turbine Effects on Avian Activity, Habitat Use, and Mortality in Altamont Pass and Solano County Wind Resource Areas: 1989–1991*. Report No. P700-92-001, California Energy Commission, Sacramento.

Pasqualetti, M.J., Gipe, P. and Righter, R.W. (2002) *Wind Power in View: Energy Landscapes in a Crowded World*. Academic Press, San Diego.

Ratto, C.F. and Solari, G. (1998) *Wind Energy and Landscape*. A.A. Balkema, Rotterdam.

REPP (2003) *Wind Energy for Electric Power: A REPP Issue Brief*. Renewable Energy Policy Project Report, Washington.

Robotham, A.J. (1992) Progress in the Development of a Video Based Wind Farm Simulation Technique. *Proc. Wind Energy Conversion 1992*, British Wind Energy Association, London, pp. 351–353.

Rodriques, L. *et al.* (2006) Wind turbines and bats: guidelines for the planning process and impact assessment. EUROBATS Report: Doc.EUROBATS.MoPoP5.12.Rev.3.Annex1, September.

Schleisner, L. (2000) Life cycle assessment of a wind farm and related externalities. *Renewable Energy*, **20**, 279–288.

Schmidt, E. *et al.* (2003) *National Wind Technology Center Site Environmental Assessment: Bird and Bat Use and Fatalities – Final Report*. National Renewable Energy Laboratory Report: NRER/SR-500-32981, NTIS.

Schwartz, S. S. (Ed.) (2005) Technical considerations in siting wind developments. *Proceedings of NWCC Siting Technical Meeting*. RESOLVE, National Wind Coordinating Committee, Washington.

Sengupta, D.L. and Senior, T.B.A. (1994) Electromagnetic interference from wind turbines, Chapter 9 in *Wind Turbine Technology*, Spera, D. A. (Ed.) ASME, New York.

Sengupta, D. L., Senior, T. B. A. and Ferris, J. E. (1983) *Study of Television Interference by Small Wind Turbines: Final Report*. SERI/STR-215-1881, Solar Energy Research Institute, NTIS.

Senior, T. B. A. and Sengupta, D. L. (1983) *Large Wind Turbine Handbook: Television Interference Assessment*. SERI/STR-215-1879, Solar Energy Research Institute, NTIS.

Sinclair, K.C. (1999) Status of the U.S. Department of Energy/National Renewable Energy Laboratory avian research program. *Proc. 1999 American Wind Energy Association Conference*.

Sinclair, K.C. and Morrison, M.L. (1997) Overview of the U.S. Department of Energy/National Renewable Energy Laboratory avian research program. *Proc. 1997 American Wind Energy Association Conference*, pp. 273–279.

Sovacool, B.J. (2009) Contextualizing avian mortality: A preliminary appraisal of bird and bat fatalities from wind, fossil-fuel, and nuclear electricity. *Energy Policy*, **37**(6), 2241–2248.

Stanton, C. (1994) The visual impact and design of wind farms in the landscape *Proc. Wind Energy Conversion 1994*, British Wind Energy Association, London, pp. 249–255.

Stanton, C. (1996) *The Landscape Impact and Visual Design of Windfarms*. Landscape Publication No. LP/9603, School of Landscape Architecture, Heriot-Watt University, Edinburgh.

Still, D., Painter, S., Lawrence, E.S., Little, B. and Thomas, M. (1996) Birds, wind farms, and Blyth Harbor. *Proc. Wind Energy Conversion 1996*, British Wind Energy Association, London, pp. 175–183.

Taylor, D.C. and Durie, M.J. (1995) Wind farm visualisation. *Proc. Wind Energy Conversion 1995*, British Wind Energy Association, London, pp. 413–416.

US Department of Defense (2006) *Report to the Congressional Defense Committees: The Effect of Windmill Farms on*

*Military Readiness*. Available at: http://www.defenselink.mil/pubs/pdfs/WindFarmReport.pdf.

Van Kats, P. J. and Van Rees, J. (1989) Large wind turbines: a source of interference for TV broadcast reception, Chapter 11 in *Wind Energy and the Environment*, D. T. Swift-Hook (Ed.), Peter Peregrinus, London.

Wagner, S., Bareib, R. and Guidati, G. (1996) *Wind Turbine Noise*. Springer, Berlin.

Watson, M. (2007) The effects of wind turbines on radar systems and technical mitigation developments. *Proc. 2007 European Wind Energy Conference,* Milan.

Wolf, B. (1995) Mitigating avian impacts: applying the wetlands experience to wind farms. *Proc. 1995 American Wind Energy Association Conference,* pp. 109–116.

# 附录 A
# 名词术语

## A.1 名词术语与单位的解释

　　本书内容包括多种不同工程学科(如气体动力学、动力学、控制、电磁场学、声学等),这些名词术语在这些学科中是被广泛接受的变量和重要的概念。因此,例如:声学工程师称 $\alpha$ 为声吸收系数,气体动力学上定义为攻角,而在常用的模型中,$\alpha$ 定义为风剪切的幂指数。本书中我们尽力保证不同章节中的概念具有相同的名称,同时保证这些名称是被广泛接受的概念。最后,为尽量避免同一个符号、名词术语在本书不同章节中有不同定义,我们将按章节列出名词术语。

　　全书中的单位不特别指出均为国际单位,同时单位具有统一性。例如,在 SI 国际单位制中,长度用 m,速度用 m/s,密度用 kg/ $m^3$ ,质量用 kg,力用 N,应力和压力用 $N/m^2$ (Pa),扭矩用 Nm,功率用 W;当使用其它形式的单位时,需保持一致性,例如,功率用 kW,压强用 kPa(译者注)。能量用 Wh 或千瓦时(kWh),而不是焦耳(J)或千焦(kJ),除非特别说明,角度一般为弧度。有两个概念可能混淆:转速和频率,在本书中,转速 $n$ 均指每分钟多少转(r/m),$\Omega$ 均指每秒多少弧度(rad/s),对于频率,$f$ 为周/秒(Hz),$\omega$ 为每秒多少弧度(rad/s)。最后,对于单位特殊的变量,将在下面特别指出。

## A.2 第 2 章

### A.2.1 英文变量

| | | |
|---|---|---|
| $A$ | 面积 | Area |
| $c$ | 韦布尔函数的尺度因子 | Weibull scale factor |
| $c_p$ | 定压比热容 | Specific heat at constant pressure |
| $C_f$ | 容量系数 | Capacity factor |
| $C_P$ | 功率系数 | Power coefficient |
| $CC$ | 风能捕获系数 | Capture coefficient |

| | | |
|---|---|---|
| $D$ | 风轮转子直径 | Rotor diameter |
| $E_w$ | 风力机能量(Wh) | Wind machine energy (Wh) |
| $f$ | (i)柯里奥利参数 | (i)Coriolis parameter |
| $f$ | (ii)频率(Hz) | (ii)Frequency (Hz) |
| $f_i$ | 每一仓发生的数量 | Number of occurrences in each bin |
| $F(\ )$ | 累积分布函数 | Cumulative distribution function |
| $F_c$ | 柯里奥利力 | Coriolis force |
| $F_p$ | 压力 | Pressure force |
| $g$ | 重力加速度 | Gravitational acceleration |
| $h$ | 焓 | Enthalpy |
| $i$ | 指数或采样数 | index or sample number |
| $k$ | (i)威布尔函数的形状因子 | (i)Weibull shape factor |
| $k$ | (ii)冯·卡门常数 | (ii)von Karman constant |
| $K_e$ | 能量模式因子 | Energy pattern factor |
| $l$ | 混合长度 | Mixing length |
| $L$ | 积分长度尺度 | Integral length scale |
| $m$ | 质量 | Mass |
| $m_i$ | 仓的中点 | Midpoint of bins |
| $n$ | 等压线的法线方向 | Direction normal to lines of constant pressure |
| $N$ | 长期数据点数 | Number of long-term data points |
| $N_B$ | 仓的数量 | Number of bins |
| $N_s$ | 短期时间平均采样点数 | Number of samples in short-term averaging time |
| $p$ | 压力 | Pressure |
| $p(\ )$ | 密度概率函数 | Probability density function |
| $P$ | 功率 | Power |
| $P_R$ | 风力机额定功率 | Rated wind turbine power |
| $P_w(U)$ | 风力机功率与风速的函数 | Wind turbine power as a function of wind speed |
| $\bar{P}/A$ | 平均风能密度 | Average wind power density |
| $\bar{P}_w$ | 风力机平均功率 | Average wind turbine power |
| $q$ | 传热 | Heat transfer |
| $r$ | 延迟 | Lag |
| $R$ | (i)气体常数 | (i) Gas constant |
| $R$ | (ii)曲率半径 | (ii)Radius of curvature |
| $R$ | (iii)风力机转子半径 | (iii)Radius of wind turbine rotor |
| $R(r\,\delta t)$ | 自相关函数 | Autocorrelation function |
| $S(f)$ | 功率谱密度函数 | Power spectral density function |
| $t$ | 时间 | Time |

| $T$ | 温度 | Temperature |
| $TI$ | 紊流强度 | Turbulence intensity |
| $u$ | 内能 | internal energy |
| $\tilde{u}$ | 短期平均的波动风速 | Fluctuating wind velocity about short-term mean |
| $u_i$ | 采样风速 | Sampled wind speed |
| $u(z,t)$ | 瞬态纵向风速 | Instantaneous longitudinal wind speed |
| $U$ | 平均风速（短时平均） | Mean wind speed (mean of short term data) |
| $U_c$ | 特征风速 | Characteristic wind velocity |
| $U_e$ | 极限风速 | Extreme wind speed |
| $U_g$ | 地球自转引起的风速 | Geostrophic wind speed |
| $U_{gr}$ | 风速梯度 | Gradient wind speed |
| $U_i$ | 风速对时段 i 的平均 | Wind speed average over period $i$ |
| $U^*$ | 摩擦速度 | Friction velocity |
| $\overline{U}$ | 长期平均风速（短时平均） | Long-term mean wind speed (mean of short-term averages) |
| $v$ | 比容 | Specific volume |
| $v(z,t)$ | 瞬时横向风速 | Instantaneous lateral wind speed |
| $w_i$ | 仓的宽度 | Width of bins |
| $w(z,t)$ | 瞬时垂直风速 | Instantaneous vertical wind speed |
| $x$ | 无量纲的风速 | Dimensionless wind speed |
| $z$ | 海拔高度 | Elevation |
| $z_i$ | 逆温层高度 | Inversion height |
| $z_0$ | 表面粗糙度 | Surface roughness |
| $z_r$ | 参考标高 | Reference height |

## A.2.2　希腊文变量

| $\alpha$ | 幂律指数 | Power law exponent |
| $\Gamma$ | 递减率 | Lapse rate |
| $\Gamma(x)$ | 伽玛函数 | Gamma function |
| $\delta t$ | 采样时间 | Sampling period |
| $\Delta t$ | 短期时间平均的时段 | Duration of short-term averaging time |
| $\eta$ | 传动链效率 | Drive train efficiency |
| $\lambda$ | 叶尖速比 | Tip speed ratio |
| $\rho$ | 空气密度 | Air density |
| $\sigma_e$ | 数据组标准偏差 | Standard deviation of data set |
| $\sigma_u$ | 短期数据的标准偏差（紊流） | Standard deviation of short-term data (turbulence) |

| | | |
|---|---|---|
| $\sigma_U$ | 长期数据的标准偏差 | Standard deviation of long-term data |
| $\tau$ | 剪应力 | Shear stress |
| $\tau_0$ | 剪应力的表面数值 | Surface value of shear stress |
| $\tau_{xz}$ | 法线与 $z$ 一致的 $x$ 方向剪应力 | Shear stress in the direction of $x$ whose normal coincides with $z$ |
| $\varphi$ | 纬度 | Latitude |
| $\omega$ | 地球的角速度 | Angular speed of earth |
| $\Omega$ | 风轮的角速度 | Angular velocity of rotor |

# A.3  第 3 章

## A.3.1  英文变量

| | | |
|---|---|---|
| $a$ | 轴向干涉或感应因子 | Axial interference or induction factor |
| $a'$ | 角感应因子 | Angular induction factor |
| $A$ | 投影翼型面积(弦长 × 跨距),表面积,风轮扫掠面积 | Projected airfoil area (chord×span), surface area, rotor swept area |
| $B$ | 叶片的数目 | Number of blades |
| $c$ | 翼型弦长 | Airfoil chord length |
| $C_d$ | 二维阻力系数 | Two-dimensional drag coefficient |
| $C_{d,0}$ | 恒定阻力项 | Constant drag term |
| $C_{d,a1}$ | 线性阻力项 | Linear drag term |
| $C_{d,a2}$ | 平方的阻力项 | Quadratic drag term |
| $C_D$ | 三维阻力系数 | Three-dimensional drag coefficient |
| $C_l$ | 二维升力系数 | Two-dimensional lift coefficient |
| $C_{l,0}$ | 零攻角时升力系数 | Lift coefficient at zero angle of attack |
| $C_{l,a}$ | 升力系数曲线的斜率 | Slope of lift coefficient curve |
| $C_L$ | 三维升力系数 | Three-dimensional lift coefficient |
| $C_m$ | 俯仰力矩系数 | Pitching moment coefficient |
| $C_p$ | 压力系数 | Pressure coefficient |
| $C_P$ | 功率系数 | Power coefficient |
| $C_T$ | 推力系数 | Thrust coefficient |
| $d_1$ | 由简单方法决定攻角的变量 | Variable for determining angle of attack with simplified method |
| $d_2$ | 由简单方法决定攻角的变量 | Variable for determining angle of attack with simplified method |
| $dr$ | 厚度 | Thickness |

| | | |
|---|---|---|
| $F$ | 叶尖损失校正因子 | Tip loss correction factor |
| $F_D$ | 阻力 | Drag force |
| $\tilde{F}_D$ | 单位高度上的力 | Force per unit height |
| $F_L$ | 升力 | Lift force |
| $F_N$ | 法向力,力垂直于旋转平面(推力) | Normal force, force normal to plane of rotation (thrust) |
| $F_T$ | 叶片截面切线方向力 | (i) Force tangential to circle swept by blade section |
| $\tilde{F}_T$ | 单位高度上的切向力 | (ii) Force tangential per unit height |
| $H$ | 高度 | Height |
| $k$ | 最近轮毂叶片单元标号 | Index of blade element closest to hub |
| $l$ | 翼型长度/跨距 | Length or span of airfoil |
| $L$ | 特征长度,升力 | Characteristic length, lift force |
| $m$ | 质量 | Mass |
| $\tilde{m}$ | 单位叶高的质量流率 | Mass flow rate per unit height |
| $M$ | 变桨力矩 | Pitching moment |
| $N$ | 叶片单元数 | Number of blade elements |
| $p$ | 压力 | Pressure |
| $P$ | 功率 | Power |
| $q_1$ | 由简单方法决定攻角的变量 | Variable for determining angle of attack with simplified method |
| $q_2$ | 由简单方法决定攻角的变量 | Variable for determining angle of attack with simplified method |
| $q_3$ | 由简单方法决定攻角的变量 | Variable for determining angle of attack with simplified method |
| $Q$ | 转矩/扭矩 | Torque |
| $r$ | 半径 | Radius |
| $r_h$ | 风轮轮毂半径 | Rotor radius at the hub |
| $r_i$ | 叶片中部截面半径 | Radius at the midpoint of a blade section |
| $R$ | 叶片外半径 | Outer blade radius |
| $Re$ | 雷诺数 | Reynolds number |
| $T$ | 推力 | Thrust |
| $u$ | 空气流动方向的速度 | Velocity in direction of air flow |
| $U$ | 特征速度,无干扰气流速度 | Characteristic velocity, velocity of undisturbed airflow |
| $U_\infty$ | 自由来流风速 | Free stream air flow velocity |
| $v$ | 垂直于来流风速 | Velocity perpendicular to direction of air flow |

| $y$ | 中间变量式(3.158) | $\lambda/(1-\alpha)$ |
|---|---|---|
| $z$ | 矢量到圆心的偏移量 | Vector describing offset circle |

## A.3.2　希腊文变量

| $\alpha$ | 攻角 | Angle of attack |
|---|---|---|
| $\Gamma$ | 环量 | Circulation |
| $\varepsilon$ | 表面粗糙高度 | Surface roughness height |
| $\zeta$ | 涡量 | Vorticity |
| $\eta_{mech}$ | 机械效率 | Mechanical efficiency |
| $\eta_{out}$ | 总输出效率 | Overall output efficiency |
| $\eta_{overall}$ | 总效率 | Overall effeiency |
| $\theta_p$ | 叶片截面/桨角 | Section pitch angle |
| $\theta_{p,0}$ | 叶尖叶片桨角 | Blade pitch angle at the tip |
| $\theta_T$ | 叶片扭转角 | Blade twist angle |
| $\lambda$ | 叶尖速比 | Tip speed ratio |
| $\lambda_h$ | 轮毂当地速比 | Local speed ratio at the hub |
| $\lambda_r$ | 当地速比 | Local speed ratio |
| $\mu$ | 粘性系数 | Coefficient of viscosity |
| $\nu$ | 运动粘性系数 | Kinematic viscosity |
| $\xi$ | 轨迹变换点 | Locus of transformed points |
| $\rho$ | 空气密度 | Air density |
| $\sigma$ | 风轮的实度 | Rotor solidity |
| $\sigma'$ | 当地风轮实度 | Local rotor solidity |
| $\varphi$ | 相对风速角 | Angle of relative wind |
| $\phi$ | 风速相对 1/4 弦长垂直轴的角度 | Angle between wind and quarter chord of a vertical axis airfoil |
| $\omega$ | 风的角速度 | The angular velocity of the wind |
| $\Omega$ | 风力机风轮的角速度 | Angular velocity of the wind turbine rotor |

# A.4　第 4 章

## A.4.1　英文变量

| $a$ | (i)加速度 | (i) Acceleration |
|---|---|---|
| $a$ | (ii)轴向感应因子 | (ii) Axial induction factor |
| $a$ | (iii)回转质量中心的偏移 | (iii) Offset of center of mass of gyroscope |
| $A$ | (i)面积 | (i) Area |
| $A$ | (ii) 欧拉梁中的常数 | (ii) Constant in Euler beam equation |

| | | |
|---|---|---|
| $A$ | (iii) 轴对称流动项 $=(\Lambda/3)-(\theta_p/4)$ | (iii) Axisymmetric flow term $=(\Lambda/3)-(\theta_p/4)$ |
| $A_3$ | 轴对称流动项 $=(\Lambda/2)-(2\theta_P/3)$ | Axisymmetric flow term $=(\Lambda/2)-(2\theta_P/3)$ |
| $B$ | (i) 叶片的数目 | (i) Number of blades |
| $B$ | (ii) 重力项 $=G/2\Omega^2$ | (ii) Gravity term $=G/2\Omega^2$ |
| $c$ | (i) 到中性轴的最大距离 | (i) Maximum distant from neutral axis |
| $c$ | (ii) 弦长 | (ii) Chord |
| $c$ | (iii) 阻尼系数 | (iii) Damping coefficient |
| $c$ | (iv) 正弦波的幅值 | (iv) Amplitude of sinusoid |
| $c_c$ | 临界阻尼系数 | Critical damping coefficient |
| $C$ | 常数 | Constant |
| $C_{la}$ | 攻角线的斜率 | Slope of angle of attack line |
| $C_l$ | 升力系数 | Lift coefficient |
| $C_P$ | 功率系数 | Power coefficient |
| $C_Q$ | 扭矩系数 | Torque coefficient |
| $C_T$ | 推力系数 | Thrust coefficient |
| $\bar{d}$ | 正则化的偏航力臂 $=d_{yaw}/R$ | Normalized yaw moment arm $=d_{yaw}/R$ |
| $d_{yaw}$ | 偏航力矩力臂 | Yaw moment arm |
| $D$ | (i) 行列式 | (i) Determinant |
| $D$ | (ii) 损伤 | (ii) Damage |
| $e$ | 无量纲的铰接偏移 | Non-dimensional hinge offset |
| $E$ | (i) 弹性模量 | (i) Modulus of elasticity |
| $E$ | (ii) 能量 | (ii) Energy |
| $F$ | 外力 | External force |
| $F_c$ | 离心力 | Centrifugal force |
| $F_g$ | 重力 | Gravitational force |
| $\tilde{F}_N$ | 单位长度的法向力 | Normal force per unit length |
| $\tilde{F}_T$ | 单位长度的切向力 | Tangential force per unit length |
| $g$ | 重力常数 | Gravitational constant |
| $G$ | 重力项 $=gM_B r_g/I_b$ | Gravity term $=gM_B r_g/I_b$ |
| $h$ | 高度 | Height |
| $\boldsymbol{H}$ | 角动量 | Angular momentum |
| $H_{op}$ | 运行小时/年 | Operating hours/yr |
| $I$ | 面积转动惯量 | Area moment of inertia |
| $I_b$ | 单叶片的质量惯性矩 | Mass moment of inertia of single blade |
| $J$ | 极质量转动惯量 | Polar mass moment of inertia |
| $k$ | (i) 弹性常数 | (i) Spring constant |

| | | |
|---|---|---|
| $k$ | (ii)每转循环数 | (ii)Number of cyclic events per revolution |
| $k_\theta$ | 转动刚度 | Rotational stiffness |
| $K$ | (i)回转弹性系数 | (i)Rotational spring constant |
| $K$ | (ii)挥舞惯性固有频率,$K = 1 + \varepsilon + K_\beta/I_b\Omega^2$ | (ii)Flapping inertial natural frequency,$K = 1 + \varepsilon + K_\beta/I_b\Omega^2$ |
| $K_\beta$ | 在挥舞方向弹性常数 | Spring constant in flapping direction |
| $K_{vs}$ | 垂直切变风常数 | Vertical wind shear constant |
| $L$ | 长度 | Length |
| $\tilde{L}$ | 单位长度的升力 | Lift force per unit length |
| $m$ | 质量 | Mass |
| $m_B$ | 叶片质量 | Mass of blade |
| $m_i$ | 梁第 $i$ 段质量 | Mass of $i^{th}$ section of beam |
| $M$ | 力矩 | Moment |
| $\boldsymbol{M}$ | 力矩,矢量 | Moment,vector |
| $M_c$ | 离心力的挥舞力矩 | Flapping moment due to centrifugal force |
| $M_f$ | 由挥舞惯性力引起的挥舞力矩 | Flapping moment due to flapping acceleration inertial force |
| $M_g$ | 由重力引起的挥舞力矩 | Flapping moment due to gravity |
| $M_i$ | 施加在第 $i$ 个集中质量上的力矩 | Moment applied to $i^{th}$ lumped mass |
| $M_{max}$ | 最大力矩 | Maximum moment |
| $M_s$ | 由弹性引起的挥舞力矩 | Flapping moment due to spring |
| $M_X'$ | 在塔架上的偏航力矩 | Yawing moments on tower |
| $M_Y'$ | 在塔架上的向后俯仰力矩 | Backwards pitching moments on tower |
| $M_{yaw}$ | 挥舞偏航力矩 | Flapping yaw moment |
| $M_Z'$ | 在机舱上的翻滚力矩 | Rolling moment on nacelle |
| $M_\beta$ | 挥舞力矩 | Flapping moment |
| $n$ | (i)齿轮增速比 | (i)Gear train speed up ratio |
| $n$ | (ii)循环次数 | (ii)Number of cycles |
| $n_{rotor}$ | 风轮转速(r/m) | Rotational speed of rotor(r/m) |
| $\boldsymbol{N}$ | (i)齿轮齿数 | (i)Number of teeth on a gear |
| $N$ | (ii)破坏的循环次数 | (ii)Cycles to failure |
| $P$ | 功率 | Power |
| $q$ | 偏航速率(rad/s) | Yaw rate(rad/s) |
| $\bar{q}$ | 正则化的偏航速率$= q/\Omega$ | Normalized yaw rate$= q/\Omega$ |
| $Q$ | 转矩/扭矩 | Torque |
| $r$ | 到旋转轴的径向距离 | Radial distance from axis of rotation |
| $r_g$ | 到质量中心的径向距离 | Radial distance to center of mass |

| $R$ | (i)风轮半径 | (i) Radius of rotor |
|---|---|---|
| $R$ | (ii)应力比 | (ii) Stress ratio |
| $S$ | 剪切力 | Shear force |
| $S_\beta$ | 挥舞向剪切力 | Flap wise shear force |
| $S_\zeta$ | 横向剪切力 | Edgewise shear force |
| $t$ | 时间 | Time |
| $T$ | 推力 | Thrust |
| $U$ | 自由来流风速 | Free stream wind velocity |
| $U_h$ | 在高度 $h$ 处的风速 | Wind velocity at height $h$ |
| $U_P$ | 风速的垂直分量 | Perpendicular component of wind velocity |
| $U_R$ | 相对风速 | Relative wind velocity |
| $U_T$ | 切向风速 | Tangential component of wind velocity |
| $\overline{U}$ | 正则化的风速 $=U/\Omega R=1/\lambda$ | Normalized wind velocity $=U/\Omega R=1/\lambda$ |
| $V_0$ | 侧向风速 | Cross-wind velocity |
| $\overline{V}$ | 无量纲总侧向来流，$\overline{V}=(V_0+qd_{yaw})/$ $(\Omega R)$ | Non-dimensional total cross flow, $\overline{V}=(V_0+qd_{yaw})/(\Omega R)$ |
| $\overline{V}_0$ | 无量纲侧向来流，$\overline{V}_0=V_0/\Omega R$ | Non-dimensional cross flow, $\overline{V}_0=V_0/\Omega R$ |
| $w$ | 单位长度的载荷 | Loading per unit length |
| $W$ | 总载荷或重量 | Total load or weight |
| $x$ | 直线距离 | Distance(linear) |
| $y_i$ | 梁的变形 | Deflection of beam |
| $Y$ | 运转年限 | Years of operation |
| $Z$ | 无量纲的叶片旋转与不旋转的固有频率平方差 | Non-dimensional difference between squares of rotating and non-rotating blade natural frequency |

## A. 4. 2　希腊文变量

| $\alpha$ | (i)风轮的角加速度 $=\dot{\Omega}$ | (i) Angular acceleration of rotor $=\dot{\Omega}$ |
|---|---|---|
| $\alpha$ | (ii)攻角（rad） | (ii) Angle of attack(radians) |
| $\alpha$ | (iii)幂指数 | (iii) Power law exponent |
| $\beta$ | (i)用于振动梁的求解的项 $\beta=\sqrt[4]{\dfrac{\rho\omega^2}{EI}}$ | (i) Term used in vibrating beam solution, $\beta=\sqrt[4]{\dfrac{\rho\omega^2}{EI}}$ |
| $\beta$ | (ii)挥舞角（rad） | (ii) Flapping angle(radians) |
| $\dot{\beta}$ | 挥舞速度（rad/s）） | Flapping velocity(radians/s) |
| $\ddot{\beta}$ | 挥舞角的二次导数（rad/s²） | Second time derivative of flapping angle(radians/s²) |

| | | |
|---|---|---|
| $\beta_0$ | 挥舞系数的和（rad） | Collective flapping coefficient(radians) |
| $\beta_{1c}$ | 余弦挥舞系数（rad） | Cosine flapping coefficient(radians) |
| $\beta_{1s}$ | 正弦挥舞系数（rad） | Sine flapping coefficient(radians) |
| $\beta'$ | 挥舞角对方位角的导数＝ $\ddot{\beta}/\Omega^2$（radians$^{-1}$） | Azimuthal derivative of flap angle $= \ddot{\beta}/\Omega^2$ (radians$^{-1}$) |
| $\beta''$ | 挥舞角对方位角的二阶导数＝$\dot{\beta}/\Omega$ | Azimuthal second derivative of flap angle $= \dot{\beta}/\Omega$ |
| $\gamma$ | 锁定数＝$\rho c C_{La} R^4/I_b$ | Lock number$=\rho c C_{La} R^4/I_b$ |
| $\Delta U_{P,crs}$ | 由于偏航误差造成垂直速度的微扰 | Perpendicular velocity perturbation due to yaw error |
| $\Delta U_{P,vs}$ | 由于风剪切造成垂直速度的微扰 | Perpendicular velocity perturbation due to wind shear |
| $\Delta U_{P,yaw}$ | 由于偏航率造成垂直速度的微扰 | Perpendicular velocity perturbation due to yaw rate |
| $\Delta U_{T,crs}$ | 由于偏航误差造成切向速度的微扰 | Tangential velocity perturbation due to yaw error |
| $\Delta U_{T,vs}$ | 由于风剪切造成切向速度的微扰 | Tangential velocity perturbation due to wind shear |
| $\Delta U_{T,yaw}$ | 由于偏航率造成切向速度的微扰 | Tangential velocity perturbation due to yaw rate |
| $\varepsilon$ | 偏置项＝$3e[2(1-e)]$ | Offset term$=3e[2(1-e)]$ |
| $\eta$ | 比率，$r/R$ | Ratio，$r/R$ |
| $\theta$ | 任意角（radians） | Arbitrary angle(radians) |
| $\theta_p$ | 桨角（正向为顺桨）（radians） | Pitch angle（positive towards feathering）(radians) |
| $\Theta$ | 稳定状态偏航误差（radians） | Steady state yaw error(radians) |
| $\lambda$ | 叶尖速比 | Tip speed ratio |
| $\lambda_i$ | 梁截面间的长度 | Length between sections of beam |
| $\Lambda$ | 无量纲入流＝$U(1-\alpha)/\Omega R$ | Non-dimensional inflow$=U(1-\alpha)/\Omega R$ |
| $\xi$ | (i) 阻尼比 | (i)Damping ratio |
| $\xi$ | (ii) 气动阻尼比＝$\gamma\,\Omega/16\omega_\beta$ | (ii)Aerodynamic damping ratio$=\gamma\,\Omega/16\omega_\beta$ |
| $\rho$ | 空气密度 | Density of air |
| $\tilde{\rho}$ | 单位长度密度 | Density per unit length |
| $\sigma$ | 应力 | Stress |
| $\sigma_a$ | 应力幅度 | Stress amplitude |
| $\sigma_e$ | 持久应力极限 | Stress endurance limit |
| $\sigma_m$ | 平均应力 | Mean Stress |

| | | |
|---|---|---|
| $\sigma_{max}$ | 最大应力 | Maximum stress |
| $\sigma_{min}$ | 最小应力 | Minimum stress |
| $\sigma_u$ | 极限应力 | Ultimate stress |
| $\sigma_{\beta,max}$ | 最大纵向应力 | Maximum flapwise stress |
| $\phi$ | (i)相对风速角（空气动力学）（rad） | (i) Angle of relative wind (aerodynamics) (radians) |
| $\phi$ | (ii)相位角（振动）（rad） | (ii) Phase angle(vibrations)(radians) |
| $\psi$ | 方位角,0= 向下(rad) | Azimuth angle,0＝down(radians) |
| $\omega$ | (i)振动频率(rad/s) | (i)Frequency of oscillation(radians/s) |
| $\omega$ | (ii)回转进动率(rad/s) | (ii)Rate of precession of gyroscope(radians/s) |
| $\boldsymbol{\omega}$ | 进动率（矢量） | Rate of precession(vector) |
| $\omega_d$ | 阻尼固有频率(rad/s) | Natural frequency for damped oscillation (radians/s) |
| $\omega_i$ | 第 i 阶振动频率(rad/s) | Frequency of oscillation (radians/s) of $i$ th mode |
| $\omega_n$ | 固有频率(rad/s) | Natural frequency(radians/s) |
| $\omega_{NR}$ | 叶片静止时固有频率(rad/s) | Natural flapping frequency of non-rotating blade (radians/s) |
| $\omega_R$ | 叶片转动时固有频率(rad/s) | Natural flapping frequency of rotating blade (radians/s) |
| $\omega_\beta$ | 挥舞频率 | Flapping frequency |
| $\Omega$ | 角速度（＝$\Psi$）(rad /s) | Angular velocity(＝$\dot{\Psi}$) (radians/s) |
| $\boldsymbol{\Omega}$ | 角速度矢量 | Angular velocity vector |

## A.4.3  下标

| | | |
|---|---|---|
| $ahg$ | 轴流,铰接弹性和重力（叶片重量） | Axial flow, hinge spring, and gravity (blade weight) |
| $cr$ | 侧风 | Cross wind |
| max | 最大值 | Maximum |
| min | 最小值 | Minimum |
| $vs$ | 垂直风剪切 | Vertical wind shear |
| $yr$ | 偏航角速度 | Yaw rate |
| 1,2 | 高度差或齿轮驱动端 | Different heights or ends of a gear train |

# A.5 第5章

## A.5.1 英文变量

| | | |
|---|---|---|
| $a$ | (i)复数中的实部 | (i)Real component in complex number notation |
| $a$ | (ii)变压器的匝数比 | (ii)Turns ratio of the transformer |
| $a_n$ | 傅里叶级数中余弦项的系数 | Coefficient of cosine terms in Fourier series |
| $A$ | 面积 | Area |
| $A_c$ | 线圈截面积 | Cross-sectional area of coil |
| $A_g$ | 气隙的横截面积 | Cross-sectional area of gap |
| $A_m$ | 任意相量的大小 | Magnitude of arbitrary phasor |
| $\hat{A}$ | 任意相量 | Arbitrary phasor |
| $b$ | 复数中的虚部 | Imaginary component in complex number notation |
| $b_n$ | 傅里叶级数中正弦项的系数 | Coefficient of sine terms in Fourier series |
| $B$ | 磁通密度的大小(标量) | Magnitude of magnetic flux density(scalar) |
| $B$ | 磁通密度 (矢量) | Magnetic flux density(vector) |
| $C$ | (i)电容(F) | (i)Capacitance(F) |
| $C$ | (ii)常数 | (ii)Constant |
| $C_m$ | 任意相量的大小 | Magnitude of arbitrary phasor |
| $\hat{C}$ | 任意相量 | Arbitrary phasor |
| $e_m$ | 单位体积的磁场储能 | Stored magnetic field energy per unit volume |
| $E$ | (i)能量 (J) | (i)Energy(J) |
| $E$ | (ii)感应电动势 EMF(V) | (ii)Induced electromotive force EMF(V) |
| $E$ | (iii)励磁电动势 | (iii) Synchronous generator field induced voltage |
| $E_m$ | 磁场中储能 | Stored energy in magnetic fields |
| $E_1$ | 变压器一次电压 | Primary voltage in transformer |
| $E_2$ | 变压器二次电压 | Secondary voltage in transformer |
| $\hat{E}$ | 电动势相量 | EMF phasor |
| $f$ | 交流电源的频率 (Hz) | Frequency of AC electrical supply(Hz) |
| $F$ | 力(矢量) | Force(vector) |
| $g$ | 气隙宽度 | Air gap width |
| $H$ | 磁场强度(矢量)(A-t/m) | Magnetic field intensity (vector)(A-t/m) |

| $H_c$ | 铁芯中的磁场强度（A-t/m） | Field intensity inside the core(A-t/m) |
|---|---|---|
| $i$ | 瞬时电流 | Instantaneous current |
| $I$ | 平均电流 | Mean current |
| $I_a$ | 同步电机电枢电流 | Synchronous machine's armature current |
| $I_f$ | 励磁电流（a. k. a. 励磁） | Field current（a. k. a. excitation） |
| $I_L$ | 三相系统的线电流 | Line current in three-phase system |
| $I_M$ | 磁化电流 | Magnetizing current |
| $I_{max}$ | 电流(交流)的最大值 | Maximum value of current(AC) |
| $I_P$ | 三相系统的相电流 | Phase current in three-phase system |
| $I_R$ | 转子电流 | Rotor current |
| $I_{rms}$ | 均方根(rms)电流 | Root mean square（rms）current |
| $I_S$ | 感应电机定子相电流 | Induction machine stator phasor current |
| $\hat{I}$ | 电流,相量 | Current, phasor |
| $j$ | 虚数 $\sqrt{-1}$ | $\sqrt{-1}$ |
| $J$ | 发电机转子的惯量 | Inertia of generator rotor |
| $k_1$ | 同步电机的比例常数（Wb/A） | Constant of proportionality in synchronous machine（Wb/A） |
| $k_2$ | 比例常数(V/Wb-rpm) | Constant of proportionality(V/Wb-rpm) |
| $l$ | 路径长度（矢量） | Path length(vector) |
| $l_c$ | 铁芯中心点的长度 | Length of the core at its midpoint |
| $L$ | (i)电感（H） | (i)Inductance(H) |
| $L$ | (ii)线圈的长度 | (ii)Length of coil |
| $L$ | (iii)基频的半周期 | (iii)Half the period of the fundamental frequency |
| $L$ | (iv) 极面的长度 | (iv)Length of face of pole peices |
| $n$ | (i)实际转速(r/m) | (i)Actual rotational speed(rpm) |
| $n$ | (ii)谐波数 | (ii)Harmonic number |
| $n_s$ | 同步转速(r/m) | Synchronous speed(rpm) |
| $N$ | 线圈匝数 | Number of turns in coil |
| $N_1$ | 一次绕组的线圈匝数 | Number of coils on primary winding |
| $N_2$ | 二次绕线的线圈匝数 | Number of coils on secondary winding |
| $NI$ | 磁动势（MMF）（A-t） | Magnetomotive force(MMF)(A-t) |
| $N\varPhi$ | 磁链（Wb） | Flux linkages(Wb) |
| $P$ | (i)有功功率 | (i)Real power |
| $P$ | (ii)极数 | (ii)Number of poles |
| $P_g$ | 感应电机中的气隙功率 | Air gap power in induc-tion machine |
| $P_{in}$ | 输入到感应发电机的机械功率 | Mechanical input power input to induc-tion generator |

| | | |
|---|---|---|
| $P_{loss}$ | 在感应电机定子中的功率损失 | Power lost in induction machine's stator |
| $P_{mechloss}$ | 机械损耗 | Mechanical losses |
| $P_{out}$ | 感应电机发出的电功率 | Electrical power delivered from induction generator |
| $P_1$ | 三相系统的一相功率 | Power in one phase of three-phase system |
| $PF$ | 功率因数 | Power factor |
| $Q$ | (i)无功功率（VA） | (i)Reactive power(VA) |
| $Q$ | (ii)转矩 | (ii)Torque |
| $Q_e$ | 电磁转矩 | Electrical torque |
| $Q_m$ | 机械转矩 | Mechanical torque |
| $Q_r$ | 施加在发电机转子上的转矩 | Applied torque to generator rotor |
| $r$ | (i)到环形中心的径向距离 | (i)Radial distance from center of toroid |
| $r$ | (ii) 半径 | (ii)Radius |
| $r_i$ | 线圈内径 | Inner radius of coil |
| $r_o$ | 线圈外径 | Outer radius of coil |
| $R$ | (i)感应电机等效电阻 | (i)Equivalent induction machine resistance |
| $R$ | (ii)磁路的磁阻（A-t/Wb） | (ii)Reluctance of magnetic circuit(A-t/Wb) |
| $R$ | (iii)电阻 | (iii)Resistance |
| $R_M$ | 与互感并联的电阻 | Resistance in parallel with mutual inductance |
| $R'_R$ | 转子电阻（折算到定子） | Rotor resistance(referred to stator) |
| $R_S$ | (i)同步发电机的电阻 | (i)Synchronous generator resistance |
| $R_S$ | (ii)定子电阻 | (ii)Stator resistance |
| $R_X$ | 外部电阻 | External resistance |
| Re{ } | 复数的实部 | Real part of complex number |
| $s$ | 滑差（转差率） | Slip |
| $S$ | 视在功率（VA） | Apparent power （VA） |
| $t$ | 时间 | Time |
| $v$ | 瞬时电压 | Instantaneous voltage |
| $V$ | (i) 一般（通常意义上的）电压 | (i)Voltage in general |
| $V$ | (ii)电机端电压 | (ii)Electrical machine terminal voltage |
| $V_{LL}$ | 三相系统的线-线电压（线电压） | Line-to-line voltage in three-phase system |
| $V_{LN}$ | 三相系统的线-中线电压（相电压） | Line-to-neutral voltage in three-phase system |
| $V_{max}$ | 最大电压 | Maximum voltage |
| $V_{rms}$ | 均方根（rms）电压 | Root mean square （rms)voltage |
| $V_1$ | (i)交流电压滤波器的输入电压 | (i)AC voltage filter input voltage |

| | | |
|---|---|---|
| $V_1$ | (ii)一次绕组的端电压 | (ii)Terminal voltage in primary winding |
| $V_2$ | (i)交流电压滤波器输出电压 | (i)AC voltage filter output voltage |
| $V_2$ | (ii)二次绕组的端电压 | (ii)Terminal voltage in secondary winding |
| $V$ | 电压,相量 | Voltage,phasor |
| $X$ | 感应电机等效电抗 | Equivalent induction machine reactance |
| $X_C$ | 容性电抗 | Capacitive reactance |
| $X_L$ | 感性电抗 | Inductive reactance |
| $X'_{LR}$ | 转子漏电抗(折算到定子) | Rotor leakage inductive reactance(referred to stator) |
| $X_{LS}$ | 定子漏电抗 | Stator leakage inductive reactance |
| $X_M$ | 磁化(励磁)电抗 | Magnetizing reactance |
| $X_S$ | 同步发电机同步电抗 | Synchronous generator synchronous Reactance |
| $Y$ | 'Y'形连接的三相系统 | 'Wye' connected three-phase system |
| $Y''$ | 谐振滤波器中的导纳 | Admittance in resonant filter |
| $Z_1$ | 谐振滤波器中的串联阻抗 | Series impedance in resonant filter |
| $Z_2$ | 谐振滤波器中的并联阻抗 | Parallel impedance in resonant filter |
| $\hat{Z}$ | (i)一般阻抗 | (i)Impedance in general |
| $\hat{Z}$ | (ii)感应电机等效阻抗 | (ii)Induction machine equivalent impedance |
| $\hat{Z}_C$ | 容性阻抗 | Capacitive impedance |
| $\hat{Z}_i$ | 第 $i$ 个阻抗 | Impedance with index $i$ |
| $\hat{Z}_L$ | 感性阻抗 | Inductive(reactance)impedance |
| $\hat{Z}_P$ | 并联阻抗 | Parallel impedance |
| $\hat{Z}_R$ | 电阻性阻抗 | Resistive impedance |
| $\hat{Z}_s$ | (i)串联阻抗 | (i)Series impedance |
| $\hat{Z}_s$ | (ii)同步阻抗 | (ii)Synchronous impedance |
| $\hat{Z}_Y$ | Y形连接电路的阻抗 | Impedance of Y connected circuit |
| $\hat{Z}_\Delta$ | △形连接电路的阻抗 | Impedance of △ connected circuit |

## A.5.2 希腊文变量

| | | |
|---|---|---|
| $\delta$ | 同步电机的功角(rad) | Synchronous machine power angle(rad) |
| $\Delta$ | △形连接的三相系统 | Delta connected three-phase system |
| $\eta_{gen}$ | 总效率(在发电机方式) | Overall efficiency(in the generator mode) |
| $\theta$ | (i)功率因数角(rad) | (i)Power factor angle(rad) |
| $\theta$ | (ii)旋转角(rad) | (ii)Rotation angle(rad) |

| | | |
|---|---|---|
| $\lambda$ | 磁链＝$N\Phi$ | Flux linkage＝$N\Phi$ |
| $\mu$ | 磁导率，$\mu=\mu_r\mu_0$（Wb/A-m） | Permeability，$\mu=\mu_r\mu_0$（Wb/A-m） |
| $\mu_0$ | 自由空间磁导率，$4\pi\times10^{-7}$（Wb/A-m） | Permeability of free space，$4\pi\times10^{-7}$ （Wb/A-m） |
| $\mu_r$ | 相对磁导率 | Relative permeability |
| $\phi$ | （i）相位角（rad） | (i) Phase angle(rad) |
| $\phi$ | （ii）功率因数角（rad） | (ii) Power factor angle(rad) |
| $\phi_a$ | 任意相量 **A** 的相位角（rad） | Phase angle of arbitrary phasor**A** (rad) |
| $\varphi_b$ | 任意相量 **B** 的相位角（rad） | Phase angle of arbitrary phasor**B** (rad) |
| $\Phi$ | 磁通（Wb） | Magnetic flux (Wb) |
| $\omega_r$ | 发电机转子角速度（rad/s） | Angular speed of generator rotor (rad/s) |

## A.5.3　符号

| | | |
|---|---|---|
| $\angle$ | 相量与实轴的夹角 | Angle between phasor and real axis |
| $\mu F$ | 微法（$10^{-6}$法） | MicroFarad （$10^{-6}$Farad） |
| $\Omega$ | 欧姆 | Ohms |

# A.6　第 6 章

## A.6.1　英文变量

| | | |
|---|---|---|
| $b$ | 齿轮齿宽 | Width of gear tooth face |
| $B$ | 复合 $S$-$N$ 模型中的常数 | Constant in composites $S$-$N$ model |
| $c$ | Goodman 准则中的指数 | Exponent in Goodman's Rule |
| $d$ | 节圆直径 | Pitch diameter |
| $D$ | （i）动力放大因子 | (i) Dynamic magnification factor |
| $D$ | （ii）损伤 | (ii) Damage |
| $D_{Ring}$ | 环形齿轮直径 | Diameter of ring gear |
| $D_{Sun}$ | 中心齿轮直径 | Diameter of sun gear |
| $D_y$ | 一年中的损伤 | Damage over a year |
| $E$ | 弹性模量 | Modulus of elasticity |
| $f_e$ | 激振频率，Hz | Excitation frequency，Hz |
| $f_n$ | 固有频率，Hz | Natural frequency，Hz |
| $F_b$ | 轮齿上的弯曲载荷 | Bending load applied to gear tooth |
| $F_t$ | 轮齿上的切向力 | Tangential force on gear tooth |
| $F_U$ | 风速 $U$ 在一定范围内的概率 | Fraction of time wind is in certain range |
| $h$ | 轮齿的高度 | Height of gear tooth |

| | | |
|---|---|---|
| $H_{op}$ | 每年的运行小时数 | Operating hours per year |
| $I$ | 截面惯性矩 | Area moment of inertia |
| $k$ | 每旋转一周的应力循环次数 | Number of cyclic events per revolution |
| $k_g$ | 两啮合齿轮齿的有效弹性系数 | Effective spring constant of two meshing gear teeth |
| $L$ | (i)到轮齿上最弱点的距离 | (i) Distance to the weakest point on gear tooth |
| $L$ | (ii)塔架高度 | (ii) Height of tower |
| $m_{Tower}$ | 塔架的质量 | Mass of tower |
| $m_{Turbine}$ | 风力机的质量 | Mass of turbine |
| $n$ | (i)转速(r/m) | (i) Rotational speed(r/m) |
| $n$ | (ii)载荷循环次数 | (ii) Number of cycles applied |
| $n_{HSS}$ | 高速转轴转速(r/m) | Rotational speed of high-speed shaft(r/m) |
| $n_{LSS}$ | 低速转轴转速(r/m) | Rotational speed of low-speed shaft(r/m) |
| $n_{rotor}$ | 转子转速(r/m) | Rotor rotational speed(r/m) |
| $N$ | (i)齿数 | (i) Number of gear teeth |
| $N$ | (ii)循环数 | (ii) Number of cycles |
| $p$ | 齿轮的周向节距 | Circular pitch of gear |
| $P$ | 功率 | Power |
| $P_{rotor}$ | 转轴功率 | Rotor power |
| $Q$ | 转矩/扭矩 | Torque |
| $R$ | 应力循环比 | Reversing stress ratio |
| $U$ | 风速 | Wind speed |
| $V_{pitch}$ | 齿轮节圆速度 | Gear pitch circle velocity |
| $y$ | 形状因子(或 Lewis 因子) | Form factor(or Lewis factor) |
| $Y$ | 运行的年数 | Years of operation |

## A.6.2 希腊文变量

| | | |
|---|---|---|
| $\delta$ | 对数衰减率 | Logarithmic damping decrement |
| $\delta_3$ | $\delta$-3 角 | Delta-3 angle |
| $\xi$ | 阻尼比 | Damping ratio |
| $\sigma$ | 循环应力幅值 | Cyclic stress amplitude |
| $\sigma_a$ | 应力幅值 | Stress amplitude |
| $\sigma_{al}$ | 允许应力幅值 | Allowable stress amplitude |
| $\sigma_b$ | 轮齿允许的弯曲应力 | Allowed bending stress in gear tooth |
| $\sigma_e$ | 零平均交变应力期望寿命 | Zero mean alternating stress for desired life |
| $\sigma_{el}$ | 持久极限 | Endurance limit |

| $\sigma_m$ | 平均应力 | Mean stress |
|---|---|---|
| $\sigma_{max}$ | 最大应力 | Maximum stress |
| $\sigma_{min}$ | 最小应力 | Minimum stress |
| $\sigma_u$ | 极限应力 | Ultimate stress |

# A.7 第 7 章

## A.7.1 英文变量

| $A_c$ | 横截面积 | Cross-sectional area |
|---|---|---|
| $c$ | 弦长 | Chord length |
| $C_P$ | 风轮功率系数 | Rotor power coefficient |
| $E$ | 弹性模量 | Modulus of elasticity |
| $f_d$ | 材料的设计值 | Design values for materials |
| $f_k$ | 材料的特征值 | Characteristic values of the materials |
| $F_c$ | 离心力 | Centrifugal force |
| $F_d$ | 设计载荷 | Design values for loads |
| $F_k$ | 预期载荷 | Expected values of the loads |
| $g$ | (i)重力常数 | (i)Gravitational constant |
| $g$ | (ii)齿轮箱传动比 | (ii)Gearbox ratio |
| $I$ | 截面惯性矩 | Area moment of inertia |
| $I_{15}$ | 在 15m/s 时的紊流强度 | Turbulence intensity at 15m/s |
| $M$ | 力矩 | Moment |
| $M_A$ | 气动力矩 | Aerodynamic moment |
| $Mg$ | 重力矩 | Moment due to gravity |
| $n$ | 转速(r/m) | Rotational speed(r/m) |
| $n_{rated}$ | 额定功率下的发电机转速(r/m) | Rotational speed of generator at rated power (r/m) |
| $n_{rotor}$ | 风轮转速(r/m) | Rotor rotational speed(r/m) |
| $n_{sync}$ | 发电机同步转速(r/m) | Synchronous rotational speed of generator (r/m) |
| $P$ | 功率 | Power |
| $P_{generator}$ | 发电机功率 | Generator power |
| $P_{rated}$ | 额定发电机功率 | Rated generator power |
| $P_{rotor}$ | 转轴功率 | Rotor power |
| $Q$ | 转矩/扭矩 | Torque |
| $r_{cg}$ | 到重心的距离 | Distance to center of gravity |

| $R$ | (i)半径 | (i)Radius |
|---|---|---|
| $R$ | (ii)应力循环比 | (ii)Reversing stress ratio |
| $R(f_d)$ | 阻力函数,常对于设计应力 | Resistance function, normally design stress |
| $S(F_d)$ | 对于极限载荷的期望载荷函数,常为期望应力 | Expected 'load function' for ultimate loading, normally expected stress |
| $t$ | 厚度 | Thickness |
| $T$ | 推力 | Thrust |
| $U$ | 风速 | Wind speed |
| $U_{e1}$ | 一年内的极端风速 | 1-year extreme wind speed |
| $U_{e50}$ | 50 年内的极端风速 | 50-year extreme wind speed |
| $U_{gust50}$ | 50 年可再现阵风 | 50-year return period gust |
| $U_{hub}$ | 轮毂高度的风速 | Hub-height wind speed |
| $U_{ref}$ | 参考风速 | Reference wind speed |
| $W$ | 叶片重量 | Blade weight |
| $z$ | 相对于地面的高度 | Height above ground |

## A.7.2 希腊文变量

| $\beta_i$ | 振动梁常数 | Constant in vibrating beam |
|---|---|---|
| $\gamma$ | 安全系数 | Safety factor |
| $\gamma_f$ | 载荷部份安全系数 | Partial safety factor for loads |
| $\gamma_m$ | 材料部份安全系数 | Partial safety factor for materials |
| $\gamma_n$ | 失效安全系数 | Consequence of failure safety factor |
| $\eta$ | 传动链总效率 | Overall efficiency of the drive train |
| $\rho$ | 空气密度 | Density of air |
| $\rho_b$ | 叶片的质量密度 | Mass density of blade |
| $\tilde{\rho}$ | 单位长度质量密度 | Mass density per unit length |
| $\sigma$ | 气动载荷引起的应力 | Stress due to aerodynamic loading |
| $\sigma_b$ | 叶根最大弯曲应力 | Maximum blade root bending stress |
| $\sigma_c$ | 离心力引起的拉应力 | Tensile stress due to centrifugal force |
| $\sigma_g$ | 重力引起的应力 | Stress due to gravity |
| $\sigma_x$ | 平均风速方向上紊流的标准偏差 | Standard deviation of the turbulence in the direction of the mean wind |
| $\omega$ | 频率 | Frequency |
| $\omega_n$ | 固有频率(rad/s) | Natural frequency (rad/s) |
| $\Omega$ | 风轮转速(rad/s) | Rotor rotational speed(rad/s) |

# A.8 第 8 章

## A.8.1 英文变量

| | | |
|---|---|---|
| $A$ | 风轮扫掠面积 | Rotor swept area |
| $B$ | 粘性摩擦系数 | Viscous friction coefficient |
| $C$ | 电容 | Capacitance |
| $C_P$ | 风轮功率系数 | Rotor power coefficient |
| $C_{P,\max}$ | 最大风轮功率系数 | Maximum rotor power coefficient |
| $e(t)$ | 误差 | Error |
| $g(t)$ | 控制器输出 | Controller output |
| $i$ | 指数 | Index |
| $J$ | 叶片和电动机的总惯量 | Total inertia of blade and motor |
| $J_r$ | 风轮惯量 | Rotor inertia |
| $k$ | 电动机转矩电压曲线的斜率 | Slope of the torque voltage curve of motor |
| $K$ | 弹性常数 | Spring constant |
| $K_D$ | (PID)控制器的微分常数 | Differential controller constant |
| $K_I$ | 控制器的积分常数 | Integral controller constant |
| $K_P$ | 控制器的比例常数 | Proportional controller constant |
| $m$ | 电动机/桨角调节机构的转矩速度曲线的斜率 | Slope of the torque speed curve for a motor/pitch mechanism |
| $n$ | 齿轮箱速比 | Gearbox gear ratio |
| $p$ | 发电机的极数 | Number of generator poles |
| $P_{el}$ | 电功率 | Electrical power |
| $P_r$ | 风轮功率 | Rotor power |
| $Q_p$ | 变桨力矩 | Pitching moment |
| $Q_p(s)$ | 变桨力矩的拉普拉斯变换 | Laplace transform of pitching moment |
| $R$ | (i)风轮半径 | (i)Rotor radius |
| $R$ | (ii)电阻,欧姆/$\Omega$ | (ii)Resistance,Ohms |
| $s$ | 拉普拉斯变换中的复频率 | Complex frequency in Laplace transforms |
| $s_i$ | 在 $i$ 时刻的采样 | Sample at time $i$ |
| $t$ | 时间 | Time |
| $U$ | 平均风速 | Mean wind speed |
| $v(t)$ | 加在变桨调节电动机的端电压 | Voltage applied to pitch motor terminals |

## A. 8. 2 希腊文变量

| | | |
|---|---|---|
| $\eta$ | 传动链效率 | Drive train efficiency |
| $\theta_p$ | 叶片位置（桨角） | Blade position (pitch angle) |
| $\theta_{p,ref}$ | 参考桨角 | Reference pitch angle |
| $\Theta_p(s)$ | 叶片位置的拉普拉斯变换 | Laplace transform of blade position |
| $\lambda$ | 叶尖速比 | Tip speed ratio |
| $\lambda_{opt}$ | 最佳叶尖速比 | Optimum tip speed ratio |
| $\rho$ | 空气密度 | Air density |
| $\omega$ | 频率 | Frequency |
| $\omega_n$ | 尼奎斯特频率 | Nyquist frequency |
| $\Omega$ | 风轮转速 | Rotor speed |
| $\Omega_{el}$ | 发电机转速 | Generator speed |

## A. 8. 3 下标

| | | |
|---|---|---|
| *cut-in* | （风速）风力机低风速切入 | (Wind speed) at turbine low-wind cut-in |
| *cut-out* | （风速）风力机高风速切入出 | (Wind speed) at turbine high-wind cut-out |
| *el* | 电的 | Electrical |
| *i* | 下标 | Index |
| *max* | 最大 | Maximum |
| *opt* | 最佳 | Optimum |
| *p* | 桨角 | Pitch |
| *r* | 风轮 | Rotor |
| *rated* | 额定（风速） | Rated (wind speed) |
| *ref* | 期望的或控制指令 | Desired or commanded control input |
| 0 | 开始，$t=0$ | Initial，at time $t=0$ |
| 1 | 特定电路的参考点 | Reference to specific circuit element |
| 2 | 特定电路的参考点 | Reference to specific circuit element |

---

# A. 9 第 9 章

## A. 9. 1 英文变量

| | | |
|---|---|---|
| *a* | (i)无量纲的速度不足（轴向感应因子） | (i) Non-dimensional velocity deficit (axial induction factor) |
| *a* | (ii)最小二乘线性拟合的斜率 | (ii) Slope of least-squares linear fit |
| *a* | (iii)相干衰减常数 | (iii) Coherence decay constant |
| $a_n$ | 傅里叶级数余弦项系数 | Coefficient of cosine term in Fourier series |

| $b$ | 最小二乘线性拟合偏差 | Offset of least-squares linear fit |
|---|---|---|
| $b_n$ | 傅里叶级数正弦项系数 | Coefficient of sine term in Fourier series |
| $c_n$ | $n$ 阶谐波电压的大小 | Magnitude of harmonic voltage of order $n$ |
| $C_T$ | 风力机推力系数 | Turbine thrust coefficient |
| $D$ | 风力机风轮直径 | Turbine diameter |
| $D_X$ | 在风轮下游 $X$ 处的尾迹直径 | Wake diameter at a distance $X$ downstream of the rotor |
| $f$ | 频率,Hz | The frequency in Hertz |
| $HD_n$ | $n$ 阶谐波引起的谐波失真 | Harmonic distortion caused by the $n$th harmonic |
| $I_F$ | 故障电流 | Fault current |
| $J$ | 转动惯量 | Rotating inertia |
| $k$ | 尾迹衰减常数 | Wake decay constant |
| $L$ | (i)基频的半周期 | (i) Half the period of the fundamental frequency |
| $L$ | (ii)湍流的积分长度尺例,单位:米 | (ii) The integral length scale of the turbulence in meters |
| $M$ | 故障级别 | Fault level |
| $n$ | 谐波数 | Harmonic number |
| $N$ | 风力机数量 | Numbers of wind turbines |
| $P$ | 有功功率 | Real power |
| $P(\ )$ | 概率 | Probability |
| $\hat{P}(\ )$ | 预估概率 | Estimated probability |
| $P_L$ | 电负荷功率 | Power from electrical loads |
| $P_{LO}$ | 集电系统中的电损 | Electrical losses in collector system |
| $P_O$ | 从其它发电机的功率 | Power from other generators |
| $P_{PM}$ | 原动机功率 | Prime mover power |
| $Q$ | 无功功率 | Reactive power |
| $Q_L$ | 来自电负荷的转矩 | Torques from electrical loads |
| $Q_O$ | 来自其它发电机的转矩 | Torques from other generators |
| $Q_{PM}$ | 原动机的转矩 | Prime mover to torque |
| $R$ | 电阻 | Resistance |
| $S_1(f)$ | 单一测点功率谱 | The single point power spectrum |
| $S_N(f)$ | 在 $N$ 台风力机处风的完全方差频谱 | Spectra of the total variance in the wind at $N$ turbine locations |
| $t$ | 时间 | Time |
| $T$ | 时间周期 | Time period |

| | | |
|---|---|---|
| $u_c$ | 备选场址风速 | Wind speed at the candidate site |
| $u_r$ | 参考场址风速 | Wind speed at reference site |
| $\hat{u}_c$ | 备选场址风速的估计值 | Estimated wind speed at candidate site |
| $U$ | 平均风速 | The mean wind speed |
| $U_0$ | 自由来流速度 | Free stream velocity |
| $U_X$ | 在风轮下游 $X$ 距离的尾迹速度 | Velocity in the wake at a distance $X$ downstream of the rotor |
| $U_{X,1}$ | 在风轮 1 下游 $X$ 距离的尾迹速度 | Velocity in the wake at a distance $X$ downstream of the rotor 1 |
| $U_{X,2}$ | 在风轮 2 下游 $X$ 距离的尾迹速度 | Velocity in the wake at a distance $X$ downstream of the rotor 2 |
| $v$ | 瞬时电压 | Instantaneous voltage |
| $v_F$ | 基频的正弦电压 | Sinusoidal voltage at the fundamental frequency |
| $v_H$ | 谐波电压 | Harmonic voltage |
| $v_N$ | $I$ 阶谐波电压,$(n>1)$ | Harmonic voltage of order I, $(n>1)$: |
| $V$ | 平均电压 | Mean voltage |
| $V_G$ | 风力机电压 | Wind turbine voltage |
| $V_S$ | 电网电压 | Grid system voltage |
| $x_{ij}$ | $i$ 与 $j$ 点间的距离(m) | The spacing between points $i$ and $j$ (meters) |
| $X$ | (i)风轮下游的距离 | (i)Distance downstream of the rotor |
| $X$ | (ii)电抗 | (ii)Reactance |

## A.9.2 希腊文变量

| | | |
|---|---|---|
| $\gamma_{ij}^2(f)$ | $i$ 点和 $j$ 点功率谱之间的一致性 | The coherence between the power spectrums at points $i$ and $j$ |
| $\theta_c$ | 在候选地的平均每小时的方向 | Mean hourly direction at the candidate site |
| $\theta_r$ | 在基准基地的平均每小时的方向 | Mean hourly direction at reference site |
| $\mu_c$ | 备选场址平均风速 | Mean wind speed at reference site |
| $\mu_r$ | 参考场址平均风速 | Mean wind speed at candidate site |
| $\sigma$ | 标准偏差 | Standard deviation |
| $\sigma_c$ | 备选场址平均风速标准偏差 | Standard deviation of mean wind speed at candidate site |
| $\sigma_{load}$ | 电力系统负荷的标准偏差 | Standard deviation of electrical system load |
| $\sigma_{net}$ | 净负荷标准偏差 | Standard deviation of net load |
| $\sigma_{P,1}$ | 一个风力机的功率标准偏差 | Standard deviation of power from one wind turbine |

| $\sigma_{P,N}$ | N 个风力机的功率标准偏差 | Standard deviation of power from $N$ wind turbines |
| $\sigma_r$ | 参考场址平均风速的标准偏差 | Standard deviation of mean wind speed at reference site |
| $\sigma_u$ | 风速的标准偏差 | Standard deviation of wind speed |
| $\sigma_{wind}$ | 风电的标准偏差 | Standard deviation of wind generation |
| $\varphi_n$ | $n$ 阶谐波电压的相位 | Phase of harmonic voltage of order $n$ |
| $\omega$ | 转速(rad/s) | Rotational speed,rad/s |

# A.10  第 10 章

## A.10.1  英文变量

| $A$ | (i) 截面积 | (i) Cross－sectional area |
| $A$ | (ii) 初始电池电压参数 | (ii) Initial battery voltage parameter |
| $A_C$ | 夏洛克(Charnock)常数 | Charnock constant |
| $c$ | (i) 有效充电容量和总容量的比率 | (i) Ratio of available charge capacity to total capacity |
| $c$ | (ii) 波速 | (ii) Wave celerity |
| $C$ | 第二个电池电压参数 | Second battery voltage parameter |
| $C_d$ | 阻力系数 | Drag coefficient |
| $C_m$ | 惯性系数 | Inertia coefficient |
| $C_P$ | 功率系数 | Power coefficient |
| $d$ | 水深 | Water depth |
| $D$ | (i) 直径 | (i) Diameter |
| $D$ | (ii) 第三个电池电压参数 | (ii) Third battery voltage parameter |
| $D_{pump}$ | 泵直径 | Pump diameter |
| $E$ | (i) 储存在飞轮中的有用能量(kJ) | (i) Useful energy (kJ) stored in a flywheel |
| $E$ | (ii) 内部电池电压 | (ii) Internal battery voltage |
| $E_0$ | 全充/放内部电池电压 | Fully charged/discharged internal battery voltage |
| $f$ | 波谱达到最大值的频率 | Frequency at which the wave spectrum reaches is maximum value |
| $f_p$ | 渗透比例 | Permeate fraction |
| $f_{U,Hs,Tp}()$ | 风速、有效波浪高度和峰值周期的组合概率表达式 | Joint probability density function of wind speed, wave height, and peak period |
| $F_D$ | 波的阻力 | Drag force due to waves |
| $F_I$ | 波引起的单位长度惯性力 | Inertial force per unit length due to waves |

| $F_p$ | 泵力 | Pump force |
|---|---|---|
| $\hat{F}$ | 单位长度上的力 | Force per unit length |
| $g$ | 重力常数 | Gravitational constant |
| $g_r$ | 风轮转速和曲轴转速的比值 | Ratio between the speed of the rotor and that of the pump crank |
| $H_{max}$ | 最大波高 | Maximum wave height |
| $H_s$ | 有效波浪高度 | Significant wave height |
| $i$ | 冯·霍夫因子 | Van't Hoff factor |
| $I$ | 电流 | Current |
| $I_{Rot}$ | 质量转动惯量 | Mass moment of inertia |
| $k$ | (i) 电池速率常数 | (i) Battery rate constant |
| $k$ | (ii) 波数，$k = 2\pi/L$ | (ii) Wave number $= 2\pi/L$ |
| $k$ | (iii) 定压比热与定容比热之比 | (iii) Ratio of constant pressure to constant volume specific heats |
| $L$ | 波长 | Wavelength |
| $L_P$ | 峰值波浪波长 | Wavelength associated with the peak period |
| $m$ | 质量 | Mass |
| $mol$ | 克摩尔重量 | Gram molecular weight |
| $M$ | 盐的摩尔重量 | Molecular weight of salt |
| $M_D$ | 阻力在海底造成的力矩 | Moment at the sea floor due to wave drag forces |
| $M_I$ | 惯性力在海底造成的力矩 | Moment at the sea floor due to wave inertial forces |
| $p$ | 压力 | Pressure |
| $p_c$ | 波峰的压力 | Pressure under wave crest |
| $p_f$ | 最终压力 | Final pressure |
| $p_t$ | 波底的压力 | Pressure under wave trough |
| $p_0$ | 初始压力 | Initial pressure |
| $p_\pi$ | 渗透压力 | Osmotic pressure |
| $P_p$ | 抽水功率 | Pumping power |
| $q_{in}$ | 从燃烧室的输入热量 | Heat input from the combustion |
| $q_{max}$ | 电池最大容量（在无限小电流情况下） | Maximum battery capacity (at infinitesimal current) |
| $q_{max}(I)$ | 在电流为 $I$ 时最大的电池容量 | Maximum battery capacity at current I |
| $Q_{p,max}$ | 最大泵扭矩 | Maximum pump torque |
| $R_0$ | 内电阻 | Internal resistance |

| | | |
|---|---|---|
| $R_a$ | 空气的气体常数(0.287 kPam³/kg K) | Gas constant for air (0.287 kPam³/kg K) |
| $R_u$ | 通用气体常数(8.31447 J/(mol K)) | Universal gas constant(0.0831447m³ Pa/mol K)[①] |
| $s_{pump}$ | 活塞的行程 | Stroke of pump |
| $S$ | 盐度($g/kg$) | Salinity ($g/kg$) |
| $S(f)$ | 波谱 | Wave spectrum |
| $S_{PM}(f)$ | Pierson-Moskowitz 波谱 | Pierson-Moskowitz wave spectrum |
| $t$ | 充/放电时间,hrs | Charge or discharge time,hrs |
| $T$ | (i) 绝对温度 | (i) Absolute temperature |
| $T$ | (ii) 波浪周期 | (ii) Wave period |
| $T_P$ | 与能量最大波浪有关的波浪周期 | Wave period associated with the most energetic waves |
| $U_w$ | 水的流速 | Velocity of water |
| $\dot{U}_W$ | 水的加速度 | Acceleration of water |
| $U_*$ | 摩擦速度 | Friction velocity |
| $v_0$ | 氢气的初始比容,kg/m³ | Initial specific volume of hydrogen,kg/m³ |
| $V$ | (i) 电池端电压 | (i) Battery terminal voltage |
| $V$ | (ii) 体积 | (ii) Volume |
| $\dot{V}$ | 体积流量 | Volumetric flow rate |
| $w$ | 比功 | Specific work |
| $w_{comp,iso}$ | 等温压缩的比功 | Specific work involved in isothermal compression |
| $w_{desal,tot}$ | 海水淡化的比功,kWh/m³ | Specific work for desalination,kWh/m³ |
| $w_{net}$ | 透平的净输出比功 | Net specific work out of turbine |
| $X$ | 给定电流下的正则化容量 | Normalized capacity at the given current |
| $z$ | 高度或高度差 | Height or elevation difference |
| $z_0$ | 表面粗糙度 | Surface roughness |

## A.10.2  希腊文变量

| | | |
|---|---|---|
| $\Delta H$ | 焓的变化 | Change in enthalpy |
| $\Delta p$ | 压力升/降 | Pressure rise or drop |
| $\zeta$ | 波浪廓线 | Wave profile |
| $\dot{\zeta}$ | 波浪的幅值 | Amplitude of wave |
| $\eta_{comp}$ | 压缩机效率 | Compressor efficiency |

---

① 原文错,已更正。——译者注

| | | |
|---|---|---|
| $\eta_{pump}$ | 泵的机械效率 | Mechanical efficiency of pump |
| $\eta_{th,Brayton}$ | 布雷顿循环效率 | Brayton cycle efficiency |
| $\eta_{vol}$ | 泵的容积效率 | Volumetric efficiency of pump |
| $\kappa$ | 冯·卡门系数 | Von Karman constant |
| $\rho$ | 空气密度 | Density of air |
| $\rho_w$ | 水的密度 | Density of water |
| $\sigma_H$ | 海洋表面高度标准偏差 | Standard deviation of water surface elevation |
| $\tau_0$ | 剪切应力 | Shear stress |
| $\Phi$ | 速度势 | Velocity potential |
| $\omega$ | （i）角速度 | (i) Angular velocity |
| $\omega$ | （ii）波频率 | (ii) Wave frequency |
| $\Omega_{max}$ | 最大转速 | Maximum rotational speeds |
| $\Omega_{min}$ | 最小转速 | Minimum rotational speeds |

# A.11　第 11 章

## A.11.1　英文变量

| | | |
|---|---|---|
| $A$ | 分期付款 | Installment |
| $AAR$ | 平均年回报 | Average annual return |
| $b$ | 学习参数 | Learning parameter |
| $B/C$ | 利润成本比 | Benefit-cost ratio |
| $C$ | 成本 | Cost |
| $C_c$ | 系统的资金成本 | Capital cost of system |
| $\overline{C}_c$ | 由额定功率正则化的系统资金成本 | Capital cost of system normalized by rated power |
| $C_{o\&M}$ | 平均年运行维护成本 | Average annual operation and maintenance (O&M) costs |
| $\overline{C}_{o\&M}$ | 单位能量运行维护的直接成本 | Direct cost of operation and maintenance per unit of energy |
| $C(V)$ | 目标成本与生产数量的函数 | Cost of an object as a function of volume |
| $C(V_0)$ | 目标成本与初始生产数量的函数 | Cost of an object as a function of initial volume |
| $COE$ | 单位能量成本（\$/kWh） | Cost of energy (cost/kWh) |
| $COE_L$ | 基准化的能量成本 | Levelized cost of energy |
| $CRF$ | 资本恢复系数 | Capital recovery factor |
| $E_a$ | 年能量产出 | Annual energy production (kWh) |

| | | |
|---|---|---|
| $f_{OM}$ | 年运行维护成本的比例 | Annual operation and maintenance (O&M) cost fraction |
| $F_N$ | 在 $N$ 年的还款 | Payment at end of $N$ years |
| $FC$ | 容量系数 | Capacity factor |
| $FCR$ | 固定的费率 | Fixed charge rate |
| $FV$ | 将来的现值 | Future value |
| $i$ | 总通胀率 | General inflation rate |
| $IRR$ | 内部收益率 | Internal rate of return |
| $j$ | 年指标 | Index for year |
| $L$ | 系统的寿命期 | Lifetime of system |
| $N$ | 分期付款年数或付款数 | Number of years or installments |
| $NPV$ | 净现值 | Net present value |
| $NPV_C$ | 成本净现值 | Net present value of costs |
| $NPV_S$ | 节省净现值 | Net present value of savings |
| $P_a$ | 年支付额 | Annual payment |
| $P_d$ | 预付款 | Down payment |
| $P_e$ | 电价 | Price obtained for electricity |
| $PV$ | 现值 | Present value |
| $PV_N$ | 贷款 $N$ 年后支付的现值 | Present value of future payment in year $N$ |
| $PWF$ | 现值因子 | Present worth factor |
| $r$ | 折扣率 | Discount rate |
| $ROI$ | 投资回报 | Return on investment |
| $s$ | 进步因子 | Progress ratio |
| $S$ | 节约 | Savings |
| $SP$ | 简单回报法(多年) | Simple payback (years) |
| $SPW$ | 系列现价因子 | Series present worth factor |
| $V$ | 部件生产数量 | Volume of object produced |
| $V_0$ | 初始部件生产数 | Initial cumulative volume |
| $Y(k,l)$ | 获得系列支付份额现值的函数;$k,l$:变量 | Function to obtain present value of a series of payments; $k,l$:argument |

# A.12 第 12 章

## A.12.1 英文变量

| | | |
|---|---|---|
| $A_1$ | 发射机和接收机之间的额外通道损失 | Additional path loss between transmitter and the receiver |

| | | |
|---|---|---|
| $A_2$ | 发射机和障碍物之间的额外通道损失 | Additional path loss between the transmitter and the obstacle |
| $A_r$ | 接收机和障碍物之间的额外通道损失 | Additional path loss between the obstacle and the receiver |
| $B$ | 叶片数目 | Numbers of blades |
| $c$ | 声速 | Velocity of sound |
| $C$ | 信号强度 | Signal strength |
| $C/I$ | 信噪比 | Signal to interference ratio |
| $D$ | 风轮直径 | Rotor diameter |
| $E$ | 电场强度（$mVm^{-1}$） | Electric field strength（$mVm^{-1}$） |
| $f$ | 频率（Hz） | Frequency（Hz） |
| $G_r$ | 接收机增益 | Receiver gain |
| $G'_r$ | 接收机增益（障碍物通道） | Receiver gain（obstacle path） |
| $i$ | 噪音源指数 | Noise source index |
| $I$ | 干扰长度 | Interference length |
| $L_{dn}$ | 昼-夜噪音级别（dB） | Day-night noise level（dB） |
| $L_{eq}$ | 等效噪音级别（dB） | Equivalent noise level（dB） |
| $L_p$ | 声压级（dB） | Sound pressure level（dB） |
| $L_r$ | 自由空间损耗（dB） | Free space loss（dB） |
| $L_{total}$ | 总声功率级别（dB） | Total sound power level（dB） |
| $L_w$ | 声功率级（dB） | Sound power level（dB） |
| $L_{WA}$ | 预期的声能级别（dB） | Predicted sound power level（dB） |
| $L_x$ | 加权的噪音水平超过了 $x\%$ 时间（dB） | A-weighted noise level exceeded $x\%$ of the time（dB） |
| $L_1$ | 自由空间通道损失（收发设备） | Free space path loss（transmitter-receiver） |
| $L_2$ | 自由空间通道损失（发射机-障碍物） | Free space path loss（transmitter-obstacle） |
| $p$ | 声压 | Sound pressure |
| $P$ | 声功率 | Sound power |
| $P_t$ | 发射机功率 | Transmitter power |
| $P_{WT}$ | 风力机的额定功率 | Rated power of wind turbine |
| $r$ | 接收机到风力机的距离 | Receiver distance from turbine |
| $R$ | 到噪声源的距离 | Distance from noise source |
| $t$ | 在需要和不需要的信号之间时延 | Time delay between desired and undesired signal |
| $U$ | 风速 | Wind speed |
| $v_{Tip}$ | 叶尖速度 | Blade tip speed velocity |
| $W$ | 声源功率 | Source sound power |

| | | |
|---|---|---|
| $W_0$ | 参考声源功率 | Reference source sound power |

## A. 12. 2　希腊文变量

| | | |
|---|---|---|
| $\alpha$ | 声吸收系数(dB/m) | Sound absorption coefficient (dB m$^{-1}$) |
| $\Delta G$ | 天线识别因子(dB) | Antenna discrimination factor(dB) |
| $\lambda$ | 波长 | Wavelength |
| $\Pi$ | 相对位置（球面座标） | Relative position(spherical coordinates) |
| $\sigma$ | 雷达横断面 | Radar cross-section |
| $\sigma_b$ | 障碍物的收发分置雷达横断面 | Bistatic radar cross-section of obstacle |
| $\tau$ | 信号接收机的时延 | Time delay of signal to receiver |
| $\omega$ | 传输信号频率(rad/s) | Frequency of transmitted signal(rad s$^{-1}$) |
| $\Omega$ | 风力机风轮转速(rad/s) | Turbine rotor speed (rad s$^{-1}$) |

## A. 13　缩写

| | | |
|---|---|---|
| a/b | 空气传播 | air-borne |
| A/D | 模拟信号到数字信号 | analog-to-digital |
| AC | 交流电 | alternating current |
| AM | 调幅 | amplitude modulated |
| AVR | 自动电压控制 | automatic voltage control |
| BEM | 叶片单元动量 | blade element momentum |
| CAES | 压缩空气能量储存 | Compressed air energy storage |
| CFD | 计算流体力学 | computational fluid dynamic |
| CFM | 现金流方法 | cash flow method |
| CPU | 中央处理器 | computer processing unit |
| D/A | 数字信号到模拟信号 | digital-to-analog |
| DC | 直流 | direct current |
| ECD | 风向变化的极限一致阵风 | extreme coherent gust with change in direction |
| ECG | 极限一致阵风 | extreme coherent gust |
| EMF | 电磁场 | electromagnetic field |
| EMI | 电磁干扰 | electromagnetic interference |
| EOG | 极端运行阵风 | extreme operating gust |
| EPA | 环境保护局(美国) | Environmental Protection Agency，US |
| EPR | 乙丙橡胶 | ethylene propylene rubber |
| EPRI | 电力研究院 | Electric Power Research Institute |
| EPRI TAG | 电力研究院,技术的分析组 | Electric Power Research Institute,Technical Analysis Group |

| EWM | 极限风速 | extreme wind speed |
| EWS | 极限风剪切 | extreme wind shear |
| FAA | 联邦航空当局 | Federal Aviation Authority |
| FES | 飞轮能量储存 | Flywheel energy storage |
| FM | 调频 | frequency modulated |
| GIS | 地理信息系统 | geographical information system |
| GRP | 玻璃钢 | fiberglass reinforce plastic |
| GTO | 可控硅关闭闸 | gate turn off thyristor |
| HAWT | 水平轴风力机 | horizontal axis wind turbine |
| HF | 高频 | high-frequency |
| HVDC | 高压直流 | high-voltage direct-current |
| I/O | 输入/输出 | input-output |
| ID | 内径 | inner diameter |
| IEC | 国际电工委员会 | International Electrotechnical Commission |
| IGBT | 绝缘闸双极晶体管 | insulated gate bipolar transistor |
| IPP | 独立功率发生装置 | independent power producer |
| LCC | 寿命周期成本 | life cycle costing |
| LOLE | 负荷期望的损失 | loss of load expectation |
| LOLP | 负荷或然率的损失 | loss of load probability |
| LORAN | 长程型特高频全向测距 | long-range version of VOR |
| MCP | 测量预测相关 | measure-correlate-predict |
| MMF | 磁通势 | magnetomotive force |
| MOS-FET | 金属氧化物半导体场效晶体管 | metal-oxide semiconductor field-effect Transistor |
| NREL | 国家可再生能源实验室 | National Renewable Energy Laboratory |
| NTM | 法向紊流模型 | Normal turbulence model |
| NWCC | 国家风能协调委员会 | National Wind Coordinating Committee |
| NWP | 法向风纵断面 | normal wind profile |
| O&M | 运行和维护 | operation and maintenance |
| OD | 外径 | outer diameter |
| PCC | 公共耦合点 | point of common coupling |
| pdf | 概率密度函数 | probability density function |
| pf | 功率因素 | power factor |
| PI | 比例积分控制器 | proportional-integral |
| PID | 比例积分微分控制器 | proportional-integral-derivative |
| PNL | 西北太平洋实验室 | Pacific Northwest Laboratories |
| POC | 接触点 | point of contact |

| | | |
|---|---|---|
| PPA | 功率购买协议 | Power purchase agreement |
| psd | 功谱密度 | power spectral density |
| PURPA | 公共事业管制政策法(US) | Public Utilities Regulatory Policies Act (US) |
| PV | 光电的 | photovoltaic |
| PWM | 脉冲宽度调制(变流器) | pulse width modulation (inverter) |
| rms | 均方根 | root mean square |
| RNA | 风轮机舱组装 | Rotor nacelle assembly |
| RO | 反向渗透(析) | Reverse osmosis |
| ROI | 投资回报 | return on investment |
| ROV | 遥控车辆 | remotely operated vehicle |
| r/m | 每分钟转速 | rotations per minute |
| r/s | 每秒钟转速 | rotations per second |
| RPS | 可再生投资组合标准 | renewable portfolio standards |
| RSHR | 风轮扫掠的小时风险 | rotor swept hour risk |
| s/b | 结构传播 | structure-borne |
| SCADA | 监视控制和数据收集 | supervisory control and data acquisition |
| SCFF | 自含液体 | self-contained fluid-filled |
| SCR | 可控硅整流器 | silicon-controlled rectifier |
| SERI | 太阳能研究所 | Solar Energy Research Institute |
| SODAR | 声雷达 | Sonic detection and ranging acoustic Doppler sensor system |
| SPL | 声压级 | sound pressure level |
| SSC | 系统管理的控制器 | system supervisory controller |
| TALA | 绳系的空气动力学升力风速表 | tethered aerodynamic lifting anemometer |
| TEFC | 完全封闭的,风扇冷却 | totally enclosed,fan cooled |
| THD | 总谐波失真 | total harmonic distortion |
| TLP | 拉力支架平台 | Tension leg platform |
| TVI | 电视干扰 | television interference |
| U&PM | 不预定和预防性维修 | unscheduled and preventive maintenance |
| UHF | 超高频 | ultrahigh-frequency |
| VAR | V-A 无功 | Volt-Amperes reactive |
| VAWT | 垂直轴风力机 | vertical axis wind turbine |
| VHF | 特高频 | very-high-frequency |
| VOR | 特高频全向测距 | VHF omnidirectional ranging |
| WEST | 松木-环氧树脂的浸润技术 | wood-epoxy saturation technique |
| XLPE | 交叉结构的聚乙烯 | cross-linked polyethylene |

# 附录 B
# 习　题

## B.1　习题解答

　　本书中的大多数习题可以不必参考其它的参考文献仅用本书知识就可完成。在一些习题中，引入新的问题是为了扩大读者的知识面。

　　一些习题的数据文件可以从马萨诸塞州大学的可再生能源实验室的网站上获得（http://www.umass.edu/windenergy/）。这个网站上也有一些在阿默斯特（Amherst）的马萨诸塞州大学开发的风工程小程序，这些程序对书中的一些习题是有帮助的，对其它一些习题是必需的。这些风工程小程序可以在计算机上运行以检验一些风能的相关问题，尤其是有关学术上的设定。

## B.2　第 2 章习题

**2.1**　仅基于平均风速数据，对一个直径 12 m 的水平轴风力机，其平均风速为 8 m/s，假设风力机运行在标准大气压下，风力机效率为 0.4，请估算该台风力机的年能量产出（空气密度 $\rho=1.225$ kg/m³）。

**2.2**　一个直径 40 m、三叶片 700 kW 的风力机，在轮毂高度风速为 14 m/s，空气密度 $\rho$ 为 1.225 kg/m³，求：

(a)在叶尖速比为 5.0 时，风轮转速(r/m)；

(b)叶尖速度是多少(m/s)？

(c)若发电机转速为 1800 r/m，与风轮转速和发电机转速匹配的齿轮传动比是多少？

(d)在这些条件下，风力机系统的效率是多少(包括叶片、传动系统、轴和发电机等)？

**2.3**　(a) 如果已知在高度 10 m 的风速为 5 m/s，请你用两种不同的风速估计方法，在地表有一些树时，确定高度 40 m 处的风速。

(b) 如果去除地表的树，用与(a)中同样的方法，确定在高度 40 m 处的风速。

**2.4**　一个直径 30 m 的风力机置于 50 m 高的塔架上，其风剪切幂指数为 0.2，计算出风轮最高点与最低点功率的比值。

**2.5** 估算出一个在稳态风速 7.5 m/s(轮毂高度)产生 100 kW 电功率的风力机直径,假设空气密度 $\rho = 1.225$ kg/m$^3$,$C_p = 16/27, \eta = 1$。

**2.6** 从风速数据的分析(小时间隔平均,取一年时间),威布尔参数为 $c = 6$m/s 和 $k = 1.8$。

(a) 在这个场址的平均风速是多少?

(b) 估算每年风速在 6.5~7.5 m/s 期间小时数;

(c) 估算每年风速在 16 m/s 以上的小时数。

**2.7** 分析一个给定风场时间序列的数据,其平均风速为 6m/s,确定瑞利风速分布,以很好地满足给定的风速数据。

(a) 基于瑞利风速分布,估算全年风速在 9.5~10.5 m/s 之间小时数;

(b) 利用瑞利风速分布,估算全年风速大于等于 16 m/s 的小时数。

**2.8** 对一个直径 12m 的水平轴风力机,运行在标准大气压下(密度 $\rho = 1.225$ kg/m$^3$),平均风速为 8 m/s 的风区,假设该风场的风速概率密度符合瑞利风速密度分布,估算其年产功率。

**2.9** 假设一个瑞利风速分布,研究者(参看 Master, Renewable and Efficient Electric Power Systems. 2004,JohnWiley & Sons, Ltd)提出以下简单的风力机容量系数(CF)公式:

$$CF = 0.087\overline{U} + \frac{P_R}{D^2}$$

式中,$\overline{U}$ 是轮毂高度平均风速;$P_R$ 是额定功率(kW);$D$ 是风轮直径(m)。该研究者声称该公式在容量系数为 0.2~0.5 之间,精度在 10% 以内,你的任务是选择 5 个国内风力机对其公式进行验证。

**2.10** 一个在轮毂高度风速为 14 m/s,风轮直径为 55 m 的风力机,额定功率为 1 MW。其切入风速为 4 m/s,切出风速为 25 m/s,假设该风力机位于平均风速为 10 m/s,风速符合瑞利分布的风场,计算:

(a) 每年风速低于切入风速的小时数;

(b) 每年风速高于切出风速而不得不停机的小时数;

(c) 风力机在额定功率运行的能量产出(kWh/year)。

**2.11** 基于来自 Holoyke,MA 的一个月风速(m/h)数据表(MtTomData. xls),确定:

(a) 该月的平均风速;

(b) 标准偏差;

(c) 建立一个速度数据的柱状图(采用柱状图,建议柱宽度为 2 英里/小时(m/h));

(d) 从这个速度数据的柱状图绘制出速度-时间曲线;

(e) 对一个位于 Holyoke 场址的 25 kW 风力机,用以上数据绘制出功率-时间曲线;

对于该风力机,假设:

$$P = 0 \text{ kW} \qquad 0 < U \leqslant 6(\text{m/h})$$

$$P = U^3/625 \text{ kW} \qquad 6 < U \leqslant 25 \text{ (m/h)}$$
$$P = 25 \text{ kW} \qquad 25 < U \leqslant 50 \text{ (m/h)}$$
$$P = 0 \text{ kW} \qquad 50 < U \text{ (m/h)}$$

(f) 从功率-时间曲线,估算该风力机在本月中所能发出的电能(kWh)。

**2.12** 应用习题 2.11 的结果,进行下列计算:

(a) 确定威布尔和瑞利风速分布曲线,而且适当地规一化它们,并把它们重叠到习题 2.11 中柱状图上;

(b) 确定威布尔和瑞利风速-时间曲线和功率分布曲线,并把它们重叠到上面所获得的柱状图上;

(c) 使用威布尔分布,确定在 Holyoke 风场该 25 kW 风力机所能发出的电能;

(d) 假如该 25 kW 风力机的控制系统被修改,以便它按图形 B.1 运行(详细数据见表 B.1),计算位于汤姆(Tom)山顶的该风力机将少发多少电能? 求出一个四阶多项式来拟合其功率曲线;采用威布尔分布估算其产出 (你可选择任何方式);并根据习题 2.11(e) 利用修改后的功率曲线和立方功率曲线绘制功率持续曲线。

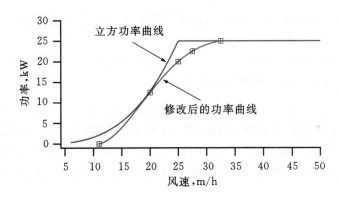

图 B.1 习题 2.11 和 2.12 中的功率曲线

**表 B.1 习题 2.12(d)中的额定功率曲线**

| 风速(m/h) | 功率(kW) |
| --- | --- |
| 11 | 0 |
| 20 | 12.5 |
| 25 | 20 |
| 27.5 | 22.5 |
| 32.5 | 25 |

**2.13** 类似本书中的公式(2.27),下列的经验公式被用来确定风场中风力机的轮毂高度为 $z$ 的风速功率谱密度 (psd),频率为 $f$ (Hz)和无量纲频率是 $n(n = fz/U)$:

$$\frac{fS(f)}{(2.5U^*)^2} = \frac{11.40n}{1 + 192.4n^{5/3}}$$

其中

$$U^* = \frac{0.4[U(z)]}{\ln(\frac{z}{z_0})}$$

确定一个风场地表粗糙度为 0.05 m($z_0$)、轮毂高度为 30 m、平均风速为 7.5 m/s 的功率谱密度。

**2.14** 这个习题是使用功率谱密度检查风的方差。来自汤姆山,一个大约连续 1 年的小时风速(m/h)数据存在 *MtTomWindUM.txt* 文件中,采用马萨诸塞州大学的风工程小程序进行 psd 分析。在绘制 psd 对频率的曲线时,很难找到感兴趣的特征,其原因为通常图的 y 轴是 $fS(f)$,x 轴是 $\ln(f)$,在计算任何两个频率之间曲线下的面积时,它与相对应频率范围的方差成比例。

(a) 使用风工程小程序计算汤姆山风数据的 psd,利用数据 512 点的段,重点分析一个月内风速对时间的变化;

(b) 从结果中看出,通过对 psd $S(f)$ vs. $f$ 积分得到的方差近似等于由常规方法计算得到的结果;

(c) 公式显示,$S(f)$ vs. $\ln(f)$ 的曲线下的面积等同于 $S(f)$ vs. $f$ 的面积;

(d) 绘制 $fS(f)$ vs. $\ln(f)$ 图;

(e) 求出与每日波动有关的方差总量;使用 22 到 27 个小时循环时间的频率;求出多少方差与高频变化有关,多少方差与低频变化有关?

**2.15** 有各种各样的技术来产生与真实数据特性相似的数据系列。风工程小程序中包含了其中的几种方法。在自动回归滑动平均(ARMA)技术中(参看附录 C),用户必须输入长期的平均值、标准偏差和特定延迟的自相关。程序将会返回一个时间序列数值,它将接近一个理想数值。(注意:一个随机数发生器用在数据合成过程,这样任何给定时间序列将完全不同于其它序列。)

(a) 求出汤姆山数据(MtTom 7 Hzms.txt)的平均值、标准偏差和自相关,这个数据采集高度为 25 m,取样频率 7.4Hz,数据的单位为米/秒,请绘制出数据的时间序列;确定一个 2000 个点延迟的自相关,确定一个用于相似数据集合成的、一个时间步长延迟的自相关。

(b) 使用 ARMA 程序,合成并绘制 100 天数据点的时间序列图,它将采用与(a)部分那些数据相等的统计法;同时显示合成数据的时间序列图;

(c) 求出一个达 2000 个点延迟的自相关合成数据,并将合成的和真实的自相关数据绘制一张图上;

(d) 评价两张图的相似性或不同之处。

# B.3 第 3 章习题

**3.1** 风力机的叶片准备安装在山脊顶的一个风力机上,当一场暴风雨来临前,叶片当时被水平放置在一对木架上,雨在下,风逐渐增加达到 26.82 m/s(60 m/h)时,风力机安装队员正挤在卡车中,他们了解到风来自于约 10 度斜坡的山脊西方,现场工程师进行了一个快速计算并驾驶他的卡车至叶片的上风,以打乱叶片周围的气流,防止叶片被风吹起,以免其损坏。

叶片长 4.57 m(15 英尺),宽 0.61 m(2 英尺),重 45.36 千克(100 磅),风暴到达时温度下降至 21.20℃(70 ℉)。假设叶片具有基本对称的翼型(工程师采用位流理论预测,在失速之前,对称空气动力面的升力系数大约是 $C_l = 2\pi\sin\alpha$),升力和阻力集中在叶片的质量中心,叶片的前缘正对着风向,空气密度是 1.20 kg/m³。

(a) 这种状况值得担心么? 假设没有阻力,什么风速会将叶片举起?

(b) 如果叶片能被 26.82 m/s(60 m/h)风举起,他们的水平加速是多少,假设叶片的升阻力比 $C_d/C_l = 0.03$?

**3.2** 一个发明者提出用旋转圆柱产生升力的新型能源装置,圆柱直径 $D=0.75$m,高度 $H=7.5$m,其旋转转速 $n=60$ r/m。

(a) 围绕圆柱的环量为对其周长切向速度的积分,环量为:

$$\Gamma = \frac{\pi^2 D^2 n}{60}$$

提示:用极坐标易于完成。

(b) 求出对于旋转圆柱单位长度的升力表达式,自由来流风速 $U$(m/s),转速 $n$(r/m),圆柱直径 $D(m)$。

(c) 求出发明者发明的该装置在 10 m/s 风速时的升力。

**3.3** 一个风力机叶片在两个不同截面的运行工况(见表 B.2):

**表 B.2**

| 位置<br>$r/R$ | 相对风速<br>(m/s) | 相对风速<br>(ft/s) | 弦长<br>(m) | 弦长<br>(ft) | 攻角<br>(degrees) |
|---|---|---|---|---|---|
| 0.15 | 16.14 | 52.94 | 1.41 | 4.61 | 4.99 |
| 0.95 | 75.08 | 246.32 | 0.35 | 1.15 | 7.63 |

以上是在 0℃(32 ℉)条件下的,此时动粘度为 $1.33\times10^{-5}$ m²/s,试计算不同叶片截面的雷诺数?

**3.4** (a) 对于一个理想叶片(假设 $C_d=0,a'=0$),设 $\lambda=7,B=3,R=5$ m,$C_l=1.0$,最小的 $C_d/C_l$ 发生在 $\alpha=7$,求出叶片截面从 $r/R=0.45$ 到 $r/R=0.55$ 的 $\varphi,\theta_p,\theta_T$ 和 $c$(叶片中截面为 $r/R=0.50$)。

(b) 假设上述叶片截面的实际 $C_d/C_l=0.02$,20℃ 时空气密度是 1.24 kg/m³,来流风速 $U$ 等于 10 m/s,已知 $a=1/3$,$a'=0$,计算叶片各截面的 $U_{rel},dF_{L1},dF_{D1},dF_{N1},dF_{T1},dQ_1$,要考虑风轮对风速的减慢。

(c) 针对同样叶片截面,采用一般板条理论方法(考虑角动量),计算出 $C_l,\alpha$ 和 $a$;当转速增加,$\lambda=8$ 时,忽略阻力和叶尖损失,计算出 $C_l,\alpha$ 和 $a$。使用图解方法。假设升力经验公式为:$C_l$

$= 0.1143\alpha + 0.2(\alpha$ 为度),即 $\alpha = 0$ 时,$C_l = 0.2$;$\alpha = 7$ 时,$C_l = 1.0$。

**3.5** (a) 求出按贝兹(Betz)优化的叶片 10 个截面($r/R = 0.10, 0.20, \cdots\cdots, 1.0$)的 $\varphi$, $\theta_p$, $\theta_T$ 和 $c$,假设 $\lambda = 7$,$B = 3$,$R = 5$ m,$C_l = 1.0$,最小的 $C_d/C_l$ 发生在 $\alpha = 7$;

(b) 绘制叶片的草图(轮廓),假设所有四分之一弦长位于一条直线上;

(c) 按适当比例的弦长绘制出近似真实的翼型扭转情况,中心线为四分之一弦长的截面 $r/R = 0.10, 0.50, 1.0$,明确示出风来自的方向和叶片的旋转方向。

**3.6** 对于一个双叶,直径 24 m 的风力机,其 12 米叶片的尖速比为 10,几何参数和运行参数列于表 B.3 中,假设 $C_l = 1.0$ $a = 1/3$,$a' = 0$,没有阻力,用书中的方法设计一个理想的风轮。

想要知道在 $C_d = 0$ 和 $C_d = 0.02$ 时风轮的功率系数,注意二个被推导出的公式在此不适用。公式(3.90)需要一个非零的 $a'$,公式(3.91)也由 $a$ 和 $a'$ 关系导出,它也要求一个非零的 $a'$。

**表 B.3**

| 截面位置 $r/R$ | 截面半径 (m) | 截面桨角 $\theta_p$(deg) | 相对风向夹角 $\varphi$(deg) | 截面扭角 (degrees) | 弦长,$c$ (m) |
|---|---|---|---|---|---|
| 0.05 | 0.60 | 46.13 | 53.13 | 49.32 | 4.02 |
| 0.15 | 1.80 | 16.96 | 23.96 | 20.15 | 2.04 |
| 0.25 | 3.00 | 7.93 | 14.93 | 11.12 | 1.30 |
| 0.35 | 4.20 | 3.78 | 10.78 | 6.97 | 0.94 |
| 0.45 | 5.40 | 1.43 | 8.43 | 4.61 | 0.74 |
| 0.55 | 6.60 | −0.09 | 6.91 | 3.10 | 0.60 |
| 0.65 | 7.80 | −1.14 | 5.86 | 2.04 | 0.51 |
| 0.75 | 9.00 | −1.92 | 5.08 | 1.27 | 0.45 |
| 0.85 | 12.20 | −2.52 | 4.48 | 0.67 | 0.39 |
| 0.95 | 11.40 | −2.99 | 4.01 | 0.20 | 0.35 |

(a) 从叶片力的定义及功率系数 $C_P$ 的公式:

$$C_P = P/P_{wind} = \frac{\int_{r_h}^{R} \Omega dQ}{\frac{1}{2}\rho\pi R^2 U^3}$$

推导出符合理想贝兹极限的、尽量简单的功率系数 $C_P$ 公式,公式中忽略叶尖损失,需包括升力、阻力系数和损失速比,假设 $a = 1/3$。

(b) 使用上述的公式,假设没有阻力($C_d = 0$),叶尖速比在设计值,算出转子功率系数 $C_P$,它怎样和贝兹极限进行比较?

(c) 对于阻力初步近似的风轮性能,找到在设计叶尖速比下相同风轮的 $C_P$,假设比较现实的

条件下 $C_d/C_l = 0.02$,阻力对空气动力学没有影响,理想风轮在运行时无阻力,分析阻力对风轮功率系数 $C_P$ 的影响($C_d = 0$ 或不为零)?

**3.7** Better 风力机制造公司想要开拓风力机市场,计划推出一个直径 20 m 的三叶片风力机,风轮在叶尖速比为 6.5 时具有尖峰功率系数。所用翼型的升力系数为 1.0,在 7 度攻角时具有最小阻力、升力系数比。

一个新的叶片设计师,以两叶片为设计起点,一个叶片形状假设没有损失,没有尾迹涡旋;第二个叶片形状具有最佳的风轮形状,假设有尾迹涡旋(但是仍然没有损失)。

求出叶片在 10 个截面上的弦长、桨角和扭转角,假设该叶片正对风轮的中心扩展。如何比较在叶尖和内部三个叶片截面上的弦长和扭转角?

**3.8** Better 风力机制造公司想要开拓风力机市场,他们计划定制一个适应寒冷地区($-22.80\,℃$,$-90\,℉$),空气密度为 1.41 kg/m³,风速为 12 m/s 的 100 kW 风力机,故选定一个直径为 20 m 的 三叶片风力机。风轮在风速为 12 m/s,叶尖速比为 7 时具有尖峰功率系数,所用翼型的升力系数为 1.0,在 7 度攻角时具有最小阻力、升力系数比。

(a) 做为一个新的叶片设计师,你将以叶片形状为设计的起点,设计基于最佳风轮形状,假设有尾迹涡旋(但是没有阻力或叶尖损失),轮毂占该叶片的第十个叶片截面,求出叶片在 9 个截面上的弦长、桨角和扭转角(每一个截面距离 1 m)?

(b) 假设空气动力学条件相同,没有任何阻力,确定在二维阻力系数 $C_d = 0$ 时,风轮 $C_P$(功率系数);再一次确定在 $C_d = 0.02$ 时,风轮 $C_P$(功率系数)。计算多少功率损失在阻力上?叶片的哪一个部分产生最大功率?

(c) 所选定的设计是否能提供适当的功率,满足此"较好风力机公司"的需要?

**3.9** 一个采用 LS-1 家族翼型的双叶风力机,其叶片长 13 m,各截面参数如下(表 B.4):

表 B.4 LS-1 叶片翼型几何参数

| 截面位置 $r/R$ | 截面半径 (m) | 弦长 (m) | 截面扭角 (degrees) |
|---|---|---|---|
| 0.05 | 0.65 | 1.00 | 13.000 |
| 0.15 | 1.95 | 1.00 | 11.000 |
| 0.25 | 3.25 | 1.00 | 9.000 |
| 0.35 | 4.55 | 1.00 | 7.000 |
| 0.45 | 5.85 | 0.87 | 5.000 |
| 0.55 | 7.15 | 0.72 | 3.400 |
| 0.65 | 8.45 | 0.61 | 2.200 |
| 0.75 | 9.75 | 0.54 | 1.400 |
| 0.85 | 11.05 | 0.47 | 0.700 |
| 0.95 | 12.35 | 0.42 | 0.200 |

注:$\theta_{p,0} = -1.97$ deg.(叶尖桨角)

假设翼型的空气动力学特性近似符合下列公式(注,$\alpha$ 为 deg):

当 $\alpha < 21$ deg 时：

$C_l = 0.426\,25 + 0.116\,28\alpha - 0.000\,639\,73\alpha^2 - 8.712 \times 10^{-5}\alpha^3 - 4.257\,6 \times 10^{-6}\alpha^4$

当 $\alpha > 21$ deg 时，$C_l = 0.95$：

$C_d = 0.011\,954 + 0.000\,199\,72\alpha + 0.000\,103\,32\alpha^2$

忽略叶尖损失，对于中间第 6 截面（$r/R = 0.55$）计算出在叶尖速比为 8 时的：

(a) 攻角，$\alpha$；

(b) 相对风速角，$\theta$；

(c) $C_l$ 和 $C_d$；

(d) 当地对 $C_P$ 的贡献。

**3.10**　这个问题是基于用马萨诸塞州大学风力机上的 WF-1 叶片。参照表 B.5 的叶片各截面的几何参数，没有 $r/R = 0.10$ 以下翼型参数。

除此之外，注意对于 NACA 4415 翼型：当 $\alpha < 12$ 度时：$C_l = 0.368 + 0.0942\alpha$，$C_d = 0.00994 + 0.000259\alpha + 0.0001055\alpha^2$，（注，$\alpha$ 为 deg）；半径：4.953 m（16.25 ft）；叶片数为 3，叶尖速比为 7，额定风速为 11.62 m/s（26 m/h），叶尖桨角 $\theta_{p,0} = -2$ deg。

(a) 把叶片分为 10 段（但是假设轮毂占内心的 1/10），对于每个截面的中点计算：(i) 攻角，$\alpha$；(ii) 相对风速角，$\varphi$；(iii) $C_l$ 和 $C_d$；(iv) 当地对 $C_P$ 的贡献及推力，考虑叶尖损失。

(b) 计算总体功率系数，在风速 11.62 m/s（26 m/h）时，叶片会产生多少功率？考虑阻力和叶尖损失，假设空气密度为 1.23 kg/m³。

**表 B.5　WF-1 叶片翼型几何参数**

| 截面位置 $r/R$ | 截面半径 (ft) | 截面半径 (m) | 弦长 (ft) | 弦长 (m) | 截面扭角 (degrees) |
|---|---|---|---|---|---|
| 0.10 | 1.63 | 4.85 | 1.35 | 0.411 | 45.0 |
| 0.20 | 3.25 | 0.991 | 1.46 | 0.455 | 25.6 |
| 0.30 | 4.88 | 1.486 | 1.26 | 0.384 | 15.7 |
| 0.40 | 6.50 | 1.981 | 1.02 | 0.311 | 10.4 |
| 0.50 | 8.13 | 2.477 | 0.85 | 0.259 | 7.4 |
| 0.60 | 9.75 | 2.972 | 0.73 | 0.223 | 4.5 |
| 0.70 | 11.38 | 3.467 | 0.63 | 0.186 | 2.7 |
| 0.80 | 13.00 | 3.962 | 0.55 | 0.167 | 1.4 |
| 0.90 | 14.63 | 4.458 | 0.45 | 0.137 | 0.40 |
| 1.00 | 16.25 | 4.953 | 0.35 | 0.107 | 0.00 |

**3.11**　一个采用 LS-1 家族翼型的双叶片风力机，其 13 m 长叶片参数列出在前表 B.4 中。

假设翼型的空气动力学特性近似符合下列公式（注，$\alpha$ 为 deg）：

当 $\alpha < 21$ deg 时：

$C_l = 0.426\,25 + 0.116\,28\alpha - 0.000\,639\,73\alpha^2 - 8.712 \times 10^{-5}\alpha^3 - 4.257\,6 \times 10^{-6}\alpha^4$

当 $\alpha > 21$ deg 时，$C_l = 0.95$：

$$C_d = 0.011\,954 + 0.000\,199\,72\alpha + 0.000\,103\,32\alpha^2$$

对于最外截面 $(r/R = 0.95)$ 的中点计算出在叶尖速比为 8 时的：

(a) 考虑和不考虑叶尖损失时的攻角，$\alpha$；

(b) 相对风速角，$\theta$；

(c) $C_l$ 和 $C_d$；

(d) 当地对 $C_P$ 的贡献；

(e) 考虑和不考虑叶尖损失时的叶尖损失因子 $F$ 和轴向感应因子 $a$。

在这个最外面截面叶尖损失是怎样影响叶片空气动力学特性和当地对 $C_P$ 的贡献的？

**3.12** 双叶片风力机运行在二个不同的叶尖速比，在风速为 8.94 m/s(20m/h)(叶尖速比 = 9) 时，一个叶片截面的攻角为 7.19 度；在风速为 16.09 m/s(36 m/h)(叶尖速比 = 5)时，同样的 1.22 m(4 ft) 叶片截面，在攻角 20.96 度时开始失速。用以下提供的各项运行条件和几何数据，确定叶片在两个不同叶尖速比时，叶片截面的相对风速、升力和阻力和作用在叶片上的切线和法向力。同时确定，叶片在两个不同叶尖速比时，叶片截面的升力和阻力对作用在叶片上的切线和法向力的相对贡献（全体中的部份）。

怎样比较相对速度和升力、阻力？怎样比较切线力和法向力？在两个不同的运行条件下，升力和阻力的变化又会带来什么影响？

运行条件在表 B.6 中列出：

**表 B.6 运行条件**

| 叶尖速比 $\lambda$ | 攻角 $\alpha$ (deg) | 相对风速角 $\varphi$ (deg) | $a$(deg ) |
|---|---|---|---|
| 5 | 20.96 | 22.21 | 0.070 |
| 9 | 7.19 | 8.44 | 0.390 |

这个特定叶片截面是 1.22 m(4 ft)长，弦长为 0.811 m (2.66ft)，中心半径为 5.49 m(18 ft)。以下是升力和阻力系数在 $\alpha < 21$ deg 时有效的公式，这里 $\alpha$ 为度：

$$C_l = 0.426\,25 + 0.116\,28\alpha - 0.000\,639\,73\alpha^2 - 8.712 \times 10^{-5}\alpha^3 - 4.257\,6 \times 10^{-6}\alpha^4$$

$$C_d = 0.011\,954 + 0.000\,199\,72\alpha + 0.000\,103\,32\alpha^2$$

**3.13** 假设一个 VAWT 风力机，运行在轴向诱导因子 0.3，叶尖速比 12 条件下，公式(3.147)和(3.149)可用来确定 $U_{rel}/U$ 速比与攻角；公式(3.148)和(3.150)可用来估计高叶尖速比数值；当 VAWT 风力机转一圈，用这些公式计算出的数值与真实值的差别？如果替换风力机的叶片，新风力机运行在叶尖速为 20，具有同样轴向诱导因子，其值为多少？

**3.14** 用公式(3.156)确定直叶片垂直轴风力机的轴向诱导因子；假设轴向诱导因子输入，求解公式右边项；用二次方程求解公式左边小于 0.5 的轴向诱导因子；如果这两边不一致，调整输入，直到满足；轴向诱导因子就是所求解。假设以下输入条件，升力系数为攻角函数与平板叶片(公式(3.51))一样。

| 叶片数目 | $B$ | 3 |
|---|---|---|
| 半径 | $R$ | 6 |
| 弦长 | $c$ | 0.1 |
| 叶尖速比 | $\lambda$ | 15 |

# B.4  第4章习题

**4.1**  一个风力机风轮以 60 转/分的速度旋转,被一个机械刹车停住。风轮惯量是 13 558 kg·m²。

(a) 在风轮停止前,在风轮中的动能是多少? 多少能量在停止期间被刹车吸收?

(b) 假设所有的能量被一个 27 kg 钢制的刹车盘吸收,忽略损失,在停机过程中,钢制的刹车盘温度升高多少? 假设钢的比热是 0.46 kJ/(kg·℃)。

**4.2**  一个风力机风轮惯量是 $J=4.2\times10^6$ kg·m²,在稳态风速下风力机功率为 1500 kW,风轮转速 20 r/m,突然风力机从电网断开,刹车失灵,假设在此过程气动力不变,风轮转速何时增加一倍?

**4.3**  一个 1500 kg 轮毂固定在风力机 2 m 长悬臂的一端。风力机转速为 60 r/m 时,额定功率为 275 kW,直轴是一直径 0.15 m 的钢制圆轴。

(a) 在风轮和轮毂的载荷作用下,风轮的弯曲变形是多少?

(b) 风力机运行在额定功率下,直轴的转矩是多少? 轴上最大的剪应力是多少?

**4.4**  一个高 24.38 m(80 ft) 的风力机塔筒,在以额定功率 250 kW 运行时,作用着 26.69 kN (6000 lbf) 推力载荷;在风速为 44.7 m/s(100 m/h) 的飓风中,推力载荷将达 71.62 kN (16 100 lbf)。

(a) 如果塔筒是一个钢制圆筒,其外直径是 1.22 m(4 ft)(OD),壁厚 0.0254 m(1 in),在额定功率运行时和飓风时,塔筒顶端将会移动多少?

(b) 假如塔筒固定在一个三条腿支撑的桁架塔架,特定参数见图 B.2,在额定功率运行时和飓风时,塔筒顶端将会移动多少? 忽略塔架上的任何交叉支撑效应。

**4.5**  图 B.3 显示一个风力机风轮,风轮转速 $\Omega$ 为 1 Hz(60 r/m)和以一个角速度 $\omega$ 为 10 deg/s 偏航。风轮的极转动惯量是 13 558 kg·m²(10 000 slug ft²)。风轮重量为 1459 kg (100 slugs),偏离底板支承中心为 3.05 m(10 ft),风轮的轴承间距为 0.91 m(3 ft),正力矩和旋转方向见图。

(a) 如果风力机没有偏航,轴承上的载荷是多少?

(b) 如果风力机在偏航,轴承上的载荷是多少?

**4.6**  一个风轮直径是 38 m 的三叶片风力机,叶片弦长固定且为 1 m,叶片不旋转时固有频率为 1.67 Hz;在以 50 r/m 旋转时,其固有频率为 1.92 Hz,叶片桨角为 1.8 度(忽略轮毂尺

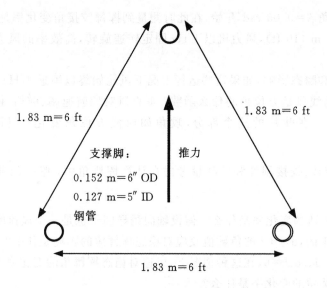

图 B.2　桁架塔架横截面;ID,内径;OD,外径

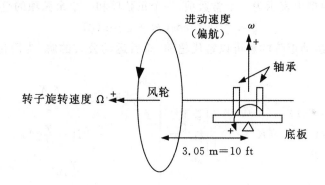

图 B.3　习题 4.5 的风轮结构图

寸),风力机运行在 8m/s 风速下,翼型升力系数曲线斜率为 $2\pi$,空气密度为 1.225 kg/m³,如果叶片质量为 898 kg,以简单动态模型模化叶片动力学时,求(a)其铰接刚度;(b) 质量转动惯量;(c)偏移量?

**4.7**　考虑习题 4.6 中的风力机风轮,用铰接叶片模型,求出此时的挥舞角,叶尖距离旋转平面有多远?

提示:在解题中,需要做一些中间过程计算,用 MiniCode 程序确认计算结果,仔细检查各参数的单位。

**4.8**　为测量研究用风力机叶片的弯曲力矩,在轮毂高度,一天中平均风速为 9.14 m/s(30 ft/s),但是由于风剪切造成叶尖在最上部时,风速为 12.19 m/s (40ft/s),叶尖在最低部时,风速为 6.09m/s(20 ft/s)。一阵风使风力机以稳定的 0.1 rad/s 在 +$X'$ 方向偏航(见正文中的图4.17)。同时风向变化造成一个 +0.61 m/s(2.0 ft/s)的侧风。直径 24.38 m(80 ft)的风力机从一个挥舞铰接角 $\beta=0.05$ rad 开始,在此时测量到挥舞铰接角变化率是 0.01 rad/s,风轮距离偏航轴线 3.05 m(10 ft),风力机以 1 Hz 固定转速旋转,高效率的风力机正以 1/3 的轴向诱导因子运行。

忽略塔筒遮蔽和瞬态影响,如果这些运行工况下风轮始终以恒速 1 Hz 旋转,当叶片中途切出时,垂直风和切线风是方位角的什么函数? 垂直风对偏航速率、剪切、横向风和叶片挥舞的贡献数值是多少? 在叶片的这个部分,攻角如何使方位角变化? 假设桨角 $\theta_p=0.05$ rad(2.86°)。

**4.9** 当只有叶片旋转、铰接刚度和偏移量考虑在计算挥舞角中,唯一的非零项是稳态挥舞角,$\beta_0$。

(a) 稳态挥舞角对风速的变化率是什么? 假设轴向诱导因子也是一个风速的函数。

(b) 假设锁定数是正的,$da/dU$ 的负数值效应对稳态挥舞角的影响是什么?

(c) 假如 $a=1/3$ 和 $da/dU=0$,在这种情况下,风速对稳态挥舞角的变化率表示成什么?

(d) 稳态挥舞角对桨角的变化率是什么?

**4.10** 正如挥舞角可以表示为一个常数项、一个正弦项和一个余弦项的总和,超前-滞后角可以在简化的动力学模型中表示为一个常数项、一个正弦项和一个余弦项的总和:

$$\zeta \approx \zeta_0 + \zeta_{1c}\cos(\psi) + \zeta_{1s}\sin(\psi)$$

下列超前-滞后运动矩阵的解可以替代超前-滞后运动公式的解(为简化挥舞的耦合项已经被省略):

$$\begin{bmatrix} 2B & (K_2-1) & 0 \\ 0 & 0 & (K_2-1) \\ K_2 & B & 0 \end{bmatrix}\begin{bmatrix} \zeta_0 \\ \zeta_{1c} \\ \zeta_{1s} \end{bmatrix} = \begin{bmatrix} -\dfrac{\gamma}{2}\left[K_{vs}\overline{U}A_4 - \dfrac{\theta_p\Lambda}{2}(\overline{V}_0 + \overline{q}\,\overline{d})\right] \\ -2B - \dfrac{\gamma}{2}\overline{q}A_4 \\ \dfrac{\gamma}{2}\Lambda A_2 \end{bmatrix}$$

其中:

$K_2$ = 惯性固有频率(包括了偏移量,铰接刚度) $= \varepsilon_2 + \dfrac{K_\zeta}{I_b\Omega^2} = \left(\dfrac{\omega_\zeta}{\Omega}\right)^2$

$A_2$ = 轴对称的流动项(含叶尖速比和桨角) $= \dfrac{\Lambda}{2} + \dfrac{\theta_p}{3}$

$A_4$ = 轴对称的流动项(含叶尖速比和桨角) $= \dfrac{2\Lambda}{3} - \dfrac{\theta_p}{4}$

其它参数的定义参见正文。

(a) 假设重力和其它气动力函数为零,写出包括稳定平均风速和铰接刚度模型的超前-滞后运动矩阵公式;

(b) 求解公式,并求出稳态超前-滞后角与锁定数、无尺寸风速、超前-滞后固有频率和叶片桨角的函数表达式;

(c) 假如桨角是 5.7 des,风轮转速是 50 r/m,直径是 9.14 m(30 ft),如果风速从 7.62 m/s(25 ft/s)增加到 15.24 m/s(50 ft/s),什么因素增加稳态超前-滞后角? 假设当风速增加到 15.24 m/s(50 ft/s)时,轴向诱导因子从 0.30 减少到 0.25。

**4.11**　使用习题 4.10 描述的超前-滞后公式:

(a) 如果忽略所有的项,除了那些与稳态风和垂直风切变有关项,写出超前-滞后运动矩阵公式;

(b) 解公式,并求出超前-滞后角与稳态风和垂直风切变的表达式;在没有偏航率、重力和侧风时,垂直风切变是怎样影响超前-滞后角中的每一项的?

**4.12**　考虑数据文件 flap1.txt ,这个数据表示风力机运行时叶片十分钟的弯曲力矩,风力机的额定运行转速为 60 r/m。数据采样率 40 Hz,求出数据功率谱密度(psd),主要的频率成分是什么? 你认为这些频率是什么造成的?

**4.13**　考虑以下风力机,塔筒 50m 高,上部直径 2m,下部直径 3.6 m,机舱和风轮重量 20 400 kg,塔筒厚度 0.013 84 m。假设钢材的密度为 7700 kg/m$^3$,材料弹性模量为 160 GPa,考虑采用一些方法(逐渐改进方法)计算风力机的第一阶固有频率。

(a) 假设塔筒不是锥形的,具有 2m 的等直径,忽略塔筒顶部机舱与风轮的质量,用简单公式估算塔筒固有频率;

(b) 用 Euler 方法,重复(a)过程,直接求解或用 MiniCode 软件;

(c) 用 Myklestad 方法,重复(a)过程,用 MiniCode 软件求解;

(d) 重复(a)过程,考虑塔筒顶部机舱与风轮的质量,用简单公式求解;

(e) 重复(d)过程,用 Myklestad 方法,近似考虑塔筒顶部机舱与风轮的质量求解;

(f) 重复(e)过程,考虑锥形塔筒。

# B.5　第 5 章习题

**5.1**　一个 48 V 直流风力发电机,连接到由 4 个 12 V 蓄电池串联形成的蓄电池组中给其充电。无风时蓄电池组必须供给 2 个负载,一个是电灯泡,额定值为 48 V 时 175 W;另一个是加热器,额定值为 48 V 时 1000 W。可以认为蓄电池是 12 V 的恒定电压源,各有 0.05Ω 的内部串联电阻。实际供给负载的功率是多少? 该功率与期望值相差多少?(忽视温度对灯丝和发热元件电阻的影响)

**5.2**　一电磁铁用于将风力机的气动刹车装置工作时固定在某一位置。电磁铁由一个 60 V 直流电源供电,产生 30 lbs(133.4 N)的力。电磁铁的线圈流过 0.1 A 的电流。假设电磁铁铁心的相对磁导率为 $10^4$,铁心直径为 3 in (7.62 cm)。

求线圈的匝数和导线规格。假设力与磁通、铁心面积之间的关系是:$F = 397\ 840B^2A_c$,其中 $F$ 是力 (N),$B$ 是磁通(Wb/m$^2$),$A_c$ 是铁心面积(m$^2$)。再假设每匝长度等于铁心圆周长。铜的电阻率为 $\rho = 1.72 \times 10^{-6}$ Ω·cm。

**5.3**　考虑下列相量:$\hat{X} = 10 + j14$,$\hat{Y} = -4 + j5$。在直角和极坐标系下,求下列相量:$\hat{X} + \hat{Y}$,$\hat{X} - \hat{Y}$,$\hat{X}\hat{Y}$,$\hat{X}/\hat{Y}$。

**5.4**  已知对称 Y 型联结的三相系统中,相电压 $V_{LN}$ 大小等于线电压 $V_{LL}$ 除以 3 的平方根,即:

$$V_{LN} = V_{LL} / \sqrt{3}$$

那么,供给一个 Y 型联结的三相发电机的电网线电压是 480 V,其相电压是多少?

**5.5**  一电路由电阻和电感串联组成,所施加的交流电压为 $240\angle 0° \text{ V}$,60 Hz。电阻为 8Ω,电抗为 10Ω。求电路中的电流。

**5.6**  一交流电路由电阻、电容和感与 120 V、60 Hz 电源串联组成。电阻为 2 欧姆,电感为 0.01H,电容为 0.0005F。求下列各值:电容和电感的电抗、电流、视在功率、有功功率、无功功率、功率因数角和功率因数。

**5.7**  一电路有一个电阻器和电抗器并联。另有第二个电阻和一个电容器串联,此两者与电抗器和第一个电阻器并联。第一个电阻器的电阻为 8Ω,第二个电阻器的电阻为 12Ω,电抗器的电抗为 j16Ω,电容器的电抗为 −j22Ω。所施加的电压为 220V。求视在功率、功率因数和有功功率。

**5.8**  一变压器的额定值为 120V/480V、10 kVA,等效电路如图 B.4 所示。低压侧接一加热器,额定值为 5 kW、120V;高压侧接单相 480 V、60Hz 电源。求所传递的实际功率,加热器两端测量到的电压,以及变压器效率(输出功率/输入功率)。

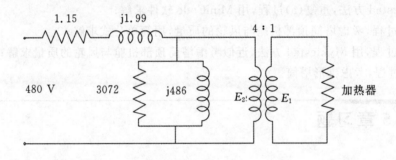

图 B.4  变压器等效电路

**5.9**  一小型风力发电机(单相)产生 120 V 有效值、60 Hz 的电压。发电机的输出连接到一个二极管桥全波整流器,产生一脉动直流电压。平均直流电压是多少?用可控硅整流器(SCR)代替二极管整流器,SCR 在每半周期开始后 60 度被触发开通,此时平均直流电压是多少?

**5.10**  感应电机参数可以从一些在特定条件下测得的数据估算出。空载试验和转子堵转试验是两个关键试验。空载试验时,电机加额定电压,使其空载运行(即轴上不接任何负载)。转子堵转试验时,转子阻转,电机接线端加了降低的电压。测量出两种试验情况下的电压、电流和功率。空载试验时,滑差基本上等于 0,因而转子参数所在的回路可以忽略。磁化电抗占阻抗的绝大部分,因而可以根据测试数据求出。转子堵转条件下,滑差等于 1.0,所以磁化电抗可以忽略,故可求出漏阻抗参数。第三个试验可用来估算风阻和摩擦损耗。在此试验中,被试电机由第二台电机拖动而不是连接到电源。测量出第二台电机的功率,从这个数值减去第二台电机本身的空载功率,其差值等于被试电机的风阻和摩擦损耗。

在简化分析中,可假定所有的漏阻抗项都在互感的同一侧,如图 B.5 所示。此外,假设与磁化电抗并联的电阻为无穷大。假设定子和转子电阻 $R_S$ 和 $R'_R$ 彼此相等,漏电感也彼此相等。

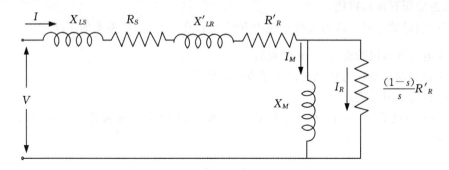

图 B.5　感应电机简化等效电路

下列是三相 Y 型联结感应电机的测试数据:

空载试验:　　　　$V_0 = 480 \text{ V}, I_0 = 46 \text{ A}, P_0 = 3500 \text{ W}$
转子堵转试验:　$V_B = 70 \text{ V}, I_B = 109 \text{ A}, P_B = 5600 \text{ W}$
风阻和摩擦损耗等于 3000 W。

求感应发电机模型(等效电路)中的参数。

**5.11**　一台 4 极感应发电机额定值为 300 kVA、480 V。有下列参数: $X_{LS} = X_{LR} = 0.15 \ \Omega$, $R_{LS} = 0.014 \ \Omega, R_{LR} = 0.0136 \ \Omega, X_M = 5 \ \Omega$。在滑差为 $-0.025$ 时,该发电机能发出多少功率?此时发电机旋转速度是多少?求转矩、功率因数和效率。(忽略机械损耗)

假如发电机用在一个风力机上,由于风力的作用其转矩增加到 2100 N·m,将出现什么情况?

**5.12**　一个 480 V、500 kW 的电阻负载,用一台连接到柴油机的 8 极同步发电机和一个风力发电机组供电。风电机组有与习题 5.11 相同的感应发电机。同步发电机额定功率 1000 kVA,同步电抗为 0.4 Ω。电压调节器维持负载上加 480 V 恒定电压,柴油机上的控制器维持固定转速,这一转速使得电网频率为 60 Hz。电力系统为三相。两个电机都是 Y 型联结。来自风的功率使感应发电机在 $-0.01$ 滑差下运行。此滑差下异步发电机功率为 153.5 kW,功率因数为 0.888。

(a) 求同步发电机的转速、功率因数和功角;
(b) 验证功率和功率因数是否如上所述。

**5.13**　一台由柴油机驱动的同步发电机和一台带有绕线转子感应发电机(WRIG)的风电机组用于供给一个电阻性负载,如图 B.6 所示。此电力系统为三相,电机均为 Y 型联结。

WRIG 为 4 极,额定值为 350kVA 和 480V,具有下列参数: $X_{LS} = X_{LR} = 0.15 \ \Omega, R_S = 0.014 \ \Omega, R'_R = 0.0136 \ \Omega, X_M = 5 \ \Omega$。转子电路中的外部电阻可以调节。

电阻性负载在 480 V 电压下消耗 800 kW。

同步发电机与习题 5.12 中的相同,有 8 个磁极,额定工况下产生 1000 kVA,同步电抗为

0.4 Ω。电压调节器维持负载加上 480 V 恒定电压,柴油机上的控制器维持固定转速,这一转速使得电网频率为 60 Hz。

可以忽略所有机械损耗。

外部电阻已被旁路。风力机处于使 WRIG 运行在 −0.02 转差率的工况下。

(a)此时发电机以多快的速度(r/min)旋转?

(b)有多少机械功率从风力机风轮进入了发电机转子?

(c)WRIG 的功率因数是多少?

(d)(i)同步发电机的功率;(ii)其功率因数;(iii)攻角;(iv)发电机转速(r/min)和内电动势 $E$ 是多少?

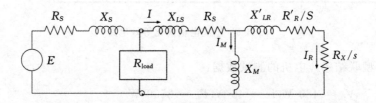

图 B.6　具有同步发电机和 WRIG 的系统

**5.14** 除包含 WRIG 的外部电阻且可以按照需要进行调节外,本习题涉及与习题 5.13 中相同的发电机和负载。风力机转速增加,控制系统响应使得转差率为 −0.42,但定子电流不变。

(a)外部电阻的值是多少(Ω)?

(b)发电机的转速(r/min)是多少?

(c)有多少来自于风力机风轮的机械功率现在进入发电机转子?

(d)有多少电功率流出定子绕组?

(e)有多少功率耗散在外部电阻上?

**5.15** 除 WRIG 的转子电路中不是采用外部电阻,而是接入一个理想变流器外,本习题涉及与习题 5.14 相同的条件。变流器将与前述耗散在转子电阻上相同的功率馈入电网。

(a)WRIG 产生的总有用功率是多少?

(b)同步发电机的功率和功率因数是什么?

**5.16** 一个六脉冲逆变器有阶梯电压波形,其两个周期的波形示于图 B.7。阶梯电压从 88.85 V 升到 177.7 V,等等。频率为 60Hz。

(a) 试说明逆变器的阶梯波电压可以表示为下面的傅立叶级数:

$$V_{inv}(t) = A\left[\sin(\omega t) + \frac{1}{5}\sin(5\omega t) + \frac{1}{7}\sin(7\omega t) + \frac{1}{11}\sin(11\omega t) + \cdots\right]$$

其中 $A = (3/\pi)(177.7)$,$\omega = 2\pi f$。

(b) 一个串、并联调振滤波器连接到输出接线端,每个器件的电抗都相等,使得

$$f(n) = \left| n^2 / \{(n^2 - 1)^2 - n^2\} \right|$$

试说明该滤波器是怎样减少谐波的。求基频和至少前三个非零谐波经滤波器的衰减量。绘图

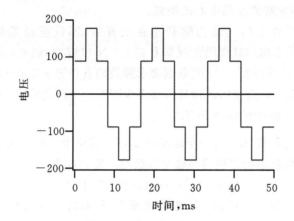

图 B.7　逆变器的阶梯波电压

说明经滤波和未经滤波的电压波形。

提示:一般来说,一个脉冲列(方波)的傅立叶级数可表示为:

$$V(t) = \frac{4}{\pi}H\left[\sin(\omega t) + \frac{1}{3}\sin(3\omega t) + \frac{1}{5}\sin(5\omega t) + \frac{1}{7}\sin(7\omega t) + \frac{1}{9}\sin(9\omega t) + \cdots\right.$$

其中 $\omega = 2\pi f$,$H$ = 矩形波相对于零值的高度。

# B.6　第 6 章习题

**6.1**　风力机空心轴 5 m 长,其外半径为 1 m,内半径为 0.8 m,求其截面惯性矩 $I$ 和极转动惯量 $J$,假设钢材密度 $\rho_s$ 为 7800 kg/m³。

**6.2**　风力机的低速轴长 $l = 5$ m,其直径 $D = 0.5$ m,钢材弹性模量 $E = 160$ GPa,其旋转速度为 12.1 r/m,风力机产生的功率为 5 MW,求:

(a)风轮的扭矩,假设驱动链的效率为 90%;

(b)扭转变形的角度;

(c)储存在轴中的能量;

(d)轴的最大应力;

提示:转轴的扭转刚度 $k_\theta = GJ/l$。[①]

**6.3**　对一个螺旋形弹簧,弹簧系数 $k$ 可以根据弹簧的尺寸和它的材料特性表示为:

$$k = \frac{Gd^4}{64R^3 N_c}$$

式中,$G$ = 剪切弹性模量,N/m²(lb/in²);$d$ = 弹簧丝的直径,m(in);$R$ = 线圈的半径,m(in);$N_c$ = 弹簧圈数。对弹性钢 $G$ 的平均值为 $7.93 \times 10^{10}$ N/m²($11.5 \times 10^6$ lb/in²)。线圈半

---

①　此处原书有误,已更正。—— 译者注

径为从弹簧的纵轴到组成线圈丝线中心的距离。

弹簧是使风力机叶片上的气动力学刹车在展开后,回位至最近位置;当弹簧延长了 0.1524 m(6 in)(刹车起作用),其作用在刹车上 653.9 N(147 lb)的力;当刹车被关闭时,其作用在刹车上 111.2 N(25 lb)的力。空间限制要求弹簧的直径等于 0.0381 m(1.5 in),弹簧线规为 7(0.177 in 或 4.5 mm 直径),该弹簧需要多少圈能产生预期的力?弹簧线圈多重?假设钢的重量密度为 76.815 kN/m³(498 lb/ft³)。

**6.4** 球轴承的基本检定负载,$L_R$,为一个轴承应足够完成至少一百万次旋转,球轴承[由 1 in(0.083 m)直径的球]的基本额定负载与轴承参数的一般公式为:

$$L_R = f_c \left[ n_R \cos(\alpha) \right]^{0.7} Z^{2/3} D^{1.8}$$

式中,$f_c$ = 常数,在 3500~4500(当球直径单位为米时,260 200~334 600),依赖于 $D\cos(\alpha)/d_m$;$D$=球直径,m(in);$\alpha$=球的接触角(通常为 0 deg);$d_m$ = 滚珠座圈节园直径[=(孔+外直径)/2];$n_R$ = 球的圈数;$Z$ = 每圈球的个数。

如果两个轴承运行了不同的小时数,额定负载必须依照下列关系调整:

$$L_2 / L_1 = (N_1 / N_2)^{1/3}$$

风力机输出端齿轮箱上的轴承有下列特性:OD=0.125 m(4.9213 in),ID(孔)= 0.07 m(2.7559 in),轴承有 13 个球,每个直径是 0.01746 m(11/16 in)。计算出轴承的基本额定负载。假如齿轮箱预计寿命 20 年,且 4000 hrs/yr。假设,$f_c$=4500,球的接触角为零,转轴运行转速 1800 r/m,轴承额定负载如何变化?

**6.5** 风力机被固定在一个 30 m 高的三角桁架塔架上,风力机有 5000 kg 重,转子直径是 25 m,塔架均匀变小且有 4000 kg 重,塔架脚由螺栓固定在水泥基础上,成等边三角形,边长为 4 m。每个支架被 6 个 3/4 in 的粗牙螺纹固定住;风向与一个支架一致,和另外两个支架垂直(单一支架是下风的),风速是 15 m/s。计算出上风塔架的支架刚刚离开基础时的螺栓中扭矩,假设:转子运行在最大理论功率系数。提示:对这种螺栓的扭矩可根据螺栓负载,由下列公式确定:

$$Q_B = 0.195 \, dW$$

式中,$Q_B$ = 螺栓扭矩,Nm;$d$ = 名义螺栓直径,m;$W$ = 螺栓中载荷,N。

**6.6** 一个发明家提出一个多叶片风力机,下风转子直径为 12.2 m(40 ft),每个叶片长 5.36 m(17.6 ft),厚 0.0762 m(3 in)和宽 0.203 m(8 in)。假设:叶片是一个矩形,且采用木质做成,假定其弹性模量为 $1.38 \times 10^{10}$ Pa($2.0 \times 10^6$ lb/in²)和重量密度为 6280 N/m³(40 lb/ft³),转子转速 120 r/m。忽略其它潜在的问题,可能发生什么振动问题?(忽略回转刚度),并解释。

**6.7** 齿轮箱为一个新风力机上的发电机增速,风力机转子直径 12.2 m(40 ft),额定功率 75 kW,发电机被连接到电网中,而且是 1800 r/m 的同步转速。现选择了一个平行的直轴齿轮箱,齿轮箱有三个直轴(输入轴、中间轴和输出轴)和四个齿轮,齿轮有 0.01995 m(0.7854in)的周节,齿轮的特性见表 B.7。算出齿轮直径、转速和每个齿轮的圆周速度;算出齿轮 1、2 之间和在齿轮 3、4 间的切线力。

表 B.7 齿轮齿

| 齿轮 | 轴 | 齿 |
|------|-----|------|
| 1 | 1 | 96 |
| 2 | 2 | 24 |
| 3 | 2 | 84 |
| 4 | 3 | 28 |

**6.8** 片状离合器时常用作风力机上的刹车。依照"均匀磨损理论",片状离合器的每个表面的承载能力可用下列转矩公式描述。转矩 $Q$ 为法向力乘摩擦系数 $\mu$,乘摩擦表面的平均半径 $r_{av}$,

$$Q = \mu \frac{r_{0+}r_i}{2} F_n = \mu r_{av} F_n$$

式中,$r_0 =$ 外直径;$r_i =$ 内直径;$\mu =$ 摩擦系数;$F_n =$ 法向力。

离合器型刹车装置将在风速达 22.4m/s(50 m/h)时停止风力机,刹车是装在风力机的发电机轴上。风力机有下列的特性:转子转速 60 r/m,在风速 22.4m/s(50 m/h)时,发电机功率 350 kW,发电机同步转速 1800 r/m。刹车装置有四个表面,每个外直径为 0.508 m(20 in)和内直径为 0.457 m(18 in),摩擦系数是 0.3,刹车由弹簧施加,当活塞中空气压力达 68.95 kPa(10 Ib/in²)时,刹车起作用,活塞的有效直径是 0.457 m(18 in)。刹车施加的最大转矩是多少? 如果发电机从电网分离,该转矩还足以停止风力机吗? 忽略效率影响。

**6.9** 一个由钢管建成的新风力机悬臂式塔筒,高 24.38 m(80 ft),风力机的重量是 53.4 kN(12 000 lb)。塔筒固定外直径为 1.067 m(3.5 ft),壁厚 0.019 05 cm(3/4 in),风力机将有三个叶片,正常的转子转速是 45 r/m。这塔筒是过刚、柔或过柔? 假如采用一个锥形塔筒,用本书介绍的方法,其固有频率该怎样分析? 假设钢的重量密度是 76.8 kN/m³(489 lb/in³),弹性模量为 209 GPa。

**6.10** 一个风力机风轮的极转动惯量 $J = 55000$ kg·m²,驱动链的等效刚度 $k_\theta = 45000$ kN/rad,风力机运行在高风速下,驱动链的扭转角变形 $\theta = 0.05$ rad,突然在驱动链的远端施加刹车使其停机,风轮/驱动链相对于刹车的固有频率是多少? 写出角变形相对于时间的函数,忽略阻尼。

**6.11** 一个运动中的风力机出现问题,施加紧急刹车,使得转子在 1s 内停止,风力机的风轮直径 80m,塔筒高度也是 80m,风轮质量 35 000 kg,风力机在停止前运行转速为 20 r/m。

估算由于施加刹车所造成的对塔筒地基的倾覆力矩,利用冲击动量理论,假设所有重量集中在距离风轮中心一半半径的位置。

## B.7　第 7 章习题

**7.1**　一个风力机设计在风速 15 m/s 中运行(其轮毂高度 40 m)。风力机风轮直径 $D=45$ m。考虑它可能在 50 年一遇的极端阵风下运行,最高风速是多少? 风速会超过定义的最大运行风速多长时间? 图解说明轮毂高度处阵风风速。假设一个较高的紊流区域。

对轮毂高度大于 30 m 的风力机,IEC 规定 50 年一遇的阵风为:

$$U(t)=\begin{cases} U-0.37U_{gust50}\sin(3\pi t/T)[1-\cos(2\pi t/T)] & \text{当 } 0\leqslant t\leqslant T \\ U, & \text{当 } t<0 \text{ 且 } t>T \end{cases}$$

式中,$T=14$ s,且

$$U_{gust50}=6.4\left[\frac{\sigma_x}{1+0.1(D/21)}\right]$$

**7.2**　在 Logan 机场 16 年中按小时统计的最大平均风速见表 B.8,按此数据找出 50 年和 100 年一遇的按小时统计最大风速。

表 B.8　每年最大风速

| 年 | 最大风速/m · s$^{-1}$ |
|---|---|
| 1989 | 17.0 |
| 1990 | 16.5 |
| 1991 | 20.6 |
| 1992 | 22.6 |
| 1993 | 24.2 |
| 1994 | 21.1 |
| 1995 | 19.0 |
| 1996 | 20.3 |
| 1997 | 18.5 |
| 1998 | 17.0 |
| 1999 | 17.5 |
| 2000 | 17.5 |
| 2001 | 17.0 |
| 2002 | 16.0 |
| 2003 | 17.0 |
| 2004 | 16.5 |

**7.3**　对于相似设计的风力机,表述叶片挥舞的最大应力与风力机尺寸无关。为简化,假设一个矩形叶片和一个理想的转子。

**7.4**　推导叶片弯曲刚度(EI)与风轮半径的关系式。(假设叶尖速比为常数,在不同风轮半径时,其叶片数目、翼型和叶片材料保持不变,在可能的情况下保持几何相似。)

**7.5** 风力机设计为不并网的负载提供功率,例如,一个抽水泵风力机;这个问题与估算风力机—负载组合的功率曲线有关,许多风力机转子的功率系数与叶尖速比关系可用下列简单的三阶多项式描述:

$$C_p = \left(\frac{3C_{p,\max}}{\lambda_{\max}^2}\right)\lambda^2 - \left(\frac{2C_{p,\max}}{\lambda_{\max}^3}\right)\lambda^3$$

式中,$C_{p,\max}$ = 最大的功率系数;$\lambda_{\max}$ = 对应最大功率系数的叶尖速比;

利用假设:(a) 当叶尖速比 $\lambda = 0$ 时(即当 $\lambda = 0$,$C_p = 0$),功率系数等于零;(b) 当 $\lambda = 0$ 时,功率系数曲线的斜率等于零;(c) 当 $\lambda = \lambda_{\max}$ 时,功率系数曲线的斜率仍然为零,可从上式推导出。

假设风力机发出的功率与转速($N_L$)平方成正比,$N_L$ 是转子转速乘以齿轮速比($g$),即 $N_L = gN_R$,用转子转速为参照,负载功率为:

$$P_L = g^2 k N_R^2$$

式中 $k$ 是常数。

从风力机负载功率推导出的最新表达式,它是转子尺寸、空气密度、风速等变量的函数。求出该表达式,忽略在风力机或负载中的无效率效应 。

对以下风力机和负载,求出风速在 2.24 m/s 和 13.4 m/s 之间功率的曲线:$C_{p,\max} = 0.4$,$\lambda_{\max} = 7$,$R = 1.524$ m (5 ft),齿轮增速比 $g = 2:1$,额定负载 = 3 kW,额定负载转速 = 1800 r/m。

**7.6** 假设目前 50 m 叶片的设计重量为 12 000 kg,同时假设在设计气动力作用下,叶尖在挥舞方向变形,在距离回转轴 15 m 处,其弯矩为 16 MN·m。新的叶片实验室要求能够进行 85 m 长叶片实验,为设计实验室,其需预估 85m 叶片重量、叶尖变形和叶根弯矩。利用课本中的比例关系,估计这些数值。假设叶尖速比为常数,在不同风轮半径时,其叶片数目、翼型和叶片材料保持不变,在可能的情况下保持几何相似;假设叶片有均匀截面和均匀气动载荷 $q$,注意此时,叶尖变形 $v$,可以从下式得到:

$$v = \frac{qR^4}{8EI}$$

**7.7** 数据文件 ESITeeterAngleDeg50 Hz. xls 包含有双叶片、下风向、50Hz 的 250 kW 风力机 10 分钟风轮摇摆角。

(a)确定数据的最大、最小和平均标准偏差;

(b)绘出以 0.5 度为间隔的数据谱图,如果轮毂在摇摆角度大于 3.5 度时,阻尼机构投入运作,在这个 10 分钟数据中,有多长时间轮毂接触上阻尼机构?

(c)利用 MiniCode 程序,产生和绘制 8192 个点的功率谱密度(psd),数据的波动主要频率是什么?

**7.8** 数据文件 12311215Data. xls 包含有双叶片、定转速带有感应发电机的 250 kW 风力机全尺寸测试数据。根据此功率与转速数据,确定发电机的额定滑差率(%):

(额定功率转速 − 额定转速)/额定转速

额定转速＝1800 r/m,额定功率＝250 kW。

---

## B.8 第8章习题

**8.1** 风能用于生产已有数世纪之久。一个早期的磨坊风车偏航系统,是大约在1750年由Meikle发明的,用螺旋桨尾翼和齿轮系统将转子对正风向。磨坊风车的转塔支撑着转子,而转子迎着风向。螺旋桨尾翼转子,沿着与产生功率的转子成适当角度来取向,用于使整个转塔和转子转动(见图B.8)。螺旋桨尾翼转子轴旋转与转塔旋转的齿轮比大约为3000:1。说明此偏航定向系统的运行原理,包括使转子对风定向的反馈路径。

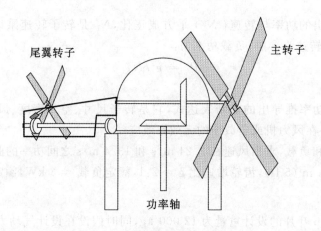

图 B.8 Meikle 偏航系统

**8.2** 监测控制系统的一部分任务就是监视齿轮箱运行情况,以及齿轮箱是否需要保养和维修。监测控制器应该收集什么信息? 什么信息应该报告给系统运行人员?

**8.3** 变速风力机控制系统用改变叶片桨角和速度来向电网提供恒定的功率。什么是转子转速波动和桨角控制系统时间响应之间的平衡?

**8.4** 试验型风力机上的加速度仪用于测量塔筒振动。测量结果显示传感器对温度变化非常敏感。为在寒冷的天气里完成一系列试验,测试工程师安装了一个快速电加热元件和控制器,以保证传感器上的温度恒定。系统包括:(1)一个小的电子芯片,能提供毫伏级的输出,且输出随温度变化;(2)电子线路;(3)一个晶体管;(4)一个电阻加热器;和(5)一个仪器箱用来装入芯片、加热器和加速度仪。电子线路提供一个输出电压,该电压与两个输入端的电压差有关。一小电流(毫安级)流入晶体管,此电流与电子线路的输出电压有关。晶体管将此电流放大,向加热器提供高达2安培的电流。加热器维持传感器箱内的温度在70 ℉。

(a) 受到这一控制系统影响的过程是什么?

(b) 什么元件起到了传感器、控制器、功率放大器和执行机构的作用?

(c) 如果存在扰动,系统的扰动是什么?

**8.5**　一试验型风力机上的加速度仪用于测量塔筒振动。测量结果显示传感器对温度变化非常敏感。为在寒冷的天气里完成一系列试验,测试工程师安装了一个快速电加热元件和控制器,以保证传感器上的温度恒定。系统的闭环传递函数为:

$$\frac{T}{T_{ref}} = \frac{0.1}{s^2 + 0.5s + 0.1}$$

绘制在参考温度 1 ℉ 阶跃增加时,系统的阶跃响应曲线。

提示:阶跃响应由传递函数乘以 $T_{ref} = 1/s$ 形成,最终解由相乘结果的拉普拉斯逆变换确定。

$$T = \frac{0.1}{s^2 + 0.5s + 0.1} \left( \frac{1}{s} \right)$$

首先,应该转换成多项之和。利用分式展开法:

$$T = \frac{0.1}{s^2 + 0.5s + 0.1} \left( \frac{1}{s} \right) = \left( \frac{A}{s} \right) + \frac{Bs + C}{s^2 + 0.5s + 0.1}$$

于是就可以确定每一项的拉普拉斯逆变换。为求得拉普拉斯逆变换,分母为二阶的分数需要分解成二项。

**8.6**　桨角控制系统的传递函数为:

$$\frac{\Theta_m(s)}{\Theta_{m,ref}(s)} = \left( \frac{K}{s^3 + s^2 + s + K} \right)$$

闭环系统对叶片变桨角 1 度阶跃命令的响应为:

$$\Theta_m(s) = \left( \frac{K}{s^3 + s^2 + s + K} \right) \left( \frac{1}{s} \right) = \frac{K}{(s+a)(s^2 + bs + c)s}$$

(a) 计算并画出在设计人员初始选择的 $K = 0.5$ 下,闭环时域系统阶跃响应。讨论闭环系统的响应,包括阻尼、超调量和响应时间;

(b) 不管什么原因,控制系统设计人员决定增加系统增益 $K$,计算在设计人员新选择的 $K = 3$ 下,闭环时域系统的阶跃响应;

(c) 对于不同的增益,明显的差异是什么?

提示:对一般形式的闭环响应函数,进行分式展开:

$$\frac{d}{(s+a)(s^2 + bs + c)s}$$

然后,用 $a, b, c, d$ 变量,求出每一项的拉普拉斯逆变换。因为在求解中要用到两次,所以对这种符号形式做一解释。

对 (a) 和 (b) 部分,选用适当的 $d$ 值,画出 $s^3 + s^2 + s + d$ 曲线,图解求出分母的实根 $a$。过零点 $s$ 的值是 $-a$。二阶根用长除法求出:

$$\frac{s^3 + s^2 + s + d}{(s+a)} = s^2 + (1-a)s + (1 - a + a^2)$$

因此,分母的根为 $s$、$(s+a)$ 和 $s^2 + bs + c = s^2 + (1-a)s + (1-a+a^2)$。

将 $a, b, c, d$ 的值带入通解,并绘出结果所对应的曲线。

**8.7**　风力机制造商欲设计一个偏航驱动控制系统。为了使驱动齿轮磨损最小,常常用偏航制动器将偏航系统锁住,直到 10 分钟平均偏航误差超过某一设定值(偏航误差极限)。此时,偏航驱动系统将会移动风力机,使其对向先前10分钟平均值所确定的风向。

(a) 偏航误差极限和平均时间的选择对风力机运行有什么影响?

(b) 你会用什么方法决定偏航误差极限和其它因素定量上的平衡?

**8.8** 为一台风力机设计桨角控制系统。桨角控制系统对单位阶跃指令的响应由下式决定:

$$\theta_p = \theta_{p,ref}\left[1 - 1.67e^{-1.6t}\cos(1.2t - 0.93)\right]$$

式中 $\theta_p$ 为桨角的变化量,$\theta_{p,ref}$ 为给定桨角变化量的大小。为了在高风速时停止风力机,桨角必须变化16度。变桨角运动受阻于3个转矩,即摩擦力矩、变桨力矩和惯性力矩。假设总摩擦力矩 $Q_{friction}$ 为恒值30 Nm,高风速时总变桨力矩 $Q_{pitching}$ 为恒值1000 Nm,惯性力矩是转动惯量的函数 $Q_{inertia} = J\ddot{\theta}_p$。叶片的总质量转动惯量 $J$ 为100 kg·m$^2$。改变叶片桨角所需要的总功率为:

$$P_{total} = \dot{\theta}_p\left(J\ddot{\theta}_p + Q_{friction} + Q_{pitching}\right)$$

求使叶片桨角改变16°(0.279rad)所需的最大功率是多少?

**8.9** 一台250 kW带有感应发电机的并网型定桨风力机,其轴扭矩 $Q_s(s)$ 与气动扭矩 $\alpha W(s)$ 的传递函数为:

$$\frac{Q_s(s)}{\alpha W(s)} = \frac{49(s + 96.92)}{(s + 97.154)(s^2 + 1.109s + 48.88)}$$

(a) 此传递函数可表示为一个一阶系统、一个二阶系统和一个 $K(s + a)$ 形式项的乘积,二阶系统的传递函数可表示为:

$$G(s) = \frac{\omega_n^2}{s^2 + 2\zeta\omega_n s + \omega_n^2}$$

其中 $\omega_n$ 为系统固有频率,$\zeta$ 为阻尼比。则二阶系统部分的固有频率和阻尼比是多少?

(b) 一阶系统的传递函数可表示为:

$$G(s) = \frac{1/\tau}{s + 1/\tau}$$

其中 $\tau$ 为一阶系统的时间常数,则一阶系统部分的时间常数是多少?

**8.10** 可用图 B.9 所画的电路来设计比例积分微分(PID)控制器。控制器的微分公式是:

$$g(t) = -\left[K_p e(t) + K_D \dot{e}(t) + K_I \int e(t)dt\right] = -\left[\left(\frac{R_2}{R_1} + \frac{C_1}{C_2}\right)e(t) + R_2 C_1 \dot{e}(t) + \frac{1}{R_1 C_2}\int e(t)dt\right]$$

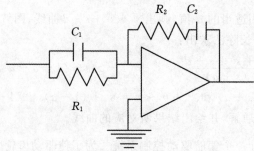

图 B.9

式中 $g(t)$ 为控制器输出，$R$ 和 $C$ 分别是相应电路元件的电阻和电容，$e(t)$ 是控制器输入的误差信号，控制器常数为 $K_p$、$K_I$ 和 $K_D$。

如果 $R_1$ 为 10 000 $\Omega$，当 $K_p=10$，$K_I=100$，$K_D=0.01$ 时，$R_2$ 的值是多少？注：电阻的单位为 $\Omega$，电容的单位为 F(法)。

**8.11** 如果需要一个数字控制系统决定系统性能，其频率至少 10 Hz。那么，(a) 可采用的最小采样频率是多少？(b) 对于输入数据滤波应采用什么截断频率？

**8.12** 定速风力机叶片变桨控制器设计为控制风轮平均功率高于额定值，其传递函数近似为：

$$\frac{\Theta}{\Theta_{ref}} = \frac{0.5}{s+0.5}$$

采用部分分数展开式计算系统的阶跃响应。因此，假设：

$$\Theta_{ref} = \frac{1}{s}$$

阶跃响应(叶片从 10% 到 90% 期望位置变桨所需要的时间)是多少？

**8.13** 工程师在研究维持风力机风轮速度和发电机功率的控制器中叶片变桨控制环增益改变的效果。$WPControlNeg\,1.csv$、$WPControlNeg\,10.csv$ 和 $WPControl\text{-}Neg\,100.csv$ 中提供了仿真结果。注意在 $-100$ 增益时的时间步长小于其他数据系列时，求取叶片桨角的平均和标准偏差(度)，发电机功率(kW)和风轮速度(r/min)。同时，求取叶片变桨速率的平均和标准偏差(deg/s)。更负的增益会引起怎样的差别？当增益为 $-100$ 出现了什么情况？

**8.14** 如果变速风力机上的风轮速度控制器能够精确地维持风轮叶尖速比在其最佳值，那么，风轮 $C_P$ 在恒叶尖速运行中将总是最大。现实世界中，控制系统无法达到这样的控制水平。假定风力机恒叶尖速运行的叶尖速范围用描述为：

$$P(\lambda) = \frac{b}{\sqrt{2\pi}} e^{-\left[\frac{(b(\lambda-\lambda_0))^2}{2}\right]}$$

的概率正态密度分布来描述。此式中，$b$ 是决定叶尖速比分布宽度的参数。也假定 $C_P(\lambda)$ 在偏离最佳叶尖速比的合理范围内可以描述为：

$$C_P(\lambda) = -a\,(\lambda-\lambda_0)^2 + C_{P,\max}$$

此式中，$a$ 为决定 $C_P-\lambda$ 曲线顶部曲率的参数。于是，以此类运算所描述的平均 $C_P$ 为：

$$\int C_P(\lambda) P(\lambda)\mathrm{d}\lambda$$

应用 Excel 对上式做数值积分以确定 $b$ 是 1 或者 2，以及 $a$ 是 0.01 和 0.02 时的平均 $C_P$ 和最佳 $C_P$ 的百分比。$a$ 固定为 0.02，当叶尖速的分布变窄时，$C_P$ 会有多大的改善？$b$ 固定为 1，$C_P-\lambda$ 曲线的顶部有较小曲率，$C_P$ 会有多大的改善？假设 $C_{P,\max}=0.47$。

**8.15** (a)推导正文中的式(8.14)。提示：功率＝转矩×转速。
(b)对一台 5MW 风力机组，有 $R=63\mathrm{m}$，$\lambda_{opt}=8$，$C_{P,\max}=0.50$ 和 $\rho=1.225\mathrm{kg/m^3}$，计算比例常数：

$$k = \frac{\rho\pi R^5 C_{P,\max}}{2\,(\lambda_{opt})^3}$$

# B.9 第 9 章习题

**9.1** 一个山顶位置被选为风场,列出 10 个或更多个在选址时要考虑的事项。

**9.2** 四个同样的风力机,间距为 12 倍风轮直径,排成一排经历平行于风力机的风,用 Katic 尾迹模型确定接近每一台风力机的风速,假设 $k = 0.10$,推力系数 = 0.7。

**9.3** 风场设计者选定了一个独特的风场,风总以 15 m/s 速度,来自一个方向,该基地有足够的空间建立两排垂直于主要风向的风力机。她正在斟酌该选择多大的风力机和每行放多少风力机,受选的所有风力机有相同的轮毂高度,她提出了两个方案。

　　方案 1——24 台 1.5 MW 的风力机放两排,刚好布置下:
- 前排——12 台风力机,每台风轮直径 60 m,在风速 15 m/s 时额定功率 1.5 MW;
- 第二排距第一排 500 m(8.33 倍风轮直径)——12 台风力机,每台风轮直径 60 m,在风速 15 m/s 时额定功率 1.5 MW。

　　方案 2——这个选择是在第一排用稍小的风力机,第一排可以放置较多的风力机,而且在第一排有较小的风轮直径,而使得第二排的风速减小不多。此外,因为对住户的影响减少,这些较小的风力机能向风场前边缘移动 100 m,以进一步地减少尾迹效应。第二排的布置同方案 1:
- 前排——15 台风力机,每台风轮直径 50m,在风速 15 m/s 时额定功率 1.0 MW;
- 第二排距第一排 600 m——12 台风力机,每台风轮直径 60 m,在风速 15 m/s 时额定功率 1.5 MW。

　　为评估她的方案,设计者用 Katic 的尾迹模型确定第一排风力机后的风速,她假设 $k = 0.10$,而且推力系数是 8/9,她还假设在风速低于 15 m/s 时,风力机的输出功率近似为:

$$P = P_{rated} \left( \frac{U_X}{15} \right)^3$$

(a) 对这两个方案,每排和全部风力机产生的功率是多少?

(b) 如果风力机价值 \$ 800/kW(安装后),每个方案需多少投资来安装风力机?(假设不需要贷款)

(c) 如果设计者的年度运行与维护(O&M)成本是 7% 安装成本,再加上维护成本 \$ 10/MWh,全年的运行与维护成本是多少?

(d) 如果设计者的收入是来自卖电 \$ 30/MWh,她一年的实际收入是多少?(卖电收入—一年运行与维护成本)

(e) 如果实际收入是决定因数,她应该选择哪一个方案?

**9.4** 一个风场有两个风力机,彼此相距 100 m,他们运行在一个积分时间尺度 10s,平均风速 10 m/s 的条件下。

(a) Von Kannan 谱图看起来像什么?(使用 log-log 坐标)

(b) 这两个风力机的风场过滤函数是什么?

(c) 假如当地风的谱可表达为:

$$S_1(f) = \sigma_U^2 40 e^{-40f}$$

也假设每个风力机有相同的平均风速,$U$,这样总的平均风速的风力机功率,$P_N$,为 $P_N = NkU$,式中 $k$ 等于 10,$N$ 为风力机的数目。这两个风力机风功率标准偏差是多少?在两个风力机经历相同的风时,如何比较他们的风功率标准偏差?

**9.5** 考虑一个风力发电机连接到电网中见图 B.9,其相电压为 $V_S$,风力机的电压为 $V_G$,不需要等于 $V_S$,配电系统的阻抗是 $R$,电抗是 $X$。

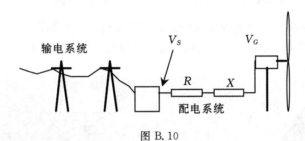

图 B.10

风力机产生的有功功率是 $P$,被风力发电机消耗的无功功率是 $Q$,假设 $R = 8.8\ \Omega$,$X = 4.66\Omega$,$V_S = 11\ \text{kV}$,$P = 313\ \text{kW}$,$Q = 162\ \text{kVAr}$ 和发电机的功率因数 $pf = 0.89$;确定电网和发电机之间的电压差,发电机电压降与电网电压的百分比,发电机的故障级别和已安装的发电机容量的故障级别百分比。

**9.6** 一个风力机连接到 11 kV 干线,在风力机公共连接点上的谐波电压大小,$c_n$,其它电网用户的谐波电压见表 B.9。

**表 B.9**

| $n$ | 1 | 2 | 3 | 4 | 5 | 6 | 7 | 8 | 9 | 10 | 11 | 12 | 13 | 14 | 15 |
|---|---|---|---|---|---|---|---|---|---|---|---|---|---|---|---|
| $c_n/V$ | 11000 | 120 | 0 | 85 | 15 | 0 | 99 | 151 | 0 | 12 | 216 | 0 | 236 | 80 | 0 |

每个谐波的谐波失真和总谐波失真是多少? 这些是否在 IEEE 519 许可限度内?

**9.7** 数据文件 "$Site1\ v\ Site2\ For\ MCP.csv$" 包含 "风场 1 和风场 2" 5 年的风速和风向数据,数据若报错则表示为 $-999$(可能传感器结冰或其它问题)。利用 1999、2001 和 2002 三年同期数据确定这两个风场的合适 MCP(测量-相关-预测)的变化关系。从这三年同期数据确定其斜率和截距是多少? 用于分析用的一年数据可信百分比的回复数据是多少? 是什么造成了不同年的不同结果?

**9.8** 一个研究确定叶片最大弦长的公式为:

$$c = 0.0005L^2 + 0.024L + 1.4$$

式中,$L$ 是叶片长度,叶片重量的公式为:

$$m = 9.043L^2 - 340L + 6300$$

桥梁的净高为 5.5 m,卡车拖运叶片至少要有 1 m 的间隙,此外拖运叶片的卡车总重不能超过 36 000 kg,注意卡车空载重量为 16 000 kg。

(a)如果通过桥梁的净高由叶片弦长决定,能够运输的最长叶片是多少?

(b)卡车最终通过一段干燥路段,该路段最小半径为 $r$,它与路段的长度 $L$ 与宽度 $w$ 的关系如下:

$$r = \frac{\left(\frac{L}{2}\right)^2 - w^2}{2w}$$

如果路的宽度为 8m,运输(a)问中长度叶片的最小半径是多少?

**9.9** 一个开发商决定在一个风场安装 45 台海上风力机,项目建议图如图 B.11,从北向南的风力机间距 2 km,从东向西的间距是 1 km,风力机离海岸最东点的距离是 4 km。

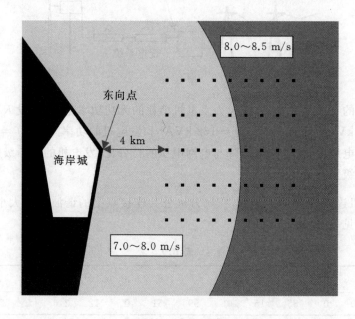

图 B.11 建议项目图

风电场图上不同阴影部分显示了期望的轮毂高度平均风速,此风场的 Weibull 形状因子为 2.4,按当初项目的承诺,在高风速区由于有考古价值的沉船存在,需去掉 4 台风力机;同时他还决定去除距离东向点 5.7 km 内的所有风力机,以免对龙虾养殖户处的环境造成影响。如果风力机在风速 13m/s 以上额定功率为 4 MW,从风速 4m/s 到额定风速的功率曲线成立方关系,切出风速为 24m/s,假设风力机排布损失为 15%,其期望的平均项目容量因子是多少?

**9.10** 一个建议的风场项目有 18 台风力机成一排,每一个间距为 8 倍风轮直径,风速数据按 30 度风速仓列于表 B.10,在风速高于 11 m/s 的风力机的额定功率为 2.0 MW,从风速 4 m/s 到额定风速功率按立方关系变化,切出风速为 24 m/s;当风从北面或南面吹过来时,排布损失为 15%(0 度或 180 度),从其它方向吹过来排布损失为 0;此外假设其它损失是 20%(停机、电损失和气象条件等),在这些条件下,该风场总的容量因子是多少?通过咨询风力机制造商,开发商了解到,当风速沿着风力机排布方向(风向为 0 度或 180 度),由于尾流效应制造商不保证风力机功率,考虑这些新的因素,在该风场风力机保证的容量因子是多少?

**表 B. 10 风速和风向数据**

| 风向仓中心 | 平均风速(m/s) | Weibull 形状因子 | 时间百分数 |
| --- | --- | --- | --- |
| 0 | 7.9 | 2.0 | 8.0 |
| 30 | 7.0 | 2.1 | 6.0 |
| 60 | 6.7 | 2.0 | 4.0 |
| 90 | 5.6 | 2.1 | 10.0 |
| 120 | 6.9 | 2.3 | 8.0 |
| 150 | 7.2 | 2.1 | 7.0 |
| 180 | 8.8 | 2.2 | 7.0 |
| 210 | 9.2 | 2.1 | 10.0 |
| 240 | 9.0 | 2.0 | 8.0 |
| 270 | 8.3 | 2.1 | 14.0 |
| 300 | 8.4 | 2.1 | 12.0 |
| 330 | 7.6 | 2.2 | 6.0 |

**9. 11** 数据文件 *HourlyLoadAndPowerOneYearGW.csv* 包含有一个公共区域按小时平均的电功率(GW)和规划风场将来期望的风功率。

(a)确定总的能量、平均值、最大值、最小值、电网负荷和产生风功率的标准偏差。对于已有公共电负荷(在安装风力机之前)绘制负荷历时曲线。

(b)一旦风力机安装后,确定总的能量、平均值、最大值、最小值和净负荷的标准偏差。在安装风力机后,绘制公共净电负荷负荷历时曲线。

(c)在安装风力机后,有多少电负荷的降低?在包括了风电后,电网调度员能看到多少负荷的标准偏差(净负荷)增加?净负荷变化的峰值是多少?

## B. 10 第 10 章习题

**10. 1** 一个服务于 Cantgettherefromhere 社区的孤立动力系统,使用一个 100 kW 柴油发电机,社区计划添置功率 60 kW 的风力发电机。风力机 24 小时内每小时的平均负载和功率见表 B. 11。柴油发电机需 3 升/时的空载燃料和每千瓦时 0.25 升的附加燃料。

现在问题是,用混合的系统设计准则确定:

(a) 在一个理想系统中,可能被利用的最多可再生能源;

(b) 没有蓄能和有蓄能的最大可重新利用贡献;

(c) 可获得的最多的燃料节约;(有智能使用控制、蓄能和再利用)

(d) 最少的柴油发电机燃料使用。(有智能利用控制、蓄能和无再利用)

**表 B. 11　柴油机系统载荷数据**

| 时间(hr.) | 载荷（kW） | 风力机 (kW) | 时间(hr.) | 载荷(kW) | 风力机 (kW) |
|---|---|---|---|---|---|
| 0 | 25 | 30 | 13 | 95 | 45 |
| 1 | 20 | 30 | 14 | 95 | 50 |
| 2 | 15 | 40 | 15 | 90 | 55 |
| 3 | 14 | 30 | 16 | 80 | 60 |
| 4 | 16 | 20 | 17 | 72 | 60 |
| 5 | 20 | 10 | 18 | 48 | 60 |
| 6 | 30 | 5 | 19 | 74 | 50 |
| 7 | 40 | 5 | 20 | 76 | 55 |
| 8 | 50 | 15 | 21 | 60 | 60 |
| 9 | 70 | 20 | 22 | 46 | 60 |
| 10 | 80 | 25 | 23 | 35 | 55 |
| 11 | 90 | 40 | | | |
| 12 | 85 | 45 | | | |

**10. 2**　基于对习题 10.2 的分析和其它输入,Cantgettherefromhere 社区已经升级它的动力系统,该混合动力系统含一个 100 kW 柴油发电机,安装负载 100 kW,风力机功率 60 kW,100 kW 倾卸负载,和 100 kWh 容量的蓄能。每小时的平均负载和来自风的功率在 24 小时内数值与表 B.11 一样。

　　假设:已精确地描述了来自风的每小时平均负载和功率,而且蓄能装置可以处理平均负载的波动,在采用下列系统控制和运行方法时,确定系统中每小时能量的流动。

(a) 仅有柴油机在这个基本系统中,柴油机提供所有负载的功率,柴油机提供的功率低至 0 kW,此时没有预定的限制来保证最小的柴油机负载以避免其磨损。

(b) 最小柴油机负载。在这个系统中,最小柴油机功率优先,另外,柴油机不能停机而且必须运行在 30 kW 功率以上,以确保柴油机的长寿命。因此,系统运行准则为:

1. 最小柴油机功率是 30 kW;

2. 仅在柴油机最小功率大于 30 kW 时,柴油机被启动(负载没有超过 30kW 时,用来蓄能);

3. 为使蓄能效率和蓄电池寿命最大,蓄能容量仅在 20 ~ 95kWh 之间使用 ;

4. 蓄能容量在 50 kWh 时启用;

5. 进入系统(柴油机、风、蓄电池)中的功率源总量一定等于进入系统(负载、倾卸负载和蓄电池)中的负载功率总量;

6. 如果系统中有剩余的能量,若可能它首先被储存,若需要就倾卸掉。

(c) 柴油机停机。系统中一个蓄电池与电网间的回转式逆变器提供无功功率,此时柴油机可以停机。它可能随时停机,但当运行时,需要有最小 30 kW 的负载,它也可为蓄电池充电,以便高效使用燃料;蓄电池蓄能级别保持在 20 ~ 90kWh 之间,当系统中没有柴油机时,

这确保有处理负载波动的足够容量。因此,系统运行准则为:

1. 柴油机可以停机;
2. 当柴油机运行时,最小功率为 30 kW;
3. 当柴油机运行时,若可能蓄电池可被充电,以改进柴油机燃料使用效率;
4. 为使蓄能效率和蓄电池寿命最大,蓄能容量仅在 20 ~ 95kWh 之间使用;
5. 蓄能容量 50 kWh 时启用;
6. 进入系统(柴油机、风、蓄电池)中的功率源总量一定等于进入系统(负载、倾卸负载和蓄电池)中的负载功率总量;
7. 如果系统中有剩余的能量,若可能它首先被储存,若需要就倾卸掉。

　　明确地,对于每个运行方式,确定柴油机在长达 24 小时内能提供多少能量,以及比较柴油机唯一的状况柴油机功率的减小量?

**10.3** 这个问题是一个假想的岛屿风力机/柴油机动力系统,一年中岛屿风电与地形数据分别在文件 *Wind_TI.txt* 和 *Load_TI.txt* 中给出,假设风力机性能是:(1)一台 AOC15-50;(2)一台两倍功率输出;或(3)一台四倍功率输出,这些风力机的功率曲线分别见文件:*AOC_pc.csv*,*AOC_pc_x2.csv* 和 *AOC_pc_x4.csv*。

　　柴油发电机的额定功率为 100 kW,没有负荷时耗油 2 个单位/小时,满负荷时耗油 10 个单位/小时。

　　利用 MiniCode 程序,计算(1)平均的风功率;(2)可用风功率;(3)平均的存储功率;(4)对于存储 0 kWh、100 kWh 和 1000 kWh 时,使用三种风力机的不同匹配所消耗的燃料。

　　对于能量存储的有用建议是什么?

**10.4** 在海面上浮筒高度 10 m 的地方测得的 10 分钟平均风速是 8.5 m/s,浮筒距岸边 10 km,风向是吹向岸边。

(a) 如果假定表面粗糙度长度为 0.0002 m,在高度 80 m 处,平均风速是多少?

(b) 如果 Charnock 常数 $A_c$ 假定为 0.018,$C_{D,10}$ 为 0.0015,计算在 80 m 高度的平均风速?假定摩擦速度给定为 $U_* = U_{10} \sqrt{C_{D,10}}$。

(c) 假定水深是 20m,浪高 3m,浪的峰值时间是 9s,80 m 高度的平均风速是多少?

**10.5** 推导单桩风力机总惯性力公式(参看公式(10.15))。注意:加速度与深度的关系为
$$\dot{U}_w(z) = \frac{g\pi h}{L} \frac{\cosh(k(z+d))}{\cosh kd} \cos(\theta),$$
假设海洋深度相比波浪高度要大得多。

**10.6** 一个风力机风轮直径 90 m,它安装在水深 15 m 直径 4 m 的单桩上,此时风速为 12 m/s,波浪高度 2 m,波浪长度 100 m,估算风所造成的力和最大的波浪载荷,对于波浪采用 Airy 模型,假设风轮推力系数采用 Betz 极限的推理系数,假设惯量系数为 2.0,阻力系数为 1.5(假设由于阻力和惯量引起的力同时出现)。

**10.7** 一个小的社区有 2000 户居民,每一家每天消耗 100 升水,他们需要从地面下 100m 深用风力机泵水到地面。其泵水用风力机额定功率(kW)为多少? 使其泵水总量与住户需要相

等。假设风力机的容量系数为 0.25,水泵的效率为 80%。

**10.8** 一个小的社区有 2000 户居民,每一家每天消耗 100 升水,社区考虑采用风力淡化海水($\rho=1020$ kg/m³),海水温度 20℃,含盐度 38g/kg,采用什么功率的风力机能使得制水总量与住户需要相等。假设风力机的容量系数为 0.25,海水淡化厂利用的功率是理论上最小功率的 5 倍。

**10.9** 一个铅酸电池的容量为 200 Ahrs,常数 $c=0.5$,额定常数 $k=2.0$,求出电池的视在电容(去除充电)和相应电流,在充电(a)1 小时后;(b)充电 10 小时后。

**10.10** 12 个铅酸电池串联成组,提供名义功率 1200 W,120 V,每一个电池电压恒定(放电时)$E_0=12$ V,$A=-0.05$,$C=-0.5$,$D=1$,内部电阻 $R_{int}=0.1$ Ω,在电池 70% 放电负荷时,求在该点电池的终端电压。

**10.11** 一台天然气透平按理想 Brayton 循环与风力机压缩空气系统一起运行,该循环参数如下:压缩机的入口温度为 27 ℃,透平的入口温度为 727 ℃,最大压力为 2 MPa,最小压力为 100 kPa。

(a) 如果燃气透平的净功率输出是 1MW,风力透平的压缩空气没有利用,求天然气的热量输入是多少?

(b) 假设燃气透平的压缩机没有利用,其压缩空气储气罐,储气罐气源源源不断,压力保持在 2MPa,所有其它条件不变,此时燃气轮机的净功率输出是多少?假设空气定压热容系数是 1.005 kJ/kg·K, 比值 $k=Cp/Cv=4$。

**10.12** 一个岛屿社区有 2000 户住家,每一户平均每天用 8 kWh/天,目前此能量由柴油发电机提供,但他们考虑用风力机替代。他们将在 70 m 高山顶建一个 30 m 直径、5 m 深水库,采用泵水储能,有一个同样容量的水库与镇的高度一致。当山顶水库向山下水库放水时,可以提供多少小时社区的电负荷?

**10.13** 著名的飞艇 Hindenburg 容量约为 199 m³,它是充氢提供浮力,假设其内部的压力为 100 kPa,温度为 15 ℃,Hindenburg 含有多少氢气?假设电解装置效率为 65%,需要多少能量(kWh)来制氢?1.5 MW 风力机满负荷运行需多长时间才能产生这么多的氢?

**10.14** 氢能动力公共汽车在其顶部有 4 个储气罐,总容量为 1.28 m³,当罐子充满时,其内部压力为 45 MPa,采用问题 10.13 中的 Hindenburg 飞艇容量的氢气能够充罐子多少次?假设罐子在再充气时是完全空的,该空气符合理想气体定律。

## B.11 第 11 章习题

**11.1** 第一台新的风力机成本 $100 000,估计系统按照 $s=0.83$ 的学习曲线,第 100 台风力机的成本是多少?

**11.2** 估算现代公用规模风力机的发展比,使用时间期限大约从 1980 年到现在。

**11.3**　一个小的 50 kW 风力机,安装在内布拉斯加州(Nebraska),初始成本为 \$50 000,初始成本的 15% 是固定费用率,2% 是年度运行与维护费($C_{O\&M}$)。这一系统产生 65 000 kWh/yr (AkWh)。确定这一系统能量(COE)的成本。

**11.4**　一个直径 6 m 的小风力机,风速 11 m/s 时,额定功率 4 kW,其安装完成本是 \$10 000。假设现场的 Weibull 参数是 $c=8$ m/s 和 $k=2.2$,它的容量因数是 0.38。

　　利率 b 是 11%,贷款期限 N 是 15 年,假设风力机的寿命 L 为 20 年和贴现率 r 是 10%,可不考虑通货膨胀、减税或运行与维护成本因素,算出每单位面积、每千瓦的成本和每千瓦的平衡成本。

**11.5**　预估风力机从购买到运行 20 年后的投资与节约费用见表 B.12。

(a) 比较总的投资与总的节约费用?
(b) 利用年贴现率 10%,求出投资和节约费用的现值?
(c) 确定风力机的回收期?
(d) 风力机的无亏损投资是多少?
(e) 如果预期年产 9000 kWh,估算风力机产能成本?

**表 B.12　年风力机成本**

| 年 | 成本(\$) | 节约 | 年 | 成本(\$) | 节约 |
|---|---|---|---|---|---|
| 0 | 9000 | | 11 | 227 | 669 |
| 1 | 127 | 2324 | 12 | 241 | 719 |
| 2 | 134 | 1673 | 13 | 255 | 773 |
| 3 | 142 | 375 | 14 | 271 | 831 |
| 4 | 151 | 403 | 15 | 287 | 894 |
| 5 | 160 | 433 | 16 | 304 | 961 |
| 6 | 168 | 466 | 17 | 322 | 1033 |
| 7 | 180 | 501 | 18 | 342 | 1110 |
| 8 | 191 | 539 | 19 | 362 | 1194 |
| 9 | 202 | 579 | 20 | 251 | 1283 |
| 10 | 214 | 622 | | | |

**11.6**　风力机设备成本为 \$2500/kW,考虑安装,成本提高为 \$4500/kW,假设设备成本 \$2500/kW,分 15 年还清,贷款利率 7%;同时运行与管理(O&M)成本 \$200/yr,若容量系数 (CF)为 0.3,简单估算 15 年中的能量成本。

**11.7**　一个 2.4 MW 风力机的安装成本是 \$$2.4 \times 10^6$,假设每年的运行与管理(O&M)成本是投资成本的 2%,风场的容量系数(CF)为 0.35;同样假设风力机的寿命是 25 年,输出的电价为 \$0.05/kWh,对这个系统进行以下经济分析时考虑 5% 的折扣率:

(a)简单的回报期;

(b)节省净现值(NPVs);

(c)利润成本比(B/C);

(d)内部收益率(IRR);

(e)基准化的能量成本(COE$_L$);

**11.8** 一个拟建的风场计划安装 30 台 2MW 风力机,安装成本估计为 $1000/kW,每年的运行与管理成本估计为初期安装成本的 3%,按以下两种方案进行财务计算:(1)20 年贷款 7%利率;(2)整个投资成本按 15%(25%)回报率。风场的平均容量系数(CF)为 0.35,确定该规划项目的能量成本( $/kWh)。

**11.9** 这个问题是要评估安装在设想地点的风力机-柴油机系统和仅有柴油机系统的相对经济性优点。假设已有的柴油机系统将到期更换,而且在整个寿命期间年系统需求是固定的。

请计算仅有柴油机系统和风力机-柴油机系统的能量成本平衡,下面是系统和经济性参数:

**系统**

| | |
|---|---|
| 平均系统负载 | 96 kW (841 000 kWh/yr) |
| 柴油机额定功率 | 200 kW |
| 平均柴油消耗——没有风力发电机 | 42.4 l/hr (371 000l/yr) |
| 风力机额定功率 | 100 kW |
| 年平均风速 | 7.54 m/s |
| 年风速变化率 | 0.47 |
| 平均风力机功率 | 30.9 kW |
| 有效的风力机功率(基于柴油机25%的下限负荷) | 21.1 kW |
| 平均柴油消耗——有风力发电机 | 34.8 l/hr (305 000 l/yr) |

**经济性**

| | |
|---|---|
| 风力机的成本 | $1500/kW 安装后 |
| 柴油机的成本 | $3500/kW 安装后 |
| 系统寿命 | 20 yr |
| 初始付款 | $30 000 |
| 贷款期限 | 10 yr |
| 贷款利息 | 10% |
| 一般通货膨胀 | 5% |
| 燃油通货膨胀 | 6% |
| 打折率 | 9% |
| 柴油成本 | $0.50/1 |
| 风力机运行与维护成本 | 每年 2%的资本成本 |
| 柴油机运行与维护成本 | 每年 5%的资本成本 |

# B.12 第 12 章习题

**12.1** 尽管风能对环境有正面作用,但不是每一个人都喜欢风能设备。请你进行一次网络检索,并总结三个不同团体极力反对风能项目的观点,确认你列出他们的目的以及评估他们的技术可行性。

**12.2** 假设:你计划在乡间发展一个小风场 (即 10 个 500 kW 风力机),叙述你将如何减少这一项目的视觉影响,同时也请准备一系列方法来评估这个项目对周围环境的视觉影响。

**12.3** 西班牙的研究者开发出一种方法,它可以给出数值影响系数表示风场对人口的影响(参看 Hurtado et al., 2004 Spanish method of visual impact evaluation in wind farms. Renewable and Sustainable Energy Reviews, 8, 483~491)。综述这篇文章并用这个方法进行评估。

**12.4** 估算一个三叶片上风向风力机的声功率级,以下是其规格:额定功率=500 kW,风轮直径=40 m,风轮转速=40 r/m,风速=12 m/s。

**12.5** 假设对单个风力机,距其 100 m 远的声压级是 60 dB,计算距其 300m、500m、1000m 远的声压级是多少?

**12.6** 假设上述问题中的同样风力机,有 2 个、5 个和 10 个风力机,计算距它们 300 m、500 m、1000 m 远的声压级是多少?

**12.7** 2 个风力机释放出 105 dB(A),它到感兴趣位置的距离分别为 200 m 和 240 m,计算感兴趣位置考虑两个风力机噪声影响的声功率级(dB(A))。假设声吸收系数为 0.005 dB(A)/m。

**12.8** 一个风力机在风速为 8 m/s 时测得声功率为 102 dB,采用半球形和球形噪声传播模型绘制声功率等级与距离的关系图,假设声吸收系数分别为 0.0025、0.005 和 0.010 dB(A)/m。

**12.9** 对电磁干扰问题,一旦收发分置雷达横断面 $\sigma_b$ 已知,极坐标半径 $r$ 用来计算所需要的干扰比($C/I$)。一个运行于城市环境的电视发射机,实验确定其向后和向前散射的 $\sigma_b$ 分别为 24 和 46.5 dB m$^2$,确定其向后和向前散射的 $C/I$ 值分别为 39、33、27、和 20dB 的半径数值。

# 附录 C

# 数据分析和数据合成

## C.1 概述

本附录的主题是关于时间序列数据的分析或合成。分析是用来将从试验或其它途径得到的数据变得有意义。相反地，数据常常被合成来作为仿真模型的输入。接下来的两个部分总结了一些在风能系统工程中最经常用到的分析和合成的方法。

## C.2 数据分析

许多风能工程中出现的大部分数据有随机形式和/或正弦形式。这通常由风速湍流及其影响、结构振动、海浪、电力系统中的谐波和噪声导致。本节总结了一些分析这些数据采用的方法。

理想的情况下，任何数据都是连续的，记为 $x(t)$。事实上，真正在风能应用中使用的数据文件按时间序列进行离散采样，并非是连续的。一个单一时间序列被称为一个数据记录。对于一个数据记录对应于 $x(t)$ 的表示为：

$$x_n = x(n\Delta t); n = 0, 1, 2, \cdots, N-1 \tag{C.1}$$

式中：

$N$ = 数据记录的点数；

$\Delta t \cong T/N$ = 采样间隔；

$T$ = 时间段长度；

$n$ = 点数。

严格地说，下面很多的讨论只适用于固定和遍历的数据。这意味着，数据记录是统计上随时间相似，并且任何数据记录在统计上类似于任何其它来自同一过程的数据记录。尽管在一定程度上数据并不符合这些标准，但是分析结果会有所相似。还应当指出，在一般情况下，数据记录应该在进行下面描述的分析之前减去它们的平均数和任何波动。这里波动是指在所关注的时间间隔内，平均值的一个相对稳定的增加或减少。最后，所有的真实数据记录有一个有限长度。这可能导致在结果中出现人为因素。这些人为因素可通过使用"窗口"而大大地消除，这也是下面要介绍的。

## C.2.1　自相关函数

采样数据的自相关函数可以通过记录的每个数值乘以同一记录的值来发现，被时间"延迟"来抵消，然后求和那个乘积以找到每个延迟的单值。然后通过均方差将求和结果正则化使其值等于或小于 1。对于有 $N$ 个点和均方差为 $\sigma_x^2$ 的时间序列 $x_n$ 来说，正则化的自相关函数为：

$$R(r\Delta t) = \frac{1}{\sigma_x^2(N-r)}\sum_{n=1}^{N-r} x_n x_{n+r} \tag{C.2}$$

式中，$r =$ 延迟数；$\Delta t =$ 延迟的时间间隔。

注意，这里使用的自相关函数的形式有时是指正则化的自相关函数或自相关系数。如果不是除以均方差，那么它被认为是非正则化的。自相关函数的一个例子可见第 2 章（见图 2.16）。

## C.2.2　互相关函数

互相关函数提供了一种度量两个随着时间变化的记录 $x_n$ 和 $y_n$ 如何相似的方法。该公式描述的互相关（公式（C.3））与自相关类似，但互相关使用的是两个数据记录，而自相关是一个数据记录。

$$R_{xy}(r\Delta t) = \frac{1}{\sigma_x^2(N-r)}\sum_{n=1}^{N-r} x_n y_{n+r} \tag{C.3}$$

## C.2.3　功率谱密度

正弦变化的数据常在频域分析。频域通常是用数据文件的功率谱密度（或"power spectral density，psd"）来考虑。psd 保留有关各种频率分量幅度的信息，但忽略了相位关系，这通常是无关紧要的。特别地，psds 是用来确定相关频率，看看哪些频率是最主要的（即拥有最多的能量）。在 psd 的帮助下，往往可以相对容易地找到激励频率或固有频率。

通过应用傅立叶变换，可以从时间序列数据里找到 psd。最常使用的就是快速傅立叶变换算法（Fast Fourier Transform，FFT）。该方法在很多文献中有详细描述，如 Bendat 和 Piersol(1993)，概述如下。

这种方法的基础是一组时间序列可以作为正弦和余弦之和，如公式（C.4）。

$$x_n = A_0 + \sum_{q=1}^{N/2} A_q \cos(\frac{2\pi qn}{N}) + \sum_{q=1}^{(N/2)-1} B_q \sin(\frac{2\pi qn}{N}) \tag{C.4}$$

式中系数（即大家所熟知的傅立叶系数）可通过如下公式求得：

$$A_0 = \sum_{n=1}^{N} x_n = \bar{x} = 0$$

$$A_q = \frac{2}{N}\sum_{n=1}^{N} x_n \cos(\frac{2\pi qn}{N}) \quad q = 1, 2, \cdots, \frac{N}{2}-1$$

$$A_{N/2} = \sum_{n=1}^{N} x_n \cos(n\pi) \tag{C.5}$$

$$B_q = \sum_{n=1}^{N} x_n \sin(\frac{2\pi qn}{N}) \quad q = 1, 2, \cdots, \frac{N}{2} - 1 \tag{C.6}$$

公式(C.4)实际上是 $X(f)$ 离散的逆傅立叶逆变换,这将在以下讨论。公式(C.4)也可以用复杂的符号来写得更简洁些,如公式(C.6)所示:

$$x_n = \frac{1}{N} \sum_{k=1}^{N} x_k \exp\left[j \frac{2\pi kn}{N}\right] \tag{C.6}$$

式中,$x_k$ 是上述 $A_s$ 和 $B_s$ 所对应的傅立叶系数。以下将会更详细地解释。

对于傅立叶变换的一般公式 $X(f)$,可以用一个连续实数或复数函数 $x(t)$ 在某些频率 $f$ 无限范围内的积分来表示:

$$X(f) = \int_{-\infty}^{\infty} x(t) e^{-j2\pi ft} dt \tag{C.7}$$

傅立叶在某个时间段 $T$ 内的积分表示为:

$$X(f, T) = \int_{0}^{T} x(t) e^{-j2\pi ft} dt \tag{C.8}$$

公式(C.8)的离散形式就是傅立叶级数:

$$X(f, T) = \Delta t \sum_{n=0}^{N-1} x_n e^{-j2\pi fn\Delta t} \tag{C.9}$$

选择离散的频率,$f_k = k/T = k/(N\Delta t)$,式中 $k = 1, 2, \cdots, N-1$,傅立叶系数的表达式为:

$$X_k = \frac{X(f_k)}{\Delta t} = \sum_{n=0}^{N-1} x_n e^{-\frac{j2\pi fn}{N}} \tag{C.10}$$

计算傅立叶系数的经典方法就是应用公式(C.5)。这一过程将大概包括 $N^2$ 的乘法和加法。为了加快该过程,快速傅立叶变换(FFT)已发展到用来计算系数。

FFT 远快于标准傅立叶变换,但它确实有一些局限性。其中最主要的是,FFT 只能在 2 的倍数长度的数据文件上进行。这可能是 256,512,1024 等点组成的文件。因此,任何文件不是长度必须被缩短(有时是增加)以满足一个可以接受的长度。

FFT 公式这里先不做介绍。这足以说明,它们可在一些文献中找到(如 Bendat and Piersol,1993),尤其,这些公式已被写入一些软件中,如 Microsoft Excel 和 MatLab,等等。

有傅立叶变换的帮助,psd 可以容易计算得到。用 $S_{xx}(f)$ 表示的实数 psd 可以通过 FFT 乘以其复共轭得到 $X^*(f, T)$,并且使之正则化后可得:

$$S_{xx}(f) = \frac{1}{T} |X(f, T)|^2 = \frac{1}{T} X(f, T) X^*(f, T) \tag{C.11}$$

通常,数据被分成多组以帮助消除虚假的结果。当数据被分成多组时,每组进行一次 FFT。平均从每组得到的值就可以算出 psd:

$$S_{xx}(f) = \frac{1}{n_d T} \sum_{i=1}^{n_d} |X_i(f, T)|^2 \tag{C.12}$$

式中,$n_d$ 为数据被分成的组数。

当 psd 由 FFT 计算得来,一半的点实际上是多余的。特别是,$S(f) = S(N-f)$。因此,进一步考虑,剩下一半的点忽略不用。

同样值得注意的是,有些软件没有将标准正则化应用在 FFT 中,这将导致在 psd 的积分等于均方差。在这些情况下,必须将 FFT 分别进行正则化。例如,从 Excel 得到的 FFT 必须除以点数。

还值得一提的是功率谱等于非正则化自相关函数的傅立叶变换。

### C.2.3.1　旁瓣泄露和开窗

所有真实数据的时间序列是有限长度的。这导致傅立叶变换将额外的能量引入到某些频率中。通过使用窗可基本上消除这些虚假成分。

问题的起源可从下面看出。在时间 $T$ 内的一个有限长度的时间序列可以被认为是一个无限长的时间序列,$v(t)$,乘以一个等于 1 或 0 的矩形窗 $u(t)$,如公式(C.13)所示:

$$u(t) = \begin{cases} 1, & 0 \leqslant t < T \\ 0, & \text{其它} \end{cases} \tag{C.13}$$

根据这一表述,感兴趣的时间序列 $x(t)$ 为:

$$x(t) = u(t)v(t) \tag{C.14}$$

这表明,$x(t)$ 的傅立叶变换 $X(f)$ 由 $u(t)$ 和 $v(t)$ 傅立叶变换的卷积 $U(f)$ 和 $V(f)$ 给出,如公式(C.15)所示(其中 $\alpha$ 是积分变量):

$$X(f) = \int_{-\infty}^{\infty} U(\alpha)\ V(f-\alpha)\mathrm{d}\alpha \tag{C.15}$$

矩形的傅立叶变换可以很容易由公式(C.16)给出。该公式(C.16)的绝对值如图 C.1 所示。

$$U(f) = T(\frac{\sin(\pi f\ T)}{\pi ft})\mathrm{e}^{-\mathrm{j}\pi fT} \tag{C.16}$$

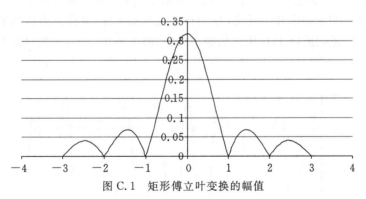
图 C.1　矩形傅立叶变换的幅值

在 $-1$ 和 $1$ 另一边的"堆块"被称为"旁瓣"。正是这些旁瓣在 psd 中带入了虚假影响(人为因素)。具体来说,它们导致比实际值更大的能量出现在某些频率上。这些影响可以通过特定形状窗在很大程度上消除。窗有多种形式,基本方法是使开始和结束附近的时间序列数据逐渐减弱,从而降低旁瓣的幅值。一个常用的窗是余弦的平方,或称汉宁窗,如公式(C.17)。

$$u_h(t) = \begin{cases} 1 - \cos^2(\dfrac{\pi t}{T}), & 0 \leqslant t < T \\ 0, & \text{其它} \end{cases} \tag{C.17}$$

### C.2.3.2 功率谱的图表格式

功率谱可被简单地绘制成常规轴上谱和频率的关系。此时 $y$ 轴上的单位是(原单位的平方)/Hz,$x$ 轴的单位是 Hz。另外,图上任何两个频率之间的面积对应于该频率范围的均方差的量。在某些情况下使用该方法,如对于风数据,然而大多数的均方差集中在图的小部分。此时,频谱常绘制在对数坐标的 $x$ 轴上,并且有时候也使用对数坐标的 $y$ 轴。另一种描绘频谱常用的方法是绘制频率与 psd 的乘积在 $y$ 轴上,频率的自然对数在 $x$ 轴上。这种方法是有用的,因为图上任意两个频率之间的面积也是等于相关频率范围的均方差。

## C.2.4 交叉谱密度

交叉谱密度提供了两个不同记录下各种频率能量的测量方法。可以用下式表示:

$$S_{xx}(f_k) = \frac{1}{N\Delta t}[X^*(f_k)Y(f_k) \quad k = 0, 1, 2, \cdots, N-1] \tag{C.18}$$

式中,$X(f)$ 和 $Y(f)$ 是 $x(t)$ 和 $y(t)$ 的傅立叶变换,$f_k$ 是离散的频率值。

### C.2.4.1 相关性

相关函数是用两个数据记录的 psd 之积正则化后的交叉谱密度平方:

$$\gamma_{xy}^2(f_k) = \frac{|S_{xy}(f_k)|^2}{S_{xx}(f_k)S_{yy}(f_k)} \tag{C.19}$$

在第9章(公式(9.10))风速的例子里中,通常假设一个相关性指数衰减函数。

## C.2.5 频谱混叠

频谱混叠是由于数据数字采样频率较数据中信息的频率慢所致。频谱混叠可以导致较高频率数据以较低频率数据表示。例如,图 C.2 表示了一个将要被测量的 2Hz 正弦波和采样频率小于 2Hz 所导致的结果信号。可见,对 2Hz 正弦波以 1Hz 采样所提供的数据看上去是常量。对相同的 2Hz 正弦波以 1Hz 附近的频率采样,但不等于 1Hz,所提供数据看似变化非常缓慢。

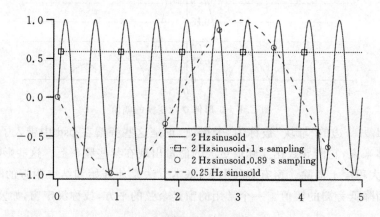

图 C.2　简单的频谱混叠的例子

　　频谱混叠的影响也在已测数据的频率分析中体现出来。图 C.3 显示了一个模拟信号的两个频谱,这其中包括两个频率,一个是 1Hz 和一个是 1000Hz。原始数据是在频谱创建前从两个不同的等级(312Hz 和 10 000Hz)中采样的。从 10 000Hz 采样的频谱数据清楚表明在 1Hz 和 1000Hz 上有变化。在从 312Hz 采样的数据频谱中,在 1000Hz 处信号的内容已经被转移到 63Hz 处。在后来的情况中,信号在频率大于采样频率(156Hz)一半多处有信息。这个频率,采样频率的一半,被称为 Nyquist 频率。事实上,高于 Nyquist 频率 $f_N$ 的信息不能正确地得到分辨。此外,任何在高于 Nyquist 频率的频率信息显示在较低的频率处。因此,任何在高于 Nyquist 频率的信息必须从数字化之前的数据中删除(或"过滤"掉,见下节)。一旦数据被采集,就没有办法来改正这些数据了。

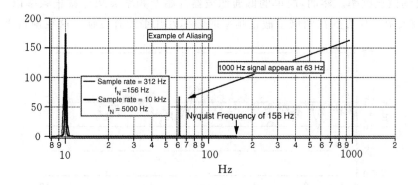

图 C.3　混叠示例

## C.2.6　滤波

　　滤波这个物理现象经常出现在风能领域。例如,空间上分离的多个风力机具有过滤大的功率波动的作用,如果使用一台大型风力机来代替许多较小的风力机,就会产生大的功率波动。有时是刻意去滤波,当功率电子变流器的输出功率被滤波时,以除去 50 或 60Hz 以上的频率,使得输出更像公用事业级的电力,或者在此有必要防止之前章节中提到的混叠现象。

　　原理上最简单的滤波器之一就是理想低通滤波器。该滤波器将去除某一特定频率(称之为截止频率)以上的所有频率,并保持该特定频率以下的频率。这个滤波器看起来像是在频域里的一个矩形,在高于截止频率的值为 0,在低于该频率(正数)的值为 1。

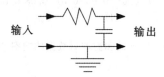

图 C.4　简单 RC 滤波器

　　真正的低通滤波器比理想滤波器更加平缓。尽管如此,它们确实有消除截止频率以上频率的作用,并且只是轻微地影响到低频。在电子电路中,滤波使用电阻、电容和电感的方法。在机械系统,滤波使用弹簧、质量和阻尼器的方法,以及允许各部件之间的一些相对运动。

一种简单但是真实的低通滤波器就是 RC 滤波器,如图 C.4 所示。

RC 滤波器的截止频率是 $f_c = 1/(2\pi RC)$ Hz。滤波器也用其时间常数 $\tau$ 来表示,这个例子中的 $\tau = RC$。滤波器通常通过数字形式来实现。例如,RC 滤波器的数字表达式为:

$$y_n = ax_n + (1-\alpha)y_{n-1} \qquad (C.20)$$

式中,$y_n$ 为滤波器的输出,$\alpha = \Delta t/(\tau + \Delta t)$ 和 $\Delta t$ 为数据的时间步长。

例如,图 C.5 表示 1Hz 采样率的 10 分钟(600 秒)风速数据。图 C.6 表示了原始数据的 psd 和小于 0.1Hz 频率进行叠加滤波后数据的 psd。为便于比较,也给出一个理想低通滤波器滤波后数据的 psd。把原始时间序列截断为 512 点,并且在进行 FFT 之前将它们分为两部分,每部分 256 点,这样就可以得到它们的 psd。应当注意,理想滤波器的 psd 要严格跟随数据的 psd,直到截止频率。然而,简单的低通滤波器开始使频率衰减至截止频率以下。在较高的频率,衰减大幅增加直到在两倍于截止频率的频率处几乎没有贡献。这在预料之中。

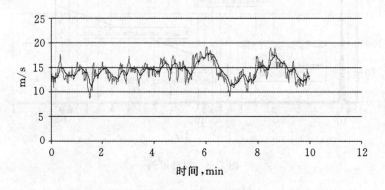

图 C.5　原始的与滤波后的时间序列数据示例

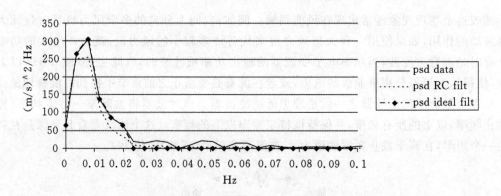

图 C.6　原始的和滤波后数据的功率谱密度

## C.2.7　雨流循环计数

在第 6 章中介绍了雨流循环计数技术。实际上,一些算法已被开发出来,可以结合计算机程序来完成计数工作。下面将给出这一算法的基本特性。这是一个用 Visual Basic 编写的程序片段，是基于 Aridum(2004)所建议的方法。在此程序中，矢量 peakValleys（.）包含了数据的峰值和谷值，numberOfCycles（.）是在 binWidth 宽度范围内出现次数的输出矢量。最低范围值约束为 0，最高则是大到足以包含所有的数据。其它变量的作用从程序中它们的名字和上下文能明显看出。在这段程序中，任何完整的周期被计入，然后从 peakValley（.）数据中删除。再次检查数据看是否有更多的完整循环。任何半循环也被确认和计入。给出的这个过程，仅仅确定循环范围，而不是确定它们的含义，但它也可在后面修改。（注意：冒号的功能是用来分开语句，本来也可另起一行。）

```
Sub RainFlow(maxRange, minRange, binWidth, nPeakValleyPoints%,
peakValleys(), numberOfCycles())
  :
nRangeBins% = Int(1 + (maxRange - minRange) / binWidth) 'Determine #
range bins
remainingPoints% = nPeakValleyPoints%
'Initialize remainingPoints%
startPoint = peakValleys(1) : i_point% = 1
'Initialize startPoint, i_point%

Step1:
'Check next peak or valley. If out of data, go to Step 6.
  If i_point% + 1 = remainingPoints% Then GoTo Step6

Step2:
'If there are fewer than three points, go to Step 6. Otherwise,
form ranges X 'and Y using the three most recent not yet
discarded peaks and valleys
  If remainingPoints% < 3 Then
    GoTo Step6
  Else
   X_range = Abs(peakValleys(i_point% + 2) - peakValleys(i_point% + 1))
   Y_range = Abs(peakValleys(i_point% + 1) - peakValleys(i_point%))
  End If
Step3:
  If Abs(X_range) < Abs(Y_range) Then
'No complete cycle found yet; advance to next point
    i_point% = i_point% + 1: GoTo Step1
  End If
Step4:
'If range Y_range contains the starting point, startPoint,
go to step 5 'otherwise, count Y_range as one cycle;
'discard the peak and valley of Y; and go to Step 2.

  If i_point% = 1 Then
    GoTo Step5
  Else
```

```
'Get rid of two points as cycle
    j% = Int(Y_range / binWidth)
    numberOfCycles(j%) = numberOfCycles(j%) + 1
    remainingPoints% = remainingPoints% - 2
    For i% = i_point% To remainingPoints%
      peakValleys(i%) = peakValleys(i% + 2)
    Next i%
'Go back to beginning of file
    startPoint = peakValleys(1): i_point% = 1: GoTo Step2
  End If
Step5:
'Count range Y_range as one-half cycle; discard first point
(peak or valley)
'in Y_range; move the starting point to next point in Y_range;
go to Step 2.

  j% = Int(Y_range / binWidth)
  numberOfCycles(j%) = numberOfCycles(j%) + 0.5
  remainingPoints = remainingPoints - 1
  For i% = i_point% To remainingPoints%
    peakValleys(i%) = peakValleys(i% + 1)
  Next i%
  GoTo Step2

Step6:
'Count each range that has not been previously counted as one-half
cycle.
  For i% = 1 To remainingPoints - 1
    j% = Int(Abs(peakValleys(i) - peakValleys(i + 1)) / binWidth)
    numberOfCycles(j) = numberOfCycles(j) + 0.5
  Next i%
End Sub
```

# C.3 数据合成

　　数据合成是有一些特殊用途的人工时间序列产物。例如,小时数据可以用于仿真模型,但真正的小时数据可能无法获得。高频、具有一定特殊性质的湍流风速可输入到结构动力学程序中。这种高频数据很少获得。通过一个数据合成算法的应用来获得上述用途的数据是已接受的方法。

　　这种用于数据合成的算法的类型取决于应用程序和其它可用的数据类型(如果有的话)。在各种可用的方法中,最常用的 3 种是:(1)自回归移动平均(Auto-regressive moving average,ARMA 模型);(2)Markov 链;以及(3)Shinozuka 方法。第 4 种方法,著名的 Sandia 方法,是一种变化的 Shinozuka 法。它是用来产生多个、部分相关的时间系列。

## C.3.1  自回归移动平均(ARMA 模型)

基于 ARMA 方法能够合成一个时间序列,这个序列有下列特定特点:(1)平均值, $\bar{x}$ ;(2)标准差, $\sigma$ ;和(3)有特定的延迟自相关。ARMA 模型使用随机数生成器,将具有和随机数相同的概率分布。这些数据并没有特定的频域特点。

$$y_n = R(1)y_{n-1} + N(n) \tag{C.21}$$

其中:

$N(n)$ 为零平均值和标准差的正态分布的噪声项, $\sigma_{noise} = \sqrt{(1-R^2(1))}$

$R(1)$ 为在延迟为 1 的自相关系数的值,

最终的时间序列, $x_n$ ,有着规定的平均值 $\bar{x}$ 和标准差 $\sigma_x$ ,由下列公式给出:

$$x_n = \sigma_x y_n + \bar{x} \tag{C.22}$$

## C.3.2  Markov 链

特别地,以小时为单位的长期风数据能够通过 Markov 链加以合成(参看 Kaminsky et al. 1990 and Manwell et al. 1999)。该方法包含 2 步:(1)变换概率矩阵(transition probability matrix,TPM)的生成;(2)TPM 和随机数生成器的综合运用。

该方法假设时序能由一系列的"状态"表示。状态数目选择要合适,保证时序连续、计算简洁。Markov 变换概率矩阵是一个方阵,其维数为描述时序的状态数。给定现在点的状态为 $i$ ,在时序中状态 $j$ 的概率便是对应于该点在矩阵中的值(即做一次变换)。变换概率矩阵的一个特点是任意一行的数值和等于 1.0。这相应的结果是后续的点必须对应一个状态。另外的考虑是,状态数和状态值之间必须有已知的关系。这个状态值通常对应于状态的中间点。例如,假定时序的值在 0 和 50 之间由 10 个状态表示,第一个状态就是 2.5,第二个是 7.5,依此类推。

生成 Markov 变换概率矩阵最直观和常用的方法是由时序数据开始算。通过检查每一个顺序两点所处的状态,计数这些点,便能确定状态数和状态 $i$ 到状态 $j$ 的变换概率。分析一个状态到另一状态的变换结果,便能得到变换概率矩阵的所有值。

不使用初始时序也能得到变换概率矩阵,但不甚直观。另外,通过这种方法,在给定足够多观测点情况下,可能由变换概率矩阵确定的概率密度函数将等于目标概率密度函数。更多该方法的详细信息参看 McNerney 和 Richardson(1990)的文献。

在上述两种情况下,通过得到的 TPM,可以计算出时序的平均值、标准偏差、与原始数据或目标值接近的概率密度函数(可能不完全一样,讨论见后文)。时序之间呈级数递减的自相关关系,但不一定需要等于所有延迟下的原始数据或目标概率密度函数。

时序往往由预先假定的初始值产生。这个初始值可以是实际状态对应的任一值。下一点是基于权数由随机数生成器得到的,而各权数与当前状态对应的行中各概率值成比例。例如,假设在一个 5×5 的 TPM 中,某行的状态变换概率为 0、0.2、0.4、0.3 和 0.1,则下一值处于状态 1 的几率为 0,状态 2 的几率为 20%,状态 3 的几率为 40%,依此类推。后续的各点可以用类似的方法得到。

实际上,一个有限长度的数组在整合过程中,其平均值和标准偏差并不正好和原始数据或目标值相等。通常,需要通过按比例增减来产生和预期的统计结果一致的最终时序值。

往往在最终的数据组中期望有一些更确定性的特征,如在年数据中以季节或天的数据形式。这些数据形式可以近似地考虑,即通过生成和连接一年中每月独立的时序,然后对得到的时序进行合适的比例增减加入日影响因素。

## C.3.3　Shinozuka 方法

Shinozuka 方法(Shinozuka and Jan,1972)常用来合成紊流气流数据,该数据具有特定 psd 相应的特定平均值、标准偏差和频谱特征。在该方法中,psd 中的频率变化范围(上限值 $f_u$、下限值 $f_l$)被划分为 $N$ 个小区间,每个区间的频率变化间距为 $\Delta f = (f_u - f_l)/N$,区间中间频率为 $f_i$。在每个中间频率产生正弦波。然后正弦波由 psd 与该频率下的 $\Delta f$ 乘积的平方根加权,以给出正确结果的均方差。每一个正弦波也有其随机相角 $\phi_i$。所有正弦波叠加后,得到均值为 0 的脉动时间序列,$\tilde{x}_n$ 的表示如公式(C.23):

$$\tilde{x}_n = \sqrt{2\Delta f} \sum_{i=1}^{N} \sqrt{S(f_i)} \sin(2\pi f_i n + \phi_i) \tag{C.23}$$

最终结果是平均值 $\bar{x}$ 与脉动项的和,如公式(C.24)所示

$$x_n = \tilde{x}_n + \bar{x} \tag{C.24}$$

值得注意的是,一旦预期点数超过频率数,时序就会重复。为此,在 Shinozuka 和 Jan 的早期表达式中,提出加入一定量的噪声或"跳动"项,由 $\alpha\Delta f$ 表示,来抑制时序重复。由此,零均值时序可表示为

$$\tilde{x}_n = \sqrt{2\Delta f} \sum_{i=1}^{N} \sqrt{S(f_i)} \sin(2\pi(f_i + \alpha\Delta f)n + \phi_i) \tag{C.25}$$

该公式能够满足一些工况,但 psd 也被改变了。在理想情况下,频率数应与预期观测点数相等,因而不会产生跳动项。详见 Jeffries 等人(1991)的著作。

## C.3.4　部分相关时序的 Sandia 方法

合成多个彼此部分相关的紊流风速时序是有兴趣的工作。当时序场通过风轮平面便会出现上述情况。这个部分关联性能够考虑风速空间大尺度的缓慢变化,以及在空间小尺度上的快速脉动变化。这些可作为在第 7 章中讨论的结构动态程序的输入量。

一种合成部分相关的时间序列数据的方法是 Sandia 方法,该方法由 Veers(1988)提出。它实际上是上述的 Shinozuka 方法的一种扩展。在 Sandia 方法中,相关函数作为一种时间序列之间的间隔函数,用来产生适当的相关性。时间序列由独立正弦波的线性组合得到。该方法使用一个谱矩阵 $S(f_i)$ 和一个三角变换矩阵 $H(f_i)$,每一个维数 $M \times M$,其中 $M$ 是产生的时间序列数。矩阵的元素在使用每个频率 $f_i$ 时更新。$S(f_i)$ 的元素从目标 psd $S(f_i)$ 导出,这和所有的时间序列相同,并假定一个相关函数,$\gamma_{jk}$。这些都表示为公式(C.26)。

$$\begin{aligned} S_{jj} &= S(f_i) \\ S_{jk} &= \gamma_{jk} S(f_i) \end{aligned} \tag{C.26}$$

相关函数最方便的形式是指数形式,这在第 9 章中介绍过。谱矩阵和变换矩阵之间的关系见公式(C.27)。矩阵 $H(f_i)$ 可以被认为与公式(C.23)中 $S(f_i)$ 平方根的矩阵等效。

$$S(f_i) = H(f_i)H^T(f_i) \tag{C.27}$$

变换矩阵中的元素可以从递推关系中找到,见公式(C.28)。

$$H_{11} = S_{11}^{1/2}$$

$$H_{21} = S_{21}/H_{11}$$

$$H_{22} = (S_{22} - H_{21}^2)^{1/2}$$

$$H_{31} = S_{31}/H_{11}$$

$$\vdots \tag{C.28}$$

$$H_{jk} = \left(S_{jk} - \sum_{l=1}^{k-1} H_{jl}H_{kl}\right)/H_{kk}$$

$$H_{kk} = \left(S_{kk} - \sum_{l=1}^{k-1} H_{kl}^2\right)^{1/2}$$

由变换矩阵然后用每一个频率对每一个需要它的时间序列产生影响。通过正弦的相位角得到部分相关。尤其是,矩阵 $H(f_i)$ 被用来乘以一个 $M$ 维的有独立相位角 $\phi_i$、频率 $f_i$ 的正弦波向量 $X$ ,这里 $i \leqslant M$。$M$ 时间序列中第 $n$ 项(对应于时间 $n\Delta t$)可以表示为一个向量 $\tilde{x}_n$,如公式(C.29)。读者可以参看文献 Veers(1988)获得更多细节。

$$\tilde{x}_n = \sqrt{2\Delta f} \sum_{j=1}^{N} \sum_{i=1}^{M} H(f_i)X \tag{C.29}$$

式中:

$$X = \begin{bmatrix} \sin(2\pi f_i n\Delta t + \phi_1) \\ \sin(2\pi f_i n\Delta t + \phi_2) \\ \vdots \\ \sin(2\pi f_i n\Delta t + \phi_M) \end{bmatrix}$$

例如,考虑利用 von Karman 频谱的两个 600s(10min)时间序列的合成,它们具有以下特点:$\overline{U} = 10$ m/s,$\sigma_u = 0.15$,长度尺度为 100 m,时间序列之间的间隔为 30 m,相关常数 $A = 50$。频率范围为 $0.002\sim1$ Hz,并且用了 600 个频率。这两个时间序列见图 C.7。正如预期的那样,这两个时间序列大致相同,但不完全相同。更改间隔会导致相应的时间序列出现或多或少的相关性,这取决于不同的间隔。

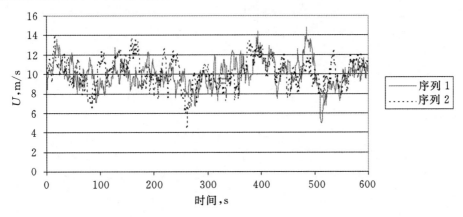

图 C.7  部分相关、合成的风速时间系列

# 参考文献

Ariduru, S. (2004) *Fatigue Life Calculation by Rainflow Cycle Counting Method*. MSc Thesis, Middle East Technical University, available at: www.nrel.gov/designcodes/papers.

Bendat, J. S. and Piersol, A. G. (1993) *Engineering Applications of Correlation and Spectral Analysis*. John Wiley & Sons, Ltd, Chichester.

Box, G. E. P. and Jenkins, G. M. (2008) *Time Series Analysis: Forecasting and Control*, 4th edition. John Wiley & Sons, Ltd, Chichester.

Jeffries, W. Q., Infield, D. and Manwell, J. F. (1991) Limitations and recommendations regarding the Shinozuka method for simulating wind data. *Wind Engineering*, **15**(3), 147–154.

Kaminsky, F. C., Kirchhoff, R. H. and Syu, C. Y. (1990) A statistical technique for generating missing data from a wind speed time series. *Proceedings of Wind Power '90,* Washington, DC.

Manwell, J. F., Rogers, A., Hayman, G., Avelar, C. T. and McGowan, J. G. (1999). *Hybrid2 – A Hybrid System Simulation Model: Theory Manual*. Department of Mechanical Engineering, University of Massachusetts, Amherst, MA.

McNerney, J. and Richardson, R. (1992) The statistical smoothing of power delivered from utilities by multiple wind turbines. *IEEE Transactions on Energy Conversion*, **7**(4), 644–647.

Shinozuka, M. and Jan, C.-M. (1972) Digital simulation of random process and its application. *Journal of Sound and Vibration*, **25**(1), 111–128.

Veers, P. (1988) *Three-Dimensional Wind Simulation*. Sandia National Laboratory Report SAND88-0152 UC-261.